射影微分几何学

周丽珍　易　中　编著

北　京
冶　金　工　业　出　版　社
2014

内 容 简 介

本书从李群和李代数、射影曲线、射影曲面、射影共轭网、射影联络空间、射影球丛几何、对称黎曼空间七个方面介绍了射影微分几何学的初步知识。

本书可供仪器仪表、电子、数控、机电、建筑设备、结构工程、计算机、金融和建筑物理等专业的科技人员使用。

图书在版编目(CIP)数据

射影微分几何学/周丽珍，易中编著．—北京：冶金工业出版社，2014.4

ISBN 978-7-5024-5899-7

Ⅰ.①射… Ⅱ.①周… ②易… Ⅲ.①射影微分几何 Ⅳ.①O186.13

中国版本图书馆 CIP 数据核字（2014）第 043481 号

出 版 人　谭学余
地　　址　北京北河沿大街嵩祝院北巷 39 号，邮编 100009
电　　话　(010)64027926　电子信箱　yjcbs@cnmip.com.cn
责任编辑　于昕蕾　美术编辑　彭子赫　版式设计　孙跃红
责任校对　王永欣　责任印制　牛晓波
ISBN 978-7-5024-5899-7
冶金工业出版社出版发行；各地新华书店经销；北京百善印刷厂印刷
2014 年 4 月第 1 版，2014 年 4 月第 1 次印刷
850mm×1168mm　1/32；16 印张；429 千字；503 页
49.00 元
冶金工业出版社投稿电话：(010)64027932　投稿信箱：tougao@cnmip.com.cn
冶金工业出版社发行部　电话：(010)64044283　传真：(010)64027893
冶金书店　地址：北京东四西大街 46 号(100010)　电话：(010)65289081(兼传真)
（本书如有印装质量问题，本社发行部负责退换）

前 言

射影微分几何学既可以作为射影几何学的延伸，也可以作为微分几何学的一个分支。在射影微分几何学领域，以苏步青先生为代表的中国数学家做出了杰出的贡献。

射影是最基本的数学概念之一，射影微分几何学与许多数学分支都有重要的联系。微分几何学的研究通常分成两个部分，即局部的和整体的；现代微分几何学是研究整体性质的，而整体性质研究又是以局部性质研究为基础的。

本书重点讨论射影微分几何学中曲线、曲面的局部性质，从李群和李代数、射影曲线、射影曲面、射影共轭网、射影联络空间、射影球丛几何、对称黎曼空间七个方面介绍了射影微分几何学的初步知识。

本书可供仪器仪表、电子、数控、机电、建筑设备、结构工程、计算机、金融和建筑物理等专业的科技人员使用。

囿于作者水平，书中必定有许多不妥之处，恳请读者不吝赐教。

作 者

目　　录

1 李群和李代数

1.1 张量

设 P_n 为 n 维复向量空间, x、y 为其中的元素。P_n 上的线性函数为定义在 P_n 上的复值函数 $f(x)$, 满足

$$f(\lambda x+\mu y)=\lambda f(x)+\mu f(y) \tag{1.1}$$

λ、μ 为任意复数。取 P_n 中的一组基 e_1、e_2、$\cdots$、e_n; 对任意 $x\in P_n$, 可记

$$x=\sum_{l=1}^{n}x^l e_l=x^l e_l$$

上式利用了爱因斯坦求和约定; $(x^1,x^2,\cdots,x^n)$ 为向量 x 对应于该组基的坐标。若

$$f(e_l)=f_l \tag{1.2}$$

则线性函数 $f(x)$ 可用于向量 x 的坐标一次齐式表达

$$f(x)=f(x^l e_l)=x^l f(e_l)=f_l x^l \tag{1.3}$$

空间 P_n 的所有线性函数构成一个 n 维线性空间, 称之为 P_n 的共轭空间 P_n^*。

对应于 P_n 的一组给定的基 $\{e_l\}$, 在 P_n^* 中也可取 n 个元素 $e^l(l=1,2,\cdots,n)$ 使

$$e^l e_j=\delta_j^l \tag{1.4}$$

而

$$\delta_j^l=\begin{cases}1 & (l=j)\\ 0 & (l\neq j)\end{cases}$$

显见 e^l 也构成 P_n^* 一组基, 称之为 P_n 基 $\{e_l\}$ 的对偶基, 基 $\{e_l\}$ 也称作 P_n 的一个标架, 故对偶基 $\{e^l\}$ 也称作标架 $\{e_l\}$ 的对偶标架。当空间 P_n 的基 $\{e_l\}$ 改为 $\{e'_l\}$ 时

$$e'_l = a_l^j e_j \tag{1.5}$$

这样对偶基 $\{e^l\}$ 变为 $\{e'^l\}$。依

$$e'^l\{e'_j\} = e'^l(a_j^m e_m) = a_j^m e'^l(e_m) = \delta_j^l$$

可知

$$e'^l = \tilde{a}_h^l e^h \tag{1.6}$$

这里 $\tilde{a}_j^l$ 为非奇异方阵 (a_j^l) 的逆阵的一般元素, a_j^l 即为矩阵 (a_j^l) 中第 l 行、第 j 列的元素。

在式 (1.5) 下向量 x 的坐标从 $(x^1, x^2, \cdots, x^n)$ 变为 $(x'^1, x'^2, \cdots, x'^n)$, 有

$$x^l = a_j^l x'^j \quad x'^l = \tilde{a}_j^l x^j \tag{1.7}$$

参照对偶标架 $\{e^l\}$, 任意 P_n 的线性函数 f 由式 (1.2)、式 (1.4) 可记作

$$f = f_l e^l \tag{1.8}$$

f_l 为 f 参考于标架 $\{e^l\}$ 的坐标。当标架 $\{e^l\}$ 由式 (1.6) 变为 $\{e'^l\}$ 时, 得

$$f'_l = a_l^j f_j \quad f_l = \tilde{a}_l^j f'_j \tag{1.9}$$

今定义两个线性空间的张量积。取 $P_n^{①}$、$P_m^{②}$ 为任意复向量空间, $P_n^{①}$ 中有一组基 $e_l^{①}(l = 1, 2, \cdots, n)$、$P_m^{②}$ 中有一组基 $e_\alpha^{②}(\alpha = 1, 2, \cdots, m)$, 形式上构造元素 $e_{l\alpha} = (e_l^{①}, e_\alpha^{②})$, 形如 $\lambda^{l\alpha} e_{l\alpha}$ 的元素全体记作 P_{nm}, 规定:

$$\lambda^{l\alpha} e_{l\alpha} + \mu^{l\alpha} e_{l\alpha} = (\lambda^{l\alpha} + \mu^{l\alpha}) e_{l\alpha} \tag{1.10}$$

$$\lambda(x^{l\alpha} e_{l\alpha}) = (\lambda \lambda^{l\alpha}) e_{l\alpha} \tag{1.11}$$

$$\lambda^{l\alpha} e_{l\alpha} = \mu^{l\alpha} e_{l\alpha} \quad \text{当且仅当} \quad \lambda^{l\alpha} = \mu^{l\alpha} \tag{1.12}$$

足见 P_{nm} 为线性空间, 维数为 nm 并有基 $e_{l\alpha}$。称空间 P_{nm} 为空间 $P_n^{①}$、空间 $P_m^{②}$ 的张量积。经过处理, 可使张量积的形式与基的选择无关; 当然还可以定义许多线性空间的张量积。

取 a 个 P_n、b 个 P_n^* 作张量积 (a、b 为非负整数), 各个 P_n 的标架都使用同一组 $\{e_l\}$, 各个 P_n^* 的标架选用 $\{e_l\}$ 的对偶标架 $\{e^l\}$, 于是该张量积空间是 n^{a+b} 维的, 它的基是 $e_{l_1 l_2 \cdots l_a}^{j_1 j_2 \cdots j_b}$。对标架 $\{e_l\}$ 进行式 (1.5) 变换, 其规则为

$$e_{l_1 l_2 \cdots l_a}^{j_1 j_2 \cdots j_b} = a_{l_1}^{m_1} a_{l_2}^{m_2} \cdots a_{l_a}^{m_a} \tilde{a}_{n_1}^{j_1} \tilde{a}_{n_2}^{j_2} \cdots \tilde{a}_{n_a}^{j_b} e_{m_1 m_2 \cdots m_a}^{n_1 n_2 \cdots n_b} \tag{1.13}$$

这个空间的元素称为 a 阶逆变、b 阶协变的张量, 即 $a+b$ 阶混合张量, 可表为

$$T_{j_1 j_2 \cdots j_b}^{l_1 l_2 \cdots l_a} e_{l_1 l_2 \cdots l_a}^{j_1 j_2 \cdots j_b} \tag{1.14}$$

的形式, n^{a+b} 个数 $T_{j_1 j_2 \cdots j_b}^{l_1 l_2 \cdots l_a}$ 称为该张量在标架 $\{e_l\}$ 下的分量。取定标架后, 一个张量就由它的分量完全确定。因为式 (1.13)、式 (1.12), 所以当 P_n 的基变化时, 可以得到张量分量的规律。对于固定类型的张量而言, 它的全体组成复数域上的向量空间, 则它有加法以及同复数的乘法为两种代数运算。约定复数为 0 阶张量。

1.2 线性变换群

复向量空间 P_n 到自身的映射 $\boldsymbol{A}$ 具有性质:

$$\boldsymbol{A}(\lambda x + \mu y) = \lambda \boldsymbol{A} x + \mu \boldsymbol{A} y \tag{1.15}$$

式中 x、$y \in P_n$, λ、μ 为复数; 称之为线性变换。命 $\{e_l\}$ 为空间 P_n 的一组基, 线性变换 $\boldsymbol{A}$ 可由它作用于基向量 e_l 的象完全确定。事实上, 设

$$\boldsymbol{A} e_l = a_l^j e_j \tag{1.16}$$

于是

$$\boldsymbol{A} x = \boldsymbol{A} x^l e_l = x^l \boldsymbol{A} e_l = x^l a_l^j e_j \tag{1.17}$$

据此, 线性变换可依

$$\tilde{x}^l = a^l_j x^j \tag{1.18}$$

表示, x^l、$\tilde{x}^l$ 分别表示变前、变后向量的坐标。如果将 P_n 的向量坐标写成单列的矩阵并称之为坐标向量, 式 (1.16) 系数 a^j_l 可写成 $n\times n$ 方阵 (a^l_j), 那么线性变换式 (1.18) 表明: 在线性变换下, 变后向量的坐标向量为以方阵 (a^j_l) 乘变前向量的坐标向量的结果。确定标架后, 线性变换可以利用 $n\times n$ 方阵表示; 若给定一个 $n\times n$ 方阵, 那么可作出一个线性变换, 两者之间存在双射。

当 $e'_l = a^j_l e_j$ 时

$$\boldsymbol{A}e'_l = a^j_l \boldsymbol{A}e_j = a^j_l a^m_j e_m = a^j_l a^m_j \tilde{a}^n_m e'_n \tag{1.19}$$

于是表示变换的 $n\times n$ 方阵与矩阵 (a^j_l) 相似, 即

$$(a'^l_j) = (\tilde{a}^n_m)(a^l_j)(a^h_f) \tag{1.20}$$

线性变换 $\boldsymbol{A}$、$\boldsymbol{B}$ 的和、积定义为

$$(\boldsymbol{A}+\boldsymbol{B})x = \boldsymbol{A}x + \boldsymbol{B}x \tag{1.21}$$

$$(\boldsymbol{AB})x = \boldsymbol{A}(\boldsymbol{B}x) \tag{1.22}$$

可由

$$(\lambda\boldsymbol{A})x = \lambda\boldsymbol{A}x \quad (\lambda\text{为复数}) \tag{1.23}$$

定义复数与线性变换的乘积。选定标架后, 这些运算对应于相应的方阵之间的加法、乘法、复数和方阵相乘等。若 $\boldsymbol{A}$、$\boldsymbol{B}$ 对应方阵为 (α^j_l)、(β^j_l), 则 $\boldsymbol{A}+\boldsymbol{B}$ 对应方阵为 $(\alpha^l_j)+(\beta^l_j)=(\alpha^l_j+\beta^l_j)$、$(\boldsymbol{AB})$ 对应方阵为 $(\alpha^l_n)(\beta^n_j)=(a^l_k\beta^k_j)$、$\lambda\boldsymbol{A}$ 对应方阵为 $\lambda(\alpha^l_j)=(\lambda\alpha^l_j)$。

一对一的线性变换称为非奇异的线性变换, 非奇异线性变换存在非奇异性逆变换。故所有非奇异的线性变换构成空间 P_n 的完全线性群 $GL(n,C)$, 完全线性群的任何子群称为线性变换群 (线性群)。

当 P_n 中作用一个非奇异性线性变换 $\boldsymbol{A}$ 时, 要求在 P_n^* 中的一个相应的线性变换 $\boldsymbol{A}^*$, 使线性函数 $f(x)$ 值保持不变, 也就是 $(\boldsymbol{A}^*f)(\boldsymbol{A}x)=f(x)$。为此只需考虑 $x=e_l$、$f=e^j$, 有

$$(\boldsymbol{A}^*e^j)(a_l^m e_m)=e^j(e_l)=\delta_l^j$$

或

$$a_l^m(\boldsymbol{A}^*e^j)(e_m)=\delta_l^j$$

(a_l^m) 的逆方阵记作 $(\tilde{a}_l^m)$, 得

$$(\boldsymbol{A}^*e^j)(e_m)=\tilde{a}_m^j=\tilde{a}_l^j e^l(e_m)$$

推出

$$\boldsymbol{A}^*e^j=\tilde{a}_l^j e^l \tag{1.24}$$

这样的线性变换称为 P_n 中的线性变换 $\boldsymbol{A}$ 在 P_n^* 中诱导的线性变换。若记 $f=f_l e^l$, 则 $\boldsymbol{A}^*f=f_l\tilde{a}_j^l e^j, f$ 的变后元素坐标为

$$\tilde{f}_l=\tilde{a}_l^j f_j \tag{1.25}$$

从式 (1.25)、式 (1.18) 知

$$\tilde{f}_l\tilde{x}^l=\tilde{a}_l^j f_j a_m^l x^m=f_l x^l \tag{1.26}$$

考虑任意张量空间, 当 P_n 中有线性变换 $\boldsymbol{A}$ 时, 在 a 阶逆变、b 阶协变的张量也可诱导一个线性变换 $\boldsymbol{A}_{(a,b)}$, 并有

$$\boldsymbol{A}_{(a,b)}e_{l_1l_2\cdots l_a}^{j_1j_2\cdots j_b}=a_{l_1}^{m_1}a_{l_2}^{m_2}\cdots a_{l_a}^{m_a}\tilde{a}_{n_1}^{j_1}\tilde{a}_{n_2}^{j_2}\cdots\tilde{a}_{n_b}^{j_b}e_{m_1m_2\cdots m_a}^{n_1n_2\cdots n_b} \tag{1.27}$$

对张量分量而言

$$\widetilde{T}_{j_1j_2\cdots j_b}^{l_1l_2\cdots l_a}=a_{m_1}^{l_1}a_{m_2}^{l_2}\cdots a_{m_a}^{l_a}\tilde{a}_{j_1}^{n_1}\tilde{a}_{j_2}^{n_2}\cdots\tilde{a}_{j_b}^{n_b}T_{n_1n_2\cdots n_b}^{m_1m_2\cdots m_a} \tag{1.28}$$

从 n^{a+b} 维空间 $(a+b>1)$ 看, 这样的变换为完全线性群 $GL(n^{a+b}, C)$ 的一个子群, 与 $GL(n,C)$ 同构。

若 G 为任意线性群, $T = T^{l_1 l_2 \cdots l_a}_{j_1 j_2 \cdots j_b} e^{j_1 j_2 \cdots j_b}_{l_1 l_2 \cdots l_a}$ 为任意张量, 而 G 中任意元素 g 诱导的线性变换 $\boldsymbol{A}_{(a,b)}$ 符合

$$\boldsymbol{A}_{(a,b)} T = T \tag{1.29}$$

式 (1.28) 定义的 $\widetilde{T}^{l_1 l_2 \cdots l_a}_{j_1 j_2 \cdots j_b}$ 满足

$$\widetilde{T}^{l_1 l_2 \cdots l_a}_{j_1 j_2 \cdots j_b} = T^{l_1 l_2 \cdots l_a}_{j_1 j_2 \cdots j_b} \tag{1.30}$$

则称张量 T 在群 G 下不变。

1.3 典型群的几何学

变换群与几何学密切相关; 若以此分析线性空间, 则与之相关的变换群为完全线性群。在完全线性群下不变的基本性质为向量之间的线性相关的关系。许多重要空间与完全线性群的子群有关, 本节研究复欧几里得空间及复辛空间, 其对应的子群为使某些二阶协变张量或双线性形式不变的群。

对 x、$y \in P_n$, 双线性形式 $f(x, y)$ 若满足

$$f(x, y) = f(y, x) \tag{1.31}$$

则称其为对称的; 若满足

$$f(x, y) = -f(y, x) \tag{1.32}$$

则称其为反对称的; 若无非零 x 使

$$f(x, y) = 0$$

对任何 y 成立, 则 $f(x, y)$ 称为满秩的。取定标架 $f(x, y)$ 后可表达成

$$f(x, y) = g_{lj} x^l y^j$$

式中 g_{lj} 为复数, 于是 $f(x, y)$ 是对称的当且仅当

$$g_{lj} = g_{jl} \tag{1.33}$$

$f(x,y)$ 是反对称的当且仅当

$$g_{lj} = -g_{jl} \tag{1.34}$$

$f(x,y)$ 是满秩的当且仅当

$$\det(g_{lj}) \neq 0 \tag{1.35}$$

一个复 n 维向量空间如有满秩的双线性形式 $f(x,y)$, 并定义空间中任意向量 x、y 的数量积, 则该空间称为复欧几里得向量空间。在这种空间中称 $f(x,x)$ 为向量 x 的长度的平方, 长度平方为 1 的向量称为单位向量; 当 x、y 满足

$$f(x,y) = 0$$

时称其为直交 (正交) 的。当有两个子空间 K、L, 且 K 中任意向量和 L 中的任意向量正交 (直交) 时, 称 K、L 为直交的。空间中的一个标架, 如果它的基为单位向量又相互直交, 那么称该标架为直交规范的, 有时也称为直交标架。

定理 1.1 复欧几里得向量空间存在直交规范标架。

首先注意必有向量 e 使 $f(e,e) = c_1 \neq 0$。实际上, 若 $f(x,x) = 0$ 对所有 x 成立, 则对任何一对向量 x、y 成立

$$\begin{aligned} f(\lambda x + \mu y, \lambda x + \mu y) =& \lambda^2 f(x,x) + 2\lambda\mu f(x,y) + \mu^2 f(y,y) \\ =& 2\lambda\mu f(x,y) = 0 \end{aligned}$$

这与 $f(x,y)$ 为满秩的假设矛盾; 置

$$e_1 = \frac{1}{\sqrt{c_1}} e$$

则 $f(e_1,e_1) = 1$。当取 e_1、e_2、$\cdots$、$e_m (m < n)$ 使

$$f(e_\alpha, e_\beta) = \delta_{\alpha\beta}$$

α、$\beta = 1, 2, \cdots, m$。今证明

$$f(e_\alpha, x) = 0 \tag{1.36}$$

必有解, 它符合 $f(x,x)\neq 0$。为此, 先注意到任意向量 y 必可写成 $y=y^{①}+y^{②}$, 这样 $y^{①}$ 为 e_α 的线性组合, $y^{②}$ 满足式 (1.36)。事实上, 令 $c^\alpha=f(e_\alpha,y)$、$y^{①}=c^\beta e_\beta$、$y^{②}=y-c^\beta e^\beta$, 结果

$$f(e_\alpha,y^{②})=f(e_\alpha,y-c^\beta e_\beta)=f(e_\alpha,y)-c^\beta f(e_\alpha,e_\beta)=0$$

利用反证法。若所有符合式 (1.36) 的向量均成立 $f(x,x)=0$, 则当 x、y 满足式 (1.36) 时, $\lambda x+\mu y$ 也满足式 (1.36); 故

$$f(\lambda x+\mu y,\lambda x+\mu y)=0$$

由此导出 $f(x,y)=0$。因而取 x 为满足式 (1.36) 的任意非零元素, 式 (1.36) 实际上为有 n 个未知量的线性齐次方程组, 方程个数为 m。由于 $m<n$, 因此存在非零解。又 y 为任意向量, 把 y 写作 $y^{①}+y^{②}$, 则依上述知 $f(x,y)=0$, 这和双线性形式 $f(x,y)$ 是满秩的假定矛盾; 根据所述事实, 可取元素 e 使之满足式 (1.36) 且 $f(e,e)=c_m\neq 0$, 置

$$e_{m+1}=\frac{1}{\sqrt{c_m}}e$$

于是存在 e_1、e_2、$\cdots$、e_{m+1} 使

$$f(e_\alpha,e_\beta)=\delta_{\alpha\beta}$$

由此逐步推演, 得到一组向量 $e_l(l=1,2,\cdots,n)$, 使

$$f(e_l,e_j)=\delta_{lj}\tag{1.37}$$

表明它们是相互直交的单位向量。最后需证明它们也是线性无关的。若有 $\lambda^l e_l=0$, 则

$$f(e_j,\lambda^l e_l)=0$$

给出 $\lambda^j=0(j=1,2,\cdots,n)$, 至此定理 1.1 获证。

在直交规范标架下, 双线性形式 $f(x,y)$ 具有形式

$$f(x,y)=f(e_l,e_j)x^l y^j=\delta_{lj}x^l y^j=\sum_{l=1}^{n}x^l y^l\tag{1.38}$$

向量长度的平方为 $\sum_l (x^l)^2$。

因为复欧几里得向量空间的最基本性质为两个向量的数量积,所以其所关联的群应为由双线性形式 $f(x,y)$ 不变的非奇异线性变换的全体组成。设 $\boldsymbol{A}$ 为此线性变换, 有

$$f(\boldsymbol{A}x, \boldsymbol{A}y) = f(x,y) \tag{1.39}$$

或表为坐标形式

$$g_{lj}a_m^l a_n^j = g_{mn} \tag{1.40}$$

式 (1.40) 为 $\boldsymbol{A}$ 使复欧几里得空间的数量积不变的充要条件。尤其是当标架为直交规范时, g_{ij} 可变为 δ_{ij}, 式 (1.40) 变为

$$\sum_l a_m^l a_n^l = \delta_{mn} \tag{1.41}$$

复辛向量空间是以双线性形式 $f(x,y)$ 定义向量数量积的空间, 但这里 $f(x,y)$ 为反对称的、满秩的。在复辛向量空间中, 由 $f(x,y) = g_{lj}x^l y^j$ 的系数 g_{lj} 所成的矩阵为反对称的, 因而只可能在 n 为偶数时 $f(x,y)$ 才满秩。

与复欧几里得向量空间不同, 在复辛向量空间中每个向量及其自身的数量积 $f(x,y)$ 恒为零, 故没有向量的长度的概念。同理可依 $f(x,y)=0$ 定义向量 x、y 的直交性, 此时向量 x、y 称为辛直交。

在复辛向量空间中若取一组基 e_1、e_2、$\cdots$、e_n 使

$$f(e_\alpha, e_{m+\beta}) = \delta_{\alpha\beta} \quad f(e_\alpha, e_\beta) = 0 \quad f(e_{m+\alpha}, e_{m+\beta}) = 0 \tag{1.42}$$

这里 α、$\beta = 1, 2, \cdots, m$; 则称之构成的标架为辛标架。

定理 1.2 在复辛向量空间中存在辛标架。

注意到任取一个非零向量 e_1, 存在向量 e_{m+1} 使

$$f(e_1, e_{m+1}) = 1 \tag{1.43}$$

事实上，由于 $f(x,y)$ 是满秩的，因此 $f(e_1,y)$ 不会对所有的 y 均为 0，适当改变 y 的倍数，取为 e_{m+1}，给出式 (1.42)。

设已知 e_1、e_2、$\cdots$、e_n、e_{n+1}、e_{n+2}、$\cdots$、e_{n+m} $(n<m)$，且

$$f(e_a,e_{m+b})=\delta_{ab}\quad f(e_a,e_b)=0\quad f(e_{m+a},e_{m+b})=0 \tag{1.44}$$

式中 a、$b=1,2,\cdots,n$。方程

$$f(e_a,y)=0\quad f(e_{m+a},y)=0 \tag{1.45}$$

按坐标而言，这是 $2n$ 个方程组成的齐次线性方程组，未知量 $2m$ 个，有非零解。这些解构成一个维数大于 0 的线性空间 K。任意向量 y 必可表为 $y=y^{①}+y^{②}$ 的形式，其中 $y^{①}$ 为 e_a、e_{m+a} 的线性组合，$y^{②}$ 满足式 (1.45)。实际上，置

$$f(e_a,y)=c^{m+a}\quad f(e_{m+a},y)=-c^a$$

又取

$$y^{①}=c^a e_a+c^{m+a}e_{m+a}$$
$$y^{②}=y-c^a e_a-c^{m+a}e_{m+a}$$

于是

$$f(e_a,y^{②})=f(e_a,y)-f(e_a,c^{m+b}e_{m+b})=c^{m+a}-c^{m+a}=0$$

$$f(e_{m+a},y^{①})=f(e_{m+a},y)-f(e_{m+a},c^b e_b)=-c^a+c^a=0$$

任取非零 $e_{n+1}\in K$，在 K 中有 e_{n+m+1} 使

$$f(e_{n+1},e_{n+m+1})=1 \tag{1.46}$$

因为在 K 中必有向量 e 使 $f(e_{n+1},e)\neq 0$，否则依上述知 $f(e_{n+1},y)=0$ 对任何 y 成立，这与 $f(x,y)$ 满秩假设矛盾。变化 e 的倍数，并命其为 e_{n+m+1}，给出式 (1.46)，故存在 $2(n+1)$ 个向量可符合

$$f(e_a,e_{m+b})=\delta_{ab}\quad f(e_a,e_b)=0\quad f(e_{m+a},e_{m+b})=0$$

其中 a、$b=1,2,\cdots,n+1$; 继续推理, 最后得到 $2m$ 个向量满足式 (1.42)。而该 $2m$ 个向量线性无关, 因为若有

$$\lambda^a e_a+\lambda^{m+a}e_{m+a}=0$$

对 e_β、$e_{m+\beta}$ 作数量积, 导出

$$\lambda^{m+\beta}=0\quad \lambda^\beta=0$$

至此定理 1.2 获证。

在复辛空间中使数量积不变的线性变换的全体组成复辛群 $SP(m,C)$。在辛标架下, 有

$$g_{\alpha(m+\beta)}=-g_{(m+\beta)\alpha}=\delta_{\alpha\beta}\quad g_{\alpha\beta}=g_{(m+\beta)(m+\beta)}=0 \tag{1.47}$$

式中 α、$\beta=1,2,\cdots,m$。故复辛群中元素, 对应的矩阵 (a_l^j) 满足的关系变为

$$\begin{cases}\displaystyle\sum_{\gamma=1}^{m}(a_\alpha^\gamma a_\beta^{m+\gamma}-a_\alpha^{m+\gamma}a_\beta^\gamma)=0\\ \displaystyle\sum_{\gamma=1}^{m}(a_{m+\alpha}^\gamma a_{m+\beta}^{m+\gamma}-a_{m+\alpha}^{m+\gamma}a_{m+\beta}^\gamma)=0\\ \displaystyle\sum_{\gamma=1}^{m}(a_\alpha^\gamma a_{m+\beta}^{m+\gamma}-a_\alpha^{m+\gamma}a_{m+\beta}^\gamma)=\delta_{\alpha\beta}\end{cases} \tag{1.48}$$

当记作矩阵乘积的形式时式 (1.48) 变为

$$(a_j^l)'\left(\begin{array}{c|c}0 & \begin{matrix}1 & & 0\\ & \ddots & \\ 0 & & 1\end{matrix}\\ \hline \begin{matrix}-1 & & 0\\ & \ddots & \\ 0 & & -1\end{matrix} & 0\end{array}\right)(a_j^l)=\left(\begin{array}{c|c}0 & \begin{matrix}1 & & 0\\ & \ddots & \\ 0 & & 1\end{matrix}\\ \hline \begin{matrix}-1 & & 0\\ & \ddots & \\ 0 & & -1\end{matrix} & 0\end{array}\right) \tag{1.49}$$

这里 $(a_j^l)'$ 为 (a_j^l) 的转置矩阵。显见一个线性变换属于复辛群的充要条件为使辛标架变为辛标架。

完全线性群有一个重要的子群，其由 $\det(a_j^l)=1$ 的变换全体组成，称为单模群。对于单模群，基本的不变量为线性反对称形式 $f(x^{①}、x^{②}、\cdots、x^{ⓝ})$；其值称为由 n 个向量 $x^{①},x^{②},\cdots,x^{ⓝ}$ 张成的“平行 $2n$ 面体”的体积。事实上，f 可表示为

$$f(x^{①},x^{②},\cdots,x^{ⓝ})=a\varepsilon_{l_1l_2\cdots l_n}(x^{①})^{l_1}(x^{②})^{l_2}\cdots(x^{ⓝ})^{l_n} \tag{1.50}$$

a 为常数，而

$$\varepsilon_{l_1l_2\cdots l_n}=\begin{cases}1 & (1,2,\cdots,n\text{ 为偶排列})\\ -1 & (1,2,\cdots,n\text{ 为奇排列})\\ 0 & (1,2,\cdots,n\text{ 中至少有两个相同})\end{cases} \tag{1.51}$$

此时

$$\begin{aligned}&f(\boldsymbol{A}x^{①},\boldsymbol{A}x^{②},\cdots,\boldsymbol{A}x^{ⓝ})\\&=a\varepsilon_{l_1l_2\cdots l_n}a_{j_1}^{l_1}a_{j_2}^{l_2}\cdots a_{j_n}^{l_n}(x^{①})^{j_1}(x^{②})^{j_2}\cdots(x^{ⓝ})^{j_n}\\&=a\det(a_j^l)\varepsilon_{l_1l_2\cdots l_n}(x^{①})^{l_1}(x^{②})^{l_2}\cdots(x^{ⓝ})^{l_n}\\&=a\varepsilon_{l_1l_2\cdots l_n}(x^{①})^{l_1}(x^{②})^{l_2}\cdots(x^{ⓝ})^{l_n}=f(x^{①},x^{②},\cdots,x^{ⓝ})\end{aligned}$$

还可选择标架，使 e_1、e_2、$\cdots$、e_n 所张成的平行 $2n$ 面体体积为 1，此刻 $a=1$。

直交群、辛群、单模群并称为典型群。

若 $f(x,y)$ 为定义在复向量空间中的函数且有条件：

(1) $f(x,y)$ 关于第一个向量 x 为线性的

$$f(\lambda x^{①}+\mu x^{②},y)=\lambda f(x^{①},y)+\mu f(x^{②},y) \tag{1.52}$$

(2) 有复数共轭关系

$$f(x,y)=\overline{f(y,x)} \tag{1.53}$$

则称之为 P_n 中的埃尔米特形式。对于埃尔米特形式，有

$$f(x,\lambda y^{①}+\mu y^{②})=\bar{\lambda}f(x,y^{①})+\bar{\mu}f(x,y^{②}) \tag{1.54}$$

因为

$$f(x, \lambda y^{①} + \mu y^{②}) = \overline{f(\lambda y^{①} + \mu y^{②}, x)} = \overline{\lambda f(y^{①}, x)} + \overline{\mu f(y^{②}, x)}$$
$$= \bar{\lambda} f(x, y^{①}) + \bar{\mu} f(x, y^{②})$$

所以

$$f(x^l e_l, y^j e_j) = f(e_l, e_j) x^l \bar{y}^j$$

即埃尔米特形式也依它对基向量的数值确定。若置

$$g_{lj} = f(e_l, e_j)$$

则有

$$g_{lj} = \bar{g}_{jl}$$

由条件 (2) 知 $f(x,x) = \overline{f(x,x)}$, 表明 $f(x,x)$ 为实数。当 $f(x,x) \geqslant 0$ 且等号只在 x 为零向量成立时, $f(x,y)$ 称为正定的埃尔米特形式。

以正定的埃尔米特形式定义两个向量数量积的复向量空间称为酉空间。在酉空间内可定义向量的直交性, 向量的长度。由单位的且相互直交的向量构造的标架称为酉标架。

定理 1.3 酉空间中存在酉标架。

证明: 任取非零向量, 必有 $f(e,e) = c > 0$, 取 $e_1 = \dfrac{1}{\sqrt{c}} e$, 得 $f(e_1, e_1) = 1$。设已知向量 $e_\alpha (\alpha = 1, 2, \cdots, m, m < n)$, 在它们之间

$$f(e_\alpha, e_\beta) = \delta_{\alpha\beta}$$

考察

$$f(e_\alpha, y) = 0$$

它必有非零解; 变更倍数, 取 e_{m+1} 使

$$f(e_\alpha, e_\beta) = \delta_{\alpha\beta}$$

其中 α、$\beta = 1, 2, \cdots, m+1$ 也成立。故利用逐次添加法可以推出 n 个相互垂直的单位向量 e_l, 其线性无关。

在酉空间中使两个向量数量积不变的线性变换称为酉变换，其条件为

$$f(\boldsymbol{A}x, \boldsymbol{A}y) = f(x, y)$$

或

$$g_{lj} a^l_m \bar{a}^j_n = g_{mn}$$

当参照于空间有酉标架时 $g_{lj} = \delta_{lj}, (a^l_j)$ 成酉阵，即其转置共轭符合它的逆阵。所有酉变换组成酉群 $U(n)$。显见一个线性变换为酉变换当且仅当它使酉标架变为酉标架。

对于酉空间，如果酉空间内两个子空间相互直交，那么两个子空间只有零向量为其公共元素。实际上，设 x 为公共元素，则它必自直交 $f(x, x) = 0$，依正定性知 $x = 0$。注意辛向量空间、复欧几里得向量空间无此性质。

1.4 实向量空间的复化

实向量空间若以正定的双线性形式定义两个向量之间的数量积，则称该空间为实欧几里得向量空间。在实欧几里得向量空间中，非零向量的长度为正数。当然也可定义向量的直交性和直交规范标架。因为正数的平方根为实数，所以定理 1.1 关于相互直交的子空间除零向量外无公共向量，这是与复欧几里得向量空间的重要差别。

所有定义实欧几里得空间数量积的双线性形式不变的实线性变换组成实直交群 $O(n, R)$。在直交规范标架下，它的元素对应实数构造的直交矩阵。

在实向量空间中若以既非正定也非负定但为满秩的双线性形式定义向量的数量积，则所得空间称为拟欧几里得向量空间。

已知实向量空间 R_n，依下述方法给出复向量空间 P_n 使 R_n 中的元素同时也是 P_n 内的元素，这种 P_n 称为实向量空间 R_n 的复化。设 R_n 中取一组基 $e_l (l = 1, 2, \cdots, n)$ 作集合 $\lambda^l e_l$ (λ^l 为任意

复数), 规定不同的 λ^l 对应不同的元素。由

$$\lambda^l e_l + \mu^l e_l = (\lambda^l + \mu^l) e_l$$

$$\lambda(\lambda^l e_l) = (\lambda\lambda^l) e_l$$

定义集合中元素的加法、复数乘法。显见这种集合为复向量空间 P_n, 当 λ^l 为实数时 $\lambda^l e_l$ 可作为既属于 P_n 也属于 R_n 的元素。如果规定依 R_n 中的 $e'_l = a_l^j\ e_j$ 所作的 $\lambda^l e'_l$ 等于依 e_l 作的 P_n 内的元素 $\lambda^l a_l^j e_j$, 那么 R_n 的复化仍就依 e_l 所给出的 P_n。尽管 R_n 可作为 P_n 的子集, 但是并非 P_n 的子空间; 与之相反, 在复向量空间 P_n 内可以给出 n 维实向量空间 R_n, 使它复化即为 P_n, 且 R_n 的作法无穷多。

具有确定 R_n 的 P_n 称为具实结构的复向量空间, 属于 R_n 的向量称为 P_n 的实向量, 由线性无关的实向量构成的标架称为实标架。P_n 的子空间 K_m 若由实向量张成, 即依 R_n 中的向量以复系数的线性组合而成, 则称之为实子空间或实平面。注意, K_m 自身并非实数域上的线性空间, 而是复数域上的线性空间; 它不仅含有实向量, 也含有非实向量。依定义知, 根据 P_n 的实结构可以得到实子空间也有实结构, $K_m \cap R_n$ 为 n 维实数域上的线性空间。

具实结构的复向量空间可定义一个共轭运算, 该运算为将一个向量对应于另一个与之共轭的向量, 就是从向量 $e = \lambda^l e_l$ 到向量 $\bar{e} = \bar{\lambda}^l e_l$ 的对应, 这里 e_l 为一组实基。这个定义也与 R_n 的基的取法无关, 可见 $\bar{e}_l = e_l$; 又向量 e 为实向量的充要条件是 $\bar{e} = e$。实际上, 把 e 表示为 $\lambda^l e_l$, λ^l 为实数当且仅当 $\bar{\lambda}^l = \lambda^l$。又见

$$\overline{\lambda\xi + \mu\eta} = \bar{\lambda}\bar{\xi} + \bar{\mu}\bar{\eta}$$

对任何复数 λ、μ 及向量 ξ、η 成立。

设 K_m 为平面, K_m 中向量的共轭向量的全体组成集合 $\bar{K}_m$, 显然 $\bar{K}_m$ 也为一个子空间。事实上, 取 $\xi \in \bar{K}_m$、$\eta \in \bar{K}_m$, 有 $\bar{\xi} \in K_m$、$\bar{\eta} \in K_m$, 故对任意 λ、μ 有 $\bar{\lambda}\bar{\xi}+\bar{\mu}\bar{\eta} \in K_m$, 推出 $\lambda\xi+\mu\eta \in \bar{K}_m$。

定理 1.4 具实结构的复向量空间中的平面 K_m 为实平面的充要条件是 $K_m = \bar{K}_m$。

证明: 当 K_m 为实平面时, 在 K_m 上有 m 个线性无关的实向量 ξ_α, K_m 中元素的全体为 $\lambda^\alpha\xi_\alpha(\alpha=1,2,\cdots,m)$, $\overline{\lambda^\alpha\xi_\alpha}=\bar{\lambda}^\alpha\xi_\alpha$ 将构成 K_m 中的全体元素, 故 $K_m=\bar{K}_m$。

反之, 当 $K_m=\bar{K}_m$ 时 K_m 中必有实向量, 因设 $\eta\in K_m$ 为非零向量, 于是 $\bar{\eta}\in K_m$、$\dfrac{1}{2}i(\eta-\bar{\eta})\in K_m$; 若 $\eta=\bar{\eta}$, 则 η 本身为实向量; 若 $\eta\neq\bar{\eta}$, 则 $\dfrac{1}{2}i(\eta-\bar{\eta})$ 为非零实向量。今证 K_m 中必存在 m 个线性无关的实向量。如果 K_m 中只能取到 l 个 $(l<m)$ 线性无关的实向量 ξ_1、ξ_2、$\cdots$、ξ_l; 此时应存在一个向量 $\eta\in K_m$, 那么它不能表为 ξ_1、ξ_2、$\cdots$、ξ_l 的复系数的线性组合。由假定, $\bar{\eta}\in K_m$, 知 $\dfrac{1}{2}(\eta+\bar{\eta})$、$\dfrac{1}{2}i(\eta-\bar{\eta})\in K_m$ 它们都是实向量, 故其均为 ξ_1、ξ_2、$\cdots$、ξ_l 的实系数线性组合, 即有

$$\frac{1}{2}(\eta+\bar{\eta})=b^\beta\xi_\beta\quad \frac{1}{2}i(\eta-\bar{\eta})=c^\beta\xi_\beta$$

式中 $\beta=1,2,\cdots,l$; 据此

$$\eta=(b^\beta-ic^\beta)\xi_\beta$$

出现矛盾, 表明 K_m 中必存在 m 个线性无关的实向量, 为实平面。

依据定理 1.4, $K_m\cap\bar{K}_m$、$K_m\cup\bar{K}_m$ 都为实平面。因为

$$\overline{K_m\cap\bar{K}_m}=\bar{K}_m\cap K_m=K_m\cap\bar{K}_m$$

$$\overline{K_m\cup\bar{K}_m}=\bar{K}_m\cup K_m=K_m\cup\bar{K}_m$$

需要指出, n 维复向量空间 P_n 总可视为 $2n$ 维实向量空间 R_{2n}。事实上, 设 e_1、e_2、$\cdots$、e_n 为 P_n 的基, 作

$$e_{n+j}=ie_j$$

为 e_1、e_2、$\cdots$、e_{2n} 作为 $2n$ 维实向量空间 R_{2n} 的基; 若 $\lambda^j=a^j+ia^{n+j}$ (a^j、a^{n+j} 为实数), 则 P_n 内的元素 λ^je_j 和 R_{2n} 的元素 $a^\alpha e_\alpha$ $(\alpha=1,2,\cdots,2n)$ 一一对应。在这种构造中, P_n 内的 l 维

子空间对应于 R_{2n} 中的 $2l$ 维子空间, P_n 内的线性变换也对应于 R_{2n} 中的变换, 但并非 R_{2n} 中的任意子空间、张量、线性变换均对应 P_n 内的子空间、张量、线性变换。

1.5 不可约线性群

P_n(或 R_n) 中的线性变换可分成两类：一类为不可约的, 其无任何非平凡的不变子空间, 即在 P_n(或 R_n) 中不存在 m 维的 $(0 < m < n)$ 子空间, 其上的向量经过群中变换后仍保持在该子空间内; 另一类为可约的, 它至少有一个非平凡的不变子空间。

若线性变换群 G 为可约的, 则它有一个 m 维的不变子空间 K_m。取基 $\{e_l\}$ 使 e_1、e_2、$\cdots$、e_m 在 K_m 上, 设 $\boldsymbol{A} \in G$, 有

$$\begin{aligned} \boldsymbol{A} e_\alpha &= a_\alpha^\beta e_\beta \\ \boldsymbol{A} e_p &= a_p^l e_l \end{aligned} \tag{1.55}$$

式中 α、$\beta = 1, 2, \cdots, m$; $p = m+1, m+2, \cdots, n$。而变换的方阵可记为

$$\left(\begin{array}{c|c} a_\alpha^\beta & a_p^\beta \\ \hline 0 & a_p^q \end{array}\right) \tag{1.56}$$

的形状。当 G 为使 K_m 不变的非奇异线性变换的全体所组成的群时, 它所对应的方阵就是式 (1.56) 的非奇异方阵的全体。

若线性群 G 有两个不变平面 K_m、K_{n-m} 且为互补, 则可取基 $\{e_l\}$ 使 e_1、e_2、$\cdots$、e_m 在 K_m 中, e_{m+1}、e_{m+2}、$\cdots$、e_n 在 K_{n-m} 中, 群中的元素对应的方阵为

$$\left(\begin{array}{c|c} a_\alpha^\beta & 0 \\ \hline 0 & a_p^q \end{array}\right) \tag{1.57}$$

使 K_m、K_{m-n} 不变的最大群中的元素对应的方阵以式 (1.57) 形式的非奇异方阵全体组成。

复数域中的复辛群为不可约的。因为依 1.3 节, 任何非零向量都可作为辛标架的第一个基向量, 而复辛群为将一个固定的辛标架变到任意的辛标架的线性变换组成, 所以它可以把一个固定的非零向量变到任意其他的非零向量, 它们不会有非平凡的不变空间。完全线性群 $GL(n,C)$ 以辛群为子群, 也是不可约的。单模群的不可约性可同样证明。酉群也是不可约的。由于任何单位向量均可作为酉标架的第一个基, 任何一个向量均可适当改变倍数而成为单位向量, 因此就与复辛群的不可约性一样地证明它的不可约性。在实数域中直交群 $O(n,R)$ 的不可约性、实辛群的不可约性的证明相同, 还可以证明复直交群也不可约。

设在实向量空间 R_n 中有一个实线性群 G, 当 R_n 变化为 P_n 时该 G 可视为作用于 P_n 中的线性群。这表明当取定 R_n 的基时 G 中的元素 $\boldsymbol{A}$ 对应的方阵就确定了。如把该方阵视为在 P_n 中的一个线性变换对应的方阵取得到 P_n 中的一个线性变换。这样得到线性变换及线性变换群分别称为 R_n 中的线性变换和线性变换群的复化。

复化后的可约的实线性群仍然可约, 但不可约的实线性变换群未必如此。设 G 为实线性群, 复化后不可能有实非平凡的不变平面。今取其有复不变平面 K, 于是 K 的共轭 $\bar{K}$ 也为不变平面。显见 $K\cup\bar{K}$ 必为不变平面, 又为实平面, 故 $K\cup\bar{K}$ 的维数必为 n, 而 K 的维数必须不小于 $\frac{1}{2}n$; 因为 $K\cap\bar{K}$ 也必须为不变平面, 又为实平面, 所以必须只含零向量。K 的维数必须不大于 $\frac{1}{2}n$, 可知 K 的维数为 $\frac{1}{2}n$, n 必为偶数。取 $n=2m$, 如前讨论, 存在两个不变平面 K_m、$\bar{K}_m$。$K_m\cup\bar{K}_m=P_n$、$K_m\cap\bar{K}_m$ 只含零向量。在 K_m 上取一组基

$$a_1+ib_1, a_2+ib_2, \cdots, a_m+ib_m$$

这里 a_α、$b_\alpha(\alpha=1,2,\cdots,m)$ 为实向量。在空间实标架下, 群 G 中的线性变换 $\boldsymbol{A}$ 对应方阵的元素都是实数, 故 $\boldsymbol{A}a_\alpha$、$\boldsymbol{A}b_\alpha$ 为实向量。又因 K_m 为不变平面, $\boldsymbol{A}(a_\alpha+ib_\alpha)$ 为 $a_\beta+ib_\beta$ 的线性组合,

证明 $\boldsymbol{A}a_\alpha$、$\boldsymbol{A}b_\alpha$ 均为 a_β、b_β 的线性组合, 于是 a_1、a_2、$\cdots$、a_m, b_1、b_2、$\cdots$、b_n 张成实不变平面。由于群为实不可约, a_1、a_2、$\cdots$、a_m 不全为零向量, 因此它们一定张成全空间。全空间是 $n=2m$ 维的, 它们构成一个基。利用

$$\boldsymbol{A}(a_\alpha+ib_\alpha)=(c_\alpha^\beta+id_\alpha^\beta)(a_\beta+ib_\beta)$$

推出

$$\begin{aligned}\boldsymbol{A}a_\alpha&=c_\alpha^\beta a_\beta-d_\alpha^\beta b_\beta\\ \boldsymbol{A}b_\alpha&=d_\alpha^\beta a_\beta+c_\alpha^\beta b_\beta\end{aligned}\tag{1.58}$$

$\boldsymbol{A}$ 的方阵形式为

$$\left(\begin{array}{c:c}c_\alpha^\beta & d_\alpha^\beta\\ \hdashline -d_\alpha^\beta & c_\alpha^\beta\end{array}\right)\tag{1.59}$$

表明 R_{2m} 中的群 G 为 $GL(m,C)$ 的实形态的一个子群。反之, 凡具有所示形式的方阵的非奇异线性变换一定以 $a_\alpha+ib_\alpha$ 张成的复平面为不变平面。

定理 1.5 R_n 中不可约的线性群 G 复化之后成为可约的当且仅当 (1) $n-2m$, (2) G 为 $GL(m,C)$ 的实形态的子群。

1.6 外形式

取 x^1、x^2、$\cdots$、x^n 为 n 个独立的实变量。其变化范围是 n 维的变量空间的一个区域 G; 为方便, 假定函数具有任意阶 (次) 连续的导数。

在 G 中定义函数 $f(x^1,x^2,\cdots,x^n)$ 的全微分

$$\mathrm{d}f(x^1,x^2,\cdots,x^n)=\frac{\partial f}{\partial x^l}\mathrm{d}x^l\tag{1.60}$$

其可视作 $2n$ 个变量的函数。x^l 的变化范围是 G, $\mathrm{d}x^l$ 可取任何数值并关于 $\mathrm{d}x^l$ 是线性形式。

更一般的情形为

$$\omega(x, \mathrm{d}x) = a_l(x)\mathrm{d}x^l \tag{1.61}$$

这里 $a_l(x)$ 仅与 x^1、x^2、$\cdots$、x^n 有关, 这种表达式称为法普 (Pfaff) 式或一次微分形式。当给定 x^l、$\mathrm{d}x^l$ 时 $\omega(x, \mathrm{d}x)$ 即定。

对于微分形式

$$\Omega(x, \mathrm{d}x)a_{l_1 l_2 \cdots l_m}(x)\mathrm{d}_1 x^{l_1}\mathrm{d}_2 x^{l_2}\cdots\mathrm{d}_m x^{l_m} \tag{1.62}$$

$a_{l_1 l_2 \cdots l_m}$ 关于下标反对称, 于是该表达式称为 m 次外微分形式 (外形式)。引入记号

$$\begin{cases} \mathrm{d}x^i \wedge \mathrm{d}x^j = \begin{vmatrix} \mathrm{d}_1 x^i & \mathrm{d}_1 x^j \\ \mathrm{d}_2 x^i & \mathrm{d}_2 x^j \end{vmatrix} \\ \mathrm{d}x^i \wedge \mathrm{d}x^j \wedge \mathrm{d}x^k = \begin{vmatrix} \mathrm{d}_1 x^i & \mathrm{d}_1 x^j & \mathrm{d}_1 x^k \\ \mathrm{d}_2 x^i & \mathrm{d}_2 x^j & \mathrm{d}_2 x^k \\ \mathrm{d}_3 x^i & \mathrm{d}_3 x^j & \mathrm{d}_3 x^k \end{vmatrix} \\ \vdots \\ \mathrm{d}x^{l_1} \wedge \mathrm{d}x^{l_2} \wedge \cdots \wedge \mathrm{d}x^{l_m} = \begin{vmatrix} \mathrm{d}_1 x^{l_1} & \mathrm{d}_1 x^{l_2} & \cdots & \mathrm{d}_1 x^{l_m} \\ \mathrm{d}_2 x^{l_1} & \mathrm{d}_2 x^{l_2} & \cdots & \mathrm{d}_2 x^{l_m} \\ \vdots & \vdots & & \vdots \\ \mathrm{d}_m x^{l_1} & \mathrm{d}_m x^{l_2} & \cdots & \mathrm{d}_m x^{l_m} \end{vmatrix} \end{cases} \tag{1.63}$$

于是可得外形式表达为

$$\begin{aligned} \Omega(x, \mathrm{d}x) &= \sum_{l_1 < l_2 < \cdots < l_m} a_{l_1 l_2 \cdots l_m}\mathrm{d}x^{l_1} \wedge \mathrm{d}x^{l_2} \wedge \cdots \wedge \mathrm{d}x^{l_m} \\ &= \frac{1}{m!}a_{l_1 l_2 \cdots l_m}\mathrm{d}x^{l_1} \wedge \mathrm{d}x^{l_2} \wedge \cdots \wedge \mathrm{d}x^{l_m} \end{aligned} \tag{1.64}$$

的形式, 式中第一个等号是因为把系数的下标如 l_1、l_2、$\cdots$、l_m 的各种排列的项先行叠加, 然后利用系数的反对称性以及行列式性质得到; 又从 $a_{l_1 l_2 \cdots l_m}$ 关于下标的反对称性与 $\mathrm{d}x^{l_1} \wedge \mathrm{d}x^{l_2} \wedge \cdots \wedge \mathrm{d}x^{l_m}$

关于上标的反对称性推出第二个等式。同次的外形式可以相加，也可以在外形式上乘一个函数。

定义 k 个法普式 $\omega^1(\mathrm{d})$、$\omega^2(\mathrm{d})$、$\cdots$、$\omega^k(\mathrm{d})$ 的外乘

$$\omega^1 \wedge \omega^2 \wedge \cdots \wedge \omega^k = \begin{vmatrix} \omega^1(\mathrm{d}_1) & \omega^1(\mathrm{d}_2) & \cdots & \omega^1(\mathrm{d}_k) \\ \omega^2(\mathrm{d}_1) & \omega^2(\mathrm{d}_2) & \cdots & \omega^2(\mathrm{d}_k) \\ \vdots & \vdots & & \vdots \\ \omega^k(\mathrm{d}_1) & \omega^k(\mathrm{d}_2) & \cdots & \omega^k(\mathrm{d}_k) \end{vmatrix} \tag{1.65}$$

它是 k 组微分 $\mathrm{d}_1x^{l_1}$、$\mathrm{d}_2x^{l_2}$、$\cdots$、$\mathrm{d}_kx^{l_k}$ 的 k 线性形式，并且关于它们是反对称的，故也为外形式 (外微分形式)。事实上，若

$$\omega^\alpha(x, \mathrm{d}x) = a_l^\alpha(x)\mathrm{d}x^l$$

则依行列式性质知

$$\omega^1 \wedge \omega^2 \wedge \cdots \wedge \omega^k = a_{l_1}^1 a_{l_2}^2 \cdots a_{l_k}^k \mathrm{d}x^{l_1} \wedge \mathrm{d}x^{l_2} \wedge \cdots \wedge \mathrm{d}x^{l_k} \tag{1.66}$$

一般情况下把系数写成关于下标的反对称形式，所以可定义反对称化的系数

$$a_{[l_1}^1 a_{l_2}^2 \cdots a_{l_k]}^k = \frac{1}{k!}\varepsilon_{l_1 l_2 \cdots l_k}^{j_1 j_2 \cdots j_k} a_{j_1}^1 a_{j_2}^2 \cdots a_{j_k}^k \tag{1.67}$$

其中

$$\varepsilon_{l_1 l_2 \cdots l_k}^{j_1 j_2 \cdots j_k} = \begin{cases} -1 & (j_1 \cdots j_k \text{ 为 } l_1 \cdots l_k \text{ 的奇排列}) \\ 1 & (j_1 \cdots j_k \text{ 为 } l_1 \cdots l_k \text{ 的偶排列}) \\ 0 & (l_1 \cdots l_k \text{ 至少有两个相同} \\ & \text{或 } j_1 \cdots j_k \text{ 并非 } l_1 \cdots l_k \text{ 的排列}) \end{cases}$$

从而

$$\omega^1 \wedge \omega^2 \wedge \cdots \wedge \omega^k = a_{[l_1}^1 a_{l_2}^2 \cdots a_{l_k]}^k \mathrm{d}x^{l_1} \wedge \mathrm{d}x^{l_2} \wedge \cdots \wedge \mathrm{d}x^{l_k} \tag{1.68}$$

注意式 (1.63) 为式 (1.65) 的特例，即

$$\omega^1(\mathrm{d}) = \mathrm{d}x^{l_1} \quad \omega^2(\mathrm{d}) = \mathrm{d}x^{l_2} \quad \cdots \quad \omega^k(\mathrm{d}) = \mathrm{d}x^{l_k}$$

的形式。

定义两个外形式的外乘。对于 $\omega^1\wedge\omega^2\wedge\cdots\wedge\omega^m$、$\omega^{m+1}\wedge\omega^{m+2}\wedge\cdots\wedge\omega^k$, 则外乘表达为

$$(\omega^1\wedge\omega^2\wedge\cdots\wedge\omega^m)\wedge(\omega^{m+1}\wedge\omega^{m+2}\wedge\cdots\wedge\omega^k)=\omega^1\wedge\omega^2\wedge\cdots\wedge\omega^k \tag{1.69}$$

尤其是

$$\begin{aligned}&(\mathrm{d}x^{l_1}\wedge\mathrm{d}x^{l_2}\wedge\cdots\wedge\mathrm{d}x^{l_m})\wedge(\mathrm{d}x^{l_{m+1}}\wedge\mathrm{d}x^{l_{m+2}}\wedge\cdots\wedge\mathrm{d}x^{l_k})\\&=\mathrm{d}x^{l_1}\wedge\mathrm{d}x^{l_2}\wedge\cdots\wedge\mathrm{d}x^{l_k}\end{aligned} \tag{1.70}$$

规定外乘时有线性关系,

$$\begin{cases}(a\Omega_1+b\Omega_2)\wedge\Omega=a\Omega_1\wedge\Omega+b\Omega_2\wedge\Omega\\ \Omega\wedge(a\Omega_1+b\Omega_2)=a\Omega\wedge\Omega_1+b\Omega\wedge\Omega_2\end{cases} \tag{1.71}$$

式中 a、b 为任意函数。从式 (1.69) 知对 k-形式 Ω_1、l-形式 Ω_2

$$\Omega_1\wedge\Omega_2=(-1)^{lk}\Omega_2\wedge\Omega_1 \tag{1.72}$$

在 G 上的函数 f 级定为零次外微分形式, 且

$$f\wedge\Omega=f\Omega \tag{1.73}$$

1.7 外运算

对外形式进行一种称为外微分的运算, 使 k-形式变为 $k+1$-形式, 同时其满足可加性。设

$$\Omega=a\mathrm{d}x^{l_1}\wedge\mathrm{d}x^{l_2}\wedge\cdots\wedge\mathrm{d}x^{l_k}$$

而外微分 $D\Omega$ 为

$$\begin{aligned}D\Omega&=\mathrm{d}a\wedge\mathrm{d}x^{l_1}\wedge\mathrm{d}x^{l_2}\wedge\cdots\wedge\mathrm{d}x^{l_k}\\&=\frac{\partial a}{\partial x^l}\mathrm{d}x^{l_1}\wedge\mathrm{d}x^{l_2}\wedge\cdots\wedge\mathrm{d}x^{l_k}\end{aligned} \tag{1.74}$$

且

$$D(\Omega_1 + \Omega_2) = D\Omega_1 + D\Omega_2 \tag{1.75}$$

对任意外形式

$$\Omega = \frac{1}{k!} a_{l_1 l_2 \cdots l_k} \mathrm{d}x^{l_1} \wedge \mathrm{d}x^{l_2} \wedge \cdots \wedge \mathrm{d}x^{l_k}$$

得

$$D\Omega = \frac{1}{k!} \mathrm{d}a_{l_1 l_2 \cdots l_k} \wedge \mathrm{d}x^{l_1} \wedge \mathrm{d}x^{l_2} \wedge \cdots \wedge \mathrm{d}x^{l_k} \tag{1.76}$$

当 Ω 为函数 f 时

$$D\Omega = Df = \mathrm{d}f = \frac{\partial f}{\partial x^l} \mathrm{d}x^l \tag{1.77}$$

当 Ω 为法普式 $\omega = a_l \mathrm{d}x^l$ 时

$$D\omega = \mathrm{d}a_l \wedge \mathrm{d}x^l = \frac{1}{2}\left(\frac{\partial a_l}{\partial x^j} - \frac{\partial a_j}{\partial x^l}\right) \mathrm{d}x^j \wedge \mathrm{d}x^l \tag{1.78}$$

对外乘计算外微分

$$D(\Omega_1 \wedge \Omega_2) = D\Omega_1 \wedge \Omega_2 + (-1)^k \Omega_1 \wedge D\Omega_2 \tag{1.79}$$

k 为 Ω_1 的次数, 即 Ω_1 为 k-形式。显然

$$D(a\Omega) = \mathrm{d}a \wedge \Omega + aD\Omega$$

同理, 对 m 个法普式的外乘进行外微分, 得

$$\begin{aligned} D(\omega^1 \wedge \omega^2 \wedge \cdots \wedge \omega^m) = {} & D\omega^1 \wedge \omega^2 \wedge \cdots \wedge \omega^m - \omega^1 \wedge D\omega^2 \wedge \cdots \wedge \omega^m \\ & + \cdots + (-1)^{m+1} \omega^1 \wedge \omega^2 \wedge \cdots \wedge D\omega^m \end{aligned} \tag{1.80}$$

定理 1.6 若 Ω 为外形式, 则 $D(D\Omega) = 0$。

事实上, 对零次 Ω 的 f,

$$Df = \frac{\partial f}{\partial x^l} \mathrm{d}x^l$$

$$D(Df) = \mathrm{d}\frac{\partial f}{\partial x^l} \wedge \mathrm{d}x^l = \frac{\partial^2 f}{\partial x^j \partial x^l} \mathrm{d}x^j \wedge \mathrm{d}x^l$$

$$
=\frac{1}{2}\left(\frac{\partial^2 f}{\partial x^j \partial x^l}-\frac{\partial^2 f}{\partial x^l \partial x^j}\right)\mathrm{d}x^j\wedge\mathrm{d}x^l=0 \tag{1.81}
$$

对一般的 Ω

$$
\Omega=\frac{1}{k!}a_{l_1 l_2\cdots l_k}\mathrm{d}x^{l_1}\wedge\mathrm{d}x^{l_2}\wedge\cdots\wedge\mathrm{d}x^{l_k}
$$

有

$$
D\Omega=\frac{1}{k!}\mathrm{d}a_{l_1 l_2\cdots l_k}\wedge\mathrm{d}x^{l_1}\wedge\mathrm{d}x^{l_2}\wedge\cdots\wedge\mathrm{d}x^{l_k}
$$

再外微分, 使用式 (1.81)、式 (1.80) 即有定理 1.6。

定理 1.6 的逆定理可表述为: 如果 Ω_1 为外形式, 在区域 G 内

$$
D\Omega_1=0 \tag{1.82}
$$

又取 $P\in G$, 那么在点 P 有一个邻域 G_1, 其上必存在外形式 Ω 使

$$
\Omega_1=D\Omega \tag{1.83}
$$

在 G_1 成立。

讨论 Ω_1 为一次、二次的情况。若 ω 为法普形式 $\omega=a_l\mathrm{d}x^l$, 又如 $D\omega=0$, 则依式 (1.78) 有

$$
\frac{\partial a_l}{\partial x^j}-\frac{\partial a_j}{\partial x^l}=0
$$

微分方程

$$
\frac{\partial f}{\partial x^l}=a_l \tag{1.84}
$$

积分的可能条件可以满足; 对任意 $P\in G$, 存在邻域 G_1 仅在其上定义的函数 f, 使在 G_1 上满足式 (1.84), 就是

$$
\omega=\mathrm{d}f
$$

考察 Ω_1 为 2-形式,

$$
\Omega=\frac{1}{2!}a_{ij}\mathrm{d}x^i\wedge\mathrm{d}x^j\quad(a_{ij}=-a_{ji}) \tag{1.85}
$$

的情形。先设空间维数是 2, 此刻

$$\Omega_1 = a(x^1, x^2)\mathrm{d}x^1 \wedge \mathrm{d}x^2$$

注意到 $D\Omega_1 = 0$ 恒成立, 只需命

$$A(x^1, x^2) = \int_{c'}^{x^1} a(\xi, x^2)\mathrm{d}\xi$$

$$\Omega(x, \mathrm{d}x) = A(x^1, x^2)\mathrm{d}x^2$$

得

$$D\Omega = \Omega_1$$

据此知, 若 a 仍充分光滑地取决于另一些参数, 则 A 也可充分光滑地取决于这些参数。

对一般的 n, $D\Omega_1 = 0$ 就是

$$D\Omega_1 = \frac{1}{2!}\frac{\partial a_{ij}}{\partial x^k}\mathrm{d}x^k \wedge \mathrm{d}x^i \wedge \mathrm{d}x^j = 0$$

从 $a_{ij} = -a_{ji}$, 有

$$\frac{\partial a_{ij}}{\partial x^k} + \frac{\partial a_{jk}}{\partial x^i} + \frac{\partial a_{ki}}{\partial x^j} = 0 \tag{1.86}$$

若取 $\Omega = a_l \mathrm{d}x^l$, 则 $D\Omega = \Omega_1$ 相当于

$$\frac{\partial a_i}{\partial x^j} - \frac{\partial a_j}{\partial x^i} = a_{ij} \tag{1.87}$$

今证在式 (1.86) 下, 式 (1.87) 在点 P 的某邻域内有解。证明知, 当 a_{ij} 充分光滑地取决于某些参数时, a_i 也充分光滑地取决于这些参数。

将 x^n 视为参数, 由假定, 必存在 $a_\alpha(x)(\alpha = 1, 2, \cdots, n-1)$ 符合

$$\frac{\partial a_\alpha}{\partial x^\beta} - \frac{\partial a_\beta}{\partial x^\alpha} = a_{\alpha\beta} \tag{1.88}$$

构造函数 a_n, 满足式 (1.83) 除式 (1.88) 外的一些方程, 就有

$$\frac{\partial a_n}{\partial x^\alpha} = \frac{\partial a_\alpha}{\partial x^n} + a_{n\alpha} \tag{1.89}$$

由此得

$$\frac{\partial^2 a_n}{\partial x^\beta x^\alpha}=\frac{\partial^2 a_\alpha}{\partial x^\beta \partial x^\alpha}+\frac{\partial a_{n\alpha}}{\partial x^\beta}=\frac{\partial}{\partial x^n}\left(\frac{\partial a_\alpha}{\partial x^\beta}\right)+\frac{\partial a_{n\alpha}}{\partial x^\beta}$$

同理有

$$\frac{\partial^2 a_n}{\partial x^\alpha \partial x^\beta}=\frac{\partial}{\partial x^n}\left(\frac{\partial a_\beta}{\partial x^\alpha}\right)+\frac{\partial a_{n\beta}}{\partial x^\alpha}$$

两式相减, 应用式 (1.88)、式 (1.86) 知其差值为零, 即解 a_n 存在, 且若 a_{ij} 光滑地取决于这些参数, 则 a_n 也光滑地取决于这些参数, 这是因为 a_n 依全微分式

$$\left(\frac{\partial a_\alpha}{\partial x^n}+a_{n\alpha}\right)\mathrm{d}x^\alpha$$

经过曲线积分推出, 所得 a_1、a_2、$\cdots$、a_n 满足式 (1.87)。

1.8 完全可积性

设有 m 个法普式 $\theta^\alpha(x,\mathrm{d}x)(\alpha=1,2,\cdots,m)$, 构造

$$\theta^\alpha=a_l^\alpha(x)\mathrm{d}x^l=0 \tag{1.90}$$

称之为法普方程组。命 θ^α 在区域 G 中的每个点为独立的, 即对每个点 x 不存在不全为 0 的 b_α, 使

$$b_\alpha\theta^\alpha=b_\alpha a_l^\alpha(x)\mathrm{d}x^l=0 \tag{1.91}$$

对所有 $\mathrm{d}x^l$ 成立, 表明矩阵 (Q_l^α) 在每个点的秩为 m。如果函数 $F(x^1,x^2,\cdots,x^n)$ 满足条件: 对每个 x^l, 只要 $\mathrm{d}x^l$ 符合式 (1.90), 也一定存在

$$\mathrm{d}F=\frac{\partial F}{\partial x^l}\mathrm{d}x^l=0 \tag{1.92}$$

那么 F 称为法普方程组式 (1.90) 的初积分。命 F^1、F^2、$\cdots$、F^α 为式 (1.90) 在区域 G 的 σ 个初积分, 显见

$$\phi(F^1,F^2,\cdots,F^\alpha)=\Theta(x^1,x^2,\cdots,x^n)$$

也是初积分, 这是因为

$$\mathrm{d}\phi=\frac{\partial\phi}{\partial F^1}\mathrm{d}F^1+\frac{\partial\phi}{\partial F^2}\mathrm{d}F^2+\cdots+\frac{\partial\phi}{\partial F^\sigma}\mathrm{d}F^\sigma$$

若矩阵 $\left(\frac{\partial F^\alpha}{\partial x^l}\right)(\alpha=1,2,\cdots,\sigma;l=1,2,\cdots,n)$ 在区域 G_1 的每个点的秩为 σ, 则称之为一组独立的初积分。依初积分定义知, 当 F 为初积分时必有函数 b_α

$$\frac{\partial F}{\partial x^l}=b_\alpha a_l^\alpha \tag{1.93}$$

由于 (a_l^α) 的秩为 m, 因此独立初积分的数量至少为 m。

如果法普方程组式 (1.90) 在区域 G_1 内有 m 个独立初积分, 那么称它为完全可积。

对完全可积的法普方程组, 取 F^1、F^2、$\cdots$、F^m 为一组独立的初积分, 若有其他初积分 F^{m+1}, 则矩阵 $\left(\frac{\partial F^p}{\partial x^l}\right)(p=1,2,\cdots,m+1)$ 的秩为 m, 矩阵 $\left(\frac{\partial F^\alpha}{\partial x^l}\right)$ 的秩也为 m。依隐函数存在定理知 F^{m+1} 必为 F^1、F^2、$\cdots$、F^m 的函数, 从式 (1.93) 得到函数 $b_\beta^\alpha(x)$

$$\frac{\partial F^\alpha}{\partial x^l}=b_\beta^\alpha a_l^\beta \quad (\mathrm{d}F^\alpha=b_\beta^\alpha\theta^\beta) \tag{1.94}$$

$m\times m$ 方程 (b_β^α) 在每个点必定为非奇异的, 否则 $\left(\frac{\partial F^\alpha}{\partial x^l}\right)$ 的秩不会处处为 m。今取 $(\tilde{b}_\beta^\alpha)$ 为 (b_β^α) 的逆阵, 导出

$$a_l^\alpha=\tilde{b}_\beta^\alpha\frac{\partial F^\beta}{\partial x^l}$$

就是

$$\theta^\alpha=\tilde{b}_\beta^\alpha(x)\mathrm{d}F^\beta \tag{1.95}$$

定理 1.7 完全可积法普方程组中的每个法普式可表示为它的一组独立初积分的全微分的线性组合。

依式 (1.95)、式 (1.94), 构造

$$D\theta^\alpha = \mathrm{d}\tilde{b}^\alpha_\beta(x) \wedge \mathrm{d}F^\beta = \mathrm{d}\tilde{b}^\alpha_\beta(x) \wedge b^\beta_\gamma \theta^\gamma$$

有

$$D\theta^\alpha = \omega^\alpha_\beta \wedge \theta^\beta \tag{1.96}$$

其中

$$\omega^\alpha_\beta = \tilde{b}^\gamma_\alpha \mathrm{d}b^\alpha_\gamma$$

定理 1.8 如果法普方程组式 (1.90) 完全可积, 那么其右边的外微分必可表示为式 (1.96)。

当式 (1.90) 完全可积时, 从式 (1.96) 知, 若任意两组微分可使 $\theta^\alpha = 0$, 则它们也可给出 $D\theta^\alpha = 0$。这种情况可以表述为 $D\theta^\alpha = 0$ 是 $\theta^\alpha = 0$ 的代数推论, 也可导出式 (1.96)。实际上, 除 θ^α 外还能再取 $n-m$ 个法普式 θ^{m+1}、θ^{m+2}、$\cdots$、θ^n 使 θ^1、θ^2、$\cdots$、θ^n 为独立的, 故 $D\theta^\alpha$ 表成

$$D\theta^\alpha = \frac{1}{2} a^\alpha_{\beta\gamma} \theta^\beta \wedge \theta^\gamma + a^\alpha_{p\beta} \theta^p \wedge \theta^\beta + \frac{1}{2} a^\alpha_{pq} \theta^p \wedge \theta^q$$

式中 $p = m+1, m+2, \cdots, n; a^\alpha_{\beta\gamma} = -a^\alpha_{\gamma\beta}$、$a^\alpha_{pq} = -a^\alpha_{qp}$。选两组微分, 命 $\theta^\alpha = 0$, 让 θ^p 取到任意两组可能的值。依假定知 $a^\alpha_{pq} \theta^p \wedge \theta^q = 0$ 对任意取的两组 θ^p 的值成立, 于是 $a^\alpha_{pq} = 0$; 但取

$$\omega^\alpha_\gamma = \frac{1}{2} a^\alpha_{\beta\gamma} \theta^\beta + a^\alpha_{p\gamma} \theta^p$$

得

$$D\theta^\alpha = \omega^\alpha_\gamma \wedge \theta^\gamma \tag{1.97}$$

当 θ^α 符合式 (1.97), 置 $\bar{\theta}^\alpha = b^\alpha_\beta \theta^\beta$ (b^α_β 为任意函数), 又当 $\det(b^\alpha_\beta) \neq 0$ 时存在法普式 $\bar{\omega}^\alpha_\gamma$, 有

$$D\bar{\theta}^\alpha = \bar{\omega}^\alpha_\gamma \wedge \bar{\theta}^\gamma \tag{1.98}$$

定理 1.9 若对 θ^α 有式 (1.96), 则法普方程组式 (1.90) 完全可积。

先考察 $m=n-1$ 的情形，此时式 (1.90) 可唯一给出 $\mathrm{d}x^1$、$\mathrm{d}x^2$、$\cdots$、$\mathrm{d}x^n$ 之间的比值，就是存在不全为 0 的函数 λ^1、λ^2、$\cdots$、λ^n，使式 (1.90) 等价于

$$\frac{\mathrm{d}x^1}{\lambda^1}=\frac{\mathrm{d}x^2}{\lambda^2}=\cdots=\frac{\mathrm{d}x^n}{\lambda^n} \tag{1.99}$$

根据微分方程理论，这样的方程组在任意点 P 的适当邻域中恰有 $n-1$ 个独立的初积分；表明对 $m=n-1$ 成立。

今设定理对 $m=n-(r-1)$ 成立。考察 $m=n-r$ 的情况。由于式 (1.90) 的系数矩阵秩是 m，不妨设 $\det(a^\alpha_\beta)\neq 0$，否则也可通过自变量的顺序变化实现。作 $\theta^{m+1}=\mathrm{d}x^{m+1}$，得

$$D\theta^{m+1}=0 \tag{1.100}$$

对方程组 $\theta^\alpha=0$、$\theta^{m+1}=0$ 而言，空间维数减去方程的个数为 $r-1$；根据式 (1.100)、式 (1.96) 的归纳假定，存在该组方程组的 $m+1$ 个独立的初积分 F^1、F^2、$\cdots$、F^{m+1}。选 $n-m-1$ 个任意函数 F^{m+2}、F^{m+3}、$\cdots$、F^n，使这 n 个函数在点 P 的某邻域中函数独立，故置

$$\bar{x}^l=F^l(x^j)$$

为新自变量。在新自变量下，有

$$\theta^\alpha=\bar{a}^\alpha_\sigma(\bar{x}^\alpha,\bar{x}^p)\mathrm{d}\bar{x}^\sigma \tag{1.101}$$

式中 $\sigma=1,2,\cdots,m+1$；$p=m+2,m+3,\cdots,n$。又令式 (1.101) 中 $\det(\bar{a}^\alpha_\beta)\neq 0$，方程 $\theta^\alpha=0$ 可变为

$$\bar{\theta}^\alpha=\mathrm{d}\bar{x}^\alpha-f^\alpha(\bar{x}^\sigma,\bar{x}^p)\mathrm{d}\bar{x}^{m+1}=0$$

利用前述分析，$D\bar{\theta}^\alpha=0$ 也为 $\bar{\theta}^\alpha=0$ 的代数推论，但是

$$D\bar{\theta}^\alpha=-\frac{\partial f^\alpha}{\partial\bar{x}^\sigma}\mathrm{d}\bar{x}^\sigma\wedge\mathrm{d}\bar{x}^{m+1}-\frac{\partial f^\alpha}{\partial\bar{x}^p}\mathrm{d}\bar{x}^p\wedge\mathrm{d}\bar{x}^{m+1}$$

让 $\mathrm{d}\bar{x}^\alpha=f^\alpha(\bar{x}^\sigma,\bar{x}^p)\mathrm{d}\bar{x}^{m+1}$，注意到 $\mathrm{d}\bar{x}^p$、$\mathrm{d}\bar{x}^{m+1}$ 的任意性，且 $D\bar{\theta}^\alpha=0$。得

$$\frac{\partial f^\alpha}{\partial\bar{x}^p}=0$$

$$\bar{\theta}^\alpha = \mathrm{d}\bar{x}^\alpha - f^\alpha(\bar{x}^\alpha)\mathrm{d}\bar{x}^{m+1} = 0$$

这是由于 $m+1$ 个变量的 m 个方程构成的法普方程组, 因此有 m 个独立的初积分 F^σ, 并回到原 θ^α 和原坐标系统, 从而证明了定理 1.9。

n 维空间的一个 k 维曲面在每个点的邻域可表为

$$x^i = f^i(u^1, u^2, \cdots, u^k) \tag{1.102}$$

式中 f^i 为光滑函数、矩阵 $\left(\dfrac{\partial f^i}{\partial u^\alpha}\right)(\alpha = 1, 2, \cdots, k)$ 的秩为 k。如果将 x^i、$\mathrm{d}x^i$ 代入式 (1.90), 就可使之关于 u^α、$\mathrm{d}u^\alpha$ 恒成立, 那么称该曲面为法普方程的积分流形。特别地, 当式 (1.90) 完全可积, F^1、F^2、$\cdots$、F^m 为其一组独立的初积分时

$$F^i = C^i \tag{1.103}$$

式中 $C^i(i = 1, 2, \cdots, m)$ 为常数, 式 (1.103) 表示的曲面一定是法普方程的积分流形。这是由于在这曲面上的 x^i、$\mathrm{d}x^i$ 满足

$$\frac{\partial F^\alpha}{\partial x^i}\mathrm{d}x^i = 0$$

依它使 $\theta^\alpha = 0$。对空间任意点 $(x_0^1, x_0^2, \cdots, x_0^n)$, 只要它在矩阵 $\left(\dfrac{\partial F^\alpha}{\partial x^i}\right)$ 的秩为 m 的范围内, 总可以确定常数 C^α 给出 $F^\alpha(x_0^1, x_0^2, \cdots, x_0^n) = C^\alpha$。于是对完全可积的法普方程, 过每个点必存在 $n-m$ 维的积分流形。反之, 若过每个点有 $\theta^\alpha = 0$ 的一个 $n-m$ 维的积分流形, 不妨取 $\theta^\alpha = 0$ 可记作

$$\mathrm{d}x^\alpha - f_p^\alpha(x)\mathrm{d}x^p = 0$$

$p = m+1, m+2, \cdots, n$; 以 $(0, 0, \cdots, 0)$ 为该方程定义域内的点, 过点 $(x_0^1, x_0^2, \cdots, x_0^n, 0, 0, 0, \cdots, 0)$ 的积分流形上的至少在该点近旁由一些曲线组成, 这些曲线方程符合

$$\begin{cases} \dfrac{\mathrm{d}x^\alpha}{\mathrm{d}f} = f_p^\alpha(x)c^p \\ \dfrac{\mathrm{d}x^p}{\mathrm{d}t} = c^p \end{cases} \tag{1.104}$$

及初始条件 $t=0$、$x^\alpha=x_0^\alpha$、$x^p=0$, c^p 为参数。当 c^p 充分小时该方程在 $0\leqslant t\leqslant 1$ 有解。若置 $c^p=x^p$, 则得到过点 $(x_0^1,x_0^2,\cdots,x_0^m,0,0,\cdots,0)$ 的积分流形方程

$$x^\alpha=f^\alpha(x^p,x_0^\alpha)\tag{1.105}$$

当 $x^p=0$ 时 $x^\alpha=x_0^\alpha$, f^α 为 x^p、x_0^α 的光滑函数; 当 $x^p=0$ 时 $\dfrac{\partial f^\alpha}{\partial x_0^\alpha}=\delta_\beta^\alpha$, 在 $(x_0^\alpha,0)$ 的邻域中 $\det\left(\dfrac{\partial f^\alpha}{\partial x_0^\beta}\right)\neq 0$, 因而解出 x_0^α, 得

$$x_0^\alpha=F^\alpha(x^\beta,x^p)$$

对 $\det\left(\dfrac{\partial F^\alpha}{\partial x^p}\right)\neq 0$, 这些方程表示积分流形, 即 $\mathrm{d}F^\alpha=0$、$\theta^\alpha=0$ 等价, $F^\alpha(x^\beta,x^p)$ 为 m 个独立的初积分, 表明法普方程完全可积。

定理 1.10 法普方程为完全可积当且仅当过每个点必有一个 $n-m$ 维的积分流形。

若 θ^α 的系数为解析函数, 并当 $\theta^\alpha=0$ 为完全可积时积分流形由式 (1.104) 给出, 则表示积分流形的方程为 x^p、x_0^α 的解析函数。

1.9 法普系统的特征变量

称法普方程

$$\begin{cases}\pi_i^\alpha=\dfrac{1}{2}\left(\dfrac{\partial a_i^\alpha}{\partial x^j}-\dfrac{\partial a_j^\alpha}{\partial x^i}\right)\mathrm{d}x^j=0\\ \theta^\alpha=0\end{cases}\tag{1.106}$$

为法普系统 $\{\theta^\alpha\}$ 的特征方程。作变换 $\bar{x}^i=f^i(x)$,

$$\theta^\alpha=a_i^\alpha(x)\mathrm{d}x^i=\bar{a}_i^\alpha(\bar{x})\mathrm{d}\bar{x}^i$$

式中

$$\bar{a}_i^\alpha(\bar{x})=a_j^\alpha(x)\frac{\partial x^j}{\partial\bar{x}^i}$$

特征方程中 $\pi_i^\alpha = 0$ 取形式

$$\frac{1}{2}\left(\frac{\partial \bar{a}_i^\alpha}{\partial \bar{x}^j} - \frac{\partial \bar{a}_j^\alpha}{\partial \bar{x}^i}\right)\mathrm{d}\bar{x}^i = 0 \tag{1.107}$$

计算得

$$\frac{1}{2}\left(\frac{\partial \bar{a}_i^\alpha}{\partial \bar{x}^j} - \frac{\partial \bar{a}_j^\alpha}{\partial \bar{x}^i}\right)\mathrm{d}\bar{x}^i = \frac{1}{2}\frac{\partial x^k}{\partial \bar{x}^j}\left(\frac{\partial a_i^\alpha}{\partial x^k} - \frac{\partial a_k^\alpha}{\partial x^i}\right)\mathrm{d}x^i$$

从 $\det\left(\dfrac{\partial x^k}{\partial \bar{x}^i}\right) \neq 0$, 式 (1.107) 与 $\pi_i^\alpha = 0$ 等价; 表明式 (1.106) 不因自变量的变化而发生实质变化。

定理 1.11 法普系统 $\{\theta^\alpha\}$ 的特征方程完全可积, 且 $\{\theta^\alpha\}$ 可以该方程的初积分及其微分表达。

定理 1.12 若特征方程的左边 θ^α、π_i^α 可表为变量 y^1、y^2、$\cdots$、y^k 及其微分的线性组合, 而 y^1、y^2、$\cdots$、y^k 为 x^1、x^2、$\cdots$、x^n 的独立函数, 则 θ^α 可表为 y^1、y^2、$\cdots$、y^k 的法普式。

证明: 引进 $n-k$ 个函数 $y^{k+1}(x)$、$y^{k+2}(x)$、$\cdots$、$y^n(x)$, 使所有 $y^i(x)$ 为函数独立的。以 y^1、y^2、$\cdots$、y^n 为新坐标, 由假定,

$$\theta^\alpha = b_l^\alpha(y)\mathrm{d}y^l \tag{1.108}$$

$l = 1, 2, \cdots, k$。由于 π_i^α 也可是 $\mathrm{d}y^l$ 的组合, 在 (y^i) 坐标下该性质可保留, 因此

$$\frac{\partial b_p^\alpha}{\partial y^j} - \frac{\partial b_j^\alpha}{\partial y^p} = 0$$

$p = k+1$、$k+2$、$\cdots$、n。从式 (1.108) 知 $b_p^\alpha = 0$, 得

$$\frac{\partial b_l^\alpha}{\partial y^p} = 0$$

利用定理 1.12 可以证明定理 1.11。进一步可以断言: 设 θ^α、θ^p 为独立的法普式, 又

$$D\theta^\alpha = \frac{1}{2}a_{\beta\gamma}^\alpha \theta^\beta \wedge \theta^\gamma + a_{\beta p}^\alpha \theta^\beta \wedge \theta^p \tag{1.109}$$

θ^α 的特征方程为

$$\theta^\alpha = 0 \quad a^\alpha_{\beta p}\theta^p = 0 \tag{1.110}$$

为此, 依 $D\theta^\alpha$ 的表达式知法普方程 $\theta^\alpha = 0$ 完全可积, 故命

$$\theta^\alpha = b^\alpha_\beta \mathrm{d}y^\beta \quad (\det(b^\alpha_\beta) \neq 0)$$

式 (1.109) 改为

$$D\theta^\alpha = \frac{1}{2} b^\alpha_{\beta\gamma}\mathrm{d}y^\beta \wedge \mathrm{d}y^\gamma + b^\alpha_{\beta p}\mathrm{d}y^\beta \wedge \theta^p$$

式中

$$b^\alpha_{\beta\gamma} = a^\alpha_{mn} b^m_\beta b^n_\gamma \quad b^\alpha_{\beta p} = a^\alpha_{\gamma p} b^\gamma_\beta \tag{1.111}$$

记

$$\theta^\gamma = b^p_\alpha \mathrm{d}y^\alpha + b^p_q \mathrm{d}y^q \quad (\det(b^p_q) \neq 0)$$

依定义, 特征方程为

$$\mathrm{d}y^\alpha = 0 \quad b^\alpha_{\beta p} b^p_q \mathrm{d}y^q = 0 \tag{1.112}$$

式 (1.112) 等价于式 (1.110)。

1.10 法普式的规范形式

现讨论单个法普式的规范形式。已知

$$\theta = a_i(x)\mathrm{d}x^i$$

构造其特征方程。如上节所论: 特征方程完全可积。θ 可以特征方程的初积分表示。若特征方程中的独立方程数量为 ρ, 则 θ 可用 ρ 个自变量表示; 该 ρ 个自变量称为法普式 θ 的固有变量, ρ 称为 θ 的类数。

定理 1.13 当 $\rho = 2k$ 时必可选固有变量 y^1、y^2、$\cdots$、y^{2k} 使

$$\theta = y^1\mathrm{d}y^{k+1} + y^2\mathrm{d}y^{k+2} + \cdots + y^k\mathrm{d}y^{2k} \tag{1.113}$$

为此, 设 x^i 为 θ 的固有变量, 记特征方程中的 $\pi_i=0$ 为

$$\pi_i=a_{ij}(x)\mathrm{d}x^j=0$$

π_i 中独立方程的数量就是反对称方阵 (a_{ij}) 的秩, 该秩为偶数。当 $\rho=2k$ 时 (a_{ij}) 为满秩, 又 $\theta=0$ 为 $\pi_i=0$ 的推论, 当 $\rho=2k+1$ 时 (a_{ij}) 的秩为 $2k$, $\theta=0$ 不是 $\pi_i=0$ 的推论。

对于 $\rho=2k+1$, 置 θ 为

$$\theta=\mathrm{d}y^0+\theta_1(\mathrm{d}) \tag{1.114}$$

式中 $\theta_1(\mathrm{d})$ 是类数为 $2k$ 的法普式。此时 (a_{ij}) 的秩为 $2k$, 取函数 $\xi^0(x)$、$\xi^1(x)$、$\cdots$、$\xi^{2k}(x)$ 使

$$a_{ij}\xi^j=0 \quad a_i\xi^i=1$$

$i=0,1,\cdots,2k$。再设 y^1、y^2、$\cdots$、y^{2k} 为完全可积的法普系统 $\pi_i=0$ 的 $2k$ 个独立的初积分, 设 $y^1=C^1$、$y^2=C^2$、$\cdots$、$y^{2k}=C^{2k}$ 选参数 y^0, 使之符合

$$\frac{\mathrm{d}x^i}{\mathrm{d}y^0}=\xi^i(x)$$

于是 y^0 及 y^1、y^2、$\cdots$、y^{2k} 可作为新坐标, 而

$$\theta=Y_1\mathrm{d}y^1+Y_2\mathrm{d}y^2+\cdots+Y_{2k}\mathrm{d}y^{2k}+Y_0\mathrm{d}y^0$$

当 $\mathrm{d}y^1=\mathrm{d}y^2=\cdots=\mathrm{d}y^{2k}=0$ 时, 依 ξ^i、y^0 的作法知 $\theta=\mathrm{d}y^0$, 所以 $Y_0=1$。又由于对于坐标 y^α 所作的 π_i 也不应包含 $\mathrm{d}y^0$, 因此

$$\frac{\partial Y_1}{\partial y^0}=0 \quad \frac{\partial Y_2}{\partial y^0}=0 \quad \cdots \quad \frac{\partial Y_{2k}}{\partial y^0}=0$$

$Y_1\mathrm{d}y^1+Y_2\mathrm{d}y^2+\cdots+Y_{2k}\mathrm{d}y^{2k}$ 为 $2k$ 个变量的法普式。为使 θ 的类数为 $2k+1$, 它的类数必为 $2k$, 故其可取为 θ_1, 式 (1.114) 成立。

对于 $\rho=2k$, 置 θ 为

$$\theta=z\theta_1 \tag{1.115}$$

θ_1 为类数 $2k-1$ 的法普式; 记 $\theta = a_i \mathrm{d}x^i$, 构造方程

$$a_{ij}(x)\xi^j(x) = a_i(x) \tag{1.116}$$

因为 (a_{ij}) 为满秩, 所以唯一确定 $\xi^j(x)$, 且因 a_i 不全为 0, 则 ξ^i 不全为 0。设 $F^\alpha(x)$ 为微分方程组

$$\mathrm{d}x^1 : \mathrm{d}x^2 : \cdots : \mathrm{d}x^n = \xi^1 : \xi^2 : \cdots : \xi^n$$

的一组独立的初积分 $(\alpha = 1, 2, \cdots, n-1)$。因为 a_{ij} 是反对称的, 所以 $a_i\xi^i = 0$。据此, 从 $\mathrm{d}F^\alpha = 0$ 可导出 $\theta = 0$ 选 F^n 使 F^1、F^2、$\cdots$、F^n 为独立的函数, 令 $u^i = F^i(x)$ 为新自变量, 并记 $\theta = b_\alpha(u)\mathrm{d}u^\alpha$。置

$$D\theta = \frac{1}{2} b_{ij} \mathrm{d}u^i \wedge \mathrm{d}u^j$$

$$\bar{\xi^i} = \xi^j(x) \frac{\partial u^i}{\partial x^j}$$

于是 $\bar{\xi}^1 = \bar{\xi}^2 = \cdots = \bar{\xi}^{n-1} = 0$。易证: 从式 (1.116) 可推出 $b_{ij}\bar{\xi}^j = b_i$ 有 $\bar{\xi}^n b_{\alpha n} = b_\alpha$, 即取

$$\bar{\xi}^n = \frac{\partial b_\alpha}{\partial u^n} = b_\alpha$$

得

$$b_\alpha = z h_\alpha(u^1, u^2, \cdots, u^{n-1}) \quad \left(z = \exp \int \frac{1}{\bar{\xi}^n} \mathrm{d}u^n\right)$$

命 $\theta_1 = h_\alpha \mathrm{d}u^\alpha$ 得式 (1.115), 且 θ_1 的类数必为 $2k-1$, 否则 θ 的类数不可能为 $2k$。

今用数学归纳法证明。首先当 $\rho = 1$ 时

$$\theta = a(x)\mathrm{d}x = \mathrm{d}y$$

仅取 $y = \displaystyle\int a(x)\mathrm{d}x$ 即可; 当 $\rho = 2$ 时应用上述之证, $\theta = z\theta_1 = z\mathrm{d}y$, 表明定理对 $k = 1$ 成立。设定理对 $k = l$ 成立, 考察 $\rho = 2k+1$。依以上事实,

$$\theta = \mathrm{d}y^0 + \theta_1$$

θ_1 类数为 $2l$, 故从归纳法假定得

$$\theta = \mathrm{d}y + y^1 \mathrm{d}y^{l+1} + \cdots + y^l \mathrm{d}y^{2l}$$

若 $\rho = 2l+2$, 则

$$\theta = z\theta_1 = z(\mathrm{d}y^0 + y^1 \mathrm{d}y^{l+1} + \cdots + y^l \mathrm{d}y^{2l})$$

以 z、zy^1、$\cdots$、zy^l 为新变量, 得到 θ 为所需证明的形式, 定理得证。

通过定理 1.13 知, 在小范围内研究法普式, 只需讨论其规范形式。

根据定理 1.13 可以断言: 若 $\varOmega$ 为 2-形式且

$$D\varOmega = 0 \tag{1.117}$$

则必可取适当的坐标系统, 使

$$\varOmega = \mathrm{d}y^1 \wedge \mathrm{d}y^{l+1} + \mathrm{d}y^2 \wedge \mathrm{d}y^{l+2} + \cdots + \mathrm{d}y^l \wedge \mathrm{d}y^{2l} \tag{1.118}$$

成立。

1.11 局部李群及第一基本定理

设 G 为 r 个实变量空间 $(x^1, x^2, \cdots, x^r)$ 内的一个区域, 点 $e \in G$, 函数

$$z^\alpha = \varphi^\alpha(x^\beta, y^r) \tag{1.119}$$

当 $x \to (x^1, x^2, \cdots, x^n)$、$y \to (y^1, y^2, \cdots, y^n) \in G$ 时, 并在点 e 的某邻域中有定义, 又 $z \to (z^1, z^2, \cdots, z^n) \in G$; 在集合 G 上局部地定义乘法 $z = xy$, 如果

(1) 成立结合律

$$(xy)z = x(yz) \tag{1.120}$$

(2) 存在单位元素 e

$$ex = xe = x \tag{1.121}$$

(3) $\varphi^\alpha(x^\beta, x^\gamma)$ 为 x^β、x^γ 的解析函数; 那么称 G 为局部李群。

定 $e=(0,0,\cdots,0)$, 式 (1.120) 等价于

$$\varphi^\alpha(\varphi^\beta(x^\gamma, y^\delta), z^\varepsilon) = \varphi^\alpha(x^\gamma, \varphi^\beta(y^\delta, z^\varepsilon)) \tag{1.122}$$

式 (1.121) 等价于

$$x^\alpha = \varphi^\alpha(0, x^\beta) = \varphi^\alpha(x^\beta, 0) \tag{1.123}$$

考虑方程

$$\varphi^\alpha(x^\beta, y^\gamma) = 0 \tag{1.124}$$

当 $x^\beta = 0$ 时从式 (1.123) 知它有解 $y^\gamma = 0$。由此式给出在 $x^\beta = 0$、$y^\gamma = 0$,

$$\det\left(\frac{\partial\varphi^\alpha}{\partial y^\gamma}\right) = 1$$

于是存在 e 的一个邻域, 在其中方程式 (1.124) 有唯一解

$$y^\gamma = \varphi^\gamma(x^\beta) \tag{1.125}$$

使 $\varphi^\gamma(0) = 0$ 并

$$\varphi^\alpha(x^\beta, \varphi^\gamma(x^\delta)) = 0 \tag{1.126}$$

式中 φ^γ 为 x^β 的解析函数, y^γ 表示的元素称为 x 的逆元素 x^{-1}。由于

$$x^\lambda = \varphi^\lambda(\varphi^\alpha(x^\beta, \varphi^\gamma(x^\delta)), x^\varepsilon) = \varphi^\lambda(x^\beta, \varphi^\alpha(\varphi^\gamma(x^\delta), x^\varepsilon))$$

当 y、z 充分小时 $z^\lambda = \varphi^\lambda(y, x)$ 关于 x 在 e 的适当邻域中只有唯一的解, 因此

$$\varphi^\alpha(\varphi^\gamma(x^\delta), x^\varepsilon) = 0 \tag{1.127}$$

当 x 在 e 的一个适当邻域中成立时, 式 (1.127)、式 (1.126) 也就是

$$x^{-1}x = xx^{-1} = e$$

将群乘法依 x 的幂级数展开, 使用式 (1.123) 得

$$z^{\alpha}=y^{\alpha}+a_{\beta}^{\alpha}(y)x^{\beta}+\cdots \tag{1.128}$$

这里 $a_{\beta}^{\alpha}(y)$ 为 y 在 e 附近的解析函数, 未出现的项关于 x 至少是二次的。据式 (1.129) 有

$$a_{\beta}^{\alpha}(0)=\delta_{\beta}^{\alpha} \tag{1.129}$$

对 e 附近任意元素 $h\in G$, 且

$$\bar{y}^{\alpha}=\varphi^{\alpha}(y,h)$$

于是

$$\varphi^{\alpha}(x,\varphi(y,h))=\varphi^{\alpha}(y,h)+a_{\beta}^{\alpha}(\varphi(y,h))x^{\beta}+\cdots \tag{1.130}$$

另从式 (1.122)

$$\begin{aligned}\varphi^{\alpha}(x,\varphi(y,b))&=\varphi^{\alpha}(\varphi(x,y),h)\\&=\varphi^{\alpha}(y^{\beta}+a_{\gamma}^{\beta}(y)x^{\gamma}+\cdots,h^{\beta})\end{aligned}$$

得到

$$\varphi^{\alpha}(y,h)+a_{\beta}^{\alpha}(\varphi(y,h))x^{\beta}+\cdots=\varphi^{\alpha}(y^{\beta}+a_{\gamma}^{\beta}(y)x^{\gamma}+\cdots,h^{\beta})$$

在上式对 x^{β} 微分并让 $x^{\beta}=0$, 又将 y 改为 x、h 改为 y, 推出

$$a_{\beta}^{\alpha}(\varphi(x,y))=a_{\beta}^{\gamma}(x)\frac{\partial}{\partial x^{\gamma}}\varphi^{\alpha}(x,y) \tag{1.131}$$

由式 (1.129), 矩阵 $(a_{\beta}^{\alpha}(y))$ 在 e 的一个邻域中可逆, 设它的逆阵为 $(\tilde{a}_{\beta}^{\alpha}(y))$, 置

$$\hat{\omega}^{\alpha}(x,\mathrm{d}x)=-\tilde{a}_{\beta}^{\alpha}(x)\mathrm{d}x^{\beta} \tag{1.132}$$

则式 (1.131)、式 (1.132) 表明, $\bar{x}^{\alpha}=\varphi^{\alpha}(x,y)$ 为法普方程

$$\hat{\omega}^{\alpha}(\bar{x},\mathrm{d}\bar{x})=\hat{\omega}^{\alpha}(x,\mathrm{d}x) \tag{1.133}$$

以 $x^\alpha=0$、$\bar{x}^\alpha=y^\alpha$ 作初始条件的解。注意到 y^α 的任意性, 式 (1.133) 完全可积。

反之, 若有解析系数的法普式 $\hat{\omega}^\alpha(x,\mathrm{d}x)$, 它们在点 $(0,0,\cdots,0)$ 的一个邻域内独立, 式 (1.133) 完全可积, 而 $\bar{x}^\alpha=\varphi^\alpha(x,y)$ 为满足初始条件 $\varphi^\alpha(0,y)=y^\alpha$ 的解, 则 $\varphi^\alpha(x,y)$ 可作为局部李群的乘法关系。事实上, 观察函数

$$\dot{x}^\alpha=\varphi^\alpha(\varphi(x,y),z)$$

符合方程

$$\hat{\omega}^\alpha(\dot{x},\mathrm{d}\dot{x})=\hat{\omega}^\alpha(\varphi(x,y),\mathrm{d}\varphi(x,y))=\hat{\omega}^\alpha(x,\mathrm{d}x)$$

及初始条件 $x^\alpha=0$、$\dot{x}^\alpha=\varphi^\alpha(y,z)$, 即

$$\varphi^\alpha(\varphi(x,y),z)=\varphi^\alpha(x,\varphi(y,z))$$

表明以 $\varphi^\alpha(x,y)$ 定义的乘法符合结合律。由于 $\hat{\omega}(x,\mathrm{d}x)$ 为解析系数, 因此 φ^α 关于 x、y 为解析的。利用初始条件, 有

$$\varphi^\alpha(0,x)=x^\alpha$$

局部李群的条件已经满足。

李群第一基本定理 若 G 为 r 参数的局部李群, 则存在 r 个独立的、具有解析系数的法普式 $\hat{\omega}^\alpha(x,\mathrm{d}x)$, 使

(1) 法普方程组

$$\hat{\omega}^\alpha(\bar{x},\mathrm{d}\bar{x})=\hat{\omega}^\alpha(x,\mathrm{d}x) \tag{1.134}$$

完全可积;

(2) 以 $x^\alpha=0$、$\bar{x}^\alpha=y^\alpha$ 为初始条件的解

$$\bar{x}^\alpha=\varphi^\alpha(x,y)$$

就是群乘法关系。

该定理的逆定理为：若具有解析系数的 r 个独立的法普式 $\hat{\omega}^\alpha(x,\mathrm{d}x)$, 其相应的法普方程式 (1.134) 完全可积, 则由初始条件构造的函数 $\varphi^\alpha(x,y)$ 可作为局部李群的乘法关系。

称满足局部李群第一基本定理条件的 r 个独立法普式组称为群的第一类不变形式的完全系; 若进一步有 $\tilde{a}^\alpha_\beta(0)=\delta^\alpha_\beta$, 则称之为规范的。由第一类不变法普式系中的法普式常系数线性组合所得的法普式称为群的第一类不变法普式。

规范的第一不变法普式的意义在于: 依式 (1.128) 知

$$\varphi^\alpha(\hat{\omega}(y,\mathrm{d}y),y)=y^\alpha-a^\alpha_\beta\tilde{a}^\beta_\gamma\mathrm{d}y^\gamma+\cdots\doteq y^\alpha-\mathrm{d}y^\alpha \tag{1.135}$$

式中 $\doteq$ 表示不计 $\mathrm{d}y$ 的二阶以上无穷小时的相等关系。于是

$$\hat{\omega}(y,\mathrm{d}y)\doteq(y-\mathrm{d}y)y^{-1} \tag{1.136}$$

该式表明, 元素 $y-\mathrm{d}y$ 乘 y^{-1} 给出的元素坐标在一阶无穷小范围内为 $\hat{\omega}^\alpha(y,\mathrm{d}y)$; 同理,

$$\hat{\omega}(y,\mathrm{d}y)\doteq y(y+\mathrm{d}y)^{-1}$$

一组充分光滑的函数 $\bar{x}^\alpha=f^\alpha(x^\beta)$ 当 $\det\left(\dfrac{\partial\bar{x}^\alpha}{\partial x^\beta}\right)$ 在 $x^\beta=0$ 处不为零时, 均可用于群 G 的局部坐标, 特别是当 $f^\alpha(x^\beta)$ 为解析函数时, 称 $(\bar{x})$ 为解析坐标。当然, $(\bar{x})$ 自身也为解析坐标。在解析坐标下乘法关系也保持为解析的, $\hat{\omega}^\alpha(x,\mathrm{d}x)$ 的系数也可保持解析。

1.12 第二和第三基本定理

设 $\hat{\omega}^\alpha$ 为局部李群 G 的第一类不变形式的完全系, 因为式 (1.134), 即

$$\hat{\omega}^\alpha(\bar{x},\mathrm{d}\bar{x})=\hat{\omega}^\alpha(x,\mathrm{d}x) \tag{1.137}$$

完全可积, 所以

$$D\hat{\omega}^\alpha(\bar{x},\mathrm{d}\bar{x})=D\hat{\omega}^\alpha(x,\mathrm{d}x) \tag{1.138}$$

应为式 (1.137) 的代数推论。若置

$$\begin{cases} D\hat{\omega}^\alpha(x, \mathrm{d}x) = \dfrac{1}{2} C^\alpha_{\beta\gamma}(x)\hat{\omega}^\beta \wedge \hat{\omega}^\gamma \\ C^\alpha_{\beta\gamma}(x) = -C^\alpha_{\gamma\beta}(x) \end{cases} \tag{1.139}$$

则从式 (1.138)、式 (1.137) 导出

$$[C^\alpha_{\beta\gamma}(\bar{x}) - C^\alpha_{\beta\gamma}(x)]\hat{\omega}^\beta \wedge \hat{\omega}^\gamma = 0 \tag{1.140}$$

对任意 $\bar{x}$、x、$\mathrm{d}_1 x$、$\mathrm{d}_2 x$ 成立。置 $x^\alpha = 0$, 取 $\bar{x}^\alpha$ 为任意值, 并记作 x^α; 又由于 $\mathrm{d}_1 x$、$\mathrm{d}_2 x$ 可取为任意的两组微分, 而 ω^β 为 γ 个独立的法普式且 $C^\alpha_{\beta\gamma}$ 关于下标为反对称, 因此依式 (1.140) 可推出

$$C^\alpha_{\beta\gamma}(x) = C^\alpha_{\beta\gamma}(0)$$

表明 $C^\alpha_{\beta\gamma}(x)$ 为常数。故式 (1.139) 写成

$$\begin{cases} D\hat{\omega}^\alpha = \dfrac{1}{2} C^\alpha_{\beta\gamma}\hat{\omega}^\beta \wedge \hat{\omega}^\gamma \\ C^\alpha_{\beta\gamma} = -C^\alpha_{\gamma\beta} \end{cases} \tag{1.141}$$

称式 (1.141) 为嘉当方程、$C^\alpha_{\beta\gamma}$ 为群的结构常数。外微分式 (1.141), 利用定理 1.6,

$$(C^\alpha_{\sigma\gamma}C^\sigma_{\varepsilon\lambda} + C^\alpha_{\delta\varepsilon}C^\sigma_{\lambda\gamma} + C^\alpha_{\delta\lambda}C^\sigma_{\gamma\varepsilon})\hat{\omega}^\gamma \wedge \hat{\omega}^\varepsilon \wedge \hat{\omega}^\lambda = 0 \tag{1.142}$$

因为 $\hat{\omega}^\alpha$ 为 γ 个独立的法普式, 且式 (1.142) 的系数关于角标 γ、ε、λ 具有反对称性, 所以从此推出关系

$$C^\alpha_{\delta\gamma}C^\delta_{\varepsilon\lambda} + C^\alpha_{\delta\varepsilon}C^\delta_{\lambda\gamma} + C^\alpha_{\delta\lambda}C^\delta_{\gamma\varepsilon} = 0 \tag{1.143}$$

式 (1.143) 为雅可比恒等式。

李群第二基本定理　若 $\hat{\omega}^\alpha$ 为群的第一类不变形式的完全系, 则有式 (1.141), 系数 $C^\alpha_{\beta\gamma}$ 关于下标反对称并满足式 (1.143)。

李群第三基本定理　若 $C^{\alpha}_{\beta\gamma}$ 为已知常数并关于下标反对称、满足式 (1.143), 则必有一个局部李群, 以 $C^{\alpha}_{\beta\gamma}$ 为结构常数。

根据第一基本定理, 只需计算一组独立的法普式 $\hat{\omega}^{\alpha} = A^{\alpha}_{\beta}(x^{\gamma})\mathrm{d}x^{\beta}$, 使 $A^{\alpha}_{\beta}(x^{\gamma})$ 为解析函数, 又符合嘉当方程即可。据此, 得到方程组

$$\frac{\partial A^{\alpha}_{\beta}}{\partial x^{\gamma}} - \frac{\partial A^{\alpha}_{\gamma}}{\partial x^{\beta}} = -C^{\alpha}_{\delta\varepsilon}A^{\delta}_{\beta}A^{\varepsilon}_{\gamma} \tag{1.144}$$

方程的解应满足 $\det(A^{\alpha}_{\beta}) \neq 0$。考虑

$$\frac{\mathrm{d}\theta^{\alpha}_{\beta}}{\mathrm{d}t} = \delta^{\alpha}_{\beta} - C^{\alpha}_{\delta\varepsilon}\theta^{\delta}_{\beta}e^{\varepsilon} \tag{1.145}$$

及初始条件

$$t = 0 \quad \theta^{\alpha}_{\beta} = 0 \tag{1.146}$$

式中 e^{ε} 为一组参数。如果 e^{ε} 取在 $(0, 0, \cdots, 0)$ 的某邻域内, 则保证式 (1.145) 在式 (1.146) 下于 $0 \leqslant t \leqslant 1$ 中存在的解析解。解可取决于 e^{ε} 且为基解析函数, 可记

$$\theta^{\alpha}_{\beta} = \varphi^{\alpha}_{\beta}(t, e^1, e^2, \cdots, e^r) \tag{1.147}$$

对于

$$A^{\alpha}_{\beta}(x) = \theta^{\alpha}_{\beta}(1, x^1, x^2, \cdots, x^r) \tag{1.148}$$

则 A^{α}_{β} 为 x^r 的解析函数。今证这些函数满足式 (1.144), 当 x^r 充分地接近于 0 时 $\det(A^{\alpha}_{\beta}) \neq 0$。

事实上, 式 (1.147) 代入式 (1.148) 又对 e^r 微分, 有

$$\frac{\mathrm{d}}{\mathrm{d}t}\left(\frac{\partial \varphi^{\alpha}_{\beta}}{\partial e^r}\right) = -C^{\alpha}_{\delta\varepsilon}\frac{\partial \varphi^{\delta}_{\beta}}{\partial e^r}e^{\varepsilon} - C^{\alpha}_{\delta\gamma}\varphi^{\delta}_{\beta}$$

另

$$\begin{aligned}\frac{\mathrm{d}}{\mathrm{d}t}(C^{\alpha}_{\delta\varepsilon}\varphi^{\delta}_{\beta}\varphi^{\varepsilon}_{\gamma}) &= C^{\alpha}_{\beta\varepsilon}\varphi^{\varepsilon}_{\gamma} + C^{\alpha}_{\delta\gamma}\varphi^{\delta}_{\beta} - C^{\alpha}_{\delta\varepsilon}C^{\delta}_{\lambda\mu}e^{\mu}\varphi^{\lambda}_{\beta}\varphi^{\varepsilon}_{\alpha} - C^{\alpha}_{\delta\varepsilon}C^{\varepsilon}_{\lambda\mu}e^{\mu}\varphi^{\lambda}_{\gamma}\varphi^{\delta}_{\beta} \\ &= C^{\alpha}_{\beta\varepsilon}\varphi^{\varepsilon}_{\gamma} + C^{\alpha}_{\delta\gamma}\varphi^{\delta}_{\beta} - e^{\mu}\varphi^{\delta}_{\beta}\varphi^{\varepsilon}_{\gamma}(C^{\alpha}_{\lambda\varepsilon}C^{\lambda}_{\delta\mu} + C^{\alpha}_{\delta\lambda}C^{\lambda}_{\varepsilon\mu})\end{aligned}$$

使用雅可比恒等式, 得

$$\frac{\mathrm{d}}{\mathrm{d}t}(C^{\alpha}_{\delta\varepsilon}\varphi^{\delta}_{\beta}\varphi^{\varepsilon}_{\gamma}) = C^{\alpha}_{\beta\varepsilon}\varphi^{\varepsilon}_{\gamma} + C^{\alpha}_{\delta\gamma}\varphi^{\delta}_{\beta} + e^{\mu}\varphi^{\delta}_{\beta}\varphi^{\varepsilon}_{\gamma}C^{\alpha}_{\mu\lambda}C^{\alpha}_{\delta\varepsilon}$$

得

$$\begin{aligned}&\frac{\mathrm{d}}{\mathrm{d}t}\left(\frac{\partial\varphi^{\alpha}_{\beta}}{\partial e^{\gamma}} - \frac{\partial\varphi^{\alpha}_{\gamma}}{\partial e^{\beta}} + C^{\alpha}_{\delta\varepsilon}\varphi^{\delta}_{\beta}\delta^{\varepsilon}_{\gamma}\right)\\ &= -e^{\varepsilon}C^{\alpha}_{\delta\varepsilon}\left(\frac{\partial\varphi^{\delta}_{\beta}}{\partial e^{\gamma}} - \frac{\partial\varphi^{\delta}_{\gamma}}{\partial e^{\beta}} + C^{\delta}_{\lambda\mu}\varphi^{\lambda}_{\beta}\varphi^{\mu}_{\gamma}\right)\end{aligned} \tag{1.149}$$

对 $t=0$ 有 $\varphi^{\alpha}_{\beta}=0$, 有

$$\frac{\partial\varphi^{\alpha}_{\beta}}{\partial e^{\gamma}} = 0$$

即 $t=0$ 时

$$\frac{\partial\varphi^{\alpha}_{\beta}}{\partial e^{\gamma}} - \frac{\partial\varphi^{\alpha}_{\gamma}}{\partial e^{\beta}} + C^{\alpha}_{\delta\varepsilon}\varphi^{\delta}_{\beta}\varphi^{\varepsilon}_{\gamma} = 0$$

式 (1.149) 可作为线性常微分方程组, 根据柯西问题解的唯一性定理, 得

$$\frac{\partial\varphi^{\alpha}_{\beta}}{\partial e^{\gamma}} - \frac{\partial\varphi^{\alpha}_{\gamma}}{\partial e^{\beta}} + C^{\alpha}_{\delta\varepsilon}\varphi^{\delta}_{\beta}\varphi^{\varepsilon}_{\gamma} = 0$$

处处成立, 尤其是 $t=1$ 导出式 (1.144); 当 $e^{\gamma}=0$ 时

$$\varphi^{\alpha}_{\beta} = A^{\alpha}_{\beta} = \delta^{\alpha}_{\beta}$$

于是当 x 充分小时 $\det(A^{\alpha}_{\beta}) \neq 0$, 表明第三基本定理正确。

定义 1.1 设 G_1、G_2 为 r 维局部李群, 对于 $x_1 \in G_1$、$x_2 \in G_2$, 在 G_1、G_2 之间存在映射

$$Tx_1 = x_2$$

并满足:

(1) T 的定义域在 G_1 的单位元素 e_1 的一个充分小邻域内, T 的值域在 G_2 的单位元素 e_2 的一个充分小的邻域中;

(2) 当 G_1、G_2 取解析坐标时, 将 T 表示为方程

$$\bar{x}^{\alpha} = \varphi^{\alpha}(x^{\beta})$$

φ 为解析函数且 $\det\left(\dfrac{\partial\varphi^\alpha}{\partial x^\beta}\right)\neq 0$;

(3) 成立关系式

$$(Tx_1)(Tx_2)=T(x_1x_2)$$

故 T 称为 G_1、G_2 之间的一个同构。

依上述 (2) 知在 $(0,0,\cdots,0)$ 的适当邻域中对应必为一对一的。如果局部李群 G_1、G_2 之间存在同构 T, 那么称它们是同构的。由定义可推出

$$Te_1=e_2\quad T(x_1^{-1})=(Tx_1)^{-1}$$

定理 1.14 具有相同结构常数和相同维数的两个局部李群同构。

证明: 由假定该两个局部李群各有第一类的不变形式完全系 $\hat\omega^\alpha(x,\mathrm{d}x)$、$\hat\Omega(x,\mathrm{d}\bar x)$, 使

$$\begin{cases} D\hat\omega^\alpha(x,\mathrm{d}x)=\dfrac{1}{2}C^\alpha_{\beta\gamma}\hat\omega^\beta\wedge\hat\omega^\gamma \\ D\hat\Omega^\alpha(\bar x,\mathrm{d}\bar x)=\dfrac{1}{2}C^\alpha_{\beta\gamma}\hat\Omega^\beta\wedge\hat\Omega^\gamma \end{cases}\tag{1.150}$$

构造法普方程

$$\hat\Omega^\alpha(\bar x,\mathrm{d}\bar x)=\hat\omega^\alpha(x,\mathrm{d}x)\tag{1.151}$$

从式 (1.150) 知其完全可积, 以 $x^\alpha=0$、$\bar x^\alpha=0$ 为初始条件, 得解析解

$$\bar x^\alpha=\bar x^\alpha(x)\tag{1.152}$$

注意到 $\hat\Omega^\alpha$、$\hat\omega^\alpha$ 为独立的法普式, 如果在 $(0,0,\cdots,0)$ 点 $\hat\Omega^\alpha$ 的系数为 ${}^{②}\tilde A^\alpha_\beta(0)$、$\hat\omega^\alpha$ 的系数为 ${}^{①}\tilde A^\alpha_\beta(0)$, 那么从方程自身可见

$$\left(\frac{\partial\bar x^\alpha}{\partial x^\beta}\right)_{x^\beta=0}={}^{②}\tilde A^\alpha_\gamma(0)\ {}^{①}\tilde A^\gamma_\beta(0)$$

这里 ${}^{②}\tilde A^\alpha_\gamma(0)$ 为方阵 $({}^{②}\tilde A^\alpha_\beta(0))$ 的逆阵中的元素, 有

$$\det\left(\frac{\partial\bar x^\alpha}{\partial x^\beta}\right)\neq 0$$

在 $(0,0,\cdots,0)$ 的一个邻域中成立。若以式 (1.150) 作群 G_2 的坐标变换, 则群 G_2 的第一类不变形式系变为

$$\hat{\Omega}^{\alpha}(\bar{x}(x),\mathrm{d}\bar{x}(x))=\hat{\omega}^{\alpha}(x,\mathrm{d}x) \tag{1.153}$$

在该坐标系下, G_2 的乘法与 G_1 的乘法相同, 所以将同一个坐标的元素作为 G_1、G_2 的对应元素, 该对应为同构, G_1、G_2 是同构的。

据此可见, 结构常数除同构外完全刻画了局部李群的性质; 在群的不变形式系 $\hat{\omega}^{\alpha}$ 作变换

$$\hat{\theta}^{\alpha}=c^{\alpha}_{\beta}\hat{\omega}^{\beta}\quad(\det(c^{\alpha}_{\beta})\neq 0) \tag{1.154}$$

结构常数关系为

$$\bar{C}^{\alpha}_{\beta\gamma}=c^{\alpha}_{\lambda}C^{\lambda}_{\mu\rho}\tilde{c}^{\mu}_{\beta}\tilde{c}^{\rho}_{\gamma} \tag{1.155}$$

式中 $\tilde{c}^{\mu}_{\beta}$ 为 (c^{λ}_{μ}) 的逆阵中的元素。

定理 1.15 若维数相同的两个局部李群的结构常数满足式 (1.155), 则该两局部李群一定同构。

1.13 李群第二类不变法普式

若将局部李群的乘法关系展成

$$\varphi^{\alpha}(y,x)=y^{\alpha}+b^{\alpha}_{\beta}(x)y^{\beta}+\cdots \tag{1.156}$$

构造 (b^{α}_{β}) 的逆阵 $(\tilde{b}^{\alpha}_{\beta})$, 取

$$\omega^{\alpha}(x,\mathrm{d}x)=\tilde{b}^{\alpha}_{\beta}(x)\mathrm{d}x^{\beta} \tag{1.157}$$

可以给出:

(1) $\omega^{\alpha}(x,\mathrm{d}x)$ 为具有解析系数的独立的法普式;

(2) 法普方程组

$$\omega^{\alpha}(\bar{x},\mathrm{d}\bar{x})=\omega^{\alpha}(x,\mathrm{d}x)$$

完全可积, 由初始条件 $x^\alpha=0$、$\bar{x}^\alpha=y^\alpha$ 的解为乘法式

$$\bar{x}^\alpha=\varphi^\alpha(y,x)$$

(3) 成立

$$D\omega^\alpha(x,\mathrm{d}x)=\frac{1}{2}\bar{C}^\alpha_{\beta\gamma}\omega^\beta\wedge\omega^\gamma$$

式中 $\bar{C}^\alpha_{\beta\gamma}$ 为满足雅可比恒等式的常数。

$\omega^\alpha(x,\mathrm{d}x)$ 称为规范的第二类不变形式的完全系, 其任意的常系数线性组合称为第二类不变形式。因为

$$\varphi^\alpha(x,\omega(x,\mathrm{d}x))\doteq x^\alpha+\mathrm{d}x^\alpha$$

所以规范的第二类不变形式可以

$$\omega(x,\mathrm{d}x)\doteq x^{-1}(x+\mathrm{d}x)$$

确定。

为了确定 $\bar{C}^\alpha_{\beta\gamma}$、$C^\alpha_{\beta\gamma}$ 的关系, 在 G 上定义另一种乘法: 元素 x、y 相乘得到元素 z, 它的坐标为

$$x^\alpha=\psi^\alpha(x,y)=\varphi^\alpha(y,x)$$

据此, 得到一个局部李群 H。事实上,

$$\begin{aligned}\psi^\alpha(\psi(x,y),z)&=\varphi^\alpha(z,\psi(x,y))=\varphi^\alpha(z,\varphi(y,x))\\&=\varphi^\alpha(\varphi(z,y),x)=\psi^\alpha(x,\psi(y,z))\end{aligned}$$

验证知结合律成立, 其他条件显然。

依定义, 群 H 的第一类不变形式的完全系即为 G 的第二类不变形式的完全系。如果命映射

$$Tx=x^{-1}$$

把它视为从 G 到 H 的映射, 那么该映射为同构; 因为 Tx、Ty 依 H 的乘法相乘为 y^{-1}、x^{-1}, 依 G 的乘法相乘为 $y^{-1}x^{-1}=(xy)^{-1}=T(xy)$; 其他条件显见。

由于群的同构可以有相同的结构常数, 因此 $\bar{C}^{\alpha}_{\beta\gamma}$ 也出现在第一类不变形式中的结构常数, 且

$$\omega^{\alpha}(x, \mathrm{d}x) = \hat{\omega}^{\alpha}(\psi(x), \mathrm{d}\psi(x))$$

式中 $\hat{\omega}^{\alpha}$ 为第一类不变形式, $\psi(x)$ 为 x 的逆元。注意, 两类不变形式地位相同。

1.14 正规子群

定义 1.2 若在 r 维局部李群 G 中存在过 e 的 n 维的解析流形 H, 在 e 的适当邻域中的任意两个元素的乘积在 H 内, 则 H 称为 G 的子群。

设 H 的方程表示为

$$x^{\alpha} = f^{\alpha}(u^1, u^2, \cdots, u^n) \tag{1.158}$$

f^{α} 为解析函数, 满足

$$0 = f^{\alpha}(0, 0, \cdots, 0) \tag{1.159}$$

矩阵 $\left(\dfrac{\partial f^{\alpha}}{\partial u^i}\right)$ 在 e 邻近的秩为 n。取 $x \in H$、$y \in H$、$z = xy$ 的坐标为

$$z^{\alpha} = \varphi^{\alpha}(f(u), f(v)) \tag{1.160}$$

由定义知有函数 $\psi^i(u, v)$, 让

$$z^{\alpha} = f^{\alpha}(\psi^i(u, v)) \tag{1.161}$$

式中 $\psi^i(u, v)$ 为 u、v 的解析函数, 这从式 (1.161) 解出 ψ^i 可知 ψ^i 必为 z^{α} 的解析函数; 利用式 (1.160) 知 z^{α} 为 u、v 的解析函数, 于是有此结果。H 中的元素关于乘法显然符合结合律, 又 e 仍为单位元素, 故局部李群的子群也是局部李群。

取 $a \in G$, 表达为 Ha 形式的元素的集合称为右陪集, 右陪集的方程为

$$x^{\alpha} = \varphi^{\alpha}(f(u), a) \tag{1.162}$$

当 a 适当小时式 (1.162) 有意义, 也为解析流形。

今任取过 e 的一个 $r-n$ 维解析流形, 使之与 H 在 e 点无公共的切向量, 不妨设该流形的方程为

$$x^\alpha = h^\alpha(u^{n+1}, u^{n+2}, \cdots, u^r)$$

$$0 = h^\alpha(0, 0, \cdots, 0) \tag{1.163}$$

并在 e 点过 $\dfrac{\partial f^\alpha}{\partial u^i}$、$\dfrac{\partial h^\alpha}{\partial u^p}$ 表示 r 个线性独立的切向量; 而 $i = 1, 2, \cdots, n$; $p = n+1, n+2, \cdots, r$。令

$$x^\alpha = \varphi^\alpha(f(u^i), h(u^p)) = f^\alpha(u^\beta) \tag{1.164}$$

f^α 为 u^β 的解析函数, 容易检验在 $u^\alpha = 0$ 处 $\det\left(\dfrac{\partial f^\alpha}{\partial u^\beta}\right) \neq 0$, 因此式 (1.164) 可作为解析坐标的变换。对此变换, 子群有方程

$$u^p = 0 \tag{1.165}$$

但

$$u^p = C^p \quad (\text{常数}) \tag{1.166}$$

表示陪集。据此, 在该坐标系统下当 a 为元素 $(a^1, a^2, \cdots, a^r)$ 时右陪集 Ha 的方程也为 $u^p = a^p$。式 (1.166) 在局部意义下表示右陪集的全体, 仍以 x^α 标记 u^α, 应用群乘法知若 $x \in H$、$y \in Ha$, 则 $xy \in Ha$

$$\varphi^p(x^i, 0|y^i, y^p) = y^p$$

给出

$$a_j^p(y) = 0$$

得

$$\tilde{a}_j^p(y) = 0$$

表明部分的规范的第一类不变形式

$$\hat{\omega}^p(x, \mathrm{d}x) = -\tilde{a}_\alpha^p(x)\mathrm{d}x^\alpha = -\tilde{a}_q^p(x)\mathrm{d}x^q$$

法普方程组 $\hat{\omega}^p=0$ 完全可积, 其全系初积分可作为 $x^p(p=n+1,n+2,\cdots,r)$, 积分流形 x^p 为常数, 分别表示子群和陪集。

反之, 如果可取 $r-n$ 个独立的第一类不变形式 $\hat{\omega}^p$, 使

$$\hat{\omega}^p(x,\mathrm{d}x)=0 \tag{1.167}$$

完全可积, 那么该方程的过 e 点的积分流形必为子群, 其他的积分流形必可陪集。

事实上, 选坐标系统 x^p 为式 (1.167) 的 $r-n$ 个独立的初积分, 且 $(0,0,\cdots,0)$ 为单位元素, 此时 $\hat{\omega}^p(x,\mathrm{d}x)$ 可写为

$$\hat{\omega}^p(x,\mathrm{d}x)=A^p_q(x)\mathrm{d}x^q \quad (\det(A^p_q)\neq 0)$$

由于群的乘法 φ^α 符合

$$A^p_q(\varphi)\mathrm{d}\varphi^q=A^p_q(x)\mathrm{d}x^q$$

因此

$$\frac{\partial\varphi^p}{\partial x^i}=0$$

$$\varphi^p(x^i,0|y^i,y^p)=\varphi^p(0,0|y^i,y^p)=y^p \tag{1.168}$$

尤其是

$$\varphi^p(x^i,0|y^i,0)=0 \tag{1.169}$$

通过 $x^p=0$ 定义的 n 维解析流形 H 中 e 的适当邻域内的任意两个元素的乘积均在 H 中, 故 H 为子群。从式 (1.162) 可见, 右陪集 Ha 由 $x^p=a^p$ 确定。

定理 1.16 若 $\hat{\omega}^p$ 为局部李群 G 的 $r-n$ 个独立的第一类不变法普式且 $\hat{\omega}^p=0$ 完全可积, 则该法普方程组的 n 维积分流形上必为子群及右陪集系。

定理 1.16 之逆也成立, 即 G 的任意 n 维子群及其陪集必为适当的方程组 $\hat{\omega}^p=0$ 的积分流形。

进一步断言: 若将 H 为解析流形的条件放宽为 C^3 的流形, 又依群乘法满足局部群的条件, 则由定理的证明可知, H 及其右陪集

也是由一组完全可积的法普方程

$$c_\alpha^p \hat{\omega}^\alpha(u, \mathrm{d}u) = 0$$

所定义的, 表明 H 仍为解析流形。

定义 1.3 设 H 为局部李群 G 的子群, 如果对任何 e 的一个充分小邻域内的任意元素 a, 有 $aH = Ha$, 则 H 称为正规子群。

注意 $aH = Ha$ 是指在局部意义下成立, 即存在 H 在 e 的一个邻域 H_1, 可 $aH_1 = H_1a$, 等号表示左端、右端两个集合由相同元素构成。

设 H 为 n 维正规子群, 因其为子群, 选择适当坐标系统给出 $x^p = 0$ 为 H 的方程, $x^p = C^p$ 为陪集的方程; 由于 $aHbH = abH$, 因此在乘法中 $\varphi^p(x^i, x^p|y^i, y^q)$ 与 x^i、y^i 无关, 即

$$\varphi^p(x^i, x^p|y^j, y^q) = \varphi^p(x^p, y^q) \tag{1.170}$$

表明 $\varphi^p(x^p, y^q)$ 的展开式中除 $a_i^p(x) = 0$ 外, 尚有 $a_q^p(x)$ 仅取决于 x^p, 而 $\hat{\omega}^p(x, \mathrm{d}x)$ 不仅可表为 $\mathrm{d}x^p$ 的组合而其系数只取决于 x^p。

对于其逆, 若群 G 的第一类不变形式中有 $r - n$ 个独立的法普式 $\hat{\omega}^p$, 使 $\hat{\omega}^p = 0$ 完全可积并 $\hat{\omega}^p$ 可从 $\hat{\omega}^p = 0$ 的初积分及其微分完全表达; 记该初积分为 $x^p, x^p = 0$ 定义子群 H, 则在这种条件下当考察

$$\hat{\omega}^\alpha(\bar{x}, \mathrm{d}\bar{x}) = \hat{\omega}^\alpha(x, \mathrm{d}x)$$

时可将部分方程

$$\hat{\omega}^p(\bar{x}, \mathrm{d}\bar{x}) = \hat{\omega}^p(x, \mathrm{d}x) \tag{1.171}$$

分别积分; 故群乘法中 $\varphi^p(x, y)$ 不取决于 x^i、y^i。因为 H 由 $x^p = 0$ 定义, 所以陪集 Ha 依

$$x^p = \varphi^p(0, a) = a^p$$

定义; 陪集 aH 依

$$x^p = \varphi^p(a, 0) = a^p$$

定义, 表明 $aH = Ha$, 即 H 为正规子群。

定理 1.17 子群 H 为正规子群的充要条件为定义子群的法普方程式 (1.165) 中的 $\hat{\omega}^p(x, \mathrm{d}x)$ 可用该法普方程的初积分表达。

今命定义子群 H 的不变形式为 $\hat{\omega}^p, \hat{\omega}^p$、$\hat{\omega}^i$ 构成全系的第一类不变形式。由于 $\hat{\omega}^p = 0$ 完全可积, 因此在结构常数中 $C_{ij}^p = 0$, 即嘉当方程可写成

$$
\begin{aligned}
D\hat{\omega}^i &= \frac{1}{2}C^i_{\alpha\beta}\hat{\omega}^q \wedge \hat{\omega}^\beta \\
D\hat{\omega}^p &= C^p_{iq}\hat{\omega}^\alpha \wedge \hat{\omega}^q + \frac{1}{2}C^p_{ql}\hat{\omega}^q \wedge \hat{\omega}^l
\end{aligned}
\tag{1.172}
$$

的形式。当 H 为正规子群时必 $C^p_{iq} = 0$, 嘉当方程为

$$
\begin{cases}
D\hat{\omega}^i = \dfrac{1}{2}C^i_{\alpha\beta}\hat{\omega}^\alpha \wedge \hat{\omega}^\beta \\[2ex]
D\hat{\omega}^p = \dfrac{1}{2}C^p_{ql}\hat{\omega}^q \wedge \hat{\omega}^l
\end{cases}
\tag{1.173}
$$

当 $\hat{\omega}^p = 0$ 的初积分取作 $x^p = 0$, 且单位元素有坐标 $(0, 0, \cdots, 0)$ 时, 子群可取 x^i 为坐标, 乘法依

$$
\varphi^i(x^j, 0|y^k, 0)
$$

确定, 子群 H 存在第一类不变形式

$$
{}^{\textcircled{0}}\hat{\omega} = \hat{\omega}^i(x^j, 0|\mathrm{d}x^j, 0) \tag{1.174}
$$

它符合的嘉当方程为

$$
D^{\textcircled{0}}\hat{\omega}^i = \frac{1}{2}C^i_{jk}{}^{\textcircled{0}}\hat{\omega}^j \wedge^{\textcircled{0}} \hat{\omega}^k \tag{1.175}
$$

若 H 为正规子群, 则可定义商群 G/H, 陪集为其元素, 其乘法依 $aHbH = abH$ 确定, 故商群的乘法由函数 $\varphi^p(x^q, x^l)$ 表示, 它有第一类不变形式 $\hat{\omega}^p(x, \mathrm{d}x)$、结构常数 C^p_{ql}。

利用上述结果知确定 n 维子群的问题可转化为: 设 $\hat{\omega}^\alpha$ 为群的第一类不变形式的完全系, 构造常数 c^p_α 使方程

$$
\hat{\theta}^\alpha = c^p_\alpha \hat{\omega}^\alpha = 0
$$

完全可积, 而 (c_{α}^{p}) 的秩为 $r-n$; 即转化成代数问题处理。

[例 1.1] 在适当解析坐标下由乘法

$$z^{\alpha}=x^{\alpha}+y^{\alpha} \qquad ①$$

定义群, 其符合局部李群成立的条件; 此时式 (1.128) 中 $a_{\beta}^{\alpha}(y)=\delta_{\beta}^{\alpha}$, 于是规范的第一类不变形式为

$$\hat{\omega}^{\alpha}(x,\mathrm{d}x)=-\mathrm{d}x^{\alpha} \qquad ②$$

注意到 $\hat{\omega}^{\alpha}(x,\mathrm{d}x)$ 为全微分, 嘉当方程变为

$$D\hat{\omega}^{\alpha}=0$$

表明结构常数为零。

群为阿贝尔群当且仅当其结构常数 $C_{\beta\gamma}^{\alpha}=0$; 上述定义的局部李群为阿贝尔群。如果两个局部李群的结构常数相同, 那么它们同构。验证知: 所有一维局部李群为阿贝尔群。所有子群为正规子群, $\gamma-l$ 维的子群由法普方程

$$c_{p\alpha}\hat{\omega}^{\alpha}=0 \quad (p=1,2,\cdots,l)$$

或有限方程

$$c_{p\alpha}x^{\alpha}=0$$

确定, $c_{p\alpha}$ 为任意一组常数、$(c_{p\alpha})$ 的秩为 l。

[例 1.2] 设 $r=2$、$x\in G$、$x(x^1,x^2)$, 乘法为

$$\begin{aligned} z^1&=\varphi^1(x,y)=x^1+y^1\\ z^2&=\varphi^2(x,y)=x^2+y^2\exp(x^1) \end{aligned} \qquad ①$$

元素 $e(0,0)$。验证知它符合局部李群定义。定义一个群并比较式 (1.128)

$$\begin{aligned} a_1^1(y)&=1 \quad & a_2^1(y)&=0\\ a_1^2(y)&=y^2 \quad & a_2^2(y)&=1 \end{aligned}$$

得到规范的第一类不变形式

$$\begin{cases} \hat{\omega}^1(x,\mathrm{d}x)=-\mathrm{d}x^1\\ \hat{\omega}^2(x,\mathrm{d}x)=x^2\mathrm{d}x^1-\mathrm{d}x^2 \end{cases} \qquad ②$$

嘉当方程为

$$D\hat{\omega}^1 = 0 \quad D\hat{\omega}^2 = -\hat{\omega}^1 \wedge \hat{\omega}^2 \qquad ③$$

结构常数中的非零项有

$$C_{12}^2 = -\frac{1}{2} \quad C_{21}^2 = \frac{1}{2}$$

它满足雅可比方程。依 $r = 2$, 一切解析子群为一维的。为此, 构造法普式 $\omega = a\hat{\omega}^1 + b\hat{\omega}^2$

$$D\hat{\omega} = -b\hat{\omega}^1 \wedge \hat{\omega}^2$$

当 $b = 0$ 时得到子群 $x^1 = 0$, 它为正规子群; 当 $b \neq 0$ 时, 不妨取它为 1

$$D\hat{\omega} = -\hat{\omega}^1 \wedge \omega$$

故方程 $\hat{\omega} = 0$ 完全可积, 法普方程可写为

$$x^2 \mathrm{d}x^1 - \mathrm{d}x^2 - a\mathrm{d}x^1 = 0$$

子群的方程为

$$x^2 = a[1 - \exp(x^1)]$$

它不是正规子群。

[例 1.3] 设 G 的元素为实数构成的 n 阶非奇异矩阵 (x_j^i), 以矩阵乘法确定群乘法, 这时单位元素为 e 作单位矩阵 (δ_j^i), 将 x_j^i 取为元素的坐标, 使用式 (1.136) 推导其规范的第一类不变形式, 有

$$\delta_j^i + \hat{\omega}_i^j(x, \mathrm{d}x) \doteq (x_k^i - \mathrm{d}x_k^i)\tilde{x}_j^k$$

$(\tilde{x}_j^k)$ 为 (x_j^i) 的逆阵, 于是

$$\hat{\omega}_j^i(x, \mathrm{d}x) = -\tilde{x}_j^k \mathrm{d}x_k^i$$

作嘉当方程

$$D\hat{\omega}_j^i(x, \mathrm{d}x) = -\mathrm{d}\tilde{x}_j^k \wedge \mathrm{d}x_k^i$$

因为 $\tilde{x}_j^k x_k^i = \delta_j^i$, 所以 $x_k^i \mathrm{d}\tilde{x}_j^k = -\tilde{x}_j^k \mathrm{d}x_k^i$, 或

$$\mathrm{d}\tilde{x}_j^k = -\tilde{x}_i^k \tilde{x}_j^l \mathrm{d}x_l^i$$

得

$$D\hat{\omega}_j^i = \tilde{x}_h^k \tilde{x}_j^l \mathrm{d}x_l^h \wedge \mathrm{d}x_k^i = \hat{\omega}_j^h \wedge \hat{\omega}_h^i$$

这事实上就确定了该群的结构常数。

1.15 一维子群

r 维局部李群的一维子群由 $r-1$ 个独立的第一类 (或第二类) 不变形式构成的法普方程确定。如果 $\hat{\omega}^\alpha$ 为第一类不变形式的完全系, 那么一维子群的微分方程应有形式

$$\theta^p = c_\alpha^p \hat{\omega}^\alpha \tag{1.176}$$

式中 $p = 1, 2, \cdots, r$; c_α^p 为常数且矩阵 (c_α^p) 的秩为 $r-1$。由于自变量个数为 r, $r-1$ 个独立的法普式组成的法普方程完全可积, 因此对 c_α^p 无需新增条件, 式 (1.176) 等价于方程

$$\hat{\omega}^1 : \hat{\omega}^2 : \cdots : \hat{\omega}^r = C^1 : C^2 : \cdots : C^r \tag{1.177}$$

C^α 为不全为 0 的常数。置

$$\hat{\omega}^\alpha = A_\beta^\alpha(x) \mathrm{d}x^\beta \tag{1.178}$$

引进一维子群的参数 t, 将式 (1.177) 变成

$$\frac{\mathrm{d}x^\alpha}{\mathrm{d}t} = C^\beta \tilde{A}_\beta^\alpha(x) \tag{1.179}$$

式中 $\tilde{A}_\beta^\alpha$ 为 (A_β^α) 的逆阵的元素, 因为已设 $(0, 0, \cdots, 0)$ 为单位元素, 所以相应的一维子群是方程式 (1.176) 给出

$$t = 0 \quad x^\alpha = 0 \tag{1.180}$$

为初始条件的解。把它置为

$$x^{\alpha}=f^{\alpha}(t,C^{\beta}) \tag{1.181}$$

式 (1.179) 在 $\bar{C}^{\beta}=\sigma C^{\beta}$、$\bar{t}=\dfrac{t}{\sigma}$ (σ 为常数) 变换下不变, 初始条件也不受该变换的影响, 依解的唯一件, 得

$$f^{\alpha}(t,C^{\beta})=f^{\alpha}\left(\frac{t}{\sigma},\sigma C^{\beta}\right)$$

尤其是 $\sigma=t$,

$$x^{\alpha}=f^{\alpha}(1,tC^{\beta})=\varphi^{\alpha}(tC^{\beta}) \tag{1.182}$$

据此, 当常数 C^{β} 变为 σC^{β} 时一维子群无变化。若取 $\hat{\omega}^{\alpha}$ 使

$$A^{\alpha}_{\beta}(0)=-\delta^{\alpha}_{\beta}$$

则 $C^{p}(p=1,2,\cdots,r)$ 无特殊意义, 即相应的一维子群在 e 点及向量 $(C^{1},C^{2},\cdots,C^{r})$ 相切, 并且只有一个一维的子群与同一个方向相切。在此假设下考虑式 (1.182), 令 $u^{\alpha}=tC^{\alpha}$, 于是式 (1.182) 显然在 u^{α} 和 0 适当接近时有意义, 而 φ^{α} 为 u 的解析函数。从式 (1.179)、式 (1.180) 推出

$$x^{\alpha}=tC^{\alpha}+\cdots=u^{\alpha}+\cdots$$

式中略去了关于 tC^{α} 或 u^{α} 高于一次的项, 故

$$\left(\frac{\partial x^{\alpha}}{\partial u^{\beta}}\right)_{u=0}=\delta^{\alpha}_{\beta}$$

以

$$\bar{x}^{\alpha}=\varphi^{\alpha}(u^{\beta})$$

为坐标变换, 在 u^{α} 坐标下一维子群的方程具有最简单的形式

$$u^{\alpha}=tC^{\alpha} \tag{1.183}$$

式中 C^{α} 为任意一组不全为零的常数, 这种坐标称为法坐标。法坐标为群中在 e 的适当邻域内的元素和 e 点的相切空间之间的双射;

在此映射下一维子群对应于由 e 点出发的直线，该直线的方向就是这个子群在 e 点的切向量。

两个法坐标之间必为线性变换。事实上，取

$$\bar{u}^{\alpha} = f^{\alpha}(u^{\beta}) \tag{1.184}$$

为从一个法坐标到另一个法坐标的变换，根据法坐标的意义知

$$f^{\alpha}(tC^{\beta}) = \bar{C}^{\alpha}t \tag{1.185}$$

式中 $\bar{C}^{\alpha}$ 由

$$\left(\frac{\partial f^{\alpha}}{\partial u^{\beta}}\right)_0 C^{\beta} = \bar{C}^{\alpha}$$

确定。设 C^{β} 充分小让 $t=1$ 时 $f^{\alpha}(tC^{\beta})$ 有意义，在式 (1.185) 中取 $t=1$，推出

$$\begin{cases} \bar{u} = c^{\alpha}_{\beta}u^{\beta} \\ c^{\alpha}_{\beta} = \left(\dfrac{\partial f^{\alpha}}{\partial u^{\beta}}\right)_0 \end{cases} \tag{1.186}$$

另，式 (1.186) 本身也将法坐标变为法坐标。故法坐标除了一个线性变换外是唯一确定的。

1.16 局部变换群

设 Ω 为 n 个变量 $(x^1, x^2, \cdots, x^n)$ 所成空间的一个区域，G 为 r 个变量 $(u^1, u^2, \cdots, u^r)$ 所成空间的一个区域，又点 $e \to (0, 0, \cdots, 0) \in G$；设

$$\bar{x}^i = f^i(x, u) \quad (i = 1, 2, \cdots, n) \tag{1.187}$$

为定义在 $\Omega \times \Omega$ 上的解析函数。如果

(1) $x^i = f^i(x, 0)$; (1.188)

(2) 存在定义域为 u、$v \in G$ 的解析函数 $\varphi^{\alpha}(u, v)$ 及定义域为 $u \in G$ 的解析函数 $\psi^{\alpha}(u)$，当 u、v 在 e 的一个邻域中时

$\varphi^\alpha(u,v)$、$\psi^\alpha(u)$ 的值域在 G 内, 并

$$f^i(f(x,v),u) = f^i(x,\varphi(u,v)) \tag{1.189}$$

$$\varphi^\alpha(\varphi(u,v),w) = \varphi^\alpha(u,\varphi(v,w)) \tag{1.190}$$

$$\varphi^\alpha(u,\psi(u)) = 0 \tag{1.191}$$

$$\varphi^\alpha(u,0) = u^\alpha \tag{1.192}$$

对 u、v、w 在 e 的某邻域中成立, 而式 (1.189) 还需 x 为 Ω 中满足 $f(x,v) \in \Omega$ 的点, 那么称式 (1.190) 构成一个解析的局部变换群或解析的变换拟群 Σ, 称 u^1、u^2、$\cdots$、u^r 为群参数。

依定义, G 形成乘法关系为 $\varphi(u,v)$ 的局部群。以式 (1.189) 知从 G 中的元素 (u) 到 Σ 中变换式 (1.187) 的映射为同态, 即若式 (1.185) 定义的变换记作 S_u, 则据式 (1.189), 得

$$S_u S_v = S_{\varphi(u,v)} \tag{1.193}$$

可称 Σ 为 G 的一个群表示。尤其是取 Ω 重合于 G, 命

$$\bar{x}^\alpha = \varphi^\alpha(u,x) \tag{1.194}$$

将它视为 G 上的变换 S_u, 有 $S_u x = ux$, 于是得到局部李群的一个表示。取

$$\bar{x}^\alpha = \varphi^\alpha(x,u) \tag{1.195}$$

将它视为 G 上的变换 T_u, 有 $T_u x = xu$, 于是得到局部李群的另一个表示; 这两种表示分别称为左推移和右推移。

今推导式 (1.187) 中函数 f 应符合的微分方程。为此, 作

$$\begin{aligned} f^i(x,u+\mathrm{d}u) &= f^i(f(\bar{x},\psi(u)),u+\mathrm{d}u) \\ &= f^i(\bar{x},\varphi(u+\mathrm{d}u,\psi(u))) \end{aligned}$$

舍弃 $\mathrm{d}u$ 的高阶无穷小, 依式 (1.124) 知

$$\varphi^\alpha(u+\mathrm{d}u,\psi(u)) = -\hat{\omega}^\alpha(u,\mathrm{d}u)$$

式中 $\hat{\omega}^\alpha$ 为规范的第一类不变形式, 故上式等于

$$\bar{x}^i - \frac{\partial}{\partial u^\alpha} f^i(\bar{x}, u)\bigg|_{u=0} \hat{\omega}(u, \mathrm{d}u)$$

置

$$\xi_\alpha^i = \frac{\partial}{\partial u^\alpha} f^i(\bar{x}, u)\bigg|_{u=0} \tag{1.196}$$

取 $\mathrm{d}\bar{x}^i = f^i(x, u+\mathrm{d}u) - f^i(x, u)$, 在一阶无穷小范围内有

$$\mathrm{d}\bar{x}^i + \xi_\alpha^i(\bar{x})\hat{\omega}^\alpha(u, \mathrm{d}u) = 0 \tag{1.197}$$

式 (1.197) 为式 (1.187) 满足的微分方程。对应于初始条件 $u^\alpha = 0$、$\bar{x}^i = x^i$, 其解为式 (1.187)。注意到 x^i 的任意性, 式 (1.185) 为完全可积的法普方程。

对式 (1.187) 外微分, 得

$$\mathrm{d}\xi_\alpha^i \wedge \hat{\omega}^\alpha + \xi_\alpha^i D\hat{\omega}^\alpha = 0$$

使用

$$\mathrm{d}\xi_\alpha^i = \frac{\partial}{\partial x^j}\xi_\alpha^i(\bar{x})\mathrm{d}\bar{x}^j$$

及嘉当方程, 以 $x^i \to \bar{x}^i$, 引进

$$\frac{\partial}{\partial x^j}\xi_\alpha^i(x) = \xi_{\alpha},_j^i(x) \tag{1.198}$$

有

$$(\xi_r^i,_j \xi_\beta^j - \xi_\beta^i,_j \xi_r^j + C_{\beta r}^\alpha \xi_\alpha^i)\hat{\omega}^\beta \wedge \hat{\omega}^r = 0$$

给出

$$\xi_\beta^i,_j \xi_r^j - \xi_r^i,_j \xi_\beta^j = C_{\beta r}^\alpha \xi_\alpha^i \tag{1.199}$$

这是式 (1.197) 中 ξ_α^i 符合的关系式。

如果从 G 到 Σ 的映射为局部同构, 那么依 $C^\alpha\xi_\alpha^i = 0$ 推出 $C^\alpha = 0$。或曰: r 个向量场 ξ_α^i 为常系数线性独立的。

事实上, 若存在不全为 0 的 C^α 使 $C^\alpha\xi_\alpha^i = 0$, 则作 G 的一维子群, 它的定义方程为

$$\hat{\omega}^1 : \hat{\omega}^2 : \cdots : \hat{\omega}^r = C^1 : C^2 : \cdots : C^r$$

该子群的元素对应的 $\bar{x}^i$ 满足

$$\mathrm{d}\bar{x}^i = 0$$

即整个子群对应于恒等变换

$$\bar{x}^i = x^i$$

表明从 G 到 Σ 的映射并非同构。

反之, 设有完全可积的方程式 (1.197) 且 $\xi^i_\alpha(x)$ 为常系数独立的向量场, $\hat{\omega}^\alpha(u, \mathrm{d}u)$ 为独立的法普系。今证明:

(1) $\hat{\omega}(u, \mathrm{d}u)$ 为 r 维局部李群 G 的第一类不变形式的完全系统;

(2) 以 $u^\alpha = 0$、$\bar{x}^i = x^i$ 为初始条件的解集是 G 的一个同构表示。

对此, 由式 (1.197) 的外微分并应用式 (1.192), 得

$$\frac{1}{2}(\xi^i_{\beta},_j \xi^j_\gamma - \xi^i_{\gamma},_j \xi^j_\beta)\hat{\omega}^\beta \wedge \hat{\omega}^\gamma - \xi^i_\alpha D\hat{\omega}^\alpha = 0 \tag{1.200}$$

由于 $\hat{\omega}^\alpha$ 仅与 u、$\mathrm{d}u$ 有关, 而 $\hat{\omega}^\alpha$ 独立, 因此存在函数 $C^\alpha_{\beta r}(u)$ 使

$$D\hat{\omega}^\alpha = \frac{1}{2}C^\alpha_{\beta\gamma}(u)\hat{\omega}^\beta \wedge \hat{\omega}^\gamma \tag{1.201}$$

依式 (1.200)

$$\xi^i_{\beta},_j \xi^j_\gamma - \xi^i_{\gamma},_j \xi^j_\beta = C^\alpha_{\beta\gamma}(u)\xi^i_\alpha$$

等式左方与 u 无关, 取 $u = 0$、记 $C^\alpha_{\beta\gamma}(0) = C^\alpha_{\beta\gamma}$, 得

$$[C^\alpha_{\beta\gamma}(u) - C^\alpha_{\beta\gamma}(0)]\xi^i_\alpha = 0$$

据假定, ξ^i_α 为常系数线性独立, 有 $C^\alpha_{\beta\gamma}(u) = C^\alpha_{\beta\gamma}$ (常数), 且

$$\xi^i_{\beta},_j \xi^j_\gamma - \xi^i_{\gamma},_j \xi^j_\beta = C^\alpha_{\beta\gamma}\xi^i_\alpha \tag{1.202}$$

$\hat{\omega}^\alpha(u, \mathrm{d}u)$ 为局部李群 G 的第一类不变形式的完全系。以 $\varphi^\alpha(u, v)$ 为其乘法并以 $u^\alpha = 0$、$\bar{x}^i = x^i$ 为初始条件的解是

$$\bar{x}^i = f^i(x, u)$$

今判断式 (1.189) 的正确性。为此, 记

$$\begin{cases} \bar{x}^i = f^i(f(x,v),u) \\ \dot{x}^i = f^i(x,\varphi(u,v)) \end{cases}$$

将 u 视为自变量, x、v 视为参数, 微分该式

$$\mathrm{d}\bar{x}^i = -\xi_\alpha^i(\bar{x})\hat{\omega}^\alpha(u,\mathrm{d}u)$$

$$\mathrm{d}\dot{x}^i = -\xi_\alpha^i(\dot{x})\hat{\omega}^\alpha(\varphi,\mathrm{d}\varphi) = -\xi_\alpha^i(\dot{x})\hat{\omega}^\alpha(u,\mathrm{d}u)$$

于是函数 $\bar{x}^i$、$\dot{x}^i$ 适合同一个微分方程, 对 $u=0$,

$$\bar{x}^i = f^i(x,v) \quad \dot{x}^i = f^i(x,v)$$

由此可知, 这两个函数也符合同一个初始条件, 故 $\bar{x}^i = \dot{x}^i$, 即证式 (1.189); 而式 (1.190)、式 (1.191) 显然。

变换群第一基本定理 如果式 (1.189) 定义一个变换群, 那么其必然满足式 (1.197); 如果式 (1.197) 具有解析系数且完全可积, 又 ξ_α^i 为常系数线性独立、$\hat{\omega}^\alpha$ 也独立, 那么以 $u^\alpha=0$、$\bar{x}^i = x^i$ 为初始条件的解集组成一个变换群。

为方便, 假设 ξ_α^i 为常系数线性独立。取参数 t, 群 G 的每个一维子群由

$$\frac{\hat{\omega}^i}{\mathrm{d}t} = C^i$$

确定; $i=1,2,\cdots,r$; C^i 是不全为 0 的常数; 其初始条件 $t=0$ 时 $u^\alpha=0$。于是变换群 Σ 的一维子群依方程

$$\frac{\mathrm{d}\bar{x}^i}{\mathrm{d}t} = C^\alpha \xi_\alpha^i(\bar{x}) \tag{1.203}$$

及初始条件 $t=0$、$\bar{x}^i = x^i$ 确定。

当 $|t|$ 充分小时舍弃高次项, 有

$$\bar{x}^i = x^i + C^\alpha \xi_\alpha^i(x) t \tag{1.204}$$

这种变换称为变换群 Σ 的无穷小变换, 无穷小变换由单参数子群的方程确定。相反, 已知无穷小变换, 单参数子群的方程可明确表达。

引进单参数变换群的微分算子; 对无穷小变换式 (1.204), 定义一阶齐次的微分算子

$$X = C^{\alpha}\xi_{\alpha}^{i}(x)\frac{\partial}{\partial x^{i}} \tag{1.205}$$

它对应于一个单参数变换群, 所有 X 构成一个 r 维向量空间, 命

$$X_{\alpha} = \xi_{\alpha}^{i}(x)\frac{\partial}{\partial x^{i}} \tag{1.206}$$

为基。设 $F(x)$ 为空间的数量函数, $\bar{x}^{i} = f^{i}(x,t)$ 为对应于式 (1.203) 的单参数变换群, 于是 XF 为

$$\lim_{t\to 0}\frac{F(\bar{x}^{i}) - F(x^{i})}{t} = XF \tag{1.207}$$

或

$$F(\bar{x}^{i}) \doteq F(x^{i}) + tXF$$

在 X_{α} 之间定义换位运算:

$$[X_{\alpha}, X_{\beta}] = X_{\alpha}X_{\beta} - X_{\beta}X_{\alpha} = (\xi_{\alpha}^{j}\xi_{\beta}^{i},_{j} - \xi_{\beta}^{j}\xi_{\alpha}^{i},_{j})\frac{\partial}{\partial x^{i}} \tag{1.208}$$

从式 (1.202) 知

$$[X_{\alpha}, X_{\beta}] = C_{\alpha\beta}^{\gamma}X_{\gamma} \tag{1.209}$$

变换群第二基本定理 若 $\xi_{\alpha}^{i}(x)(a = 1,2,\cdots,r)$ 为一组常系数独立的向量且 $X_{\alpha} = \xi_{\alpha}^{i}\dfrac{\partial}{\partial x^{i}}$ 符合式 (1.209), 则存在局部变换群 Σ, 使其中的单参数子群由微分算子 $C^{\alpha}X_{\alpha}$ 生成。

证明: 对任意 X_{α}、X_{β}、X_{γ} 经过计算得

$$[[X_{\alpha}, X_{\beta}], X_{\gamma}] + [[X_{\beta}, X_{\gamma}], X_{\alpha}] + [[X_{\gamma}, X_{\alpha}], X_{\beta}] = 0 \tag{1.210}$$

注意到式 (1.209) 及 ξ_{α}^{i} 的常系数独立性

$$C_{\alpha\beta}^{\delta}C_{\delta\gamma}^{\varepsilon} + C_{\beta\gamma}^{\delta}C_{\delta\alpha}^{\varepsilon} + C_{\gamma\alpha}^{\delta}C_{\delta\beta}^{\varepsilon} = 0$$

$C^{\gamma}_{\alpha\beta}$ 满足前述的雅可比恒等式。据李群第三基本定理, 存在独立的法普式 $\hat{\omega}^{\alpha}$, 让

$$D\hat{\omega}^{\alpha} = \frac{1}{2} C^{\alpha}_{\beta\gamma} \hat{\omega}^{\beta} \wedge \hat{\omega}^{\gamma}$$

成立, 则方程

$$\mathrm{d}\bar{x}^i + \xi^i_{\alpha}(\bar{x}) \hat{\omega}^{\alpha}(u, \mathrm{d}u) = 0$$

完全可积。

[例 1.4] 完全线性群

$$\bar{x}^i = a^i_j x^j \quad (\det(a^i_j) \neq 0) \tag{①}$$

为变换群, 它是非奇异方阵 (a^i_j) 所成群的表示。而

$$\mathrm{d}\bar{x}^i = x^j \mathrm{d}a^i_j = \bar{x}^k \tilde{a}^j_k \mathrm{d}a^i_j$$

式中 $(\tilde{a}^j_k)$ 为 (a^i_j) 的逆阵; 记

$$\tilde{a}^j_k \mathrm{d}a^h_j = \hat{\omega}^h_k \tag{②}$$

$$\xi^{ki}_h = -\delta^i_h x^k \tag{③}$$

于是

$$\mathrm{d}\bar{x}^i + \xi^{ki}_h \hat{\omega}^h_k = 0 \tag{④}$$

定义

$$X^k_h = -x^k \frac{\partial}{\partial x^h} \tag{⑤}$$

有

$$[X^k_h, X^m_l] = -\delta^m_h X^k_l + \delta^k_l X^m_h \tag{⑥}$$

这就是式 (1.209)。

[例 1.5] 设 $\xi^i(x)$ 为 n 维变量空间任意解析的向量场, 在所讨论的范围内 $\xi^i(x)$ 在每个点不全为 0, 所以令

$$X = \xi^i \frac{\partial}{\partial x^i}$$

成立关系

$$[X, X] = 0$$

由方程

$$\frac{\mathrm{d}\bar{x}^i}{\mathrm{d}t} = \xi^i(\bar{x})$$

和初始条件 $t = 0$、$\bar{x}^i = x^i$ 就可给出单参数的变换群

$$\bar{x}^i = f^i(x, t)$$

局部李群 G 的解析子群是由法普方程

$$C^p_\alpha \hat{\omega}^\alpha = 0 \tag{1.211}$$

定义; $p = l+1$、$l+2, \cdots, r$; 因为任意局部变换群 G_1 可作为某群 G 的表示, 所以 G 的子群 H 必对应于 G_1 的子群 H_1。

考虑方程

$$\mathrm{d}\bar{x}^i + \xi^i_\alpha \hat{\omega}^\alpha(u, \mathrm{d}u) = 0 \tag{1.212}$$

对 $\hat{\omega}^\alpha(u, \mathrm{d}u)$ 作常系数线性变换, 式 (1.211) 变为

$$\hat{\omega}^p_0(u, \mathrm{d}u) = 0$$

变更后, $\hat{\omega}^p_0(u, \mathrm{d}u)$ 仍记作 $\hat{\omega}(u, \mathrm{d}u)$, 变更后 $\xi^i_\alpha(x)$ 仍记为 $\xi^i_\alpha(x)$, 以 ${}^{\circledcirc}\hat{\omega}^\alpha(u, \mathrm{d}u)$ 记 H_1 的第一类不变形式 $(\alpha = 1, 2, \cdots, l)$, 于是对 H_1, 式 (1.212) 变为

$$\mathrm{d}\bar{x}^i + \xi^i_\alpha(\bar{x})^{\circledcirc}\hat{\omega}^\alpha(u, \mathrm{d}u) = 0$$

其微分算子为

$$X_\alpha = \xi^i_\alpha \frac{\partial}{\partial x^i}$$

及其线性组合; 子群对应于微分算子的一个线性子空间。当 $C^p_{ab} = 0$ 时

$$[X_a, X_b] = C^l_{ab} X_l$$

故局部变换群 G_1 的子群 H_1 的微分算子由 G_1 的微分算子全体所成的向量空间的一个子空间构成, 该空间中的换位运算封闭; 其逆也真。

G_1 的微分算子和 H_1 的微分算子的换位运算所获得的算子总是 H_1 的微分算子, 这是 H_1 为正常子群的条件。

以上讨论可以推广到复李群与复变换群。

局部变换群可分成可迁 (局部的) 和不可迁两种。可迁变换群在每个点 x 可以通过群中变换而得到它的任意邻近点, 否则就是不可迁的。群为可迁的当且仅当其无穷小变换的基向量 ξ_α^i 所成矩阵 (ξ_α^i) 在所讨论的范围内的秩为 n。事实上, 取 $\hat{\omega}^\alpha(u, \mathrm{d}u)$ 为规范的不变法普式且 $\det(\xi_j^i) \neq 0$。将 x^i 设定为点 (x_0^i), 则 x_0^i 所能变到的点可以方程

$$x^i = f^i(x_0, u)$$

表示, 但

$$\xi_\alpha^i(x_0) = \left[\frac{\partial}{\partial u^\alpha} f^i(x_0, u)\right]_0$$

依隐函数存在定理知从

$$x^i = f^i(x_0^j, u^1, \cdots, u^n, 0, \cdots, 0)$$

可解出 u^1、u^2、$\cdots$、u^n, 这表明当 u^1、u^2、$\cdots$、u^n 在 $(0, 0, \cdots, 0)$ 的一个邻域中变化时, (x^i) 也取到 (x_0^i) 的某邻域中的一切点。

当群 G_1 的参数小于 n 时群必不可迁, 当然不可迁群的参数, 可以大大超过 n。对于 $n+1$ 维空间的单位球面, 把绕固定轴所有转动作为变换群, 它为不可迁群, 而群的参数为 $\dfrac{1}{2}n(n-1)$。

1.17 李群和李代数的关系

定义 1.4 r 维复 (实) 李代数是指一个 r 维复 (实) 向量空间 A_r, 对 x、y、$z \in A_r$, 存在换位运算 $[x, y]$ 且有

(1) 封闭性, $[x, y] \in A_r$;

(2) 反对称性, $[x, y] = -[y, x]$;

(3) 双线性, $[ax_1 + bx_2, y] = a[x_1, y] + b[x_2, y]$

式中 a、b 为任意复 (实) 数;

(4) $[[x,y],z]+[[y,z],x]+[[z,x],y]=0$ (1.213)

为雅可比恒等式。

如果在 A_r 中已取一组基 e_1、e_2、$\cdots$、e_r, 那么利用 (3), 换位运算可由

$$[e_\alpha, e_\beta] = C^r_{\alpha\beta} e_r \tag{1.214}$$

唯一确定, 式中 $C^r_{\alpha\beta}$ 为一组复 (实) 数; 利用性质 (2),

$$C^r_{\alpha\beta} = -C^r_{\beta\alpha} \tag{1.215}$$

利用 (4), 有

$$C^\delta_{\alpha\beta} C^\varepsilon_{\delta\gamma} + C^\delta_{\beta\gamma} C^\varepsilon_{\delta\alpha} + C^\delta_{\gamma\alpha} C^\varepsilon_{\delta\beta} = 0 \tag{1.216}$$

式中 $C^\alpha_{\beta\gamma}$ 为一阶逆变、二阶协变混合张量的分量。

反之, 若给定一组复 (实) 数 $C^\alpha_{\beta\gamma}$ 关于下标反对称, 又满足雅可比恒等式，则依式 (1.124) 及 (3) 可在 r 维复 (实) 向量空间中定义的换位运算, 得到一个李代数。

[例 1.6] 可交换李代数。

在向量空间 A_r 中 x、$y \in A_r$, 定义

$$[x, y] = 0$$

得到一个李代数, 称之为可交换李代数, 任何一维李代数可交换。

[例 1.7] 变换群的微分算子李代数。

对应于 r 参数的变换群可构造由微分算子张成的向量空间, 该空间中的任意两个微分算子满足李代数成立的条件, 从而形成李代数。有一个李代数之后必有一个局部李群, 以 $C^r_{\alpha\beta}$ 为结构常数。由于李群可以作为自身的一个表示, 因此存在依微分算子组成的李代数与已知李代数的结构常数相同, 即微分算子的李代数“取遍”所有李代数。

[例 1.8] 线性李代数。

对于 $n\times n$ 的矩阵的全体组成 n^2 维向量空间。若以 A、B、C 表示空间的元素, 且命

$$[A, B] = AB - BA \tag{1.217}$$

于是其也形成李代数，称为 n 维向量空间的全线性李代数。

定义 1.5 如果李代数 A_r 中有子空间 A_l，它关于 A_r 中的换位运算封闭，那么称 A_l 为 A_r 的子代数。

定义 1.6 若 A_l 为 A_r 的子代数，对 $x \in A_l$、$y \in A_r$，有 $[x, y] \in A_l$，则称 A_l 为 A_r 的理想子代数。

显见，可交换李代数的任何子空间为理想子代数。

当两个李代数之间存在双射 T 时

$$[Tx, Ty] = T[x, y] \tag{1.218}$$

称 T 为同构；若 T 为非双射但有式 (1.218)，则称 T 的同态。

若李代数 A_r 可分解为两个子空间 A_{l_1}、A_{l_2} 的直和，又 A_{l_1}、A_{l_2} 为理想子代数，则称 A_r 分解为李代数 A_{l_1}、A_{l_2} 的直和。这里 $l_1 + l_2 = r$，A_{l_1}、A_{l_2} 只有零元素为公共的，对 $x \in A_{l_1}$、$y \in A_{l_2}$，因为

$$[x, y] \in A_{l_1} \cap A_{l_2}$$

所以 $[x, y] = 0$。表明 A_{l_1} 的元素和 A_{l_2} 的元素的换位运算为零元素。

如果 r 维李代数有一个 n 维子代数，那么可取基 e_α 使 e_i 为子代数的基 $(\alpha = 1, 2, \cdots, i = 1, 2, \cdots, n)$，此时

$$[e_i, e_j] = C_{ij}^k e_k \tag{1.219}$$

即

$$C_{ij}^p = 0 \quad (p = n+1, n+2, n+3, \cdots, r) \tag{1.220}$$

在李群中引进法坐标，相应于该坐标的规范的第一类基本形式为 $\hat{\omega}^\alpha$，嘉当方程为

$$D\hat{\omega}^\alpha = \frac{1}{2} C_{\beta\gamma}^\alpha \hat{\omega}^\beta \wedge \hat{\omega}^\gamma \tag{1.221}$$

在法坐标下设单位元素的相切空间取基 $e_1(1, 0, \cdots, 0)$、$e_2(0, 1, 0, \cdots, 0)$、$\cdots$、$e_\gamma(0, 0, \cdots, 1)$，规定

$$[e_\beta, e_\gamma] = C_{\beta\gamma}^\alpha e_\alpha \tag{1.222}$$

于是相切空间构成李代数。

若将法坐标变为另一个法坐标, 则基 e_α 变为

$$e'_\alpha = a^\beta_\alpha e_\beta \tag{1.223}$$

(a^β_α) 为非奇异矩阵, 有

$$[e'_\beta, e'_\gamma] = a^\delta_\beta a^\varepsilon_\gamma C^\lambda_{\delta\varepsilon} \tilde{a}^\alpha_\lambda e'_\alpha$$

$(\tilde{a}^\alpha_\lambda)$ 为 (a^α_λ) 的逆阵, 表明李代数在新基下的结构常数为

$$C'^\alpha_{\beta\gamma} = a^\delta_\beta a^\varepsilon_\gamma C^\lambda_{\delta\varepsilon} \tilde{a}^\alpha_\lambda \tag{1.224}$$

在新坐标下规范的 $\hat{\omega}$ 应为

$$\hat{\omega}'^\alpha = \tilde{a}^\lambda_l \hat{\omega}^\lambda \quad \hat{\omega}^\lambda = a^\lambda_\beta \hat{\omega}'^\beta \tag{1.225}$$

依式 (1.221)

$$D\hat{\omega}'^\alpha = \frac{1}{2} C'^\alpha_{\beta\gamma} \hat{\omega}'^\beta \wedge \hat{\omega}'^\gamma \tag{1.226}$$

即把局部李群在单位元素的相切空间由式 (1.222) 定义的李代数具有内在意义。取

$$\hat{\omega}^1 : \hat{\omega}^2 : \cdots : \hat{\omega}^r = C^1 : C^2 : \cdots : C^r \tag{1.227}$$

定义单参数变换群, 在法坐标下已知其可以方程

$$x^\alpha = tC^\alpha \tag{1.228}$$

表示时, 任意 n 维子群可由方程

$$c^p_\alpha \hat{\omega}^\alpha = 0 \tag{1.229}$$

定义 $p = n+1, n+2, \cdots, r$; c^p_α 为常数, 矩阵 (c^p_α) 的秩为 $r-n$, 故在该子群中的单参数子群 H 在 e 点的切向量 e^α 也适合

$$c^p_\alpha e^\alpha = 0 \tag{1.230}$$

n 维子群对应于李代数中的 n 维平面 P_n： $c^p_\alpha x^\alpha = 0$。置坐标使式 (1.229) 变为

$$\hat{\omega}^p = 0 \tag{1.231}$$

因为它完全可积, 所以

$$C^p_{ij} = 0 \quad (i、j = 1, 2, \cdots, n) \tag{1.232}$$

这表明 P_n 也为子代数; 其逆：李代数的子代数也可以对应于李群的子群。实际上, 选坐标让子代数有方程

$$x^p = 0$$

于是式 (1.232) 成立、式 (1.231) 完全可积。

同理, 当 H 为正规子群时 P_n 是理想子代数, 反之也正确。

设在群 G_r 的某同构表示下, 微分算子李代数存在基

$$X_\alpha = \xi^i_\alpha \frac{\partial}{\partial x^i} \tag{1.233}$$

一般变换从方程

$$\frac{\mathrm{d}\bar{x}^i}{\mathrm{d}t} = C^\alpha \xi^i_\alpha(\bar{x}) \tag{1.234}$$

及初始条件 $t = 0$、$\bar{x}^i = x^i$ 给出。当 C^α 充分小时方程可以在 $0 \leqslant t \leqslant 1$ 内有效, 置其解为

$$\bar{x}^i = f^i(t, x^j, C^\alpha)$$

以方程形式知

$$\bar{x}^i = f^i(t, x^j, C^\alpha) = f^i\left(\sigma t, x^i, \frac{1}{\sigma} C^\alpha\right) = f^i(1, x^j, tC^\alpha)$$

令

$$u^\alpha = tC^\alpha$$

得到局部李群中的一个坐标, 该坐标就是法坐标。坐标为 C^α 的群元素可对应于微分算子李代数内的元素 $C^\alpha X_\alpha$。群元素对应的变换为

$$\bar{x}^i = f^i(1, x^j, C^\alpha)$$

子代数与理想子代数分别对应于子群和正规子群的事实非常清楚。

1.18 线性李代数

n 维向量空间中的线性变换组成的群为线性群。完全线性群的微分算子李代数的基可取为

$$X_h^l = -x^l \frac{\partial}{\partial x^h} \tag{1.235}$$

这样微分算子李代数内的每个元素 X 也可表示为

$$X = c_l^h X_h^l \tag{1.236}$$

完全线性群的微分算子李代数的元素可与方阵 $C = (c_h^l)$ 建立双射关系。置

$$Y = d_l^h X_h^l \tag{1.237}$$

它对应于方阵 $D = (d_l^h)$。考虑

$$\begin{aligned}[X, Y] &= c_l^h d_n^m X_h^l X_m^n - d_n^m c_l^h X_m^n X_h^l \\ &= c_l^h d_n^m [X_h^l, X_m^n] = c_l^h d_n^m x^l \frac{\partial}{\partial x^m} - c_m^h d_n^m x^n \frac{\partial}{\partial x^h} \\ &= (c_m^h d_n^m - d_m^h c_n^m)\left(- x^n \frac{\partial}{\partial x^h}\right)\end{aligned} \tag{1.238}$$

其对应的方阵恰为

$$[C, D] = CD - DC \tag{1.239}$$

表明完全线性群的微分算子李代数与完全线性李代数同构。

称完全线性李代数的每个子代数为线性李代数。基于上述分析可见, 任何线性群李代数和某线性李代数同构, 线性变换群 (局部的) 的确定和线性李代数的子代数的确定为等价的问题。

已知线性李代数, 应用下列方法确定相应的变换: 命该线性李代数基为 $B_\alpha = (b_{j\alpha}^i)(\alpha = 1, 2, \cdots, r)$, 造微分方程

$$\frac{\mathrm{d}\bar{x}^i}{\mathrm{d}t} = C^\alpha b_{j\alpha}^i \bar{x}^j \tag{1.240}$$

给出初始条件 $t=0$、$\bar{x}^i = x^i$, 得到单参数变换群; 如果让 $b^i_j = C^\alpha b^i_{j\alpha}$、$(b^i_j) = B$, 那么该单参数变换群的有限方程为

$$\bar{x}^i = \left(\delta^i_j + tb^i_j + \frac{1}{2}t^2 b^i_l b^l_j + \cdots\right) x^j = a^i_j(t) x^j \tag{1.241}$$

变换矩阵为

$$(a^i_j(t)) = E + tB + \frac{1}{2}t^2 B^2 + \cdots = \exp(Bt) \tag{1.242}$$

推知: 线性李代数中元素 B 生成的单参数线性变换群的矩阵 $(a^i_j(t)) = \exp(Bt)$。从式 (1.241)、式 (1.240) 给出

$$\frac{\mathrm{d}}{\mathrm{d}t} a^i_j(t) = b^i_l a^l_j(t) \quad a^i_j(0) = \delta^i_j \tag{1.243}$$

依此,

$$a^i_j(t_1 + t_2) = a^i_l(t_1) a^l_j(t_2)$$

有

$$\exp[B(t_1 + t_2)] = \exp(Bt_1)\exp(Bt_2)$$

尤其是

$$\exp(Bt)\exp(-Bt) = E$$

注意到

$$B\exp(Bt) = \exp(Bt)B$$

微分之

$$\frac{\mathrm{d}}{\mathrm{d}t} A(t) = BB\exp(Bt) - B\exp(Bt)B = BA(t) \tag{1.244}$$

当 $t=0$ 时 $A(t)=0$, 根据微分方程理论有 $A(t)=0$。证明式 (1.245) 成立。

定理 1.18 张量 T 在线性变换群 G 下不变当且仅当

$$\begin{aligned} & -b^h_{i_1} T^{j_1 j_2 \cdots j_l}_{h i_2 \cdots i_k} - b^h_{i_2} T^{j_1 j_2 \cdots j_l}_{i_1 h \cdots i_k} - \cdots - b^h_{i_k} T^{j_1 j_2 \cdots j_l}_{i_1 i_2 \cdots h} \\ & + b^{j_1}_h T^{h j_2 \cdots j_l}_{i_1 i_2 \cdots i_k} + \cdots + b^{j_l}_h T^{j_1 j_2 \cdots h}_{i_1 i_2 \cdots i_k} = 0 \end{aligned} \tag{1.245}$$

对 G 的线性李代数中的任何元素成立。

对于单模群。取标架的基, 使变换方阵的行列式为 1, 对每个单参数子群而言, 有

$$a(t) = \det(a^i_j(t)) = 1$$

另有

$$\frac{\mathrm{d}}{\mathrm{d}t}a(t) = a(t)\tilde{a}^i_j(t)\frac{\mathrm{d}}{\mathrm{d}t}a^j_i(t) = a(t)\tilde{a}^i_j(t)b^j_l a^l_i(t) = a(t)b^i_j$$

于是在线性李代数中元素必有 $b^i_j = 0$。其逆: 若方阵 (b^i_j) 符合 $b^i_j = 0$, 它产生的线性变换的行列式与 t 无关, 依初始条件知该行列式为 1, 则得到单模群的线性李代数是所有的迹为零的方阵组成。

对于直交 (正交) 群。取正交基, 此时 δ_{ij} 为不变张量, 式 (1.245) 变为

$$b^j_i + b^i_j = 0$$

故直交群的线性李代数由全体反对称矩阵组成。

对于辛群。$2m$ 维空间的辛群的不变张量取

$$g_{ij} = 0 \quad g_{i'j'} = 0 \quad g_{ij'} = \delta_{ij} \quad \delta_{i'j} = -\delta_{ij}$$

这里 i、$j = 1, 2, \cdots, m; i' = i + m$、$j' = j + m$。从式 (1.245) 有

$$-b^{j'}_i + b^{i'}_j = 0 \quad b^j_i + b^{j'}_{j'} = 0 \quad b^j_{i'} - b^i_{j'} = 0$$

于是辛群的李代数是形式为

$$\begin{pmatrix} A & B \\ C & -A' \end{pmatrix}$$

的方阵构成的; 式中 A 为 $m \times m$ 方阵, A' 为 A 的转置, B、C 为对称方阵。

设 G 为可约的线性群, 取 e_1、e_2、$\cdots$、e_m 组成不变平面的基, 对群中所有的变换有 $a^p_\lambda = 0(p = m+1, m+2, \cdots, n; \lambda =$

$1, 2, \cdots, m$)。选 G 中任意单参数变换群, 在式 (1.241) 中命 $i = p$、$j = \lambda$, 推出

$$b_{\mu}^{\gamma} a_{\lambda}^{\mu} = 0 \quad (\mu = 1, 2, \cdots, m)$$

故 $\det(a_{\lambda}^{\mu}) \neq 0$、$b_{\mu}^{p} = 0$, 即线性李代数也由可约的线性变换的方阵组成, 并以 G 的不变平面为不变平面。

反之, 线性群 G 的线性李代数有不变平面, 也可取空间基, 让不变平面由向量 e_1、e_2、$\cdots$、e_m 生成, 结果有 $b_{\mu}^{p} = 0$。考虑用 (b_j^i) 生成的单参数群 $(a_j^i(t))$ 中的 $a_{\mu}^{p}(t)$, 依式 (1.243) 得

$$\frac{\mathrm{d}}{\mathrm{dt}} a_{\mu}^{p}(t) = b_q^p a_{\mu}^{q}(t)$$

且满足初始条件 $a_{\mu}^{p}(t) = 0$。利用微分方程组解的唯一性定理有 $a_{\mu}^{p} = 0$, 据此知 G 为可约的, 有同样的不变平面。

将一个线性李代数视为线性变换的集合, 如果该集合存在非平凡的不变平面, 那么称之为可约的。

定理 1.19 线性群 G 及其线性李代数 H 同时或可约或不可约, 且两者具有相同的不变平面。

1.19 内微分代数

设 A_r 为 r 维李代数, 当 x 取 A_r 中一个固定元素时由它定义从 A_r 到自身的一个线性变换 A_x, 对 $u \in A_r$

$$A_x u = [x, u] \tag{1.246}$$

考察所有 A_x 的集合, 由于

$$aA_x + bA_y = A_{ax+by}$$

$$\begin{aligned} [A_x, A_y]u &= A_x A_y u - A_y A_x u \\ &= [x, [y, u]] - [y, [x, u]] = [[x, y], u] = A_{[x,y]} u \end{aligned} \tag{1.247}$$

因此该集合组成一个线性李代数, 称之为李代数 A_r 的内微分代数。

已知 e_1、e_2、$\cdots$、e_r 为 A_r 的一组基, 并

$$[e_\alpha, e_\beta] = C_{\alpha\beta}^{\gamma} e_\gamma$$

有

$$A_{e_\alpha} e_\beta = [e_\alpha, e_\beta] = C_{\alpha\beta}^{\gamma} e_\gamma \tag{1.248}$$

由此可见内微分代数依方阵 $(C^\alpha C_{\alpha\beta}^{\gamma})$ 的集合构成。

在李代数 A_r 及其内微分代数之间存在映射

$$x \to A_x \tag{1.249}$$

从式 (1.247), 此映射为线性的, 且

$$[x, y] \to A_{[x,y]} = [A_x, A_y]$$

于是该映射为同态, 其同态核由适合 $A_x = 0$ 的所有元素 x 组成, 称之为李代数的中核。或曰, 对所有 $y \in A_r$, 中核是满足

$$[x, y] = 0 \tag{1.250}$$

的一切元素 x 的全体。特别是当中核只包括零元素时同态变为同构, 其逆也真。确定中核的问题可归结为解线性方程

$$y^\alpha C_{\alpha\beta}^{\gamma} = 0 \tag{1.251}$$

也就是 y^α 为式 (1.251) 的解, 选集合 $y^\alpha e_\alpha$ 就得到中核。

内微分李代数在李代数内生成一个线性群, 称之为伴随线性群; 内微分李代数和线性伴随群具有相同的不变平面。

定理 1.20 线性伴随群的不变平面为李代数 A_r 的理想子代数, 反之亦然。

证明: 若线性伴随群有不变平面 P_m, 取基为 $\{e_\alpha\}$ 让 e_1、e_2、$\cdots$、e_m 生成不变平面 P_m, 则有

$$C_{\alpha\beta}^{p} = 0$$

式中 $p = 1, 2, \cdots, m; u = m+1, m+2, \cdots, r$; 这就是

$$[e_\alpha, e_p] = C_{\alpha p}^{q} e_q \quad (q = 1, 2, \cdots, m)$$

表明 P_m 为理想子代数, 其逆也显然正确。

对李群中的元素 y 定义变换群 (局部群)

$$\bar{x} = S_y x = y^{-1} x y \tag{1.252}$$

易见

$$S_y S_x = S_{yx} \tag{1.253}$$

所以 y 到 S_y 的映射为同态。S_y 所成群为群 G 的伴随群; 每个 S_y 为 G 的一个内自同构。

今在法坐标下分析伴随群。若取 y 属于一个单参数子群 $y^l = a^\alpha t$、x 属于一个单参数子群 $x^\alpha = b^\alpha t$, 则当 t 不变而 τ 变动时元素 $S_y x$ 构成一个单参数子群, 设其方程为

$$S_y x = C^\alpha(t)\tau$$

依 $S_y x$ 定义

$$\begin{aligned}
C^\alpha(t)\tau &= \varphi^\alpha(-bt, \varphi(a\tau, bt)) \\
&= \varphi^\alpha\left(-b^\varepsilon t, b^\beta t + a^\beta t + \left(\frac{\partial a_r^\beta}{\partial x^\delta}\right)_0 b^\varepsilon t a^\gamma \tau + \cdots\right) \\
&= b^\alpha t + a^\alpha \tau + \left(\frac{\partial a_\gamma^\alpha}{\partial x^\delta}\right)_0 b^\delta t a^\gamma \tau + \cdots \\
&\quad - b^\alpha t - \left(\frac{\partial a_\gamma^\alpha}{\partial x^\delta}\right)_0 a^\delta \tau b^\gamma t + \cdots
\end{aligned}$$

上式未列上项关于 τ 均至少二次。注意到左边关于 τ 为一次, 因而右边也只计算关于 τ 为一次的项, 验证得

$$C_{\beta r}^\alpha = \left(\frac{\partial a_r^\alpha}{\partial x^\beta}\right)_0 - \left(\frac{\partial a_\beta^\alpha}{\partial x^r}\right)_0$$

故

$$C^\alpha(t)\tau = (\delta_r^\alpha + C_{\beta r}^\alpha b^\beta t + \cdots) a^r t$$

对充分小的 a^r, $a^r\tau$ 为变前点的法坐标 x^α、$C^\alpha(t)\tau$ 为变后点的法坐标 $\bar{x}^\alpha$, 由此知

$$\bar{x}^\alpha = x^\alpha + C_{\beta r}^\alpha b^\beta t x^r t \cdots \tag{1.254}$$

变换的无穷小算子由

$$C^{\alpha}_{\beta r}x^{r}\frac{\partial}{\partial x^{\alpha}}$$

的任意线性组合生成, 从而得到以下定理。

定理 1.21 线性伴随群为内自同构的全体所组成的伴随群在法坐标下的解析形式。

当给定基时置

$$g_{\alpha\beta}=C^{\delta}_{\alpha r}C^{r}_{\beta\delta} \tag{1.255}$$

因为 $C^{r}_{\alpha\beta}$ 在基变换下应作为一阶逆变、二阶协变的混合张量而变化, 所以 $g_{\alpha\beta}$ 为二阶对称协变张量的分量。如 $x=x^{\alpha}e_{\alpha}$、$y=y^{\alpha}e_{\alpha}$, 于是

$$f(x,y)=g_{\alpha\beta}x^{\alpha}y^{\beta} \tag{1.256}$$

为双线性型, 称为李代数的嘉当数量积。

定理 1.22 嘉当数量积为线性伴随群下不变的双线性形式。

证明: 考虑

$$\begin{aligned}g_{\gamma\beta}C^{\gamma}_{\alpha\delta}+g_{\alpha\gamma}C^{\gamma}_{\beta\delta}&=C^{\lambda}_{\gamma\varepsilon}C^{\varepsilon}_{\beta\lambda}C^{\gamma}_{\alpha\delta}+C^{\lambda}_{\alpha\varepsilon}C^{\varepsilon}_{\gamma\lambda}C^{\gamma}_{\beta\delta}\\&=C^{\varepsilon}_{\beta\lambda}(C^{\lambda}_{\gamma\alpha}C^{\gamma}_{\varepsilon\delta}-C^{\lambda}_{\gamma\delta}C^{\gamma}_{\varepsilon\alpha})+C^{\lambda}_{\alpha\varepsilon}(C^{\varepsilon}_{\gamma\beta}C^{\gamma}_{\lambda\delta}-C^{\varepsilon}_{\lambda\delta}C^{\gamma}_{\lambda\beta})\end{aligned}$$

变更计和哑标后上式的右端恒为零。

定义 1.7 李代数若不包括非平凡的理想子代数, 则称该李代数为单纯的李代数。

一维李代数必为单位纯李代数。

定义 1.8 李代数若可表示为若干个非一维的单纯李代数的直和, 则称该李代数为半单纯的李代数。

将实李代数按照前面的方法复化, 得到一个复向量空间并保留

$$[e_{\alpha},e_{\beta}]=C^{\gamma}_{\alpha\beta}e_{\gamma}$$

从此给出一个复李代数。李代数的复化与基的选择无关; 经过复化后, 如果仍保持原有的基, 那么结构常数不变、嘉当数量的系数不变。

当实李代数复化后为单纯时, 它本身也是单纯的; 实李代数本身的单纯, 复化后或保持单纯或分解为两个同维数的单纯李代数的直和。

实际上, 当线性伴随群复化时只有两种情形:

(1) 若复化后的群仍不可少约, 则相应的复李代数无理想子代数, 仍为单纯的;

(2) 复化后的群有且只有两个同维数的非平凡的不变平面, 它除零外无公共元素, 此时复李代数就分解为两个单纯李代数的直和。

设 $\{e_\alpha\}$ 为一组实基, 且 f_1、f_2、$\cdots$、f_n 为复化的理想李代数 A_n 的基 $(0<n<r)$, 取

$$f_m = h_m^\lambda e_\alpha = (k_m^\alpha + il_m^\alpha)e_\alpha \quad (m=1,2,\cdots,n)$$

式中 k_m^α、l_m^α 为实数; 置

$$\bar{f}_m = \bar{h}_m^\alpha e_\alpha = (k_m^\alpha - il_m^\alpha)e_\alpha$$

注意到 A_n 为理想子代数, 有

$$[e_\alpha, f_m] = B_{\alpha m}^d f_d$$

易知

$$[e_\alpha, \bar{f}_m] = \bar{B}_{\alpha m}^d f_d$$

表明 $\bar{f}_1$、$\bar{f}_2$、$\cdots$、$\bar{f}_n$ 也构成理想子代数 $\bar{A}_n$ 的基。因为理想子代数的并、交仍为理想子代数, 所以 $A_n \cup \bar{A}_n$、$A_n \cap \bar{A}_n$ 为 A_r 的理想子代数。由于 A_r 无非平凡的实理想子代数, 因此 $A_n \cup \bar{A}_n$ 就是 A_r, 即 A_r 分解为 A_n、$\bar{A}_n$ 的直和 $A_n \oplus \bar{A}_n$。当 A_n 还有非平凡的理想子代数 A_t 时 A_t 也为 A_r 的理想子代数。$A_r \cup \bar{A}_t$ 为实理想子代数, 但这是不可能的。同理, A_n 也为单纯的。足见在实数域中的半单纯李代数经过复化后为复数域中的半单纯李代数。

如果李代数 A_r 包括一个非零的可交换理想子代数, 那么李代数的嘉当数量积必退化。

事实上，取 A_r 的基 e_1、e_2、$\cdots$、e_p、e_{p+1}、$\cdots$、e_r 让 e_1、e_2、$\cdots$、e_p 形成可交换理想子代数的基, 于是

$$[e_a, e_b] = 0 \quad (a、b = 1, 2, \cdots, p)$$

$$[e_a, e_n] = C^m_{an} e_m \quad (m、n = p + 1, p + 2, \cdots, r)$$

推出

$$C^\alpha_{ab} = 0 \quad C^m_{an} = 0$$

$$g_{ab} = C^\alpha_{a\beta} C^\beta_{\alpha b} = 0 \quad g_{an} = C^\alpha_{a\beta} C^\beta_{\alpha n} = 0$$

根据李代数的系统理论可以断言：

(1) 李代数为半单纯的当且仅当不包括非零的可交换理想子代数;

(2) 李代数为半单纯的当且仅当嘉当数量积不退化;

(3) 半单纯李代数分解为单纯李代数的直和的分解分式是唯一的。

1.20 紧致李代数

定义 1.9 如果实李代数的线性伴随群容有正定二阶对称协变张量, 那么称它为紧致李代数。

当在基 e_1、e_2、$\cdots$、e_r 下不变张量的分量为 $a_{\alpha\beta}$ 时,

$$C^\gamma_{\beta\alpha} a_{\gamma\varepsilon} + C^\gamma_{\varepsilon\alpha} a_{\beta\gamma} = 0$$

取李代数基使 $a_{\alpha\beta} = \delta_{\alpha\beta}$, 有

$$C^\varepsilon_{\beta\alpha} + C^\beta_{\varepsilon\alpha} = 0 \tag{1.257}$$

可见李代数 A_r 为紧致的当且仅当其线性群为 r 维空间中的直交群的子群。

定理 1.23 紧致李代数 A_r 可分解为中核及某些非一维的单纯紧致李代数的直和。

证明: 若 A_r 为一维紧致李代数, 则 A_r 本身即为中核, 定理成立。

设 A_r 为非一维的。

如果 A_r 的线性伴随群为实不可约, 那么 A_r 无非平凡的理想子代数, A_r 本身就是非一维的单纯紧致李代数。当 A_r 的线性伴随群有非平凡的不变平面 K 时, 由于存在正定的张量 $a_{\alpha\beta}$ 在线性伴随群下不变, 因此 K 关于 $a_{\alpha\beta}$ 的正交补 K' 同样在线性伴随群下不变; 又 $a_{\alpha\beta}$ 为正定的, 故 K、K' 的维数之和为 r。易知 a_r 分解为 K、K' 的直和 $K \oplus K'$, 它们各为 A_r 的线性伴随群下的不变平面。表明 K、K' 为 A_r 的理想子代数。设 K 为 m 维, K' 为 $r-m$ 维。

若在 A_r 中选基让 $X_{\alpha'} \in K$、$X_{\alpha''} \in K'(\alpha' = 1, 2, \cdots, m; \alpha'' = m+1, m+2, \cdots, r)$, 则 $a_{\alpha'\alpha''} = 0$。从 $(a_{\alpha\beta})$ 正定知 $(a_{\alpha'\beta'})$、$(a_{\alpha''\beta''})$ 正定, 于是

$$C^{\gamma}_{\beta\alpha} a_{\gamma\varepsilon} + C^{\gamma}_{\varepsilon\alpha} a_{\beta\gamma} = 0$$

可分写为

$$C^{\gamma'}_{\beta'\alpha'} a_{\gamma'\varepsilon'} + C^{\gamma'}_{\varepsilon'\alpha'} a_{\beta'\gamma'} = 0$$

$$C^{\gamma''}_{\beta''\alpha''} a_{\gamma''\varepsilon''} + C^{\gamma''}_{\varepsilon''\alpha''} a_{\beta''\gamma''} = 0$$

据此, K、K' 各自容有不变二阶正定对称张量 $(a_{\alpha'\beta'})$ 及 $(a_{\alpha''\beta''})$, 因而 K、K' 为紧致李代数。如此下去, 直至不能析出线性伴随群的不变平面, 这样可将 A_r 分解为某些单纯紧致理想子代数的直和:

$$A_r = (\bigoplus_{\lambda} H_\lambda) \oplus (\bigoplus_{p} K_p)$$

式中 H_λ 为一维的、K_p 为非一维的。显然每个 H_λ 属于中核, 可证 $\bigoplus_{\lambda} H_\lambda$ 就是中核。事实上, 若中核 $N \neq \bigoplus_{\lambda} H_\lambda$, 则 $L = N \cap (\bigoplus_{p} K_p)$ 也属于中核; 取 L 在某 K_1 中的投影 L_1 是非零维的, 于是因为 $[K_1, L] \subseteq [K_1, L] = 0$, 所以 L_1 属于 K_1 的中核; 注意到 K_1 为单纯的又非一维, 这是不可能的。

定理 1.24 实直交代数的任何子代数为紧致李代数。

证明: 适当选择直交子代数 G' 的基为 $(C^j_{i\alpha})$, 而 $C^j_{i\alpha}=-C^i_{j\alpha}$, 造

$$a_{\alpha\beta}=-C^j_{i\alpha}C^i_{j\beta}$$

显然它是定义在 G' 中的二阶对称协变张量。因为

$$a_{\alpha\beta}a^\alpha a^\beta=-C^j_{i\alpha}C^i_{j\beta}a^\alpha a^\beta=\sum_{i,j}C^i_{j\alpha}a^\alpha C^i_{j\beta}a^\beta=\sum_{i,j}(C^i_{j\alpha}a^\alpha)^2\geqslant 0$$

利用基 $(C^j_{i\alpha})$ 的独立性知, 该式等号只在 $a^\alpha=0$ 时成立, 故 $a_{\alpha\beta}a^\alpha a^\beta$ 为正定的二次型。注意到

$$\begin{aligned}&a_{\alpha\gamma}C^\gamma_{\beta\delta}+a_{\gamma\beta}C^\gamma_{\alpha\delta}\\=&-C^j_{i\alpha}C^i_{j\gamma}C^\gamma_{\beta\delta}-C^j_{i\gamma}C^i_{j\beta}C^\gamma_{\alpha\delta}\\=&-C^j_{i\alpha}(C^i_{k\beta}C^k_{j\delta}-C^i_{k\delta}C^k_{j\beta})-C^j_{i\gamma}(C^i_{k\alpha}C^k_{j\delta}-C^i_{k\delta}C^k_{j\alpha})=0\end{aligned}$$

结果 $a_{\alpha\beta}$ 为 G' 的线性伴随群的不变张量。如此构造了李代数 G' 的线性伴随群不变的正定二次型。依定义知 G' 为紧致李代数。

定理 1.25 若 B 为反对称矩阵, 则存在直交矩阵 C 使矩阵 $CB\tilde{C}$ 具有形式

$$\begin{pmatrix}\begin{matrix}0&k_1\\-k_1&0\end{matrix}&&&&&&\\&\begin{matrix}0&k_2\\-k_2&0\end{matrix}&&&&\text{\Large 0}&\\&&\ddots&&&&\\&&&\begin{matrix}0&k_p\\-k_p&0\end{matrix}&&&\\&\text{\Large 0}&&&0&&\\&&&&&\ddots&\\&&&&&&0\end{pmatrix}\tag{1.258}$$

式中 k_1、k_2、$\cdots$、k_p 不为 0。

证明: 因为 B 为反对称矩阵, 所以 B^2 必为对称矩阵, 存在直交矩阵 C 使 $CB\tilde{C}$ 为对角形

$$CB^2\tilde{C} = \begin{pmatrix} \lambda_1 & & & 0 \\ & \lambda_2 & & \\ & & \ddots & \\ 0 & & & \lambda_n \end{pmatrix} \tag{1.259}$$

但 C 为直交矩阵、B 为反对称矩阵, 故 $B_1 = CB\tilde{C}$ 也为反对称矩阵。另 $B_1^2 = CB^2\tilde{C}$, 推知 B 可理解为一个线性变换在一组直交基下的矩阵, C 相当于从一组直交基变为另一组直交基的变换矩阵。设 $B_1 = (h_{ij})$, 依式 (1.257)

$$\lambda_l = \sum_{k=1}^{n} h_{lk}h_{kl} = -\sum_{k=1}^{n} h_{lk}^2$$

得 $\lambda_l \leqslant 0(l = 1, 2, \cdots, n)$。由于 B_1^2 的特征根必为 B_1 的特征根的平方, 因此 B_1 的特征根或为纯虚数或为 0。从 B_1 为实矩阵知 B_1^2 可表为

$$\begin{pmatrix} -k_1^2 & 0 & & & & & & & & \\ 0 & -k_1^2 & & & & & & & & \\ & & -k_2^2 & 0 & & & & & & \\ & & 0 & -k_2^2 & & & & & & \\ & & & & \ddots & & & & & \\ & & & & & -k_p^2 & 0 & & & \\ & & & & & 0 & -k_p^2 & & & \\ & & & & & & & 0 & & \\ & & & & & & & & \ddots & \\ & & & & & & & & & 0 \end{pmatrix}$$

取 e_1 为 B_1^2 对应于特征根 $-k_1^2$ 的特征向量, 取

$$B_1e_1 = f$$

这样 f 必不为零向量。注意到 B_1 为反对称矩阵, 有 f、e_1 直交; 此外还成立

$$B_1 f = -k_1^2 e_1$$

得

$$B_1 f = -k_1^2 f$$

表明 f 也为 B_1^2 的特征向量, 不妨取它的单位向量为基 e_2, 而基仍为直交, 有

$$B_1 e_1 = k e_2 \quad B_1 e_2 = -k e_1$$

再依此法取基 e_3、e_4、$\cdots$ 即有所需结论。

根据定理 1.25, 可取适当直交基让给定的单参数旋转群的李代数的基 (b_j^i) 具有式 (1.258), 其对应的单参数旋转群的微分方程为

$$\left\{\begin{array}{ll} \dfrac{\mathrm{d}\bar{x}^1}{\mathrm{d}t} = k_1 \bar{x}^2 & \dfrac{\mathrm{d}\bar{x}^2}{\mathrm{d}t} = k_1 \bar{x}^1 \\ \quad\vdots & \quad\vdots \\ \dfrac{\mathrm{d}\bar{x}^{2p-1}}{\mathrm{d}t} = k_p \bar{x}^{2p} & \dfrac{\mathrm{d}\bar{x}^{2p}}{\mathrm{d}t} = -k_p \bar{x}^{2p-1} \\ \dfrac{\mathrm{d}\bar{x}^{2p+1}}{\mathrm{d}t} = 0 & \dfrac{\mathrm{d}\bar{x}^{n}}{\mathrm{d}t} = 0 \end{array}\right. \tag{1.260}$$

当把满足初始条件 $t = 0$、$\bar{x}^i = x^i$ 的解记作 $\bar{x}^i = a_j^i(t) x^j$ 时

$$\begin{pmatrix} \begin{array}{cc} \cos k_1 t & \sin k_1 t \\ -\sin k_1 t & \cos k_1 t \end{array} & & & & 0 \\ & \ddots & & & \\ & & \begin{array}{cc} \cos k_p t & \sin k_p t \\ -\sin k_p t & \cos k_p t \end{array} & & \\ 0 & & & 1 & \\ & & & & \ddots \\ & & & & & 1 \end{pmatrix} \tag{1.261}$$

式 (1.259) 为单参数旋转群的规范形式。

定理 1.26 实不可约旋转群的不变二阶协变对称张量除常数因子外符合于空间数量积的基本张量 g_{ij}。

证明：若 a_{ij} 为不变的二阶协变对称张量，则从 g_{ij} 正定知

$$|a_{ij} - \lambda g_{ij}| = 0$$

存在实数 λ，有

$$(a_{ij} - \lambda g_{ij})\mu^j = 0$$

的实解 μ^i 形成子空间 K。在旋转群中基元素 (a^i_j) 的作用下

$$\bar{a}_{ij} = a_{mn}\tilde{a}^m_i\tilde{a}^n_j \quad \tilde{g}_{ij} = g_{mn}\tilde{a}^m_i\tilde{a}^n_j \quad \bar{\mu}^j = \mu^l a^j_l$$

故

$$\begin{aligned}(\bar{a}_{ij} - \lambda\bar{g}_{ij})\bar{\mu}^j &= (a_{mn}\tilde{a}^m_i\tilde{a}^n_j - \lambda g_{mn}\tilde{a}^m_i\tilde{a}^n_j)\mu^l a^j_l \\ &= (a_{mn} - \lambda g_{mn})\mu^l\tilde{a}^m_l = 0\end{aligned}$$

根据假定，a_{ij}、g_{ij} 在旋转群下不变，则 $\bar{a}_{ij} = a_{ij}$、$\bar{g}_{ij} = g_{ij}$，有

$$(a_{ij} - \lambda g_{ij})\bar{\mu}^j = 0$$

足见 $\bar{\mu}^j \in K$，这样 K 为该旋转群作用下的不变子空间；注意到它实不可约，故 K 为整个空间，$a_{ij} = \lambda g_{ij}$。

定理 1.27 n 维空间实不可约旋转群 G 若容有中核，则 $n = 2m$、中核是一维的且在适当基下中核的子代数的生成元素为

$$\begin{pmatrix} \begin{array}{cc|} 0 & 1 \\ -1 & 0 \\ \hline \end{array} & & 0 \\ & \ddots & \\ 0 & & \begin{array}{|cc} \hline 0 & 1 \\ -1 & 0 \end{array} \end{pmatrix} \tag{1.262}$$

证明：任取李代数 G' 的中核内的一个元素，并给定直交基将其组成标准形式

$$
(c_i^j) = \left(\begin{array}{cccccccc}
0 & a & & & & & & \\
-a & 0 & & & & & & \\
& & \ddots & & & & 0 & \\
& & & 0 & 0 & & & \\
& & & a & 0 & & & \\
& & & & & 0 & b & \\
0 & & & & & -b & 0 & \\
& & & & & & & \ddots
\end{array}\right)
$$

$$\underbrace{\qquad\qquad\qquad\qquad}_{2p}$$

而 $2p$ 列以下无等于 $\pm a$ 的非零元, 即

$$c_2^1 = -c_1^2 = c_4^3 = -c_3^4 = \cdots = c_{2p}^{2p-1} = -c_{2p-1}^{2p} = a$$

$$c_{2u}^{2u-1} = -c_{2u-1}^{2u} = b_u \neq \pm a$$

$$c_i^j = 0 \quad (\text{其余的})$$

式中 $u = p+1, p+2, \cdots, m\left(m = \left[\dfrac{n}{2}\right]\right)$。由于中核与其他元素可交换, 因此 $(a_i^j) \in G'$, 得

$$a_j^k c_i^j - c_j^k a_i^j = 0$$

特别取 $i = 2\alpha$、$k = 2u$ $(\alpha = 1, 2, \cdots, p)$, 有

$$a a_{2\alpha-1}^{2u} + b_u a_{2\alpha}^{2u-1} = 0$$

令 $i = 2\alpha - 1$、$k = 2u - 1$, 有

$$-a a_{2\alpha}^{2u-1} - b_u a_{2\alpha-1}^{2u} = 0$$

但对 $a \neq b_u$, 给出

$$a_{2\alpha}^{2u-1} = a_{2\alpha-1}^{2u} = 0$$

同理

$$a_{2\alpha}^{2u} = a_{2\alpha-1}^{2u} = 0$$

当 $n > 2m+1$ 时分别取 $i = 2\alpha$、$k > 2m$ 和 $i = 2\alpha - 1$、$k > 2m$，推出

$$a_{2\alpha-1}^{k} = 0 \quad a_{2\alpha}^{k} = 0 \quad (k > 2m)$$

由此可见 e_1、e_2、$\cdots$、e_{2p} 构成不变平面。可是 G 为实不可约，应用 $n = 2m = 2p$，表明 G' 的中心在特殊基下可变化为

$$\begin{pmatrix} 0 & a & & & \\ -a & 0 & & & \\ & & \ddots & & \\ & & & 0 & a \\ & & & -a & 0 \end{pmatrix}$$

如果 (b_j^i) 也属于 G' 的中心，那么 (b_j^i)、(c_j^i) 可对易，

$$b_l^i c_j^l - c_l^i b_j^l = 0$$

这表示 $w_j^i = c_l^i b_j^l$ 为对称矩阵，考虑到 w_j^i 可与 G' 交换，又 G' 为实不可约，导致

$$c_l^i b_j^l = \lambda E$$

有

$$b_j^i = \lambda \tilde{c}_j^i$$

式中 $(\tilde{c}_j^i)$ 为 (c_j^i) 的逆阵。而 (b_j^i) 的形式为

$$\begin{pmatrix} 0 & b & & & \\ -b & 0 & & & \\ & & \ddots & & \\ & & & 0 & b \\ & & & -b & 0 \end{pmatrix} \quad \left(b = -\frac{\lambda}{a}\right)$$

从而中核为一维的。中核依元素

$$\begin{pmatrix} 0 & 1 & & & \\ -1 & 0 & & & \\ & & \ddots & & \\ & & & 0 & 1 \\ & & & -1 & 0 \end{pmatrix}$$

所生成。

若旋转群 G 可约, 则其矩阵可以分解为较简单的形式。令 H_1 为 G 的不变平面, 可作它的直交补 H_2, H_2 也是 G 的不变平面。若 G 在 H_1(或 H_2) 上仍然可约, 则继续作此分解, 最后知空间必可选出直交基, 让 G 中元素均有形式

$$\begin{pmatrix} 1 & & & & & & & \\ & \ddots & & & & & 0 & \\ & & 1 & & & & & \\ & & & A_1 & & & & \\ & & & & A_2 & & & \\ & 0 & & & & \ddots & & \\ & & & & & & A_l \end{pmatrix} \tag{1.263}$$

式中 A_1、A_2、$\cdots$、A_l 为直交矩阵, 各构成在相应的子空间中的不可约旋转群。A_1、A_2、$\cdots$、A_l 依其等价性分类, 从而 G 中元素可表达为

$$\begin{pmatrix} 1 & & & & & & & & & & & & & & \\ & \ddots & & & & & & & & & & & & & \\ & & 1 & & & & & & & & & & & & \\ & & & B_1 & & & & & & & & & & & \\ & & & & B_1 & & & & & & & & & & \\ & & & & & \ddots & & & & & & & 0 & & \\ & & & & & & B_1 & & & & & & & & \\ & & & & & & & B_2 & & & & & & & \\ & & & & & & & & B_2 & & & & & & \\ & & & & & & & & & \ddots & & & & & \\ & & & 0 & & & & & & & B_2 & & & & \\ & & & & & & & & & & & \ddots & & & \\ & & & & & & & & & & & & B_k & & \\ & & & & & & & & & & & & & B_k & \\ & & & & & & & & & & & & & & \ddots \\ & & & & & & & & & & & & & & & B_k \end{pmatrix} \tag{1.264}$$

的形式。B_1、B_2、$\cdots$、B_k 为直交矩阵, 各组成在相应的子空间中的不可约旋转群; 而 B_m、B_n $(m \neq n)$ 不等价。

G 的李代数元素基可表达为

$$\begin{pmatrix} 0 & & & & & & & & & & & & \\ & \ddots & & & & & & & & & & & \\ & & 0 & & & & & & & & & & \\ & & & C_1 & & & & & & & & & \\ & & & & \ddots & & & & & & & & \\ & & & & & C_1 & & & & & 0 & & \\ & & & & & & C_2 & & & & & & \\ & & & & & & & \ddots & & & & & \\ & & & & & & & & C_2 & & & & \\ & & & & & & & & & \ddots & & & \\ & & 0 & & & & & & & & C_k & & \\ & & & & & & & & & & & \ddots & \\ & & & & & & & & & & & & C_k \end{pmatrix} \tag{1.265}$$

C_1、C_2、$\cdots$、C_k 各属于 B_1、B_2、$\cdots$、B_k 的李代数。

舒尔定理　若 Σ_1、Σ_2 分别为 n 阶、m 阶方阵的集合且各不可约, 并存在 $n \times m$ 矩阵 B 使对每个 $C_1 \in \Sigma_1$ 必有 $C_2 \in \Sigma_2$, 让

$$C_1 B = B C_2 \tag{1.266}$$

而对 Σ_2 中的任意 C_2 也必有 Σ_1 中的 C_1 令式 (1.266) 成立, 则只可能有两种情形:

(1) $B = 0$;

(2) $m = n$, B 为非奇异的。

证明: 设 $B \neq 0$, 将 Σ_1、Σ_2 视为作用于向量空间 P_n、P_m 的线性变换, 记 B 的列向量为 b_1、b_2、$\cdots$、b_m, 它们为 P_n 的向量, 生成 P_n 的一个子空间 S。从式 (1.264) 知 b_1、b_2、$\cdots$、b_m 经过 Σ_1

变换后仍为 b_1、b_2、$\cdots$、b_m 的线性组合; 依此, S 为 Σ_1 的不变子空间。因为 Σ_1 不可约, b_1、b_2、$\cdots$、b_m 不全为 0, 而 S 为全空间 P_n, 所以 $m \geqslant n$、B 的秩为 n。

对式 (1.266) 转置, 推出

$$C_2'B' = B'C_1'$$

由上述同样的根据成立 $m \geqslant n$, B 的秩为 m。综合两方面的结果有 $m = n$, 矩阵 B 满秩。

1.21 旋转群的交换旋转

引理 1.1 如果 Ω 为 n 维实向量空间的不可约线性群, Σ 为与 Ω 中每个变换相交换的线性变换的全体, 那么 Σ 只可能出现三种情形之一:

(1) Σ 同构于实数体;

(2) Σ 同构于复数体;

(3) Σ 同构于四元数体。

证明: 选择空间 R_n 的一组基, Ω、Σ 中的元素均以 n 阶方阵表示。取 A、$B \in \Sigma$, 显然, $A + B \in \Sigma$, 即 Σ 关于加法封闭; 取 $A \in E$ 又 $A \neq 0$, 可以证明 A 可逆。事实上, A 必不以 0 为特征值, 否则存在特征值 0 的向量的全体组成 Ω 的一个不变子空间, 但 Ω 不可约、$A \neq 0$, 故有 A^{-1}; 对 $C \in \Omega$、$A \in \Sigma$ 依

$$CA = AC$$

可见

$$A^{-1}C = CA^{-1}$$

有 $A^{-1} \in \Sigma$; 此外若 A、$B \in \Sigma$, 则对任意 $C \in \Omega$ 给出

$$(AB)C = ACB = C(AB)$$

表明 Σ 关于乘法也封闭。因为 Σ 中包括形如 λE 的矩阵, 所以 Σ 成体, 且包括了形如 λE 的矩阵所成的体。已知实数体的有限扩张必与实数体、复数体、四元数体之一同构, 表明引理 1.1 正确。

引理 1.2 若 Ω 为不可约旋转群并容有单参数的交换旋转群, 则 $n=2m$ 且可取适当的规范直交基, 使 Ω 的李代数中元素可以矩阵

$$\begin{pmatrix} A & B \\ -B & A \end{pmatrix} \tag{1.267}$$

表达, 式中 A 为 m 阶反对称矩阵、B 为 m 阶对称矩阵。

证明: 若该单参数旋转群 $G_1 \in \Omega$, 则 Ω 已有中核; 若该单参数旋转群不属于 Ω, 则 Ω 的元素和该单参数群的元素乘积的全体构成旋转群, 也容有中核。依定理 1.27, $n=2m$ 并可取适当的规范交基, 使 G_1 的李代数由元素

$$\begin{pmatrix} \begin{matrix} 0 & 1 \\ -1 & 0 \end{matrix} & & & \\ & \begin{matrix} 0 & 1 \\ -1 & 0 \end{matrix} & & \\ & & \ddots & \\ & & & \begin{matrix} 0 & 1 \\ -1 & 0 \end{matrix} \end{pmatrix} \tag{1.268}$$

生成, 再变更基, 这个反对称矩阵变化为

$$J = \begin{pmatrix} 0 & E \\ -E & 0 \end{pmatrix} \tag{1.269}$$

故 Ω 的李代数中的矩阵均和该矩阵可以对易, 命 Ω 中的李代数矩阵为

$$\begin{pmatrix} A & B \\ C & D \end{pmatrix}$$

这里 A、B、C、D 为 m 阶方阵, A、D 为反对称矩阵, 又存在转置

关系 $C=-B'$, 由此得到

$$A=D \quad C=-B$$

从此推出引理 1.2 的结论。

具有非平凡可交换旋转的不可约旋转群必为复可约。如果取群 Ω, 其线性李代数为具有形式 (1.267) 的反对称矩阵的全体组成, 那么这个直交子代数为不可约的, 而且和它可交换的反对称矩阵只有式 (1.268) 及其与实数的乘积。为此, 分析 m 维酉空间中的酉群, 在规范直交基下它是满足

$$\bar{U}'U=E$$

的 m 阶复方阵组成, 其线性李代数元素是由符合

$$\bar{V}'+V=0$$

的 m 阶方阵组成; 置

$$V=(a_q^p+ib_q^p)$$

式中 p、$q=1,2,\cdots,m$; a_q^p、b_q^p 为实数; 又适合

$$a_q^p+a_p^q=0 \quad b_q^p-b_p^q=0$$

选 V 的实形态, 得到式 (1.265) 的矩阵, 于是所论的群为 m 维酉群的实形态。因为任意单位向量可经过酉变换而变成其他的单位向量, 所以在 n 维实线性空间中群 Ω 也有此性质, Ω 不可约。令

$$\begin{pmatrix} C & D \\ -D' & F \end{pmatrix}$$

为和所具有式 (1.265) 相交换的反对称矩阵, 取 $B=0$, 计算知

$$AC=CA \quad AD=DA \quad AD'=D'A \quad AF=FA$$

当 A 为任意反对称矩阵, C、F 必为反对称矩阵时 $C=F=0$, 又必 $D=\lambda E$, 于是与 Ω 相交换的旋转确实只由式 (1.268) 生成。

引理 1.3 在 $4p$ 维空间中矩阵

$$\begin{pmatrix} A & B & C & D \\ -B & A & D & -C \\ -C & -D & A & B \\ -D & C & -B & A \end{pmatrix} \tag{1.270}$$

的全体构成不可约旋转群 H 的李代数 H', 而 H 的交换旋转为三参数的旋转群 H^*, 式中 A 为任意 p 阶反对称矩阵且 B、C、D 的任意 p 阶对称矩阵, 又 H^* 的线性李代数有基

$$\begin{cases} I_1 = \begin{pmatrix} 0 & E_{2p} \\ E_{2p} & 0 \end{pmatrix} \\ I_2 = \begin{pmatrix} & & & E_{2p} \\ 0 & & -E_p & \\ & E_p & & 0 \\ -E_p & & & \end{pmatrix} \\ I_3 = \begin{pmatrix} 0 & E_p & & \\ -E_p & 0 & & 0 \\ & & 0 & -E_p \\ 0 & & E_p & 0 \end{pmatrix} \end{cases} \tag{1.271}$$

引理 1.4 若 K 为空间 R_n 的实旋转群、不可约, 又容有三参数的交换旋转, 则 $n = 4p$、K 为酉辛群的实形态或其不可约子群; 在适当标架下其交换旋转群的李代数为式 (1.271)。

式 (1.270) 为 $2p$ 维复向量空间矩阵

$$V = \begin{pmatrix} A - iC & B - iD \\ -B - iD & A + iC \end{pmatrix}$$

的实形态。该矩阵的集合为酉代数、辛代数的交集, 故 H 为酉群和复辛群交的实形态。

证明: 设 J_1 为交换旋转的李代数的矩阵, 变更 J_1 的实常数因子使

$$J_1^2 = -E$$

又取 J_2 为交换旋转的李代数的矩阵; 因为 J_1J_2 和 K 中元素可交换, 所以 $J_1J_2+J_2J_1$、$J_1J_2-J_2J_1$ 和 K 中元素可交换, 但 $J_1J_1+J_2J_1$ 为对称矩阵、K 又不可约, 于是 $J_1J_2+J_2J_1 = \lambda E$。以 $\mu\left(J_2+\dfrac{1}{2}\lambda J_1\right)$ 替代 J_2、仍记作 J_2, 这里 μ 为实数, 给出

$$J_1J_2 + J_2J_1 = 0 \quad J_2^2 = -E$$

有

$$J_1J_2 = -J_2J_1$$

定义它为 J_3。由于转置关系

$$J_3' = (J_1J_2)' = J_2'J_1' = J_2J_1$$

因此 J_3 为反对称矩阵, 属于交换旋转的李代数。此外

$$J_2^2 = (J_1J_2)(-J_2J_1) = -E$$

$$J_2J_3 = -J_2J_2J_1 = J_1 \quad J_3J_2 = J_1J_2J_2 = -J_1$$

$$J_3J_1 = -J_2J_1J_1 = J_2 \quad J_1J_3 = J_1J_1J_2 = -J_2$$

注意 J_1、J_2、J_3 线性无关。

因为 J_1、J_2、J_3 满足引理 1.3 中 I_1、I_2、I_3 满足

$$\begin{cases} I_1^2 = I_2^2 = I_3^2 = -E \\ I_1I_2 = -I_2I_1 = I_3 \\ I_2I_3 = -I_3I_2 = I_1 \\ I_3I_1 = -I_1I_3 = I_2 \end{cases} \tag{1.272}$$

所以利用引理 1.3 的证明方法选择空间的规范直交基, 可见 n 必为 4 的倍数, 令 J_1、J_2、J_3 具有式 (1.271), 表明 K 的李代数属于 H', 引理 1.4 证毕。

定理 1.28 设 K 为 R_n 中的实不可约旋转群, 如果它容有非平凡的交换旋转, 那么只出现两种情形:

(1) K 容有单参数交换群且为酉群实形态的不可约子群;

(2) K 容有三参数交换群且为酉辛群实形态的不可约子群。

利用定理 1.28 可构造与任意的旋转群相交换的矩阵全体。为此, 将给定的旋转李代数的一般元素记为

$$\begin{pmatrix} 0 & & & & \\ & -\mathscr{F}_1 & & & \\ & & -\mathscr{F}_2 & & 0 \\ & 0 & & \ddots & \\ & & & & \mathscr{F}_h \end{pmatrix} \tag{1.273}$$

的形式, $\mathscr{F}_h$ 为

$$\mathscr{F}_h = \begin{pmatrix} C_h & & & \\ & C_h & & 0 \\ 0 & & \ddots & \\ & & & C_h \end{pmatrix} \tag{1.274}$$

这里 $h = 1, 2, \cdots, k$; C_h 组成不可约的李代数。注意到 C_h、$C_l (h \neq l)$ 不等价, 把和 C 相交换的矩阵 A 写成

$$A = \begin{pmatrix} A_{00} & A_{01} & \cdots & A_{0k} \\ A_{10} & A_{11} & \cdots & A_{1k} \\ \vdots & \vdots & & \vdots \\ A_{k0} & A_{k1} & \cdots & A_{kk} \end{pmatrix} \tag{1.275}$$

式中 A 的分块方式和 C 的分块方式式 (1.273) 相同。从 $AC = CA$ 得

$$A_{01}\mathscr{F}_1 = \cdots = A_{0k}\mathscr{F}_k = 0$$

$$\mathscr{F}_1 A_{10} = \cdots = \mathscr{F}_k A_{k0} = 0$$

$$\begin{cases} A_{ii}\mathscr{F}_i = \mathscr{F}_i A_{ii} \\ A_{ij}\mathscr{F}_j = \mathscr{F}_j A_{ij} \end{cases} \quad (i、j = 1, 2, \cdots, k; i \neq j)$$

因为 $\mathscr{F}_1$ 不容有公共的零向量, 所以依

$$\mathscr{F}_1 A_{10} = 0$$

有 $A_{10} = 0$; 再依 $(A_{01}\mathscr{F}_1)' = \mathscr{F}_1 A'_{01} = 0$, 也有 $A_{01} = 0$, 故

$$A_{01} = \cdots = A_{0k} = A_{k0} = \cdots = A_{kk}$$

又由 $\mathscr{F}_1$、$\mathscr{F}_2$ 的分块方式将 A_{12} 分块成

$$A_{12} = \begin{pmatrix} B_{11} & B_{12} & \cdots & B_{1l} \\ B_{21} & B_{22} & \cdots & B_{2l} \\ \vdots & \vdots & & \vdots \\ B_{r1} & B_{r2} & \cdots & B_{rr} \end{pmatrix}$$

而 B_{ab} 的列数等于 C_2 的阶数、B_{ab} 的行数等于 C_1 的阶数, l 为 $\mathscr{F}_2$ 中的 C_2 的个数、r 为 $\mathscr{F}_1$ 中的 C_1 个数。以 $A_{12}\mathscr{F}_2 = \mathscr{F}_1 A_{12}$ 给出

$$B_{ab}C_2 = C_1 B_{ab}$$

由于 C_2、C_1 不等价, 因此依定理 1.26, $B_{ab} = 0$; 知 $A_{12} = 0$, 并

$$A_{ij} = 0 \quad (i \neq j) \tag{1.276}$$

令确定 A_{11}、A_{22}、$\cdots$。对此, 将 A_{11} 表达为

$$A_{11} = \begin{pmatrix} L_{11} & L_{12} & \cdots & L_{1r} \\ L_{21} & L_{22} & \cdots & L_{2r} \\ \vdots & \vdots & & \vdots \\ L_{r1} & L_{r2} & \cdots & L_{rr} \end{pmatrix} \tag{1.277}$$

$L_{uv}(u, v = 1, 2, \cdots, r)$、$C_1$ 同阶数, 应用

$$A_{11}\mathscr{F}_1 = \mathscr{F}_1 A_{11}$$

推出

$$L_{uv}C_1 = C_1 L_{uv} \tag{1.278}$$

表明 L_{uv} 就是和 C_1 可交换的矩阵, 该矩阵的全体已经定理 1.28 确定, 这样确定了 A_{11}, 同样确定了 A_{22} 等, 从而确定了 A。

这些结果可用于研究齐性黎曼空间。

2　射影曲线

2.1　平面曲线

2.1.1　射影协变元素

今讨论平面曲线在射影平面 P^2 上的射影变换群下的不变性质。P^2 上的射影变换表达形式为

$$\begin{cases} x_1^* = a_{11}x_1 + a_{12}x_2 + a_{13}x_3 \\ x_2^* = a_{21}x_1 + a_{22}x_2 + a_{23}x_3 \\ x_3^* = a_{31}x_1 + a_{32}x_2 + a_{33}x_3 \end{cases}$$

或

$$x^* = xA$$

且

$$A = \begin{vmatrix} a_{11} & a_{12} & a_{13} \\ a_{21} & a_{22} & a_{23} \\ a_{31} & a_{32} & a_{33} \end{vmatrix} \neq 0$$

据此, P^2 上的射影群具有八个参数, 记作 G_8。由于在射影群下无长度、角度等概念, 因此使用四个元素的交比概念。

若 $x(x_1, x_2, x_3)$、$y(y_1, y_2, y_3)$、$z(z_1, z_2, z_3)$ 为平面 P^2 上任意不共线三点, 则 P^2 上任意一点的射影齐次坐标可表示为

$$x = \xi_0 x + \xi_1 y + \xi_2 z$$

关于活动标架。设 $P(x)$ 为平面曲线 C 上的正常点、$P_1(x_1)$ 为 C 的切线 t 上异于 P 的点、$P_2(x_2)$ 为从 P_1 作 C 在 P 的密切二次曲线 K_2 的切线的切点, 这样三角形 PP_1P_2 构成 C 的活动标

架 $\mathscr{R}$。因为该三角形由切线 t 上的点 P 确定, 所以在 C 上一点有 ∞^1 个 $\mathscr{R}$。平面上任意一点 $M(Z)$ 的射影齐次坐标可置为

$$Z = \xi_0 x + \xi_1 x_1 + \xi_2 x_2 \tag{2.1}$$

式中 ξ_0、ξ_1、ξ_2 为 M 关于具有单位点 $x + x_1 + x_2$ 的标架 $\mathscr{R}$ 的局部坐标。如果引入非齐次坐标 ξ、η,

$$\xi = \frac{\xi_1}{\xi_0} \quad \eta = \frac{\xi_2}{\xi_0} \tag{2.2}$$

并取 M 为 C 上 P 的邻点, 那么 C 的方程命为

$$\eta = \frac{1}{2}\xi^2 + \theta_3 \xi^5 + a_6 \xi^6 + f(7) \tag{2.3}$$

这里 $f(n)$ 表示关于 ξ 的次数不小于 n 的全体, 而 K_2 从

$$\xi^2 - 2\eta = 0 \tag{2.4}$$

给出。

假定曲线 C 上一般点的坐标 x 为参数 u 的函数; 坐标为 $x' = \dfrac{\mathrm{d}x}{\mathrm{d}u}$ 的点在 C 的切线上, 取之为 $P_1(x_1)$, 于是得到对应标架 $\mathscr{R}$, 易见点 x' 的位置与参数变换

$$\bar{u} = f(u) \tag{2.5}$$

无关, 故标架 $\mathscr{R}$ 的确定也和参数的选择无关。注意它们和比例因子的变换

$$\bar{x} = \lambda x \tag{2.6}$$

有关。

将 P 的射影齐次坐标标准化使展开式 $f(3)$ 变为

$$y = \frac{1}{2}\xi^2 + \theta_3 \xi^5 + f(7) \tag{2.7}$$

除一个常数外得到比例因子的一个完全决定法。这样建立了 P 的法坐标, 对应于标准化的点 P_1 的活动标架 $\mathscr{R}$ 为曲线 C 在 P 点

的 Wilczynski 的规范三角形, 直线 PP_2 为射影法线。检验知无穷小量

$$\mathrm{d}\sigma = \sqrt[3]{\theta_3}\mathrm{d}u \tag{2.8}$$

为曲线的不变式, 称为 C 的射影弧素。

若取由式 (2.8) 确定的射影弧 σ 为参数, 则式 (2.7) 变为

$$\eta = \frac{1}{2}\xi^2 + \xi^5 + f(7) \tag{2.9}$$

射影 Frenet 公式取形式

$$\begin{cases} \dfrac{\mathrm{d}x}{\mathrm{d}\sigma} = x_1 \\ \dfrac{\mathrm{d}x_1}{\mathrm{d}\sigma} = kx + x_2 \\ \dfrac{\mathrm{d}x_2}{\mathrm{d}\sigma} = 20x + kx_1 \end{cases} \tag{2.10}$$

这里 k 称为曲线 C 的射影曲率。从式 (2.10) 推出法坐标 x 是微分方程

$$\frac{\mathrm{d}^2x}{\mathrm{d}\sigma^2} - 2k\frac{\mathrm{d}x}{\mathrm{d}\sigma} - \left(\frac{\mathrm{d}k}{\mathrm{d}\sigma} + 20\right)x = 0 \tag{2.11}$$

的解, 式 (2.11) 称为曲率的法式方程。

定理 2.1 若在 $a \leqslant \sigma \leqslant b$ 上给出任意一个连续函数 $k(\sigma)$, 则除了平面上的射影变换外, 唯一存在一条平面曲线, 并以 σ 为射影弧、$k = k(\sigma)$ 为射影曲率。

确定曲线取决于式 (2.11) 的线性无关解的情况, 故称 $k = k(\sigma)$ 为曲线的射影自然方程。

关于射影曲率的表达式。设曲线 C 的参数表示为 $x^i = x^i(u)(i = 1,2,3)$, 于是可确定 u 的三个函数 p、q、l 使

$$x''' + 3px'' + 3qx' + lx = 0 \tag{2.12}$$

而 p、q、l 取决于方程组

$$(x^1)''' + 3p(x^1)'' + 3q(x^1)' + lx^1 = 0 \quad (x^2)''' + \cdots = 0 \quad (x^3)''' + \cdots = 0$$

该组容有唯一的解, 如果行列式

$$3p = -\frac{|x, x', x'''|}{|x, x', x''|} \quad (|x, x', x''| \neq 0)$$

$$3q = \frac{|x, x', x'''|}{|x, x', x''|} \quad (|x, x', x''| \neq 0)$$

$$l = -\frac{|x', x'', x'''|}{|x, x', x''|}$$

为了确定 $\sigma(u)$、$k(\sigma)$, 从已知曲线表达式出发命 $x = \lambda z$, 有

$$\frac{\mathrm{d}x}{\mathrm{d}\sigma} = \frac{\lambda'}{\sigma'}Z + \frac{\lambda}{\sigma'}Z'$$

$$\frac{\mathrm{d}^2x}{\mathrm{d}\sigma^2} = \left(\frac{\lambda''}{\sigma'^2} - \frac{\lambda'\sigma''}{\sigma'^3}\right)Z + \left(\frac{Z\lambda'}{\sigma'^2} - \frac{\lambda\sigma''}{\sigma'^3}\right)Z' + \frac{\lambda}{\sigma'^2}Z''$$

$$\begin{aligned}\frac{\mathrm{d}^3x}{\mathrm{d}\sigma^3} = &\left(\frac{\lambda'''}{\sigma'^3} - \frac{3\lambda''\sigma''}{\sigma'^4} - \frac{\lambda'\sigma'''}{\sigma'^4} + \frac{3\lambda'\sigma''^2}{\sigma'^5}\right)Z \\ &+ \left(\frac{3\lambda''}{\sigma'^3} - \frac{6\lambda'\sigma''}{\sigma'^4} - \frac{\lambda\sigma'''}{\sigma'^4} + \frac{3\lambda\sigma''^2}{\sigma'^5}\right)Z' \\ &+ \left(\frac{3\lambda'}{\sigma'^3} - \frac{3\lambda\sigma''}{\sigma'^4}\right)Z'' + \frac{\lambda}{\sigma'^3}Z'''\end{aligned}$$

这里以撇号表示对 u 的导数, 将上述关系代入式 (2.11) 并记作式 (2.12) 的形式, 比较系数知

$$\begin{cases}\dfrac{\lambda'}{\lambda} - \dfrac{\sigma''}{\sigma'} = p \\[2ex] 3\dfrac{\lambda''}{\lambda} - 6\dfrac{\lambda'}{\lambda}\dfrac{\sigma''}{\sigma'} - \dfrac{\sigma'''}{\sigma'} + \dfrac{3\sigma''^2}{\sigma'^2} - 2k\sigma'^2 = 3q \\[2ex] \dfrac{\lambda'''}{\lambda'} - 3\dfrac{\lambda''}{\lambda}\dfrac{\sigma''}{\sigma'} - \dfrac{\lambda'}{\lambda}\dfrac{\sigma'''}{\sigma'} + \dfrac{3\lambda'}{\lambda}\dfrac{\sigma''^2}{\sigma'^2} \\[2ex] -2\dfrac{\lambda'}{\lambda}k\sigma'^2 - \left(\dfrac{k'}{\sigma'} + 20\right)\sigma'^3 = l\end{cases} \tag{2.13}$$

整理后,

$$\sigma'^3 = \frac{1}{20}\left(l - 3pq - \frac{3}{2}q' + 2p^3 + 3pp' + \frac{1}{2}p''\right) = h \tag{2.14}$$

式 (2.13) 给出

$$k=-\frac{1}{2}h^{-\frac{2}{3}}\left[3q-3p'-3p-\frac{2}{3}\left(\frac{h'}{h}\right)'+\frac{1}{9}\left(\frac{h'}{h}\right)'\right] \tag{2.15}$$

最后从式 (2.13) 除一个因子外可知 λ。当曲线方程为

$$x=x^0+xx_1^0+yx_2^0 \quad (y=y(x))$$

时,

$$p=-\frac{1}{3}\frac{y'''}{y''} \quad q=0 \quad l=0$$

为方便, 记 $(y'')^{-\frac{2}{3}}=Y$, 得

$$h=\frac{1}{80}\frac{Y'''}{Y}$$

据此得到 $h=0$ 的曲线即为二次曲线, 它的微分方程为

$$[(y'')^{-\frac{2}{3}}]'''=0$$

关于射影法线的几何意义。设 C_3 为曲线 C 在 P 点的任意七点三次曲线, 利用式 (2.9) 可得到 C_3 的方程为形式

$$\xi^3+16\eta^3-2\xi\eta+\mu(\xi^2\eta-2\eta^2)+\nu(8\xi\eta^2+\xi^2-2\eta)=0 \tag{2.16}$$

式中 μ,ν 为独立参数, C_3、C 的密切二次曲线 K_2 交于 P 点、S 点, 依式 (2.4)、式 (2.16) 有直线 PS,

$$2\eta+\nu\xi=0$$

又 C_3、C 在 P 的切线 PP_1 交于点 P、T, 可推出 T 关于 C_2 的极线 PR,

$$\eta+\nu\xi=0$$

因为切线 PP_1、射影法线 PP_2 的方程分别为 $\eta=0$、$\xi=0$, 所以四条直线 PT、PR、PS、PP_2 调和共轭。

方德植定理 设 C_3 为曲线 C 在其正常点 P 的任意七点三次曲线, T、S 分别为 C_3、C 在 P 的切线和密切二次曲线除 P 外的交点。若 PR 为 T 关于 K_2 的极线, 则直线 PS 关于 PT、PR 的调和共轭直线就是 C 在 P 的射影法线。

今从式 (2.16) 内 ∞^2 条三次曲线中取出 ∞^1 条三次曲线, 使通过 PP_1 上定点 $T(c,0)$, 每条曲线方程为

$$\xi^3+16\eta^3-2\xi\eta+\mu(\xi^2\eta-2\eta^2)-c(8\xi\eta^2+\xi^2-2\eta)=0$$

式中 μ 为参数; 这 ∞^1 条曲线的第九附属点 S 一定落在 K_2 上, 它的坐标为

$$\xi=c \quad \eta=\frac{1}{2}c^2$$

定理 2.2 当点 T 在切线上变动时 ST 汇成直线束, 其中心为射影法线和 K_2 的第二个交点。

这是由张素成指出的关于射影法线的一个简明解释。

关于射影曲率的几何意义。当 P 画曲线 C 时以 C_1、C_2 分别表示 P_1、P_2 的轨迹。应用式 (2.10) 产生 C_1 在 P_1 的切线 t_1 为

$$\xi_0-k\xi_2=0$$

C_2 在 P_2 的切线 t_2 为

$$k\xi_0-20\xi_1=0$$

令 t_2、t 的交点为 R', 其坐标即为

$$\xi_0=20 \quad \xi_1=k \quad \xi_2=0$$

令 t_1、t_2 的交点为 R_1, 其坐标即为

$$\xi_0=k \quad \xi_1=\frac{1}{20}k^2 \quad \xi_2=1$$

据此并式 (2.4) 给出 R_1 关于 K_2 的要极线

$$\xi_0-\frac{1}{20}k^2\xi_1+k\xi_2=0$$

它与 t 的交点 R'' 的坐标为

$$\xi_0=\frac{1}{20}k^2 \quad \xi_1=1 \quad \xi_2=0$$

故推出 P、P_1、R'、R'' 的四点交比为

$$(PP_1,R'R'')=\frac{1}{400}k^3$$

或

$$k^3=400(PP_1,R'R'')$$

定理 2.3 设 R_1 为曲线 C_1、C_2 在 P_1、P_2 的切线的交点, R'、R'' 分别为切线 t_1、直线 t_2 和 R_1 关于 K_2 的极线的交点, 于是射影曲率 k 的立方除因子 400 外等于 P、P_1、R'、R'' 四点的交比。

关于射影弧素的几何意义。通过点 R_1 而在 P_1、P_2 分别和直线 PP_1、PP_2 相切作二次曲线 K, 计算得到 K,

$$\xi_0^2-20\xi_1\xi_2=0 \tag{2.17}$$

以 $Q(x(\sigma+\mathrm{d}\sigma))$ 为曲线 C 上 P 的邻点, 依式 (2.10),

$$x(\sigma+\mathrm{d}\sigma)=[1+f(2)]x+[\mathrm{d}\sigma+f(3)]x_1+\left[\frac{1}{2}\mathrm{d}\sigma^2+f(3)\right]x_2 \tag{2.18}$$

直线 PQ 上任意点的坐标为

$$\xi_0=\rho+1+f(2) \quad \xi_1=\mathrm{d}\sigma+f(3) \quad \xi_2=\frac{1}{2}\mathrm{d}\sigma^2+f(3) \tag{2.19}$$

ρ 为参数。若 Q_1、Q_2 为直线 PQ 与二次曲线 K 的交点, 则由式 (2.17)、式 (2.19) 得到 Q_1、Q_2 的对应参数满足

$$[1+\rho+f(2)]^2=10\mathrm{d}\sigma^3+f(4)$$

或

$$\rho=-1\pm\sqrt{10\mathrm{d}\sigma^3}+f(2)$$

给出 P、Q、Q_1、Q_2 四点交比

$$(PQ,Q_1Q_2)=\frac{1+\sqrt{10\mathrm{d}\sigma^3}+f(2)}{1-\sqrt{10\mathrm{d}\sigma^3}+f(2)}=1+2\sqrt{10\mathrm{d}\sigma^3}+f(2)$$

有

$$\log(PQ,Q_1Q_2)=2\sqrt{10\mathrm{d}\sigma^3}+f(2)$$

定理 2.4 设 Q 为曲线 C 上 P 的邻点, 其对应的参数为 $\sigma+\mathrm{d}\sigma$, 设二次曲线 K 与 PP_1、PP_2 分别在 P_1、P_2 相切并通过 t_1、t_2 的交点; 若直线 PQ 和 K 交于 Q_1、Q_2, 则无穷小量 $\log(PQ,Q_1Q_2)$ 的主要部分的平方, 除常因子 40 外, 等于射影弧素的立方。

关于曲率形式的几何意义。曲线 C 在 $Q(x(\sigma+\mathrm{d}\sigma))$ 的切线上任何点的坐标为

$$\rho x(\sigma+\mathrm{d}\sigma)+x'(\sigma+\mathrm{d}\sigma)\quad(\rho\text{ 为参数})$$

当把该坐标写成

$$\xi_0x+\xi_1x_1+\xi_2x_2$$

时由泰勒展开及式 (2.10)、式 (2.11), 有

$$\begin{cases}\xi_0=\rho+k\mathrm{d}\sigma+f(2)\\ \xi_1=\rho\left[\mathrm{d}\sigma+\dfrac{1}{3}k\mathrm{d}\sigma^3+f(4)\right]+1+k\mathrm{d}\sigma^2+f(3)\\ \xi_2=\rho\left[\dfrac{1}{2}\mathrm{d}\sigma^2+\dfrac{1}{12}k\mathrm{d}\sigma^4+f(5)\right]+\mathrm{d}\sigma+\dfrac{1}{3}k\mathrm{d}\sigma^3+f(4)\end{cases}\tag{2.20}$$

取曲线 C 在 Q 点的切线和直线 t_1、P_1P_2、PP_1、PP_2 的交点分别为 Q_1、Q_2、Q_3、Q_4, 所以依式 (2.18)、式 (2.20) 得到 Q_1 的对应参数

$$\rho_1=f(2)$$

同理, Q_2、Q_3、Q_4 对应参数

$$\rho_2 = -k\mathrm{d}\sigma + f(2)$$
$$\rho_3 = -\frac{2}{\mathrm{d}\sigma}\left[1 + \frac{1}{6}k\mathrm{d}\sigma^2 + f(3)\right]$$
$$\rho_4 = -\frac{1}{\mathrm{d}\sigma}\left[1 + \frac{2}{3}k\mathrm{d}\sigma^2 + f(3)\right]$$

据此导出 Q_1、Q_2、Q_3、Q_4 四点的交比

$$(\rho_1\rho_2, \rho_3\rho_4) = 1 - \frac{1}{2}k\mathrm{d}\sigma^2 + f(3)$$

或

$$\log(\rho_1\rho_2, \rho_3\rho_4) = -\frac{1}{2}k\mathrm{d}\sigma^2 + f(3)$$

定理 2.5 若 Q_1、Q_2、Q_3、Q_4 分别为 C 在 P 的切线 t_1、P_1P_2、PP_1、PP_2 与曲线 C 在点 Q 的切线的交点, 则无穷小量 $\log(Q_1Q_2, Q_3Q_4)$ 的主要部分, 除常因子 $-\frac{1}{2}$ 外, 等于曲率形式 $k\mathrm{d}\sigma^2$。

在点 P 与曲线 C 构成八点 (7 阶) 接触的三次曲线共计 ∞^1 条, 其方程为

$$\xi^3 + 16\eta^3 - 2\xi\eta + \mu\left(-\frac{1}{7}k\xi^2\eta + \xi^2 + \frac{2}{7}k\eta^2 - 2\eta\right) = 0 \qquad (2.21)$$

这里 μ 为任意参数。在这 ∞^1 条曲线中有两条重要的三次曲线:

(1) Wilczynski 三次曲线。这是以 P 为结点的唯一的八点三次曲线, 它的方程为

$$\xi^3 + 16\eta^3 - 2\xi\eta = 0$$

这条曲线在 P 点两条结点切线就是原曲线 C 在 P 的切线和射影法线; 该曲线的三个变曲点在直线

$$\xi_0 = 0$$

上, 即在标准三角形的第三边 P_1P_2 上。P 点和每个变曲点 $I_j(j = 1, 2, 3)$ 的三条连线方程为

$$\xi^3 + 16\eta^3 = 0 \qquad (2.22)$$

(2) 在 P 点以外的一点与射影法线相切的三次曲线。其中八点三次曲线只有两条, 即 Wilczynski 三次曲线及曲线

$$k^2(\xi^3+16\eta^3-2\xi\eta)-224(-k\xi^2\eta+56\xi\eta^2+7\xi^2+2k\eta^2-14\eta)=0$$

它与射影法线在点 $M\left(0,\dfrac{14}{k}\right)$ 相切。注意到在曲线 C 的七点三次曲线中, 以射影法线上点 N (不重合于 P) 为结点, 确定一条三次曲线, 则除常因子外, 射影曲率 k 等于 P、P_2、M、N 四点的交比。

因为所有八点三次曲线式 (2.21) 经过曲线 C 在 P 的八个邻近点, 所以可视为在 P 有 8 个公共点, 八点三次曲线存在一个第九附属点, 称之为曲线 C 与 P 相关联的 Halphen 点, 记为 H。依式 (2.21) 知 H 坐标

$$\xi_0=10926+k^3 \quad \xi_1=392k \quad \xi_2=7k^2$$

使用式 (2.22) 定义的三条曲线 PI_j 和点 H 可以解释 k: 取 $D_j(j=1,2,3)$ 为四条直线 PP_1、PP_2、PH、PI_j 的交比, 于是

$$k=-14\sqrt[3]{4}\sqrt{D_1D_2D_3}$$

又命 I 为 Wilczynski 三次曲线唯一实变曲点, 故

$$k=-14\sqrt[3]{4}P(P_1P_2,HI)$$

成立。

2.1.2 两条平面曲线的接触不变式

如果两条平面曲线 C、$\bar{C}$ 在公共点 O 形成一阶或高阶接触, 那么 C、$\bar{C}$ 存在与 O 相关的射影接触不变式。

设曲线 C 的参数向量方程为

$$x=x(u)$$

设对 C 的比例因子和参数变换为

$$\begin{cases} x = \lambda(u)\bar{x} \quad \left(\lambda \dfrac{\mathrm{d}\bar{u}}{\mathrm{d}u} \neq 0\right) \\ \bar{u} = \bar{u}(u) \end{cases}$$

对于 $\bar{C}$ 有相应的方程及变换,

$$y = y(v) \quad \left(\mu \frac{\mathrm{d}\bar{v}}{\mathrm{d}v} \neq 0\right)$$

$$y = \mu(v)\bar{y} \quad \bar{v} = \bar{v}(v)$$

命 C、$\bar{C}$ 在 O 有 $u = v = 0$, 且在 O 点形成一阶接触, 于是两条曲线在 O 有共同切线 t; 存在三个数 l、m、n 使在 O 有

$$lx(0) = y(0) \quad x_u(0) = my_v(0) + ny(0)$$

$$x_u = \frac{\mathrm{d}x}{\mathrm{d}u} \quad y_v = \frac{\mathrm{d}y}{\mathrm{d}v}$$

变换后, 可将 l、m 化为 1, n 化为 0, 故

(Ⅰ) $$\bar{x}(0) = \bar{y}(0) \quad \bar{x}_{\bar{u}}(0) = \bar{y}_{\bar{v}}(0)$$

事实上, 这些变换仅受限于条件

$$\lambda(0)l = \mu(0)$$

$$\bar{u}_u(0)\lambda_{\bar{u}}(0) = \bar{v}_v(0)\mu_{\bar{v}}(0)m + n\mu(0)$$

$$\bar{u}_u(0)\lambda(0) = \bar{v}_v(0)\mu(0)m$$

式中已知当 $u = v = 0$ 时 $\bar{u} = \bar{v} = 0$, 保留形式（Ⅰ）的最一般的比例因子、参数变换遵守条件

(Ⅱ) $$\lambda(0) = \mu(0) \quad \lambda_{\bar{u}}(0) = \mu_{\bar{u}}(0)$$

$$\bar{u}_u(0) = \bar{v}_v(0)$$

将（Ⅰ）中的横线去掉而回到原有记号, 则（Ⅰ）可表示为

(III) $$x = y \quad x_u = y_v$$

注意这些方程只在 O 点成立。引用该约定, 并定义函数 J,

$$J = \frac{(x, x_u, x_{uu})}{(y, y_v, y_{vv})}$$

显然, J 在任何射影变换之下不变; 今证明在符合条件 (II) 的一切比例和参数变换之下也不变。实际上,

$$\bar{J}=\frac{(\bar{x},\bar{x}_{\bar{u}},\bar{x}_{\bar{u}\bar{u}})}{(\bar{y},\bar{y}_{\bar{v}},\bar{y}_{\bar{v}\bar{v}})}=\frac{\left(\frac{x}{\lambda},\left(\frac{x}{\lambda}\right)_{\bar{u}},\left(\frac{x}{\lambda}\right)_{\bar{u}\bar{u}}\right)}{\left(\frac{y}{\mu},\left(\frac{y}{\mu}\right)_{\bar{v}},\left(\frac{y}{\mu}\right)_{\bar{v}\bar{v}}\right)}$$

$$=\frac{(x,x_{\bar{u}},x_{\bar{u}\bar{u}})\lambda^{-3}}{(y,y_{\bar{v}},y_{\bar{v}\bar{v}})\mu^{-3}}=\frac{(x,x_u,x_{uu})\bar{u}_u^{-3}}{(y,y_v,y_{vv})\bar{v}_v^{-3}}=J$$

J 称为曲线 C、$\bar{C}$ 在 O 点的接触不变式。依 (III), J 的定义可变为

$$(x,x_u,x_{uu}-Jy_{vv})=0$$

特别是若 C、$\bar{C}$ 的方程以非齐次射影坐标表达,

$$y=y(x)\quad Y=Y(X)$$

并且该曲线在 O 有共同切线, 于是在 O 点处

$$x=X\quad y=Y\quad y'=Y'$$

$$y'=\frac{\mathrm{d}y}{\mathrm{d}x}\quad Y'=\frac{\mathrm{d}Y}{\mathrm{d}X}$$

推出

$$J=\frac{y''}{Y''}$$

最后, 若 C、$\bar{C}$ 关于非齐次射影坐标的方程为

$$y=ax^2+\cdots\quad Y=AX^2+\cdots\quad (a\neq A,aA\neq 0)$$

则上式变为

$$J=\frac{a}{A}$$

设 C、$\bar{C}$ 在 O 点构成 k 阶接触, 令其在 $O(0,0)$ 的邻域内的展开为

$$\begin{cases}y=ax^{k+1}+\cdots\\ Y=AX^{k+1}+\cdots\end{cases}\quad (k>0,a\neq A,aA\neq 0)$$

接触不变式 $\frac{a}{A}$ 的几何意义为:

在 O 附近取直线 r 与 C、$\bar{C}$ 以及切线 t, 分别交于 P、$\bar{P}$、T, 在 r 上任取点 M, 当 $T \to 0$ 时有交比

$$(P\bar{P}, TM) \to \frac{a}{A}$$

假定 r 的极限位置不重合于公共切线 t, 而且 M 的极限位置不重合于 O。

因为交比为射影不变式, 所以 $\frac{a}{A}$ 为射影不变式。

当 C、$\bar{C}$ 在 O 构成 k 阶接触时, 由 C、$\bar{C}$ 的 $k+2$ 阶邻域可以确定通过 O 的协变直线 $r_0^{(k)}$。

若在切点 O 分别作 C、$\bar{C}$ 的任意四点二次曲线, 且从 O 连接这两条二次曲线的其余两个交点, 则 $r_0^{(1)}$ 为公共切线关于这两条直线的调和共轭直线。

若 C、$\bar{C}$ 在 O 点形成二阶接触, 则 C、$\bar{C}$ 在 O 点的密切二次曲线 C_2、$\bar{C}_2$ 除 O 外还交于 P 点, 以 K_3、$\bar{K}_3$ 分别表示由直线 OP、$\bar{C}_2$ 与由 OP、C_2 组成的三次曲线; 此外, 在 C、$\bar{C}$ 的公共切线 t 上指定不重合于 O 的任意点为"无穷远点" I, 作 I 关于 K_3、$\bar{K}_3$ 的极线 l、$\bar{l}$, 则公共切线 t 关于 l、$\bar{l}$ 的调和共轭直线即为协变直线 $r_0^{(2)}$。

2.1.3 平面曲线的奇点

设 O 为平面曲线 C 的 m 阶奇点, 即 C 在 O 的切线 t_0。与 C 有 $m-1$ 阶接触, 但 $m \geqslant 3$。若以 O 为原点, t_0 为 x 轴, 则 C 在 O 点邻域的展开式为

$$y = x^m a_\nu x^\nu$$

这里 $m \geqslant 3; \nu = 0, 1, 2, \cdots; a_v \neq 0$。当 $m = 3$ 时 O 就是 C 的变曲点。

定理 2.6 设 O 为平面曲线 C 的 $m \geqslant 3$ 阶奇点。若一条 m 次代数曲线 C_m 以不在 t_0 上一点 M 为 $m-1$ 重点, 而在 M 的各支线有同一切线 t, 且和 C 在 O 有 $m+1$ 阶接触; 当考虑一切点

M 的所有 C_m 时，则这些曲线 C_m 的切线 t 和 t_0 交于定点 O_{m+1}，其坐标为

$$\begin{cases} x = \dfrac{(m-1)a_0}{a_1} \\ y = 0 \end{cases} \tag{2.23}$$

如果曲线 C 的展开式中最初 $m-1$ 个系数满足下列 $m-3$ 个条件，

$$(-1)^{p-\nu} a_\nu \binom{m-1}{p-\nu} \left[\frac{a_1}{(m-1)a_0}\right]^{p-\nu} = 0 \tag{2.24}$$

式中 $p = 2, 3, \cdots, m-2$; 称 O 为 C 的 m 阶可表示奇点。

定理 2.7 若 O 为平面曲线 C 的 m 阶可表示奇点，且 C_m 为定理 2.6 所述的一条代数曲线，则凡与 C 在 O 做成 $2m-1$ 阶接触的所有 C_m 的 $m-1$ 重点 M 的轨迹为通过 O 的一条直线 l_{2m+1}，其方程为

$$y(-1)^{m-\nu} a_\nu \binom{m-1}{\nu} \left[\frac{a_1}{(m-1)a_0}\right]^{m-\nu-1} - m a_0^2 x = 0 \tag{2.25}$$

在直线 l_{2m+1} 上存在点 O_{2m}，使以 O_{2m} 做 $m-1$ 重点 M 的曲线 C_m 与 C 在 O 构成 $2m$ 阶接触。O_{2m} 的坐标为

$$\begin{cases} x_0 = \dfrac{m-1}{mP}(-1)^{m-\nu} \dbinom{m-1}{\nu} a_\nu \left[\dfrac{a_1}{(m-1)a_0}\right]^{m-\nu-1} = 0 \\ y_0 = \dfrac{(m-1)a_0^2}{P} \end{cases} \tag{2.26}$$

$$P = (-1)^{m-\nu-1} \binom{m-1}{\nu} \left[\frac{a_1}{(m-1)a_0}\right]^{m-\nu-1} \left[a_{\nu+1} - \frac{(m+1)a_1}{m a_0} a_\nu\right] \tag{2.27}$$

依 C 在 O 的 $2m$ 阶邻域唯一地确定一个和 C 射影联系的三角形 $OO_{m+1}O_{2m}$，且取 $OO_{m+1}O_{2m}$ 为参考三角形，给出曲线的半规范展开，

$$y = a_0 x^m + a_{m+1} x^{2m+1} + \cdots \tag{2.28}$$

对于 $m=3$, 关于曲线 C 的变曲点 O 无需增加条件, 即变曲点是可表示的; 直线 l_5 及点 O_6、O_4 可构成 Bompiani 密切图形。

关于平面曲线的不可表示奇点。若曲线 C 的 m 阶不满足式 (2.24) 的 $m-3$ 个条件, 称之为不可表示的奇点。

关于平面曲线的尖点。上述的奇点 S_1^m 的一个推广是奇点 S_n^m, 即在该点的邻域中曲线的参数方程可展成

$$\begin{cases} x = l^n \\ y = l^m a_\nu t^\nu \end{cases}$$

其中 $\nu = 0, 1, 2, \cdots; m > n \geqslant 1$、$m \geqslant 3$。在这种奇点 S_n^m 中最简单的奇点就是尖点: $n=2$、$m=3$。若建立一条平面曲线在其尖点 O 的邻域理论, 则可给出表示 C 在 O 的 6 阶邻域的一条协变直线 d 和由 8 阶邻域所确定的两主点 O_1、O_2, 并得到 C 的规范展开,

$$\begin{cases} x = t^2 \\ y = t^3 + et^7 - et^8 + f(9) \end{cases} \tag{2.29}$$

式中各系数为曲线 C 在 O 点的不变式的值。

关于奇点在空间曲线的切线面上的应用。Wilczynskt 应用空间曲线 $\varGamma$ 的切线面以其正常点 P 的密切平面所截线 $\varGamma_0$, 并称 $\varGamma_0$ 的 P 密切二次曲线为 $\varGamma$ 的密切二次曲线。

定理 2.8 当平面 π 绕 $\varGamma$ 在 P 的切线旋转时, 切线面 T 被 π 所截开的平截线对应的 O_4 点与 π 形成射影映射 B; 直线 l_5 的轨迹为 $\varGamma$ 在 P 的密切二次锥面, 即以 P 为顶点的七点二次锥面; O_6 的轨迹为一条三次空间曲线。

曲线 $\varGamma$ 在 P 点的 4 阶邻域可以确定一个配极 $\varPi$: $\varGamma$ 的切线上一点 P_1 与通过 P 而落在切面上的一直线 t_n 关于 $\varGamma_0$ 在 P 的四点二次曲线有极和极线的关系。

如果平面 π 通过 $\varGamma$ 上的 P 而不包括 $\varGamma$ 在 P 的切线 t, 那么 π 与 $\varGamma$ 的切平面 T 的平截线以 P 为尖点, 于是对于各平截线 Popa

的密切图形, 即为协变直线 d 及两主点 O_1、O_2。当 π 绕 O 旋转时直线 d 常在平面 ω_n 上, 而 π 和密切平面的交线 t_n 与 ω_n 之间构成射影映射 C, 且映射 C 为上述的映射 Π 和 B 的乘积。

直线 t_n 与平面 ω_n 之间的映射 C 就是关于曲线 Γ 在 P 点的四阶密二次锥面的配极。

根据定义, 射影映射 B 为由曲线 Γ 在 P 的 4 阶邻域确定的。但是 B 和 Γ 的 5 阶邻域与所确定的密切线丛有关, 即 t 上任意点 P_1 关于该线丛的零平面重合于 P_1 在 B 下的映射平面 π。

今以一般平面 α 替代过 P 点的平面 π。若以 Γ_α 表示以平面 α 与切线面 T 的截线、以 C_α 表示从 P 点射影曲线 Γ 到平面 α 上的射影, 则 C_α 与 Γ_α 在 Γ 的切线和平面 α 的交点 P_α 处相切, 故在 P_α 的 3 阶邻域确定协变直线 r_0 和协变点 Q_α。对于曲线 Γ 的一般点 P 和空间的 ∞^3 个平面 α 只有 ∞^3 条协变直线 r_0 它们构成 ∞^1 个直线束, 其中心 P_α 在 Γ 的切线 t 上, 且 r_0 所在的平面 π 通过 t, P_α、π 组成射影映射。可以证明: 协变点 Q_α 均在 Γ 的密切平面上, 点 P_α 与直线 PQ_α 之间的映射就是配极 Π。

2.1.4 平面曲线对

首先考虑在两个正常点具有公共切线的一对平面曲线情况。设两个正常点 O_1、O_2 为参考三角形的顶点 $(1,0,0)$、$(0,1,0)$, 于是曲线对 C、C^* 在 O_1、O_2 的邻域中的展开式分别记作: 对 C

$$\frac{x_3}{x_1}=a_1\left(\frac{x_2}{x_1}\right)^2+a_2\left(\frac{x_2}{x_1}\right)^3+a_3\left(\frac{x_2}{x_1}\right)^4+\cdots$$

对 C^*

$$\frac{x_3}{x_2}=a_1^*\left(\frac{x_1}{x_2}\right)^2+a_2^*\left(\frac{x_1}{x_2}\right)^3+a_3^*\left(\frac{x_1}{x_2}\right)^4+\cdots$$

这里 $a_1a_1^*\neq 0$; 由两条曲线 4 阶邻域确定的射影不变式 I_1、I_2 为

$$I_1=\frac{1}{(a_1^2a_1^*)^{1/3}}\left(\frac{a_1a_2^*}{2a_1^*}-\frac{5}{4}\frac{a_1^*a_2^2}{a_1^2}+\frac{a_1^*a_3}{a_1}\right)$$

$$I_2 = \frac{1}{(a_1 a_2^*)^{1/3}} \left(\frac{a_1^* a_2}{2a_1} - \frac{5}{4} \frac{a_1 a_2^{*2}}{a_1^{*2}} + \frac{a_1 a_3^*}{a_1^*} \right)$$

取适当的参考三角形 $O_1O_2O_3$, 将 I_1、I_2 变为简单形式。当 O_1、O_2 沿方向 O_1O_2 趋于点 O 时, 直线 O_1O_3、直线 O_2O_3 重合于 Bompiani 协变直线 $r_0^{(1)}$。

其次考虑相交于一个正常点的一对平面曲线情况。其中有两种重要的平面曲线对：两条平面曲线相交于一个变曲点和两条平面曲线在两个变曲点具有一条公共切线。

今讨论以下平面曲线对：

(1) 设一对曲线 C、$\bar{C}$ 交于点 O, 在 O 点具有不同的切线, 并 C 以 O 为其 m 阶可表示奇点、$\bar{C}$ 以 O 为基 n 阶可表示奇点;

(2) 设 O_1、O_2 分别为曲线 C、$\bar{C}$ 的 m 阶、n 阶奇点, 且直线 O_1O_2 为其公共切线。

对 (1), 相交于一个 (m, n) 阶可表示奇点的一对平面曲线, 其中包括:

1) 一个射影不变式。设一对平面曲线 C、$\bar{C}$ 交于点 O, C 以 O 为其一个 m 阶可表示奇点、$\bar{C}$ 以 O 为其一个 n 阶可表示奇点, 并且 C、$\bar{C}$ 在 O 具有不同的切线 t、$\bar{t}$。在平面上取射影坐标系, 使平面上一个点的齐次坐标为 x_1、x_2、x_3 依如下定义方程的导入非齐次坐标,

$$x = \frac{x_2}{x_1} \quad y = \frac{x_3}{x_1} \tag{2.30}$$

以定点 O 为坐标三角形的一个顶点 $(1, 0, 0)$, 切线 t、$\bar{t}$ 分别为三角形的两条边 $y = 0$、$x = 0$, 则曲线 C、$\bar{C}$ 在 O 的邻域内的展开式的形式为

$$\begin{cases} y = x^m \sum\limits_{l=0}^{\infty} a_l x^l \quad (C\ \text{曲线}) \\ x = y^n \sum\limits_{l=0}^{\infty} a_l y^l \quad (\bar{C}\ \text{曲线}) \end{cases} \tag{2.31}$$

但 $a_0\bar{a}_0 \neq 0$。点 O 与切线 t、$\bar{t}$ 不动的最一般的射影变换可表成

$$\begin{cases} x = \dfrac{B_2x'}{1 + A_2x' + A_3y'} \\ y = \dfrac{C_3x'}{1 + A_2x' + A_3y'} \end{cases} \tag{2.32}$$

C、$\bar{C}$ 变换后成为 C^*、$\bar{C}^*$, 它们的方程也取式 (2.31) 的形式,

$$\begin{cases} y' = x'^m \displaystyle\sum_{l=0}^{\infty} a_l^* x'^l \quad (C^* \text{ 曲线}) \\ x' = y'^n \displaystyle\sum_{l=0}^{\infty} a_l^* y'^l \quad (\bar{C}^* \text{ 曲线}) \end{cases} \tag{2.33}$$

$\bar{a}_0\bar{a}_0^* \neq 0$, 利用式 (2.31)、式 (2.32)、式 (2.33) 计算知, 两对曲线式 (2.31)、式 (2.33) 的系数之间的关系为

$$\begin{cases} C_3a_0^* = B_2^m a_0 \\ C_3[a_1^* + (m-1)A_2a_0^*] = B_0^{m+1}a_1 \\ C_3\left[a_2^* + mA_2a_1^* + \begin{pmatrix} m \\ 2 \end{pmatrix} A_2^2a_0^*\right] = B_2^{m+1}a_2 \\ \qquad\vdots \\ C_3\left[a_{m-1}^* + (2m-3)A_2a_{m-2}^* + \begin{pmatrix} 2m-3 \\ 2 \end{pmatrix} A_2^2a_{m-3}\right. \\ \qquad \left. + \cdots + \begin{pmatrix} 2m-3 \\ m-1 \end{pmatrix} A_2^{m-1}a_0^*\right] = B_2^{2m-1}a_{m-1} \end{cases} \tag{2.34}$$

同理, 作变换

$$\begin{pmatrix} mC_3A_2a_0a_1 \cdots a_{m-1}a_0^*a_1^* \cdots a_{m-1}^* \\ nB_2A_3\bar{a}_0\bar{a}_1 \cdots \bar{a}_{a-1}\bar{a}_0^*\bar{a}_1^* \cdots \bar{a}_{n-1}^* \end{pmatrix} \tag{2.35}$$

即可用 $\bar{C}$ 的系数表示 $\bar{C}^*$ 的系数

$$
\begin{cases}
B_2\bar{a}_0^* = C_3^n \bar{a}_0 \\
B_2[\bar{a}_1^* + (n-1)A_3\bar{a}_1^*] = C_3^{n+2}\bar{a}_1 \\
B_2\left[\bar{a}_2^* + nA_3\bar{a}_1^* + \begin{pmatrix} m \\ 2 \end{pmatrix} A_3^2\bar{a}_1^*\right] = C_3^{n+1}\bar{a}_2 \\
\vdots \\
B_2\left[\bar{a}_{n-1}^* + (2n-3)A_3\bar{a}_{n-2}^* + \begin{pmatrix} 2n-3 \\ 2 \end{pmatrix} A_2^2\bar{a}_{n-3}^* \right. \\
\qquad \left. + \cdots + \begin{pmatrix} 2n-3 \\ n-1 \end{pmatrix} A_2^{n-1} a_0^* \right] = C_3^{2n-1} a_{n-1}
\end{cases}
\tag{2.36}
$$

整理后推出曲线 C 关于 $f(3)$ 的射影不变式

$$
I = \frac{(m-1)^{m-1}a_0^{m-2}a_{m-1} - \begin{pmatrix} 2m-3 \\ m-1 \end{pmatrix} a_1^{m-1}}{a_0^m \bar{a}_0^n} \cdot \frac{(n-1)^{n-1}\bar{a}_0^{n-2}\bar{a}_{n-1} - \begin{pmatrix} 2n-3 \\ n-1 \end{pmatrix} \bar{a}_1^{n-1}}{a_0^m \bar{a}_0^n} \tag{2.37}
$$

2) 不变式 I 的几何意义。由于曲线 C 依其点 O 的 $2m-1$ 阶邻域可以确定一条协变直线 l_{2m-1}, 它的方程为式 (2.25)。利用 C 的附加条件式 (2.24)。计算知式 (2.25) 变为

$$
m(m-1)^{m-1}a_0^m x + \left[(m-1)^{m-1}a_0^{m-2}a_{m-1} - \begin{pmatrix} 2m-3 \\ m-1 \end{pmatrix} a_1^{m-1}\right] y = 0 \tag{2.38}
$$

同样, 对曲线 $\bar{C}$ 也有一条对应的协变直线 $\bar{l}_{2m-1}$, 它的方程为

$$
n(n-1)^{n-1}\bar{a}_0^n y + \left[(n-1)^{n-1}\bar{a}_0^{n-2}\bar{a}_{n-1} - \begin{pmatrix} 2n-3 \\ n-1 \end{pmatrix} \bar{a}_1^{n-1}\right] x = 0 \tag{2.39}
$$

另, 曲线 C、$\bar{C}$ 在交点 O 的切线 t、$\bar{t}$ 的方程分别为 $y=0$、$x=0$, 故推出 t、$\bar{t}$、$\bar{l}_{2n-1}$、l_{2m-1} 四条直线的交比, 并有

$$I=mn(m-1)^{m-1}(n-1)^{n-1}(t,\bar{t},\bar{l}^{2n-1},\bar{l}_{2m-1})$$

这就是不变式 I 的一个几何解释。

3) 标准三角形与标准展开式。如果取适当的三角形为坐标三角形 (即标准三角形) 和单位点, 那么从中导出 C、$\bar{C}$ 在 O 的标准展开式。当 $I\neq 0$、$a_0\bar{a}_0\neq 0$ 时对 C,

$$y=a_0x^m+a_{m-1}x^{2m-1}-\frac{m-1}{m}a_{m-1}x^{2m}+f(2m+1)$$

对 $\bar{C}$,

$$x=\bar{a}_0y^n+\bar{a}_{n-1}y^{2n-1}-\frac{n-1}{n}\bar{a}_{n-1}y^{2n}+f(2n+1)$$

当 $I=0$、$a_{m-1}\neq 0$、$\bar{a}_{n-1}=0$、$a_0\bar{a}_0\neq 0$ 时对 C,

$$y=a_0x^m+(m-1)a_0^2x^{2m}+f(2m+1) \tag{2.40}$$

对 $\bar{C}$,

$$x=\bar{a}_0y^n+\bar{a}_{n-1}y^{2n-1}+(n-1)\bar{a}_0^2y^{2n}+f(2n+1)$$

当 $I=0$、$a_{m-1}=0$、$\bar{a}_{n-1}=0$、$a_0\bar{a}_0\neq 0$ 时对 C,

$$y=a_0x^m+a_{m-1}x^{2m-1}+(m-1)a_0^2y^{2m}+f(2m+1) \tag{2.41}$$

对 $\bar{C}$,

$$x=\bar{a}_0y^n+(n-1)\bar{a}_0^2y^{2n}+f(2n+1)$$

当 $I=0$、$a_{m-1}=0$、$\bar{a}_{n-1}=0$、$a_0\bar{a}_0\neq 0$ 时对 C,

$$y=a_0x^m+(m-1)a_0^2x^{2m}+f(2m+1) \tag{2.42}$$

对 $\bar{C}$,

$$x=\bar{a}_0y^n+(n-1)\bar{a}_0^2y^{2n}+f(2n+1)$$

展开式中系数 a_0、$\bar{a}_0$、a_{m-1}、$\bar{a}_{n-1}$ 等可以某种交比表达。

对 2), 在 (m,n) 阶奇点具有公共切线的平面曲线对。设 O_1、O_2 分别为曲线 C、$\bar{C}$ 的 m 阶、n 阶奇点, 并以直线 O_1O_2 为公共切线, 以 O_1、O_2 分别为坐标三角形的顶点 $(1,0,0)$、$(0,1,0)$, 则点 O_1、O_2 不动的最一般的射影变换可置为

$$\begin{cases} x_1 = A_1x_2' + A_2x_3' \\ x_2 = B_2x_2' + B_3x_3' \\ x_3 = C_3x_3' \end{cases} \tag{2.43}$$

计算得到在式 (2.43) I^* 变换下 C、$\bar{C}$ 在 O_1、O_2 的 $m+1$、$n+1$ 阶邻域确定的不变式 I^*, 而不依赖于 C、$\bar{C}$ 的奇点的阶 m、$n(m,n \geqslant 3)$。I^* 的几何意义在于: 若 O_{m+1}、O_{n+1} 分别为 C、$\bar{C}$ 的 $m+1$、$n+1$ 阶邻域确定的协变点, 则 I^* 除常因子 $(m-1)(n-1)$ 外等于 O_1、O_2、O_{m+1}、O_{n+1} 四点的交比。

(3) 相交于一个 (m,n) 阶不可表示奇点的一对平面曲线。这里所述的是对 (m,n) 阶不可表示奇点的一对平面曲线, 相似于 (1) 中的问题, 但这时可以得到一组射影不变式, 并以 (1) 中所得不变式 I 为其推论。

类似于 (1), 曲线 C、$\bar{C}$ 仍取形式 (2.31), 在变换式 (2.32) 的曲线 C^*、$\bar{C}^*$ 的方程也采用式 (2.33)。从式 (2.34)、式 (2.36) 给出

$$B_2 = \left(\frac{\bar{a}_0^* a^{*n}}{\bar{a}_0 a_0^*}\right)^{\frac{1}{mn-1}} \quad C_3 = \left(\frac{a_0^* \bar{a}_0^{*m}}{a_0 \bar{a}_0^m}\right)^{\frac{1}{mn-1}} \tag{2.44}$$

$$\begin{cases} A_2 = \dfrac{1}{m-1}\left(\dfrac{a_1}{a_0}B_2 - \dfrac{a_1^*}{a_0^*}\right) \\ \\ A_3 = \dfrac{1}{n-1}\left(\dfrac{a_1}{a_0}C_0 - \dfrac{\bar{a}_1^*}{a_0^*}\right) \end{cases} \tag{2.45}$$

据此, 进一步给出 $m-2$ 个不变式,

$$I_\mu = (\bar{a}_0 a_0^n)^{\frac{\mu}{1-mn}} \left[\frac{a_\mu}{a_0} - \frac{1}{m-1}\begin{pmatrix} m+\mu-2 \\ 1 \end{pmatrix}\frac{a_{\mu-1}}{a_0}\left(\frac{a_1}{a_0}\right)\right.$$

$$+\frac{1}{(m-1)^2}\binom{m+\mu-2}{2}\frac{a_{\mu-2}}{a_0}\left(\frac{a_1}{a_0}\right)^2$$

$$+\cdots+\frac{(-1)^l}{(m-1)^l}\binom{m+\mu-2}{l}\frac{a_{\mu-l}}{a_0}\left(\frac{a_1}{a_0}\right)^l$$

$$+\cdots+\frac{(-1)^{\mu-2}}{(m-1)^{\mu-2}}\binom{m+\mu-2}{\mu-2}\frac{a_2}{a_0}\left(\frac{a_1}{a_0}\right)^{\mu-2}$$

$$\left.+\frac{(-1)^{\mu-1}}{(m-1)^{\mu-1}}\frac{\mu-1}{\mu}\binom{m+\mu-2}{\mu-1}\left(\frac{a_1}{a_0}\right)^{\mu}\right] \tag{2.46}$$

式中 $\mu=2,3,\cdots,m-1$。同理, 由式 (2.44)、式 (2.45)、式 (2.36) 得到另一组 $n-2$ 个不变式,

$$J_\nu=(a_0\bar{a}_0^m)^{\frac{\nu}{1-mn}}\left[\frac{\bar{a}_\nu}{a_0}-\frac{1}{n-1}\binom{n+\nu-2}{1}\right]\frac{\bar{a}_{\nu-1}}{a_0}\left(\frac{\bar{a}_1}{a_0}\right)$$

$$+\frac{1}{(n-1)^2}\binom{n+\nu-2}{2}\frac{\bar{a}_{\nu-2}}{a_0}\left(\frac{\bar{a}_1}{a_0}\right)^2$$

$$+\cdots+\frac{(-1)^l}{(n-1)^l}\binom{n+\nu-2}{l}\frac{\bar{a}_{\nu-l}}{a_0}\left(\frac{\bar{a}_1}{a_0}\right)^l$$

$$+\cdots+\frac{(-1)^{\nu-2}}{(n-1)^{\nu-2}}\binom{n+\nu-2}{\nu-2}\frac{\bar{a}_1}{a_0}\left(\frac{\bar{a}_1}{a_0}\right)^{\nu-2}$$

$$+\frac{(-1)^{\nu-1}}{(n-1)^{\nu-1}}\frac{\nu-1}{\nu}\binom{n+\nu-2}{\nu-1}\left(\frac{\bar{a}_1}{a_0}\right)^{\nu} \tag{2.47}$$

这里 $\nu=2,3,\cdots,n-1$。当点 O 为曲线对一个 (m,n) 阶可表示奇点时, 对 C、$\bar{C}$ 分别满足条件:

$$\begin{cases}\dfrac{a_p}{a_0}=\dfrac{1}{(m-1)^p}\dbinom{m+p-2}{p}\left(\dfrac{\bar{a}_1}{a_0}\right)^p\\[2ex]\dfrac{a_q}{a_0}=\dfrac{1}{(m-1)^q}\dbinom{n+q-2}{q}\left(\dfrac{\bar{a}_1}{a_0}\right)^q\end{cases} \tag{2.48}$$

其中 $p=2,3,\cdots,m-2; q=2,3,\cdots,n-2$。

当式 (2.47) 代入式 (2.46) 时 $I_p=0$、$J_q=0$, 且

$$\begin{cases} I_{m-1}=\dfrac{(m-1)^{m-1}a_0^{m-2}a_{m-1}-\begin{pmatrix}2m-3\\ m-1\end{pmatrix}a_1^{m-1}}{(m-1)^{m-1}a_0^{m-1}(\bar{a}_0\bar{a}_0^{m})^{\frac{n-1}{mn-1}}} \\ J_{n-1}=\dfrac{(n-1)^{n-1}\bar{a}_0^{n-2}\bar{a}_{n-1}-\begin{pmatrix}2n-3\\ n-1\end{pmatrix}\bar{a}_1^{n-1}}{(n-1)^{n-1}\bar{a}_0^{n-1}(a_0\bar{a}_0^{m})^{\frac{n-1}{mn-1}}} \end{cases} \tag{2.49}$$

命 $J=I_{m-1}J_{n-1}$, 有

$$J=\left[(m-1)^{m-1}a_0^{m-1}a_{m-1}-\begin{pmatrix}2m-3\\ m-1\end{pmatrix}a_1^{m-1}\right]\cdot \frac{(n-1)^{n-1}\bar{a}_0^{n-2}\bar{a}_{n-1}-\begin{pmatrix}2n-3\\ n-1\end{pmatrix}\bar{a}_1^{m-1}}{(m-1)^{m-1}(n-1)^{n-1}a_0^{m}\bar{a}_0^{n}} \tag{2.50}$$

比较 (1) 中 I 知, 除常因子 $(m-1)^{1-m}(n-1)^{1-n}$ 外, J 就是 (1) 中的 I; 这表明不变式 I 是可以作为不可表示点情形下的一个特例而得到。

2.2 空间曲线

这里讨论三维射影空间 P^3 内空间曲线在 P^3 中的射影变换群下的不变性质, P^3 里的射影变换可记作

$$\begin{cases} x_1^*=a_{11}x_1+a_{12}x_2+a_{13}x_3+a_{14}x_4 \\ x_2^*=a_{21}x_1+a_{22}x_2+a_{23}x_3+a_{24}x_4 \\ x_3^*=a_{31}x_1+a_{32}x_2+a_{33}x_3+a_{34}x_4 \\ x_4^*=a_{41}x_1+a_{42}x_2+a_{43}x_3+a_{44}x_4 \end{cases}$$

而

$$A = \begin{vmatrix} a_{11} & a_{12} & a_{13} & a_{14} \\ a_{21} & a_{22} & a_{23} & a_{24} \\ a_{31} & a_{32} & a_{33} & a_{34} \\ a_{41} & a_{42} & a_{43} & a_{44} \end{vmatrix} \neq 0$$

或简记为 $x^* = xA$; 据此, P^3 里的射影群具有 15 个本质参数, 记作 G_{15}。

类似于平面 P^2 上的情形, 若 x、y、z、t 为空间 P^3 中任意四个不共面的点, 则 P^3 中任意点 r 的射影齐次坐标表达为

$$r = \xi_0 x + \xi_1 y + \xi_2 z + \xi_3 t$$

2.2.1 三维空间曲线

以下应用 Sannia 方法和苏步青方法讨论三维空间曲线。

1. Sannia *方法*

设 P、P_t、P_n、P_b 为 Sannia 的基本四面体 F 的顶点, 使 PP_n、PP_b 分别为曲线的射影主法线和射影副法线, 平面 PP_tP_b、平面 PP_nP_b 分别为射影从切面和射影法面; 相应的射影的 Frenet 公式为

$$\begin{cases} x' = t \\ t' = n - 5Ix \\ n' = (5I' - 2\theta_3)x + b \\ b' = (25I' - K)x - (5I' + 2\theta_3) - 5In \end{cases} \qquad (xtnb) = 1 \tag{2.51}$$

式中 $K = J + 3I'' + 9I^2$; θ_3 或为 0 或为 1, 依照曲线切线属于一个线丛与否而定; 式中撇号表示关于射影弧 σ 的导数; I、J 分别表示 Sannia 的第一、第二射影曲率。

从式 (2.51) 即给出法坐标 x 满足法方程:

$$\frac{\mathrm{d}^4 x}{\mathrm{d}\sigma^4} = (50I^2 - K)x - 2(5I' + 2\theta_3)t - 10In \tag{2.52}$$

射影主二次曲面 Q 的方程为

$$y_2y_3 - y_1y_4 + 5I'y_4^2 = 0 \tag{2.53}$$

式中 y_1、y_2、y_3、y_4 为空间中任意点关于基本四面体 $PP_tP_nP_b$ 的局部坐标。

依式 (2.52) 知密切平面 $y_4 = 0$、射影法平面 $y_2 = 0$、射影从切面 $y_3 = 0$ 分别在点 $P(1,0,0,0)$、$P_n(0,0,1,0)$、$P_t(0,1,0,0)$ 切于二次曲面 Q。

定理 2.9 棱 P_nP_t、PP_b 为关于射影主二次曲面的一对共轭直线。

令 (Z_1, Z_2, Z_3, Z_4) 为任意点 $M(Z)$ 关于曲线 C 在 P 的密切四面体 O 的局部坐标, 于是

$$\begin{cases} Z_1 = y_1 + 2Iy_3 + \left(\dfrac{2}{5}\theta_3 - 3I'\right)y_4 \\ Z_2 = y_2 - 2Iy_4 \\ Z_3 = 2y_3 \\ Z_4 = 2y_4 \end{cases}$$

故二次曲面 Q 关于 O 的方程变为

$$2IZ_3Z_4 + 3Z_2Z_3 - Z_1Z_4 + \frac{1}{3}\left(I' + \frac{1}{5}Q_3\right)Z_4^2 = 0 \tag{2.54}$$

另, 曲线 C 在 P 点的密切三次曲线 C_3 的参数方程为

$$Z_1 = m^3 \quad Z_2 = m^2 \quad Z_3 = m \quad Z_4 = 1$$

代入式 (2.54), 得

$$2m^3 + 2Im + \frac{1}{3}\left(I' + \frac{1}{5}\theta_3\right) = 0$$

当 m_1、m_2、m_3 为该方程的根时, $M_1(m_1)$、$M_2(m_2)$、$M_3(m_3)$ 与

P 一样均为 C_3 和 Q 的交点。由于

$$\begin{cases} m_1+m_2+m_3=0 \\ m_1m_2+m_2m_3+m_3m_1=I \\ m_1m_2m_3=-\left(\dfrac{1}{6}I'+\dfrac{1}{30}\theta_3\right) \end{cases} \tag{2.55}$$

因此经过 M_1、M_2、M_3 的平面 π 的方程表示为

$$Z_1+IZ_3+\left(\frac{1}{6}I'+\frac{1}{30}\theta_3\right)Z_4=0$$

或

$$y_1+4Iy_4+\left(\frac{3}{5}\theta_3-2I'\right)y_4=0 \tag{2.56}$$

平面 π 与 PP_t、PP_n 分别交于 P_t 及 $P_\pi(-4I,0,1,0)$。此外, 直线 PP_n 和曲线的密切二次曲线交于点 $P'_n(-2I,0,1,0)$, 于是

$$(PP'_n, P_\pi P_n)=-1$$

即完全确定了基本四面体 F 的顶点 P_n。

关于第四个顶点 P_b。从式 (2.55) 知 C_3 在 M_1、M_2、M_3 的三个密切平面交于射影从切面上点 G。

直线 PP_b 与二次曲面 Q 交于点 P 及 $M(5I',0,0,1)$, 使式 (2.51), 有 P_n 的轨迹切线的直线 PP_b 交于点 $N(5I'-2\theta_3,0,0,1)$; 平面式 (2.56) 和直线 PP_b 交于点 $H\left(5I'-\dfrac{3}{5}\theta_3,0,0,1\right)$; 据此, 点 P、M、H、N 与点 P、M_1、P_b、N 的交比分别为

$$D=(PM,HN)=\frac{2\theta_3}{3I'+\dfrac{3}{5}\theta_3}$$

$$D_1=(PM,P_bN)=\frac{2\theta_3}{5I'} \tag{2.57}$$

由式 (2.57) 可以确定顶点 P_b, 有

$$3(PM,HN)\{2+(PM,P_bN)\}=10(PM,P_bN)$$

至此, 基本四面体 F 已完全由几何方法确定。

今将射影曲率 I、J 以交比表达。考虑平面式 (2.56) 与直线 P_nP_b 交于 $A\left(0,0,1,-\dfrac{20I}{3\theta_3-10I'}\right)$, 于是通过点 A、切线 PP_t 的平面 π_A 的方程为

$$y_3+\frac{3\theta_3-10I'}{20I}y_4=0$$

另一方面, 曲线 C、C_3 在 P 点的主平面 π_3 为

$$y_3-\frac{5I}{4\theta_3}y_4=0$$

给出交比

$$D_2(\pi_1,\pi_2,\pi_3,\pi_4)=\frac{25IJ}{16I'\theta_3-3\theta_3^2} \tag{2.58}$$

式中 π_1 为射影从切面。

C 在一点的任何七点二次曲面总要通过一个第八定点 S, 称之为 Sannia 点。S 关于密切四面体 O 的局部坐标为 $S\left(m^3-\dfrac{1}{l^3},m^2,m,1\right)$, 且

$$l^3=\frac{15}{\theta_3}\quad m=\frac{5J}{12\theta_3}$$

以变换式 (2.53) 可以导出 S 关于 F 的坐标为 $S(y_1,6m^2+2I,3m,1)$。平面 SPP_n (记作 π_S) 的方程为

$$y_2-(6m^2+2I)y_4=0$$

该平面在点 $S'\left(\dfrac{25J^2}{24\theta_3^2}+2I,0,1,0\right)$ 切于二次曲面 Q。从此推出交比,

$$D_3=(P_nP,S'P_n')=-1-\frac{25I^2}{48I\theta_3^2}$$

或

$$D_3+1=-\frac{25J^2}{48I\theta_3^2} \tag{2.59}$$

因为有式 (2.57)、式 (2.58)、式 (2.59), 所以得到 I、J 表达式,

$$I^3 = -\frac{\theta_3^2 D_2^2 (4 - 3D_1)}{1200 D_4^2 (D_3 + 1)}$$
$$J^3 = \frac{48 D_2 \theta_3^4 (3D_1 - 4)(D_3 + 1)}{625 D_4}$$

取 $P(x(\sigma))$ 的邻点 $T(x(\sigma + \mathrm{d}\sigma))$, C 在 T 的切线上任意点的坐标为

$$\rho x(\sigma + \mathrm{d}\sigma) + x'(\sigma + \mathrm{d}\sigma) \quad (\rho \text{ 为参数})$$

根据泰勒展开式及式 (2.51), 这些坐标取形式

$$y_1 x + y_2 t + y_3 n + y_4 b$$

而

$$\begin{cases} y_1 = \rho\left\{1 - \dfrac{5}{2}I\mathrm{d}\sigma^2 + f(3)\right\} + \{-5I\mathrm{d}\sigma + f(2)\} \\ y_2 = \rho\left\{\mathrm{d}\sigma - \dfrac{5}{6}I\mathrm{d}\sigma^2 + f(4)\right\} + \left\{1 - \dfrac{5}{2}I\mathrm{d}\sigma^2 + f(3)\right\} \\ y_3 = \rho\mathrm{d}\sigma^3\left\{\dfrac{1}{2} - \dfrac{5}{12}I\mathrm{d}\sigma^2 + f(3)\right\} + \mathrm{d}\sigma\left\{1 - \dfrac{5}{3}I\mathrm{d}\sigma^2 + f(3)\right\} \\ y_4 = \rho\left\{\dfrac{1}{6}\mathrm{d}\sigma^3 - \dfrac{1}{12}I\mathrm{d}\sigma^5 + f(6)\right\} + \left\{\dfrac{1}{2}\mathrm{d}\sigma^2 - \dfrac{5}{11}I\mathrm{d}\sigma^4 + f(5)\right\} \end{cases} \tag{2.60}$$

空间中任意直线 l 与四面体 F 的面 $P_tP_nP_b$、面 PP_nP_b、面 PP_tP_b、面 PP_tP_n 分别交于 P_1、P_2、P_3、P_4, 故依 Von Staudt 定理: 交比 (P_1P_2, P_3P_4) 等于平面 lP、平面 lP_t、平面 lP_n、平面 lP_b 的交比; 称之为直线 l 关于四面体 F 的 Von Staudt 交比。

由此知 C 在 T 的切线关于 F 的 Von Staudt 交心取决于

$$\varDelta = (\rho_1\rho_2, \rho_3\rho_4)$$

这里 $\rho_j(j = 1, 2, 3, 4)$ 决定于方程 $y_j = 0$。即

$$
\begin{cases}
\rho_1 = SI\mathrm{d}\sigma^2 + f(2) \\[2ex]
\rho_2 = -\dfrac{2}{\mathrm{d}\sigma}\left(1 - \dfrac{5}{3}I\mathrm{d}\sigma^2\right) + f(2) \\[2ex]
\rho_3 = -\dfrac{2}{\mathrm{d}\sigma}\left(1 - \dfrac{5}{6}I\mathrm{d}\sigma^2\right) + f(2) \\[2ex]
\rho_4 = -\dfrac{1}{\mathrm{d}\sigma}(3 - I\mathrm{d}\sigma^2) + f(2)
\end{cases}
$$

推出

$$
\Delta = \frac{\rho_1 - \rho_3}{\rho_2 - \rho_3}\frac{\rho_2 - \rho_4}{\rho_1 - \rho_5} = \frac{4}{3}\left\{1 + \frac{2}{3}I\mathrm{d}\sigma^2 + f(3)\right\}
$$

或

$$
\frac{9}{8}\Delta - \frac{3}{2} = I\mathrm{d}\sigma^2 + f(3)
$$

定理 2.10 若 Δ 为 C 上 P 的邻点 T 的切线关于基本四面体 F 的 Von Staudt 交比, 则无穷小量 $\dfrac{9}{8}\Delta - \dfrac{3}{2}$ 的主要部分为曲率形式 $I\mathrm{d}\sigma^2$。

2. *苏步青方法*

首先作出由曲线 C 在正常点 P 的一个附属四面体, 使之与 C 在 P 的切线上一点相互对应。因为通过 C 的切线的任意平面 π 和 C 的切线面的交线 P 为变曲点, 所以切线上存在相应的 Bompiani 密切图形 O_4; 取 O_4 为四面体的一个顶点 P_1, 从 P_1 引 C 的密切二次曲线的切线, 取其切点为另一个顶点 P_2, 最后取 Bompiani 密切图形 O_6 为第四个顶点 P_3, 故四面体 $PP_1P_2P_3$ 为由切线上点 P_1 的位置完全确定。由于对于 P_1 有平面 π 与之对应, 使以 P_1 作为 π 和 C 的切线面的截面对应的点 O_4。

参考基本四面体 $PP_1P_2P_3$, 可将曲线 C 正常点 P 的展开为

$$
\begin{cases}
\eta = a_2\xi^2 + a_5\xi^5 + a_6\xi^6 + f(7) \\
\xi = b_3\xi^3 + b_6\xi^6 + b_7\xi^7 + f(8)
\end{cases}
\tag{2.61}
$$

而

$$
9b_3a_5 - 4a_2b_6 = 0 \tag{2.62}
$$

且 $a_2b_3 \neq 0$。四面体 $PP_1P_2P_3$ 由 P_1 完全确定, 于是记作 $T(P_1)$。

若曲线 C 的动点 P 坐标 x 均为参数 u 的函数 $x = x(u)$, 其导数点 $x' = \dfrac{\mathrm{d}x}{\mathrm{d}u}$ 为 $P_1(x_1)$, 则得到相应的四面体 $T(P_1)$, 称为基本四面体。对于变换 $\bar{x} = \lambda x$,

$$\bar{x}_1 = \frac{\mathrm{d}\bar{x}}{\mathrm{d}u} = \lambda(x_1 + \beta x) \quad \left(\beta = \frac{\lambda'}{\lambda}\right)$$

如果在该变换下使曲线 C 的展开保留式 (2.61) 的形式, 那么计算给出曲线的两个微小不变式 $\sqrt[3]{\theta_3}\mathrm{d}u$、$\sqrt[4]{\theta_4}\mathrm{d}u$。这些不变式在参数 u、比例因子 λ 的变换下不变, 表明其内在性。

其次, 根据内在且不变的方法, 从无穷多基本四面体 $T(P_1)$ 中确定法四面体, 它对应的 x 称为曲线 C 上点 P 的法坐标。若 C 的切线不属于同一个线性丛, 则可推出坐标 x 满足的微分方程,

$$\Delta_0^4 x - 10k\Delta_0^2 x + 2(2\theta_3 - 5\Delta_0 k)\Delta_0 x + (\theta_4 - 3\Delta_0^2 k + 9k^2)x = 0 \quad (2.63)$$

这里 Δ_0 为关于 $\mathrm{d}\sigma = \sqrt[3]{\theta_3}\mathrm{d}u$ 的协变导数算子。

从式 (2.63) 确定三个形式

$$k\mathrm{d}u^2 \quad \theta_3\mathrm{d}u^3 \quad \theta_4\mathrm{d}u^4$$

为不变式, 分别称之为曲线的曲率形式以及第一类、第二类射影弧素。

曲线基本定理 设三个形式 $k\mathrm{d}u^2$、$\theta_3\mathrm{d}u^3$、$\theta_4\mathrm{d}u^4$ (k、θ_3、θ_4 均为曲线参数 u 的函数) 已知, 除一个直射变换外, 总存在一条空间曲线 C, 使该三个形式分别为 C 的曲率形式以及第一类、第二类射影弧素; 曲线 C 的一般点 P 的法坐标为法方程式 (2.63) 的四个线性无关解。

以第一类射影弧素 σ 作为参数而导出对于切线不属于同一个线性丛的一条曲线 C 的射影的 Frenet 公式为

$$
\begin{cases}
\dfrac{\mathrm{d}x}{\mathrm{d}\sigma} = x_1 \\
\dfrac{\mathrm{d}x_1}{\mathrm{d}\sigma} = -3I + x_2 \\
\dfrac{\mathrm{d}x_2}{\mathrm{d}\sigma} = -\dfrac{16}{5}\theta_3 x - 4Ix_1 + x_3 \\
\dfrac{\mathrm{d}x_3}{\mathrm{d}\sigma} = -Jx - \dfrac{4}{5}\theta_3 x_1 - 3Ix_2
\end{cases}
$$

任意 $\theta_3 = 1$、$I = -k$、$J = \theta_4$ 为 Sannia 的射影曲率。

据此得到法坐标 x 满足的法方程,

$$
\frac{\mathrm{d}^4 x}{\mathrm{d}\sigma^2} + 10I\frac{\mathrm{d}^2 x}{\mathrm{d}\sigma^2} + 2\left(5 + \frac{\mathrm{d}I}{\mathrm{d}\sigma} + 2\theta_3\right)\frac{\mathrm{d}x}{\mathrm{d}\sigma} + \left(J + 3\frac{\mathrm{d}^2 I}{\mathrm{d}\sigma^2} + 9I^2\right)x = 0
$$

这就是具有 Sannia 形式的微分方程。

关于射影曲率、曲率形式的几何意义如下:

(1) 设 P' 为曲线 C 上 P 的邻点, 使它在 P 的密切平面上但不在切线上。若直线 PP'、P_1P_2 及曲线 (P_1) 在 P_1 的切线 t_1 分别交于 Q、Q', 又令 $\varDelta$ 为 P、P'、Q'、Q 四点的交比, 则曲率形式等于 $\dfrac{2}{3}(1 - \varDelta)$ 的主要部分。

(2) 若 $\bar{S}$ 为 C 的切线 PP_1 与平面 P_1P_2S 的交点 (S 为 Sannia 点), D 为 P、P_1、$\bar{R}$、$\bar{S}$ 的交比 ($\bar{R}$ 为 Sannia 主点), 则

$$
J^3 = \frac{3^2 \cdot 2^6}{5^2(1 + 3D)}
$$

(3) 若 $Q_\varepsilon(\varepsilon^2 = 1)$ 为曲线 (P_1) 在 P_1 的切线与 C 在 P 点密切二次曲线 C_2 的交点, P_3^* 表示曲线 (P_3) 在 P_3 的切线与密切平面的交点, 则射影曲率 I 的三次方除常因子 $-\dfrac{2}{3^2 \cdot 5^2}$ 外等于四条直线 PP_1、PP_2、PP_3^*、PQ_ε 交比的平方。

今证明上述三个定理。

(1) 曲线 C 上 P 的邻点 $P'(x(\sigma + \mathrm{d}\sigma))$ 可以作为密切平面上的点; 如果将阶数不小于 3 的无穷小量忽略, 那么

$$
x(\sigma + \mathrm{d}\sigma) = \left(1 - \frac{3}{2}I\mathrm{d}\sigma^2\right)x + t\mathrm{d}\sigma + \frac{1}{2}n\mathrm{d}\sigma^2
$$

而 P' 的局部坐标为

$$\begin{cases} y_1 = 1 - \dfrac{3}{2}I\mathrm{d}\sigma^2 \\ y_2 = \mathrm{d}\sigma \\ y_3 = \dfrac{1}{2}\mathrm{d}\sigma^3 \\ y_4 = 0 \end{cases}$$

直线 PP' 上任意点的坐标为

$$\begin{cases} y_1 = 1 - \dfrac{3}{2}I\mathrm{d}\sigma^2 - \rho \\ y_2 = \mathrm{d}\sigma \\ y_3 = \dfrac{1}{2}\mathrm{d}\sigma^3 \\ y_4 = 0 \end{cases} \quad (\rho \text{ 为参数})$$

故 Q、Q' 的对应参数分别为 $1 - \dfrac{3}{2}I\mathrm{d}\sigma^2$ 和 1。交比

$$\Delta = (PP', QQ') = 1 - \frac{3}{2}I\mathrm{d}\sigma^2$$

或

$$\frac{2}{3}(1 - \Delta) = I\mathrm{d}\sigma^2$$

(2) Sannia 点 S 关于法四面体 $PP_tP_nP_b$ 的局部坐标为

$$\begin{cases} y_1 = 1 - 9x_0^3 \\ y_2 = 3x_0 \\ y_3 = \dfrac{9}{2}x_0^2 \\ y_4 = \dfrac{9}{2}x_0^3 \end{cases} \quad \left(x_0 = \frac{4}{5J}\right)$$

据此, 平面 P_2P_3S 与切线 PP_1 的交点 $\bar{S}$ 的坐标为

$$\begin{cases} y_1 = 1 - 9x_0^3 \\ y_2 = 3x_0 \\ y_3 = 0 \\ y_4 = 0 \end{cases}$$

Sannia 主点 $\bar{R}$ 为

$$\begin{cases} y_1 = 5J \\ y_2 = 4 \\ y_3 = 0 \\ y_4 = 0 \end{cases}$$

其交比为

$$D = (PP_1, \bar{R}\bar{S}) = -\frac{1}{3} + \frac{3 \cdot 2^6}{5^3 J^3}$$

或

$$J^3 = \frac{3^2 \cdot 2^6}{5^3(1+3D)}$$

(3) 由于曲线 C 在 P 点的密切二次曲线 C_2 的方程依

$$y_2^2 - \frac{8}{3}y_1 y_3 = 0$$

确定; 从式 (2.61) 得到曲线 (P_1) 在 P_1 的切线 t_1,

$$y_1 + 3Iy_3 = 0$$

因此点 Q_ε 的坐标为

$$\begin{cases} y_1 = -3I \\ y_2 = \varepsilon\sqrt{-8}I \\ y_3 = 1 \\ y_4 = 0 \end{cases} \qquad (\varepsilon^2 = 1)$$

曲线 (P_3) 在 P_3 的切线与曲线的密切平面交于点 P_3^*, 坐标为

$$\begin{cases} y_1 = J \\ y_2 = \dfrac{4}{5} \\ y_3 = 3I \\ y_4 = 0 \end{cases}$$

直线 PP_1、PP_2、PP_3^*、PQ_ε 的交比为

$$P(P_1P_2, P_2^*Q_\varepsilon) = 3\varepsilon I\sqrt{-8I}$$

或

$$I^3 = -\frac{2}{3^2 \cdot 5^2}[P(P_1P_2, P_3^*Q_\varepsilon)]^2$$

3. B-曲线

苏步青将 Bertrand 曲线推广到射影空间, 即曲线 C: 其射影主法线为另一条曲线 $\bar{C}$ 的射影主法线, 称 C 为 B-曲线; 苏步青推出了 B-曲线的特征方程; 并给出论断:

(1) 若在对应点的射影弧为 σ、$\bar{\sigma}$, 则 $|\sigma|^{\frac{3}{2}} + |\bar{\sigma}|^{\frac{3}{2}}$ 为常数;

(2) 若 B、$\bar{B}$ 为一对共轭 B-曲线, 且在对应点 $\dfrac{\mathrm{d}\sigma}{\mathrm{d}\bar{\sigma}}$ 为常数, 此时 B-曲线称为 B_1-曲线, 则

1) $\sigma + \bar{\sigma}$ 为常数;

2) B_1、$\bar{B}_1$ 在对应点的第一、第二射影曲率相等;

3) 空间中存在一个零系 (Null system) 使 B_1 的一点 P 与 B_1 在对应点的密切平面成对应元素。

2.2.2 两条空间曲线的接触不变式

定理 2.11 若两条空间曲线 C、$\bar{C}$ 在正常点 O 具有正数 l 阶接触, 则存在包括 C、$\bar{C}$ 在 O 的公共切线 t 的平面 ω, 使从该平面上任意点 P(不在 t 上) 将这两条曲线射影到不经过 P 的任意平面上所得到的两条射影曲线至少构成 $l+1$ 阶接触, 称 ω 为 C、$\bar{C}$ 在 O 点的主平面。

事实上, 设 C 的方程为

$$\begin{cases} y = a_2x^2 + \cdots + a_lx^l + a_{l+1}x^{l+1} + \cdots \\ z = b_2x^2 + \cdots + b_lx^l + \bar{b}_{l+1}x^{l+1} + \cdots \end{cases} \quad (l > 0)$$

$\bar{C}$ 的方程为

$$\begin{cases} y = a_2x^2 + \cdots + a_lx^l + \bar{a}_{l+1}x^{l+1} + \cdots \\ z = b_2x^2 + \cdots + b_lx^l + \bar{b}_{l+1}x^{l+1} + \cdots \end{cases} \quad (l > 0)$$

且 $\bar{a}_{l+1} \neq a_{l+1}$ 或 $\bar{b}_{l+1} \neq b_{l+1}$。这两条曲线在点 $O(0,0,0)$ 构成 l 阶接触, 其在 O 的公共切线 t 的方程为 $y=0$、$z=0$。作变换,

$$\begin{cases} \bar{x} = x \\ \bar{y} = (b_{l+1} - \bar{b}_{l+1})y - (a_{l+1} - \bar{a}_{l+1})z \quad (l > 0) \\ \bar{z} = z \end{cases}$$

定义平面 $\bar{y}=0$ 关于原坐标系的方程为

$$(b_{l+1} - \bar{b}_{l+1})y - (a_{l+1} - \bar{a}_{l+1})z = 0 \tag{2.64}$$

对此变换, 点 O 和切线 t 的方程 $y=0$、$z=0$ 不变; 曲线 C 的第二个方程保留同样的形式, 而第一个方程变为

$$\begin{aligned} \bar{y} = {} & [(b_{l+1} - \bar{b}_{l+1})a_2 - (a_{l+1} - \bar{a}_{l+1})b_2]\bar{x}^2 \\ & + \cdots + (b_{l+1}\bar{a}_{l+1} - a_{l+1}\bar{b}_{l+1})\bar{x}^{l+1} + \cdots \end{aligned}$$

对曲线 $\bar{C}$ 的第二个方程保留同样的形式, 第一个方程保留到 $\bar{x}^{l+1}$, 与这个方程相同, 于是从新点 $(0,0,0,1)$ 把 C、$\bar{C}$ 射影到平面 $\bar{y}=0$ 上所得到的射影锥面沿着通过该点和 O 的母线至少构成 $l+1$ 阶接触。因为新点 (0,0,0,1) 在平面 $\bar{y}=0$ 但不在 t 上的任意点, 所以当射影中心 P 为在平面 $\bar{y}=0$ 而非 t 上的任意点时, 射影锥面仍然至少构成 $l+1$ 阶接触, 且这两个锥面和不通过 P 的任意平面的截线也至少形成 $l+1$ 阶接触时, 平面 $\bar{y}=0$ 为曲线 C、$\bar{C}$ 在 O 点的主平面, 式 (2.64) 表示这个平面关于原坐标系的方程。

当 C、$\bar{C}$ 在 O 点的主平面式 (2.61) 不重合于它们的公共密切平面 $(l>0)$ 时, 在主平面上有一条通过 O 的直线, 使若从该条直线上任意点 P (非 O) 射影 C、$\bar{C}$ 到不通过 P 的任意平面上, 则射影曲线至少构成 $l+2$ 阶接触, 称这条直线为曲线 C、$\bar{C}$ 在 O 的主直线, 并且在主直线上存在一点, 当该点为射影中心时射影曲线至少构成 $l+3$ 阶接触, 称之为主点。不难验证以下结论:

(1) 若两条空间曲线在点 O 相切, 则包括这两条曲线并以 O 为正常点的每个曲面的切面为两条曲线在 O 的主平面。

(2) 设在点 O 有相同切线的两条空间曲线从点 P 射影到平面 π 上, 并在 O 计算得到两条平面曲线的接触不变式; 该不变式既不取决于 P 又不依赖于平面 π 的充要条件: 已知两条空间曲线在 O 点有公共密切平面, 此时射影曲线的接触不变式可以称为已知两条空间曲线的接触不变式。

2.2.3 具有不同切线的两条相交空间曲线不变式

设空间曲线 C、$\bar{C}$ 交于点 O, 并在 O 有不同的切线 t、$\bar{t}$, 依几何意义知若从不在平面 $t\bar{t}$ 上任意点 P 引射影曲线 C、$\bar{C}$, 则射影锥面仅沿公共母线 OP 相交。

如果从平面 $t\bar{t}$ 上点 P (非 O) 引射影曲线 C、$\bar{C}$, 那么射影锥面沿直线的两条截线在 O 的对应点处有一条公共切线。可以证明: 若 P 取在平面 $t\bar{t}$ 的某些直线上, 则射影锥面至少构成二阶接触, 这种直线称为主直线; 若 P 落在该主直线上的给定位置, 则使接触的阶数至少是 3, 称点 P 的主点。

根据平面 $t\bar{t}$ 与曲线 C、$\bar{C}$ 的密切平面重合性分别讨论:

(1) 当 C、$\bar{C}$ 在点 O 存在不同切线 t、$\bar{t}$ 与不同的密切平面, 且 t、$\bar{t}$ 均不和两个密切平面的交线 l 重合时。

设 O 为 C、$\bar{C}$ 上的正常点, 取坐标系使 $t: y=0$、$z=0$; $\bar{t}: x=0$、$y=0$; 于是 C、$\bar{C}$ 在 O 的邻域内的展开式分别表为

$$\begin{cases} y = rx^3 + \cdots \\ z = ax^2 + bx^3 + \cdots \end{cases} \qquad (C \text{ 曲线})$$

或

$$\begin{cases} x = \rho y^3 + \cdots \\ z = ay^2 + \beta y^3 + \cdots \end{cases} \qquad (\bar{C} \text{ 曲线})$$

从平面 $t\bar{t}$ 上而非 t、$\bar{t}$ 上的点 $P(x_0, y_0, 0)$ 将曲线 C、$\bar{C}$ 射影到平面 $y=0$ 上, 以 C、$\bar{C}'$ 分别表示射影曲线, 有

$$\begin{cases} X = x - r\dfrac{x_0}{y_0}x^3 + \cdots \\ Y = 0 \\ Z = ax^2 + bx^3 + \cdots \end{cases} \qquad (C' \text{ 曲线})$$

或

$$\begin{cases} Y = 0 \\ Z = ax^2 + bx^3 + \cdots \end{cases} \qquad (\bar{C}' \text{ 曲线})$$

同样, $\bar{C}'$ 的参数方程为

$$\begin{cases} X = -\dfrac{x_0}{y_0}y - \dfrac{x_0}{y_0^2}y^2 + \left(\rho - \dfrac{x_0}{y_0^2}\right)y^3 \cdots \\ Y = 0 \\ Z = ay^3 + \left(-\dfrac{\alpha}{y_0} + \beta\right)y^3 \end{cases}$$

或

$$\begin{cases} Y = 0 \\ Z = a\dfrac{y_0^2}{x_0^2}X^2 + (\alpha - \beta y_0)\dfrac{y_0^2}{x_0^2}X^3 + \cdots \end{cases}$$

曲线 C'、$\bar{C}'$ 在 O 一般形成 1 阶接触, Segre 接触不变式为 $\dfrac{\alpha}{a}\dfrac{y_0^2}{x_0^2}$, 这是仅与中心 P 所在直线有关的量。据此, 当限于 P 在下列

$$ax^2 - \alpha y^2 = 0 \quad z = 0$$

直线之一时, 射影曲线 C'、$\bar{C}'$ 具有 2 阶接触。这两条直线称作 C、$\bar{C}$ 在 O 的主直线, 其在平面 $t\bar{t}$ 上且调和分割切线 t、$\bar{t}$。

射影曲线 C'、$\bar{C}'$ 可以至少构成 3 阶接触的充要条件为射影中心 $P(x_0, y_0, 0)$ 又在直线

$$z = 0 \quad b\alpha x + a\beta y = \alpha a$$

上, 称之为主连线, 又称该直线与两条主直线的交点为 C、$\bar{C}$ 在 O 的主点; 主点坐标为

$$\left(\frac{\alpha l^2}{b \pm \beta l^3}, \frac{\pm \alpha l^3}{b + \beta l^3}, 0\right) \quad \left(\text{而 } l^2 = \frac{a}{\alpha}\right)$$

(2) 当曲线 C、$\bar{C}$ 在交点 O 有不同的切线 t、$\bar{t}$, 但有同一个密切平面 $t\bar{t}$ 时。

设 O 为 C、$\bar{C}$ 上的正常点, 取坐标系使 $t: y=0$、$z=0$; $\bar{t}: x=0$、$z=0$; 于是 C、$\bar{C}$ 在 O 的邻域内展开式分别表示为

$$\begin{cases} y = ax^2 + bx^3 + cx^4 + \cdots \\ z = rx^3 + sx^4 + \cdots \end{cases} \quad (C \text{ 曲线}) \tag{2.65}$$

$$\begin{cases} x = \alpha y^2 + \beta y^3 + \gamma y^4 + \cdots \\ z = \rho y^3 + \sigma y^4 + \cdots \end{cases} \quad (\bar{C} \text{ 曲线}) \tag{2.66}$$

若从不在 t、$\bar{t}$ 上点 $P(x_0, y_0, 0)$ 把 C 射影到平面 $y=0$ 上, 则射影曲线 C' 的参数方程为

$$\begin{cases} X = x - \dfrac{x_0}{y_0}ax^2 + \dfrac{1}{y_0}(a - x_0 b)x^3 + \dfrac{1}{y_0}\left(b - cx_0 - \dfrac{x_0}{y_0}a^2\right)x^4 + \cdots \\ Y = 0 \\ Z = rx^3 + sx^4 + \cdots \end{cases}$$

或

$$\begin{cases} Y = 0 \\ Z = rX^3 + \left(3\dfrac{x_0}{y_0}ar + s\right)X^4 + \cdots \end{cases}$$

同理, $\bar{C}'$ 的参数方程为

$$\begin{cases} X = -\dfrac{x_0}{y_0}y + \left(a - \dfrac{x_0}{y_0}\right)y^2 + \left(\beta + \dfrac{\alpha}{y_0} - \dfrac{x_0}{y_0^2}\right)y^3 \\ \qquad + \left(\gamma - \dfrac{\beta}{y_0} + \dfrac{\alpha}{y_0^2} - \dfrac{x_0}{y_0^4}\right)y^4 + \cdots \\ Y = 0 \\ Z = \rho y^3 + \left(\sigma + \dfrac{\rho}{y_0}\right)y^4 \end{cases}$$

或

$$\begin{cases} Y = 0 \\ Z = -\rho\dfrac{y_0^2}{x_0^2}X^3 + \left[3\rho\left(\alpha - \dfrac{x_0}{y_0^2}\right) + \dfrac{y_0}{x_0} + \sigma + \dfrac{\rho}{y_0}\right]\dfrac{y_0^4}{x_0^4}X^4 + \cdots \end{cases}$$

曲线 C'、$\bar{C}'$ 在 O 一般形成 2 阶接触, Segre 接触不变式为 $-\dfrac{\rho}{r}\dfrac{y_0^3}{x_0^3}$; 当该量等于 1 时, 即 P 在直线

$$z = 0 \quad rx^3 + \rho y^3 = 0 \tag{2.67}$$

上, C'、$\bar{C}'$ 至少构成 3 阶接触, 称直线式 (2.67) 为 C、$\bar{C}$ 在 O 点的主直线, 它们与 t、$\bar{t}$ 为反配极的。

如果 C'、$\bar{C}'$ 至少构成 4 阶接触, 那么 P 的两个坐标 x_0、y_0 应满足式 (2.67) 并以

$$3ar\frac{x_0}{y_0} + s = \left[3\rho\left(\alpha - \frac{x_0}{y_0}\right)\frac{x_0}{y_0} + \sigma + \frac{\rho}{y_0}\right]\frac{y_0^4}{x_0^4}$$

给出 x_0、y_0, 使点 $P_i(i = 1, 2, 3)$ 为

$$\begin{cases} x_0 = \dfrac{3r\rho l}{Q_i} \\ \\ y_0 = \dfrac{3r\rho l^2\varepsilon^{2i}}{Q_i} \end{cases} \tag{2.68}$$

而 $\varepsilon^3 = 1$、$l^3 = -\dfrac{r}{\rho}$, 且

$$Q_i = 3ar\rho - 3\alpha r^2 + s\rho l\varepsilon^i + \sigma r l^2\varepsilon^{2i} \tag{2.69}$$

如此得到的三个点 P_i 称为 C、$\bar{C}$ 在 O 点的主点, 并称 O 关于三角形 $P_1P_2P_3$ 的调和直线为 Bompiani 直线, 计算知

$$\frac{s}{r}x + \frac{\sigma}{\rho}y = 2 \quad z = 0 \tag{2.70}$$

其与切线 t、$\bar{t}$ 的两个交点为

$$\left(\frac{2r}{5}, 0, 0\right) \quad \left(0, \frac{2\rho}{\sigma}, 0\right) \tag{2.71}$$

它们分别由曲线 C、$\bar{C}$ 的 4 阶邻域确定。

当从共同密切平面 $z = 0$ 而非在 t、$\bar{t}$ 上一个点射影 C、$\bar{C}$ 到通过 t 的一个平面、如 $y = 0$ 时, 各条射影曲线 C、$\bar{C}$ 均以 O 为

变曲点, 且式 (2.71) 的第一个点为它的 Bompiani 密切图形 O_4, 这是 Bompiani 直线的另一个定义。

定理 2.12 若空间曲线 C、$\bar{C}$ 交于点 O, 在 O 有不同切线 t、$\bar{t}$, 但有相同的密切平面 $t\bar{t}$, 则存在通过 O 而在平面 $t\bar{t}$ 上三条直线和各直线上一个主点; 这三个主点一般不共线, 且 O 关于它们所构成三角形的调和直线为 Bompiani 直线。

依式 (2.68) 可知三个主点共线的充要条件为

$$a\rho = \alpha r \tag{2.72}$$

如果一个二次曲面 O 经过 t、$\bar{t}$, 且在 O 与 C 形成 3 阶接触, 那么它的方程形式必为

$$z = \frac{r}{a}xy + k_1 xz + k_2 yz + k_3 z^2 \tag{2.73}$$

式中 k_1、k_2、k_3 为参数。

定理 2.13 存在 ∞^3 条二次曲线, 使各通过 C、$\bar{C}$ 的切线 t、$\bar{t}$ 且在 O 点与 C、$\bar{C}$ 构成 3 阶接触的充要条件为三个主点共线。

可以证明, 在这些二次曲面中存在一个二次曲面来与 C、$\bar{C}$ 在 O 点形成 4 阶接触, 且有

$$k_1 = \frac{s}{r} - \frac{b}{a} \quad k_2 = \frac{\sigma}{\rho} - \frac{\beta}{\alpha}$$

k_3 为任意参数。

苏步青进一步从曲线 C、$\bar{C}$ 在交点 O 的 5 阶邻域所确定的某些协变直线, 即由 C、$\bar{C}$ 的密切线丛的公共直线组成的线汇的两条准线。

2.2.4 四维空间曲线

关于标准标架与标准展开。设 $P(x)$ 为四维空间 S^4 中的一条解析曲线 C 上的正常点, 在 C 的点 P 的切线 t 上取点 $P_1(x_1)$、但 $P_1 \neq P$; 在 C 的密切平面 S^2 上、但不在 t 上取点 $P_2(x_2)$; 在 C 的密切超平面 S^3 上、但不在 S^2 上取点 $P_3(x_3)$; 在 S^4 中、但不在 S^3 上

取点 $P_4(x_4)$; 故确定曲线 C 在 P 点的局部标架 $\{P, P_1, P_2, P_3, P_4\}$, S^4 中任意点 $M(z)$ 的射影齐次坐标可记作

$$z = \xi^0 x + \xi^1 x_1 + \xi^2 x_2 + \xi^3 x_3 + \xi^4 x_4$$

式中 ξ^0、ξ^1、ξ^2、ξ^3、ξ^4 为 M 关于标架 $[P, P_1, P_2, P_3, P_4]$ 及单位点 $(x + x_1 + x_2 + x_3 + x_4)$ 的局部坐标。如果导入非齐次坐标 z^l:

$$z^l = \frac{\xi^l}{\xi^0} \quad (l = 1, 2, 3, 4)$$

且命 M 为在 C 上 P 的邻点, 那么 C 的方程可置作

$$z^1 = t \quad i!z^i = t^i + \sum_{j=1}^{\infty} b_{i(i+j)} t^{i+j} \tag{2.74}$$

式中 $i = 2, 3, 4$。在这 ∞^{10} 个标架 $\{P, P_1, P_2, P_3, P_4\}$ 中取出 ∞^1 个标架, 即所谓标准标架。

若以 P_1 为曲线 C 在 P 点的切线 t 上的一个指定点, 则标准标架 $\{P, P_1, P_2, P_3, P_4\}$ 可由 P_1 完全决定, 记作 $R(P_1)$。

利用 $R(P_1)$ 计算展开式 (2.74) 中各系数 b_{ik} 之间的关系, 于是曲线 C 的展开式是

$$\begin{cases} z^1 = 1 \\ z^2 = \dfrac{1}{2!}[t^2 + 20\theta_3 t^3 + b_{26} t^6 + b_{27} t^7 + f(3)] \\ z^3 = \dfrac{1}{3!}[t^3 + 45\theta_3 t^6 + b_{37} t^7 + b_{38} t^8 + f(9)] \\ z^4 = \dfrac{1}{4!}[t^4 + 72\theta_3 t^7 + b_{48} t^8 + b_{49} t^9 + f(10)] \end{cases}$$

这里 $b_{47} = 72\theta_3$、$b_{36} = 45\theta_3$、$b_{25} = 20\theta_3$, 但

$$15b_{48} - 40b_{37} + 36b_{26} = 0$$

关于三类射影弧素。设曲线 C 上动点 P 的坐标 x 均为参数 u 的函数 $x = x(u)$; 当以 C 的导数点 $x' = \dfrac{\mathrm{d}x}{\mathrm{d}u}$ 为 $P_1(x_1)$ 时, 对应

的标架 $R(P_1)$ 称为 C 在 P 基本标架。

若作变换 $\bar{u}=f(u)$ 及坐标比例因子的变换 $\bar{x}=\lambda x$, 则得到曲线三个不等式

$$\theta_3\mathrm{d}u^3 \quad \theta_4\mathrm{d}u^4 \quad \theta_5\mathrm{d}u^5$$

式中 θ_3 为上面定义的参数, θ_4 适合

$$3b_{48}-4b_{37}=4\theta_4$$

$$5b_{37}-9b_{26}=5\theta_4$$

$$\theta_5=6b_{27}-4b_{38}+b_{49}$$

以上三个形式分别称为曲线的第一类、第二类、第三类射影弧素; 不变式 $k\mathrm{d}u^2$ (k 为 u 的函数) 称为曲线 C 的曲率形式。

S^4 的一条曲线除一个射影变换外由给定形式

$$k\mathrm{d}u^2 \quad \theta_3\mathrm{d}u^3 \quad \theta_4\mathrm{d}u^4 \quad \theta_5\mathrm{d}u^5$$

唯一确定。

依固定而不变的方法规范化 C 的一般点 P 的射影齐次坐标 x 称为 P 的法坐标。因为点 P_1 与参数 u 的选择无关, 所以相应的 $R(P_1)$ 称为 Γ 在 P 的法标架; 而 Γ 为平面和 C 的可展超曲面相交的平截线。

若取 C 的第一类射影弧 $\sigma=\int\sqrt{\theta_3}\mathrm{d}u$ 为参数, 则给出 C 的射影的 Frenet 公式

$$\begin{cases}\dfrac{\mathrm{d}x}{\mathrm{d}\sigma}=x_1\\ \dfrac{\mathrm{d}x_1}{\mathrm{d}\sigma}=4Kx+x_2\\ \dfrac{\mathrm{d}x_2}{\mathrm{d}\sigma}=264x+6Kx_1+x_3\\ \dfrac{\mathrm{d}x_3}{\mathrm{d}\sigma}=104Ix+108x_1+6Kx_2+x_4\\ \dfrac{\mathrm{d}x_4}{\mathrm{d}\sigma}=24(9J+12K-2I')x_1+8Ix+48x_2+4Kx_3\end{cases} \tag{2.75}$$

式中 $K=k$、$I=\theta_4$、$J=\theta_5$ 表示曲线 C 的三个射影曲率。据此推出曲线 C 的法坐标符合的法方程

$$x^{(5)}-20Kx'''-20(K'+14)x''-2(9K''-32K^2+56I)x'$$
$$-4(K'''-16KK'+14I'-240K+54J)x=0 \qquad (2.76)$$

定理 2.14 若在某区域内给定任意三个解析函数 $f_1(\sigma)$、$f_2(\sigma)$、$f_3(\sigma)$，在 S^4 中必有一条曲线使对于该区域的 σ 各值，且 $K=f_1(\sigma)$、$I=f_2(\sigma)$、$J=f_3(\sigma)$ 为它的三个射影曲率，则曲线的确定变为计算式 (2.76) 的四个线性无关解。

关于 $R(P_1)$ 和曲率形成及射影曲率 K、I、J 的几何意义。考虑 C 在 P 的密切超平面 S^3 与其切线面的交线 C^*，并应用 C^* 和它在 P 的密切三次曲线 C_3 的主平面确定 P_1。从此得到 C 在 P 的法标架 $R(P_1)$ 的几何意义。

2.2.5 n 维空间曲线

关于对应 Π 和对应 B。设 $P(x)$ 为 S^n 中解析曲线 C 上的正常点，$S^m(1\leqslant m\leqslant n)$ 为 C 在 P 点的 m 维密切空间；在切线 S^1 上取不重合于 P 的点 $P_1(x_1)$，在 S^2 上取不切于 S^1 的点 $P_2(x_2)$，在 S^3 中、但不在 S^2 上取点 $P_3(x_3)$；一般而言，在 S^m 中、但不在 S^{m-1} 上取点 $P_m(x_m)$。如果以 x_m^1、x_m^2、$\cdots$、x_m^{n+1} 为点 P_m 关于固定标架的齐次坐标，那么 S^n 中的任意点 M 的坐标 y^1、y^2、$\cdots$、y^{n+1} 可以表示为

$$y^i=\xi^0x^i+\xi^1x_1^i+\cdots+\xi^nx_n^i \qquad (2.77)$$

式中 $i=1,2,\cdots,n+1$；ξ^0、ξ^1、$\cdots$、ξ^n 为点 M 关于活动标架 $\{P,P_1,P_2,\cdots,P_n\}$ 及单位点的局部射影齐次坐标。

引入非齐次坐标

$$z^l=\frac{\xi^l}{x^0} \quad (l=1,2,\cdots,n)$$

且令 M 为 C 上 P 的邻点，故 C 的展开式可写成

$$z^1=t \quad i!z^i=\sum_{j=0}^{\infty}b_{i(i+j)}t^{i+j}$$

系数 $b_{ii} \neq 0(i=2,3,\cdots,n)$。

设 M 为 C 上动点、C 在 M 的 $S^{n-1}(M)$ 包络 C 的外接可展超曲面 Σ, 它也是 Γ 在 M 的 $S^{n-2}(M)$ 的轨迹。当 M 在 C 上变动时, $S^{n-2}(M)$ 与 Γ 在 P 的密切平面 $S^2(P)$ 的交点 Q 的轨迹为一条曲线, 以 C_2 表示在 P 的四点二次曲线; 如果作切线 PP_1 上任意点 $P_\beta(\beta,1,0,0)$ 关于 C_2 的极线, 那么在 $S^2(P)$ 上得到一个配极 Π。

今建立对应 B。设通过切线 PP_1 的平面 $\pi_\lambda \subset S^3(P)$、但 π_λ 非 $S^2(P)$, 以 K^3 表示可展超曲面 Σ 和 π_λ 的交线, 则以 P 为变曲点, 并在 P 的四阶邻域决定 Bompiani 密切图形 O_4, 其与平面之间建立射影对应, 称之为 B, 它从 P 与 $S^2(P)$ 为一对一对应元素。

关于 Bompiani 定理推广。讨论在 $S^3(P)$ 中取不通过 P 点的任意平面 α 作可展超曲面 Σ 的平截线。

设曲线 C 上有动点 M 和它们邻点 M', 两个密切空间 $S^{n-3}(M)$、$S^{n-3}(M')$ 均属于密切空间 $S^{n-2}(M)$, 而 $S^{n-1}(M)$ 和 α 的交点轨迹记作 Γ_α, 即为可展超曲面 Σ 和 α 的交线。从 P 射影 $S^{n-3}(M)$ 到平面 α 上去, 它的象 Y 的轨迹记作 C_α, 于是 Γ_α、C_α 在 PP_1 和 α 的交点 P_α 过相切。据此证明了曲线 Γ_α 关于曲线 C_α 的接触不变式等于 $\dfrac{3}{4}$。

依 Γ_α、C_α 在 P_β 的 3 阶邻域可以确定一条 Bompiani 协变直线 r_0 与协变点 R_α, 因此对于 $S^2(P)$ 中的 ∞^3 个平面 α 只有 ∞^2 条直线 r。形成 ∞^1 个直线束, 并且各束是以在 P 的切线 t 上点 P_β 为中心、以通过 t 的平面 π_λ 为其平面的 P_β。P_β 与 π_λ 之间的对应为 Bompiani 时对应 B。

所有协变点 P_α 都在 C 在 P 的密切平面上, α、t 交于 P_β, 与直线 PR_α 之间的对应为配极 Π。

关于一条曲线的各维密切空间中的协变图形。

对于三维密切空间中的协变图形。如果将三维空间中的成果推广到 S^n 中, 即经过曲线 C 的切线 PP_1 引密切空间 $S^3(P)$ 内的平面 π、但不重合于 $S^2(P)$, 那么 π 与可展超曲面的交线以 P 为变曲点, 当 π 绕 PP_1 旋转时, π 与 O_4 之间的对应为射影的, 直线 l_5 的轨迹为二次锥面, 点 O_6 的轨迹为 $S^3(P)$ 中的三次空间曲线 Γ_3。

苏步青在 S^n 的一条曲线 C 的正常点得到依次属于 $S^3(P)$、$S^4(P)$、$\cdots$、$S^n(P)$ 的一系列法曲线 Γ_3、Γ_4、$\cdots$、Γ_n。

关于算术不变式。

(1) 考虑在 S^n 中的一条曲线 C 及其正常点 P, 从 P 射影 C 的 $S^{n-3}(P)$ 得到可展超曲面和射影超锥面, 它们与 $S^m(P)(3 \leqslant m \leqslant n)$ 中的平面 α 分别交于曲线 Γ_α、C_α, 但 α 与 C 的切线 $S^1(P)$ 交于点 P_β。苏步青证明曲线 Γ_α、C_α 均为以 P_α 为同型奇点, 并形成 Segre 不变式

$$I_m = m(m-1)^{-\frac{m-1}{m-2}}$$

平面 α 与维数 m 无关。于是推出一组算术不变式,

$$I_3 = \frac{3}{4} \quad I_4 = \frac{4}{9}\sqrt{3} \quad I_5 = \frac{5}{8}\sqrt{2} \quad \cdots$$

$$I_n = n(n-1)^{-\frac{n-1}{n-2}}$$

即 S^n 中一条曲线 C 在 P 的 $n-2$ 个不变式。

(2) Segre 还推出了另一组算术不变式,

$$J_l = \frac{l}{2^{l-1}} \quad (l = 3, 4, \cdots, m)$$

这些关于 $S^m(P)$ 中切空间都是一样的。

关于两条曲线的接触不变式。

定理 2.15 在 n 维空间中具有公共点和在该点的所有密切空间的两条曲线之间必有 $n-1$ 个射影不变式。

定理 2.16 设 C、Γ 为 S^n 中两条曲线并且有公共点及维数到 $l(l \leqslant n-1)$ 为止的公共密切空间 $S^p(p = 1, 2, \cdots, l)$, 故在非齐次坐标 Z^1、Z^2、$\cdots$、Z^n 下可以表示这些曲线的方程

$$Z^1 = t \quad i!Z^i = \sum_{j=0}^{\infty} b_{i(i+j)} t^{i+j} \quad (i = 2, 3, \cdots, n)$$

和

$$Z^1 = t \quad q!Z^q = \sum_{j=0}^{\infty} \beta_{q(q+j)} t^{q+j} \quad (q = 2, 3, \cdots, l)$$

$$r!Z^r = \sum_{j=0}^{\infty} \beta_{r(l+1+j)} t^{l+1+j} \quad (r = l+1, l+2, \cdots, n)$$

而 $n-1$ 个量

$$J_p = \beta_{pp} b_{pp} \quad (p = 2, 3, \cdots, l)$$

为这两条曲线的接触不变式。

当不变式 J_2 为公共密切平面 S^2 上的两条曲线 C_2^*、Γ_2^* 的 Segre 不变式, 此时 C_2^*、Γ_2^* 依次为 C、Γ 的外接可展超曲面及平面 S^2 的交线。另, I_l、J_l 的关系为

$$I_l = \frac{J_l}{J_{l-1}}$$

若利用曲线 C_p^*、Γ_p^*, 则

$$I_p = \frac{J_p}{J_{p-1}} \quad (p = 3, 4, \cdots, l)$$

或

$$J_p = J_2 I_3 \cdots I_p \quad (p = 3, 4, \cdots, l)$$

式中 J_2、J_4、$\cdots$、J_l 的意义可以通过 I_3、I_4、$\cdots$、I_l 加以解释。

3 射影曲面

3.1 曲面元素

3.1.1 主切曲线

设 x、y、z、t 为三维射影空间点 (x) 的齐次坐标, 如果 x、y、z、t 为 u、v 的函数,

$$\begin{cases} x = x(u,v) \\ y = y(u,v) \\ z = z(u,v) \\ t = t(u,v) \end{cases}$$

那么点 (x) 的轨迹为曲面 σ, 且曲线 u、v 称为 σ 的参数曲线或坐标曲线。为方便, 以

$$x = x(u,v) \tag{3.1}$$

表示上述 4 个方程, 并设 $x(u,v)$ 为连续函数, 有连续导数,

$$x_u = \frac{\partial x}{\partial u} \quad x_v = \frac{\partial x}{\partial v} \quad x_{uu} = \frac{\partial^2 x}{\partial u^2} \quad \cdots$$

在 σ 的任意正常点 (x) 引曲面的切线, 其全体形成一个平面, 即 σ 的切平面。从

$$\mathrm{d}x = x_u \mathrm{d}x + x_v \mathrm{d}v$$

给出切平面方程

$$(X \quad x \quad x_u \quad x_v) = 0 \tag{3.2}$$

这里括号表示四阶行列式, 等价于

$$\begin{vmatrix} X & x & x_u & x_v \\ Y & y & y_u & y_v \\ Z & z & z_u & z_v \\ T & t & t_u & t_v \end{vmatrix} = 0$$

而 (X, Y, Z, T) 为动点 (X) 的坐标。

在曲面 σ 上引切线 $\varGamma$, 设它的方程为

$$\begin{cases} u = u(\tau) \\ v = v(\tau) \end{cases} \tag{3.3}$$

故 $\varGamma$ 的密切平面确定三点：x、$\mathrm{d}x$、d^2x。曲线 $\varGamma$ 为曲线 σ 的主切曲线的充要条件：它在每个点的密切平面恒与曲面在该点的切平面重合, 即

$$(x \quad x_u \quad x_v \quad \mathrm{d}^2x) = 0 \tag{3.4}$$

当 σ 经过直射变换时, 式 (3.4) 仅增加一个非零因子, 曲面的主切曲线为射影协变曲线。依曲面的共轭曲线也可定义主切曲线; 显见, 主切曲线关于曲面的逆变换也是协变的。由式 (3.3),

$$\mathrm{d}x = x_u\mathrm{d}u + x_v\mathrm{d}v$$

$$\mathrm{d}^2x = x_{uu}\mathrm{d}^2u + 2x_{uv}\mathrm{d}u\mathrm{d}v + x_{vv}\mathrm{d}v^2 + x_u\mathrm{d}^2u + x_v\mathrm{d}^2v$$

代入式 (3.4) 可推出主切曲线的微分方程,

$$(x \;\; x_u \;\; x_v \;\; x_{uv})\mathrm{d}u^2 + 2(x \;\; x_u \;\; x_v \;\; x_{uv})\mathrm{d}u\mathrm{d}v + (x \;\; x_u \;\; x_v \;\; x_{uv})\mathrm{d}v^2 = 0 \tag{3.5}$$

以式 (3.2) 引进

$$\xi = \rho(x \quad x_u \quad x_v) \tag{3.6}$$

式中 ρ 为非零因子、$(x \;\; x_u \;\; x_v)$ 为行列式 $(X \;\; x \;\; x_u \;\; x_v)$ 关于第一列 4 个元素的小行列式, 式 (3.2) 可写成

$$\xi X + \eta Y + \xi Z + \tau T = 0$$

或简记为

$$\xi \cdot X = 0$$

由定义知 ξ 为切平面的坐标, 符合

$$\xi \cdot x = x_u \cdot \xi = x_v \cdot \xi = 0 \tag{3.7}$$

式 (3.4) 变为

$$\xi \cdot \mathrm{d}^2 x = 0 \tag{3.8}$$

从式 (3.7) 有

$$\xi \cdot \mathrm{d}x = x \cdot \mathrm{d}\xi = 0 \quad x \cdot \mathrm{d}^2\xi = -\mathrm{d}x \cdot \mathrm{d}\xi = \xi \cdot \mathrm{d}^2 x$$

式 (3.8) 也可写成

$$x \cdot \mathrm{d}^2 \xi = 0 \tag{3.9}$$

因为 $x \cdot \xi = x \cdot \mathrm{d}\xi = 0$, 所以

$$x = r(\xi, \xi_u, \xi_v) \tag{3.10}$$

式中 r 为非零比例因子。式 (3.9) 又可变为

$$(\xi \quad \xi_u \quad \xi_v \quad \mathrm{d}^2\xi) = 0 \tag{3.11}$$

据此, 主切曲线关于曲面的逆射变换为协变曲线。

由于曲面 σ 上一点的齐次坐标除比例因子 $h = h(u, v)$ 外是完全确定的, 因此在 $\rho = \rho(u, v)$ 的选择也是任意的。当以 ρ' 代 ρ、以 r' 代式 (3.10) 中的 r 时, 有

$$\xi' = \rho'(x, x_u, x_\sigma) = \frac{\rho'}{\rho}\xi$$

从而

$$(\xi', \xi'_u, \xi'_v) = \left(\frac{\rho'}{\rho}\right)^3 (\xi, \xi_u, \xi_v)$$

$$x = r' = (\xi', \xi'_u, \xi'_v) = r'\left(\frac{\rho'}{\rho}\right)^3 (\xi, \xi_u, \xi_v)$$

比较式 (3.10), 得

$$r'\rho'^3 = r\rho^3$$

如果 $\rho' = \sqrt[4]{|r\rho^3|}$, 那么 $r' = \pm\rho'$; 表明 ρ' 的绝对值已经确定。若仍沿用 ρ、ξ 代替 ρ'、ξ', 则

$$\xi = \rho(x, x_u, x_v) \quad x = \varepsilon\rho(\xi, \xi_u, \xi_v) \tag{3.12}$$

式中 $\varepsilon^2 = 1$; ρ 及 ε 待定。

可以证明: 如此决定 ξ 的方法对于参数 u、v 的任何变换均不变。

事实上, 对于 $u = u(u', v')$ 及 $v = v(u', v')$, 而雅可比行列式 J 为

$$J = \frac{\partial(u, v)}{\partial(u', v')} \neq 0$$

有

$$(x, x_{u'}, x_{v'}) = J(x, x_u, x_v)$$

$$(\xi, \xi_{u'}, \xi_{v'}) = J(\xi, \xi_u, \xi_v)$$

故

$$\begin{cases} \xi = \rho'(x, x_{u'}, x_{v'}) \\ x = \varepsilon\rho'(\xi, \xi_{u'}, \xi_{v'}) \\ \rho = \rho J^{-1} \end{cases} \tag{3.13}$$

今确定 ρ、ε。

$$F_2 = \xi \cdot \mathrm{d}^2 x = a_{11}\mathrm{d}u^2 + 2a_{12}\mathrm{d}u\mathrm{d}v + a_{22}\mathrm{d}v^2$$

命 $a_{12} = a_{21}$、$u = u_1$、$v = v_2$, 得到

$$F_2 = \xi \cdot \mathrm{d}^2 x = -\mathrm{d}\xi \cdot \mathrm{d}x = x \cdot \mathrm{d}^2\xi = a_{rs}\mathrm{d}u_r\mathrm{d}u_s \tag{3.14}$$

$$\begin{cases} a_{11} = \xi \cdot x_{uu} = -\xi_u \cdot x_u = x \cdot \xi_{uu} \\ a_{12} = a_{21} = \xi \cdot x_{uv} = -\xi_u \cdot x_v = -\xi_v \cdot x_u = x \cdot \xi_{uv} \\ a_{22} = \xi \cdot x_{vv} = -\xi_v \cdot x_v = x \cdot \xi_{vv} \end{cases} \tag{3.15}$$

主切曲线式 (3.4) 可以写成 $F_2 = 0$。令点 (x) 不是曲面 σ 的抛物点, 结果

$$A = a_{11}a_{22} - a_{12}^2 \neq 0$$

并且过该点有两条主切曲线。

从式 (3.13)、式 (3.14) 知

$$F_2 = \rho(x \;\; x_u \;\; x_v \;\; \mathrm{d}^2 x) = \varepsilon\rho(\xi \;\; \xi_u \;\; \xi_v \;\; \mathrm{d}^2\xi) \tag{3.16}$$

导出

$$F_2^2 = \varepsilon\rho^2 \begin{vmatrix} 0 & 0 & 0 & F_2 \\ 0 & -a_{11} & -a_{12} & * \\ 0 & -a_{21} & -a_{22} & * \\ F_2 & * & * & * \end{vmatrix} = -\varepsilon\rho^2 A F_2^2$$

所以

$$\varepsilon = \mathrm{sgn}A \quad \rho = \frac{1}{\sqrt{|A|}} \quad A = a_{11}a_{22} - a_{12}^2 \tag{3.17}$$

取

$$(x \;\; x_u \;\; x_v \;\; \mathrm{d}^2 x) = b_{rs}\mathrm{d}u_r\mathrm{d}u_s \tag{3.18}$$

有

$$a_{rs} = \rho b_{rs} \quad A = \rho^2(b_{11}b_{22} - b_{12}^2)$$

据此,

$$\rho = \frac{1}{\sqrt[4]{|b_{11}b_{22} - b_{12}^2|}} \quad \varepsilon = -\mathrm{sgn}(b_{11}b_{22} - b_{12}^2)$$

当给定式 (3.1) 时, 按照最后两式可以计算出 ρ、ε。依式 (3.17), 对于虚主切曲线所在的曲面 $\varepsilon = -1$, 反之 $\varepsilon = +1$。

3.1.2 基本微分方程

先讨论 F_2 恒为零和 F_2 可分解为一次微分式平方的两种情况。当选择适当参数 u、v 时 $F_2 = 0$ 可变为 $\mathrm{d}v^2 = 0$, 从而

$$a_{11} = \xi \cdot x_{uu} = -\xi_u \cdot x_u = 0$$

$$a_{12} = \xi \cdot x_{uv} = -\xi_u \cdot x_v = 0$$

其比较 $\xi_u \cdot x = 0$, 并注意到 $\|x_u, x_\sigma, x\| \neq 0$, 于是 $\xi_u = \lambda' \xi$。又取 ξ 的适当比例因子, 方程可变为 $\xi_u = 0$, 即原曲面为可展曲面。

同理可知: 在 $F_2 = 0$ 下 $\xi_u = \xi_v = 0$, 有主切曲线的曲面必退化为平面。

以下除了可展面和平面, 且取曲面 σ 的两条主切曲线为坐标曲线 u、v, 结果

$$a_{11} = \xi \cdot x_{uu} = -\xi_u \cdot x_u = x \cdot \xi_{uu} = 0 \tag{3.19}$$

$$a_{22} = \xi \cdot x_{vv} = -\xi_v \cdot x_v = x \cdot \xi_{vv} = 0 \tag{3.20}$$

$$\begin{cases} A = a_{11}a_{22} - a_{12}^2 = -a_{12}^2 \\ a_{12} = \xi \cdot x_{uu} = -\xi_u \cdot x_v = -\xi_v \cdot x_u = x \cdot \xi_{uv} \end{cases} \tag{3.21}$$

$\varepsilon = 1$ 表示存在实主切线, 但所得公式在虚主切曲线情况下同样成立。依式 (3.19)、式 (3.20)、式 (3.21),

$$\begin{cases} (x \quad x_u \quad x_v \quad x_{uu}) = (\xi \quad \xi_u \quad \xi_v \quad \xi_{uu}) = 0 \\ (x \quad x_u \quad x_v \quad x_{vv}) = (\xi \quad \xi_u \quad \xi_v \quad \xi_{vv}) = 0 \end{cases} \tag{3.22}$$

$$\begin{cases} \xi = \rho(x, x_u, x_v) \\ x = \rho(\xi, \xi_u, \xi_v) \\ \rho = \dfrac{\omega}{a_{12}} \quad (\omega^2 = 1) \end{cases} \tag{3.23}$$

$$\begin{cases} a_{12} = \rho(x \quad x_u \quad x_v \quad x_{uv}) = \dfrac{\omega}{a_{12}}(x \quad x_u \quad x_v \quad x_{uv}) \\ \omega a_{12}^2 = (x \quad x_u \quad x_v \quad x_{uv}) = (\xi \quad \xi_u \quad \xi_v \quad \xi_{uv}) \end{cases} \tag{3.24}$$

如果 u、v 为实数, 那么

$$\omega = \operatorname{sgn}(x \quad x_u \quad x_v \quad x_{uv}) \tag{3.25}$$

表明对调 u、v 即可变更 ω 的符号。

由于主切线 (x, x_u) 及其共轭切线 (ξ, ξ_u) 重合, 而主切线 (x, x_v) 及其共轭切线 (ξ, ξ_v) 也重合,

$$(x, x_u) = \lambda(\xi, \xi_u)$$

$$(x, x_v) = \mu(\xi, \xi_v)$$

式中 λ、μ 为待定比例因数, 又

$$\begin{aligned}
\omega a_{12}^2 &= (x \quad x_u \quad x_v \quad x_{uv}) = (x, x_u) \cdot (x_v, x_{u\sigma}) \\
&= \lambda(\xi, \xi_u) \cdot (x_v, x_{uv}) \\
&= \lambda \begin{vmatrix} \xi \cdot x_v & \xi \cdot x_{uv} \\ \xi_u \cdot x_v & \xi_u \cdot x_{uv} \end{vmatrix} = \lambda a_{12}^2
\end{aligned}$$

因此 $\lambda = \omega$; 同理, $\mu = -\omega$。推出

$$(x, x_u) = \omega(\xi, \xi_u) \quad (x, x_v) = -\omega(\xi_1, \xi_v) \tag{3.26}$$

当曲面的点 (x) 沿曲面的任意方向 $\mathrm{d}u : \mathrm{d}v$ 进行时,

$$(x, \mathrm{d}x) = (x, x_u)\mathrm{d}u + (x, x_v)\mathrm{d}v = \omega[(\xi, \xi_u)\mathrm{d}u - (\xi, \xi_v)\mathrm{d}v]$$

据此, 两条直线

$$(x, \mathrm{d}x) \pm (\xi, \mathrm{d}\xi) \tag{3.27}$$

为主切线; 该结论与参数选择无关。

利用式 (3.22), 得到 u、v 的函数 α、β、γ、ε、p_{11}、p_{22}, 使

$$x_{uu} = \alpha x_u + \beta x_v + p_{11} x$$

$$x_{vv} = \gamma x_u + \varepsilon x_v + p_{22} x$$

进一步微分,

$$\begin{cases}
x_{uuu} = (\alpha_u + \alpha^2 + p_{11})x_u + (\beta_u + \alpha\beta)x_v + (p_{11u} + \alpha p_{11})x + \beta x_{uv} \\
x_{uuv} = (\alpha_v + \beta\gamma)x_u + (\beta_v + \beta\varepsilon + p_{11})x_v + (p_{11v} + \beta p_{22})x + \alpha x_{uv} \\
x_{uvv} = (\gamma_u + \gamma\alpha + p_{22})x_u + (\varepsilon_u + \beta\gamma)x_v + (p_{22u} + \gamma p_{11})x + \varepsilon x_{uv} \\
x_{uvv} = (\gamma_v + \varepsilon\gamma)x_u + (\varepsilon_v + \varepsilon^2 + p_{22})x\sigma + (p_{22v} + \varepsilon p_{22})x + \gamma x_{uv}
\end{cases} \tag{甲}$$

还可以计算 4 阶导数，使之表达为 x、x_u、x_v、x_{uv} 的一次齐式，依

$$\frac{\partial}{\partial u}x_{uvv}=\frac{\partial}{\partial v}x_{uuv}$$

得到可积条件。

对于 x_{uv} 的系数，一边为 ε_u、另一边为 a_v，于是 $a_v=\varepsilon_u$，且存在函数 θ 使 $\alpha=\theta_u$、$\varepsilon=\theta_v$，微分式 (3.24)，

$$\begin{aligned}2\omega a_{12}\frac{\partial a_{12}}{\partial u}&=(x\ \ x_{uu}\ \ x_v\ \ x_{uv})+(x\ \ x_u\ \ x_v\ \ x_{uuv}).\\&=2a(x\ \ x_u\ \ x_v\ \ x_{uv})=2\theta_u a_{12}^2\omega\end{aligned}$$

$$\theta_u=\frac{\partial}{\partial u}\log|a_{12}|$$

$$\theta_v=\frac{\partial}{\partial v}\log|a_{12}|$$

取 $\theta=\log|a_{12}|$，又 $a=\theta_u$、$\varepsilon=\theta_v$，x 适合

$$\begin{cases}x_{uu}=\theta_u x_u+\beta x_v+p_{11}x\\x_{vv}=\theta_v x_v+\gamma x_u+p_{22}x\end{cases}\tag{乙}$$

$$\begin{cases}|a_{12}|=\exp\theta\\(x\ \ x_u\ \ x_v\ \ x_{uv})=(\xi\ \ \xi_u\ \ \xi_v\ \ \xi_{uv})=\omega a_{12}^2=\omega\exp(2\theta)\end{cases}\tag{丙}$$

这组方程称为曲面的基本方程。上述方法应用于 ξ，

$$\xi_{uu}=\theta_u\xi_u+\beta'\xi_v+\pi_{11}\xi$$

$$\xi_{vv}=\theta_v\xi_v+\gamma'\xi_u+\pi_{22}\xi$$

式中 θ 为 (丙) 式确定的同一个函数。

为确定 β'、γ'、π_{11}、π_{22}，微分式 (3.19) 并依 $\xi\cdot x_u=\xi_u\cdot x=0$ 知

$$\begin{aligned}0&=\xi_u\cdot x_{uu}+x_u\cdot\xi_{uu}=\xi_u\cdot(\theta_u x_u+\beta x_v+p_{11}x)\\&\quad+x_u\cdot(\theta_u\xi_u+\beta'\xi_v+\pi_{11}\xi)=-\beta\xi_u\cdot x_v+\beta' x_u\cdot\xi_v\\&=-(\beta+\beta')a_{12}\end{aligned}$$

有 $\beta' = -\beta$ 以及 $\gamma' = -\gamma$。故 ξ 满足的基本方程为

$$\begin{cases} \xi_{uu} = \theta_u \xi_u - \beta \xi_v + \pi_{11} \xi \\ \xi_{vv} = \theta_v \xi_v - \gamma \xi_u + \pi_{22} \xi \end{cases} \tag{丁}$$

今确定 π_{11}、π_{22}, 注意

$$\begin{aligned} \xi_u \cdot x_{uv} &= \frac{\partial}{\partial u}(\xi_u \cdot x_v) - x_v \cdot \xi_{uu} \\ &= \frac{\partial a_{12}}{\partial u} - x_u \cdot (\theta_u \xi_u - \beta \xi_v + \pi_{11} \xi) \\ &= -\frac{\partial a_{12}}{\partial u} + \theta_u a_{12} = 0 \end{aligned}$$

而

$$\xi_u \cdot x_{uv} = \xi_v \cdot x_{uv} = x_u \cdot \xi_{uv} = x_v \cdot \xi_{uv} = 0 \tag{3.28}$$

微分后,

$$\begin{aligned} \xi_u \cdot x_{uuv} &= -\xi_{uu} \cdot x_{uv} = -(\theta_u \xi_u - \beta \xi_v + \pi_{11} \xi) \cdot x_{uv} \\ &= -\pi_{11} \xi \cdot x_{uv} = -\pi_{11} a_{12} \end{aligned}$$

从 (甲) 式, 式 (3.28),

$$\xi_u \cdot x_{uuv} = -\xi_u \cdot (\beta_v + \beta \theta_v + p_{11}) x_v = -(\beta_v + \beta \theta_v + p_{11}) a_{12}$$

推出

$$\pi_{11} = p_{11} + \beta_v + \beta \theta_v \tag{3.29}$$

$$\pi_{22} = p_{111} + \gamma_u + \gamma \theta_u \tag{3.30}$$

当给定 (乙) 式时可求出 (丁) 式, 反之也成立。以式 (3.28) 还可导出一个重要公式。依

$$x_{uv} \cdot \xi_{uv} = \frac{\partial}{\partial v}(\xi_u \cdot x_{uv}) - \xi_u \cdot x_{uvv} = -\xi_u \cdot x_{uvv}$$

和 (乙) 式, 有

$$x_{uv} \cdot \xi_{uv} = (\theta_{uv} + \beta \gamma) a_{12} = a_{12}^2 \Omega \tag{3.31}$$

$$\Omega = \frac{1}{a_{12}}(\theta_{uv} + \beta\gamma) \tag{3.32}$$

当 β、γ、p_{11}、p_{22} 顺序改变为 $-\beta$、$-\gamma$、π_{11}、π_{12} 时, 式 (3.29)、式 (3.30) 保持不变。另由 (乙) 式、(丙) 式, 得 $(x \;\; x_u \;\; x_{uu} \;\; x_{uuu}) = \beta^2(x \;\; x_u \;\; x_v \;\; x_{uv}) = \omega^2\beta^2 a_{12}^2$, 同样,

$$(\xi \;\; \xi_u \;\; \xi_{uu} \;\; \xi_{uuu}) = \omega^2\beta^2 a_{12}^2$$

有

$$(x \;\; x_u \;\; x_{uu} \;\; x_{uuu}) = (\xi \;\; \xi_u \;\; \xi_{uu} \;\; \xi_{uuu}) \tag{3.33}$$

称式 (3.33) 为福比尼型基本方程。

若 $x = y\exp\left(\frac{1}{2}\theta\right)$, 则 (乙) 式变为

$$\begin{cases} y_{uu} = \beta y_v - c_1 y \\ y_{vv} = \gamma y_u - c_2 y \end{cases} \tag{3.34}$$

这里 β、γ 不变。记

$$\beta = -2b \quad \gamma = -2a \tag{3.35}$$

式 (3.34) 为维尔津斯基型基本方程。即

$$\begin{cases} y_{uu} + 2by_v + c_1 y = 0 \\ y_{vv} + 2ay_u + c_2 y = 0 \end{cases} \tag{3.36}$$

由式 (3.34), 得

$$\beta y_v = y_{uu} + c_1 y$$

$$\beta y_{uv} = y_{uuu} - (\log\beta)_u y_{uu} + c_1 y_u + [c_{1u} - c_1(\log\beta)_u]y$$

对于 $\beta\gamma \neq 0$

$$y_{uuuu} + 4b_1 y_{uuu} + 6c_2 y_{uu} + 4d_3 y_u + c_4 y = 0$$

其中

$$b_1 = -\frac{1}{2}(\log\beta)_u$$

$$c_2 = -\frac{1}{6}[(\log\beta)_{uu} - (\overline{\log\beta})_u^2 - 2c_1 + \beta_v]$$

$$d_4 = \frac{1}{4}[2c_{1u} - \beta^2\gamma - 2c_1(\log\beta)_u]$$

导入

$$p_2 = \frac{1}{3}(\log\beta)_{uu} - \frac{1}{12}(\overline{\log\beta})_u^2 + \frac{1}{3}c_1 - \frac{1}{6}\beta_v$$

$$q_3 = \frac{1}{2}c_{1u} - \frac{1}{4}\beta^2\gamma - \frac{1}{4}(\log\beta)_u(\log\beta)_{uu} + \frac{1}{2}(\log\beta)_{uuu} - \frac{1}{4}\beta(\log\beta)_u(\log\beta)_v$$

$$\theta_3 = q_3 - \frac{3}{2}p_{2u}$$

进而,

$$\theta_3 = \frac{1}{4}\beta[(\log\beta)_{uv} - \beta\gamma] \tag{3.37}$$

主切曲线 u 属于线性丛的条件为 $\theta_3 = 0$, 即

$$(\log\beta)_{uv} = \beta\gamma \tag{3.38}$$

同样可知曲线 v 属于线性丛的条件,

$$(\log\gamma)_{uv} = \beta\gamma \tag{3.39}$$

得

$$\left(\log\frac{\beta}{\gamma}\right)_{uv} = 0 \tag{3.40}$$

表明 $\frac{\beta}{\gamma}$ 必为单独 u 的函数与单独 v 的函数之比。符合式 (3.40) 的曲面称为等温主切曲面。若选择适当参数 u、v, 则式 (3.40) 给出

$$\beta = \gamma \tag{3.41}$$

实际上, 作变换 $\bar{u} = \bar{u}(u)$、$\bar{v} = \bar{v}(v)$, 有

$$\bar{\beta}\frac{\mathrm{d}\bar{u}^2}{\mathrm{d}\bar{v}} = \beta\frac{\mathrm{d}u^2}{\mathrm{d}v} \quad \bar{r}\frac{\mathrm{d}\bar{v}^2}{\mathrm{d}\bar{u}} = \gamma\frac{\mathrm{d}v^2}{\mathrm{d}u} \tag{3.42}$$

结果

$$\frac{\bar{\beta}}{\bar{\gamma}} = \frac{\beta}{\gamma} : \left(\frac{\bar{u}'}{\bar{v}'}\right)^3$$

故曲面 $\beta = \gamma$ 必满足刘维尔型微分方程,

$$\frac{\partial^2}{\partial u \partial v} \log \beta = \beta^2 \tag{3.43}$$

有

$$\beta = \gamma = \frac{\sqrt{U' - V'}}{U + V} \tag{3.44}$$

这里 U 单独为 u 的任意函数、V 单独为 v 的任意函数,

$$U' = \frac{\mathrm{d}U}{\mathrm{d}u} \quad V' = \frac{\mathrm{d}V}{\mathrm{d}v}$$

3.1.3 可积条件

对于给定的曲面, 需计算函数 β、γ 及无穷多 θ、p_{11}、p_{22} 使曲面一点的坐标 x 适合方程组 (乙) 式。作变换 $x = \rho x' (\rho \neq 0)$, 有

$$x_u = \rho[x'_u + x'(\log\rho)_u]$$

$$x_v = \rho[x'_v + x'(\log\rho)_v]$$

$$x_{uu} = \rho\{x'_{uu} + 2x'_u(\log\rho)_u + [(\log\rho)_{uu} + (\overline{\log}\rho)^2_u]x'\}$$

$$x_{vv} = \rho\{x'_{vv} + 2x'_v(\log\rho)_v + [(\log\rho)_{vv} + (\overline{\log}\rho)^2_v]x'\}$$

(乙) 式变为

$$x'_{uu} = \theta'_u x'_u + \beta x'_v + p'_{11} x'$$

$$x'_{vv} = \theta'_v x'_v + \gamma x'_u + p'_{22} x'$$

其中

$$\theta'_u = \theta_u - 2(\log\rho)_u$$

$$\theta'_v = \theta_v - 2(\log\rho)_v$$

$$p'_{11} = p_{11} + \beta(\log\rho)_v + \theta_u(\log\rho)_u - \frac{\rho_{uu}}{\rho}$$

$$p'_{22} = p_{22} + \gamma(\log\rho)_u + \theta_v(\log\rho)_v - \frac{\rho_{vv}}{\rho}$$

于是

$$\theta'_{uu} - \frac{1}{2}\theta'^2_u - 2p'_{11} - \beta\theta'_v = \theta_{uu} - \frac{1}{2}\theta^2_u - 2p_{11} - \beta\theta_v$$

$$\theta'_{vv} - \frac{1}{2}\theta'^2_v - 2p'_{22} - \gamma\theta'_u = \theta_{vv} - \frac{1}{2}\theta^2_v - 2p_{22} - \gamma\theta_u$$

若

$$\begin{cases} L &= \theta_{uu} - \dfrac{1}{2}\theta^2_u - 2p_{11} - \beta\theta_v - \beta_v \\ &= \theta_{uu} - \dfrac{1}{2}\theta^2_u - (p_{11} + \pi_{11}) = \theta_{uu} - \dfrac{1}{2}\theta^2_u - 2\pi_{11} + \beta\theta_v + \beta_v \\ M &= \theta_{vv} - \dfrac{1}{2}\theta^2_v - 2p_{22} - \gamma\theta_u - \gamma_u \\ &= \theta_{vv} - \dfrac{1}{2}\theta^2_v - (p_{22} + \pi_{22}) = \theta_{vv} - \dfrac{1}{2}\theta^2_v - 2\pi_{22} + \gamma\theta_u + \gamma_u \end{cases} \tag{3.45}$$

则 L、M 不仅关于 $x = \rho x'$ 而且关于 x、ξ 的对调均保持不变, 即 L、M 对曲面的直射或逆射均为不变量。$L\mathrm{d}u^2 + M\mathrm{d}v^2$ 为非内在的不变齐式。当 $\bar{u} = \bar{u}(u)$、$\bar{v} = \bar{v}(v)$ 时, 该齐式变为

$$\bar{L}\mathrm{d}\bar{u}^2 + \bar{M}\mathrm{d}\bar{v}^2 - \{u, \bar{u}\}\mathrm{d}\bar{u}^2 - \{v, \bar{v}\}\mathrm{d}\bar{v}^2$$

这里 $\{u, \bar{u}\}$ 为 u 关于 $\bar{u}$ 的施瓦兹导数。取

$$\varPhi = \left(\varphi_{uu} - \frac{1}{2}\varphi^2_u\right)\mathrm{d}u^2 + \left(\varphi_{vv} - \frac{1}{2}\varphi^2_v\right)\mathrm{d}v^2$$

记 $\varphi = \log(\beta\gamma)$, 或 $\varphi = \log\sqrt{\beta}$, 或 $\varphi = -\log\gamma$, 或 $\varphi = \log\sqrt[3]{\beta^2\gamma}$; $\psi = \log(\beta\gamma)$, 或 $\psi = \log\sqrt{\gamma}$, 或 $\psi = -\log\beta$, 或 $\psi = \log\sqrt[3]{\beta\gamma^2}$。不难验证,

$$L\mathrm{d}u^2 + M\mathrm{d}v^2 - \varPhi \tag{3.46}$$

为内在的不变齐式。除织面 $(\beta\gamma = 0)$ 外, 从一个曲面 $\beta_1\gamma$ 常可作出这种不变又内在的齐式。

(乙) 式可积条件共有三个。(丙) 式的第三式可写成

$$x_{uuv} = (\theta_{uv} + \beta\gamma)x_u + \pi_{11}x_v + (p_{11v} + \beta p_{22})x + \theta_u x_{uv}$$

对 v 求导并依 (乙) 式,

$$\begin{aligned} x_{uuvv} = &(2\theta_{uv} + \theta_u\theta_v + \beta\gamma)x_{uv} + [\theta_{uvv} + (\beta\gamma)_v + \pi_{11}\gamma + \theta_u\pi_{22}]x_u \\ &+ [\pi_{11v} + \pi_{11}\theta_v + p_{11v} + \beta p_{22} + \theta_u\theta_{uv} + \theta_u\beta\gamma]x_v \\ &+ [\pi_{11}p_{22} + p_{11vv} + \beta p_{22v} + \beta_v p_{22} + \theta_u(\gamma p_{11} + p_{22u})]x \end{aligned}$$

交换 u、v, 推出

$$\begin{aligned} x_{uuvv} = &(2\theta_{uv} + \theta_u\theta_v + \beta\gamma)x_{uv} + [\theta_{uuv} + (\beta\gamma)_u + \pi_{22}\beta + \theta_v\pi_{11}]x_v \\ &+ (\pi_{22u} + \pi_{22}\theta_u + p_{11}\gamma + \theta_v\theta_{uv} + \theta_v\beta\gamma + p_{22u})x_u \\ &+ [\pi_{22}p_{11} + p_{22uu} + \gamma p_{11u} + \gamma_u p_{11} + \theta_v(\beta p_{22} + p_{11v})]x \end{aligned}$$

注意到上两式必相等且 $(x \quad x_u \quad x_v \quad x_{uv}) \neq 0$, 两边的对应系数相等。当比较 x_u 的系数时,

$$\begin{aligned} &\theta_{uvv} + (\beta\gamma)_v + \pi_{11}\gamma + \theta_u\pi_{22} \\ &= \pi_{22u} + \theta_u\pi_{22} + p_{22u} + \gamma p_{11} + \theta_v\theta_{uv} + \theta_v\beta\gamma \end{aligned}$$

即

$$\left[\theta_{vv} - \frac{1}{2}\theta_v^2 - (\pi_{22} + p_{22})\right]_u = -2\gamma\beta_v - \beta\gamma_v$$

依式 (3.45) 中 M 改写这个条件, 有

$$M_u = -2\gamma\beta_v - \beta\gamma_v \tag{3.47}$$

当比较 x_v 的系数时,

$$L_v = -2\beta\gamma_u - \gamma\beta_u \tag{3.48}$$

比较 x 的系数

$$\begin{aligned} &p_{22}\pi_{11} + p_{11vv} + \beta p_{22v} + \beta_v p_{22} + \theta_u(\gamma p_{11} + p_{22u}) \\ &= p_{11}\pi_{22} + p_{22uu} + \gamma p_{11u} + \gamma_u p_{11} + \theta_v(\beta p_{22} + p_{11v}) \end{aligned}$$

即

$$\theta_u\frac{\partial p_{22}}{\partial u}+\beta\frac{\partial p_{22}}{\partial v}+2p_{22}\beta_v+\frac{\partial^2 p_{11}}{\partial v^2}=\theta_v\frac{\partial p_{11}}{\partial v}+\gamma\frac{\partial p_{11}}{\partial u}+2p_{11}\gamma_u+\frac{\partial^2 p_{22}}{\partial u^2}\tag{3.49}$$

依照 L、M 的定义对式 (3.49)、式 (3.47) 计算, 连同式 (3.48) 合与为下列的可积条件,

$$\begin{cases}r_{uu}+2\dfrac{\partial p_{22}}{\partial u}+\dfrac{\partial}{\partial u}(\gamma\theta_u)+\theta_v\theta_{uv}=\beta\gamma_v+2\beta_v\gamma+\theta_{uvv}\\ \beta_{vv}+2\dfrac{\partial p_{11}}{\partial v}+\dfrac{\partial}{\partial v}(\beta\theta_v)+\theta_u\theta_{uv}=\gamma\beta_u+2\gamma\beta+\theta_{uuv}\\ \theta_u\dfrac{\partial p_{22}}{\partial u}+\beta\dfrac{\partial p_{22}}{\partial v}+2p_{22}\beta_v+\dfrac{\partial^2 p_{11}}{\partial v^2}\\ \quad=\theta_v\dfrac{\partial p_{11}}{\partial v}+\gamma\dfrac{\partial p_{11}}{\partial u}+2p_{11}\gamma_u+\dfrac{\partial^2 p_{22}}{\partial u^2}\end{cases}\tag{3.50}$$

从第一、二式解 $\dfrac{\partial p_{11}}{\partial v}$、$\dfrac{\partial p_{22}}{\partial u}$ 并代入第三式, 有

$$\begin{aligned}&2\beta\frac{\partial p_{22}}{\partial v}+4p_{22}\beta_v-\beta_{vvv}-\gamma\theta_u\theta_{uu}-2\beta_v\theta_{vv}-\beta\theta_{vvv}\\&+\beta\gamma_{uv}-\gamma_u\theta_u^2+\theta_u\beta\gamma_v+2\theta_u\gamma\beta_v\\=&\,2\gamma\frac{\partial p_{11}}{\partial u}+4p_{11}\gamma_u-\gamma_{uuu}-\beta\theta_v\theta_{vv}-2\gamma_u\theta_{uu}-\gamma\theta_{uuu}\\&+\gamma\beta_{uv}-\beta_v\theta_v^2+\theta_v\gamma\beta_u+2\theta_v\beta\gamma_u\end{aligned}$$

即

$$\beta M_v+2M\beta_v+\beta_{vvv}=\gamma L_u+2L\gamma_u+\gamma_{uuu}$$

三个可积条件可以表达为

$$\begin{cases}L_v=-(2\beta\gamma_u+\gamma\beta_u)\\ M_u=-(2\gamma\beta_v+\beta\gamma_v)\\ \beta M_v+2M\beta_v+\beta_{vvv}=\gamma L_u+2L\gamma_u+\gamma_{uuu}\end{cases}\tag{3.51}$$

定义

$$
\begin{cases}
\Delta^2 = -(2\beta^2 M + 2\beta\beta_{vv} - \beta_v^2) \\
\Delta'^2 = -(2\gamma^2 L + 2\gamma\gamma_{uu} - \gamma_u^2) \\
P = \beta[(\log\beta)_{uv} - \beta\gamma] \\
Q = \gamma[(\log\gamma)_{uv} - \beta\gamma]
\end{cases}
\tag{3.52}
$$

式 (3.51) 可表为

$$
\begin{cases}
P_v + \Delta\left(\dfrac{\Delta}{\beta}\right)_u = 0 \\
Q_u + \Delta'\left(\dfrac{\Delta'}{\gamma}\right)_v = 0 \\
\dfrac{\Delta\Delta_v}{\beta} = \dfrac{\Delta'\Delta'_u}{\gamma}
\end{cases}
\tag{3.53}
$$

置符号,

$$
f^{jl} = \frac{\partial^{j+l}}{\partial u^j \partial v^l} f
$$

于是维尔津斯基方程可写作

$$
\begin{cases}
y^{20} + 2by^{01} + c_1 y = 0 \\
y^{02} + 2ay^{10} + c_2 y = 0
\end{cases}
\tag{3.54}
$$

可积条件是

$$
\begin{cases}
a^{20} + c_2^{10} + 2ba^{01} + 4ab^{01} = 0 \\
b^{02} + c_1^{01} + 2ab^{10} + 4ba^{10} = 0 \\
c_1^{01} + 2ac_1^{10} + 4a^{10}c_1 = c_2^{20} + 2bc_2^{01} + 4b^{01}c_2
\end{cases}
\tag{3.55}
$$

3.1.4 李配极

对于曲面 σ 上点 (x) 的几何元素, 取点 (x)、(x_u)、(x_v)、(x_{uv}) 作局部参考标架, 并把空间任意点 (X) 的坐标表示成

$$
X = x_1 x + x_2 x_{11} + x_3 x_v + x_4 x_{uv}
\tag{3.56}
$$

式中 (x_1, x_2, x_3, x_4) 为点 (X) 的局部齐次坐标。若以

$$\xi = \frac{x_2}{x_1} \quad \eta = \frac{x_3}{x_1} \quad \zeta = \frac{x_4}{x_1} \tag{3.57}$$

为该点的非齐次坐标, 则 $\xi = 0$ 为 σ 在点 (x) 的切平面, 且 $\xi = \eta = 0$、$\zeta = \xi = 0$ 分别表示主切线 (xx_u)、主切线 (xx_v)。当主切曲线 u 上的点 (X) 无穷靠近点 (x) 时,

$$X = x + x_u \mathrm{d}u + \frac{1}{2} x_{uu} \mathrm{d}u^2 + \cdots \tag{3.58}$$

应用 (乙) 式,

$$\begin{aligned}
x_{uu} &= \theta_u x_u + \beta x_v + p_{11} x \\
x_{uuu} &= (\theta_{uu} + \theta_u^2 + p_{11}) x_u + (\beta_u + \beta\theta_u) x_v + (p_{uu} + \theta_u p_{11}) x + \beta x_{uv} \\
x_{uuuu} &= (*) x_u + (*) x + 2(\beta_u + \beta\theta_u) x_{uu} \\
&\quad + [\beta(2\theta_{uu} + \theta_u^2 + p_{11} + \pi_{11}) + \beta_{uu} + \beta_u\theta_u] x_v \\
x_{uuuuu} &= (*) x_u + (*) x_v + (*) x \\
&\quad + [\beta(4\theta_{uu} + 3\theta_u^2 + p_{11} + \pi_{11}) + 3\beta_{uu} + 5\beta_u\theta_u] x_{uv}
\end{aligned}$$

把它们代入式 (3.58), 即变为式 (3.56) 的形式, 这里

$$\left\{\begin{aligned}
x_1 &= 1 + \frac{1}{2} p_{11} \mathrm{d}u^2 + f(3) \\
x_2 &= \mathrm{d}u + \frac{1}{2}\theta_u \mathrm{d}u^2 + \frac{1}{6}(\theta_{uu} + \theta_u^2 + p_{11}) \mathrm{d}u^3 + f(4) \\
x_3 &= \frac{1}{2}\beta \mathrm{d}u^2 + \frac{1}{6}(\beta_u + \beta\theta_u) \mathrm{d}u^3 \\
&\quad + \frac{1}{24}[\beta(2\theta_{uu} + \theta_u^2 + p_{11} + \pi_{11}) + \beta_{uu} + \beta_u\theta_u] \mathrm{d}u^4 + f(5) \\
x_4 &= \frac{1}{6}\beta \mathrm{d}u^3 + \frac{1}{12}(\beta_u + \beta\theta_u) \mathrm{d}u^4 \\
&\quad + \frac{1}{120}[\beta(4\theta_{uu} + 3\theta_u^2 + p_{11} + \pi_{11}) + 3\beta_{uu} + 5\beta_{11}\theta_u] \mathrm{d}u^5 + f(6)
\end{aligned}\right. \tag{3.59}$$

依式 (3.57) 知,

$$\begin{cases} \xi = \mathrm{d}u + \dfrac{1}{2}\theta_u \mathrm{d}u^2 + \dfrac{1}{6}(\theta_{uu} + \theta_u^2 - 2p_{11})\mathrm{d}u^3 + f(4) \\ \eta = \dfrac{1}{2}\beta \mathrm{d}u^2 + \dfrac{1}{6}(\beta_u + \beta\theta_u)\mathrm{d}u^3 \\ \qquad + \dfrac{1}{24}[\beta(2\theta_{uu} + \theta_u^2 - 5p_{11} + \pi_{11}) + \beta_{uu} + \beta_u\theta_u]\mathrm{d}u^4 + f(5) \\ \zeta = \dfrac{1}{6}\beta \mathrm{d}u^3 + \dfrac{1}{12}(\beta_u + \beta\theta_u)\mathrm{d}u^4 \\ \qquad + \dfrac{1}{120}[\beta(4\theta_{uu} + 3\theta_u^2 - 9p_{11} + \pi_{11}) + 3\beta_{uu} + 5\beta_u\theta_u]\mathrm{d}u^5 + f(6) \end{cases} \tag{3.60}$$

主切曲线 u 的展开式为

$$\begin{cases} \eta = a\xi^2 + b\xi^3 + c\xi^4 + f(5) \\ \zeta = r\xi^3 + s\xi^4 + t\xi^5 + f(6) \end{cases} \tag{3.61}$$

式中

$$\begin{cases} a = \dfrac{1}{2}\beta \\ b = \dfrac{1}{6}(\beta_u - 2\theta_u\beta) \\ c = \dfrac{1}{24}[\beta(-2\theta_{uu} + 6\theta_u^2 + 4p_{11} + \beta\theta_v + \beta_v) + \beta_{uu} - 5\beta_u\theta_u] \\ r = \dfrac{1}{6}\beta \\ s = \dfrac{1}{12}(\beta_u - 2\theta_u\beta) = \dfrac{1}{2}b \\ t = \dfrac{3}{5}c - \dfrac{1}{60}\beta(\beta\theta_v + \beta\sigma) \end{cases} \tag{3.62}$$

交换 u、v, β 和 γ, p_{11} 和 p_{22}, 得到主切曲线 v 的展开式,

$$\left\{\begin{array}{l}\xi=\bar{a}\eta^2+\bar{b}\eta^3+\bar{c}\eta^4+f(5)\\ \xi=\bar{r}\eta^3+\bar{s}\eta^4+\bar{t}\eta^5+f(6)\end{array}\right. \tag{3.63}$$

式中

$$\left\{\begin{array}{l}\bar{a}=\dfrac{1}{2}\gamma\\ \bar{b}=\dfrac{1}{6}(\gamma_v-2\theta_v\gamma)\\ \bar{c}=\dfrac{1}{24}[\gamma(-2\theta_{vv}+6\theta_v^2+4p_{22}+\gamma\theta_u+\gamma_u)+\gamma'_{vv}-5\gamma'_v\theta_\sigma]\\ \bar{r}=\dfrac{1}{6}\gamma\\ \bar{s}=\dfrac{1}{12}(\gamma_v-2\theta_v\gamma)=\dfrac{1}{2}\bar{b}\\ \bar{t}=\dfrac{3}{5}\bar{c}-\dfrac{1}{60}\gamma(\gamma\theta_u+\gamma_u)\end{array}\right. \tag{3.64}$$

因为两条主切曲线相交于点 (x), 在交点有公共的密切平面, 即 σ 的切平面, 所以可以作出邦皮阿尼直线和其对偶; 首先得到一条协变直线,

$$\left\{\begin{array}{l}\eta-\dfrac{1}{4}\left(\dfrac{\beta_u}{\beta}-2\theta_u\right)\zeta=0\\ \xi-\dfrac{1}{4}\left(\dfrac{\gamma_v}{\gamma}-2\theta_v\right)\zeta=0\end{array}\right. \tag{3.65}$$

为点 (x) 及点

$$x_{uu}+\frac{1}{4}\left(\frac{\gamma_v}{\gamma}-2\theta_v\right)x_u+\frac{1}{4}\left(\frac{\beta_u}{\beta}-2\theta_u\right)x_v \tag{3.66}$$

的连线, 称之为格林第一棱线。

设 O 为曲面 σ 的正常点, C、$\bar{C}$ 为过 O 的两条主切曲线, t、$\bar{t}$ 为主切线, K、$\bar{K}$ 分别为 C、$\bar{C}$ 在 O 的第 4 阶密切锥面, 故 t 关于

$\bar{K}$ 的配极平面 $\bar{\pi}$ 和 $\bar{t}$ 关于 K 的配极平面 π 相交于第一棱线，对应的邦皮阿尼直线为格林第二棱线，

$$\left\{\begin{array}{l}\frac{1}{4}\left(\frac{\beta_u}{\beta}-2\theta_u\right)\xi+\frac{1}{4}\left(\frac{\gamma_v}{\gamma}-2\theta_v\right)\eta-1=0 \\ \xi=0\end{array}\right. \tag{3.67}$$

为点 $\left(4x_u+\left(\frac{\beta_u}{\beta}-2\theta_u\right)x\right)$、$\left(4x_v+\left(\frac{\gamma_v}{\gamma}-2\theta_v\right)x\right)$ 的连线。

主切线曲线 C、$\bar{C}$ 在其交点 (x) 各有密切线性丛，从而确定维尔津斯基第一、第二准线。第一准线方程为

$$\frac{\xi}{A}=\frac{\eta}{B}=\frac{\zeta}{C} \tag{3.68}$$

而

$$A:B:C=\left[-\frac{1}{2}\left(\frac{\beta_v}{\beta}+\theta_v\right)\right]:\left[-\frac{1}{2}\left(\frac{\gamma_u}{\gamma}+\theta_u\right)\right]:1 \tag{3.69}$$

这是点 (x) 及点

$$x_{uv}-\frac{1}{2}\left(\frac{\beta_v}{\beta}+\theta_v\right)x_u-\frac{1}{2}\left(\frac{\gamma_u}{\gamma}+\theta_u\right)x_v \tag{3.70}$$

的连线。第二准线取决于两点

$$\left\{\begin{array}{l}x_v-\frac{1}{2}\left(\frac{\beta_v}{\beta}+\theta_v\right)x \\ x_u-\frac{1}{2}\left(\frac{\gamma_u}{\gamma}+\theta_u\right)x\end{array}\right. \tag{3.71}$$

依式 (3.64)、式 (3.62) 知

$$\frac{r}{a}=\frac{\bar{r}}{\bar{a}}=\frac{1}{3}$$

有对应：对于过点 (x) 又不在切平面上的任意直线 l，

$$\frac{\xi}{A}=\frac{\eta}{B}=\frac{\zeta}{C}$$

取切平面上又不过点 (x) 的直线 l',

$$\begin{cases} B\xi + A\eta - C = 0 \\ \zeta = 0 \end{cases} \tag{3.72}$$

作为对应直线, 称这种对应为李配极, 它为关于一个织面束,

$$\zeta - \xi\eta + k\zeta^2 = 0 \quad (k \text{ 为参数}) \tag{3.73}$$

的配极, 该束称为达布面束。显然, 两棱线和两准线关于李配极均为共轭直线。

3.1.5 李织面

设点 (x) 为曲面 σ 的正常点, C、$\bar{C}$ 为过点的主切曲线。今讨论 $\beta\gamma \neq 0$ 的曲面, 也就是非直纹面的曲面。为方便, 假定 C、$\bar{C}$ 为分别属于主切曲线系 u、v; 过 C 上每个点就有一条属于系 v 的主切曲线, 从而在该点可引主切线 $\bar{\alpha}$。当该点沿 C 变动时 $\bar{\alpha}$ 画成直纹面 $\bar{R}$, 称属于 C 的主切直纹面; 同理, 也可作出属于 $\bar{C}$ 的主切直纹面 R。

定理 3.1 如果曲面 σ 的两条主切曲线 C、$\bar{C}$ 相交于正常点 O、α、$\bar{\alpha}$ 分别为在 O 的切线且 $\bar{R}$、R 分别属于 C、$\bar{C}$ 的主切直纹面, 那么 R 沿 α 的密切织面和 $\bar{R}$ 沿 $\bar{\alpha}$ 的密切织面重合。

证明: 根据定义, 直纹面 $\bar{R}$ 的方程为

$$X = x + \lambda x_v \tag{3.74}$$

式中 v、λ 为自变量; 当 v 为常数时就是主切曲线 C 的方程。由此,

$$\begin{aligned} X_u &= x_u + \lambda x_{uv} \\ X_\lambda &= x_v \\ X_{uv} &= [\theta_u + \lambda(\theta_{uv} + \beta\gamma)]x_u + \theta_u x_{uv} + (*)x_v + (*)x \\ X_{\lambda u} &= x_{uv} \\ X_{\lambda\lambda} &= 0 \end{aligned}$$

故 $\bar{R}$ 的主切曲线取决于 u 为常数, 即 $\bar{R}$ 的母线和

$$\frac{\mathrm{d}\lambda}{\mathrm{d}u}=\frac{1}{2}\lambda^2(\theta_{uv}+\beta\gamma) \tag{3.75}$$

的积分曲线。

从点 (X) 引 R 的弯曲主切曲线的切线, 命其上的点 (Z) 为

$$Z=\mu X+\frac{\mathrm{d}X}{\mathrm{d}u}$$

$$\frac{\mathrm{d}X}{\mathrm{d}u}=X_u+X_\lambda\frac{\mathrm{d}\lambda}{\mathrm{d}x}$$

而 $\dfrac{\mathrm{d}\lambda}{\mathrm{d}u}$ 取决于式 (3.75), 并且 μ 为点 (Z) 在所引主切线上的参数。结果 $\bar{R}$ 沿其母线 $\bar{\alpha}$ 的密切织面上的点 (Z) 为

$$Z=\mu(x+\lambda x_v)+x_u+\lambda x_{uv}+\frac{1}{2}(\theta_{uv}+\beta\gamma)\lambda^2x_v$$

即

$$Z=x_1x+x_2x_u+x_3x_v+x_4x_{uv}$$

又

$$\begin{cases}\rho x_1=\mu\\ \rho x_2=1\\ \rho x_3=\lambda\mu+\dfrac{1}{2}\lambda^2(\theta_{uv}+\beta\gamma)\\ \rho x_4=\lambda\end{cases}$$

式中 ρ 为非零比例因数。消去 λ、μ, 有

$$x_2x_3-x_1x_4=\frac{1}{2}(\theta_{uv}+\beta\gamma)x_4^2 \tag{3.76}$$

或

$$\zeta-\xi\eta+\frac{1}{2}(\theta_{uv}+\beta\gamma)\zeta^2=0 \tag{3.77}$$

当交换 u、v 时 β 和 γ、x_2 也交换, 而 x_1、x_4、θ 均不变, 这样式 (3.76) 也保持不变, 所以 R 沿 α 的密切织面与 $\bar{R}$ 沿 $\bar{\alpha}$ 的密切织面重合。

依定理 3.1, 在曲面的各个正常点常可确定一个织面使之与曲面为射影协变的, 称作李织面, 它是射影曲面的重要元素之一。比较式 (3.77)、式 (3.73) 知李织面属于达布织面束, 它对应参数 k 为

$$k=\frac{1}{2}(\theta_{uv}+\beta\gamma)$$

第一准线式 (3.68) 和李织面式 (3.77) 存在两个交点, 即点 $M(x)$、点 M_3,

$$\rho x+x_{uv}-\frac{1}{2}\left(\frac{\beta_v}{\beta}+\theta_v\right)x_u-\frac{1}{2}\left(\frac{\gamma_u}{\gamma}+\theta_u\right)x_v \tag{3.78}$$

式中

$$\rho=\frac{1}{4}\left(\frac{\beta_v}{\beta}+\theta_v\right)\left(\frac{\gamma_u}{\gamma}+\theta_u\right)-\frac{1}{2}(\theta_{uv}+\beta\gamma) \tag{3.79}$$

第二准线和李织面也有两个交点, 即它与两条主切线的交点, 它的坐标由式 (3.71) 给出。以 M_1、M_2 分别表示点,

$$x_u-\frac{1}{2}\left(\frac{\gamma_u}{\gamma}+\theta_u\right)x \tag{3.80}$$

$$x_v-\frac{1}{2}\left(\frac{\beta_v}{\beta}+\theta_v\right)x \tag{3.81}$$

于是四面体 $MM_1M_2M_3$ 内接于李织面, 面 MM_1M_2 和面 $M_1M_2M_3$ 分别为李织面在 M、M_3 的切平面, 射影协变四面体对于射影曲面是非常重要的。

3.1.6 嘉当规范标架

设给定的曲面 σ 为不可展的或非直纹的, 适当选择其动点 (x) 的坐标比例因数, 可有

$$\theta=\log(\beta\gamma) \tag{3.82}$$

事实上, 对于 $x=\rho x'$,

$$\theta'_u=\theta_u-2(\log\rho)_u \quad (\beta'=\beta)$$

$$\theta'_v=\theta_v-2(\log\rho)_v \quad (\gamma'=\gamma)$$

故当

$$\rho^2 = \frac{1}{\beta\gamma}\exp\theta$$

时 $\theta' = \log(\beta\gamma)$。

这样确定的坐标 x 称为法坐标, 方程 (乙) 式取下述形式,

$$\begin{cases} x_{uu} = (\log\beta\gamma)_u x_u + \beta x_v + p_{11}x \\ x_{vv} = \gamma x_u + (\log\beta\gamma)_v x_v + p_{22}x \end{cases} \tag{3.83}$$

由此推出 M_1、M_2、M_3 的坐标,

$$\begin{cases} x_{(1)} = x_u - \frac{1}{2}(\log\beta\gamma^2)_u x \\ x_{(2)} = x_v - \frac{1}{2}(\log\beta^2\gamma)_v x \\ x_{(3)} = x_{uv} - \frac{1}{2}(\log\beta^2\gamma)_v x_u - \frac{1}{2}(\log\beta\gamma^2)_u x_v \\ \qquad + \left\{\frac{1}{4}(\log\beta\gamma^2)_u(\log\beta^2\gamma)_v - \frac{1}{2}[(\log\beta\gamma)_{uv} + \beta\gamma]\right\}x \end{cases} \tag{3.84}$$

四面体 $MM_1M_2M_3$ 的顶点除 M 的坐标 x 已知外, 其他各坐标的比例因数可以任意选择。注意到这些因数应当是内在的, 于是可以检验

$$\bar{u} = \bar{u}(u) \quad \bar{v} = \bar{v}(v) \tag{3.85}$$

对式 (3.84) 的影响。从式 (3.42), 得

$$\beta\gamma = \bar{\beta}\bar{\gamma}\bar{u}'\bar{v}'$$

$$\beta^2\gamma = \bar{\beta}^2\bar{\gamma}\bar{u}'^3$$

$$\beta\gamma^2 = \bar{\beta}\bar{\gamma}^2\bar{v}'^3$$

这里

$$\bar{u}' = \frac{\mathrm{d}\bar{u}}{\mathrm{d}u} \quad \bar{v}' = \frac{\mathrm{d}\bar{v}}{\mathrm{d}v}$$

故

$$x_u = x_{\bar{u}} \cdot \bar{u}' \quad x_v = x_{\bar{v}} \cdot \bar{v}'$$

$$(\log \beta\gamma^2)_u = (\log \bar{\beta}\bar{\gamma}^2)_{\bar{u}} \cdot \bar{u}$$

$$(\log \beta^2\gamma)_v = \log(\bar{\beta}^2\bar{\gamma})_{\bar{v}} \cdot \bar{v}'$$

$$(\log \beta\gamma)_{uv} = (\log \bar{\beta}\bar{\gamma})_{\bar{u}\bar{v}} \cdot \bar{u}'\bar{v}'$$

经过变换式 (3.85)

$$x_{(1)} = \bar{x}_{(1)} \cdot \bar{u}' \quad x_{(2)} = \bar{x}_{(2)} \cdot \bar{v}' \quad x_{(3)} = \bar{x}_{(3)} \cdot \bar{u}'\bar{v}'$$

令

$$\begin{cases} M_1^* = \dfrac{1}{\sqrt[3]{\beta^2\gamma}} x_{(1)} \\[2ex] M_2^* = \dfrac{1}{\sqrt[3]{\beta\gamma^2}} x_{(2)} \\[2ex] M_3^* = \dfrac{1}{\beta\gamma} x_{(3)} \end{cases} \tag{3.86}$$

式 (3.86) 对于式 (3.85) 不变, 为内在的。这三组坐标及 $M^* = x$ 称为嘉当规范标架顶点的法坐标。如式 (3.86) 左边所表示, 同一个记号既表示点的法坐标又作为名称, 称作解析点。

按 $x_{(1)}$、$x_{(2)}$、$x_{(3)}$ 定义式可写成

$$\begin{cases} M^* = x \\[2ex] M_1^* = \dfrac{1}{\sqrt[3]{\beta^2\gamma}}\left[x_u - \dfrac{1}{2}(\log \beta\gamma^2)_u x\right] \\[2ex] M_2^* = \dfrac{1}{\sqrt[3]{\beta\gamma^2}}\left[x_v - \dfrac{1}{2}(\log \beta^2\gamma)_v x\right] \\[2ex] M_3^* = \dfrac{1}{\beta\gamma}\left\{x_{uu} - \dfrac{1}{2}(\log \beta^2\gamma)_v x_u - \dfrac{1}{2}(\log \beta\gamma^2)_u x_v\right. \\[2ex] \qquad \left. -\dfrac{1}{2}\left[(\log \beta\gamma)_{uv} + \beta\gamma - \dfrac{1}{2}(\log \beta^2\gamma)_v + (\log \beta\gamma^2)_u\right] x\right\} \end{cases} \tag{3.87}$$

以基本方程组为 (乙) 式, 置

$$\begin{cases} M = x\exp\left(-\dfrac{1}{2}\theta\right) \\ M_1 = x_{(1)}\exp\left(-\dfrac{1}{2}\theta\right) \\ M_2 = x_{(2)}\exp\left(-\dfrac{1}{2}\theta\right) \\ M_3 = x_{(3)}\exp\left(-\dfrac{1}{2}\theta\right) \end{cases} \tag{3.88}$$

得到下列基本方程组

$$\begin{cases} \dfrac{\partial M}{\partial u} = \dfrac{1}{2}M\dfrac{\partial}{\partial u}\log\gamma + M_1 \\ \dfrac{\partial M_1}{\partial u} = B^2M - \dfrac{1}{2}M_1\dfrac{\partial}{\partial u}\log\gamma + \beta M_2 \\ \dfrac{\partial M_2}{\partial u} = KM + \dfrac{1}{2}M_2\dfrac{\partial}{\partial u}\log\gamma + M_3 \\ \dfrac{\partial M_3}{\partial u} = A^2\beta M + KM_1 + B^2M_2 - \dfrac{1}{2}M_3\dfrac{\partial}{\partial u}\log\gamma \end{cases} \tag{3.89}$$

$$\begin{cases} \dfrac{\partial M}{\partial v} = \dfrac{1}{2}M\dfrac{\partial}{\partial v}\log\beta + M_2 \\ \dfrac{\partial M_1}{\partial v} = \bar{K}M + \dfrac{1}{2}M_1\dfrac{\partial}{\partial v}\log\beta + M_3 \\ \dfrac{\partial M_2}{\partial v} = A^2M + \gamma M_1 - \dfrac{1}{2}M_2\dfrac{\partial}{\partial v}\log\beta \\ \dfrac{\partial M_3}{\partial v} = B^2\gamma M + A^2M_1 + \bar{K}M_2 - \dfrac{1}{2}M_3\dfrac{\partial}{\partial v}\log\beta \end{cases} \tag{3.90}$$

而

$$\begin{cases} 2K = \beta\gamma - \dfrac{\partial^2}{\partial u\partial v}\log\beta \quad 2\bar{K} = \beta\gamma - \dfrac{\partial^2}{\partial u\partial v}\log\gamma \\ A = \dfrac{\Delta}{2\beta} \qquad\qquad\qquad\quad B = \dfrac{\Delta'}{2\gamma} \end{cases} \tag{3.91}$$

依式 (3.52),

$$P = -2\beta K \quad Q = -2r\bar{K}$$

可积条件式 (3.53) 变为

$$\begin{cases} \dfrac{\partial}{\partial u}A^2 = K\dfrac{\partial}{\partial v}\log(K\beta) \\ \dfrac{\partial}{\partial v}B^2 = \bar{K}\dfrac{\partial}{\partial u}\log(\bar{K}\gamma) \\ A\dfrac{\partial}{\partial v}(A\beta) = B\dfrac{\partial}{\partial u}\log(B\gamma) \end{cases} \tag{3.92}$$

以式 (3.88) 为坐标的四面体 $MM_1M_2M_3$ 作参考系, 可以简化表达李织面的局部方程。设空间任意点 P 关于四面体 $MM_1M_2M_3$ 和 $\{x \;\; x_u \;\; x_v \;\; x_{vv}\}$ 的局部坐标分别为 (y_1, y_2, y_3, y_4)、(x_1, x_2, x_3, x_4), 所以

$$\begin{aligned} P &= y_1M + y_2M_1 + y_3M_2 + y_4M_3 \\ &= x_1x + x_2x_u + x_3x_v + x_4x_{uv} \end{aligned} \tag{3.93}$$

式 (3.88) 代入式 (3.93) 并比较对应系数, 有

$$\begin{cases} x_1 = \exp\left(-\dfrac{1}{2}\theta\right)\left\{y_1 - \dfrac{1}{2}\left(\dfrac{\gamma_u}{\gamma} + \theta_u\right)y_2 - \dfrac{1}{2}\left(\dfrac{\beta_v}{\beta} + \theta_v\right)y_3\right. \\ \qquad \left. + \left[\dfrac{1}{4}\left(\dfrac{\beta_v}{\beta} + \theta_v\right)\left(\dfrac{\gamma_u}{\gamma} + \theta_u\right) - \dfrac{1}{2}(\theta_{uv} + \beta\gamma)\right]y_4\right\} \\ x_2 = \exp\left(-\dfrac{1}{2}\theta\right)\left[y_2 - \dfrac{1}{2}\left(\dfrac{\beta_v}{\beta} + \theta_v\right)y_4\right] \\ x_3 = \exp\left(-\dfrac{1}{2}\theta\right)\left[y_3 - \dfrac{1}{2}\left(\dfrac{\gamma_u}{\gamma} + \theta_u\right)y_4\right] \\ x_4 = y_4\exp\left(-\dfrac{1}{2}\theta\right) \end{cases} \tag{3.94}$$

或

$$
\begin{cases}
y_1 \exp\left(-\dfrac{1}{2}\theta\right) = x_1 + \dfrac{1}{2}\left(\dfrac{\gamma_u}{\gamma} + \theta_u\right)x_2 + \dfrac{1}{2}\left(\dfrac{\beta_v}{\beta} + \theta_v\right)x_3 \\
\qquad\qquad + \left[\dfrac{1}{4}\left(\dfrac{\beta_v}{\beta} + \theta_v\right)\left(\dfrac{\gamma_u}{\gamma} + \theta_u\right)\dfrac{1}{2}(\theta_{uv} + \beta\gamma)\right]x_4 \\
y_2 \exp\left(-\dfrac{1}{2}\theta\right) = x_2 + \dfrac{1}{2}\left(\dfrac{\beta_v}{\beta} + \theta_v\right)x_4 \\
y_3 \exp\left(-\dfrac{1}{2}\theta\right) = x_3 + \dfrac{1}{2}\left(\dfrac{\gamma_u}{\gamma} + \theta_u\right)x_4 \\
y_4 \exp\left(-\dfrac{1}{2}\theta\right) = x_4
\end{cases}
\tag{3.95}
$$

不难验证,

$$
(y_1y_4 - y_2y_3)\exp(-\theta) = x_1x_4 - x_2x_3 + \frac{1}{2}(\theta_{uv} + \beta\gamma)x_4^2
$$

李织面方程式 (3.76) 变为

$$
Q = y_1y_2 - y_2y_3 = 0 \tag{3.96}
$$

这是李织面以四面体 $MM_1M_2M_3$ 为参考坐标系的局部方程。一般而言, 达布织面束式 (3.73) 在局部坐标系 (y_1, y_2, y_3, y_4) 下的方程为

$$
y_1y_4 - y_2y_3 - \frac{1}{2}h\beta\gamma y_4^2 = 0 \tag{3.97}
$$

式中 h 为参数。

3.1.7 杜姆兰四边形

讨论李织面的包络。为此考虑空间点

$$
P = y_1M + y_2M_1 + y_3M_2 + y_4M_3 \tag{3.98}
$$

固定不动的条件。因为 y_i 除了一个公共的比例因数外是给定的, 常可选该因数, 使不动条件为

$$
\frac{\partial P}{\partial u} = 0 \quad \frac{\partial P}{\partial v} = 0 \tag{3.99}
$$

依据式 (3.94)、式 (3.95), M、M_1、M_2、M_3 关于 u 或 v 的导数均为这些函数的一次齐式, 并 M、M_1、M_2、M_3 为不共平面, 所以式 (3.99) 可以记成

$$\begin{cases} \dfrac{\partial y_1}{\partial u} = -\dfrac{1}{2} y_1 \dfrac{\partial}{\partial u} \log \gamma - B^2 y_2 - K y_3 - A^2 \beta y_4 \\ \dfrac{\partial y_2}{\partial u} = -y_1 + \dfrac{1}{2} y_2 \dfrac{\partial}{\partial u} \log \gamma - K y_4 \\ \dfrac{\partial y_3}{\partial u} = -\beta y_2 - \dfrac{1}{2} y_3 \dfrac{\partial}{\partial u} \log \gamma - B^2 y_4 \\ \dfrac{\partial y_4}{\partial u} = -y_3 + \dfrac{1}{2} y_4 \dfrac{\partial}{\partial u} \log \gamma \end{cases} \tag{3.100}$$

$$\begin{cases} \dfrac{\partial y_1}{\partial v} = -\dfrac{1}{2} y_1 \dfrac{\partial}{\partial v} \log \beta - \bar{K} y_2 - A^2 y_3 - B^2 \gamma y_4 \\ \dfrac{\partial y_2}{\partial v} = -\dfrac{1}{2} y_2 \dfrac{\partial}{\partial v} \log \beta - \gamma y_3 - A^2 y_4 \\ \dfrac{\partial y_3}{\partial v} = -y_1 + \dfrac{1}{2} y_3 \dfrac{\partial}{\partial u} \log \beta - \bar{K} y_4 \\ \dfrac{\partial y_4}{\partial v} = -y_2 + \dfrac{1}{2} y_4 \dfrac{\partial}{\partial v} \log \beta \end{cases} \tag{3.101}$$

当点 M 描出曲面 σ 时, 它的李织面也随之变动而包络其他曲面; 显见, 这些包络面取决于方程:

$$Q = 0 \quad \frac{\partial Q}{\partial u} = 0 \quad \frac{\partial Q}{\partial v} = 0$$

式中 Q 由式 (3.96) 决定, 且 $\dfrac{\partial Q}{\partial u}$、$\dfrac{\partial Q}{\partial v}$ 的计算根据式 (3.100)、式 (3.101), 计算结果为

$$\frac{\partial Q}{\partial u} = \beta(y_2^2 - A^2 y_4^2)$$

$$\frac{\partial Q}{\partial v} = \gamma(y_2^2 - B^2 y_4^2)$$

当点 M 描出曲面 σ 的一条主切曲线 u 时, 所对应的李织面的特征曲线为

$$y_1y_4 - y_2y_3 = 0 \quad y_2^2 - A^2y_4^2 = 0$$

即两条重合的主切线 $\alpha_v(y_3 = y_4 = 0) = MM_2$ 及另外两条直线 $\bar{f}_\varepsilon(\varepsilon = \pm 1)$,

$$y_2 - \varepsilon Ay_4 = 0 \quad y_1 - \varepsilon Ay_2 = 0 \tag{3.102}$$

每条直线 f_ε 和主切线 MM_2 相交于点 $\bar{F}_\varepsilon$,

$$\bar{F}_\varepsilon = \varepsilon AM + M_2 \tag{3.103}$$

点 $\bar{F}_1$、$\bar{F}_{-1}$ 为主切直纹面 $\bar{R}$ 在 MM_2 母线的弯节点, $\bar{f}_1$、$\bar{f}_{-1}$ 为其弯节切线。

当点 M 描出曲面 σ 的主切曲线 v 时, 所对应的李织面的特征曲线成为两条重合的主切线 MM_1 和主切直纹面 R 的弯节切线 $f_{\varepsilon'}(\varepsilon' = \pm 1)$ 等四条直线形成的, $f_{\varepsilon'}$ 的方程为

$$y_1 - \varepsilon' By_2 = 0 \quad y_3 - \varepsilon' By_4 = 0 \quad (\varepsilon' = \pm 1) \tag{3.104}$$

$f_{\varepsilon'}$ 和 MM_1 的交点 $F_{\varepsilon'}$ 为 R 在 MM_1 母线的弯节点, $F_{\varepsilon'}$ 的坐标为

$$F_{\varepsilon'} = \varepsilon' BM + M_1 \tag{3.105}$$

两条弯节切线 f_ε、$\bar{f}_{\varepsilon'}$ 必相交, 从式 (3.104)、式 (3.102) 知交点 $D_{\varepsilon\varepsilon'}$ 的坐标,

$$D_{\varepsilon\varepsilon'} = \varepsilon\varepsilon' ABM + \varepsilon AM_1 + \varepsilon' BM_2 + M_3 \tag{3.106}$$

故四条直线 f_1、f_{-1}、$\bar{f}_1$、$\bar{f}_{-1}$ 形成空间四边形, 称之为曲面 σ 在点 M 的杜姆兰四边形。

对于空间中给定 ∞^2 个织面, 这织面汇有八个包络面, 当该汇为由曲面 σ 的 ∞^2 个李织面形成时, 其中四个包络面重合为曲面 σ, 其他为点 $D_{\varepsilon\varepsilon'}$ 的轨迹。换言之, 曲面 σ 在其上点 M 的李织面及其包络面相切于 M 和杜姆兰四边形的顶点 $D_{\varepsilon\varepsilon'}(\varepsilon、\varepsilon' = \pm 1)$。

点 $D_{\varepsilon\varepsilon'}$ 的轨迹称为原曲面 σ 的杜姆兰变换 (D 变换)。如果 $AB \neq 0$, 那么 σ 存在四个 D 变换, 此时在曲面上每个点均有真正的杜姆兰四边形。若 A、B 中有一个为 0, 则 $\bar{f}_1 = \bar{f}_{-1}$, 表明杜姆兰四边形退化为两条重合的线段, 而且原曲面 σ 只有两个 D 变换。当 $A = B = 0$ 时杜姆兰四边形退化为一个点 M_3, 从而 M_3 的轨迹 $\bar{\sigma}$ 为 σ 的唯一的 D 变换; 称 σ、$\bar{\sigma}$ 为杜姆兰–哥德曲面偶。

由式 (3.105)、式 (3.103) 得到交比,

$$(MM_1, F_1F_{-1}) = -1$$

$$(MM_2, \bar{F}_1\bar{F}_{-1}) = -1$$

定理 3.2 过 F_1、F_{-1}、$\bar{F}_1$、$\bar{F}_{-1}$ 为四点任意引二次曲线 C_2, 点 M 关于 C_2 的极线为第二准线。

杜姆兰四边形的两条对角线 $D_{\varepsilon\varepsilon'}D_{-\varepsilon(-\varepsilon')}$ (ε、$\varepsilon' = \pm 1$) 关于李织面为共轭直线。依式 (3.106),

$$\begin{cases} D_{\varepsilon\varepsilon'} + D_{-\varepsilon(-\varepsilon')} = 2(\varepsilon\varepsilon' ABM + M_3) \\ D_{\varepsilon\varepsilon'} - D_{-\varepsilon(-\varepsilon')} = 2(\varepsilon' AM_1 + \varepsilon' BM_2) \end{cases} \tag{3.107}$$

式 (3.107) 证明直线 MM_3 与两条对角线相交、直线 M_1M_2 与两条对角线相交。但是从 M 只能引一条直线和两条对角线相交; 并且对偶地在切平面 MM_1M_2 上只有一条和两条对角线相交的直线。

定理 3.3 从点 M 所引的和杜姆兰四边形的两条对角线相交的直线 d 就是第一准线; 这两条对角线和 M 的切平面相交于第二准线上的两个点, 且以上的每对交点关于 M、M_3 或 M_1、M_2 为调和共轭的。

过杜姆兰四边形可作 ∞^1 个织面, 而且李织面为其中的一个; 其全体形成织面束。验证知该束方程为

$$y_1^2 - B^2y_2^2 - A^2y_3^2 + A^2B^2y_4^2 + \lambda(y_1y_2 - y_2y_4) = 0 \tag{3.108}$$

实际上, f_ε、$\bar{f}_{\varepsilon'}$ 确定一个平面, 方程为

$$y_1 + ABy_4 - \varepsilon'(By_2 + Ay_3) = 0$$

得

$$(y_1+ABy_4)^2-(By_2+Ay_3)^2=0$$

即

$$y_1^2-B^2y_2^2-A^2y_3^2+A^2B^2y_4^2=0$$

也为束中的一个织面, 从而束中的织面方程为式 (3.108)。

取点 (y_1',y_2',y_3',y_4') 为切平面 $MM_1M_2:y_4=0$ 关于式 (3.108) 的极, 依

$$2y_1'-\lambda y_4'=0 \quad -2B^2y_2'+\lambda y_3'=0 \quad \lambda y_2'-2A^2y_2'=0$$

推出 $y_2'=0$、$y_3'=0$, 即极点落在 MM_3 上。作点 M 关于织面式 (3.108) 的极平面, 方程为

$$2y_1+\lambda y_4=0$$

这是过 M_1M_3 的平面。

定理 3.4 若 Q_λ 为过杜姆兰四边形的任何织面, 则切平面 MM_1M_2 关于 Q_λ 的极落在第一准线上; 并且对偶地, 点 M 关于同一个织面的极平面过第二准线。

3.1.8 伴随织面

当点 M 在主切曲线 u 上移动时点 $F_{\varepsilon'}(\varepsilon'=\pm1)$ 绘出一条曲线, 这条曲线在 $F_{\varepsilon'}$ 的切线 $t_{\varepsilon'}$ 必在切平面 MM_1M_2 上。事实上, 根据式 (3.105)、式 (3.89)、式 (3.90) 推出

$$\begin{aligned}\frac{\partial F_{\varepsilon'}}{\partial u}=&\left(\varepsilon'B_u+\frac{1}{2}\varepsilon'B\frac{\partial}{\partial u}\log\gamma+B^2\right)M\\&+\left(\varepsilon'B-\frac{1}{2}\frac{\partial}{\partial u}\log\gamma\right)M_1+\beta M_2\end{aligned}\tag{3.109}$$

故 $t_{\varepsilon'}$ 的两方程为 $y_4=0$ 及

$$B\gamma(y_1-\varepsilon'By_2)-\varepsilon'y_3\frac{\partial}{\partial u}(\beta\gamma)=0\tag{3.110}$$

当点 M 在主切曲线 v 上移动时点 $F_\varepsilon(\varepsilon=\pm1)$ 绘出一条曲线，并且它在 $\bar{F}_\varepsilon$ 的切线 $\bar{t}_\varepsilon$ 也在切平面 MM_1M_2 上。

定理 3.5 存在一条二次曲线 K_2 过点 F_1、F_{-1}、$\bar{F}_1$、$\bar{F}_{-1}$，且这些点顺序与四条切线 t_1、t_{-1}、$\bar{t}_1$、$\bar{t}_{-1}$ 相切。

称 K_2 为曲面在点 M 的伴随二次曲线。

证明：因为凡过四个弯节点 F_2、F_{-1}、$\bar{F}_1$、$\bar{F}_{-1}$ 的任何二次曲线均可视为织面式 (3.108) 和切平面 $y_4=0$ 的交点，所以 K_2 形如

$$\begin{cases} y_1^2-B^2y_2^2-A^2y_3^2-\lambda y_2y_3=0 \\ y_4=0 \end{cases}$$

的方程。K_2 在弯节点 $F_{\varepsilon'}$ 和切线 $t_{\varepsilon'}$ 相切的充要条件为：K_2 在 $F_{\varepsilon'}$ 的切线

$$2\varepsilon' B(y_1-\varepsilon' By_2)-\lambda y_3=0$$

和 $t_{\varepsilon'}$ 的方程式 (3.110) 重合，从而

$$\lambda=\frac{2B}{\beta\gamma}(B\gamma)_u \tag{3.111}$$

但是 λ 的确定不仅和 ε' 无关而且依可积条件式 (3.92)，即

$$B(B\gamma)_u=A(A\beta)_v=\frac{1}{4}N \tag{3.112}$$

由于对于 u 和 v、β 和 γ、A 和 B 的对调不改变大小，因此伴随二次曲线 K_2 的方程为

$$\begin{cases} y_1^2-B^2y_2^2-A^2y_3^2-\dfrac{N}{2\beta\gamma}y_2y_3=0 \\ y_4=0 \end{cases} \tag{3.113}$$

依以上定理得到一个曲面的 ∞^2 条件伴随二次曲线，每一条对应曲面上的一个点。如果采用这二次曲线 K_2 作为瞬间的非欧几里得绝对形，那么得到曲面的关于 K_2 的非欧几里得线素 $\mathrm{d}s^2$。

设 M' 为曲面上点 M 的邻近点，在第一阶段微小的范围内，不失一般性，命 M' 在 M 的切平面上，有

$$x+x_u\mathrm{d}u+x_v\mathrm{d}\sigma$$

为其坐标，即 $x_1 = 1$、$x_2 = \mathrm{d}u$、$x_3 = \mathrm{d}v$、$x_4 = 0$。从式 (3.95) 导出点 M' 关于嘉当四面体 $MM_1M_2M_3$ 的局部坐标，

$$\begin{cases} y_1 \exp\left(-\dfrac{1}{2}\theta\right) = 1 + \varphi\mathrm{d}u + \psi\mathrm{d}v \\ y_2 \exp\left(-\dfrac{1}{2}\theta\right) = \mathrm{d}u \\ y_3 \exp\left(-\dfrac{1}{2}\theta\right) = \mathrm{d}v \\ y_4 = 0 \end{cases}$$

式中给定

$$\varphi = \frac{1}{2}\left(\frac{\gamma_u}{\gamma} + \theta_u\right) \quad \psi = \frac{1}{2}\left(\frac{\beta_u}{\beta} + \theta_v\right)$$

点 M、M' 的连线和伴随二次曲线 K_2 相交于 P_1、P_2；它们坐标为

$$y_1 : y_2 : y_3 : y_4 = (\rho + 1 + \varphi\mathrm{d}u + \psi\mathrm{d}v) : \mathrm{d}u : \mathrm{d}v : 0$$

ρ 取决于方程

$$(\rho + 1 + \varphi\mathrm{d}u + \psi\mathrm{d}v)^2 = B^2\mathrm{d}u^2 + \frac{N}{2\beta\gamma}\mathrm{d}u\mathrm{d}v + A^2\mathrm{d}\sigma^2$$

并以

$$\mathrm{d}s = \frac{1}{2}\log(MM', P_1P_2)$$

主要部分得到非欧几里得线素，

$$\mathrm{d}s^2 = B^2\mathrm{d}u^2 + \frac{N}{2\beta\gamma}\mathrm{d}u\mathrm{d}v + A^2\mathrm{d}v^2 \tag{3.114}$$

今在曲面上作微分方程 $\mathrm{d}s^2 = 0$，有

$$B^2\mathrm{d}u^2 + \frac{N}{2\beta\gamma}\mathrm{d}u\mathrm{d}v + A^2\mathrm{d}v^2 = 0 \tag{3.115}$$

作为两系曲线的定义，称该两系为射影极小曲线。显然过点 M 各有一条射影极小曲线属于各系，而且在该点的两条切成重合于从 M 向伴随二次曲线 K_2 的切线。这系曲线仅限于 $A=B=0$ 的曲面，即杜姆兰–哥德曲面才变为不定。

使用射影极小曲线构成共轭网的一个性质作为一种特殊曲面的定义，并仍沿用射影极小曲面的名称标记；结果充要条件为

$$N=0 \tag{3.116}$$

汤姆逊研究变分

$$\delta\iint\beta\gamma\mathrm{d}u\mathrm{d}v=0$$

并称之解为射影极小曲面，此时充要条件为式 (3.116)。

定理 3.6 若曲面 σ 的射影极小曲线构成共轭网，则 σ 为汤姆逊射影极小曲面；反之亦然。

注意到杜姆兰四边形的四边和伴随二次曲线 K_2 相交于四个弯节点 F_1、F_{-1}、$\bar{F}_1$、$\bar{F}_{-1}$ 的事实，可确定唯一织面 Q_1 使之过杜姆兰四边形和 K_2，称 Q_1 为曲面在点 M 的伴随织面。由式 (3.113)、式 (3.108) 得到 Q_1 方程，

$$Q_1=y_1^2-B^2y_2^2-A^2y_3^2+A^2B^2y_4^2+\frac{N}{2\beta K}(y_1y_4-y_2y_3)=0 \tag{3.117}$$

当伴随织面 Q_1 为特殊曲面时必须分解为两个平面。置

$$\begin{vmatrix}1 & 0 & 0 & \dfrac{N}{4\beta\gamma}\\ 0 & -B^2 & -\dfrac{N}{4\beta\gamma} & 0\\ 0 & -\dfrac{N}{4\beta\gamma} & -A^2 & 0\\ \dfrac{N}{4\beta\gamma} & 0 & 0 & A^2B^2\end{vmatrix}=0 \tag{3.118}$$

得

$$\left(\frac{N}{4\beta\gamma}\right)^2-A^2B^2=0 \tag{3.119}$$

当式 (3.119) 成立时式 (3.118) 行列式方阵一般秩为 2, 于是 Q_1 必分解为两个平面。

$A=0$ 或 $B=0$ 含于式 (3.118), 可推出以式 (3.118) 为特征的一族曲面。

令 $AB\neq 0$, 引进新坐标,

$$m=ABM \quad m_1=AM_1 \quad m_2=BM_2 \quad m_3=M_3 \tag{3.120}$$

故

$$\begin{cases}\dfrac{\partial m}{\partial u}=\left[\dfrac{1}{2}\dfrac{\partial}{\partial u}\log(\gamma A^2B^2)\right]m+Bm_1\\ \dfrac{\partial m_1}{\partial u}=Bm-\left[\dfrac{1}{2}\dfrac{\partial}{\partial u}\log\left(\dfrac{\gamma}{A_2}\right)\right]m_1+\dfrac{A\beta}{B}m_3\\ \dfrac{\partial m_2}{\partial u}=\dfrac{K}{A}m+\left[\dfrac{1}{2}\dfrac{\partial}{\partial u}\log(B^2\gamma)\right]m_2+Bm_3\\ \dfrac{\partial m_3}{\partial u}=\dfrac{A\beta}{B}m+\dfrac{K}{A}m_1+Bm_2-\left(\dfrac{1}{2}\dfrac{\partial}{\partial u}\log\gamma\right)m_3\end{cases} \tag{3.121}$$

$$\begin{cases}\dfrac{\partial m}{\partial v}=\left[\dfrac{1}{2}\dfrac{\partial}{\partial v}\log(\beta A^2B^2)\right]m+Am_2\\ \dfrac{\partial m_1}{\partial v}=\dfrac{\bar{K}}{B}m+\left[\dfrac{1}{2}\dfrac{\partial}{\partial v}\log(A^2\beta)\right]m_2+Am_3\\ \dfrac{\partial m_2}{\partial v}=Am-\left[\dfrac{1}{2}\dfrac{\partial}{\partial v}\log\left(\dfrac{\beta}{B^2}\right)\right]m_2+\dfrac{B\gamma}{A}m_1\\ \dfrac{\partial m_3}{\partial v}=\dfrac{B\gamma}{A}m+Am_1+\dfrac{\bar{K}}{B}m_2-\left(\dfrac{1}{2}\dfrac{\partial}{\partial v}\log\beta\right)m_3\end{cases} \tag{3.122}$$

以 (ξ,η,ζ,τ) 为空间点 P 关于四面体 $mm_1m_2m_3$ 的局部坐标,有

$$P=\xi_m+\eta m_1+\zeta m_2+\tau m_3 \tag{3.123}$$

而李织面式 (3.69) 保持原形,

$$\xi\tau-\eta\zeta=0 \tag{3.124}$$

且对于 $\bar{f}_\varepsilon$，

$$\eta-\varepsilon\tau=\xi-\varepsilon\zeta=0 \tag{3.125}$$

对 $f_{\varepsilon'}$

$$\xi-\varepsilon'\eta=\zeta-\varepsilon'\tau=0 \tag{3.126}$$

这里 ε、$\varepsilon'=\pm1$。伴随织面 Q_1 的方程变为

$$Q_1=\xi^2-\eta^2-\zeta^2+\tau^2+\mathscr{N}(\xi\tau+\eta\zeta)=0 \tag{3.127}$$

$$\mathscr{N}=\frac{N}{2\beta\gamma AB} \tag{3.128}$$

当 P 的不动条件式 (3.100)、式 (3.101) 变为

$$\begin{cases}\dfrac{\partial\xi}{\partial u}=-\dfrac{1}{2}\left[\dfrac{\partial}{\partial u}\log(\gamma A^2B^2)\right]\xi-B\eta-\dfrac{K}{A}\zeta-\dfrac{A\beta}{B}\tau\\ \dfrac{\partial\eta}{\partial u}=-B\xi+\dfrac{1}{2}\left[\dfrac{\partial}{\partial u}\log\left(\dfrac{\gamma}{A^2}\right)\right]\eta-\dfrac{K}{A}\tau\\ \dfrac{\partial\zeta}{\partial u}=-\dfrac{A\beta}{B}\eta-\dfrac{1}{2}\left[\dfrac{\partial}{\partial u}\log(\gamma B^2)\right]\zeta-B\tau\\ \dfrac{\partial\tau}{\partial u}=-B\zeta+\dfrac{1}{2}\left(\dfrac{\partial}{\partial u}\log\gamma\right)\tau\end{cases} \tag{3.129}$$

$$\begin{cases}\dfrac{\partial\xi}{\partial v}=-\dfrac{1}{2}\left[\dfrac{\partial}{\partial v}\log(\beta A^2B^2)\right]\xi-\dfrac{\bar{K}}{B}-\eta-A\zeta-\dfrac{B\gamma}{A}\tau\\ \dfrac{\partial\eta}{\partial v}=-\dfrac{1}{2}\left[\dfrac{\partial}{\partial v}\log(\beta A^2)\right]\eta-\dfrac{B\gamma}{\zeta}-A\tau\\ \dfrac{\partial\zeta}{\partial v}=-A\xi+\dfrac{1}{2}\left[\dfrac{\partial}{\partial v}\log\left(\dfrac{\beta}{B^2}\right)\right]\zeta-\dfrac{\bar{K}}{B}\tau\\ \dfrac{\partial\tau}{\partial v}=-A\eta+\dfrac{1}{2}\left(\dfrac{\partial}{\partial v}\log\beta\right)\tau\end{cases} \tag{3.130}$$

依式 (3.128)、式 (3.112) 知

$$
\begin{cases}
\dfrac{1}{2}\dfrac{\partial \mathscr{N}}{\partial u}-\dfrac{A\beta}{B}+\dfrac{1}{2}\mathscr{N}\dfrac{\partial}{\partial u}\log\left(\dfrac{\gamma B}{A}\right)=\dfrac{A}{\gamma B}\left(\dfrac{\partial^2}{\partial u\partial v}\log A-2K\right)\\
\dfrac{1}{2}\dfrac{\partial \mathscr{N}}{\partial v}-\dfrac{B\gamma}{A}+\dfrac{1}{2}\mathscr{N}\dfrac{\partial}{\partial v}\log\left(\dfrac{\beta A}{B}\right)=\dfrac{B}{\beta A}\left(\dfrac{\partial^2}{\partial u\partial v}\log B-2\bar{K}\right)
\end{cases}
\tag{3.131}
$$

定理 3.7 当曲面上点 M 沿主切曲线 u (或 v) 变动时, 伴随织面 Q_1 的特征曲线分解为弯节切线 f_1、f_{-1} (或 $\bar{f}_1$、$\bar{f}_{-1}$) 及另外两条直线 $\bar{g}_1$、$\bar{g}_{-1}$ (或 g_1、g_{-1}), 从而四条直线 g_1、g_{-1}、$\bar{g}_1$、$\bar{g}_{-1}$ 构成 Q_1 上的四边形。

证明: 依式 (3.131)、式 (3.130)、式 (3.127) 给出

$$
\frac{\partial Q_1}{\partial u}+Q_1\frac{\partial}{\partial u}\log(\gamma B^2)=2[\mathscr{F}_1(\xi^2-\eta^2)+\mathscr{F}_2(\xi\tau-\eta\zeta)+\mathscr{F}_3(\eta\tau-\xi\zeta)]
\tag{3.132}
$$

这里

$$
\mathscr{F}_1=-\frac{\partial}{\partial u}\log A\quad \mathscr{F}_2=\frac{A}{\gamma B}\left(\frac{\partial^2}{\partial u\partial v}\log A-2K\right)\quad \mathscr{F}_3=\frac{K}{A}
\tag{3.133}
$$

Q_1 沿曲线 u 的特征方程取决于

$$
\begin{cases}
\xi^2-\eta^2-\zeta^2+\tau^2+\mathscr{N}(\xi\tau-\eta\zeta)=0\\
\mathscr{F}_1(\xi^2-\eta^2)+\mathscr{F}_2(\xi\tau-\eta\zeta)+\mathscr{F}_3(\tau\eta-\xi\zeta)=0
\end{cases}
\tag{3.134}
$$

因为式 (3.134) 表达的织面束一般具有特征记号 $[f(11)f(11)]$, 所以它们确定一个四边形, 其中一对对边为 $f_{\varepsilon'}(\varepsilon'=\pm1)$

$$
\xi-\varepsilon'\eta=\zeta-\varepsilon'\tau=0
$$

同理

$$
\frac{\partial Q_1}{\partial v}+Q_1\frac{\partial}{\partial v}\log(\beta A^2)=2[\bar{\mathscr{F}}_1(\xi^2-\zeta^2)+\bar{\mathscr{F}}_2(\xi\tau-\eta\zeta)+\bar{\mathscr{F}}_3(\zeta\tau-\xi\eta)]
\tag{3.135}
$$

这里

$$
\bar{\mathscr{F}}_1=-\frac{\partial}{\partial v}\log B\quad \bar{\mathscr{F}}_2=\frac{B}{\beta A}\left(\frac{\partial^2}{\partial u\partial v}\log B-2\bar{K}\right)\quad \bar{\mathscr{F}}_3=\frac{\bar{K}}{B}
\tag{3.136}
$$

此时 Q_1 特征曲线为 $\bar{f}_1$、$\bar{f}_{-1}$ 和另外两条直线。

定理 3.8 伴随织面 Q_1 的包络一般为原曲面的四个 D 变换和另外四个曲面。

定理 3.9 若曲面 σ 的伴随织面为固定织面, 则 σ 的主切曲线全属于线性丛; 反之亦然。

证明: 设伴随曲面 Q_1 为固定的, 于是式 (3.135)、式 (3.132) 的右边均与 Q_1 至多只相差一个因式, 有

$$\mathscr{F}_3 = \bar{\mathscr{F}}_3 = 0$$

即 $K = \bar{K} = 0$, 表明曲面的主切面线全属于线性丛。

反之, 如果 $K = \bar{K} = 0$, 那么由可积条件式 (3.92) 得

$$\mathscr{F}_1 = \mathscr{F}_2 = \mathscr{F}_3 = \bar{\mathscr{F}}_1 = \bar{\mathscr{F}}_2 = \bar{\mathscr{F}}_3 = 0$$

推出

$$\frac{\partial Q_1}{\partial u} = -Q_1 \frac{\partial}{\partial u} \log(\gamma B^2)$$
$$\frac{\partial Q_1}{\partial v} = -Q_1 \frac{\partial}{\partial v} \log(\beta A^2)$$

证明 Q_1 为固定的。

根据定理 3.9 可以断言: 若曲面 σ 的主切曲线全属于线性丛, 则在其各点的杜姆兰四边形恒在固定织面 Q_1 上。

定理 3.10 如果曲面 σ 的李织面常与固定织面相切于四点, 那么 σ 的主切曲线全属于线性丛。

定理 3.11 若嘉当四面体的一个顶点与其对面的平面关于伴随织面 Q_1 为配极的, 则它是关于 Q_1 的自共轭四面体, 而且原曲面为汤姆逊射影极小曲面; 反之, 射影极小曲面也有上述性质。

式 (3.89)、式 (3.90) 表明曲面 σ 在点 M 的嘉当规范标架 $\{MM_1M_2M_3\}$ 为常用参考坐标系, 并且空间点 P 的坐标 (y) 取决于

$$P = y_1 M + y_2 M_1 + y_3 M_2 + y_4 M_4$$

设空间一条直线的布吕格坐标为

$$p_{ij} = y_i z_j - z_i y_j \quad (i, j = 1, 2, 3, 4)$$

而 (y)、(z) 为直线上的两点。同点的不动条件类似地推出该条直线 (p_{ij}) 的固定条件,

$$
\begin{aligned}
\frac{\partial p_{12}}{\partial u} &= A^2\beta p_{24} + K(p_{23} - p_{14}) \\
\frac{\partial p_{12}}{\partial v} &= -\gamma p_{13} - p_{12}\frac{\partial}{\partial v}\log\beta + A^2(p_{23} - p_{14}) + B^2\gamma p_{24} \\
\frac{\partial p_{13}}{\partial u} &= -\beta p_{12} - p_{13}\frac{\partial}{\partial u}\log\gamma - B^2(p_{14} + p_{23}) + A^2\beta p_{34} \\
\frac{\partial p_{13}}{\partial v} &= B^2\gamma p_{34} - \bar{K}(p_{23} + p_{14}) \\
\frac{\partial p_{14}}{\partial u} &= -p_{13} - B^2 p_{24} - K p_{34} \\
\frac{\partial p_{14}}{\partial v} &= -p_{12} - A^2 p_{34} - \bar{K} p_{24} \\
\frac{\partial p_{23}}{\partial u} &= -p_{13} - B^2 p_{24} + K p_{34} \\
\frac{\partial p_{23}}{\partial v} &= p_{12} + A^2 p_{34} - \bar{K} p_{24} \\
\frac{\partial p_{24}}{\partial u} &= -p_{14} - p_{23} + p_{24}\frac{\partial}{\partial u}\log\gamma \\
\frac{\partial p_{24}}{\partial v} &= -\gamma p_{34} \\
\frac{\partial p_{34}}{\partial u} &= -\beta p_{24} \\
\frac{\partial p_{34}}{\partial v} &= -p_{14} + p_{24} + p_{34}\frac{\partial}{\partial v}\log\beta
\end{aligned}
$$

式中 K、$\bar{K}$、A、B 符合式 (3.91)。

今考察过点 M 的两条主切线 u、v, 它们在点 M 的主密切线性从 R_1、R_2 分别取决于方程,

$$
R_1 = p_{14} - p_{23} = 0 \quad R_2 = p_{14} + p_{23} = 0
$$

由以上不动条件给出

$$
\begin{aligned}
\frac{\partial R_1}{\partial u} &= -2K p_{34} \\
\frac{\partial R_1}{\partial v} &= -2(p_{12} + A^2 p_{34})
\end{aligned}
$$

$$
\begin{aligned}
&\frac{\partial^2 R_1}{\partial u \partial v} = -2Kp_{34}\frac{\partial}{\partial v}\log(\beta K) = -2p_{34}\frac{\partial A^2}{\partial u} \\
&\frac{\partial^2 R_1}{\partial u^2} = -2\left[B^2\gamma p_{24} - p_{12}\frac{\partial}{\partial v}\log\gamma - \gamma p_{13} + A^2 p_{34}\frac{\partial}{\partial v}\log(\beta A^2)\right] \\
&\frac{\partial^2 R}{\partial v^2} - 2\left(DKp_{24} - p_{34}\frac{\partial K}{\partial u}\right)
\end{aligned}
$$

以 C 为曲面上过点 M 的曲线; 在 M、C 上两个邻近点 M'、M'' 所引的三个主密切线性丛 R_1、R_1'、R_1'' 有公共的半织面, 称 C 在 M 的 u-半织面。同样可定义 C 在 M 的 v-半织面。

依定义, C 的 u-半织面为依三个线性丛

$$R_1 = 0 \quad \mathrm{d}R_1 = 0 \quad \mathrm{d}^2 R_1 = 0$$

的公共直线构成的。应用上述结果, 有

$$
\begin{gathered}
p_{14} - p_{23} = 0 \\
p_{12} + \left(A^2 + K\frac{\mathrm{d}u}{\mathrm{d}v}\right)p_{34} = 0 \\
\left[B^2 - \frac{\beta K}{\gamma}\left(\frac{\mathrm{d}u}{\mathrm{d}v}\right)^2\right]p_{24} - p_{13} + Lp_{34} = 0
\end{gathered}
$$

其中

$$L = \frac{N}{2\beta\gamma} + \frac{K}{\gamma}\frac{\partial}{\partial v}\log(\beta^3 K^2)\left(\frac{\mathrm{d}u}{\mathrm{d}v}\right) + \frac{1}{\gamma}\frac{\partial K}{\partial u}\left(\frac{\mathrm{d}u}{\mathrm{d}v}\right)^2 + \frac{K}{\gamma}\frac{\mathrm{d}^2 u}{\mathrm{d}v^2}\left(\frac{\mathrm{d}u}{\mathrm{d}v}\right)^3$$

C 的 u-半织面的织面 B_1 方程为

$$
\begin{aligned}
&y_1^2 - \left[B^2 - \frac{\beta K}{\gamma}\left(\frac{\mathrm{d}u}{\mathrm{d}v}\right)^2\right]y_2^2 - \left(A^2 + K\frac{\mathrm{d}u}{\mathrm{d}v}\right)y_3^2 \\
&\quad + \left(A^2 + K\frac{\mathrm{d}u}{\mathrm{d}v}\right)\left[B^2 - \frac{\beta K}{\gamma}\left(\frac{\mathrm{d}u}{\mathrm{d}v}\right)^2\right]y_4^2 + L(y_1 y_4 - y_2 y_3) = 0
\end{aligned}
\tag{3.137}
$$

C 的 v-半织面的织面 B_2 方程为

$$y_1^2 - \left[A^2 - \frac{\gamma \bar{K}}{\beta}\left(\frac{\mathrm{d}v}{\mathrm{d}u}\right)^2\right]y_3^2 - \left(B^2 + \bar{K}\frac{\mathrm{d}v}{\mathrm{d}u}\right)y_2^2$$

$$+\left(B^2+\bar{K}\frac{\mathrm{d}v}{\mathrm{d}u}\right)\left[A^2-\frac{\gamma\bar{K}}{\beta}\left(\frac{\mathrm{d}v}{\mathrm{d}u}\right)^2\right]y_4^2+M(y_1y_4-y_2y_3)=0 \tag{3.138}$$

当 C 为曲面的主切曲线 v 时, 织面 B_1 重合该点的伴随织面。

如果一切主切曲线 v (u 为常数) 属于线性丛, 有 $\bar{K}=0$, 那么所有织面 B_2 (与曲线 C 无关的) 和伴随织面重合; 此时伴随织面任何曲线 v 是稳定的。事实上, 从方程

$$\begin{aligned} R_1 &= p_{14}-p_{23}=0 \\ \frac{\partial R_1}{\partial v} &= p_{12}+A^2p_{34}=0 \\ \frac{\partial^2 R_1}{\partial v^2} &= p_{13}-B^2p_{24}-\frac{N}{2\beta\gamma}p_{34}=0 \end{aligned}$$

及 $\bar{K}=0$ 导出

$$\frac{\partial^3 R_1}{\partial v^3}=\frac{B^2\bar{K}}{\beta}p_{34}=0$$

定理 3.12 若曲面的所有主切曲线 v 属于线性丛, 则每条曲线 v 的一切弯节切线在 (仅仅和 u 有关的) 同一个织面上; 反之亦然。

3.1.9 哥德织面序列

三维射影空间 S_3 的直线可以表达到五维射影空间 S_5, 使之象为超织面 Ω 上的点, 称 Ω 为克莱因超织面。以 MM_1、MM_2 为曲面 $\sigma\in S_3$ 在其上点 M 的两条主切线, $\{MM_1M_2M_3\}$ 为对应的嘉当规范标架, 有式 (3.89)、式 (3.90) 成立, 在 Ω 上该两条主切线各有它的象 U、V; 记

$$U=(M,M_1)\quad V=(M,M_2) \tag{3.139}$$

式中 (M,M_1)、(M,M_2) 表示二阶小行列式。由式 (3.89)、式 (3.90),

$$\frac{\partial U}{\partial u}=\beta V\quad \frac{\partial V}{\partial v}=\gamma U \tag{3.140}$$

在 S_5 里直线 UV 全在 Ω 上, 并表示曲面 σ 在点 M 的切线束。当 u、v 变动时直线 UV 画成三维流形, 即 σ 的切线从在 S_5 里的象流形。如果 $\beta = 0$, 点 U 与 u 无关, 从而 σ 的主切线 u 均为直线, 那么 σ 变为直纹面。同理, 当 $\gamma = 0$ 时 σ 的主切曲线 v 均为直线; 当 $\beta = \gamma = 0$ 时 σ 为织面。

为方便, 仍假定 $\beta\gamma \neq 0$, 从式 (3.140) 推出拉普拉斯方程,

$$\begin{cases} \dfrac{\partial^2 U}{\partial u \partial v} - \dfrac{\partial U}{\partial u}\dfrac{\partial}{\partial v}\log\beta - \beta\gamma U = 0 \\ \dfrac{\partial^2 V}{\partial u \partial v} - \dfrac{\partial V}{\partial v}\dfrac{\partial}{\partial u}\log\gamma - \beta\gamma V = 0 \end{cases} \tag{3.141}$$

式 (3.141) 表明曲线 u、v 在 S_5 的曲面 (U)、(V) 上构成共轭网。

定理 3.13 S_5 中曲面在其点的两条主切线各被映射到 S_5 中 Ω 上的两点 U、V; 该两点为以主切参数曲线 u、v 作网曲线的拉普拉斯序列 (L) 的邻接点, 而且曲面 (V)、(U) 各为 (U)、(V) 沿方向 u、v 的拉普拉斯曲面。

设此拉普拉斯序列 (L) 为

$$\cdots, U_n, \cdots, U_1, U, V, V_1, \cdots, V_n, \cdots \tag{3.142}$$

其中任何一项为其前项沿 u 方向的拉普拉斯变换, 也是其后项沿 v 方向的拉普拉斯变换; 而曲线 u、v 在每个曲面上构成共轭网。

今给定拉普拉斯方程 (E),

$$\frac{\partial^2 z}{\partial u \partial v} + a\frac{\partial z}{\partial u} + b\frac{\partial z}{\partial v} + cz = 0 \tag{3.143}$$

即可作出两个不变量, 为达布–拉普拉斯不变量,

$$\begin{cases} h = \dfrac{\partial a}{\partial u} + ab - c \\ k = \dfrac{\partial b}{\partial v} + ab - c \end{cases} \tag{3.144}$$

取 z_1 为 z 沿 v 方向的拉普拉斯变换,

$$z_1 = \frac{\partial z}{\partial v} + az$$

故 z_1 也适合拉普拉斯方程 (E_1)

$$\frac{\partial^2 z_1}{\partial u \partial v} + a_1 \frac{\partial z_1}{\partial i} + b_1 \frac{\partial z_1}{\partial v} + c_1 z_1 = 0 \tag{3.145}$$

这里

$$\begin{cases} a_1 = a - \dfrac{\partial}{\partial v} \log h \\ b_1 = b \\ c_1 = c - \dfrac{\partial a}{\partial u} + \dfrac{\partial b}{\partial v} - b \dfrac{\partial}{\partial v} \log h \end{cases}$$

相应的两个不变量为

$$\begin{cases} h_1 = 2h - k - \dfrac{\partial^2}{\partial u \partial v} \log h \\ k_1 = h \end{cases} \tag{3.146}$$

命 z_{-1} 为 z 沿 u 方向的拉普拉斯变换,

$$z_{-1} = \frac{\partial z}{\partial u} + bz$$

得到 z_{-1} 的拉普拉斯方程 (E_{-1}),

$$\frac{\partial^2 z_{-1}}{\partial u \partial v} + a_{-1} \frac{\partial z_{-1}}{\partial u} + b_{-1} \frac{\partial z_{-1}}{\partial v} + c_{-1} z_{-1} = 0 \tag{3.147}$$

这里

$$\begin{cases} a_{-1} = a \\ b_{-1} = b - \dfrac{\partial}{\partial u} \log k \\ c_{-1} = c - \dfrac{\partial b}{\partial v} + \dfrac{\partial a}{\partial u} - a \dfrac{\partial}{\partial u} \log k \end{cases}$$

它们两个不变量为

$$\begin{cases} h_{-1} = k \\ k_{-1} = -2k - h - \dfrac{\partial^2}{\partial u \partial v} \log k \end{cases} \tag{3.148}$$

依上述方法得到一系列方程

$$\cdots,(E_{-n}),\cdots,(E_{-1}),(E),(E_1),\cdots,(E_n),\cdots \tag{3.149}$$

以方程 (E_1) 的两个不变量为 h_i、k_i, 从式 (3.18)、式 (3.146) 得

$$\begin{cases} h_{i+1}=2h_i-k_i-\dfrac{\partial^2}{\partial u\partial v}\log h_i \\ k_{i+1}=h_i \end{cases} \tag{3.150}$$

即

$$\begin{cases} h_i=k_{i+1} \\ k_i=2h_{i+1}-h_{i+1}-\dfrac{\partial^2}{\partial u\partial v}\log k_{i+1} \end{cases} \tag{3.151}$$

式中 i 为整数, 式 (3.151) 或式 (3.150) 依次可以找到 h_i、k_i, 于是

$$h_{i+1}=h_i+h-k-\frac{\partial^2}{\partial u\partial v}\log(hh_1\cdots h_i) \tag{3.152}$$

今利用以上方法及式 (3.140), 有两个不变量

$$\begin{cases} h_i=\beta\gamma-\dfrac{\partial^2}{\partial u\partial v}\log\beta \\ \bar{k}_i=\beta\gamma \end{cases}$$

一般地,

$$\begin{cases} \dfrac{\partial U_n}{\partial v}=U_{n+1}+U_n\dfrac{\partial}{\partial v}\log(\beta h_1\cdots h_n) \\ \dfrac{\partial U_n}{\partial u}=h_nU_{n-1} \\ \dfrac{\partial^2 U_n}{\partial u\partial v}-\dfrac{\partial^2}{\partial u}\dfrac{\partial}{\partial v}\log(\beta h_1\cdots h_n)-h_nU_n=0 \end{cases} \tag{3.153}$$

式中

$$h_n=h_{n-1}-\frac{\partial^2}{\partial u\partial v}\log(\beta h_1\cdots h_{n-1})$$

$$= \beta\gamma - \frac{\partial^2}{\partial u \partial v} \log(\beta^n h_1^{n-1} \cdots h_{n-2}^2 h_{n-1})$$

同理,

$$\begin{cases} \dfrac{\partial V_n}{\partial u} = V_{n+1} + V_n \dfrac{\partial}{\partial u} \log(\gamma k_1 \cdots k_n) \\ \dfrac{\partial V_n}{\partial v} = k_n V_{n-1} \\ \dfrac{\partial^2 V_n}{\partial u \partial v} - \dfrac{\partial^2 V_n}{\partial v} \dfrac{\partial}{\partial v} \log(\gamma k_1 \cdots k_n) - k_n V_n = 0 \end{cases} \tag{3.154}$$

式中

$$k_n = k_{n-1} - \frac{\partial^2}{\partial u \partial v} \log(\gamma h k_1 \cdots k_{n-1})$$

$$= \beta\gamma - \frac{\partial^2}{\partial u \partial v} \log(\gamma^n k_1^{n-1} \cdots k_{n-2}^2 k_{n-1})$$

在 S_5 中对应于 S_3 里一般曲面 σ 的拉普拉斯序列 (L) 向两边无穷伸展; (L) 一般不在 S_5 的超平面上。如果 (L) 在超平面上, σ 的所有切线全属于同一个线性丛, 那么 σ 退化为平面。

取 S_5 的两点 p、q 关于克莱因超织面 Ω 的共轭条件为 $\Omega(p,q) = 0$, 则 Ω 的方程为 $\Omega(p,p) = 0$。根据定义成立

$$\Omega(U,U) = \Omega(U,V) = \Omega(V,V) = 0 \tag{3.155}$$

关于 u、v 各微分每个关系式, 得

$$\begin{cases} \Omega(U,U_1) = \Omega(U_1,V) = \Omega(U,V_1) = 0 \\ \Omega(V,V_1) = \Omega(U_2,V) = \Omega(U,V_2) = 0 \end{cases} \tag{3.156}$$

曲面 σ 在点 M 的嘉当规范标架 $\{MM_1M_2M_3\}$ 的各棱线被映射成 Ω 上的点, 其表示如下:

$$
\begin{cases}
(M, M_1) = U \\
(M, M_2) = V \\
(M, M_3) = \dfrac{1}{2}(U_1 + V_1) \\
(M_1, M_2) = \dfrac{1}{2}(V_1 - U_1) \\
(M_1, M_3) = \dfrac{1}{2}V_2 + \dfrac{1}{2}V_1 \dfrac{\partial}{\partial u}\log(\gamma k_1) - B^2 V \\
(M_2, M_3) = \dfrac{1}{2}U_2 + \dfrac{1}{2}U_1 \dfrac{\partial}{\partial v}\log(\beta h_1) - A^2 U
\end{cases}
\tag{3.157}
$$

事实上, 置

$$
R = (M, M_3) \quad S = (M_1, M_2)
$$

$$
T = (M_1, M_3) \quad W = (M_2, M_3)
$$

利用式 (3.89)、式 (3.90) 推出

$$
\begin{cases}
\dfrac{\partial U}{\partial u} = \beta V \\
\dfrac{\partial V}{\partial u} = R + S + V \dfrac{\partial}{\partial u}\log\gamma \\
\dfrac{\partial R}{\partial u} = T + KU + B^2 V \\
\dfrac{\partial S}{\partial u} = T - KU + B^2 V \\
\dfrac{\partial T}{\partial u} = B^2(R + S) - T \dfrac{\partial}{\partial u}\log\gamma - A^2\beta U + \beta W \\
\dfrac{\partial W}{\partial u} = K(R - S) - A^2\beta V
\end{cases}
\tag{3.158}
$$

$$
\begin{cases}
\dfrac{\partial U}{\partial v} = R - S + U\dfrac{\partial}{\partial v}\log\beta \\
\dfrac{\partial V}{\partial v} = \gamma U \\
\dfrac{\partial R}{\partial v} = A^2 U + \bar{K}V + W \\
\dfrac{\partial S}{\partial v} = -A^2 U + \bar{K}V - W \\
\dfrac{\partial T}{\partial v} = \bar{K}(R+S) - B^2\gamma U \\
\dfrac{\partial W}{\partial v} = A^2(R-S) - W\dfrac{\partial}{\partial v}\log\beta + \gamma T - B^2\gamma V
\end{cases}
\tag{3.159}
$$

得到

$$
\begin{cases}
R + S = \dfrac{\partial V}{\partial u} - V\dfrac{\partial}{\partial u}\log\gamma = V_1 \\
R - S = \dfrac{\partial U}{\partial v} - U\dfrac{\partial}{\partial v}\log\beta = V_2
\end{cases}
\tag{3.160}
$$

进一步微分, 有

$$
V_2 + V_1\frac{\partial}{\partial u}\log(\gamma k_1) = 2T + 2B^2 V
$$

$$
U_2 + U_1\frac{\partial}{\partial v}\log(\beta h_1) = 2W + 2A^2 U
$$

故式 (3.157) 成立。

由式 (3.157) 知, 点 $U_1 + V_1$、$U_1 - V_1$ 在超织面上, 并为曲面 σ 在点 M 的第一、第二准线的象, 依式 (3.160),

$$
\varOmega(U_1, V_1) = 0 \tag{3.161}
$$

关于 u 逐次微分式 (3.161)、以式 (3.161)、式 (3.156) 计算, 有

$$
\varOmega(U_1, V_2) = 0 \quad \varOmega(U_1, V_3) = 0 \tag{3.162}
$$

故 U_1 为超平面 $UVV_1V_2V_3$ 关于 Ω 的极, 又从

$$\Omega(U_1,V_2)=\Omega(U_1,V_1)=\Omega(U_1,V)=\Omega(U_1,U)=0$$

和其关于 v 的导来方程, 可以证明

$$\Omega(U_2,V_3)=\Omega(U_2,V_2)=\Omega(U_2,V_1)=\Omega(U_2,V)=0$$

记

$$\Delta=(MM_1M_2M_3)\neq 0$$

于是

$$\Delta=\Omega(U,W)=-\Omega(V,T)=\Omega(R,S)$$

使用式 (3.158)、式 (3.159),

$$\frac{\partial\Delta}{\partial u}=\frac{\partial\Delta}{\partial v}=0$$

依式 (3.160),

$$\Omega(U_1,V_1)=-2\Delta\quad \Omega(V_1,V_2)=2\Delta$$

关于 u 微分上述关系 $\Omega(U_2,V_3)=0$, 有 $\Omega(V_4,U_2)=0$。从而证明 U_2 为超平面 $VV_1V_2V_3V_4$ 关于 Ω 的极。

哥德定理 U_2 为超平面 $V_{n-2}V_{n-1}V_nV_{n+1}V_{n+2}$ 关于 Ω 的极; V_n 为超平面 $U_{n-2}U_{n-1}U_nU_{n+1}U_{n+2}$ 关于 Ω 的极。

事实上, 设 U_n 为超平面 $V_{n-2}V_{n-1}V_nV_{n+1}V_{n+2}$ 的极,

$$\begin{aligned}\Omega(U_n,V_{n+2})&=\Omega(U_n,V_{n+1})\\&=\Omega(U_n,V_n)=\Omega(U_n,V_{n-1})=\Omega(U_n,V_{n-2})=0\end{aligned}$$

对 v 求导并考虑式 (3.154)、式 (3.153),

$$\begin{aligned}\Omega(U_{n+1},V_{n+2})&=\Omega(U_{n+1},V_{n+1})\\&=\Omega(U_{n+1},V_n)=\Omega(U_{n+1},V_{n-1})=0\end{aligned}$$

对第一方程 u 求导,

$$\Omega(h_{n+1}U_n, V_{n+2}) + \Omega(U_{n+1}, V_{n+3}) = 0$$

得 $\Omega(U_{n+1}, V_{n+3})=0$。这表明 U_{n+1} 为超平面 $V_{n-1}V_nV_{n+1}V_{n+2}V_{n+3}$ 关于 Ω 的极。利用数学归纳法证明了定理前一半, 同理可证其后一半。

拉普拉斯序列 (L) (称哥德序列) 关于超织面 Ω 为自共轭的。

因为平面 $U_nU_{n+1}U_{n+2}$ 和平面 $V_nV_{n+1}V_{n+2}$ 关于织面 Ω 为两个共轭平面, 所以在 S_3 中得到织面 Φ_n, 使其两个半织面在 S_5 里的象为上列两个平面与 Ω 的交线。在曲面 σ 的点 M 存在一系列织面 Φ、Φ_1、Φ_2、$\cdots$, 全体构成哥德织面序列。

定理 3.14 哥德织面序列中的第二织面 Φ_1 和伴随织面 Q_1 重合。

证明: 依定义, Φ_1 的象为平面 $U_1U_2U_3$ 和 Ω 的交线, 由式 (3.160) 知, 该平面取决于三点,

$$R - S \quad W + A^2U \quad \frac{\partial}{\partial v}(W + A^2U)$$

由式 (3.159)、式 (3.158),

$$\begin{aligned}\frac{\partial}{\partial v}(W + A^2U) = 2A^2(R - S) - (W + A^2U)\frac{\partial}{\partial v}\log\beta \\ + \gamma T - B^2\gamma V + \frac{2AU}{\beta}\frac{\partial}{\partial v}(A\beta)\end{aligned}$$

于是平面 $U_1U_2U_3$ 上任何点 P 可以表达为

$$P = \lambda(R - S) + \mu(W + A^2U) + \nu\left(\gamma T + \beta^2\gamma V + \frac{N}{2\beta}U\right) \tag{3.163}$$

式中 N 由式 (3.112) 决定, 而 λ、μ、ν 的选择又满足 $\Omega(P, P) = 0$ 又使 P 变为织面 Φ_1 的母线在 Ω 上的象。这时

$$-\lambda^2 + B^2\gamma^2\nu^2 + A^2\mu^2 + \frac{N}{2\beta}\mu\nu = 0 \tag{3.164}$$

为了在局部坐标系 (y_1, y_2, y_3, y_4) 下写出 Φ_1, 取 Φ_1 的母线 p 上的两点关于标架 $\{MM_1M_2M_3\}$ 的局部坐标为 (y_1, y_2, y_3, y_4)、$(z_1, z_2, z_3, 0)$, 从而 p 在 Ω 上的象为

$$P = p_{12}U + p_{13}V + p_{14}R + p_{23}S + P_{24}T + P_{34}W \tag{3.165}$$

这里 $p_{ij} = y_j z_j - z_i y_j$ 表示母线 p 的伯吕格坐标。比较式 (3.165)、式 (3.163) 知

$$\begin{cases} p_{12} = \mu A^2 + \nu \dfrac{N}{2\beta} \quad p_{13} = -B^2\gamma\nu \quad p_{14} = \lambda \\ p_{23} = \lambda \quad p_{24} = \gamma\nu \quad p_{34} = \mu \end{cases} \tag{3.166}$$

进一步得到织面 Φ_1 在伯吕格坐标下作为其母线 p 所画成的半织面方程

$$p_{14}+p_{23} = 0 \quad p_{13}+B^2 p_{24} = 0 \quad p_{12}-A^2 p_{34}-\frac{N}{2\beta\gamma}p_{24} = 0 \tag{3.167}$$

式 (3.167) 为 z_1、z_2、z_3 的一次齐次方程, 有

$$\begin{vmatrix} y_4 & y_3 & y_2 \\ y_3 & B^2 y_4 & y_1 \\ y_2 & -y_1 - \dfrac{N}{2\beta\gamma}y_4 & A^2 y_4 \end{vmatrix} = 0$$

或

$$y_4\left[y_1^2 - B^2 y_2^2 - A^2 y_3^2 + A^2 B^2 y_4^2 + \frac{N}{2\beta\gamma}(y_1 y_4 - y_2 y_3)\right] = 0$$

由于 $y_4 = 0$ 不代表 Φ_1, 因此哥德织面序列中的第二织面方程重合于式 (3.117), 即伴随织面 Q_1 方程。

在哥德序列 (L) 中, 平面 $U_n U_{n+1} U_{n+2}$ 和平面 $U_{n+1} U_{n+2} U_{n+3}$ 有公共直线 $U_{n+1} U_{n+2}$, 它和 Ω 的两个交点为两个织面 Φ_n、Φ_{n+1} 的公共母线; 同样平面 $V_n V_{n+1} V_{n+2}$ 和平面 $V_{n+1} V_{n+2} V_{n+3}$ 的公共直线与超织面 Ω 相交于两点, 即 Φ_n、Φ_{n+1} 还有另外两条公共母线。故 Φ_n, Φ_{n+1} 相切于四个点, 该四点为 Φ_n 的特征点。为此将 Φ_n 的方程写成两种类型:

$$\sum x_i x_k (U_n, U_{n+1}, U_{n+1}) = 0 \tag{3.168}$$

$$\sum x_i x_k (V_n, V_{n+1}, V_{n+1}) = 0 \tag{3.169}$$

式中各系数表示那些从 U_n、U_{n+1}、U_{n+1} 或 V_n、V_{n+1}、V_{n+1} 的坐标而成的三阶小行列式。求导 v, 有

$$\sum x_i x_k\left(U_n, U_{n+1}, \frac{\partial U_{n+2}}{\partial v}\right)=0$$

$$\sum x_i x_k\left(\frac{\partial V_n}{\partial v}, V_{n+1}, V_{n+2}\right)=0$$

据此, 沿 σ 方向变化的 Φ_n 和其邻接织面相交于四条直线, 且它们在 Ω 上的象就是 U_nU_{n+1}、V_nV_{n+1} 分别和 Ω 的交点; 沿 u 方向也有四条直线, 其象为 V_nV_{n+1}、$U_{n+1}U_{n+2}$ 分别和 Ω 的交点。

定理 3.15 哥德织面序列中的任何两个相邻织面在四点相切, 且四个切点为该两个织面的特征点。

考察曲面 σ 在点 $M(u,v)$ 的主切曲线 u 的密切线性丛 $R_1(u,v)$; 依式 (3.153) 知, 在 S_5 里这线性丛是由超平面 $UVV_1V_2V_3$ 与 Ω 的交线表达的。如果 $M(u+\mathrm{d}u, v+\mathrm{d}v)$ 为 σ 上无穷邻接 $M(u,v)$ 的任何点, 那么在此对应的线性丛是依 $R_1+R_{1u}\mathrm{d}u+R_{1v}\mathrm{d}v+\cdots$ 表达的, 并对应于 M 的一阶邻域内的所有点的线性丛有一个公共半织面。因为该半织面取决于 $R_1(u,v)$、$R_{1u}(u,v)$、$R_{1v}(u,v)$ 的公共直线, 所以这个半织面构成李织面 Φ。

现取 M 的沿主切曲线 v 的二阶邻域, 注意到该邻域内所有点的对应线性丛,

$$R_1(u,u+\mathrm{d}v)=R_1+R_{1v}\mathrm{d}v+\frac{1}{2!}R_{1vv}\mathrm{d}v^2+\cdots$$

这些线性丛有织面 Φ_1 上的一个公共半织面。当取 M 的沿主切曲线 v 的三阶邻域时, 对应于其中所有点的线性丛,

$$R_1(u,v+\mathrm{d}v)=R_1+R_{1v}\mathrm{d}v+\frac{1}{2!}R_{1vv}\mathrm{d}v^2+\frac{1}{3!}R_{1vvv}\mathrm{d}v^3+\cdots$$

有两条公共直线 g_1、g_2, 它在 Ω 上的象为 (V_2V_3) 与 Ω 的两个交点; 当这些直线 g_1、g_2 沿 u 方向变化时可以得到两个直纹面 G_1、G_2。不难验证: 必有一个线性丛 $R_2(u,v)$, 其顺序沿 g_1、g_2 两条母线和两个直纹面 G_1、G_2 构成三阶的接触。实际上, 该线性丛

$R_2(u,v)=R_2$ 取决于 $(V_2V_3V_4V_5V_6)$。按照 $R_2(u,v)$ 并根据类似方法即有三个织面 Φ_2、Φ_3、Φ_4。它们分别取决于三组线性丛,

$$R_2+R_{2u}\mathrm{d}u+\frac{1}{2!}R_{2uu}\mathrm{d}u^2$$

$$R_2+R_{2u}\mathrm{d}u+R_{2u}\mathrm{d}v$$

$$R_2+R_{2v}\mathrm{d}v+\frac{1}{2!}R_{2vv}\mathrm{d}v^2$$

如果观察 M 的沿主切曲线 v 的三阶邻域及对应于其中所有点的线性丛,

$$R_2+R_{2v}\mathrm{d}v+\frac{1}{2!}R_{2vv}\mathrm{d}v^2+\frac{1}{3!}R_{2vvv}\mathrm{d}v^3$$

那么得到类似于 g_1、g_2 的两条直线。

定理 3.16 利用主密切线性丛即可作出伴随于曲面上一个点的哥德织面序列的定义。

沿主切曲线 u 引 v- 切线, 其全体构成主密切直纹面 R_u。显见, R_u 在点 M 的密切线性丛 $S_1(u,v)$ 的象为超曲面 $VV_1V_2V_3V_4$。若取 M 的沿主切曲线 u 的三阶邻域, 则对应于其中所有点的线性丛,

$$S_1+S_{1u}\mathrm{d}u+\frac{1}{2!}S_{1uu}\mathrm{d}u^2$$

必有织面 Φ 上的一个公共半织面; 对应于曲面上 M 的一阶邻域中所有点的线性丛,

$$S_1+S_{1u}\mathrm{d}u+S_{1v}\mathrm{d}v$$

必有织面 Φ_1 上的一个公共半织面, 而且对应于 M 的主切曲线 v 的二阶邻域中所有点的线性丛,

$$S_1+S_{1v}\mathrm{d}v+\frac{1}{2!}S_{1vv}\mathrm{d}v^2$$

必有织面 Φ_2 上的一个公共半织面。同理, 考虑 M 的沿主切线 v 的三阶邻域, 并作出该邻域中占所对应的线性丛,

$$S_1+S_{1v}\mathrm{d}v+\frac{1}{2!}S_{1vv}\mathrm{d}v^2+\frac{1}{3!}S_{1vvv}\mathrm{d}v^3$$

这里 S_1、S_{1v}、S_{1vv}、S_{1vvv} 为独立的, 它们有两条公共直线。

定理 3.17 依曲面上一个点的伴随主切直纹面的密切线性丛可作出哥德织面序列的定义。

3.1.10 曲面的规范展开

设 $x = x(u,v)$ 为非直纹的、非退化的曲面, (u,v) 为曲面的主切参数。适当选择比例因子 ρ 恒可使 x 满足福比尼型微分方程,

$$\begin{cases} x_{uu} = \theta_u x_u + \beta x_v + p_{11}x \\ x_{vv} = \theta_v x_v + \gamma x_u + p_{22}x \\ \theta = \log(\beta\gamma) \end{cases} \tag{3.170}$$

称坐标 x 为福比尼法坐标; 点 (x)、(x_{uu}) 的连线称为曲面在点 (x) 的射影法线。

若对空间任意点 (z), 置

$$z = x_1 x + x_2 x_u + x_3 x_v + x_4 x_{uv}$$

则 x_1、x_2、x_3、x_4 为点 (z) 关于局部四面体 $xx_ux_vx_{uv}$ 的坐标。当 z 为曲面上无穷靠近点 (x) 的点 $(x(u+\Delta u, v+\Delta v))$ 时, 依级数

$$\begin{aligned} & x(u+\Delta u, v+\Delta v) \\ =& x + x_u\Delta u + x_v\Delta v + \frac{1}{2!}(x_{uu}\Delta u^2 + 2x_{uv}\Delta u\Delta v + x_{vv}\Delta v^2) \\ & + \frac{1}{3!}(x_{uuu}\Delta u^3 + 3x_{uuv}\Delta u^2\Delta v + 3x_{uvv}\Delta u\Delta v^2 + x_{vvv}\Delta v^3) + \cdots \end{aligned}$$

并从式 (3.170) 及其导来方程计算该点的局部坐标,

$$\begin{cases} x_1 = 1 + f(2) \\ x_2 = \Delta u + \dfrac{1}{2}(\theta_u\Delta u^2 + \gamma\Delta v^2) + f(3) \\ x_3 = \Delta v + \dfrac{1}{2}(\beta\Delta u^2 + \theta_v\Delta v^2) + f(3) \\ x_4 = \Delta u\Delta v + \dfrac{1}{6}\Big[\beta\Delta u^3 + 3(\theta_{uv} + \beta\gamma)\Delta u^2\Delta v \\ \qquad + 3(\theta_{uv} + \beta\gamma)\Delta u\Delta v^2 + \gamma\Delta v^3\Big] + f(4) \end{cases}$$

这里 $f(n)$ 为 Δu、Δv 的不小于 n 次的齐式。引进非齐次局部坐标

$$x=\frac{x_2}{x_1}\quad y=\frac{x_3}{x_1}\quad z=\frac{x_4}{x_1}$$

推出

$$\begin{cases}x=\Delta u+\dfrac{1}{2}(\theta_u+\Delta u^2+\gamma\Delta v^2)+f(3)\\[2ex] y=\Delta v+\dfrac{1}{2}(\beta\Delta u^2+\theta_v+\Delta v^2)+f(3)\\[2ex] z=\Delta u\Delta v+\dfrac{1}{6}[\beta\Delta u^3+3(\theta_{uv}+\beta\gamma)(\Delta u^2\Delta v+\Delta u\Delta v^2)-\gamma\Delta v^3]+f(4)\end{cases}$$

从而得到曲面的展开式,

$$z=xy-\frac{1}{3}(\beta x^3+\gamma y^3)+\varphi_4(x,y)+\varphi_5(x,y)+\cdots \tag{3.171}$$

式中给出

$$\varphi_4(x,y)=\frac{1}{12}(\beta\varphi x^4-4\beta\psi x^3y-6\theta_{uv}x^2y^2-4\gamma\varphi xy^3+\gamma\psi y^4) \tag{3.172}$$

$$\begin{aligned}\varphi_5(x,y)=\frac{1}{60}(&\beta c_0x^5+5\beta c_1x^4y+10\beta c_2x^3y^2\\&+10\gamma c_3x^2y^3+5\gamma c_4xy^4+\gamma c_5y^5)\end{aligned} \tag{3.173}$$

且

$$\varphi=(\log\beta\gamma^2)_u\quad \psi=(\log\beta^2\gamma)_v \tag{3.174}$$

$$\begin{cases}c_0=\varphi\left(\log\dfrac{\varphi}{\beta\gamma}\right)_u-\varphi^2+8\beta\psi-4p_{11}\\[2ex] c_5=\psi\left(\log\dfrac{\psi}{\beta\gamma}\right)_v-\psi^2+8\gamma\varphi-4p_{22}\end{cases} \tag{3.175}$$

由式 (3.70)、式 (3.71) 知, 第一准线为点 (x) 到点

$$x_{uv}-\frac{1}{2}\psi x_u-\frac{1}{2}\varphi x_v$$

的连线, 第二准线和两条主切线相交于两点,

$$x_u - \frac{1}{2}\varphi_x \quad x_v - \frac{1}{2}\psi x$$

更一般地, 设 λ 为任意常数, 点 (x) 和点

$$x_{uv} + \lambda(\psi x_u + \varphi x_v) \tag{3.176}$$

的连线称为第一规范直线, 记作 $c(\lambda)$, 两点

$$x_u + \lambda\varphi x \quad x_v + \lambda\psi x \tag{3.177}$$

的连线称为第二规范直线, 记作 $c'(\lambda)$。显然对同一个常数 λ 的两条规范直线 $c(\lambda)$、$c'(\lambda)$ 为曲面在点 (x) 的李织面

$$z - xy + \frac{1}{2}(\theta_{uv} + \beta\gamma)z^2 = 0 \tag{3.178}$$

的共轭直线。

所有的规范直线 $c(\lambda)$ 在同一个平面上, 即在规范平面上; $c'(\lambda)$ 属于同一个线束, 它的心为规范平面关于李织面式 (3.178) 的极, 即规范线束。有三种特殊的规范直线: 对应 $\lambda = -\dfrac{1}{2}$ 的维尔津斯基准线, 对应 $\lambda = -\dfrac{1}{4}$ 的格林棱线, 对应 $\lambda = 0$ 的射影法线。

当 $\lambda \to \infty$ 时得到点 (x)、$(\psi x_u + \varphi x_v)$ 的连线, 称之为规范切线。

定理 3.18 设 M 为曲面 σ 的正常点、$\varGamma$ 为 σ 及其在 M 的切平面的交线。若以 M 为节点, 并与 $\varGamma$ 的每一支构成三阶接触的平面三次曲线, 则有三个拐点, 且它们所在的直线为第二棱线。

证明: 根据式 (3.171) 给出交线 $\varGamma$ 的方程,

$$\begin{cases} z = 0 \\ xy - \dfrac{1}{3}(\beta x^3 + \gamma y^3) + \varphi_4(x, y) + \cdots = 0 \end{cases}$$

有

$$y = \frac{1}{3}\beta x^2 - \frac{1}{12}\beta\varphi x^3 + f(4)$$

$$x=\frac{1}{3}\gamma y^2-\frac{1}{12}\gamma\psi y^3+f(4)$$

分别表示 Γ 在 M 的两个分支。定理 3.16 中的平面三次曲线的方程为

$$3xy-\beta x^3-\gamma y^3+\frac{3}{4}xy(\varphi x+\psi y)=0$$

故其上三个拐点在一条直线上, 即

$$\begin{cases} z=0 \\ \dfrac{1}{4}\varphi x+\dfrac{1}{4}\psi y+1=0 \end{cases}$$

表明三个拐点在第二棱线上。

设曲面 σ 的两系主切曲线不重合, C 为 σ 上的一条曲线, P_0、P 为 C 上的两点; 过 P_0、P 各引两条主切曲线, 使得到的主切曲线四边形以 P_0、P_1、P、P_2 为顶点; 在点 P_1 引主切曲线 $\overset{\frown}{P_0P_1}$ 的切线和弦 $\overline{P_0P_1}$, 从而确定一个平面; 同样交换 P_1、P_2 也可决定一个平面。这两个平面的交线过点 P_0 并确定于 C 上的点 P; 当 P 沿 C 变动时该条交线绘出的锥面 $K(C)$ 以 P_0 作顶点、以 C 在 P_0 的切线作母线 l_0。

定理 3.19 锥面 $K(C)$ 沿其母线 l_0 的切平面过曲面在 P_0 的射影法线。

事实上, 取 σ 的主切参数 (u,v) 为参考, 并假定 $x(u,v)$ 为其一个点的福比尼法坐标, 结果式 (3.170) 成立, 求导各式,

$$x_{uuu}=\beta x_{uv}+f[1] \quad x_{uuv}=\theta_u x_{uv}+f[1]$$

$$x_{uvv}=\theta_v x_{uv}+f[1] \quad x_{vvv}=\gamma x_{uv}+f[1]$$

这里 $f[1]$ 为 x、x_u、x_v 的一次齐式。

命曲线 C 的方程为 $u=u(t)$、$v=v(t)$, 且在点 P_0, $t=0$。以 x、u、v、u'、$v'\cdots$ 代表各函数在 C 上的 P_0 值, 于是对 C 的点 P 成立

$$P=x+A_1t+\frac{1}{2!}A_2t^2+\frac{1}{3!}A_3t^3+\cdots$$

式中

$$\begin{cases} A_1 = x_u u' + x_v v' \\ A_2 = x_{uu} u'^2 + 2x_{uv} u'v' + x_{uv} v'^2 + x_u u'' + x_v v'' \\ A_3 = x_{uuu} u'^3 + 3x_{uuv} u'^2 v' + 3x_{uvv} u' v^{12} + x_{vvv} v'^3 \\ \qquad +3x_{uu} u'u'' + x_u u''' + \cdots \end{cases}$$

过 P_0、P 分别引主切曲线 u、v, 使之相交于 P_1, 给出

$$P_1 = x + R_1 t + \frac{1}{2!} R_2 t^2 + \frac{1}{3!} R_3 t^3 + \cdots$$

式中

$$\begin{cases} R_1 = x_u u' \\ R_2 = x_{uu} u'^2 + x_u u'' \\ R_3 = x_{uuu} u'^3 + 3x_{uu} x' u'' + x_u u''' \end{cases}$$

交换 u、v, 有

$$P_2 = x + S_1 t + \frac{1}{2!} S_2 t^2 + \frac{1}{3!} S_3 t^3 + \cdots$$

式中

$$\begin{cases} S_1 = x_v v' \\ S_2 = x_{vv} v'^2 + x_v v'' \\ S_3 = x_{vvv} v'^3 + 3x_{vv} v' v'' + x_v v''' \end{cases}$$

在 P_1 引曲线 u 的切线, 它为点 P_1 与点

$$P_{1u} = x_u + R_{1u} t + \frac{1}{2!} R_{2u} t^2 + \frac{1}{3!} R_{3u} t^3 + \cdots$$

的连线。令

$$Q_1 = x_u + x_{uu} u' t$$

$$Q_2 = x_u u'' - x_{uu} u'^2 + \frac{1}{3}(x_u u''' - 2x_{uuu} u'^3) t$$

于是

$$\begin{cases} P_1 = P_0 + u' t P_{1u} + \frac{1}{2} t^2 Q_2 + f(4) \\ P_{1u} = Q_1 + f(2) \end{cases}$$

表明在 t 的一阶微小范围内, 平面 $P_0P_1P_{1u}$ 和平面 $P_0Q_1Q_2$ 重合。

如果点 $(\lambda x_u+\mu x_v+\sigma x_{uv})$ 在平面 $P_0Q_1Q_2$ 上的条件为

$$(\lambda x_u+\mu x_v+\sigma x_{uv},x,Q_1,Q_2)=0$$

即

$$\mu\left[\left(x,x_v,x_u-\frac{2}{3}x_{uuu}u'^3t\right)+f(2)\right]$$
$$+\sigma[(x,x_{uv},x_u,-x_{uu}u'^2)+f(1)]=0$$

那么

$$\sigma=\frac{2}{3}\mu\mu' t+f(2)=\frac{2}{3}\mu\mathrm{d}u+f(2)$$

同理, 点 $(\lambda x_u+\mu x_v+\sigma x_{uv})$ 在平面 $P_0P_2P_{2v}$ 上的条件为

$$\sigma=\frac{2}{3}\lambda v' t+f(2)=\frac{2}{3}\lambda\mathrm{d}v+f(2)$$

这样在两个平面的交线上获得点

$$x_u u'+x_v v'+\frac{2}{3}x_{uv}u'v't+f(2)$$

显见该交线随参数 t 的变化绘成锥面 $K(C)$, 并且它的沿母线 $t=0$ 的切平面经过三点 (x)、$(x_u u'+x_v v')$、(x_{uv}), 故通过射影法线。

依定理 3.19 只需变更曲线 C, 即可引各种不同的切平面, 而其中任何两个平面决定 P_0 的射影法线。

邦皮阿尼认为: 按照 P、P_1、P_{1v} 及 P、P_2、P_{2u} 分别决定平面, 当 P 沿 C 变动时, 该两个平面的交线给出直纹面 R。若在 P_0 引 C 的切线 τ_0, 则 R 以 τ_0 为其抛物型母线, 且沿 τ_0 的切平面必过 P_0 的射影法线。

3.1.11 塞格勒曲线

设 O 为曲面 σ 的点, 在 O 和 σ 相切的任何织面 Q 与曲面 σ 相交, 该交线一般以 O 为节点。由于这种织面 Q 的自由度太大, 因此用它尚不能作出 σ 在 O 的元素; 今限定织面 Q 使其对应的交

线以 O 为三重点。换言之, 在 O 和 σ 构成二阶接触的织面即为所需元素。

取 u、v 为 σ 的主切参数, 且 x、y、z 为一个点关于点 O 的四面体 $xx_ux_vx_{uv}$ 的局部非齐次坐标, 则 σ 的展开式也为

$$z = xy - \frac{1}{3}(\beta^3 x + \gamma^3 y^3) + \cdots \tag{3.179}$$

织面 Q 取决于方程

$$z - xy + z(\lambda x + \mu y + \nu z) = 0 \tag{3.180}$$

式中 λ、μ、ν 为常数。σ 与 Q 的交线在切平面 $z=0$ 上的射影取决于

$$-\frac{1}{3}(\beta x^3 + \gamma y^3) + xy(\lambda x + \mu y) + \cdots = 0$$

这里省略了关于 x、y 至少四次的项。该交线在点 O 的切线有三条, 它们满足

$$\beta x^3 + \gamma y^3 - 3xy(\lambda x + \mu y) = 0 \tag{3.181}$$

考虑织面 Q 使之三条切线重合。从式 (3.181),

$$\lambda = -\sqrt[3]{\beta^2\gamma} \quad \mu = -\sqrt[3]{\beta\gamma^2}$$

表明三条切线重合于直线

$$\begin{cases} z = 0 \\ \sqrt[3]{\beta}x + \sqrt[3]{\gamma}y = 0 \end{cases} \tag{3.182}$$

因为 $\sqrt[3]{\dfrac{\beta}{\gamma}}$ 有三个值, 所以在 σ 的点 O 得到式 (3.182), 即达布切线。它们的方程为

$$\begin{cases} z = 0 \\ \beta x^3 + \gamma y^3 = 0 \end{cases} \tag{3.183}$$

这三条切线和两条主切线为反配极的。

如果曲面 σ 上一条曲线的各点以该点的达布切线为切线，那么称之为达布曲线。当织面 Q 和曲面 σ 的交线在点 O 的三条切线重合于达布切线时称 Q 为达布织面。依式 (3.183)、式 (3.182) 得到为此的条件，

$$\lambda = \mu = 0$$

故达布织面方程为

$$z + xy + kz^2 = 0 \tag{3.184}$$

式中 k 为参数，表示达布织面全体组成一个束，且作为二重平面的切平面 $z = 0$ 也属于它。

由式 (3.183) 知达布曲线的微分方程为

$$\beta \mathrm{d}u^3 + \gamma \mathrm{d}v^3 = 0 \tag{3.185}$$

称达布切线的共轭切线为塞格勒切线，

$$\begin{cases} z = 0 \\ \beta x^3 - \gamma y^3 = 0 \end{cases} \tag{3.186}$$

沿塞格勒切线进行的曲面上的曲线称塞格勒曲线，其方程为

$$\beta \mathrm{d}u^3 - \gamma \mathrm{d}v^3 = 0 \tag{3.187}$$

过曲面上点 O 的三条塞格勒曲线在点 O 各有密切平面，并且三个密切平面相会于一条直线。为此，命

$$\lambda = \sqrt[3]{\frac{\beta}{\gamma}}$$

置复数 $\varepsilon^3 = 1$，对任何一条塞格勒曲线，有

$$\frac{\mathrm{d}v}{\mathrm{d}u} = \varepsilon\lambda$$

$$\frac{\mathrm{d}^2 v}{\mathrm{d}u^2} = \varepsilon\lambda_u + \varepsilon^2\lambda\lambda_v$$

从而在点 O 的密切平面为由以下三点确定,

$$x \qquad x_u+\varepsilon\lambda x_v$$

$$x_{uu}+2\varepsilon\lambda x_{uv}+\varepsilon^2\lambda^2 x_{uv}+x_v(\varepsilon\lambda_u+\varepsilon^2\lambda\lambda_v)$$

或以

$$(\theta_u+\varepsilon^2\lambda^2\gamma)x_u+[\beta+\varepsilon\lambda_u+\varepsilon^2(\lambda\lambda_v+\lambda^2\theta_v)]x_v+2\varepsilon\lambda x_{uu}+(*)x$$

的形式表示第三个点, 这样密切平面方程为

$$\begin{vmatrix} x & y & z \\ 1 & \varepsilon\lambda & 0 \\ \theta_u t\varepsilon^2\lambda^2\gamma & \beta+\varepsilon\lambda_u+\varepsilon^2(\lambda\lambda_v+\lambda^2\theta_v) & 2\varepsilon\lambda \end{vmatrix}=0$$

或

$$y-\frac{1}{2}\left(\frac{\lambda_u}{\lambda}-\theta_u\right)z-\varepsilon\lambda\left[x+\frac{1}{2}\left(\frac{\lambda_v}{\lambda}+\theta_v\right)z\right]=0$$

该平面过直线

$$\begin{cases} x+\dfrac{1}{2}\left(\dfrac{\lambda_v}{\lambda}-\theta_v\right)z=0 \\ y-\dfrac{1}{2}\left(\dfrac{\lambda_u}{\lambda}-\theta_u\right)z=0 \end{cases} \tag{3.188}$$

注意到式 (3.188) 与 ε 无关, 于是上述三个密切平面属于同一束。现使用福比尼法坐标, $\theta=\log(\beta\gamma)$, 式 (3.188) 变为

$$\begin{cases} x+\dfrac{1}{3}\left[\dfrac{\partial}{\partial v}\log(\beta^2\gamma)\right]z=0 \\ y+\dfrac{1}{3}\left[\dfrac{\partial}{\partial u}\log(\beta\gamma^2)\right]z=0 \end{cases}$$

即平面束的轴线为下边两个点的连线

$$x \qquad x_{uv}-\frac{1}{3}(\psi x_u+\varphi x_v)$$

其中 φ、ψ 依式 (3.174) 给出。因此这是规范直线 $C\left(-\dfrac{1}{3}\right)$, 称

$C\left(-\frac{1}{3}\right)$ 为捷赫第一轴线, 它的共轭直线为捷赫第二轴线。

定理 3.20 过曲面上点 O 的三条塞格勒曲线在 O 的三个密切平面相会于捷赫第一轴线。

定理 3.21 过曲面上点 O 的任何两条达布曲线与共轭第三条达布曲线的塞格勒曲线在 O 的三个密切平面相会于一条直线。

事实上, 根据定理 3.19 中的各条达布曲线可以得到一条直线作为三个密切平面的轴线, 从而导出由 O 出发的三条直线; 这三条直线构成三面体, 并在 O 的切平面关于其极线恰恰为第一轴线。

3.1.12 邦皮阿尼定理

设曲面 σ 的主切参数为 u、v, O 为其中的点; 令 O 的参数值 $u=v=0$。在 σ 上取一条过 O 的曲线 C, 使之在 O 和主切曲线 $u=0$ 相切, C 的方程可表达成

$$u=-\frac{1}{2}h\gamma v^2+f(3) \tag{3.189}$$

式中 h 为常数, γ 为 γ 在 O 的值。依式 (3.42) 知 h 的值对于主切曲线的参数变换是不变的。在 O 作 C 的密切平面, 它经过的下三点

$$x \qquad \frac{\mathrm{d}x}{\mathrm{d}v}=x_v+x_u\frac{\mathrm{d}u}{\mathrm{d}v}$$

$$\begin{aligned}\frac{\mathrm{d}^2x}{\mathrm{d}^2v}&=x_v\frac{\mathrm{d}^2u}{\mathrm{d}v^2}+x_{uu}\left(\frac{\mathrm{d}u}{\mathrm{d}v}\right)^2+2x_{uv}\frac{\mathrm{d}u}{\mathrm{d}v}+x_{uv}\\&=\theta_v x_v+(1-h)\gamma x_u+p_{22}x\end{aligned}$$

据此, 经平面重合于平面 $x\ x_u\ x_v$, 从而与 σ 相切, 也和主切曲线 $u=0$ 相密切。当且仅当 $(1-h)\gamma=0$ 时这个平面才变为不定。如果 $\gamma=0$, 那么由 $x_{vv}=\theta_v x_v+p_{22}x$ 得出: O 为主切曲线 $u=0$ 的拐点, 且其密切平面也是未定的。对于例外情况, 当 $h=1$ 时曲线 C 为以 O 作拐点, 表明它的密切平面是不定的。计算 x 的第三次导数,

$$\frac{\mathrm{d}^3x}{\mathrm{d}v}=(*)x_u+(*)x_v+(*)x+\gamma(1-3h)x_{uv}$$

当 $3h=1$ 时四点 (x)、$\left(\frac{\mathrm{d}x}{\mathrm{d}v}\right)$、$\left(\frac{\mathrm{d}^2x}{\mathrm{d}v^2}\right)$、$\left(\frac{\mathrm{d}^3x}{\mathrm{d}v^3}\right)$ 共面, 即在 O 的密切平面是稳定的。

一般曲线 C 对应的常数 h 的意义在于: 因为 C 与主切曲线 $u=0$ 在点 O 有公共的密切平面, 所以无论从哪个点将它作射影到任意平面上, 得到的两条曲线在 O 的象恒有相同的塞格勒不变式。为决定该不变式, 依点 (x_{uv}) 射影上述两条曲线到切平面 $z=0$ 上。曲线 C 上一个点的齐次坐标为

$$x+x_v\mathrm{d}v+\frac{1}{2}[\theta_v x_v+(1-h)\gamma x_u+p_{22}x]\mathrm{d}v^2+f(3)$$

它的非齐次局部坐标为

$$\begin{cases} x=\dfrac{1}{2}(1-h)\gamma\mathrm{d}v^2+f(3) \\ y=\mathrm{d}v+f(2) \end{cases}$$

故 C 在 $z=0$ 上的射影曲线展开为

$$x=\frac{1}{2}(1-h)\gamma y^2+f(3)$$

主切曲线 $u=0$ 在切平面 $z=0$ 上的射影曲线展开为

$$x=\frac{1}{2}\gamma y^2+f(3)$$

于是给出所求塞格勒不变式 $1-h$。

以 Γ 为曲面 σ 上的曲线, 从 Γ 的各点引主切曲线 u (常数) 的切线, 得到直纹面 R_u; 当然 Γ 也在 R_u 上。同理, 从主切曲线 v (常数) 的切线也可有直纹面 R_v。这两个直纹面称为曲线 Γ 的主切直纹面。设 O 为 Γ 上的点, r 为过 O 并属于 R_v 的母线。作 R_v 沿 r 的密切织面 Q_v^0, 就是由 R_v 的曲线 r 和其邻接母线 r'、r'' 确定的织面。也就是由在 Γ 的点 O 及其邻接点 O'、O'' 所引主切曲线 v (常数) 的切线决定的织面。在 Q_v^0 上有两系母线, 三条母线 r、r'、r'' 属于其中一系, 且与 r、r'、r'' 相交的所有直线 s 属于另一系。直纹面 R_v 有两系主切曲线: 第一系由母线构成, 第二系均

为弯曲的主切曲线，每条切线和 R_v 相交于三重点，即和 R_v 的三条邻接母线相交，于是从 r 上任何点引第二系主切曲线的切线可得到织面 θ_v^0 的母线 s。

从 r 的各点引 R_v 的弯曲主切曲线的切线，其轨道为织面 Q_v^0；同样可以给出 R_u 的织面 Q_u^0。这样在 Γ 的任何点 O 作出的两个织面 Q_u^0、Q_v^0 称为 Γ 在 O 的两个主密切织面。

设 Γ 的参数方程为

$$\begin{cases} u = u(w) \\ v = v(w) \end{cases}$$

直纹面 R_v 的点为

$$\bar{x} = x_u + \lambda x \quad (\lambda \text{ 为参数})$$

w、λ 为 R_u 的曲线坐标。R_v 的一系主切曲线为其母线 w (常数)，另一点弯曲主切曲线取决于

$$(\bar{x}, \bar{x}_w, \bar{x}_\lambda, x_{ww}\mathrm{d}w + 2\bar{x}_{w\lambda}\mathrm{d}\lambda) = 0 \tag{3.190}$$

而

$$\begin{aligned} \bar{x}_w &= x_{uu}u' + x_{uv}v' + \lambda(x_u u' + x_v v') \\ \bar{x}_\lambda &= x \\ \bar{x}_{w\lambda} &= x_u u' + x_v v' \\ \bar{x}_{ww} &= x_{uuu}u'^2 + 2x_{uuv}u'v' + x_{uvv}v'^2 + x_{uu}u'' + x_{vv}v'' \\ &\quad + \lambda(x_{uu}u'^2 + 2x_{uv}u'v' + x_v vv'^2 + x_u u'' + x_v v'') \end{aligned}$$

且

$$\begin{aligned} x_{uuu} &= (\beta_u + \theta_u\beta)x_v + \beta x_{uv} + (*)x_u + (*)x_v \\ x_{uuv} &= \pi_{11}x_v + \theta_v x_{uv} + (*)x_u + (*)x \\ x_{vv} &= \theta_v x_v + \gamma x_u + p_{22}x \\ x_{uu} &= \theta_u x_u + \beta x_v + p_{11}x \end{aligned}$$

式 (3.190) 变为

$$\frac{\mathrm{d}\lambda}{\mathrm{d}w}=A\lambda^2+B\lambda+C \tag{3.191}$$

其中

$$\begin{cases}A=u'\\B=\theta_u u'+\beta\dfrac{u'^2}{v'}-\dfrac{1}{2}\dfrac{v''}{v'}\\C=\dfrac{1}{2v'^2}\Big\{\beta u'\Big[\beta u'^2+\theta_u u'v'-\Big(\dfrac{\beta u}{\beta}u'v'-2\dfrac{\pi_{11}}{\beta}v'^2\Big)\\\qquad -\beta u''v'-\theta_v v'v''+v'^2(\beta\theta_v u'-(\theta_{uv}+\beta\gamma)v')\Big]\Big\}\end{cases}$$

依此推出

$$\frac{\mathrm{d}\bar{x}}{\mathrm{d}w}=(\theta_u+\lambda)u'x_u+(\beta u'+\lambda v')x_v+v'x_{uv}+(A\lambda^2+B\lambda+C+p_{11}u')x$$

于是织面 Q_v^0 上的任何点 (x^*) 为

$$\begin{aligned}x^*=&x_u+\lambda x+\mu[(\theta_u+\lambda)u'x_u+(\beta u'+\lambda v')x_v+v'x_{uv}\\&+(A\lambda^2+B\lambda+C+p_{11}u')x]\end{aligned} \tag{3.192}$$

式中 λ、μ 为 Q_v^0 的参数。当 Γ 为式 (3.189) 时在 O 有

$$\begin{aligned}&u'=v''=0\\&u=v=w=0\\&u''=-h\gamma\\&v'=1\end{aligned}$$

其中 $w=v$, 从式 (3.192) 得

$$\begin{cases}A=0\\B=0\\C=-\dfrac{1}{2}[\theta_{uv}+(1-h)\beta\gamma]\end{cases}$$

此时对应的织面 Q_v^0 为

$$x^* = \left\{\lambda - \frac{1}{2}[\theta_{uv} + (1-h)\beta\gamma]\mu\right\}x + x_u + \lambda\mu x_v + \mu x_{uv}$$

或

$$\begin{cases} \rho x_1 = \lambda - \dfrac{1}{2}[\theta_{uv} + (1-h)\beta\gamma]\mu \\ \rho x_2 = 1 \\ \rho x_3 = \lambda\mu \\ \rho x_4 = \mu \end{cases}$$

给出织面的方程

$$x_1x_4 - x_2x_3 + \frac{1}{2}[\theta_{uv} + (1-h)\beta\gamma]x_4^2 = 0 \tag{3.193}$$

邦皮阿尼定理 若 Γ 为过曲面上点 O 的一条曲线, 在 O 和主切曲线 v 相切, 且塞格勒不变式为常数 $1-h$, 则 Γ 的主密切织面 Q_v^0 取决于式 (3.193), 从而它属于达布织面束。

注意到式 (3.193) 对 β 与 γ、u 与 v 的交换不变的事实, 对于曲线

$$v = -\frac{1}{2}h\beta u^2 + f(3)$$

作出的主密切织面 Q_u^0 和上述织面 Q_v^0 重合。故任何一个达布织面会有两种不同的作图方法, 并决定于常数 h。这时称 h 为达布织面的指数。

在达布织面束中重要的织面有:

(1) 当 $h=0$ 时为李织面, 所取的曲线 C 和 C' 可以为主切曲线 $u=0$、$v=0$。

(2) 当 $h=1$ 时为维尔律斯基织面, 式 (3.193) 变为

$$x_1x_4 - x_2x_3 + \frac{1}{2}\theta_{uv}x_4^2 = 0 \tag{3.194}$$

所取的曲线 C、C' 以 O 作拐点。邦皮阿尼给出的织面实际上就是维尔律斯基的规范织面; 即设 P_1、P_2 为曲面 σ 在点 O 的两条主切线上的两个点, 且线汇 (P_1P_2) 和主切曲线网是调和的。在 P_1、P_2

分别引有关共轭网 N_{p_1}、N_{p_2} 的另一条切线 P_1L_1、P_2L_2 并从 O 引直线 OO_3 使之与 P_1L_1、P_2L_2 相交, 于是直线 OO_3、P_1P_2 关于维尔律斯基织面为共轭直线。

(3) 当 $h=\dfrac{1}{3}$ 时为福比尼织面, 所取的曲线 C、C' 在 O 有稳定的密切平面。

(4) 当 $h\to\infty$ 时为二重切平面。

定理 3.22 指数 h 的达布织面关于李织面的配极为指数 $-h$ 的达布织面。

证明: 置 $K=\theta_{uv}+\beta\gamma$, 改写式 (3.193),

$$2(x_1x_4-x_2x_3)+(K-h\beta\gamma)x_4^2=0 \tag{3.195}$$

当 $h=0$ 时它代表李织面, 取点 (y) 及平面 (u) 关于它是配极的, 有

$$\begin{cases} y_1=u_4-Ku_1 \\ y_2=-u_3 \\ y_3=-u_2 \\ y_4=u_1 \end{cases}$$

从而达布织面式 (3.195) 变换后被映射到二阶曲面

$$2(u_1u_4-u_2u_3)-(K+h\beta\gamma)u_1^2=0$$

在点坐标系 (x) 下, 其方程为

$$2(x_1x_4-x_2x_3)+(K+h\beta\gamma)x_4^2=0 \tag{3.196}$$

这就是指数 $-h$ 的达布织面。

据此得出作为维尔律斯基织面与福比尼织面的配极的 $h=-1$ 及 $h=-\dfrac{1}{3}$ 的达布织面。

设 $\mathit{\Gamma}$ 为曲面 σ 上的一条曲线, 且其方程为 $\dfrac{\mathrm{d}v}{\mathrm{d}u}=\lambda$。从 $\mathit{\Gamma}$ 的各点 P 和定点 O 各引主切曲线 u、v, 使其相交于点 P_1、P_2 并作

直线 PP_1、PP_2。当 P 沿 Γ 变化时 PP_1、PP_2 分别绘成直纹面 $R^{(u)}$、$R^{(v)}$, 称之为主切弦纹面。以这些主切弦纹面替代前文中的主切直纹面, 完全同样地推出 Γ 在 O 的两个织面 $Q_0^{(u)}$、$Q_0^{(v)}$, 称之为主弦密切织面。

织面 $Q_0^{(u)}$ 的方程为

$$4\left[x_1x_4 - x_2x_3 + \frac{1}{2}(\theta_{uv} + \beta\gamma)x_4^2\right] - \frac{2}{3}\gamma\lambda^2 x_2x_4 + 2\gamma\lambda x_3x_4 + \gamma\left[\left(\theta_u + \frac{2\gamma_u}{\gamma}\right)\lambda + \frac{1}{3}\left(\theta_v + \frac{2\beta_v}{\beta}\right)\lambda^2 + \lambda'\right]x_4^2 = 0 \quad (3.197)$$

织面 $Q_0^{(v)}$ 的方程为

$$4\left[x_1x_4 - x_2x_3 + \frac{1}{2}(\theta_{uv} + \beta\gamma)x_4^2\right] - \frac{2\beta}{\lambda}x_2x_4 - \frac{2\beta}{3\lambda^2}x_3x_4 + \beta\left[\left(\theta_u + \frac{2\beta_v}{\beta}\right)\frac{1}{\lambda} + \frac{1}{3}\left(\theta_u - \frac{2\gamma_u}{\gamma}\right)\frac{1}{\lambda^2} - \frac{\lambda'}{\lambda^3}\right]x_4^2 = 0 \quad (3.198)$$

$$2\lambda(\lambda x_2 - x_3) + (\lambda' + \beta - \theta_u\lambda + \theta_v\lambda^2 - \gamma\lambda^3)x_4 = 0 \quad (3.199)$$

π 和 $Q_0^{(u)}$ 相交于一条二次曲线。如果变动 Γ 而常使其在 O 切于方向 λ 的定切线, 那么该二次曲线的轨迹为织面 $\bar{Q}_0^{(u)}$,

$$4\left[x_1x_4 - x_2x_3 + \frac{1}{2}(\theta_{uv} + \beta\gamma)x_4\right] - \frac{8}{3}\gamma\lambda^2 x_2x_4 + 4\gamma\lambda^3 x_3x_4 + \left(\beta\gamma + 2\gamma\varphi\lambda - \frac{3}{2}\gamma\psi\lambda^2 + \gamma^2\lambda^3\right)x_4^2 = 0 \quad (3.200)$$

交换 $Q_0^{(u)}$、$Q^{(v)}$ 给出织面 $\bar{Q}_0^{(v)}$,

$$4\left[x_1x_4 - x_2x_3 + \frac{1}{2}(\theta_{uv} + \beta\gamma)x_4^2\right] + \frac{4\beta}{\lambda}x_2x_4 - \frac{8}{3}\frac{\beta}{\lambda^2}x_3x_4 + \left(\beta\gamma - \frac{2\beta\varphi}{3\lambda^2} + \frac{2\beta\psi}{\lambda} + \frac{\beta^2}{\lambda^3}\right)x_4^2 = 0 \quad (3.201)$$

称它们为导来主切织面。当 Γ 趋于点 O 的主切曲线 $u(v=0)$ 或 $v(u=0)$ 时, 两个织面 $\bar{Q}_0^{(u)}$、$\bar{Q}_0^{(v)}$ 趋近于同一个织面,

$$x_1x_4 - x_2x_3 + \frac{1}{2}\left(\theta_{uv} + \frac{3}{2}\beta\gamma\right)x_4^2 = 0 \quad (3.202)$$

即指数 $h=-\dfrac{1}{3}$ 的达布织面。

3.1.13 射影变形

从曲面上两点 O、O' 分别引两主切线和各切平面, 该四条直线与两切平面的交线相交于四点。在 O、O' 为曲面上两个邻接点的假定下, 将计算出的上述四点交比的主要部分。用 β、γ、x、$\cdots$ 表示这组函数在 O 的数值; 在这里对曲线坐标 u、v 不作任何假设。

以 u、v 为 O 的坐标。且 $u+\mathrm{d}u$、$v+\mathrm{d}v$ 为 O' 的坐标。依式 (3.192) 给出 O 的主切线 $p\pm q$ 及 O' 的主切线 $p'\pm q'$, 其中

$$p=(x,\mathrm{d}x)\quad q=(\xi,\mathrm{d}\xi)$$

而

$$\begin{aligned}p'&=p+\mathrm{d}p+\frac{1}{2}\mathrm{d}^2p+\frac{1}{6}\mathrm{d}^3p+\cdots\\&=(x,\mathrm{d}x)+(x,\mathrm{d}^2x)+\frac{1}{2}[(x,\mathrm{d}^3x)+(\mathrm{d}x,\mathrm{d}^2x)]\\&\quad+\frac{1}{6}[(x,\mathrm{d}^4x)+2(\mathrm{d}x,\mathrm{d}^3x)]+\cdots\end{aligned}$$

和关于 q' 的类似式, 但是

$$\begin{aligned}p\cdot p'&=0+\cdots\\q\cdot p'&=\frac{1}{2}(\xi,\mathrm{d}\xi)\cdot[(x,\mathrm{d}^3x)+(\mathrm{d}x,\mathrm{d}^2x)]\\&\quad+\frac{1}{6}(\xi,\mathrm{d}\xi)\cdot[(x,\mathrm{d}^4x)+2(\mathrm{d}x,\mathrm{d}^3x)]+\cdots\\&=\frac{1}{2}\begin{vmatrix}0&\xi\mathrm{d}^2x\\\mathrm{d}x\cdot\mathrm{d}\xi&\mathrm{d}\xi\cdot\mathrm{d}^2x\end{vmatrix}+\frac{1}{3}\begin{vmatrix}0&\mathrm{d}^2x\cdot\xi\\\mathrm{d}\xi\cdot\mathrm{d}x&\mathrm{d}\xi\cdot\mathrm{d}^2x\end{vmatrix}+\cdots\\&=\frac{1}{2}(\xi\cdot\mathrm{d}^2x)^2+\frac{1}{3}(\xi\cdot\mathrm{d}^2x)(\xi\cdot\mathrm{d}^3x)+\cdots\end{aligned}$$

利用同样的方法为计算 $q'\cdot p$、$q'\cdot p$。

从点 O' 出发的主切线为 $p'+\varepsilon_iq'(i=1,2;\varepsilon_i=\pm)$。设点 O 的一条切线 $\lambda_1p+\lambda_2q$ 与 $p'=\varepsilon_iq'$ 相交, 于是

$$(p'+\varepsilon_iq')\cdot(\lambda_1p+\lambda_2q)=0$$

或

$$\lambda_2\left(\frac{1}{2}\xi\cdot\mathrm{d}^2x+\frac{1}{2}\xi\cdot\mathrm{d}^3x\right)+\lambda_1\varepsilon_i\left(\frac{1}{2}\xi\cdot\mathrm{d}^2x+\frac{1}{3}x\cdot\mathrm{d}^3\xi\right)+\cdots=0$$

从此得到 $\dfrac{\lambda_1}{\lambda_2}$。所述的交比等于两条直线 $p\perp q$ 及这里决定的两条直线 $\lambda_1p+\lambda_2q$ 所构成的交比, 即

$$\left(\frac{2}{3}\frac{\xi\cdot\mathrm{d}^3x-x\cdot\mathrm{d}^3\xi}{2\mathrm{d}x\cdot\mathrm{d}\xi}\right)^2$$

故采用分式

$$\frac{\xi\cdot\mathrm{d}^3-x\cdot\mathrm{d}^3\xi}{2\xi\cdot\mathrm{d}^2x}=\frac{\mathrm{d}x\cdot\mathrm{d}^2\xi-\mathrm{d}\xi\cdot\mathrm{d}^2x}{2\xi\cdot\mathrm{d}^2x}\tag{3.203}$$

作为曲面的射影线素。注意到上述计算当

$$\xi\cdot\mathrm{d}^3x=-\mathrm{d}\xi\cdot\mathrm{d}x=x\cdot\mathrm{d}^2\xi=0$$

时不成立, 就是 O、O' 在同一主切曲线上的情况必须除外。式 (3.203) 的成立, 只需作等式

$$\xi\cdot\mathrm{d}^2x-x\cdot\mathrm{d}^2\xi=0$$

的微分即可明确。引进齐式

$$F_2=\xi\cdot\mathrm{d}^2x=-\mathrm{d}\xi\cdot\mathrm{d}x=x\cdot\mathrm{d}^2\xi$$

这就是射影线素式的分母, 它们分子为算式

$$F_3=\frac{1}{2}(\xi\cdot\mathrm{d}^3x-x\cdot\mathrm{d}^3\xi)=\frac{1}{2}(\mathrm{d}x\cdot\mathrm{d}^2\xi-\mathrm{d}\xi\cdot\mathrm{d}^3x)\tag{3.204}$$

射影线素等于 $\dfrac{F_3}{F_2}$, 并且有内在性, 而对于两组坐标 x、ξ 的对调是不变的。

当使用曲线主切参数 u、v 计算 F_3 时, 可推出

$$\mathrm{d}\xi\cdot\mathrm{d}^2x=-a_{12}(\mathrm{d}u\mathrm{d}^2v+\mathrm{d}v\mathrm{d}^2u)-\beta a_{12}\mathrm{d}u^3$$

$$- \theta_u a_{12}\mathrm{d}v\mathrm{d}u^2 - \gamma a_{12}\mathrm{d}v^3 - \theta_v a_{12}\mathrm{d}v^2$$

及 $\mathrm{d}x \cdot \mathrm{d}^2\xi$ 的类似式, 有

$$F_3 = \frac{1}{2}(\mathrm{d}x \cdot \mathrm{d}^2\xi - \mathrm{d}\xi \cdot \mathrm{d}^2 x) = a_{12}(\beta \mathrm{d}u^3 + \gamma \mathrm{d}v^3) \tag{3.205}$$

而

$$F_2 = 2a_{12}\mathrm{d}u\mathrm{d}v$$

得

$$\frac{F_3}{F_2} = \frac{\beta \mathrm{d}u^3 + \gamma \mathrm{d}v^3}{2\mathrm{d}u\mathrm{d}v} \tag{3.206}$$

沿达布曲线的射影线素恒为 0; $F_3 = 0$ 为达布曲线在一般参数下的微分方程。射影线素对于直射变换不变; 对逆射反而必变符号。可以证明 F_3 和 F_2 为反配极的。

令两个曲面 S、S' 之间存在点映射, 并对于 S 的任何点 A 常可找到一个直射 T, 使 A 变换到 S' 的对应点 A', 在 S 上过 A 的任何曲线 C 变换到 Γ', 且 Γ' 和 C 的对应曲线 C' 在点 A' 做成二阶解析接触, 这样 S、S' 称作互为射影变形的曲面。

取曲线坐标 u、v 使 S、S' 的对应点具有同一组坐标 u、v, 从而对任何一对对应点 $u = u_0$、$v = v_0$ 存在一个直射 T, 经过变换 T, 点 x、$\mathrm{d}x$、d^2x 分别变到 x'、$\mathrm{d}x'$、d^2x'。该直射 T 与 u、v 的值 u_0、v_0 有关, 与 $\mathrm{d}u$、d^2u、d^2v 无关。当选择 $\rho = \rho(u, v)$ 时, 点 ρx、$\mathrm{d}(\rho x)$、$\mathrm{d}^2(\rho x)$ 分别被 T 移动到点 x'、$\mathrm{d}x'$、d^2x', 即

$$\rho x \qquad \rho_u x + \rho x_u \qquad \rho_v x + \rho x_v$$
$$\rho_{uu}x + 2\rho_u x_u + \rho x_{uu}$$
$$\rho_{vv}x + \rho_u x_v + \rho_v x_u + \rho x_{uv}$$
$$\rho_{v\sigma}x + 2\rho_v x_v + \rho_{vv}$$

分别经过 T 变换到各点 x'、x'_u、x'_v、x'_{uu}、x'_{uv}、x'_{vv}, 而 $u = u_0$、$v = v_0$, 故方程

$$(x, x_u, x_v, \mathrm{d}^2x) = 0 \quad (x', x'_u, x_v, \mathrm{d}^2x') = 0$$

在 S、S' 的任何对应点必重合。换言之,一个曲面的主切曲面在射影变形后仍为主切曲线。现以 S、S' 的主切曲线坐标为 u、v 作讨论。依曲面 S 的基本方程可以得到

$$\rho_{uu}x + 2\rho_u x_u + \rho x_{uu} = \left[\left(\frac{\rho_{uu}}{\rho} + p_{11}\right) - \left(\theta_u + \frac{2\rho_u}{\rho}\right)\frac{\rho_u}{\rho} - \beta\frac{\beta_v}{\rho}\right]\rho x$$
$$+ \left(\theta_u + 2\frac{\rho_u}{\rho}\right)(\rho x_u + \rho_u x) + \beta(\rho x_v + \rho_v x)$$

经过 T, 有

$$\left[\left(\frac{\rho_{uu}}{\rho} + p_u\right) - \left(\theta_u + 2\frac{\rho_u}{\rho}\right)\frac{\rho_u}{\rho} - \beta\frac{\rho_x}{\rho}\right]x' + \left(\theta_u + 2\frac{\rho_u}{\rho}\right)x'_u + \beta x'_\sigma$$

并必须重合于点

$$x'_{uu} = p'_{11}x' + \theta'_u x'_u + \beta' x'_v$$

式中 p'、θ'、β' 为 S' 的对应量。

因为可在 (u_0, v_0)、ρ 及其导数值作任意选择, 所以只要 $\beta' = \beta$ 成立即可; 同理, $\gamma' = \gamma$。反之, 若在 S、S' 的对应量有

$$\beta = \beta' \qquad \gamma = \gamma'$$

则可取 $\rho \neq 0$、ρ_u、ρ_v、ρ_{uu}、ρ_{uv}、ρ_{vv} 在该点的数值, 使以上的一些条件成立。

定理 3.23 两个曲面互为射影变形的充要条件是:

(1) 两个曲面的主切曲线互相对应;

(2) 两个曲面有同一组的 β、γ。

今将曲面的射影线素式 (3.206) 变为

$$\frac{F_3}{F_2} = \frac{1}{2}\left(\beta\frac{\mathrm{d}u^2}{\mathrm{d}v} + \gamma\frac{\mathrm{d}v^2}{\mathrm{d}u}\right)$$

依式 (3.42); 等式 $\beta\dfrac{\mathrm{d}u^2}{\mathrm{d}v}$、$\gamma\dfrac{\mathrm{d}v^2}{\mathrm{d}u}$ 有内在不变性。

定理 3.23′ 两个曲面互为射影变形的充要条件为它们具有相同的射影线素。

对互为射影变形的两个曲面使用适当的坐标 x 便可使两个曲面的齐式 F_2、F_3 相同。

不准验证：直纹面 $(\beta\gamma=0)$ 只能与直纹面互为射影变形，两个织面 $(\beta=\gamma=0)$ 之间母线与母线成的对应一定为射影变形。

已知曲面的可积条件为

$$\begin{cases} L_v=-2\beta\gamma_u-\beta_u\gamma \\ M_u=-2\gamma\beta_v-\gamma_v\beta \\ \beta M_v+2M\beta_v+\beta_{vvv}=\gamma L_u+2L\gamma_u+\gamma_{uuu} \end{cases} \tag{3.207}$$

又齐式

$$L\mathrm{d}u^2+M\mathrm{d}v^2-\varPhi \tag{3.208}$$

具有内在不变性，而 $\varPhi$ 单独取决于 β、γ。

讨论式 (3.207) 至少有两组解 L、M 的情况。置 $L=L_i$、$M=M_i(i=1,2)$ 为式 (3.207) 的解，于是两个等式

$$L_i\mathrm{d}u^2+M_i\mathrm{d}v^2-\varPhi$$

有内在不变性，算式

$$\begin{cases} \lambda\mathrm{d}u^2+\mu\mathrm{d}v^2 \\ \lambda=L_2-L_1 \\ \mu=M_2-M_1 \end{cases} \tag{3.209}$$

也有内在不变性，由式 (3.207) 给出

$$\begin{cases} \lambda_v=0 \\ \mu_u=0 \\ \beta u_v+2u\beta_v=\gamma\lambda_u+2\lambda\gamma_u \end{cases} \tag{3.210}$$

若曲面为直纹面 (如 $\beta=0,\gamma\neq0$)，则 μ 为 v 的任意函数且 λ 为 u 的函数，但必须满足 $\gamma\lambda_u+2\lambda\gamma_u=0$。

当 $\beta\gamma\neq0$ 时改写式 (3.210)，

$$\begin{cases} \lambda_v=0 \quad \lambda_u+2\lambda\dfrac{\gamma_u}{\gamma}=\nu\beta \\ \lambda_u=0 \quad \lambda_v+2\mu\dfrac{\beta_v}{\beta}=\nu\gamma \end{cases} \tag{3.211}$$

这里 ν 为未知函数。

该组方程的可积条件为 $\lambda_{uv}=\mu_{uv}=0$,

$$\begin{cases} 2\lambda\dfrac{\partial^2}{\partial u\partial\sigma}\log\gamma=\dfrac{\partial}{\partial\sigma}(\nu\beta) \\ 2\mu\dfrac{\partial^2}{\partial u\partial\sigma}\log\beta=\dfrac{\partial}{\partial u}(\nu\gamma) \end{cases} \tag{3.212}$$

这些方程最一般解包括三个任意常数, 即 λ、μ、ν 的初值; 讨论:

(1) 式 (3.210)~ 式 (3.212) 仅有一组解 $\lambda=\mu=0$ 的情况。对于给定的函数 β、γ 只有一个对应的曲面, 表明式 (3.207) 仅有一组解 L、M。从而解对应的曲面没有射影变形。

(2) 式 (3.210)~ 式 (3.212) 有 i 组独立解 λ_ρ、$\mu_\rho(\rho=1,2,\cdots,i)$ 的情形。因为微分方程为线性的, 且包括三个未知函数, 所以 $i\leqslant 3$, 从而最一般解的形式为

$$\lambda=\sum_{\rho=1}^{i}k_\rho\lambda_\rho \qquad \mu=\sum_{\rho=1}^{i}k_\rho\lambda_\rho$$

式中 k_ρ 表示 i 个常数。

取 L_1、M_1 为式 (3.207) 的一组解, 于是最一般解为

$$L=L_1+\sum_\rho k_\rho\lambda_\rho$$
$$M=M_1+\sum_\rho k_\rho\mu_\rho$$

定理 3.24 任何非直纹面的曲面至多容有 ∞^3 个与它互为射影变形的曲面。

射影合同的两个曲面应当作为同一个。当 $i\geqslant 1$ 时, 式 (3.210) 至少容有一组不全为零的解 λ、μ, 不妨设 $\lambda\neq 0$。

注意到 $\lambda\mathrm{d}u^2+\mu\mathrm{d}\sigma^2$ 为内在的齐式, 对 $\lambda_v=\mu_u=0$, 若当取 $U=\int\sqrt{\lambda}\mathrm{d}\mu$ 为新参数 u 时 λ 化为 1。同理, 若 $\mu\neq 0$ 也可化 μ 为 1。在适当的主切曲线参数 u、v 的选定下, 得

$$\lambda=1 \qquad u=\sigma \qquad (\sigma\text{ 或为 0 或为 1})$$

据此, 式 (3.210) 归结为

$$\gamma_u = \sigma\beta_v \tag{3.213}$$

定理 3.25 若非直纹的一个曲面容有射影变形, 则在适当的主切曲线参数 u、v 的选定下成立 $\gamma_u = \beta_v$ (称 R 曲面) 或 $\gamma_u = 0$ (称 R_0 曲面)。

由式 (3.212) 作出两个方程的 ν_{uv}, 得

$$2\gamma\lambda\frac{\partial}{\partial u}\left(\frac{1}{\beta\gamma}\frac{\partial^2}{\partial u\partial v}\log\gamma\right)-2\mu\beta\frac{\partial}{\partial v}\left(\frac{1}{\beta\gamma}\frac{\partial^2}{\partial u\partial v}\log\beta\right)=\nu\frac{\partial^2}{\partial u\partial v}\log\left(\frac{\beta}{\gamma}\right)$$

如果这是恒等式, 那么

$$\frac{\partial^2}{\partial u\partial v}\log\left(\frac{\beta}{\gamma}\right)=0$$

$$\frac{\partial}{\partial u}\left(\frac{1}{\beta\gamma}\frac{\partial^2}{\partial u\partial v}\log\gamma\right)=\frac{\partial}{\partial u}\left(\frac{1}{\beta\gamma}\frac{\partial^2}{\partial u\partial v}\log\beta\right)=0$$

表明经过主切曲线参数的变更后, 可以使 $\beta = \gamma$ 且法齐式 $\varphi_2 = 2\beta\gamma\mathrm{d}u\mathrm{d}v$ 的曲率为常数。在 $\beta = \gamma$ 成立的曲面称为等温主切曲面或 F 曲面。

定理 3.26 如果一个非直纹面的曲面容有 ∞^3 个射影变形曲面, 那么它为 F 曲面, 且它的法齐式 φ_2 的曲率为常数。除了该种曲面外, 其他的曲面或无法射影变形、或为 R 曲面、或为 R_0 曲面, 即容有 ∞^1 个或 ∞^2 个射影变形曲面。

3.1.14 姆塔尔织面

定理 3.27 若 σ 为非直纹曲面, 且 t 为 σ 在点 O 的主切线之外的切线; 以 t 的任何平面作出 σ 的平截线, 则该截线在点 O 的密切二次曲线随所作平面绕 t 旋转形成一个织面。

证明: 根据式 (3.171) 写出曲面 σ 在 O 的展开

$$z = xy - \frac{1}{3}(\beta x^3 + \gamma y^3) + \varphi_4(x, y) + \cdots$$

设切线 t 为

$$\begin{cases} z = 0 \\ y - nx = 0 \end{cases}$$

式中 n 为非零的常数; 过 t 的平面取决于方程

$$z = \rho(y - nx) \tag{3.214}$$

ρ 为参数。从此推出 σ 的平截线在 xy 平面上的射影, 即

$$\rho(y - nx) = xy - \frac{1}{3}(\beta x^3 + \gamma y^3) + \varphi_4(x, y) + \cdots$$

或 y 展开为 x 的级数,

$$y = nx + a_2 x^2 + a_3 x^3 + a_4 x^4 + f(5) \tag{3.215}$$

这里

$$\begin{cases} a_2 = \dfrac{n}{\rho} \\ a_3 = \dfrac{1}{\rho}\left[\dfrac{n}{\rho} - \dfrac{1}{3}(\beta + \gamma n^3)\right] \\ a_4 = \dfrac{1}{\rho}\left[\dfrac{n}{\rho^2} - \dfrac{1}{3\rho}(\beta + 4\gamma n^3) + \varphi_4(1, n)\right] \end{cases} \tag{3.216}$$

注意到平曲线式 (3.215) 在点 O 的密切二次曲线决定于

$$-x^2 + Y(Ax + BY + C) = 0$$

$$Y = y - nx$$

$$C = \frac{1}{a_2} \qquad Aa_2 + Ca_3 = 0 \qquad Ca_4 + Aa_3 + Ba_2^2 = 0$$

故

$$-x^2 + Y\left\{\left[\frac{\rho}{3n^2}(\beta + \gamma n^3) - \frac{1}{n}\right]x\right.$$

$$\left. - \frac{\rho^2}{n^2}\left[\frac{1}{3n\rho}(\beta - 2\gamma n^3) + \frac{1}{n}\varphi_4(1, n) - \frac{1}{\rho n^2}(\beta + \gamma n^3)^2\right]Y + \frac{\rho}{n}\right\} = 0$$

如果从式 (3.214) 代入 $\rho = \dfrac{z}{Y}$ 到最后方程中得到二次曲线的轨迹,

$$36n^3(z - xy) + 12n^2(2\beta - \gamma n^3)xz - 12n(\beta - 2\gamma n^3)yz$$

$$+\left[4(\beta+\gamma n^3)^2-36n\varphi_4(1,n)\right]z^2=0 \tag{3.217}$$

该轨迹为织面。

在点 O 一条非主切线的切线一定有对应的织面, 称之为属于这个方向的姆塔尔织面。

式 (3.217) 可表达成

$$\begin{aligned}
&[4(\beta+\gamma n^3)^2+3n(\beta_u+4\beta_v n+4\gamma_u n^3+\gamma_v n^4)]z^2\\
&+36n^3\left[z-xy+\frac{1}{2}z^2\frac{\partial^2}{\partial u\partial v}\log(\beta\gamma)\right]-12n(\beta-2\gamma n^3)\cdot\\
&\left[y+\frac{1}{2}z\frac{\partial}{\partial u}\log(\beta\gamma)\right]z-12n^2(\gamma n^3-2\beta)\left[x+\frac{1}{2}z\frac{\partial}{\partial \sigma}\log(\beta\gamma)\right]z=0
\end{aligned} \tag{3.218}$$

由式 (3.217) 知一个姆塔尔织面和切平面确定一个织面束,

$$z-xy+\frac{1}{3n}(2\beta-\gamma n^3)xz-\frac{1}{3n^2}(\beta-2\gamma n^3)yz+kz^2=0 \tag{3.219}$$

k 为参数。比较式 (3.219)、式 (3.180) 表明, 此束织面与曲面 σ 在点 O 做成二阶接触。称这 ∞^1 个织面构成属于切线 t 的姆塔尔织面束。

定理 3.28 设 t 为曲面 σ 在点 O 的一条非主切的切线; 如果在 O 使织面 Q 与 σ 做成二阶接触, 且其交线在 O 的切线中的两条和 t 重合, 那么 Q 属于切线 t 的姆塔尔束。

事实上, 所求的织面 Q 是有式 (3.180) 的形式, 就是

$$z-xy+z(\lambda x+\mu y+\nu z)=0$$

从而 Q 与 σ 的交线在 O 的三条切线取决于式 (3.181),

$$\varphi_3=\beta x^3+\gamma y^3-3xy(\lambda x+\mu y)=0$$

由假定, 其中两条重合于 t,

$$y-nx=0$$

有

$$\varphi_3\bigg|_{\substack{x=1\\y=0}} = \beta+\gamma n^3-3n(\lambda+\mu n)=0$$

$$\frac{\partial\varphi}{\partial x}\bigg|_{\substack{x=1\\y=0}} = 3[\beta-n(\lambda+\mu n)-\lambda n]=0$$

导出

$$\lambda=\frac{1}{3n}(2\beta-\gamma n^3) \quad \mu=\frac{1}{3n^2}(3\gamma n^3-\beta)$$

故 Q 的方程变为式 (3.218), 证明它属于 t 的姆塔尔束。

今利用姆塔尔束作曲面切平面上的一个点与过切点 O 的一个平面之间的对应点。设点 $P(\neq 0)$ 为在 O 的切平面的任意点, 作切线 OP 的对应的姆塔尔束, 并作出 P 关于该束里任何织面的配极平面 π, P 与 π 之间的映射称为姆塔尔对应。

取 P 的局部坐标为 $(x',y',0)$, 有 OP 方程

$$z=y-nx=0$$

式中 $n=\dfrac{y'}{x'}$, 点 P 关于方向 OP 对应的姆塔尔束中任何织面的配极平面, 依式 (3.219),

$$z-x'y-y'x+\frac{1}{3n}(2\beta-\gamma n^3)x'z-\frac{1}{3n^2}(\beta-2\gamma n^3)y'z=0$$

代入 $n=\dfrac{y'}{x'}$, 得到平面 π 方程

$$x'y'^2x+x'^2y'y-\left[x'y'+\frac{1}{3}(\beta x'^3+\gamma y'^3)\right]z=0 \qquad (3.220)$$

当

$$x_1x+x_2x_u+x_3x_v+x_4x_{uv}$$

$$\xi_1\xi+\xi_2\xi_u+\xi_3\xi_v+\xi_4\xi_{uv}$$

分别表示点的坐标和平面的坐标时, 衔接条件可表达为

$$\xi_1x_4-\xi_2x_3-\xi_3x_2+x_4x_1=0 \qquad (3.221)$$

在式 (3.220) 中记

$$x = \frac{x_2}{x_1} \quad y = \frac{x_3}{x_1} \quad z = \frac{x_4}{x_1}$$

$$x' = \frac{y_2}{y_1} \quad y' = \frac{y_3}{y_1} \quad z' = \frac{y_4}{y_1}$$

有

$$\left[y_1y_2y_3 + \frac{1}{3}(\beta y_2^3 + \gamma y_3^3)\right] x_4 - y_2^2y_2x_3 - y_2y_3^2x_2 = 0 \tag{3.222}$$

比较式 (3.222)、式 (3.221) 知姆塔尔对应。

设 $\eta_1\xi + \eta_2\xi_u + \eta_3\xi_v$ 为点 $y_1x + y_2x_u + y_3x_v$ 的对应平面, 于是

$$\begin{cases} \rho\eta_1 = y_1y_2y_3 + \dfrac{1}{3}(\beta y_2^3 + \gamma y_3^3) \\ \rho\eta_2 = y_2^2y_3 \\ \rho\eta_3 = y_2y_3^2 \end{cases} \tag{3.223}$$

这里 ρ 为非零比例因数。据此

$$\begin{cases} \tau y_1 = \eta_1\eta_2\eta_3 - \dfrac{1}{3}(\beta\eta_2^3 + \gamma\eta_3^3) \\ \tau y_2 = \eta_2^2\eta_3 \\ \tau y_3 = \eta_2y_3^2 \end{cases} \tag{3.224}$$

这里 τ 为非零比例因数。

在曲面 σ 的点 O 作李织面和属于切线 $t : z = y - nx = 0$ 的姆塔尔织面; 由于它们均通过 O 的主切线, 因此该两个织面的剩余交线一定为二次曲线 C。从式 (3.217)、式 (3.76) 可知, 两个织面的整个交线在两个平面上,

$$z[n(2\beta - \gamma n^3)x - (\beta - 2\gamma n^3)y + (*)z] = 0$$

C 的平面为

$$n(2\beta - \gamma n^3)x - (\beta - 2\gamma n^3)y + (*)z = 0 \tag{3.225}$$

就是说 t 必为达布切线, 反之亦然。

假定以上的 Q 与 σ 的交线在 O 的三切线 $\varphi_3=0$ 为曲线切 $t: z=y-nx=0$ 和另外一条两重切成 $\bar{t}: z=y-\bar{n}x=0$ 构成, 这些 Q 必须属于两束中的一个。实际上, Q 方程为

$$z-xy+\frac{1}{3}\gamma z[\bar{n}(\bar{n}+2n)x+(2\bar{n}+n)y]+kz^2=0 \tag{3.226}$$

式中 $\bar{n}$ 取决于

$$\beta+\gamma n\bar{n}^2=0 \tag{3.227}$$

对于每一个方向 $\bar{n}$ 只有一个方向 n; 反之, 对于每一个方向 n 却有两个共轭方向 $\bar{n}$。如果一个方向 n 为一个方向 $\bar{n}$ 的共轭 $(n+\bar{n}=0)$, 那么 $\bar{n}$ 为一个塞格勒方向; 如果一个方向 n 为一个方向 $\bar{n}$, 那么 $\bar{n}$ 为一个达布方向。

研究曲面 σ 在点 O 的一个达布织面, 即

$$z-xy+\frac{1}{2}\left[(1-h)\beta\gamma+\frac{\partial^2}{\partial u\partial v}\log(\beta\gamma)\right]z^2=0 \tag{3.228}$$

式中 h 为该织面的指数。属于切线 $t: z=y-nx=0$ 的姆塔尔织面式 (3.218), 与达布织面式 (3.228) 相交于两条主切线及另一条二次曲线, 后者所在平面为

$$\begin{aligned}&z\Big[4(\beta+\gamma n^3)^2+3n(\beta_u+4\beta_v n+4\gamma_u n^3+\gamma_v n^4)+18(h-1)n^3\beta\gamma\\&-6n(\beta-2\gamma n)\frac{\partial}{\partial u}\log(\beta\gamma)-6n^2(\gamma n^3-2\beta)\frac{\partial}{\partial v}\log(\beta\gamma)\Big]\\&-12n(\beta-2\gamma n^3)y-12n^2(\gamma n^3-2\beta)x=0\end{aligned}$$

这个平面的平面坐标为

$$\begin{cases}u_0=0\\ \rho u_1=-12n^2(\gamma n^3-2\beta)\\ \rho u_2=-12n(\beta-2\gamma n^3)\\ \rho u_3=4\beta^2-3\beta n\varphi+12\beta n^2\psi+(10\beta\gamma+18h\beta\gamma)n^3\\ \qquad +12\gamma\varphi n^4-3\gamma n^5\psi+4\gamma^2 n^6\end{cases} \tag{3.229}$$

φ、ψ 源于式 (3.174), 故由该包络形成的锥面为

$$\begin{cases} \pi n^3 + \omega m^2 + tn + s = 0 \\ \sigma n^3 + \tau n^2 + \omega n + p = 0 \end{cases} \tag{3.230}$$

式中给出

$$\begin{aligned} &\omega = \frac{7}{2}u_1\psi + \frac{7}{2}u_2\varphi - 6u_3 \\ &\pi = u_2\psi - 2\gamma u_1 \qquad p = u_1\varphi - 2\beta u_2 \\ &s = (1+3h)\beta u_1 \qquad \sigma = (1+3h)\gamma u_2 \\ &t = u_1\varphi + 6h\beta u_2 \qquad \tau = u_2\psi + 6h\gamma u_1 \end{aligned}$$

从指数 $h = -\dfrac{1}{3}$ 的达布织面, 可以得到锥面

$$\begin{vmatrix} \beta\gamma u_2 & 2\gamma u_1 p & \pi\beta u_1 & \omega\beta u_1 - 2\beta u_2 p \\ -2\gamma\pi u_1 + \gamma u_2\omega & \gamma u_2 p & 2\beta\pi u_2 & \beta u_2\pi \\ \pi & \omega & p & 0 \\ 0 & \pi & \omega & p \end{vmatrix} = 0 \tag{3.231}$$

平面 $z = 0$ 关于这个锥面的第二配极为

$$-u_1u_2\omega^2 + (u_1^2\pi + u_2^2 p)\omega = 0 \tag{3.232}$$

表明该识面与达布束中其他织面的差别在于：对应锥面式 (3.231) 分解为一个三阶锥面及另外的规范直线 $C\left(-\dfrac{7}{12}\right)$ 为轴的一个平面束。

定理 3.29 在曲面上一个点属于所有不同切线 t 的姆塔尔织面包络形成一个曲面。如果 t 不为达布切线, 那么属于 t 的姆塔尔织面与包络面沿一条二次曲线相切, 并该二次曲线所在平面即为过曲线上所论点, 且有方向 t 的泛测地线的密切平面。

证明: 观察曲面上点 O 属于切线 t、t' 的两个姆塔尔织面, 其相交于两条主切线和另外的二次曲线。当 $t' \to t$ 时该二次曲线所在平面的极限位置为

$$z[2\beta^2 - 2\gamma^2 n^6 - \beta n\varphi + \gamma\psi n^5 + 2\beta\psi n^2 - 2\gamma\varphi n^4]$$

$$+4(\gamma n^3+\beta)n^2x-4(\beta+\gamma n^3)ny=0 \tag{3.233}$$

这就是在 O 切于 t 的泛测地线的密切平面。

当 Q_n 上的一条密切二次曲线过点 O, 且又是 Q_n 与在 O 的另一个姆塔尔织面的交线时, 称为 Q_n 的剩余密切二次曲线。设 Q_n 为属于切线 $t_n: z=y-nx=0$ 的, 将其方程式 (3.217) 变为

$$\begin{aligned}&[4(\beta+n^3\gamma)^2-3n(\beta\varphi-4\beta\psi n-6\theta_{uv}n^2-4\gamma\varphi n^3+\gamma\psi n^4)]z^2\\&+36n^3(z-xy)-12n^2(\gamma n^3-2\beta)xz+12n(2\gamma n^3-\beta)yz=0\end{aligned} \tag{3.234}$$

式中 $\theta=\log(\beta\gamma)$。不难验证：在 Q_n 和另一个姆塔尔织面 $Q_{\bar{n}}$ 的交线中, 剩余二次曲线所在平面与 O 的切平面 π 相交于 $Q_{\bar{n}}$ 所属的切线 $t_{\bar{n}}$: $y=y-\bar{n}x=0$。显然, $t_{\bar{n}}$、t_n 不重合, 而

$$\gamma n^2\bar{n}+\beta=0 \tag{3.235}$$

定理 3.30 在一个属于非主切、非达布切线 t_n 的姆塔尔织面上, 有且仅有一条剩余密切二次曲线; 当且仅当 t_n 为一条塞格勒切线时, 对应的线 $t_{\bar{n}}$ 和 t_n 是共轭的。属于共轭切线 t_n、t_{-n} 的两个姆塔尔织面 Q_n、Q_{-n} 具有一条在 O 的切线 $t_{\bar{n}}$ 的剩余密切二次曲线; 属于每一条达布切线的姆塔尔织面没有任何剩余密切二次曲线。

姆塔尔织面 Q_n 上的剩余密切二次曲线在平面 π_n 上, π_n 方程为

$$n^2\left(\lambda+\frac{1}{4}\psi\frac{3\mu-1}{\mu-1}z\right)-n\mu\left(y+\frac{1}{4}\varphi\frac{\mu-3}{\mu-1}z\right)+\frac{1}{3}\beta\frac{\mu^3-1}{\mu-1}z=0 \tag{3.236}$$

$$\mu=-\frac{\gamma n^3}{\beta}\neq 1\quad(\mu\neq 1) \tag{3.237}$$

对于每一条塞格勒切线 $\mu=-1$, 对应的平面变为

$$\begin{cases}n^2\left(x+\dfrac{1}{2}\psi z\right)+n\left(y+\dfrac{1}{2}\varphi z\right)+\dfrac{1}{3}\beta z=0\\ \gamma n^3-\beta=0\end{cases} \tag{3.238}$$

即属于每一条塞格勒切线的姆塔尔织面上各有剩余密切二次曲线，它们所在的三个平面组成一个三面体，且切平面 $z=0$ 关于该三面体的极线为第一准线。

定理 3.31 属于一条非达布切线的姆塔尔束中一个非姆塔尔织面，有且仅有一条曲面的密切二次曲线。反之，凡过曲面在其一点的两条主切曲线及曲面的唯一一条密切二次曲线的任何织面属于在同一个点的姆塔尔束，对于每一条达布切线的姆塔尔束中任何非姆塔尔织面，不包括曲面的任何密切二次曲线。

定理 3.32 设一个曲面的非重合曲面，在其一点 O 有三条密切二次曲线 c_1、c_2、c_3，使过其每一条可作出三个姆塔尔织面；c_1、c_2、c_3 在同一个织面上，并该织面通过 O 的两条主切线，且和曲面在 O 形成二阶接触。

证明：因为在姆塔尔织面 Q_n 上有一个剩余密切二次曲线，其切线为 $t_{\bar{n}}$，$\bar{n}$ 取决于式 (3.235)，所以 n 的两值对应于 $\bar{n}$ 的一个值。即有给定切线 $t_{\bar{n}}$ 为切线的两条密切二次曲线，使过每一条可作两个姆塔尔织面。如果其中一条密切二次曲线的平面为 π_n，另一条的平面为 π_{-n}，那么过一条以 $t_{\bar{n}}$ 为切线的密切二次曲线可以作出三个姆塔尔织面，当且仅当 π_n、π_{-n} 重合时。n 符合方程

$$\psi n^2+\varphi n\mu+\frac{2}{3}\beta(\mu^2-1)=0 \quad \left(\mu=-\frac{\nu n^3}{\beta}\right) \tag{3.239}$$

式中 ψ、φ、$\cdots$ 表示它们在点 O 的值。式 (3.239) 只包括有 n 的偶数幂，故依式 (3.235) 以 $-\dfrac{\beta}{\gamma n}$ 替代 n^2，可改写为 $\bar{n}$ 的三次方程

$$\gamma\bar{n}^3+\frac{3}{2}\psi\bar{n}^2+\frac{3}{2}\varphi\bar{n}+\beta=0 \quad \left(\bar{n}=-\frac{\beta}{\gamma n^2}\right) \tag{3.240}$$

这就是定理的前一半。当曲面为重合曲面时 $\psi=\varphi=0$，结果式 (3.240) 确定的切线变为达布切线。在此特殊情况下对于每一条切线只有一张这样的平面 π_n。上述三条密切二次曲线在同一个织面上。

事实上, 若所论织面存在, 则其必取决于方程

$$xy - z + \frac{1}{2}\psi_1 xz + \frac{1}{2}\psi_2 yz + \bar{k}z^2 = 0 \tag{3.241}$$

$\bar{k}$ 为待定系数。

考虑分别对应于切线 t_n、$t_{\bar{n}}$ 的姆塔尔织面 Q_n、Q_{-n}, 其中 n、$\bar{n}$ 分别决定于式 (3.241)、式 (3.240),

$$\begin{aligned} Q_n =& \frac{3n}{1+\mu}[-(6\mu^2+3\mu+1)\varphi + n(3\mu+\mu^2+6)\psi]z^2 - 18\theta_{uv}\frac{\mu}{\gamma}z^2 \\ & - \frac{36}{\gamma}(z-xy) + 12n^2(\mu+2)xz - 12n(2\mu+1)yz = 0 \end{aligned} \tag{3.242}$$

$$\begin{aligned} Q_{\bar{n}} =& 3n\left[\varphi(2+3\mu^2) - n\frac{3+2\mu^2}{\mu}\psi\right]z^2 + 36\frac{\mu}{\gamma}(z-xy) + 18\theta_{uv}\frac{\mu}{\gamma}z^2 \\ & - 12n^2xz\left(2\mu+\frac{1}{\mu}\right) + 12nyz(2+\mu^2) = 0 \end{aligned} \tag{3.243}$$

式 (3.243)、式 (3.242) 中 $\mu = -\dfrac{\gamma n^3}{\beta}$, 推出织面束 $Q_{\bar{n}} + kQ_n = 0$。式 (3.241) 属于该束的必要条件为 k 适合关系式

$$\begin{cases} k\left[\dfrac{3\mu\psi}{\gamma} + 2n(2\mu+1)\right] = \dfrac{3\mu\psi}{\gamma} + 2n(2+\mu^2) \\ k\left[\dfrac{3\mu\varphi}{\gamma} - 2n^2(\mu+2)\right] = \dfrac{3\mu\varphi}{\gamma} - 2n^2\left(2\mu+\dfrac{1}{\mu}\right) \end{cases} \tag{3.244}$$

因为 n 满足式 (3.239), 所以两个方程线性相关,

$$k = \frac{n\psi\left(2\mu+\dfrac{1}{\mu}\right) + \varphi(2+\mu^2)}{n\psi(\mu+2) + \varphi(2\mu+1)}$$

将 k 代入 $Q_{\bar{n}} + kQ_n = 0$ 可改写式 (3.241), 并有

$$\begin{aligned} \bar{k} = & -\frac{\beta\gamma}{9\bar{n}^2(\varphi+\bar{n}\psi)^2}\cdot \\ & \left[3\varphi^2\bar{n}^2 + 3\psi^2\bar{n}^4 - \frac{2}{\beta\gamma}\left(\bar{n}^6 - \beta\gamma\bar{n}^3 + \beta^2\right)\varphi\psi\right] - \frac{1}{2}\theta_{uv} \end{aligned}$$

但是

$$3\varphi^2\bar{n}^2+3\psi^2\bar{n}^4-\frac{2}{\beta\gamma}(\bar{n}^6\gamma^2-\beta\gamma\bar{n}^3+\beta^2)\varphi\psi$$
$$=3\bar{n}^2(\varphi+\psi\bar{n})^2-\frac{2}{\beta\gamma}(\bar{n}^3\gamma+\beta)^2\varphi\psi$$

从式 (3.240) 给出

$$\bar{k}=\frac{1}{2}(\psi\varphi-\theta_{uv})-\frac{1}{3}\beta\gamma$$

表明 $\bar{k}$ 和 $\bar{n}$ 无关的事实证明了定理的后一半。

在曲面的点 O 得到一个新共变织面 Q,

$$xy-z+\frac{1}{2}(\varphi x+\psi y)z+\frac{1}{6}[3(\varphi\psi-\theta_{uv})-2\beta\gamma]z^2=0 \tag{3.245}$$

该织面 Q 的性质为:

(1) Q 与李织面相交于两个主切曲线及另一条二次曲线, 且后者所在平面与切平面相交于第二规范切线。

(2) 存在一个邦皮阿尼主织面, 其与 Q 构成双重接触; 两个切点的连线为规范直线 $C(-1)$; 在两切点的两切平面相交于第二准线。

(3) 在织面 Q 上除了两条主切线外, 还有属于在点 O 的两个密切线性丛的两条母线 l_1、l_2。这两条直线相交于规范直线 $C\left(-\frac{3}{4}\right)$ 上, 并在第二棱线上的两个点与切平面 π 相交。

当曲面为重合曲面时织面 Q 与福比尼织面重合。可以断言: 在重合曲面上的一点属于每一条塞格勒切线的姆塔尔织面的剩余密切二次曲面必在福比尼织面上; 反之亦然。

(4) 在 Q 上每一条密切二次曲线取决于方程

$$\bar{n}^2\left(x+\frac{3}{4}\psi z\right)-\bar{n}\left(y+\frac{1}{4}\varphi z\right)+\frac{1}{3}\beta z=0 \tag{3.246}$$

其中 $\bar{n}$ 为式 (3.240) 的一个根。据此, 三个平面式 (3.246) 组成三面体, 且切平面 π 关于该三面体的极线为规范直线 $C\left(-\frac{7}{12}\right)$, 即福比尼的第二主直线关于 Q 的共轭直线。

在同一条切线 t_n 的密切二次曲线中, 有两条具有特殊性, 就是过每一条可作两个姆塔尔织面。切平面 π 关于这两条二次曲线所在平面的调和共轭平面决定于方程

$$n^2\left(x+\frac{1}{4}\psi\frac{3\mu^2-1}{\mu^2-1}z\right)-n\mu\left(y+\frac{1}{4}\varphi\frac{\mu^2-3}{\mu^2-1}z\right)+\frac{1}{3}\beta\frac{\mu^4-1}{\mu^2-1}z=0 \tag{3.247}$$

从而包络成一个 6 阶锥面 Γ_6,

$$\begin{aligned}&2u_1u_2u_3(\beta u_2^3-\gamma_1^3)-u_1u_2\left[\frac{1}{2}\varphi(\beta u_2^3-3\gamma u_1^3)u_2\right.\\&\left.+\frac{1}{2}\psi(3\beta u_2^3-\gamma u_1^3)u_2\right]-\frac{2}{3}(\beta^2u_2^6-\gamma^2u_1^6)=0\end{aligned} \tag{3.248}$$

由 Γ_6 可给出部分规范直线:

$$C\left(-\frac{1}{2}\right)\quad C\left(-\frac{1}{3}\right)\quad C\left(-\frac{1}{4}\right)\quad C\left(\frac{1}{4}\right)\quad C\left(\frac{1}{12}\right)\quad C\left(-\frac{3}{4}\right)$$

$$C\left(-\frac{5}{12}\right)\quad C\left(-\frac{7}{12}\right)\quad C\left(-\frac{1}{12}\right)\quad C\left(-\frac{11}{12}\right)\quad C\left(-\frac{19}{36}\right)\quad C\left(-\frac{1}{8}\right)$$

等的简单定义。

3.1.15 平截线的密切二次曲线

设曲面 σ 在 O 的展开为式 (3.171), 且在 O 的一条非主切线 t_n 取决于方程 $z=y-nx=0$, 过 t_n 的平面为

$$z=\rho(y-nx) \tag{3.249}$$

在 O 的平截线的二次曲线依式 (3.249) 及

$$\begin{aligned}&-x^2+Y\left\{\left[\frac{\rho}{3n^2}(\beta+\gamma n^3)-\frac{1}{n}\right]x-\frac{\rho^2}{n^2}\left[\frac{1}{3n\rho}(\beta-2\gamma n^3)+\frac{1}{n}\varphi_4(1,n)\right.\right.\\&\left.\left.-\frac{1}{9n^2}(\beta+\gamma n^3)^2\right]Y+\frac{\rho}{n}\right\}=0\end{aligned} \tag{3.250}$$

$$Y=y-nx \tag{3.251}$$

对于过 O 的两条主切线的最一般织面, 其方程是

$$xy + k_1 z + k_2 xz + k_3 yz + k_4 z^2 = 0 \tag{3.252}$$

式中 k_1、k_2、k_3、k_4 为 u、v 的任意函数。作为这个织面和平面式 (3.249) 的交线的二次曲线由式 (3.249) 及方程

$$-x^2 + Y\left\{\left[-\frac{\rho}{n}(k_2 + k_3 n) - \frac{1}{n}\right]x - \frac{\rho^2}{n}\left(\frac{k_3}{\rho} + k_4\right)Y - \frac{k_1\rho}{n}\right\} = 0 \tag{3.253}$$

给出; 这条二次曲线与曲面的平截线的密切二次曲线式 (3.250) 重合当且仅当 $k_2 = -1$ 和

$$\begin{cases} k_2 + k_3 = -\dfrac{1}{3n}(\beta + \gamma n^3) \\ k_3 - \dfrac{1}{3n^2}(\beta - 2\gamma n^3) = \rho\left[\dfrac{1}{n}\varphi_4(1, n) - \dfrac{1}{9n^3}(\beta + \gamma n^3) - k_4\right] \end{cases} \tag{3.254}$$

令在 O 给定 σ 的两条非主切的切线, 其方程分别为

$$z = 0 \qquad y - n_i x = 0 \quad (i = 1, 2) \tag{3.255}$$

观察过每一条切线的平面,

$$z = \rho_i(y - n_i x) \quad (i = 1, 2) \tag{3.256}$$

以及其上的平截线在 O 的对应密切二次曲线 K_i。如果织面式 (3.252) 经过该两条二次曲线 K_1、K_2, 条件式 (3.254) 关于 $n = n_i$、$\rho = n_i$ $(i = 1, 2)$ 与同一组 k_2、k_3、k_4 成立, 得到

$$\begin{cases} k_2 + k_3 n_1 = -\dfrac{1}{3n_1}(\beta + \gamma n_1^3) \\ k_2 + k_3 n_2 = \dfrac{1}{3n_2}(\beta + \gamma n_2^3) \end{cases} \tag{3.257}$$

$$\begin{cases} k_3 - \dfrac{1}{3n_1^2}(\beta - 2\gamma n_1^3) = \rho_1\left[\dfrac{1}{n_1^2}\varphi_4(1, n_1) - \dfrac{1}{9n_1^3}(\beta + \gamma n_1^3)^2 - k_4\right] \\ k_3 - \dfrac{1}{3n_2^2}(\beta - 2\gamma n_2^3) = \rho_2\left[\dfrac{1}{n_2^2}\varphi_4(1, n_2) - \dfrac{1}{9n_2^3}(\beta + \gamma n_2^3)^2 - k_4\right] \end{cases} \tag{3.258}$$

从式 (3.257), 有

$$\begin{cases} k_2 = -\dfrac{1}{3}\left[\dfrac{\beta}{n_1 n_2}(n_1+n_2) - \gamma n_1 n_2\right] \\ k_3 = \dfrac{1}{3}\left[\dfrac{\beta}{n_1 n_2} - \gamma(n_1+n_2)\right] \end{cases} \tag{3.259}$$

这两条切线 t_1、t_2 中的一条可以任意指定一个平面, 而过另一条的平面由式 (3.258) 在给定 ρ_1 时确定 k_4、ρ_2 就完全被决定。

在一般情况下, 如果存在所作织面上其他的二次曲线, 那么它的平面可表达为

$$z = \rho_3(y - n_3 x) \tag{3.260}$$

有

$$\begin{cases} k_2 + k_3 n_3 = -\dfrac{1}{3n_3}(\beta + \gamma n_3^2) \\ k_3 - \dfrac{1}{3n_3^2}(\beta - 2\gamma n_3^2) = \rho_3\left[\dfrac{1}{n_3^2}\varphi_4(1, n_3) - \dfrac{1}{9n_3}(\beta + \gamma n_3^2) - k_4\right] \end{cases} \tag{3.261}$$

最后方程决定了 ρ_3、平面式 (3.260), 但应假定该织面不属于切线 t_3 的姆塔尔织面。式 (3.259) 给定 k_2、k_3 的值代入式 (3.261), 得

$$n_1 n_2 n_3 = -\frac{\beta}{\gamma} \tag{3.262}$$

表明当已知前两条切线 t_1、t_2 时, 第三条切线 t_3 就完全确定。

按式 (3.261) 改写式 (3.259) 为对称形式,

$$\begin{cases} k_2 = \dfrac{1}{3}\gamma(n_1 n_2 + n_2 n_3 + n_3 n_1) \\ k_3 = -\dfrac{1}{3}\gamma(n_1 + n_2 + n_3) \end{cases} \tag{3.263}$$

定理 3.33 当给定曲面 σ 在点 O 的两条任意非主切的切线 t_1、t_2 和过 t_1 的平面 π_1 时, 过 σ 在 O 的两条主切曲线恒可确定一个织面 Q, 使之包括 σ 的由 π_1 所截的平曲线的密切二次曲线, 也使其含有 σ 的由过 t_2 的对应平面 π_2 所截的平曲线密切二次曲

线。该织面和 σ 在 O 构成二阶接触, 包括在 O 的第三密切二次曲线, 并且随平面 π_1 绕切线 t_1 的旋转而形成一束。

今讨论平面 π_1、π_2 之间的映射; 这两个平面分别通过非主切的切线 t_1、t_2, 且曲面 σ 的由它们截成的平曲线的密切二次曲线以及两条主切线均应在一个织面上。根据式 (3.258) 知, 两个平面式 (3.256) 之间的映射取决于方程

$$\begin{aligned}&\frac{1}{\rho_1}\left[k_3-\frac{1}{3n_1^2}(\beta-2\gamma n_1^3)\right]-\frac{1}{\rho_2}\left[k_3-\frac{1}{3n_2^2}(\beta-2\gamma n_2^3)\right]\\&=\frac{1}{n_1^2}\varphi_4(1,n_1)-\frac{1}{n_2^2}\varphi_4(1,n_2)-\frac{1}{9n_1^3}(\beta+\gamma n_1^3)^2+\frac{1}{9n_2^3}(\beta+\gamma n_2^3)^2\end{aligned}\tag{3.264}$$

从而它们是在透视下的。

为导出两个对应平面 π_1、π_2 的交线所在的平面 π_{12}, 将

$$\frac{1}{\rho_i}=\frac{y-n_ix}{z}\quad(i=1,2)$$

代入式 (3.264), 并利用式 (3.263)、式 (3.262), 有平面 π_{12} 方程

$$\begin{aligned}&\beta(2n_3-p_1)x+\gamma n_3(p_2-3n_1n_2)y\\&=\left\{\frac{1}{4}\left[-\frac{\beta^2\varphi}{\gamma}\frac{n_1+n_2}{n_1^2n_2^2}+4\frac{\beta^2\psi}{\gamma}\frac{1}{n_1n_2}-4\beta\varphi+\beta\psi(n_1+n_2)\right]\right.\\&\quad\left.+\frac{1}{3}\left[\frac{\beta^3}{\gamma}\frac{n_1^2+n_1n_2+n_2^2}{n_1^3n_2^3}-\beta\gamma(n_1^2+n_1n_2+n_2^2)\right]\right\}z\end{aligned}\tag{3.265}$$

这里

$$\varphi=\frac{\partial}{\partial u}\log(\beta\gamma^2)\quad\psi=\frac{\partial}{\partial v}\log(\beta^2\gamma)$$

当采取在 O 由

$$z=y-n_ix=0\quad(i=1,2,3)\tag{3.266}$$

给定三条切线 $t_i(i=1,2,3)$; 其中 n_1、n_2、n_3 满足式 (3.262) 时分别对于切线偶 t_1 和 t_2、t_2 和 t_3、t_3 和 t_1 得到三个平面 π_{12}、π_{23}、π_{31}

与它们对应。这三个平面相会于直线 l, 即伴随于曲面 σ 在 O 的切线 t_1 和 t_2 的直线。

依式 (3.265) 并按照 n_1、n_3 的交换得到 l 的方程,

$$\begin{aligned} x:y:z=&\left[\frac{1}{4}(-15\beta\psi+2\gamma p_2\varphi-\gamma p_1p_2\psi)-\gamma^2p_2^2+\frac{1}{3}\gamma^2p_1^2p_2\right]\\ &:\left[\frac{1}{4}(-15\beta\varphi-2\beta p_1\psi-\gamma p_1p_2\varphi)-\beta\gamma^2p_1^2-\frac{1}{3}\gamma^2p_1p_2^2\right]\\ &:(9\beta+\gamma p_1p_2) \end{aligned} \tag{3.267}$$

如果三条切线为达布切线, 那么 $p_1=p_2=0$, 从而对应的直线 l 变为第一规范直线 $C\left(-\dfrac{5}{12}\right)$; 如果切线中有两条为在不同的塞格勒方向下的, 那么第三条必为在与剩余的塞格勒方向共轭的达布方向下。每一条达布切线就确定了一条共变直线 l。置

$$n_1=\sqrt[3]{\frac{\beta}{\gamma}}\omega^{r+1}\quad n_2=\sqrt[3]{\frac{\beta}{\gamma}}\omega^{r+2}\quad n_3=\sqrt[3]{\frac{\beta}{\gamma}}\omega^{r}$$

这里 $\omega^3=1$ $(\omega\neq1)$ 且 $r=1$、2、3, 得

$$p_1=-2\sqrt[3]{\frac{\beta}{\gamma}}\omega^{r}\quad p_2=2\sqrt[3]{\frac{\beta}{\gamma}}\omega^{2r}$$

共变直线 l_r,

$$\begin{aligned} x:y:z=&\left[-\frac{11}{20}\psi-\frac{4}{15}\sqrt[3]{\beta\gamma^2}\omega^{r}+\frac{1}{5}\sqrt[3]{\frac{\gamma}{\beta}}\varphi\omega^{2r}\right]\\ &:\left[-\frac{11}{20}\varphi+\frac{1}{5}\sqrt[3]{\frac{\beta}{\gamma}}\omega^{r}-\frac{4}{15}\sqrt[3]{\beta^2\gamma}\omega^{2r}\right]:1 \end{aligned}$$

故直线 l_1、l_2、l_3 形成三面体; 切平面 $z=0$ 关于它的调和构成为第一规范直线 $C\left(-\dfrac{11}{20}\right)$。

若切线中有两条共轭, 则它们的方向为 n、$-n$, 第三条必在方

向 $\frac{\beta}{\gamma n^2}$ 之下, 有

$$p_1 = \frac{\beta}{\gamma n^2} \quad p_2 = -n^2$$

对应于任意非主切方向 n(和其共轭 $-n$) 的共变直线 l_n 取决于方程,

$$x : y : z = \left[-\frac{7}{16}\psi - \frac{\gamma^2}{8\beta}n^4 - \frac{1}{16}\frac{\gamma}{\beta}\varphi n^2 - \frac{1}{24}\frac{\beta}{n^2}\right]$$
$$: \left[-\frac{7}{16}\varphi - \frac{\beta^2}{8\gamma}\frac{1}{n^4} - \frac{1}{16}\frac{\beta}{\gamma}\psi\frac{1}{n^2} - \frac{1}{24}\gamma n^2\right] : 1 \tag{3.268}$$

对于达布方向

$$n = -\sqrt[3]{\frac{\beta}{\gamma}}\omega^r \quad (r = 1, 2, 3)$$

及塞格勒方向推出三条直线,

$$x : y : z = \left[-\frac{7}{16}\psi - \frac{1}{16}\sqrt[3]{\beta\gamma^2}\omega^2 - \frac{1}{16}\sqrt[3]{\frac{\gamma}{\beta}}\omega^{2r}\right]$$
$$: \left[-\frac{7}{16}\varphi - \frac{1}{16}\sqrt[3]{\frac{\beta}{r}}\omega^r - \frac{1}{6}\sqrt[3]{\beta^2\gamma\omega^{2r}}\right] : 1$$

式中 $r = 1$、2、3, 于是该三条直线形成三面体; 切平面 $z = 0$ 关于它的调和极线为第一轴线。同理, 在塞格勒方向下可得到 $C\left(-\frac{7}{16}\right)$。

关于三条切线在达布方向下的情形。式 (3.262) 显然成立, 且式 (3.263) 给出 $k_2 = k_3 = 0$, 于是织面必为达布织面,

$$xy - z + k_4 z^2 = 0 \tag{3.269}$$

在该达布织面上的三条密切二次曲线的平面为

$$z = \rho_i(y - n_i x) \quad (i = 1, 2, 3) \tag{3.270}$$

式中

$$\frac{1}{\rho_i} = -\frac{1}{\beta}[\varphi_4(1, n_i) - n_i^2 k_4] \tag{3.271}$$

$$n_i = -\sqrt[3]{\frac{\beta}{\gamma}}\omega^i \tag{3.272}$$

这三个平面相交于一条直线的充要条件为

$$\begin{vmatrix} n_1 & \dfrac{1}{\rho_1} & 1 \\ n_2 & \dfrac{1}{\rho_2} & 1 \\ n_3 & \dfrac{1}{\rho_3} & 1 \end{vmatrix} = 0 \tag{3.273}$$

或

$$k_4 = -\frac{1}{2}\theta_{uv}$$

定理 3.34 过一条达布切线的每个平面唯一地确定一个达布织面 Q, 使得由该平面和过其他达布切线中的各条的两个平面所截的三条平曲线, 它们的密切二次曲线均在 Q 上。当且仅当 Q 为维尔律斯基的规范织面时, 这些二次曲线的平面共线; 在最后的情形下三个平面的公共直线为第一规范直线 $C\left(-\dfrac{5}{12}\right)$。

由于 $\dfrac{1}{\rho_1}$ 的式 (3.271) 在 n_1 的给定下为关于 k_4 的一次式, 因此可以断言: 设 π_0 为曲面 σ 在 O 的切平面, π_L、π_W 分别为过一条非主切的切线的两个平面, 使对应的密切二次曲线分别在李织面和维尔律斯基织面上, 并且 π 为过同切线的平面, 使交比

$$(\pi_0\pi_L, \pi\pi_W) = h \tag{3.274}$$

由 π 确定的织面为达布织面

$$xy - z - \left[\frac{1}{2}\theta_{uv} + (1-h)\beta\gamma\right] z^2 = 0 \tag{3.275}$$

另, 以达布织面束还可确定第一、第二规范直线 $C\left(-\dfrac{5}{12}\right)$、$C'\left(-\dfrac{5}{12}\right)$。事实上, 织面式 (3.269) 上的密切二次曲线的三个平

面组成三面体, 其各棱依方程

$$\begin{cases} n_i x - y + \dfrac{1}{\rho_i} z = 0 \\ n_j x - y + \dfrac{1}{\rho_j} z = 0 \end{cases} \quad (i \neq j)$$

i、$j = 1, 2, 3$; 且 ρ_i 由式 (3.270) 确定。检验知, 切平面 $z = 0$ 关于该三面体的调和极线为 $C\left(-\dfrac{5}{12}\right)$。

当然所过的三条密切二次曲线两两相交于 O 之外的三个点, 且这三点的平面随织面在达布束中的变化而绘成平面束, 它的轴为 $C'\left(-\dfrac{5}{12}\right)$。

对于曲面和一个织面的交线, 只要三个方向 $n_i (i = 1, 2, 3)$ 满足式 (3.262), 三个平面

$$z = \rho_i (y - n_i x)$$

可唯一确定一个织面, 其方程为

$$xy - z + k_2 xz + k_3 zy + k_4 z^2 = 0 \tag{3.276}$$

故该织面与曲面 σ 在 O 构成二阶接触。

根据式 (3.263), 这个织面和 σ 的交线在 O 的三重切线重合于三条切线

$$(y - n_1 x)(y - n_2 x)(y - n_3 x) = 0 \tag{3.277}$$

于是过一条非主切的切线 t_1(或 t_2) 的任何平面有对应的织面, 其全体形成一个织面束, 每个织面和 σ 在 O 构成二阶接触, 并且和 σ 相交于单参数的曲线, 其中两条三重点切线重合于 t_1 和 t_2。在 O 的剩余切线 t_3 对族中的所有曲线为同一条; 同时它也是束中一个织面上的所有密切二次曲线的公共切线。

反之, 在和曲面 σ 于 O 构成二阶接触的每个织面 Q 上, 一般存在 O 的三条密切二次曲线, 且其平面重合于 σ 和 Q 的三支交线的密切平面; 但也有例外的情形:

(1) 若织面 Q 确立一条密切二次曲线 C, 而且重合于同 C 在 O 的切线有关的姆塔尔织面, 则其他两条密切二次曲线中的一条重合于 C, 另一条为 Q 的剩余二次曲线。

(2) 若织面 Q 为姆塔尔束中的非姆塔尔织面, 则 Q 和 σ 的交线在 O 存在两条重合的三重点切线, 而且每支曲线的密切平面为 σ 在 O 的切平面; 在姆塔尔束中的非姆塔尔织面上只有一条密切二次曲线。

(3) 若织面 Q 为属于在 O 的一条达布切线的姆塔尔织面, 则不存在密切二次曲线。

(4) 若 Q 为属于一条达布尔切线的姆塔尔束中的非姆塔尔织面, 则它不含有曲面 σ 在 O 的任何密切二次曲线。

3.1.16 捷赫变换

曲面 σ 上的点坐标 x 及其切平面的坐标系 ξ 为曲线坐标 u、v 的函数; 当有 $v=\varphi(u)$ 时点 (x) 绘成曲线 L, 且平面 ξ 包络可展面 Λ。给定 u 的任意值, 如 $u=u_0$, 即得到 L 上点 A 和 L 在 A 的密切平面; 同时也可得到 Λ 的一个平面 α 和其脊点。这两个元素就是曲线 $v=\varphi(u)$ 在 u_0 的密切平面和脊点。只要给出 φ、φ'、φ'' 在 u_0 的值, 就可确定两个元素。密切平面决定于三个点: x、$\mathrm{d}x$ 和

$$
\begin{aligned}
\mathrm{d}^2x =& x_u(\mathrm{d}^2u+\theta_u\mathrm{d}u^2+\gamma\mathrm{d}v^2)+x_v(\mathrm{d}^2v\\
&+\theta_v\mathrm{d}v^2+\beta\mathrm{d}u^2)+2x_{uv}\mathrm{d}u\mathrm{d}v
\end{aligned}
$$

依式 (3.23), 有

$$a_{12}\xi=\omega(x,x_u,x_v)$$

$$a_{12}\xi_u=\omega(x,x_u,x_{uv})$$

$$a_{12}\xi_v=\omega(x,x_{uv},x_v)$$

式中 $\omega=\pm1$, 而上述密切平面为

$$
\begin{aligned}
&(\mathrm{d}u\mathrm{d}^2v-\mathrm{d}v\mathrm{d}^2u+\beta\mathrm{d}u^3-\gamma\mathrm{d}v^3+\theta_v\mathrm{d}v^2\mathrm{d}u-\theta_u\mathrm{d}v\mathrm{d}u^2)\xi\\
&+2\xi_u\mathrm{d}^2u\mathrm{d}v-2\xi_v\mathrm{d}u\mathrm{d}v^2
\end{aligned}
$$

同理, 脊点为

$$
\begin{aligned}
&(\mathrm{d}u\mathrm{d}^2v-\mathrm{d}v\mathrm{d}^2u-\beta\mathrm{d}u^3+\gamma\mathrm{d}v^3+\theta_v\mathrm{d}v^2\mathrm{d}u-\theta_u\mathrm{d}v\mathrm{d}u^2)x\\
&+2x_u\mathrm{d}u^2\mathrm{d}v-2x_v\mathrm{d}u\mathrm{d}v^2
\end{aligned}
$$

称这两个元素之间的对应为塞格勒对应。设平面 π 通过曲面 σ 上点 O, 且 O、O'、O'' 为 π 和 σ 的交线上的三个无穷邻接点; 取 σ 在该三点的切平面的交点 P 作为 π 的对应点, 这样导出的点 P 与 π 之间的对应就是塞格勒对应。以 $y_1x+y_2x_u+y_3x_v$ 和 $v_1\xi+v_2\xi_u+v_3\xi_v$ 分别表示点 P 和对应平面 π 的坐标, 得

$$
\begin{cases}
\rho\eta_1=y_1y_2y_3-(\beta y_2^3+\gamma y_3^3)\\
\rho\eta_2=y_2^2y_3\\
\rho\eta_3=y_2y_3^2
\end{cases}
\tag{3.278}
$$

式中 ρ 为非零比例因数。但

$$
\begin{cases}
\tau y_1=\eta_1\eta_2\eta_3+(\beta\eta_2^3+\gamma\eta_3^3)\\
\tau y_2=\eta_2^2\eta_3\\
\tau y_3=\eta_2\eta_3^2
\end{cases}
\tag{3.279}
$$

式中 τ 为非零比例因数。当且仅当 $\beta\mathrm{d}u^3-\gamma\mathrm{d}\sigma^3=0$ 时以上对应变成李配极,

$$
\tau y_1=\eta_1\quad \tau y_2=\eta_2\quad \tau y_3=\eta_3
$$

定理 3.35 只有在塞格勒曲线情况下, 其一个点的密切平面与对应的脊点才可构成李配极。

在曲面 σ 上点 O 作切平面, 并对其上的任意点 $y_1x+y_2x_u+y_3x_v$ 取平面 $\eta_1\xi+\eta_2\xi_u+\eta_3\xi_v$ 与之对应, 满足

$$
\begin{cases}
\rho\eta_1=y_1y_2y_3+k(\beta^2y_2^3+\gamma y_3^3)\\
\rho\eta_2=y_2^2y_3\\
\rho\eta_3=y_2y_3^2
\end{cases}
\tag{3.280}
$$

k 为常数, 称这种对应为捷赫变换 Σ_k。当 $k=0$ 时式 (3.280) 变为 $\eta_1:\eta_2:\eta_3=y_1:y_2:y_3$, 为李配极; 当 $k=\dfrac{1}{3}$ 时式 (3.280) 为式

(3.223) 为姆塔尔对应; 当 $k=-1$ 时式 (3.280) 取式 (3.278) 的形式为塞格勒对应。

过曲面 σ 上点 O 作 σ 的主切曲线 α_i 及主切线 $a_i(i=1,2,)$; 命 c_i 为 α_i 的切线曲面与 σ 在 O 的切平面的交线, 对 c_1

$$y=\frac{3}{8}\beta x^2+f(3)$$

对 c_2

$$x=\frac{3}{8}\gamma y^2+f(3)$$

令平面 $\eta_1\xi+\eta_2\xi_u+\eta_3\xi_v$ 关于李织面的点为 P_0 $(y_1,y_2,y_3,0)$, 有 $\rho\eta_i=y_i(i=1,2,3)$。

过 P_0 和 O 引一条二次曲线 K_1, 使之和 c_1 在 O 的塞格勒不变式为常数 $\dfrac{16}{3}k$, 并在 K_1 和主切线 a_2 的交点 (非零) 作 K_1 的切线, 使其和 OP_0 相交于点 P'。K_1 方程为

$$-2k\beta x^2+y(bx+cy+1)=0$$

因为它经过 P_0, 坐标 $x'=\dfrac{\eta_2}{\eta_1}$、$y'=\dfrac{\eta_3}{\eta_1}$ 适合该方程, 就是

$$-2k\beta x'^2+y'(bx'+cy'+1)=0$$

据此, 推出 P' 的齐次坐标,

$$P'(-2K\beta\eta_2^3+\eta_1\eta_2\eta_3,\eta_2\eta_3^2,0)$$

当对调两条主切曲线的位置时得到 OP_0 上另一个点 P'', 坐标为

$$P''(-2k\gamma\eta_2^3+\eta_1\eta_2\eta_3,y_2^2\eta_3,\eta_2\eta_3^2,0)$$

以 P 表示点 O 关于 P'、P'' 的调和共轭点, 所以 P 的齐次坐标确定于下列方程,

$$\begin{cases}\tau y_1=\eta_1\eta_2\eta_3-k(\beta\eta_2^3+\gamma\eta_3^3)\\ \tau y_2=\eta_2^2\eta_3\\ \tau y_3=\eta_2\eta_3^2\end{cases}\tag{3.281}$$

表明点 P 为平面 $\eta_1\xi+\eta_2\xi_u+\eta_3\xi_v$ 在变换 Σ_k 下的对应点。

由以上结果知作为捷赫交换的特例为李配极 Σ_0、姆塔尔对应 $\Sigma_{\frac{1}{3}}$、塞格勒对应 Σ_{-1} 的重要性。这三个对应还可从曲面上任何曲线的两个主密切织面 Q_u^0、Q_v^0 的角度给出统一的作图，并以相同的方法推出捷赫变换 $\Sigma_{(-1)^n3^{n-1}}$。

过曲面上点 O 的一条曲线 C_λ, 它在 O 的切线 t_λ 取决于方程,

$$z=y-\lambda x=0 \tag{3.282}$$

C_λ 在 O 的两个主密切织面 Q_u^0、Q_v^0 的方程分别为

$$k_1z^2+\beta\lambda(\lambda x-y)z+\lambda^3(z-xy)=0 \tag{3.283}$$

$$k_2z^2+\gamma\lambda(y-\lambda x)z+z-xy=0 \tag{3.284}$$

式中 k_1、k_2 为由 C 在 O 的二阶元素确定的量。对于 σ 在 O 的切平面上的直线 l_2,

$$z=\frac{x}{a}+\frac{y}{b}-1=0 \tag{3.285}$$

取之关于 Q_u^0、Q_v^0 的共轭直线 $l_1^{(u)}$、$l_1^{(v)}$ 与它互相对应。验证知, 两对应仅仅由 t_λ 确定。实际上, $l_1^{(u)}$、$l_1^{(v)}$ 的方程分别为

$$\begin{cases} b\lambda^2x=(\lambda^2-b\eta)z \\ a\lambda y=(\alpha\beta+\lambda)z \end{cases} \tag{3.286}$$

以及

$$\begin{cases} bx=(1+\gamma b\lambda)z \\ ay=(1-\gamma a\lambda^2)z \end{cases} \tag{3.287}$$

过 $l_1^{(u)}$、$l_1^{(v)}$ 作平面 π,

$$ab\lambda x+aby-(a\lambda+b)z=0 \tag{3.288}$$

这里 $\beta+\gamma\lambda^2\neq 0$, 又作 t_1、t_2 的交点 P,

$$x=\frac{ab}{a\lambda+b} \quad y=\frac{ab\lambda}{a\lambda+b} \quad z=0 \tag{3.289}$$

显见点 P 与平面 π 之间的对应为李配极 Σ_0。

当 $\beta+\gamma\lambda^3=0$ 时 t_λ 为一条达布切线, 且过 $l_1^{(u)}$、$l_1^{(v)}$ 的平面变为不定, 即此时对应的共轭直线重合。

利用共轭直线 $l_1^{(u)}$、$l_1^{(v)}$ 推出姆塔尔对应。为此, 将曲面的切线 t_λ 变动到无穷邻接的切线, 从而对应直线 $l_1^{(u)}$、$l_1^{(v)}$ 的每一条及其邻接直线各决定一个平面。结果得到两个平面,

$$\pi^{(u)}=ab(\lambda^2x+2\lambda y)-(a\lambda^2+ab\beta+2b\lambda)z=0 \tag{3.290}$$

$$\pi^{(v)}=ab(2\lambda x+y)-(2a\lambda+ab\gamma\lambda^2+b)z=0 \tag{3.291}$$

它们的交线 $l_1^{(m)}$ 与直线 l_2 对应。依式 (3.291)、式 (3.290) 给出 $l_1^{(m)}$ 的方程

$$\begin{cases}3\lambda(ay-z)+a(\gamma\lambda^3-2\beta)z=0\\3\lambda^2(bx-z)+b(\beta-2\gamma\lambda^3)z=0\end{cases} \tag{3.292}$$

注意到属于 t_λ 的姆塔尔织面束式 (3.219), 可以断言: 直线 l_2、$l_1^{(m)}$ 关于切线 t_λ 对应的姆塔尔织面为共轭直线。故固定 l_2、t_λ 的交点 $P(x_1,x_2,x_3)$ 并仅作 l_2 变化, 对应的直线 $l_1^{(m)}$ 在定平面 $\pi^{(m)}$ 上, 且 $\pi^{(m)}$ 的方程为

$$\pi^{(m)}=3x_3x_2(x_3x+x_2y)-(x_1x_2x_3+\beta\lambda_2^3+\gamma x_3^3)z=0 \tag{3.293}$$

于是 P 与 $\pi^{(m)}$ 之间的对应为姆塔尔对应 Σ_1。

同理, 若变动 l_2 使其和 t_λ 的共轭切线的交点 $P(\bar{x}_1,\bar{x}_2,\bar{x}_3,0)$ 固定, 则对应直线 $l_1^{(m)}$ 画成另一个平面,

$$ab\lambda(\lambda x-y)+[ab(\beta-\gamma\lambda^3)+\lambda(b-a\lambda)]z=0 \tag{3.294}$$

依关系式,

$$\bar{x}_1=b-a\lambda\quad \bar{x}_2=ab\quad \bar{x}_3=-ab\lambda$$

式 (3.294) 变为

$$\bar{x}_2\bar{x}_3(\bar{x}_3x+\bar{x}_2)-[3(\beta\bar{x}_2^3+\gamma\bar{x}_3^3)+\bar{x}_1\bar{x}_2\bar{x}_3]z=0$$

表明 P 与该平面之间的对应为新对应 Σ_3。

对于定直线 l_2 和变动切线 t_λ, 此时 l_2 的对应直线 $l_1^{(u)}$、$l_1^{(v)}$ 各给出二次锥面 $\Gamma_2^{(u)}$、$\Gamma_2^{(v)}$, 它们分别为平面 $\pi^{(u)}$、$\pi^{(v)}$ 的包络, 从而在平面坐标下各对应方程

$$4u_3\left(u_3+\frac{u_1}{b}+\frac{u_2}{a}\right)+\beta u_2^2=0 \tag{3.295}$$

$$4u_2\left(u_3+\frac{u_1}{b}+\frac{u_2}{a}\right)+\gamma u_3^2=0 \tag{3.296}$$

$\pi^{(m)}$ 随 t_λ 的变化包括一个四次三阶代数锥面, 它有三条尖点母线; $\Gamma_2^{(u)}$、$\Gamma_2^{(v)}$ 相交于这三条母线及另一条直线, 后者恰为 l_2 在李配极 Σ_0 下的共轭直线。从式 (3.293) 导出 $\pi^{(m)}$ 和其邻接平面的交线

$$\begin{cases} 3ab\lambda(\lambda x+y)-[ab(\beta+\lambda^3\gamma)+3\lambda(a\lambda+b)]z=0 \\ ab(2\lambda x+y)-(ab\gamma\lambda^2+2a\lambda+b)z=0 \end{cases} \tag{3.297}$$

记

$$\bar{x}_1=b-a\lambda \quad \bar{x}_2=ab \quad \bar{x}_3=-ab\lambda \tag{3.298}$$

式 (3.297) 变为

$$\begin{cases} 3\bar{x}_2\bar{x}_3(-\bar{x}_3x+\bar{x}_2y)+(\beta\bar{x}_2^3-\gamma x_3^3+3\bar{x}_1\bar{x}_2\bar{x}_3-6b\bar{x}_2\bar{x}_3)z=0 \\ \bar{x}_2\bar{x}_3(-2\bar{x}_3x+\bar{x}_2y)+(-\gamma\bar{x}_3^3-2\bar{x}_1\bar{x}_2\bar{x}_3-3b\bar{x}_2\bar{x}_3)z=0 \end{cases} \tag{3.299}$$

消去 b 给出平面,

$$\bar{x}_2\bar{x}_3(\bar{x}_3x+\bar{x}_2y)+(\beta\bar{x}_2^3+\gamma\bar{x}_2^3-\bar{x}_1\bar{x}_2\bar{x}_3)z=0 \tag{3.300}$$

表明当直线 l_2 和 t_λ 的共轭切线的交点为定点 $P(\bar{x}_1,\bar{x}_2,\bar{x}_3,0)$ 且 l_2 变动时, 式 (3.297) 的轨迹为平面 π, P 与 π 之间的对应为塞格勒对应 Σ_{-1}。

平面式 (3.300) 也可作为 $\pi^{(m)}$ 关于 $\pi^{(u)}$、$\pi^{(v)}$ 的调和共轭, 记作 $\pi^{(s)}$。设 $\pi^{(s)}$ 与其邻接平面的交线为 l_2; 后者常过点 P,

$$x_1=a\lambda+b \quad x_2=ab \quad x_3=ab\lambda \tag{3.301}$$

而交线在下列平面 π 上,

$$x_2x_3(x_3x+x_2y)-[3(\beta x_2^3+\gamma x_3^3)+x_1x_2x_3]z=0 \qquad (3.302)$$

得到点 P 与平面 π 的对应 Σ_3。

现已明确李配极、姆塔尔对应、塞格勒对应这三个特殊的捷赫变换之间的关系。如果把所用的主密切织面 Q_u^0、Q_v^0 换成主弦密切织面 $Q_0^{(u)}$、$Q_0^{(v)}$, 那么可以推出两个新捷赫变换 $\Sigma_{\frac{1}{10}}$、$\Sigma_{\frac{1}{2}}$ 的几何作图。

继续讨论变换 $\Sigma_{(-1)^n3^{n-1}}$。$\pi^{(s)}$ 为 $\pi^{(m)}$ 关于 $\pi^{(u)}$、$\pi^{(v)}$ 的调和共轭平面; 它和其邻接平面的交线为方程

$$\begin{cases} \pi^{(s)}=ab\lambda(-\lambda x+y)-[-a\lambda^2+ab(\beta-\gamma\lambda^3)+b\lambda]z=0 \\ \dfrac{\partial\pi^{(s)}}{\partial\lambda}=ab(-2\lambda x+y)-(-2a\lambda-3ab\gamma\lambda^2+b)z=0 \end{cases} \qquad (3.303)$$

用 $\pi_1^{(u)}$、$\pi_1^{(v)}$ 分别表示过这交线和直线 $l_1^{(u)}$ 以及过该交线和直线 $l_1^{(v)}$ 的平面, 并以此作出 $\pi^{(s)}$ 关于 $\pi_1^{(u)}$、$\pi_1^{(v)}$ 的调和共轭平面

$$\pi_2=ab\lambda(\lambda x+y)-[(a\lambda^2+3ab(\beta+\gamma\lambda^3)+b\lambda]z=0 \qquad (3.304)$$

这个平面和式 (3.301) 之间的对应为变换 Σ_3。

又以 $l_{12}^{(u)}$ 为平面 $\pi_1^{(u)}$ 和其邻接平面的交线, $l_{12}^{(v)}$ 为平面 $\pi_1^{(v)}$ 和其邻接平面的交线; 并取 π_2 和其邻接平面的交线以替代式 (3.303), 取 $l_{12}^{(u)}$、$l_{12}^{(v)}$ 分别替代 $l_1^{(u)}$、$l_1^{(v)}$, 检验知这时导出的对应重合于变换 Σ_{-9}。

若继续 n 次同一作图法, 则有平面,

$$\pi_n=ab\lambda[(-1)^n\lambda x+y]-\{(-1)^na\lambda^2+3^{n-1}ab[\beta+(-1)^n\gamma\lambda^3]+b\lambda\}z=0$$

及两条直线 $l_{1n}^{(u)}$、$l_{1n}^{(v)}$, 对 $l_{1n}^{(u)}$

$$\begin{cases} b\lambda^2x=[\lambda^2+(-1)^n3^{n-1}b\beta]z \\ a\lambda y=(\lambda+3^{n-1}a\beta)z \end{cases}$$

对 $l_{1n}^{(v)}$

$$\begin{cases} bx = (1 + 3^{n-1} b\gamma\lambda)z \\ ay = [1 + (-1)^n \ 3^{n-1} a\gamma\lambda^2]z \end{cases}$$

据此, 给出平面 π_n 及点 $P_{(n)}$

$$x_1 = (-1)^n a\lambda + b \quad x_2 = ab \quad x_3 = (-1)^n ab\lambda$$

之间的对应为捷赫变换 $\Sigma_{(-1)^n 3^{n-1}}$, 当 n 为偶数时 $P_{(n)}$ 为 l_2、t_λ 的交点, 当 n 为奇数时 $P_{(n)}$ 为 l_3、t_λ 的共轭切线的交点。

设 C_1、C_2 分别为两个锥面 $\varGamma_2^{(u)}$、$\varGamma_2^{(v)}$ 关于李配极的对应二次曲线, 显然它们在曲面的切平面上, 且从式 (3.296)、式 (3.295) 得到它们的方程,

$$\begin{cases} 4x_3\left(\dfrac{x_2}{a} + \dfrac{x_3}{b} - x_1\right) + \beta x_2^2 = 0 \\ x_4 = 0 \end{cases} \tag{3.305}$$

$$\begin{cases} 4x_2\left(\dfrac{x_2}{a} + \dfrac{x_3}{b} - x_1\right) + \gamma x_3^2 = 0 \\ x_4 = 0 \end{cases} \tag{3.306}$$

这两条二次曲线除了在 O 相交外, 还在点 O_1、O_2、O_3 处相交, 并 $OO_i(i = 1, 2, 3)$ 恰为塞格勒切线; 该三点构成的三角形各边及对应的达布切线在直线 l_2 上相交, 且 l_2 关于 $\triangle O_1O_2O_3$ 的极恰为 O。

若观察曲面 σ 上无穷靠近 O 的点 O', 则连线 OO' 在 O 的切平面上, 并与二次曲线 C_1、C_2 除了在 O 相交外, 还分别在点 G_1、G_2 相交; OO' 和 l_2 相交于点 G'。事实上, 在第一阶微小范围内用交比可以表达两个初等齐式:

$$\beta \frac{\mathrm{d}u^2}{\mathrm{d}v} = 4(OG', O'G_1)$$

$$\gamma \frac{\mathrm{d}v^2}{\mathrm{d}u} = 4(OG', O'G_2) \tag{3.307}$$

取 O^* 为点 O 关于直线 OO' 上 G_1、G_2 的调和共轭点, 于是给出射影线素的几何定义,

$$\frac{\beta \mathrm{d}u^3+\gamma \mathrm{d}v^3}{2\mathrm{d}u\mathrm{d}v}=4(OG',O'O^*) \tag{3.308}$$

3.1.17 泛测地线

曲面 σ 的射影线素为

$$\frac{F_3}{F_2}=\frac{\varphi_3}{\varphi_2}$$

当曲面上一条曲线可以令其射影线素积分的变分等于零时, 称之为泛测地线。泛测地线满足方程

$$\delta\int\frac{F_3}{F_2}=\delta\int\frac{\varphi_3}{\varphi_2}=0 \tag{3.309}$$

如果 u、v 为曲面的主切线参数, 便可改写作

$$\delta\int\frac{\beta \mathrm{d}u^3+\gamma \mathrm{d}v^3}{2\mathrm{d}u\mathrm{d}v}=0$$

或

$$\delta\int F(u,v,u',v')\mathrm{d}t=0 \tag{3.310}$$

式中 $u'=\dfrac{\mathrm{d}u}{\mathrm{d}t}$、$v'=\dfrac{\mathrm{d}v}{\mathrm{d}t}$, 且

$$F(u,v,u',v')=\frac{\beta u'^3+\gamma v'^3}{2u'v'} \tag{3.311}$$

依变分法定义函数 $F_1(u,v,u',v')$,

$$F_{u'v'}=v'^2F_1\quad F_{u'v'}=-u'v'F_1\quad F_{u'v'}=u'^2F_1$$

于是欧拉方程为

$$F_1(u'v''-v'u'')+F_{uv'}-F_{vu'}=0 \tag{3.312}$$

而

$$u''=\frac{\mathrm{d}^2u}{\mathrm{d}t^2}\quad v''=\frac{\mathrm{d}^2v}{\mathrm{d}t^2}$$

从式 (3.311) 导出,

$$F_1=\frac{\beta u'^3+\gamma v'^3}{u'^2v'^3}$$

$$F_{uv'}=\frac{2\gamma_u v'^3-\beta_u u'^3}{2u'v'^2}$$

$$F_{vu'}=\frac{2\beta_v u'^3-\gamma_v v'^3}{2u'^2v'}$$

泛测地线的微分方程为可表示为

$$\begin{aligned}&2(\beta u'^3+\gamma v'^3)(u''v'-u'v'')\\=&(2\gamma_u v'^3-\beta_u u'^3)u'^2v'-(2\beta_v u'^3-\gamma_v v'^3)u'v'^2\end{aligned}$$

即

$$\begin{aligned}&2(\beta \mathrm{d}u^3+\gamma \mathrm{d}v^3)(\mathrm{d}v\mathrm{d}^2u-\mathrm{d}u\mathrm{d}^2v)\\=&(2\gamma_u \mathrm{d}v^4-\beta_u \mathrm{d}u^4)\mathrm{d}u\mathrm{d}v+2(\gamma_u\mathrm{d}v^2-\beta_v\mathrm{d}u^2)\mathrm{d}u^2\mathrm{d}v^2\end{aligned} \tag{3.313}$$

当 $t=v$ 时 $u'=\dfrac{\mathrm{d}u}{\mathrm{d}t}$、$u''=\dfrac{\mathrm{d}^2u}{\mathrm{d}t^2}$、$v'=1$、$v''=0$, 于是式 (3.313) 变为

$$2\frac{\beta u'^3+\gamma}{u'^3}u''=2\left(\frac{\gamma_u}{u'}-\beta_v u'\right)+\frac{\gamma_v}{u'^2}-\beta_u u'^2 \tag{3.314}$$

对于实主切曲线, 泛测地线的微分方程可表达成

$$(x\ \ \mathrm{d}x\ \ \mathrm{d}^2x\ \ \mathrm{d}^3x)=(\xi\ \ \mathrm{d}\xi\ \mathrm{d}^2\xi\ \ \mathrm{d}^3\xi) \tag{3.315}$$

称之为捷赫方程。对于非实主切曲线, 仅需上列方程的一个行列式乘 $s=-\mathrm{sgn}A$, 而 A 表示 $a_{11}a_{22}-a_{12}^2$。

由基本方程式 (2) 知

$$\mathrm{d}^2x=Ax_u+Bx_v+2x_{uv}\mathrm{d}u\mathrm{d}v+(*)x$$

$$\mathrm{d}^3x=A_1x_u+B_1x_v+C_1x_{uv}+(*)x+(*)\mathrm{d}x$$

其中已知

$$A=\mathrm{d}^2u+\theta_u\mathrm{d}u^2+\gamma\mathrm{d}v^2$$

$$B = \mathrm{d}^2 v + \theta_v \mathrm{d}v^2 + \beta \mathrm{d}u^2$$

$$\begin{aligned}
A_1 =& \mathrm{d}^3 u + 2\theta_u \mathrm{d}u\mathrm{d}^2 u + \mathrm{d}\theta_u \cdot \mathrm{d}u^2 + 2\gamma \mathrm{d}v\mathrm{d}^2 v + (\gamma_u \mathrm{d}u + \gamma_v \mathrm{d}v)\mathrm{d}v^2 \\
& + A\theta_u \mathrm{d}u + B\gamma \mathrm{d}v + 2\mathrm{d}u\mathrm{d}v[(\theta_{uv} + \beta\gamma)\mathrm{d}u + \pi_{22}\mathrm{d}v] \\
B_1 =& \mathrm{d}^2 v + 2\theta_v \mathrm{d}v\mathrm{d}^2 v + \mathrm{d}\theta_v \cdot \mathrm{d}v^2 + 2\beta \mathrm{d}u\mathrm{d}^2 u + (\beta_v \mathrm{d}v + \beta_u \mathrm{d}u)\mathrm{d}u^2 \\
& + B\theta_v \mathrm{d}v + A\beta \mathrm{d}u + 2\mathrm{d}u\mathrm{d}v[(\theta_{u\sigma} + \beta\gamma)\mathrm{d}v + \pi_{11}\mathrm{d}u] \\
C_1 =& 3(\mathrm{d}u\mathrm{d}^2 v + \mathrm{d}^2 u\mathrm{d}v) + 3\mathrm{d}u\mathrm{d}v(\theta_v \mathrm{d}v + \theta_u \mathrm{d}u) + \beta \mathrm{d}u^3 + \gamma \mathrm{d}v^3
\end{aligned}$$

$$\begin{aligned}
\frac{(x \ \ \mathrm{d}x \ \ \mathrm{d}^2 x \ \ \mathrm{d}^3 x)}{(x \ \ x_u \ \ x_v \ \ x_{uv})} &= \begin{vmatrix} \mathrm{d}u & \mathrm{d}v & 0 \\ A & B & 2\mathrm{d}u\mathrm{d}v \\ A_1 & B_1 & C_1 \end{vmatrix} \\
&= 2\mathrm{d}u\mathrm{d}v(A_1 \mathrm{d}v - B_1 \mathrm{d}u) + C_1(B\mathrm{d}u - A\mathrm{d}v)
\end{aligned}$$

如果将 β、γ, π_{ii} 分别变为 $-\beta$、$-\gamma$、p_{ii}, 那么 A、B、A_1、B_1、C_1 均变, 以 $\bar{A}$、$\bar{B}$、$\bar{A}_1$、$\bar{B}_1$ 、$\bar{C}_1$ 表示这些对应式, 就可表出

$$\frac{(\xi \ \ \mathrm{d}\xi \ \ \mathrm{d}^2 \xi \ \ \mathrm{d}^3 \xi)}{(\xi \ \ \xi_u \ \ \xi_v \ \ \xi_{uv})} = 2\mathrm{d}u\mathrm{d}v(\bar{A}_1 \mathrm{d}v - \bar{B}_1 \mathrm{d}u) + \bar{C}_1(\bar{B}\mathrm{d}u - \bar{A}\mathrm{d}v)$$

推出

$$\begin{aligned}
& \frac{1}{4}\left[\frac{(x \ \ \mathrm{d}x \ \ \mathrm{d}^2 x \ \ \mathrm{d}^3 x)}{(x \ \ x_u \ \ x_v \ \ x_{uv})} - \frac{(\xi \ \ \mathrm{d}\xi \ \ \mathrm{d}^2 \xi \ \ \mathrm{d}^3 \xi)}{(\xi \ \ \xi_u \ \ \xi_v \ \ \xi_{uv})}\right] \\
=& \mathrm{d}u\mathrm{d}v\left(\frac{A_1 - \bar{A}_1}{2}\mathrm{d}v - \frac{B_1 - \bar{B}_1}{2}\mathrm{d}u\right) \\
& + \frac{1}{4}[C_1(B\mathrm{d}u - A\mathrm{d}v) - \bar{C}_1(\bar{B}\mathrm{d}u - \bar{A}\mathrm{d}v)]
\end{aligned}$$

注意到

$$B\mathrm{d}u - A\mathrm{d}v = \mathrm{d}u\mathrm{d}^2 v - \mathrm{d}v\mathrm{d}^2 u + \mathrm{d}u\mathrm{d}v(\theta_v \mathrm{d}v - \theta_u \mathrm{d}u) + \beta \mathrm{d}u^3 - \gamma \mathrm{d}v^3$$

有

$$\frac{1}{4}[C_1(B\mathrm{d}u - A\mathrm{d}v) - \bar{C}_1(\bar{B}\mathrm{d}u - \bar{A}\mathrm{d}v)]$$

$$
\begin{aligned}
=&\beta \mathrm{d}u^3[2\mathrm{d}u\mathrm{d}^2v+\mathrm{d}^2u\mathrm{d}v+\mathrm{d}u\mathrm{d}v(2\theta_v\mathrm{d}v+\theta_u\mathrm{d}u)]\\
&-\gamma\mathrm{d}v^3[\mathrm{d}u\mathrm{d}^2v+2\mathrm{d}^2u\mathrm{d}v+\mathrm{d}u\mathrm{d}v(\theta_v\mathrm{d}v+2\theta_u\mathrm{d}u)]
\end{aligned}
$$

另,

$$
\begin{aligned}
&\frac{A_1-\bar{A}_1}{2}\mathrm{d}v-\frac{B_1-\bar{B}_1}{2}\mathrm{d}u\\
=&3\gamma\mathrm{d}v^2\mathrm{d}^2v+(2\gamma_u\mathrm{d}u+\gamma_v\mathrm{d}v)\mathrm{d}v^3+2\gamma\theta_u\mathrm{d}u\mathrm{d}v^3+\gamma\theta_v\mathrm{d}v^4\\
&-3\beta\mathrm{d}u^2\mathrm{d}^2u-(2\beta_v\mathrm{d}v+\beta_u\mathrm{d}u)\mathrm{d}u^3-2\beta\theta_v\mathrm{d}v\mathrm{d}u^3-\beta\theta_u\mathrm{d}u^4
\end{aligned}
$$

于是

$$
\begin{aligned}
&\frac{1}{4}\left[\frac{(x\ \ \mathrm{d}x\ \ \mathrm{d}^2x\ \ \mathrm{d}^3x)}{(x\ \ x_u\ \ x_v\ \ x_{uv})}-\frac{(\xi\ \ \mathrm{d}\xi\ \ \mathrm{d}^2\xi\ \ \mathrm{d}^3\xi)}{(\xi\ \ \xi_u\ \ \xi_v\ \ \xi_{uv})}\right]\\
=&2(\beta\mathrm{d}u^3+\gamma\mathrm{d}v^3)(\mathrm{d}u\mathrm{d}^2v-\mathrm{d}v\mathrm{d}^2u)\\
&+(\gamma_u\mathrm{d}v^4-\beta_u\mathrm{d}u^4)\mathrm{d}u\mathrm{d}v+2(\gamma_u\mathrm{d}v^2-\beta_v\mathrm{d}u^2)\mathrm{d}u^2\mathrm{d}v^2
\end{aligned}
$$

式 (3.313) 可以写为

$$
(x\ \ \mathrm{d}x\ \ \mathrm{d}^2x\ \ \mathrm{d}^3x)=\varepsilon(\xi\ \ \mathrm{d}\xi\ \ \mathrm{d}^2\xi\ \ \mathrm{d}^3\xi)
$$

若 A 为曲面 σ 上一条泛测地线的点, α 为其在 A 的密切平面; 在 σ、α 的交线上取四个无穷邻接点 A、A'、A'、A''', 它们不在一要泛测地线上, 则 σ 在这四点的四切平面一定相交于同一个点。

过 σ 上点 A 作所有的泛测地线, 每条曲线在 A 的密切平面包络成一个锥面, 称为塞格勒锥面。这表明该密切平面的对应脊点是稳定的。

观察泛测地线在 A 的密切平面, 曲线 $u=u(t)$, $v=v(t)$ 在其一个点的密切平面的方程为

$$
\begin{aligned}
&(\mathrm{d}u\mathrm{d}^2v-\mathrm{d}v\mathrm{d}^2u+\beta\mathrm{d}u^3-\gamma\mathrm{d}v^3+\theta_v\mathrm{d}v^2\mathrm{d}u-\theta_u\mathrm{d}u^2\mathrm{d}v)\xi\\
&+2\xi_u\mathrm{d}u^2\mathrm{d}v-2\xi_v\mathrm{d}u\mathrm{d}v^2
\end{aligned}
$$

对于泛测地线成立的式 (3.313), 从此把 $\mathrm{d}u\mathrm{d}^2v-\mathrm{d}v\mathrm{d}^2u$ 代入上式, 有 $u_3\xi-u_2\xi_u-u_1\xi_v$, 或

$$
u_1x+u_2y+u_3z=0 \tag{3.316}
$$

式中

$$\begin{cases}\rho u_1 = 4(\beta \mathrm{d}u^3 + \gamma \mathrm{d}v^3)\mathrm{d}u\mathrm{d}v^2 \\ \rho u_2 = -4(\beta \mathrm{d}u^3 + \gamma \mathrm{d}v^3)\mathrm{d}^2u\mathrm{d}v \\ \rho u_3 = (\beta_u \mathrm{d}u^4 - \gamma_u \mathrm{d}v^4)\mathrm{d}u\mathrm{d}v + 2(\beta_u \mathrm{d}u^2 - \gamma_u \mathrm{d}v^2)\mathrm{d}u^2\mathrm{d}v^2 \\ \qquad +2(\beta \mathrm{d}u^3 + \gamma \mathrm{d}v^3)(\beta \mathrm{d}u^3 - \gamma \mathrm{d}v^3 + \theta_v \mathrm{d}v^2\mathrm{d}u - \theta_u \mathrm{d}u^2\mathrm{d}v)\end{cases} \tag{3.317}$$

当 $t = u$ 时 $u' = 1$、$v' = n$, 式 (3.316)、式 (3.233) 重合。依式 (3.317) 得到塞格勒锥面方程,

$$\begin{aligned}\Gamma_6 =& 2u_1u_2u_3(\beta u_2^3 - \gamma u_1^3) - u_1u_2\cdot \\ & \left[\frac{1}{2}\varphi(\beta u_2^3 - 2\gamma u_1^3)u_2 + \frac{1}{2}\psi(2\beta u_2^3 - \gamma u_1^3)u_1\right] \\ & -(\beta^3 u_2^6 - \gamma^2 u_1^6) = 0\end{aligned} \tag{3.318}$$

定理 3.36 从曲面 σ 上点 O 出发的泛测地线在 O 的密切平面包络 6 阶的塞格勒锥面 Γ_6, 且 Γ_6 和 σ 在 O 的切平面沿两条主切线及三条达布切线相切。

对于定理 3.36 后一半的情况, 事实上, 设 (x, y, z) 为 Γ_6 的点, 有

$$\rho x = \frac{\partial \Gamma_6}{\partial u^1} \quad \rho y = \frac{\partial \Gamma_6}{\partial u^2} \quad \rho z = \frac{\partial \Gamma_6}{\partial u^3}$$

Γ_6 和切平面的交线满足

$$\frac{\partial \Gamma_6}{\partial u^3} = 2u_1u_2(\beta u_2^3 - \gamma u_1^3) = 0$$

方程 $u_1 = 0$ 为直线 $y = z = 0$, $u_2 = 0$ 为直线 $x = z = 0$, 而最后方程 $\beta u_2^3 - \gamma u_1^3 = 0$ 为三条达布切线。

由 Γ_6 及以每条主切线为轴的平面束 $u_1^6 = u_2^6 = 0$ 确定一个 6 阶锥面线性系统 $\Gamma_6 + \lambda u_1^6 + \mu u_2^6 = 0$; 式中一个锥面可分解为 $u_1u_2 = 0$ 和另一个 4 阶锥面 Γ_4,

$$\begin{aligned}\Gamma_4 =& 2u_3(\beta u_2^3 - \gamma u_1^3) - \frac{1}{2}\varphi u_2(\beta u_2^3 - 2\gamma u_1^3) \\ & -\frac{1}{2}\psi u_1(2\beta u_2^3 - \gamma u_1^3) = 0\end{aligned} \tag{3.319}$$

利用 Γ_6、Γ_4 可以作出许多规范直线的新作图及其间的关系。

今从 Γ_6 出发可以得到若干结果。命 $A_r(r=1,2)$、D_ρ、$S_\rho(\rho=0,1,2)$ 分别表示曲面 σ 在点 O 的主切线、达布切线、塞格勒切线。

(1) 过 A_r 的任何平面关于 Γ_6 的第一配极有公共平面 α_l; 该平面过另一条 $A_l(l\neq r)$, 且 α_1、α_2 相交于第一棱线 $C\left(-\dfrac{1}{4}\right)$。

实际上, 过 A_1 的平面为

$$u_1=1 \quad u_2=1 \quad u_3=\rho \quad (\rho\text{ 为参数})$$

这个平面关于 Γ_6 的第一配极取决于方程

$$\frac{\partial\Gamma_6}{\partial u_2}+\rho\frac{\partial\Gamma_6}{\partial u_3}=0$$

为了最后方程对于任意 ρ 要被 $u_2=0$ 所满足, $\dfrac{u_1}{u_3}$ 应有

$$\frac{\partial\Gamma_6}{\partial u_3}=0$$

推出

$$u_1:u_2:u_3=1:0:\frac{\psi}{4}$$

故 α_1 的方程为 $x+\dfrac{1}{4}\psi z=0$; 同时, α_2 的方程为 $y+\dfrac{1}{4}\varphi z=0$。

(2) 若上述的所有第一配极以及过各系 D_ρ 的三个公共切平面形成三面体。设 $p_r(r=1,2)$ 为曲面 σ 在 O 的切平面 π 关于该三面体的极线, 且 T' 为平面 p_1p_2 和 π 的交线, 则 T' 关于 p_1、p_2 的调和共轭直线为第一轴线 $C\left(-\dfrac{1}{3}\right)$。

实际上, 先作过 A_1 的平面关于 Γ_6 的第一配极, 其公共平面 $u_1:u_2:u_3$ 满足

$$\frac{\partial\Gamma_6}{\partial\Gamma_2}=\frac{\partial\Gamma_6}{\partial u_3}=0$$

当该公共平面过一条 D_ρ 时,

$$u_1=1 \quad u_2=\varepsilon^\rho P \quad (\rho=0,1,2)$$

满足 $\dfrac{\partial \Gamma_6}{\partial u_3}=0$; 而 $P=\sqrt[3]{\dfrac{\gamma}{\beta}}$。因为 $\dfrac{\partial \Gamma_6}{\partial u_2}=0$, 所以条件

$$0=\left(\frac{\partial \Gamma_6}{\partial u_3}\right)_{\substack{u_1=1\\u_2=\varepsilon^\rho P}}$$

也是充分的。据此,

$$u_3=\frac{7}{12}\psi+\frac{1}{12}\varphi\varepsilon^\rho P+\gamma\varepsilon^{2\rho}P^2\quad(\rho=0,1,2)$$

切平面 $z=0$ 关于这个三面体的极线依方程 p_1

$$x+\frac{7}{12}\psi z=0\quad y+\frac{1}{12}\varphi z=0$$

得到第二条极线方程 p_2

$$x+\frac{7}{12}\psi z=0\quad y+\frac{7}{12}\varphi z=0$$

T' 关于 p_1、p_2 的调和共轭直线取决于

$$x+\frac{1}{3}\psi z=0\quad y+\frac{1}{3}\varphi z=0$$

即 $C\left(-\dfrac{1}{3}\right)$。

(3) 过一条 A_r 的任意平面关于 Γ_6 第四配极有公共切平面, 其中过另一条 $A_l(l\neq r)$ 的只有一个平面 β_r。两个平面 β_1、β_2 相交于第一准线 $C\left(-\dfrac{1}{2}\right)$。

实际上, 平面 $u_1:u_2:u_3=0:1:\rho$ 关于 Γ_6 的第四配极为

$$\frac{\partial^4\Gamma_6}{\partial u_2^4}+4\rho\frac{\partial^4\Gamma_6}{\partial_2^3\partial u_3}=0$$

但 $u_2=0$ 适合

$$\frac{\partial^4\Gamma_6}{\partial u_2^3\partial u_3}=0$$

于是平面 β_l 的坐标 $u_1:0:u_3$ 适合 $\dfrac{\partial^4\Gamma_6}{\partial u_2^4}=0$。由此给出

$$u_1:u_3=1:\frac{1}{2}\psi$$

β_1 取决于

$$x+\frac{1}{2}\psi z=0$$

同样, β_2 取决于

$$y+\frac{1}{2}\varphi z=0$$

(4) 过每一条 A_r 常可引一个平面 β'_r 使之关于 Γ_6 的第二配极可分解成一个锥面 C_r 和另外一个以 $A_l(l\neq r)$ 为轴的平面束。平面 β'_r 和 C_l 沿一条直线 g_r 相切, 并且平面 g_1A_2、平面 g_2A_1 相交于第一主直线是 $C\left(-\dfrac{1}{12}\right)$。

平面 g_1g_2 和切平面 π 相交于直线 T', 且 T' 关于 g_1、g_2 的调和共轭直线 $C\left(-\dfrac{7}{24}\right)$。

实际上, 平面 $u_1:u_2:u_3=0:1:\rho$ 关于第二配极为

$$\begin{aligned}&24\beta u_1u_2^2u_3-u_1[9\varphi\beta u_2^3+\varphi(\beta u_2^3-2\gamma u_1^3)+12\psi\beta u_1u_2^2]\\&-30\beta^2u_2^4+2\rho[2u_1(\beta u_2^3-\gamma u_1^3)+6\beta u_1u_2^3]=0\end{aligned}$$

如果该配极包括平面束 $u_2=0$, 那么 $\rho=\dfrac{1}{2}\varphi$, 从而 $\beta'_1=\beta_1$ 的坐标为 $u_1:u_2:u_3=0:1:\dfrac{1}{2}\varphi$。同理, $\beta'_2=\beta_2$ 取决于 $u_1:u_2:u_3=1:0:\dfrac{1}{2}\psi$。

反之, β'_1 的第二配极可分解为平面 $u_2^2=0$ 和二次锥面 C_1,

$$12\beta u_1u_2-\varphi u_1u_2-6\psi u_1^2-15\beta u_2^2=0$$

由此知 β'_2 和 C_1 相切, 其接触线 g_2 为

$$x:y:z=(-6\psi):(-\varphi):12$$

同样, g_1 依方程

$$x:y:z=(-\psi):(-6\varphi):12$$

故平面 g_2A_1、平面 g_1A_2 为

$$y+\frac{1}{12}\varphi z=0 \quad x+\frac{1}{12}\psi z=0$$

(5) 过每一条 D_ρ 常可作一个平面 δ_ρ 使之关于 Γ_6 的第一配极可分解为一个锥面和另外一个以 S_ρ 为轴的平面束。δ_0、δ_1、δ_2 形成三面体, 且 π 关于该三面体的极线为射影法线。

实际上, 过 D_ρ 的任何平面为

$$u_1:u_2:u_3=1:\varepsilon^\rho P:\rho \quad \left(P=\sqrt[3]{\frac{\gamma}{\beta}}\right)$$

它关于 Γ_6 的第一配极为

$$\frac{\partial\Gamma_6}{\partial u_1}+\varepsilon^\rho P\frac{\partial\Gamma_6}{\partial u_2}+\rho\frac{\partial\Gamma_6}{\partial u_3}=0$$

若该配极的一部分是以 S_ρ 为轴的平面束, 则 $u_1=1$、$u_2=-\varepsilon^\rho P$ 满足上述方程; 反之亦然。代入的结果为

$$\rho=3\frac{\gamma}{P}\varepsilon^{2\rho}$$

有 δ_ρ 的方程

$$x+\varepsilon^\rho Py+3\frac{\gamma}{P}\varepsilon^{2\rho}z=0$$

显然, 三棱方程为

$$x:y:z=\left(3\varepsilon^{2\rho+1}\frac{\gamma}{P}\right):\left(3\varepsilon^{\rho+2}\frac{\gamma}{P^2}\right):1 \quad (\rho=0,1,2)$$

π 关于三面体 $\delta_0\delta_1\delta_2$ 的极线为 $x=y=0$, 即射影法线。

在以上定理中每个平面 δ_ρ 有对应的锥面, 且其方程为

$$\begin{aligned}
&2u_3(\beta u_2^3-\gamma u_1^3)+6u_1u_2u_3\beta\varepsilon^\rho P(u_2-\varepsilon^\rho Pu_1)\\
&-\frac{1}{2}\beta\varphi u_2[(u_2-4\varepsilon^\rho Pu_1)(u_2^2-\varepsilon^\rho Pu_1u_2+\varepsilon^{2\rho}P^2u^3)\\
&+9\varepsilon^\rho Pu_1u_2(u_2-\varepsilon^\rho Pu_1)]\\
&-\frac{1}{2}\gamma\psi u_1[(4u_2-\varepsilon^\rho Pu_1)(u_2^2-\varepsilon^\rho Pu_1u_2+\varepsilon^{2\rho}P^2u_1^2)
\end{aligned}$$

$$
\begin{aligned}
&+9\varepsilon^{\rho}Pu_1u_2(u_2-\varepsilon^{\rho}Pu_1)] \\
&+6\left[-\varepsilon^{2\rho}\frac{\gamma^2}{P}u_1^4+\varepsilon^{\rho}P\beta^2u_2(u_2^2+\varepsilon^{2\rho}P^2u_1^2)(u_2-\varepsilon^{\rho}Pu_1)\right. \\
&\left.+\frac{\beta\gamma}{P}\varepsilon^{2\rho}u_1u_2(u_2^2-\varepsilon^{\rho}Pu_1u_2+\varepsilon^{2\rho}P^2u_1^2)\right]=0
\end{aligned}
$$

过 S_ρ 作该锥面的切平面, 得到平面

$$
u_1=1 \quad u_2=-\varepsilon^{\rho}P \quad u_3=\frac{3}{16}\psi-\frac{3}{16}\varphi P\varepsilon^{\rho}
$$

即平面

$$
\left(x+\frac{3}{16}\psi z\right)-\varepsilon^{\rho}P\left(y+\frac{3}{16}\varphi z\right)=0 \quad (\rho=0,1,2)
$$

这三个平面相交于规范直线 $C\left(-\dfrac{1}{4}\right)$。

(6) 过每一条 A_r 常可引一个平面 α_r' 使之属于本身关于 Γ_4 的第一配极。平面 α_1'、α_2' 相交于第一棱线 $C\left(-\dfrac{1}{4}\right)$。

实际上, α_1' 的坐标 $u_1:u_2:u_3=0:1:\rho$ 依方程

$$
0\frac{\partial}{\partial u_1}+1\frac{\partial}{\partial u_2}+\rho\frac{\partial}{\partial u_3}=0
$$

或

$$
\Gamma_4(0,1,\rho)=0
$$

由此给出 $\rho=\dfrac{1}{4}\varphi$, 表明平面 $\alpha_1'=\alpha_1$ 的方程为

$$
y+\frac{1}{4}\varphi z=0
$$

同理给出 $\alpha_2'=\alpha_2$, $x+\dfrac{1}{4}\psi z=0$。

(7) 在过 A_r 的平面中必有一个平面 β_r 使其关于 Γ_4 的第一配极退化为两个平面束, 且其中的一束为以 $A_l(l\neq r)$ 为轴。平面 β_1、β_2 的交线为第一准线 $C\left(-\dfrac{1}{2}\right)$。

实际上, 设 β_1 为方程 $y+\rho z=0$, 它关于 Γ_4 的第一配极取决于

$$\frac{\partial \Gamma_4}{\partial u_2}+\rho\frac{\partial \Gamma_4}{\partial u_3}=0$$

由假设 $u_2=0$ 必符合这个方程。据此, $\rho=\frac{1}{2}\varphi$, β_1 的方程为 $y+\frac{1}{2}\varphi z=0$。同理, β_2 的方程为 $x+\frac{1}{4}\psi z=0$。此时 β_1 关于 Γ_4 的第一配极可分解为两个平面束, 即

$$u_2^2(6u_3-\varphi u_2-3\psi u_3)=0$$

故得到平面束 F_1: $6u_3-\varphi u_2-3\psi u_1=0$, 并有平面束 F_2: $6u_3-\psi_1-3\varphi u_3=0$。

(8) 若两束 F_1、F_2 的轴为 α_1、α_2, 则平面 $\alpha_1 A_2$, 平面 $\alpha_2 A_1$ 相交于规范直线 $C\left(-\frac{1}{6}\right)$。

实际上, 因为 F_1 的平面决定于方程

$$\left(x+\frac{1}{2}\psi z\right)u_1+\left(y+\frac{1}{6}\varphi z\right)u_2=0$$

所以平面 $\alpha_1 A_2$ 的方程为 $y+\frac{1}{2}\varphi z=0$、平面 $\alpha_2 A_1$ 的方程为 $x+\frac{1}{6}\psi z=0$。

(9) 根据 (7) 定义的平面 β_r 关于 Γ_4 的第二配极可分解为两个平面束, 其一束的轴为 $A_l(l\neq r)$, 且其他一束的轴和 A_r 确定平面 η_r。平面 η_1、η_2 相交于射影法线。

实际上, β_1 的坐标为 $u_1:u_2:u_3=0:1:\frac{1}{2}\varphi$, 它关于 Γ_4 的第二配极相依方程

$$\frac{\partial^2 \Gamma_4}{\partial u_2^2}+\varphi\frac{\partial^2 \Gamma_4}{\partial u^2\partial u_2}=0$$

或

$$u_2(2u_2-\psi u_1)=0$$

于是 η_1 为 $y=0$, η_2 为 $x=0$。

(10) 若过 A_r 的所有平面关于 Γ_4 的第一配极有三个公共平面均过 D_ρ, 这三个平面相会于直线 a_r。取 T''' 为平面 a_1a_2 及 π 的交线, 则 T''' 关于 a_1、a_2 的共轭直线为第一轴线。

(11) 在过一条 S_ρ 的平面关于 Γ_6 的第一配极中, 有一个过 D_ρ 的公共切平面 θ_ρ。切平面 π 关于三面体 $\theta_0\theta_1\theta_2$ 的极线为第一轴线。

(12) 过一条 D_ρ 的平面关于 Γ_4 的第一配极, 一定有各个过 D_σ、D_τ (ρ、σ、$\tau \neq 0$) 的两个公共切平面 $\lambda_{\rho\sigma}$、$\lambda_{\rho\tau}$, 每组($\lambda_{01}\ \lambda_{12}\ \lambda_{20}$)、($\lambda_{10}\ \lambda_{21}\ \lambda_{02}$) 为共线的; 以 b_1、b_2 为其轴, 并以 $T_{(4)}$ 为 π 与平面 b_1b_2 的交线, 于是 $T_{(4)}$ 关于 b_1、b_2 的调和共轭为第一轴线。

(13) 过各 S_ρ 的平面关于 Γ_4 的极线均在一个平面 μ_ρ 上, 且平面 μ_0、μ_1、μ_2 相交于射影法线。

(14) 上述 μ_0 关于 Γ_4 的第一配极可分解为一个锥面和一个以 S_ρ 为轴的平面束, 且过 D_ρ 的平面中仅有 μ_ρ 如此, 分解后的锥面存在一个过 S_ρ 的切平面 ν_ρ, 而平面 ν_0、ν_1、ν_2 相会于第一轴线。

3.1.18 射影测地线

设 $r_i(i=1,2,3,4)$ 为空间四条直线, 取平面 α 和每条直线相交, 且从另一条直线 ρ 射影该四个交点, 得到同一束的四个平面以此作出交比。一般而言, 这个交比与所取的直线 ρ、平面 α 有关, 但是当四条直线 r_i 在某阶微小范围内可以视为同一线束的直线时, 该交比与 ρ、α 无关; 今用四条直线的交比表达它。

在曲面 σ 上的点 $O(u,v)$ 作主切曲线 u(常数)、v(常数) 的两个主切线, 并在点 $O'(u+\mathrm{d}u,v)$ 作主切曲线 v(常数) 的切线, 在 $O''(u,v+\mathrm{d}v)$ 作主切曲线 u(常数) 的切线, 计算这四条切线的交比。该四条直线的伯吕格坐标分别为

$$(x,x_u) \qquad\qquad (x,x_v)$$

$$(x,x_u)+(x,x_{uu})\mathrm{d}u=(1+\theta_u\mathrm{d}u)(x,x_u)+(\beta\mathrm{d}u)(x,x_v)$$

$$(x,x_v)+(x,x_{vv})\mathrm{d}v=(r\mathrm{d}v)(x,x_u)+(1+\theta_v\mathrm{d}v)(x,x_v)$$

故交比为

$$\frac{\beta \mathrm{d}u}{1+\theta_u \mathrm{d}u} : \frac{1+\theta_v \mathrm{d}v}{\gamma \mathrm{d}v}$$

其主要部分为 $\beta\gamma\mathrm{d}u\mathrm{d}v$; 而齐式

$$\varphi_2 = 2\beta\gamma\mathrm{d}u\mathrm{d}v$$

为所引四个主切线的交比的两倍。

作变分,

$$\delta\int\sqrt{\varphi_2} = 0$$

即

$$\begin{cases} \delta\displaystyle\int\sqrt{\beta\gamma u'v'}\mathrm{d}t = 0 \\ u' = \dfrac{\mathrm{d}u}{\mathrm{d}t} \quad v' = \dfrac{\mathrm{d}v}{\mathrm{d}t} \end{cases} \tag{3.320}$$

此时曲线 $u = u(t)$、$v = v(t)$ 为射影共变的, 称之为射影测地线。由式 (3.312) 推出欧拉方程,

$$v'' = v'\frac{\partial}{\partial u}\log(\beta\gamma) - v'^2\frac{\partial}{\partial v}\log(\beta\gamma) \tag{3.321}$$

式中

$$v' = \frac{\mathrm{d}v}{\mathrm{d}u} \quad v'' = \frac{\mathrm{d}v}{\mathrm{d}u^2}$$

以 x 为福比尼法坐标, 且

$$x_1x + x_2x_u + x_3x_v + x_4x_{uv}$$

为点坐标, 于是射影测地线的密切平面为

$$x_4\beta - 2x_3v' + 2x_2v'^2 - \gamma x_4v'^3 = 0 \tag{3.322}$$

当 v' 变化时该平面包络成一个四次锥面 C_4,

$$27\beta^2\gamma^2x_4^4 - 16x_2^2x_3^2 + 32(\beta x_2^3 + \gamma x_3^3)x_4 - 72\beta\gamma x_2x_3x_4^2 = 0 \tag{3.323}$$

射影法线 $x_2=x_3=0$ 关于 C_4 的第一、第二、第三配极分别为以下两个锥面,

$$27\beta^2\gamma^2x_4^2+8(\beta x_2^3+\gamma x_3^3)-36\beta\gamma x_2x_3x_4=0 \tag{3.324}$$

$$9\beta\gamma x_4^2=4x_2x_3$$

和切平面 $x_4=0$, 第一配极锥面和切平面沿三条达布切线相切, 第二配极锥面沿两个主切线相切。

反之, 设一条直线 $x_1:x_2:x_4=x_2':x_3':x_4'$ 关于锥面 C_4 的第一配极经过三条达布切线, 或者它的第二配极通过两条主切线, 第三配极为切平面, 故该直线必为射影法线。该直线的第一配极为

$$\begin{aligned}&x_2'(-32x_2x_3^3+96\beta x_2^2x_4-72\beta\gamma x_3x_4^2)\\&+x_3'(-32x_2^2x_3+96\gamma x_4^2x_4-72\beta\gamma x_2x_4^2)\\&+x_4'(108\beta^2\gamma^2x_4^3+32\beta x_2^3+32\gamma x_3^3-144\beta\gamma x_2x_3x_4)=0\end{aligned}$$

如果三条达布切线在其上, 那么 $x_4=0$、$\beta x_2^3+\gamma x_2^3=0$ 满足上列方程, 有

$$x_2x_3(x_2'x_3+x_3'x_2)=0$$

对于 $\beta x_2^3+\gamma x_2^3=0$ 的三个根成立, 得

$$x_2'=x_3'=0$$

即所述直线为射影法线。

设直线 $x_2:x_3:x_4=x_2':x_3':x_4'$ 关于 C_4 的第二配极要通过两条主切线, 于是 $x_4=x_2=0$、$x_4=x_3=0$ 符合第二配极方程,

$$\begin{aligned}&x_2^2(-32x_2'^2+192\beta x_2'x_4')+2x_2x_3(-64x_2'x_3'-72\beta\gamma x_4'^2)\\&+x_3^2(-32x_2'^2+192\gamma x_3'x_4')+\quad\cdots\quad=0\end{aligned}$$

其充要条件为

$$6x_2'x_3'x_4'=\frac{x_2'^3}{\gamma}=\frac{x_3'^3}{\beta}$$

第三配极与切平面重合的条件为

$$-32x_2'x_3'^2+96\beta x_2'^2x_4'-72\beta\gamma x_3'x_4'^2=0$$

$$-32x_2'^2x_3'+96\gamma x_3'^2x_4'-72\beta\gamma x_2'x_4'^2=0$$

从而 $x_2'=x_3'=0$。

定理 3.37 过曲面上的点作曲面的所有射影测地线, 它在该点的密切平面包络成一个四次锥面 C_4, 且曲面在该点的射影法线取决于以下两个性质中的一个:

(1) 它关于 C_4 的第一配极通过三条达布切线;

(2) 它关于 C_4 的第二配极通过两条主切线, 且第三配极和曲面在这点的切平面重合。

若 r_1、r_2 为两条主切曲线 u、v 在交点的曲率半径, ω 为交角, 而高斯曲率 $K=-\dfrac{1}{\rho^2}$, 则射影法线的方向余弦与

$$\frac{\partial}{\partial v}\log\frac{\rho^{\frac{3}{2}}}{r_1r_2\sin^3\omega}x_u+\frac{\partial}{\partial v}\log\frac{\rho^{\frac{3}{2}}}{r_1r_2\sin^3\omega}x_v+2\frac{\sqrt{EG-F^2}}{\rho}X$$

等三数成比例。

定理 3.38 锥面 C_4 有三条尖点直线 C_0、C_1、C_2 并三尖点切平面相交于射影法线; 这三个切平面与曲面的切平面相交于塞格勒切线, 且三面体 $C_0C_1C_2$ 的三个面与曲面的切平面相交于达布切线, 曲面的切平面关于该三面体的极线为射影法线。

证明: 以 f 代表式 (3.323) 左边, 从

$$\frac{\partial f}{\partial x_2}=\frac{\partial f}{\partial x_3}=\frac{\partial f}{\partial x_4}=0$$

推出

$$x_2:x_3:x_4=1:\varepsilon^\rho P:\left(\frac{2}{3}\frac{\varepsilon^{2\rho}}{\gamma P}\right)$$

式中 $\rho=0$、1、2, 而

$$\varepsilon^3=1\quad(\varepsilon\neq 1)\quad P=\sqrt[3]{\frac{\beta}{\gamma}}\tag{3.325}$$

但是对式 (3.324) 成立

$$\frac{\partial^2 f}{\partial x_2^2}\frac{\partial^2 f}{\partial x_3^2}-\left(\frac{\partial^2 f}{\partial x \partial x_3}\right)^2=0$$

则式 (3.324) 为 C_4 的三条类直线 c_ρ, 其尖点切平面为

$$\varepsilon^\rho P x_2 - x_3 = 0 \tag{3.326}$$

表明它们相交于射影法线。式 (3.326) 及 $x_4=0$。相交于塞格勒切线 S_ρ。直线 $c_{\rho+1}$、$c_{\rho+2}$ 确定平面

$$\begin{vmatrix} x_2 & x_3 & x_4 \\ 1 & \varepsilon^{\rho+1}P & \frac{2}{3}\varepsilon^{2\rho+1}\frac{1}{\gamma P} \\ 1 & \varepsilon^{\rho+2}P & \frac{2}{3}\varepsilon^{2\rho+1}\frac{1}{\gamma P} \end{vmatrix}=0$$

该平面与 $x_4=0$ 相交于达布切线 D_ρ。

定理 3.39 如果两条主切线和射影法线等三条中任取两条, 并以该两条及 c_0、c_1、c_2 确定一个二次锥面, 那么该两条所在的平面关于所确定的二次锥面的极线为第三条直线。

事实上, 改写式 (3.324),

$$\varepsilon^\rho P x_2 - x_3 = 0 \quad x_4 - \frac{2}{3}\frac{\varepsilon^{2\rho}}{P\gamma}x_2 = 0 \quad P x_4 - \frac{2}{3}\frac{\varepsilon^{\rho}}{P\gamma}x_3 = 0$$

推出

$$9\beta\gamma x_4^2 = 4x_2x_3 \quad 3\beta x_2 x_4 = 2x_3^2 \quad 3\gamma x_3 x_4 = 2x_2^2$$

这就是定理中的 3 个锥面方程。

3.1.19 洼田锥面

设曲面 σ 在点 O 的规范展开为

$$z = xy - \frac{1}{3}(\beta x^3 + \gamma y) + \varphi_4(x,y) + \varphi_5(x,y) + \varphi_6(x,y) + \cdots \tag{3.327}$$

式中 $\varphi_4(x,y)$、$\varphi_5(x,y)$ 为式 (3.171)、(3.172); 一般而言, $\varphi_n(x,y)$ 为 x、y 的 n 次齐式。

考察 σ 在 O 的一条切线 t_n(非主切线),

$$z = y - nx = 0 \tag{3.328}$$

和过 t_n 的平面 π_ρ,

$$z = \rho(y - nx) \tag{3.329}$$

式中 ρ 为参数。

σ 由 π_ρ 截成的平截线 C_ρ 在 O 的展开为

$$\left\{\begin{aligned} y &= nx + \alpha x^2 + \bar{\beta}x^3 + \bar{\gamma}x^4 + \delta x^5 + \varepsilon x^6 + \cdots \\ z &= \rho(\alpha x^2 + \bar{\beta}x^3 + \bar{\gamma}x^4 + \delta x^5 + \varepsilon x^6 + \cdots) \end{aligned}\right. \tag{3.330}$$

这里舍弃了关于 x 的 7 次以上的项, 且

$$\left\{\begin{aligned} \alpha &= \frac{n}{\rho} \\ \bar{\beta} &= \frac{n}{\rho^2} - \frac{1}{3\rho}(\beta + \gamma n^3) \\ \bar{\gamma} &= \frac{n}{\rho^3} - \frac{1}{3\rho^2}(\beta + 4\gamma n^3) + \frac{1}{\rho}\varphi_4(1,n) \\ \delta &= \frac{n}{\rho^4} - \frac{1}{3\rho^3}(\beta + 10\gamma n^3) + \frac{1}{\rho^2}\bigg[\varphi_4(1,n) + n\varphi_4'(1,n) \\ &\quad + \frac{1}{3}\gamma n^2(\beta + \gamma n^3)\bigg] + \frac{1}{\rho}\varphi_5(1,n) \\ \varepsilon &= \frac{n}{\rho^5} - \frac{1}{3\rho^4}(\beta + 20\gamma n^3) + \frac{1}{\rho^3}\bigg[\varphi_4(1,n) + 2n\varphi_4'(1,n) \\ &\quad + \frac{1}{3}\gamma n^2(4\beta + 7\gamma n^3) - \frac{1}{2}n^2(\theta_{uv} + 2\gamma\varphi n - \gamma\psi n^2)\bigg] \\ &\quad + \frac{1}{\rho^2}\bigg[\varphi_5(1,n) + n\varphi_5'(1,n) - \gamma n^2\varphi_4(1,n) \\ &\quad - \frac{1}{3}\varphi_4'(1,n)(\beta + \gamma n^3)\bigg] + \frac{1}{\rho}\varphi_6(1,n) \end{aligned}\right. \tag{3.331}$$

而

$$\varphi_4'(1,n)=\frac{\mathrm{d}}{\mathrm{d}n}\varphi_4(1,n)\quad \varphi_5'(1,n)=\frac{\mathrm{d}}{\mathrm{d}n}\varphi_5(1,n)$$

为了推出平截线 C_ρ 在 O 的射影法线, 应用 C_ρ 的维尔律斯基三次曲线, 取其在 xz 平面上的射影为

$$z(a_1x+a_2z)+b_1x^3+b_2z^3+b_3x^2z+b_4xz^2=0 \tag{3.332}$$

于是所需射影法线依方程

$$a_1x+a_2z=0\quad z=\rho(y-nx) \tag{3.333}$$

又

$$\begin{cases}\alpha\rho a_1+b_1=0\\ \bar{\beta}a_1+\alpha^2\rho a_2+(*)+ab_3+(*)=0\\ \bar{\gamma}a_1+2\alpha\bar{\beta}\rho a_2+(*)+\bar{\beta}b_3+\alpha^2\rho b_4=0\\ \delta a_1+(2\alpha\bar{\gamma}+\bar{\beta}^2)\rho a_2+\alpha^3\rho^2b_2+\bar{\gamma}b_3+2\alpha\bar{\beta}\rho b_4=0\\ \varepsilon a_1+2(\alpha\delta+\bar{\beta}\bar{\gamma})\rho a_2+3\alpha^2\bar{\beta}\rho^2b_2+\delta b_3+(2\alpha\bar{\gamma}+\bar{\beta}^2)\rho b_4=0\end{cases} \tag{3.334}$$

据此,

$$\frac{a_1}{a_2}=\frac{n\alpha(3\alpha\bar{\beta}\bar{\gamma}-2\bar{\beta}^3-\alpha^2\delta)}{\alpha^3\varepsilon-2\alpha^2\bar{\gamma}^2+10\alpha\bar{\beta}^2\bar{\gamma}-5\bar{\beta}^4-4\alpha^2\bar{\beta}\delta} \tag{3.335}$$

故 C_ρ 在 O 的射影法线方程,

$$\begin{cases}n\alpha(3\alpha\bar{\beta}\bar{\gamma}-2\bar{\beta}^3-\alpha^2\delta)x\\ \qquad+(\alpha^3\varepsilon-2\alpha^2\bar{\gamma}^2+10\alpha\bar{\beta}^2\bar{\gamma}-5\bar{\beta}^4-4\alpha^2\bar{\beta}\sigma)z=0\\ z=\rho(y-nx)\end{cases} \tag{3.336}$$

注意到式 (3.331) 的 α、$\bar{\beta}$、$\cdots$、ε, 可以断言: 式 (3.336) 的两个系数除公因子 ρ^{-7} 外均为 ρ 的三次多项式, 其中第一个系数不包括常数项。当从式 (3.336) 消去 ρ 时, 此式为由因式 z 以及另一个关于 x、y、z 的三次多项式构成的, 后者为 0, 恰恰表达属于切线 t_n 的洼田锥面。

过切线 t_n 和曲面的射影法线所作平面取决于方程 $y-nx=0$。由式 (3.327) 得到上述平截线在 xz 平面的射影,

$$z = nx^2 + \frac{1}{3}(\beta+\gamma n^3)x^3 + \varphi_4(1,n)x^4 + \varphi_5(1,n)x^5 + \varphi_6(1,n)x^6 + \cdots$$

曲面 σ 和平截线在 O 有重合的射影法线, 当且仅当式 (3.334) 中 $a_1=0$, 即

$$\begin{aligned}&n^3\varphi_6(1,n)-2n^2[\varphi_4(1,n)]^2+\frac{10}{9}n(\beta+\gamma n^3)^2\varphi_4(1,n)\\&-\frac{4}{3}n^2(\beta+\gamma n^3)\varphi_5(1,n)-\frac{5}{81}(\beta+\gamma n^3)^4=0\end{aligned}$$

定理 3.40 在曲面的点 O 有 12 条这样的切线, 使曲面过其一条和射影法线的平面截成平截线, 在 O 为以曲面的射影法线为其射影法线。

关于洼田锥面,

$$\begin{aligned}&\left[\frac{1}{3}n^2(\beta+\gamma n^3)(y-nx)^2+\left(\frac{1}{6}n^2(\varphi(\beta+2\gamma n^3)-n\psi(2\beta+\gamma n^3))\right.\right.\\&\left.-\frac{1}{3}n(\beta-\gamma^2n^6)\right)(y-nx)z\\&+\left(\frac{2}{27}(\beta+\gamma n^3)^3-n(\beta+\gamma n^3)\varphi_4(1,n)\right)\\&\left.-n^2\varphi_5(1,n)z^2\right]x+\frac{1}{3}\beta n^3(y-nx)^3+\frac{1}{12}An^2(y-nx)^2z\\&+Bn(y-nx)z^2+Cz^3=0\end{aligned}\tag{3.337}$$

式中

$$\begin{aligned}A=&3\beta\varphi-4\beta\psi n+\gamma\psi n^4-4(2\beta^2+40\beta\gamma n^3+101\gamma^2n^6)\\B=&-3n^2\varphi_5(1,n)+n^3\varphi_5'(1,n)+\frac{1}{3}n(-2\beta+9\gamma n^3)\varphi_4(1,n)\\&+n^2(\beta+\gamma n^3)\varphi_4'(1,n)+\frac{2}{27}(\beta+\gamma n^3)^2(5\beta-4\gamma n^3)\\C=&n^3\varphi_6(1,n)-2n^2[\varphi_4(1,n)]^2+\frac{10}{9}n(\beta+\gamma n^3)^2\varphi_4(1,n)\end{aligned}$$

$$-\frac{5}{81}(\beta+\gamma n^3)^4+\frac{4}{3}n^2(\beta+\gamma n^3)\varphi_5(1,n)$$

该锥面的对应切线 t_n 为其二重直线, 它拥有沿 t_n 的两个切平面, 其方程就是令式 (3.337) 中方括号内的表达式为 0; 当 $\beta+\gamma n^3=0$ 时其中的一个切平面与 $z=0$ 重合。

定理 3.41 当且仅当 t_n 为一条达布切线时, 属于 t_n 的洼田锥面和曲面相切。

这时两个切平面为

$$z\left[\frac{1}{6}(\varphi+n\psi)(y-nx)+\varphi_5(1,n)z\right]=0$$

n 为 $\beta+\gamma n^3=0$ 的根。当 $\varphi+n\psi=0$ 时该两个平面才重合。这表明所论的达布曲线必为一条规范曲线, 且所满足的条件为

$$\sqrt[3]{\beta}\frac{\partial}{\partial v}\log(\beta^2\gamma)=\sqrt[3]{\gamma}\frac{\partial}{\partial u}\log(\beta\gamma^2) \tag{3.338}$$

在一般情况下考虑曲面 σ 在 O 的切平面 $z=0$ 关于洼田锥面沿切线 t_n 的两个切平面的调和共轭平面, 这两个切平面为

$$y-nx-\sigma_1 z=0 \quad y-nx-\sigma_2 z=0 \tag{3.339}$$

σ_1、σ_2 适合于二次方程,

$$\begin{aligned}&\frac{1}{3}n^2(\beta+\gamma n^3)\sigma^2+\left\{\frac{1}{6}n^2[\varphi(\beta+2\gamma n^3)-n\psi(2\beta+\gamma n^3)]\right.\\&\left.-\frac{1}{3}n(\beta^2-\gamma^2n^6)\right\}\sigma+\frac{2}{27}(\beta+\gamma n^3)^3-n(\beta+\gamma n^3)\varphi_4(1,n)\\&-n^2\varphi_5(1,n)=0\end{aligned} \tag{3.340}$$

得到调和共轭平面,

$$y-nx-\frac{1}{2}(\sigma_1+\sigma_2)z=0$$

即

$$2n(\beta+\gamma n^3)(y-nx)$$

$$+\left\{\frac{1}{2}n\left[(\beta+2\gamma n^3)\varphi-n(2\beta+\gamma n^3)\psi\right]-(\beta^2-\gamma^2n^6)\right\}z=0 \quad (3.341)$$

定理 3.42 属于一条切线 t_n 的洼田锥面沿 t_n 通常存在两个不同的切平面。当 t_n 在 O 变动时曲面的切平面关于该两个切平面的调和共轭平面包络成塞格勒锥面, 且这两个切平面本身也包络成同一个 9 阶代数锥面 Γ_9。

事实上, Γ_9 的方程为

$$u_1^2u_2^2u_3^2(\beta u_2^3-\gamma u_1^3)-\left[\frac{1}{2}\varphi u_1^3u_2^3(\beta u_2^3-2\gamma u_1^3)+\frac{1}{2}\psi u_1^3u_2^3\cdot\right.$$
$$\left.(2\beta u_2^3-\gamma u_1^3)-u_1u_2(\beta^2u_2^6-\gamma u_1^6)\right]u_3+\frac{2}{9}(\beta u_2^3-\gamma u_1^3)^2$$
$$+u_1u_2(\beta u_2^3-\gamma u_1^3)\varphi_4(u_2,-u_1)-u_1^2u_2^2\varphi_5(u_2,-u_1)=0 \quad (3.342)$$

显然, Γ_9 沿三条达布切线和曲面的切平面 $z=0$ 相切, 且其以各主切线为它的拐线。

若在式 (3.25) 中置 $Y=y-n$, 则点 O 的平截线 C_ρ 与其在 O 的密切二次曲线为

$$-x^2+Y\left[\frac{\rho}{3n^2}(\beta+\gamma n^3)-\frac{1}{n}\right]x+\frac{\rho}{n}$$
$$-\frac{\rho^2}{n^2}\left[\frac{1}{3n\rho}(\beta-2\gamma n^3)+\frac{1}{n}\varphi_4(1,n)-\frac{1}{9n^2}(\beta+\gamma n^3)Y\right]=0$$

式 (3.330) 代入上式, 将它展成 x 的级数。如果 C_ρ 在 O 的密切二次曲线要有超阶密切, 那么当且仅当在该展开中 x^5 的项的系数为 0。

$$\frac{\rho}{n}\delta+\left[\frac{\rho}{3n^2}(\beta+\gamma n^3)-\frac{1}{n}\right]\bar{\gamma}$$
$$-2\frac{\rho}{n}\bar{\beta}\left(\frac{1}{3n\rho}(\beta-2\gamma n^3)+\frac{1}{n}\varphi_4(1,n)-\frac{1}{9n^2}(\beta+\gamma n^3)\right)=0$$

的式 (3.251) 代入, 给出式 (3.340), 且 $\sigma=\dfrac{1}{\rho}$。

定理 3.43 在曲面上点 O 过其切线 t_n 的这样的两个平面，使曲面由各个平面截成的平截线与密切二次曲线超阶密切，且这两个平面属于 t_n 的洼田锥面沿 t_n 的两个切平面。

3.2 极小曲面

3.2.1 S 曲面的伴随织面

S 曲面为一种全部主切线属于线性丛的曲面。

在非直纹、非退化的曲面 σ 上的点 O 常可确定伴随曲线 K_2 及伴随织面 Q_1。如果伴随织面 Q_1 固定，或伴随二次曲线 K_2 常在固定织面上，那么 σ 化为 S 曲面，反之也成立。根据定义，Q_1 为过 K_2 和杜姆兰四边形的织面，从而 S 曲面的四个杜姆兰变换，即 D 变换均在固定织面 Q_1 上，于是可利用 D 变换讨论 S 曲面。

若 $x^i(u,v)(i=1,2,3,4)$ 为曲面 σ 上点的射影法坐标，且 u,v 为 σ 的主切线参数，则这些函数 x 都是福比尼法式微分方程组的解，

$$\begin{cases} x_{uu}=\theta_u x_u+\beta x_v+p_1 x \\ x_{vv}=\theta_v x_v+\gamma x_u+p_2 x \end{cases} \tag{3.343}$$

式中 $\theta=\log(\beta\gamma)$，其可积条件为

$$\gamma L_v+(\beta\gamma^2)_u=0 \quad \beta M_u+(\beta^2\gamma)_v=0 \tag{3.344}$$

$$\gamma L_u+2L\gamma_u+\gamma_{uuu}=\beta M_v+2M\beta_v+\beta_{vvv} \tag{3.345}$$

这里已知

$$\begin{cases} L=\theta_{uu}-\dfrac{1}{2}\theta_u^2-\beta_v-\beta\theta_v-2p_1 \\ M=\theta_{vv}-\dfrac{1}{2}\theta_v^2-\gamma_u-\gamma\theta_u-2p_2 \end{cases} \tag{3.346}$$

取记号

$$\begin{cases} \varDelta^2=-(2\beta^2M+2\beta\beta_{vv}-\beta_v^2) \\ \varDelta'^2=-(2\gamma^2L+2\gamma\gamma_{uu}-\gamma_u^2) \end{cases} \tag{3.347}$$

$$P = \beta(\log\beta)_{uv} - \beta^2\gamma \quad Q = \gamma(\log\gamma)_{uv} - \beta\gamma^2 \tag{3.348}$$

推出

$$P_v + \Delta\left(\frac{\Delta}{\beta}\right)_u = 0 \quad Q_u + \Delta\left(\frac{\Delta'}{\gamma}\right)_v = 0 \tag{3.349}$$

$$N = \frac{\Delta\Delta_v}{\beta} = \frac{\Delta'\Delta'_u}{\gamma} \tag{3.350}$$

考虑沿曲线 v 所作主切曲线 u 的一些切线组成的直纹面, 称之为主切曲面 Σ_v, 同样考虑主切曲面 Σ_u; 命 y_i、z_l (i、$l = 1, 2$) 分别为 Σ_u 上主切线 u(常数)、Σ_v 上主切线 v(常数) 的弯节点, 导出

$$y = \rho x + x_v \quad z = \rho' x + x_u \tag{3.351}$$

而

$$\begin{cases} \rho = \dfrac{1}{2}\left(\varphi + \varepsilon\dfrac{\Delta}{\beta}\right) \\ \rho' = \dfrac{1}{2}\left(\psi + \varepsilon'\dfrac{\Delta'}{\gamma}\right) \end{cases} \tag{3.352}$$

且

$$\varepsilon = \pm 1 \quad \varepsilon' = \pm 1 \quad \varphi = (\log\beta^2\gamma)_v \quad \psi = (\log\beta\gamma^2)_u \tag{3.353}$$

由此可知 Σ_u、Σ_v 的弯节点切线形成点 (x) 的杜姆兰四边形, 其顶点为李织面的特征点, 也就是点 (x) 的 D 变换, 记作 $\bar{x}_{il}$; 以 $\bar{x}_{il}$ 表示 y_i、z_l 引出的弯节点切线的交点, 给出

$$\bar{x} = \left[\rho\rho' - \frac{1}{2}(\theta_{vv} + \beta\gamma)\right]x + \rho x_u + \rho' x_v + x_{uv} \tag{3.354}$$

这些点不可能与 x 重合, 但在下述情况下其中两个点重合: 当 $\Delta = 0$ 时 $\bar{x}_{1l} = \bar{x}_{2l}$, 当 $\Delta' = 0$ 时 $\bar{x}_{i1} = \bar{x}_{i2}$。对于 $\Delta = \Delta' = 0$, 所有 D 变换重合。除以下情况。

今将 x、y、z、$\bar{x}$ 的导数表达成这些量的线性结合, 计算得

$$
\begin{cases}
x_u = z - \rho' x & x_v = y - \rho x \\
y_u = \mu x - \rho' y + \bar{x} & y_v = (\lambda' + \varepsilon' \Delta') x + \nu' y + \gamma z \\
z_u = (\lambda + \varepsilon \Delta) x + \beta y + \nu z & z_v = \mu' x - \rho z + \bar{x} \\
\bar{x}_u = \lambda y + \mu z + \nu x & \bar{x}_v = \mu' y + \lambda' z + \nu' \bar{x}
\end{cases}
\tag{3.355}
$$

式中已知

$$
\begin{cases}
\lambda = \rho'_u - \rho' \nu + \beta \nu' + \beta_v + p_1 = -\dfrac{1}{2} \varepsilon \Delta - \dfrac{\varepsilon'}{2\gamma} \Delta'_u \\
\lambda' = \rho_v - \rho \nu' + \gamma \nu + \gamma_u + p_2 = -\dfrac{1}{2} \varepsilon' \Delta' - \dfrac{\varepsilon}{2\beta} \Delta_v \\
\mu = \rho_u + \dfrac{1}{2} (\theta_{uv} + \beta \gamma) = -\dfrac{P}{2\beta} - \dfrac{1}{2} \varepsilon \left(\dfrac{\Delta}{\beta} \right)_v \\
\mu' = \rho'_v + \dfrac{1}{2} (\theta_{uv} + \beta \gamma) = -\dfrac{Q}{2\gamma} - \dfrac{1}{2} \varepsilon' \left(\dfrac{\Delta'}{\beta} \right)_v \\
\nu = \rho' + \theta_u \\
\nu' = \rho + \theta_v
\end{cases}
\tag{3.356}
$$

依式 (3.355) 可知 x、y、z、$\bar{x}$ 的各阶导数, 尤其是把 $\bar{x}$ 的二阶导数表示成 x、y、z、$\bar{x}$ 的线性组合。实际上, 命

$$
\begin{aligned}
S &= \lambda \lambda' + \mu \mu' + \varepsilon \Delta \lambda' \\
T &= \frac{1}{2} (\theta_{uv} - \beta \gamma) + \mu + \mu'
\end{aligned}
$$

有

$$
\begin{aligned}
\bar{x}_{uu} =& (2\lambda + \varepsilon \Delta) \mu x + (\lambda_u + \lambda \theta_u + \beta \mu) y + (\mu_u + 2\mu \nu) z \\
& + (\nu_u + \nu^2 + \lambda) \bar{x} \\
\bar{x}_{uv} =& S x + (\lambda_v + \lambda \nu' + \mu' \nu) y + (\lambda'_u + \lambda' \nu + \mu \nu') z \\
& + (\nu \nu' + T) \bar{x} \\
\bar{x}_{vv} =& (2\lambda' + \varepsilon' \Delta') \mu' x + (\mu' x_v + 2\mu' \nu') y + (\lambda'_\nu + \lambda' \theta_\nu + \gamma \mu') z \\
& + (\nu'_u + \nu' + \lambda') \bar{x}
\end{aligned}
\tag{3.357}
$$

对于

$$R=\mu\mu'-\lambda\lambda' \tag{3.358}$$

当 $R=0$ 时这个 D 变换退化为曲线。在以下讨论中除去这种情况, 并假定曲面 σ 有四个不重合 非退化的 D 变换 (x_{il})。

对空间任意点 (X) 引进它的活动标架 $\{x\ x_u\ x_v\ x_{uv}\}$ 的局部坐标 $(t_i)(i=1,2,3,4)$,

$$X=t_1x+t_2x_u+t_3x_v+t_4x_{uv} \tag{3.359}$$

伴随二次曲线 K_2 的方程为

$$\begin{cases} t_4=0 \\ t_1^2+\dfrac{1}{4}\left[\psi^2-\left(\dfrac{\Delta'}{\gamma}\right)^{\prime}\right]t_2^2+\dfrac{1}{4}\left[\varphi^2-\left(\dfrac{\Delta}{\beta}\right)^2\right]t_3^2 \\ \qquad +\psi t_1t_2+\varphi t_1t_3+\dfrac{1}{2}\left(\varphi\psi-\dfrac{N}{\beta\gamma}\right)t_2t_3=0 \end{cases} \tag{3.360}$$

同理, 伴随织面 Q_1 依方程

$$\begin{aligned} & t_1^2+\frac{1}{4}\left[\psi^2-\left(\frac{\Delta'}{\gamma}\right)^2\right]t_2^2+\frac{1}{4}\left[\varphi^2-\left(\frac{\Delta}{\beta}\right)^2\right]t_3^2 \\ & +\left\{\frac{1}{4}(\theta_{uv}+\beta\gamma)\left(\theta_{uv}+\beta\gamma+\frac{N}{\beta\gamma}+\varphi\psi\right)\right. \\ & \left.+\frac{1}{16}\left[\varphi^2-\left(\frac{\Delta}{\beta}\right)^2\right]\left[\psi^2-\left(\frac{\Delta'}{\gamma}\right)^2\right]\right\}t_4^2+\psi t_1t_2+\varphi t_1t_3 \\ & +\left(\frac{1}{2}\frac{N}{\beta\gamma}+\frac{1}{2}\varphi\psi+\theta_{uv}+\beta\gamma\right)t_1t_4+\frac{1}{2}\left(\varphi\psi-\frac{N}{\beta\gamma}\right)t_2t_3 \\ & +\left\{\frac{1}{2}\varphi\left[\varphi^2-\left(\frac{\Delta'}{\gamma}\right)^2\right]+\psi(\theta_{uv}+\beta\gamma)\right\}t_2t_4 \\ & +\left\{\frac{1}{2}\psi\left[\varphi^2-\left(\frac{\Delta}{\beta}\right)^2\right]+\varphi(\theta_{uv}+\beta\gamma)\right\}t_2t_4=0 \end{aligned} \tag{3.361}$$

分析直线汇 $x\bar{x}$, 其中 $\bar{x}$ 为由式 (3.354) 给定的 D 变换, 该汇的两个焦叶为

$$x+l\bar{x} \tag{3.362}$$

l 为方程 $(x_u + l\bar{x}_u, x + l\bar{x}_v, x, \bar{x}) = 0$ 的根。依式 (3.355) 改写方程,

$$Rl^2 + (\mu + \mu')l + 1 = 0 \tag{3.363}$$

如果两个焦点共轭于 x、$\bar{x}$, 那么 $\mu + \mu' = 0$, 即

$$\frac{P}{\beta} + \frac{Q}{\gamma} + \varepsilon\left(\frac{\Delta}{\beta}\right)_u + \varepsilon'\left(\frac{\Delta'}{\gamma}\right)_v = 0 \tag{3.364}$$

反之亦然。

若四直线汇 $x\bar{x}$ 中存在三个汇有上述性质, 则

$$\frac{P}{\beta} + \frac{Q}{\gamma} = 0 \quad \left(\frac{\Delta}{\beta}\right)_u = 0 \quad \left(\frac{\Delta'}{\gamma}\right)_v = 0 \tag{3.365}$$

表明式 (3.364) 对于 $\varepsilon = \pm 1$、$\varepsilon' = \pm 1$ 的所有可取值成立, 换句话说, 其余一个线汇 $x\bar{x}$ 也有这个性质。从式 (3.365)、式 (3.349) 知 $P_v = Q_u = 0$, 而

$$P = U \quad Q = V \tag{3.366}$$

这里 U、V 分别表示仅是 u、v 的函数。如果 U、V 中有一个为 0, 那么由式 (3.365) 可见其余一个也为 0。式 (3.366) 变为

$$P = Q = 0 \tag{3.367}$$

表明 σ 必为 S 曲面。显然, $UV \neq 0$ 不可能。事实上, 式 (3.366) 可表成

$$\frac{U}{\beta} + \frac{V}{\gamma} = 0$$

经过 u、v 变换, 可将方程变为 $\beta = \gamma$, 从而 $P = Q$, 式 (3.367) 成立, 这与 $UV \neq 0$ 矛盾。

定理 3.44 设 $\bar{x}_{il}$ (i、$l = 1, 2$) 为曲面 x 的四个不同的 D 变换; 如果这些线汇 $x\bar{x}$ 中的任何三个的一对焦点关于 x、$\bar{x}$ 为调和共轭的, 那么其余一个线汇也有相同的性质, 且曲面 x 为 S 曲面, 反之也成立。

定理 3.44′ 在 $\Delta\Delta' = 0$ 下也正确, 特别是当 $\Delta = \Delta' = 0$ 时对应的曲面为射影等价于汤姆逊仿射并为射影极小曲面。

在 S 曲面上, 关系式

$$\mu=\mu'=0 \tag{3.368}$$

对于 $\varepsilon=\pm1$、$\varepsilon'=\pm1$ 都成立, 反之亦然。曲面 x 的主切曲线的方程

$$\begin{aligned}&(2\lambda+\varepsilon\Delta)\mu\mathrm{d}u^2+2(\lambda\lambda'+\mu\mu'+\varepsilon\Delta\lambda')\mathrm{d}u\mathrm{d}v\\&+(2\lambda'+\varepsilon'\Delta')\mu'\mathrm{d}v^2=0\end{aligned} \tag{3.369}$$

变为 $\mathrm{d}u\mathrm{d}v=0$, 即曲面 x、$\bar{x}$ 的主切曲线互相对应。

以 $\bar{\theta}$、$\bar{\beta}$、$\bar{\gamma}$、$\bar{p}_1$、$\bar{p}_2$ 为曲面 $\bar{x}$ 的基本量

$$\left\{\begin{aligned}\bar{x}_{uu}&=\bar{\theta}_u\bar{x}_u+\bar{\beta}\bar{x}_v+\bar{p}_1x\\\bar{x}_{vv}&=\bar{\theta}_v\bar{x}_v+\gamma\bar{x}_u+\bar{p}_2x\end{aligned}\right. \tag{3.370}$$

式 (3.355)、式 (3.357) 代入式 (3.370), 比较其两端 y、z 的系数, 给出

$$\bar{\beta}\lambda'=0\quad\bar{\gamma}\lambda=0 \tag{3.371}$$

因为 $R=-\lambda\lambda'\neq0$, 有

$$\bar{\beta}=\bar{\gamma}=0$$

所以任何 D 变换为一个织面。根据式 (3.355)、式 (3.368),

$$\bar{x}_u=\lambda y+\nu\bar{x}\quad\bar{x}_v=\lambda'z+\nu'\bar{x} \tag{3.372}$$

由于过点 $(\bar{x})$ 的两条织面母线重合于两条弯节点切线, 因此四个 D 变换均在同一个织面 Q_1 上, 且各个杜姆兰四边形的任何两条对边都是 Q_1 上的同一系中的母线。

反之, 如果一个曲面的杜姆兰四边形常在一个给定的织面 Q_1 上, 任何两个 D 变换点相互主切曲线对应, 那么曲面或为 S 曲面或为射影极小曲面。当 $R\neq0$ 时射影极小曲面的 D 变换不可能为直纹面, 故曲面必为 S 曲面。

定理 3.45 若一个曲面的杜姆兰四边形常在一个固定织面上, 则该织面为伴随织面 Q_1, 且曲面为 S 曲面。反之, S 曲面的杜姆兰四边形常在固定织面上, 且该织面为伴随织面。

现取这个织面 Q_1 为非欧几里得度量的绝对形, 讨论 S 曲面与非欧几里得几何之间的联系依式 (3.368) 简化式 (3.355)y_v、z_v 的表达式,

$$y_v = -\rho' y + \bar{x} \quad z_v = -\rho z + \bar{x} \tag{3.373}$$

当点 (x) 沿主切曲线 u 变化时, 两个弯节点 $y_i(i=1,2)$ 沿对应的弯节点切线上变动; 当点 (x) 沿主切曲线 v 变动时, 两个弯节点 $z_l(l=1,2)$ 也沿对应的弯节点切线上变化。

定理 3.46 当以 S 曲面的 (固定) 伴随织面 Q_1 为非欧几里得度量的绝对形时, 在曲面的一系主切曲线中一条上的各点所作的另一系主切线均与 Q_1 上同系的两条母线相交, 从而这些主切线为克里福德平行线, 且曲面在各点的第一准线为其非欧几里得法线。

定理 3.47 设 q_1、q_2 为织面 Q_1 的同系两条母线, l_1、l_2 为另一系两条母线。若从点 P 各作直线使之或和 g_1、g_2 或和 l_1、l_2 相交; 若 π 为过所作两条直线的平面, 则 π 关于 Q_1 的极点和 P 的连线与 g_1、g_2、l_1、l_2 形成的四边形的两条对角线相交。

事实上, 取点 P 作为自共轭参考四面体的顶点 $(0,0,0,1)$, 织面 Q_1 的方程为

$$x_1^2 + x_2^2 + x_3^2 + x_4^2 = 0$$

而且它的母线取决于方程,

$$-\frac{x_1 + ix_2}{x_3 + ix_4} = \frac{x_3 - ix_4}{x_1 - ix_2} = \lambda$$

$$\frac{x_1 + ix_2}{x_3 - ix_4} = -\frac{x_3 + ix_4}{x_1 - ix_2} = \mu$$

推出

$$x_1 : x_2 : x_3 : x_4 = (\lambda\mu + 1) : i(-\lambda\mu + 1) : (\lambda - \mu) : i(\lambda + \mu)$$

令 g_k、l_k 分别对应值 λ_k、$\mu_k(k=1,2)$, 得到平面 π,

$$
\begin{aligned}
&\rho[(1-\lambda_1^2)x_1+i(1+\lambda_1^2)x_2+2\lambda_1x_3]\\
&+\sigma[(1-\lambda_2^2)x_1+i(1+\lambda_2^2)x_2+2\lambda_2x_3]=0
\end{aligned}
$$

式中

$$
\rho=(\lambda_2+\mu_2)(\lambda_2+\mu_1)\quad \sigma=-(\lambda_1+\mu_1)(\lambda_1+\mu_2)
$$

π 的极点为

$$
\begin{aligned}
x_1:x_2:x_3:x_4=&[\rho(1-\lambda_1^2)+\sigma(1-\lambda_2^2)]:\\
&i[\rho(1+\lambda_l^2)+\sigma(1+\lambda_2^2)]:2(\rho\lambda_1+\sigma\lambda_2):0
\end{aligned}
$$

据此知

$$
\begin{vmatrix}
\lambda_1\mu_1+1 & 1-\lambda_1\mu_1 & \lambda_1-\mu_1\\
\lambda_2\mu_2+1 & 1-\lambda_2\mu_2 & \lambda_2-\mu_2\\
\rho(1-\lambda_1^2)+\sigma(1-\lambda_2^2) & \rho(1+\lambda_1^2)+\sigma(1+\lambda_2^2) & 2\rho\lambda_1+2\sigma\lambda_2
\end{vmatrix}=0
$$

$$
\begin{vmatrix}
\lambda_1\mu_2+1 & 1-\lambda_1\mu_2 & \lambda_1-\mu_2\\
\lambda_2\mu_2+1 & 1-\lambda_2\mu_1 & \lambda_2-\mu_1\\
\rho(1-\lambda_1^2)+\sigma(1-\lambda_2^2) & \rho(1+\lambda_1^2)+\sigma(1+\lambda_2^2) & 2\rho\lambda_1+2\sigma\lambda_2
\end{vmatrix}=0
$$

在 3.1 节中曾确定了曲面的以 Q_1(即 K_2) 为绝对形的非欧几里得线素,

$$
\mathrm{d}s^2=\left(\frac{\Delta'}{\gamma}\right)^2\mathrm{d}u^2+2\frac{N}{\beta\gamma}\mathrm{d}u\mathrm{d}v+\left(\frac{\Delta}{\beta}\right)^2\mathrm{d}v^2 \tag{3.374}
$$

计算 S 曲面的非欧几里得线素的形式。对于 S 曲面, 有

$$
\begin{cases}
\beta=\gamma=\dfrac{\sqrt{U'V'}}{U+V}\\
L+(\log\beta)_{uu}+\dfrac{1}{2}\overline{(\log\beta)}_u^2=U_1\\
M+(\log\beta)_{vv}+\dfrac{1}{2}\overline{(\log\beta)}_v^2=V_1
\end{cases} \tag{3.375}
$$

$$
\begin{cases} U_1 = \dfrac{kU^2 + (l-h)U + p}{U'} \\ V_1 = \dfrac{kV^2 + (h-l)V + p}{V'} \end{cases} \tag{3.376}
$$

其中 U 仅为 u 的函数、V 仅为 v 的函数, $U' = \dfrac{\mathrm{d}U}{\mathrm{d}u}$、$V' = \dfrac{\mathrm{d}V}{\mathrm{d}v}$, k、l、h、p 为常数。从式 (3.375)、式 (3.347) 知

$$
\Delta'^2 = -2\beta^2 U_1 \quad \Delta^2 = -2\beta^2 V_1 \tag{3.377}
$$

$$
\frac{\Delta\Delta_v}{\beta} = -\frac{2kUV + (h-l)(U-V) - 2p}{\sqrt{U'V'}} \tag{3.378}
$$

于是

$$
\mathrm{d}s^2 = -2\left[\frac{kU^2 + (l-h)U + p}{U'}\mathrm{d}u^2 + \frac{2kUV + (h-l)V + p}{\sqrt{U'V'}}\mathrm{d}u\mathrm{d}v + \frac{kV^2 + (h-lV+p)}{V'}\mathrm{d}v^2\right] \tag{3.379}
$$

置 $p^2 = (h-l)^2 - 4pk$, 有

$$
\mathrm{d}s^2 = \frac{1}{2k}\left[\frac{2kU - (h-l-P)}{\sqrt{U'}}\mathrm{d}u - \frac{2kV + (h-l-P)}{\sqrt{V'}}\mathrm{d}v\right]^2 \cdot \left[\frac{2kU - (h-l-P)}{\sqrt{U'}}\mathrm{d}u - \frac{2kV + (h-l+P)}{\sqrt{V'}}\mathrm{d}v\right] \tag{3.380}
$$

因为各因式为全微分, 所以 S 曲面的以其 O 变换 (织面) 为绝对形的非欧几里得线素是零曲率的。

从点 (x) 向织面 Q_1 所作的两条公共切线与二次曲线 K_2 相切, 表明是过点 (x) 的非欧几里得极小曲线的切线。根据线素为零曲率的事实及福比尼定理可以断言: 这些切线形成两个 W 线汇, 或曰 S 曲面的 O 变换也是其 W 变换。

定理 3.48 确定曲面使其杜姆兰四边形常在一个固定的织面 Q_1 上等价于: 确定在以 Q_1 为绝对形的非欧几里得度量下的零曲率曲面, 且也是以 Q 为其 D 变换的 S 曲面。

定理 3.49 S 曲面的 D 变换与其准线汇的任何一个焦曲面的 D 变换重合。

因为 S 曲面的第一准为非欧几里得法线, 所以准线汇的两个焦曲面关于织面 Q 有零曲率。

3.2.2 S 曲面与极小曲面

定理 3.50 设非直纹、非退化的曲面 σ 存在四种不同的非退化 D 变换。若其中三个 D 变换在各点的二阶密切织面通过对应的弯节点, 则其余一个 D 变换也有相同的性质, 且 σ 为 S 曲面。

证明: 一个 D 变换的点 $(\bar{x})$ 取决于式 (3.354), 其上无穷靠近 $(\bar{x})$ 的点的坐标依式 (3.355)、式 (3.357) 可表达成 $x_1x+x_2y+x_3z+x_4\bar{x}$, 而

$$\begin{cases} x_1 = \dfrac{1}{2}(2\lambda+\varepsilon\varDelta)\mu\mathrm{d}u^2+S\mathrm{d}u\mathrm{d}v+\dfrac{1}{2}(2\lambda'+\varepsilon'\varDelta')\mu'\mathrm{d}v^3+f(3) \\ x_2 = \lambda\mathrm{d}u+\mu'\mathrm{d}v+f(2) \\ x_3 = \mu\mathrm{d}u+\lambda'\mathrm{d}v+f(2) \\ x_4 = 1+f(1) \end{cases} \tag{3.381}$$

这里 $f(n)$ 表示关于 $\mathrm{d}u$、$\mathrm{d}v$ 的不小于 n 次的项。

曲面 $\overline{X}$ 在点 $(\bar{x})$ 的切平面取决于方程 $x_1=0$, 从而在该点与曲面 $\bar{x}$ 相切的织面是

$$\begin{aligned} & a_{11}x_1^2+a_{22}x_2^2+a_{33}x_3^2+2a_{12}x_1x_2+2a_{13}x_1x_3 \\ & +2a_{14}x_1x_4+2a_{23}x_2x_3=0 \end{aligned} \tag{3.382}$$

为它们应有二阶接触, 式 (3.381) 代入式 (3.382) 并展成 $\mathrm{d}u$、$\mathrm{d}v$ 的级数, 至二次为止的所有项的系数为零即为充要条件。计算知

$$\begin{cases} a_{22}\lambda^2+2a_{23}\lambda\mu+a_{33}\mu^2+a_{14}(2\lambda+\varepsilon\varDelta)\mu=0 \\ a_{22}\lambda\mu'+a_{23}(\lambda\lambda'+\mu\mu')+a_{33}\mu\lambda'+a_{14}S=0 \\ a_{22}\mu'^2+2a_{23}\lambda'\mu'+a_{33}\lambda'^2+a_{14}(2\lambda'+\varepsilon'\varDelta')\mu'=0 \end{cases} \tag{3.383}$$

由于前三列系数组成的三阶行列式为 $-R^3$, 也不等于 0, 在式 (3.383) 中 $a_{14}\neq 0$, 否则 $a_{22}=a_{23}=a_{33}=0$, 这不可能。另一方面, 只有

a_{ik} 的比值为主要的, 故取 $a_{14}=-R$, 由式 (3.383) 给出

$$a_{22}=\varepsilon'\Delta'\mu \quad a_{23}=R-\varepsilon\Delta\lambda' \quad a_{33}=\varepsilon\Delta\mu' \tag{3.384}$$

从定理条件知点 (y)、(z) 在式 (3.382) 上, 于是 $a_{22}=a_{23}=0$, 但 $\Delta\Delta'\neq 0$, 仅可

$$\mu=\mu'=0 \tag{3.385}$$

这两个方程对于三个 D 变换必成立, 利用式 (3.356) 得到 $P=Q=0$。

定理 3.51 设曲面 σ 的 D 变换均不同且非退化, σ 变为等温主切曲面 F 当且仅当四个弯节点在对应的弯节点所引的四个切平面相合于一点。

证明: 以弯节点曲面 y 为例, 有

$$\begin{aligned}
&y=x_v+\rho x\\
&y_u=\left[\mu-\frac{1}{2}(\theta_{uv}+\beta\gamma)\right]x+\rho x_u+x_{uv}\\
&y_v=(\lambda'+\varepsilon'\Delta'+\rho\nu'+\gamma\rho')x+\gamma x_u+\nu' x_v
\end{aligned}$$

任意点的坐标可写成 $t_1x+t_2x_u+t_3x_v+t_4x_{uv}$。在该局部坐标下, 曲面 y 在点 (y) 的切平面为

$$\begin{aligned}
&\gamma t_1-\gamma\rho t_3-(\lambda'+\varepsilon'\Delta'+\gamma\rho')t_2\\
&-\left\{\gamma\left[\mu-\frac{1}{2}(\theta_{uv}+\beta\gamma)\right]-\rho'(\lambda'+\varepsilon'\Delta'+\gamma\rho')\right\}t_4=0
\end{aligned} \tag{3.386}$$

同样, 曲面 y 在点 (z) 的切平面为

$$\begin{aligned}
&\beta t_1-\beta\rho' t_2-(\lambda+\varepsilon\Delta'+\beta\rho)t_3\\
&-\left\{\beta\left[\mu'-\frac{1}{2}(\theta_{uv}+\beta\gamma)\right]-\rho'(\lambda+\varepsilon\Delta+\beta\rho)\right\}t_4=0
\end{aligned} \tag{3.387}$$

在式 (3.386) 中固定 ε', 而 $\varepsilon=1$ 或 -1; 同理, 在式 (3.387) 中应固定 ε, 而 $\varepsilon'=1$ 或 -1。从式 (3.356) 推出

$$\lambda+\varepsilon\Delta+\beta\rho=-\frac{1}{2}\beta\varphi-\frac{\varepsilon'}{2\gamma}\Delta'_u$$

$$
\begin{aligned}
\lambda' + \varepsilon'\Delta' + \gamma\rho' &= -\frac{1}{2}\gamma\psi - \frac{\varepsilon'}{2\beta}\Delta'_v \\
\rho(\lambda' + \varepsilon'\Delta' + \gamma\rho') &= \frac{1}{4}\gamma\left[\varphi\psi + \frac{N}{\beta\gamma} + \varepsilon\left(\frac{\Delta}{\beta}\psi + \frac{\Delta_v}{\beta\gamma}\varphi\right)\right] \\
\rho'(\lambda + \varepsilon\Delta + \beta\rho) &= \frac{1}{4}\beta\left[\varphi\psi + \frac{N}{\beta\gamma} + \varepsilon'\left(\frac{\Delta'}{\gamma}\psi + \frac{\Delta'_u}{\beta\gamma}\psi\right)\right]
\end{aligned}
$$

定理 3.51 中的条件可归结于以下四个方程的相容性, 即

$$
\begin{cases}
2t_1 + \psi t_2 + \varphi t_3 + \left(\dfrac{Q}{\gamma} + \bar{S}\right) t_4 = 0 \\
\Delta_v t_2 + \gamma\Delta t_3 + (*)t_4 = 0 \\
2t_1 + \psi t_2 + \varphi t_3 + \left(\dfrac{P}{\beta} + \bar{S}\right) t_4 = 0 \\
\beta\Delta' t_2 + \Delta'_u t_3 + (*)t_4 = 0
\end{cases}
\tag{3.388}
$$

其中 $(*)$ 为暂不需要的系数, 且

$$
\bar{S} = \theta_{uv} + \beta\gamma + \frac{1}{2}\left(\varphi\psi + \frac{N}{\beta\gamma}\right)
$$

将式 (3.388) 的行列式等于 0, 有

$$
(\Delta_v\Delta'_u - \beta\gamma\Delta\Delta')\left(\log\frac{\beta}{\gamma}\right)_{uv} = 0 \tag{3.389}
$$

若第一因式为零, 由 $\Delta\Delta' \neq 0$, 则

$$
(\Delta\Delta')^2 - N^2 = 0
$$

表明从点 (x) 向伴随二次曲线 K_2 作出的两条切线必重合。但是这种情形限于弯节点中当点 (y) 或点 (z) 重合点 (x) 时, 也就是曲面 σ 为直纹的, 这属于例外; 故唯一的可能为

$$
\left(\log\frac{\beta}{\gamma}\right)_{uv} = 0 \tag{3.390}
$$

定理 3.52 如果在曲面的各点常有这样的织面: 它不但经过对应的杜姆兰四边形, 而且在对应的弯节点和四个弯节点曲面相切, 那么该曲面为 S 曲面。

证明: 首先回顾伴随二次曲线 K_2 在局部坐标系 $\{t_1t_2t_3t_4\}$ 下的方程式 (3.360)。对于空间各点有两组对应的局部坐标: 一组为本节的 (x_1, x_2, x_3, x_4)、一组为上节的 (t_1, t_2, t_3, t_4), 其关系为

$$\begin{cases} t_1 = x_1 + \rho x_2 + \rho' x_3 + \left[\rho\rho' - \dfrac{1}{2}(\theta_{uv} + \beta\gamma)\right] x_4 \\ t_2 = x_3 + \rho x_4 \\ t_3 = x_2 + \rho' x_4 \\ t_4 = x_4 \end{cases}$$

特别是对于曲面在点 (x) 的切平面上的点, 有 $t_4 = x_4 = 0$ 和

$$\begin{cases} t_1 = x_1 + \rho x_2 + \rho' x_3 \\ t_2 = x_3 \\ t_3 = x_2 \end{cases} \tag{3.391}$$

设所论的织面依方程

$$\sum_{i,l} a_{il} x_i x_l = 0 \tag{3.392}$$

式中 $i, l = 1, 2, 3, 4$ 且 $a_{il} = a_{li}$。根据定理 3.54 的条件及二次曲线 K_2 的定义知, 织面式 (3.392) 与切平面 $x_4 = 0$ 的交线为 K_2, 综合式 (3.360), 式 (3.391),

$$a_{11} = 1 \quad a_{22} = a_{33} = 0$$

$$a_{12} = -\frac{\varepsilon\varDelta}{2\beta} \quad a_{13} = -\frac{\varepsilon'\varDelta'}{2\gamma}$$

$$a_{23} = \frac{1}{4}\left(\varepsilon\varepsilon'\frac{\varDelta\varDelta'}{\beta\gamma} - \frac{N}{\beta\gamma}\right)$$

从而式 (3.392) 写成

$$x_1^2 - \frac{\varepsilon\varDelta}{\beta}x_1x_2 - \frac{\varepsilon'\varDelta'}{\gamma'}x_1x_3 + \frac{1}{2}\left(\varepsilon\varepsilon'\frac{\varDelta\varDelta'}{\beta\gamma} - \frac{N}{\beta\gamma}\right)x_2x_3$$
$$+ x_4\left(2a_{14}x_1 + 2a_{24}x_2 + 2a_{14}x_1 + 2a_{24}x_2\right) = 0 \tag{3.393}$$

该织面在点 (y)、点 (z) 分别与曲面 y、曲面 z 相切, 从式 (3.355) 知曲面 y 在 (y) 的邻点的坐标为

$$\begin{cases} x_1 = u\mathrm{d}u + (\lambda' + \varepsilon' \Delta')\mathrm{d}v + f(2) \\ x_2 = 1 + f(1) \\ x_3 = \gamma \mathrm{d}v + f(2) \\ x_4 = \mathrm{d}u + f(2) \end{cases} \tag{3.394}$$

以式 (3.394) 代入式 (3.393) 并展开, 必须恒等地满足到 $\mathrm{d}u$、$\mathrm{d}v$ 的一次项为止。这产生两个条件, 其一由于式 (3.352), 因此式 (3.356) 变为恒等式; 另一个为

$$2a_{24} = \frac{\varepsilon \Delta}{\beta}\mu \tag{3.395}$$

$$2a_{34} = \frac{\varepsilon' \Delta'}{\gamma}\mu' \tag{3.396}$$

剩下的是指使用织面式 (3.393) 必过两个弯节点切成 $y\bar{x}$ 和 $z\bar{x}$ 的两个条件, 可是这些是

$$a_{44} = a_{24} = a_{34} = 0$$

且 $\Delta\Delta' \neq 0$, 于是 $\mu = \mu' = 0$, 其中 $\varepsilon = \pm 1$、$\varepsilon' = \pm 1$、有 $P = Q = 0$。

定理 3.53 射影极小曲面的一个特征是: (1) 曲面的切平面关于对应的伴随织面 Q_1 的极点常在对应的李织面上; 或对偶地 (2) 曲面的一点关于对应的伴随织面 Q_1 的配极平面与对应的李织面相切。

证明: 若点 (X) 的坐标为式 (3.359), 则 Q_1 的方程为式 (3.361)。切平面 $t_4 = 0$ 关于 Q_1 的极点的坐标为

$$\begin{cases} t_1 = \dfrac{1}{4}(\dfrac{N}{\beta\gamma} - \varphi\psi) + \dfrac{1}{2}(\theta_{uv} + \beta\gamma) \\ t_2' = \dfrac{1}{2}\varphi \\ t_3' = \dfrac{1}{2}\psi \\ t_4' = -1 \end{cases} \tag{3.397}$$

为了该极点在对应的李织面上当且仅当

$$t_1't_4' - t_2't_3' + \frac{1}{2}(\theta_{uv} + \beta\gamma)t_4'^2 = 0$$

有 $N = 0$。点 (x) 关于 Q_1 的配极平面的坐标为

$$\left(1, \frac{1}{2}\psi, \frac{1}{2}\varphi, \frac{N}{4\beta\gamma} + \frac{1}{4}\varphi\psi + \frac{1}{2}(\theta_{uv} + \beta\gamma)\right)$$

它与李织面相切的条件可表达为 $N = 0$。

最后讨论问题: 确定这样的曲面, 使之四个弯节点曲面有各弯节点的切平面相交于第一准线上的点。

如果这样的曲面存在, 可以断言: 它一定为 F 曲面, 那么从头不妨假定

$$\beta = \gamma \tag{3.398}$$

此时式 (3.388) 确定所提的四个切平面的公共点, 表面该点所在的一条直线可以写成

$$\begin{cases} \dfrac{\Delta_v}{\beta\gamma}\left[t_2 + \dfrac{1}{2}\left(\dfrac{\beta_v}{\beta} + \theta_v\right)t_4\right] \\ \qquad + \dfrac{\Delta}{\beta}\left[t_3 + \dfrac{1}{2}\left(\dfrac{\gamma_u}{\beta} + \theta_u\right)t_4\right] + \left(\dfrac{\Delta}{\beta}\right)_u t_4 = 0 \\ \dfrac{\Delta'}{\gamma}\left[t_2 + \dfrac{1}{2}\left(\dfrac{\beta_v}{\beta} + \theta_v\right)t_4\right] \\ \qquad + \dfrac{\Delta'_u}{\beta\gamma}\left[t_3 + \dfrac{1}{2}\left(\dfrac{\gamma_u}{\beta} + \theta_u\right)t_4\right] + \left(\dfrac{\Delta'}{\gamma}\right)_v t_4 = 0 \end{cases} \tag{3.399}$$

因为该条直线由于过点 (x) 就必为第一准线, 所以推出条件

$$\left(\frac{\Delta}{\beta}\right)_u = \left(\frac{\Delta'}{\gamma}\right)_v = 0 \tag{3.400}$$

依式 (3.398)、式 (3.348),

$$P = Q = \beta[(\log\beta)_{uv} - \beta^2]$$

改式 (3.349)、式 (3.350) 为

$$P_u = P_v = 0 \tag{3.401}$$

$$\Delta\Delta_v = \Delta'\Delta'_u \tag{3.402}$$

从式 (3.401) 给出 $P = k$(常数), 得

$$(\log\beta)_{uv} = \beta^2 - \frac{k}{\beta} \tag{3.403}$$

从式 (3.390) 给出

$$\Delta = \beta V \qquad \Delta' = \beta U \tag{3.404}$$

式中 $U = U(u)$、$V = V(v)$。以式 (3.404) 代入 (3.402) 并除非零因子 β^2 有

$$VV' + V^2(\log\beta)_v = UU' + U^2(\log\beta)_v \tag{3.405}$$

而 $U' = \dfrac{\mathrm{d}U}{\mathrm{d}u}$、$V' = \dfrac{\mathrm{d}V}{\mathrm{d}v}$。

进一步利用式 (3.403) 可得

$$\begin{aligned}
&2\left(\beta - \frac{k}{\beta}\right)VV' + V^2\left(2\beta + \frac{k}{\beta}\right)(\log\beta)_v \\
=&2\left(\beta^2 - \frac{k}{\beta}\right)UU' + U^2\left(2\beta^2 + \frac{k}{\beta}\right)(\log\beta)_u
\end{aligned}$$

式 (3.405) 变为

$$k[-2VV' + V^2(\log\beta^2)_v] = k[-2UU' + U^2(\log\beta)_u] \tag{3.406}$$

当 $k = 0$ 时最后的方程变为恒等式; 式 (3.398)、式 (3.403) 表示了所述的为 S 曲面, 反之亦然。

对于 $k \neq 0$ 的情况, 由式 (3.406),

$$-2VV' + V^2(\log\beta)_v = -2UU' + U^2(\log\beta)_u \tag{3.407}$$

比较式 (3.405),

$$V^2(\log\beta)_v = U^2(\log\beta)_u \tag{3.408}$$

$$2VV' = 2UU' = k' \tag{3.409}$$

k' 为常数。

当 $k'=0$ 时 $U=V=c$(非零常数), 否则 $U=V=0$, 将产生 $\Delta=\Delta'=0$。式 (3.408) 的一般解的形式为

$$\log\beta = f(u+v) \tag{3.410}$$

式中 $u+v$ 的函数 f 取决于微分方程,

$$f'' = \exp(2f) - k\exp(-f) \tag{3.411}$$

如果 f 为常数, 那么福比尼的几个齐式的系数均为常数, 表明所论的曲面为特殊的射影极小曲面,

$$x^i = \exp\left[\mu_i\mu + \left(\frac{\mu_i^2}{a} - \mu_i - \frac{c}{b}\right)v\right] \tag{3.412}$$

这里 $i=1,2,3,4$ 且 a、b、c 为常数; μ_i 为四次方程

$$\mu^4 - 2a\mu^3 + (a^2 - 2c - ab)\mu^2 + 2ac\mu + c^2 + abc - a^2c + 4a^2 = 0$$

的根。命 $f' \neq 0$, 积分式 (3.411),

$$f' = -\sqrt{\exp(2f) + 2k\exp(-f) + k} \tag{3.413}$$

k 为常数。取

$$\exp(-f) = mz - \frac{k_1}{6k} \quad \left(m^3 = \frac{2}{k}\right)$$

式 (3.413) 变为

$$mz' = \sqrt{4z^2 - zg_2 - g_3}$$

其中

$$g_2 = \frac{k_1^2}{6k}m \qquad g_3 = -\left(1 + \frac{k_1^3}{54k^2}\right)$$

于是

$$z = \mathscr{F}\left(\frac{u+v}{m}\right) \tag{3.414}$$

这里 $\mathscr{F}$ 是维尔斯特拉斯的椭圆函数。

这样, 曲面的基本量完全确定, 即

$$\begin{cases} \beta = \gamma = \left[m\mathscr{F}\dfrac{u+v}{m} - \dfrac{k_1}{6k}\right]^{-1} \\ \Delta = \Delta' = c\left[m\mathscr{F}\dfrac{u+v}{m} - \dfrac{k_1}{6k}\right]^{-1} \end{cases} \tag{3.415}$$

对于 $k \neq 0$, 式 (3.409) 给出

$$U^2 = k'u \qquad V^2 = k'v$$

故式 (3.408) 的解变为

$$\beta = f(\kappa) \qquad \kappa = uv \tag{3.416}$$

f 合适

$$\kappa(\log f)'' + (\log f)' = f^2 - \frac{k}{f} \tag{3.417}$$

得到所述曲面的基本量,

$$\begin{cases} \beta = \gamma = f(uv) \\ \Delta = k'vf(uv) \\ \Delta' = k'uf(uv) \end{cases} \tag{3.418}$$

定理 3.54 若曲面 σ 在其一点的四个弯节点的四个对应切平面相交于第一准线上的一点, 则 σ 或为射影极小曲面、或为符合式 (3.418) 的曲面、或为符合 (3.415) 的曲面、或为 S 曲面。

3.2.3 极小曲面的特征

今利用 D 变换推证射影极小曲面的特征。

定理 3.55 除 S 曲面外, 只有射影极小曲面具有性质: 在四个不同的 D 变换中至少有两叶的主切曲线相互对应。

证明: 从 (3.555)、式 (3.357) 知

$$b_{11} = (\,\bar{x} \quad \bar{x}_u \quad \bar{x}_v \quad \bar{x}_{uu}\,) = -a_{12}^2 R(2\lambda + \varepsilon\Delta)\mu$$

$$b_{12} = (\,\bar{x} \quad \bar{x}_u \quad \bar{x}_v \quad \bar{x}_{uv}\,) = -a_{12}^2 RS$$

$$b_{22}=(\,\bar{x}\quad \bar{x}_u\quad \bar{x}_v\quad \bar{x}_{vv}\,)=-a_{12}^2R(2\lambda'+\varepsilon'\Delta')\mu'$$

式中曲面 σ 的一个 D 变换 $\bar{x}$ 取决于式 (3.354)。依假定, 曲面 $(\bar{x})$ 退化为曲线 $(R\neq 0)$, 它的主切曲线的微分方程为

$$(2\lambda+\varepsilon\Delta)\mu du^2+2(\lambda\lambda'+\mu\mu'+\varepsilon\Delta\lambda')\mathrm{d}u\mathrm{d}v+(2\lambda'+\varepsilon'\Delta')\mu'\mathrm{d}u^2=0 \tag{3.419}$$

对于同一符号如 ε', 作出两个 D 变换 $(\bar{x})$ 使对应于 $\varepsilon=\pm 1$; 为使之主切曲线相对应, 式 (3.419) 给出 $2\lambda+\varepsilon\Delta=0$, 即

$$\Delta'_u=0 \tag{3.420}$$

因为假设 σ 非 S 曲面, 所以对 $\varepsilon=\pm 1$ 的两个 μ 均不等于零。

式 (3.420) 按式 (3.350) 可等价表示为

$$\Delta_v=0 \tag{3.421}$$

且这两个条件恰恰表面 σ 欲为射影极小曲面, 有

$$N=0 \tag{3.422}$$

反之, 射影极小曲面的四个 D 变换的主切曲线与原曲面的主切曲线 u、v 相互对应。

定理 3.56 除 S 曲面外, 只有射影极小曲面具有性质: 由弯节点切线 $y\bar{x}$、$z\bar{x}$ 构成的两个线汇的可展面均对应于共轭网。

实际上, 弯节点切线 $y\bar{x}$ 组成的线汇的可展面依方程

$$(y,\bar{x},y_v,\bar{x}_u)\mathrm{d}u^2+[(y,\bar{x},y_u,\bar{x}_u)+(g,\bar{x},y_v,\bar{x}_u)]\mathrm{d}u\mathrm{d}v+(y,\bar{x},y_v,\bar{x}_v)\mathrm{d}v^2=0$$

由式 (3.355) 计算各行列式, 且以 $(x,y,z,\bar{x})$ 除之, 得

$$\mu^2\mathrm{d}u^2+\mu(2\lambda+\varepsilon'\Delta')\mathrm{d}u\mathrm{d}v+\lambda'(\lambda'+\varepsilon'\Delta')\mathrm{d}v^2=0$$

同理, 线汇 $z\bar{x}$ 的可展面的微分方程为

$$\mu'^2\mathrm{d}v^2+\mu'(2\lambda+\varepsilon\Delta)\mathrm{d}u\mathrm{d}v+\lambda(\lambda+\varepsilon\Delta)\mathrm{d}u^2=0$$

令

$$\mu(2\lambda'+\varepsilon'\Delta')=0 \quad \mu'(2\lambda+\varepsilon\Delta)=0$$

成立; 由于 σ 非 S 曲面, 因此 $\mu\mu'\neq 0$。

引入一点关于四面体 $xx_ux_vx_{uv}$ 的局部坐标 $t_i(i=1,2,3,4)$,

$$X=t_1x+t_2x_u+t_3x_v+t_4x_{uv}$$

从式 (3.351)~ 式 (3.355) 知, 各点的局部坐标为

$$g_i(\rho_i,0,1,0) \qquad z_k(\rho_k',1,0,0) \quad \bar{x}_{ik}\left(\rho_i\rho_k'-\frac{1}{2}(\theta_{uv}+\beta\gamma),\rho_i,\rho_k',1\right)$$

$$\bar{x}_{iku}\left(\lambda_{ik}\rho_i+\mu_i\rho_k'+\nu_k\left[\rho_i\rho_k'-\frac{1}{2}(\theta_{uv}+\beta\gamma)\right],\mu_i+\nu_k\rho,\delta_{ik}+\nu_k\rho_k',\nu_k\right)$$

当上述四条切线属于同一个织面时, 因为杜姆兰四边形的每条对角线和这些切线都相交, 所以两条对角线必属于该织面。但是过这两条对角线的织面取决于方程

$$a\tau_{11}\tau_{12}+b\tau_{11}\tau_{12}+c\tau_{12}\tau_{22}+d\tau_{21}\tau_{22}=0$$

式中 $\tau_{ik}=0\ (i,k=1,2)$ 表示曲面 $\bar{x}_{ik}$ 的切平面, 而

$$\tau_{ik}=-t_1+\rho_kt_2+\rho_it_3-\left[\rho_i\rho_k'+\frac{1}{2}(\theta_{uv}+\beta\gamma)\right]t_4$$

以上织面经过切线 $\bar{x}_{ik}\bar{x}_{iku}$ 的充要条件为该织面过点 $\bar{x}_{iku}$。将 $\bar{x}_{uu}$ 的局部坐标代入 τ_{ik}, 有

$$\begin{cases}(\tau_{11})_{11}=0\\(\tau_{12})_{11}=\mu_1(\rho_2'-\rho_1')=\mu_1\dfrac{\Delta'}{\gamma}\\(\tau_{21})_{11}=\lambda_{11}(\rho_2-\rho_1)=\lambda_{11}\dfrac{\Delta}{\beta}\end{cases}$$

从而

$$c\beta\Delta'\mu_1+d\gamma\Delta\lambda_{11}=0$$

变换 i、k, 得

$$\begin{cases} b\beta\Delta'\mu_1 + d\gamma\Delta\lambda_{12} = 0 \\ c\beta\Delta'\mu_2 + a\gamma\Delta\lambda_{21} = 0 \\ b\beta\Delta'\mu_2 + a\gamma\Delta\lambda_{22} = 0 \end{cases}$$

这些方程相容性条件为

$$\mu_1\mu_2(\lambda_{11}\lambda_{22} - \lambda_{12}\lambda_{21}) = 0$$

即

$$\mu_1\mu_2\Delta\Delta'_u = 0$$

依式 (3.355) 知

$$\bar{x}_u = \lambda y + \mu z + \nu\bar{x}$$

限于 $\lambda = \mu = 0$ 时切线 $x\bar{x}_u$ 方程。如果这些切线中有两条重合, 那么必须重合杜姆兰四边形的边或 $\bar{x}y$ 或 $\bar{x}z$, 从而或 $\lambda = 0$ 或 $\mu = 0$。在切线 $x\bar{x}_u$ 不仅确定而且不重合的条件下 $\mu_1\mu_2 \neq 0$, 曲面 x 为射影极小曲面。反之, 如果 x 为射影极小曲面, 且有不同 $\lambda = 0$ 时 $\Delta = 0$; 并当 $\mu = 0$ 时从恒等式

$$\mu_v = \mu(\nu' + \rho) - \gamma\lambda + \lambda'_u \quad \mu'_u = \mu'(\nu + \rho') - \beta\lambda' + \lambda_v \tag{3.423}$$

必有 $\lambda = 0$。

定理 3.57 设曲面 x 有不同的 D 变换 $\bar{x}$, 为使之成为射影极小曲面, 当且仅当在四个曲面 $\bar{x}$ 各引对应于原曲面 x 的同一系主切曲线的有关曲线的切线, 确定又不重合并在同一个织面上。

假定曲面 x 为射影极小曲面, 且其 D 变换均不退化。对 D 变换 $\bar{x}$, 计算它的有关函数 $\bar{\theta}$、$\bar{\beta}$、$\bar{\gamma}$、$\bar{p}_1$、$\bar{p}_2$。因为 u、v 为曲面 $\bar{x}$ 的主切曲线参数, 所以有

$$\bar{x}_{uu} = \bar{\theta}_u\bar{x}_u + \bar{\beta}\bar{x}_v + \bar{p}_1\bar{x}$$

$$\bar{x}_{vv} = \bar{\gamma}_u\bar{x}_u + \bar{\theta}_v\bar{x}_v + \bar{p}_2\bar{x}$$

或由式 (3.355) 可表为

$$\bar{x}_{uu} = (\lambda\bar{\theta}_u + \mu'\beta)y + (\mu\bar{\theta}_u + \lambda'\bar{\beta})z + (\nu\bar{\theta}_u + \nu'\beta + \bar{p}_1)\bar{x}$$

$$\bar{x}_{vv} = (\lambda\bar{\gamma} + \mu'\bar{\theta}_v)y + (\mu\bar{\gamma} + \lambda'\bar{\theta}_v)z + (\nu\bar{\gamma} + \nu'\theta_v + \bar{p}_2)\bar{x}$$

比较式 (3.357), 注意到式 (3.423) 及

$$\nu_v - \mu' = \nu'_u - \mu = \frac{1}{2}(\theta_{vv} - \beta\gamma) \tag{3.424}$$

推出

$$\begin{cases} \bar{\theta}_u = \theta_u + \dfrac{R_u}{R} \\ \bar{\theta}_v = \theta_v + \dfrac{R_v}{R} \\ \bar{\beta} = -\dfrac{1}{R}[\lambda\mu_u + \lambda\mu(\nu + \rho') - \beta\mu^2] = \dfrac{1}{\mu'}\Big(\beta\mu - \lambda\dfrac{R_u}{R}\Big) \\ \bar{\gamma} = -\dfrac{1}{R}[\lambda'\mu'_v + \lambda'\mu'(\nu' + \rho) - \gamma\mu'^2] = \dfrac{1}{\mu}\Big(\gamma\mu' - \lambda'\dfrac{R_v}{R}\Big) \\ \bar{p}_1 = \lambda + \nu^2 + \nu_u - \nu\bar{\theta}_u - \nu'\beta \\ \bar{p}_2 = \lambda' + \nu'^2 + \nu'_v - \nu'\bar{\theta}_v - \nu\bar{\beta} \end{cases} \tag{3.425}$$

为改写 $\bar{\beta}$、$\bar{\gamma}$ 为第二种表示, 先注意到 μ、μ' 均恒不为零, 否则从 $\mu = 0$ 及式 (3.423) 产生 $\lambda = 0$, 从而有 $R = 0$ 的矛盾。按式 (3.423),

$$R_{uv} = \frac{1}{\mu\mu'}R_uR_v + \gamma\frac{\lambda}{\mu}R_u + \beta\frac{\lambda'}{\mu'}R_v + 2(\mu + \mu' - \beta\gamma)R \tag{3.426}$$

利用式 (3.426) 可以检验

$$\begin{cases} \bar{\beta}_v = \Big(\nu' + \rho - \dfrac{R_v}{R}\Big)\bar{\beta} - 2\lambda \\ \bar{\gamma}_u = \Big(\nu + \rho' - \dfrac{R_u}{R}\Big)\bar{\gamma} - 2\lambda' \end{cases} \tag{3.427}$$

与

$$\frac{1}{2}\bar{\Delta}^2 = \bar{\beta}^2\Big(-\bar{\theta}_{uv} + \frac{1}{2}\theta_v^2 + \bar{\gamma}_u\bar{\gamma}\bar{\theta}_u + 2\bar{p}_2\Big) - \bar{\beta}\bar{\beta}_{vv} + \frac{1}{2}\bar{\beta}_v^2 - 2\lambda^2 = \frac{1}{2}\Delta^2$$

故

$$\Delta = \Delta' \qquad \Delta' = \bar{\Delta}'$$

D 变换 $\bar{x}$ 不能变为织面, 否则从 $\bar{\beta}=0$, 依式 (3.427)、式 (3.425) 知 $\lambda=\mu=0$, 从而有 $R=0$ 的矛盾。

定理 3.58 若一个射影极小曲面的任何 D 变换不退化, 则它们的 D 变换也有相同的性质 (实的, 不同的, 重合的)。

以下称曲面 x 的 D 变换为原曲面的第二 D 变换, 记作 $\mathring{x}$,

$$\mathring{x}=\left[\bar{\rho}\bar{\rho}'-\frac{1}{2}(\bar{\theta}_{uv}+\bar{\beta}\bar{\gamma})\right]\bar{x}+\bar{\rho}\bar{x}_u\bar{\rho}'\bar{x}_v+\bar{x}_{uv}$$

依式 (3.425)、式 (3.426)、式 (3.427),

$$\bar{\rho}=-\frac{1}{2\beta}(\bar{\beta}\bar{\theta}_v+\bar{\beta}_v+\bar{\varepsilon}\bar{\Delta})=-\left[\nu'+(\varepsilon+\bar{\varepsilon})\frac{\Delta}{\bar{\beta}}\right]$$

$$\bar{\rho}'=-\left[\nu+(\varepsilon'+\bar{\varepsilon}')\frac{\Delta'}{\bar{\beta}}\right]$$

$$\bar{\theta}_{uv}+\bar{\beta}\bar{\gamma}=\theta_{uv}-\beta\gamma+2(\mu\mu')=2T$$

又从式 (3.355)、式 (3.357) 代入 $\bar{x}_u$、$\bar{x}_v$、$\bar{x}_{uv}$ 得

$$\mathring{x}=(\varepsilon+\bar{\varepsilon})(\varepsilon'+\bar{\varepsilon}')\frac{\Delta\Delta'}{\bar{\beta}\bar{\gamma}}\bar{x}-(\varepsilon+\bar{\varepsilon})\frac{\Delta}{\bar{\beta}}(\lambda y+\mu z)-(\bar{\varepsilon}+\bar{\varepsilon}')\frac{\Delta'}{\bar{\gamma}}(\mu'y+\lambda\varepsilon)+Rx$$

据此知:

(1) 当 $\Delta=\Delta'=0$ 时仅有一个四重的第一 D 变换, 并且后者的 D 变换 $\mathring{x}$ 也为四重的且与 x 重合。

(2) 当 $\Delta=0$、$\Delta'\neq 0$ 时得到两个二重的第一 D 变换。每个变换又有了两个二重的 D 变换; 其中一个 $(\bar{\varepsilon}'=-\varepsilon')$ 重合于 x 且其他一个 $(\bar{\varepsilon}'=\varepsilon')$ 在 x 的切平面上; 依对偶原理它的切平面必过点 x。从汤姆逊定理知, 该曲面为 x 的一个 W 变换, 显见, 与 x 不重合的两个 D 变换不可能重合。

(3) 当 $\Delta\Delta'\neq 0$ 时有四个第一 D 变换, 并每个又有四个 D 变换, 其中一个 ($\bar{\varepsilon}=-\varepsilon$、$\bar{\varepsilon}'=-\varepsilon'$) 重合于 x, 且其他两个 ($\bar{\varepsilon}=-\varepsilon$、$\bar{\varepsilon}'=\varepsilon'$, $\bar{\varepsilon}=\varepsilon$、$\bar{\varepsilon}'=-\varepsilon'$) 均为 x 的 W 变换。

定理 3.59 对于射影极小曲面, 若其 D 变换不是不定的, 则变换 D 为对称 (对合) 的。

设 $\Delta\Delta' \neq 0$ 且 $\bar{y}$、z 为 $\bar{x}$ 的有关主切曲线的弯节点,

$$\bar{y} = \bar{\rho}\bar{x} + \bar{x}_v = -\frac{\varepsilon + \bar{\varepsilon}}{\beta} + \mu' y + \lambda' z$$

$$\bar{z} = -\frac{\varepsilon' + \bar{\varepsilon}'}{\bar{\gamma}}\bar{x} + \lambda y + \mu z$$

当 $\bar{\varepsilon} = -\varepsilon$、$\bar{\varepsilon}' = -\varepsilon'$ 时 $\bar{x}$ 的 D 变换与 x 重合, 依上列公式, 对应的弯节点为

$$\bar{y} = \mu' y + \lambda' z \qquad \bar{z} = \lambda y + \mu z$$

这两点在直线 yz 上。故直线 $x\bar{y}$、$x\bar{z}$ 为 $\bar{x}$ 的有关主切曲面 $\bar{\Sigma}_u$、$\bar{\Sigma}_v$ 的弯节点切线。每条直线上各有一个第二 D 变换 $\mathring{x}_1$、$\mathring{x}_2$ (不重合于 x)。因为 $\mathring{x}_1$、$\mathring{x}_2$ 在 x 的切平面上, 所以它们分别为直线 $x\bar{y}$、$x\bar{z}$ 的 x 以外的焦点。若把 ε 换成 $-\varepsilon$, 则 $\bar{x}$ 变到另一个 D 变换 $\bar{x}_1$; 此时 λ'、μ'、y、z 变为

$$\lambda'_1 = \lambda' \quad \mu'_1 = \mu' \quad y_1 = y - \frac{\varepsilon}{\beta}x \quad z_1 = z$$

有

$$\bar{y}_1 = \bar{y} - \frac{\varepsilon}{\beta}\mu' x$$

即点 $\bar{y}$、$\bar{y}_1$、x 共线。表明直线 $x\bar{y}_1$ 上必有一个第二 D 变换。但是直线 $x\bar{y}_1$、$x\bar{y}$ 重合, 该变换必重合于 $\mathring{x}$。

定理 3.60 设 $\bar{x}$、$\bar{x}_1$ 为 x 的两个 D 变换: 若它们都在 x 的有关主切曲面 $\Sigma_u(\Sigma_v)$ 的同一条弯节点切线上, 则 $\bar{x}$、$\bar{x}_1$ 的有关同名主切曲面 $\bar{\Sigma}_u$、$\bar{\Sigma}_{1u}$ ($\bar{\Sigma}_v$、$\bar{\Sigma}_{1v}$) 有公共的弯节点切线, 且同时也是曲面 x 的切线, 这条切线的第二焦点为 $\bar{x}$ 的一个 D 变换, 是 $\bar{x}_1$ 的一个 D 变换, 且同时也为 x 的一个 W 变换。

于是得到 x 之外的八个第二 D 变换, 其中四个是依直线汇

$$(x, \mu x_u + \lambda x_v) \qquad (x, \lambda' x_u + \mu' x_v)$$

的 W 变换。

当 $\Delta = 0$ 时上述四条切线中的两条重合于主切线 v (常数), 从而其焦点都重合于 x。

3.2.4 迈叶尔定理

设 x 为给定曲面, $\bar{x}$ 为其 D 变换且 y、z 为有关的弯节点。在点 $\bar{x}$ 的李织面 $\bar{Q}$ 必与曲面 x 相切, 由此可以得到三个条件。

为表达李织面 $\bar{Q}$, 依

$$X = xx_1' + yx_2' + zx_3' + \bar{x}x_4' \tag{3.428}$$

定义点 X 的局部坐标。

在点 $\bar{x}$ 的邻域内将曲面 $(\bar{x})$ 的一点坐标展开为

$$X = \bar{x} + \bar{x}_u\mathrm{d}u + \bar{x}_v\mathrm{d}v + \frac{1}{2}(\bar{x}_{uu}\mathrm{d}u^2 + 2\bar{x}_{uv}\mathrm{d}u\mathrm{d}v + \bar{x}_{vv}\mathrm{d}v^2) + \cdots$$

从式 (3.355)、式 (3.357) 给出 X 的局部坐标,

$$\begin{cases} x_1' = \dfrac{1}{2}(2\lambda + \varepsilon\Delta)\mu\mathrm{d}u^2 + (\mu\mu' + \lambda\lambda' + \varepsilon\Delta\lambda')\mathrm{d}u\mathrm{d}v \\ \qquad + \dfrac{1}{2}(2\lambda' + \varepsilon'\Delta')\mu'\mathrm{d}v^2 + \cdots \\ x_2' = \lambda\mathrm{d}u + \mu'\mathrm{d}v + \cdots \\ x_3' = \mu\mathrm{d}u + \lambda'\mathrm{d}v + \cdots \\ x_4' = 1 + \nu\mathrm{d}u + \nu'\mathrm{d}v + \cdots \end{cases} \tag{3.429}$$

织面 $\bar{Q}$ 与曲面 $(\bar{x})$ 相互密切并和曲面 (x) 相切, 于是 $\bar{Q}$ 的方程形式为

$$Ax_2'^2 + 2Bx_2'x_3' + Cx_3'^2 + 2x_1'x_4' = 0$$

以式 (3.429) 代入上式, 可使之变为三次以上的展开式。故有三个关系,

$$A\lambda^2 + 2B\lambda\mu + C\mu^2 + (2\lambda + \varepsilon\Delta)\mu = 0$$

$$A\lambda\mu' + B(\lambda\lambda' + \mu\mu') + C\lambda'\mu + \lambda\lambda' + \mu\mu' + \varepsilon\Delta\lambda' = 0$$

$$A\mu'^2 + 2B\lambda'\mu' + C\lambda'^2 + (2\lambda' + \varepsilon'\Delta')\mu' = 0$$

据此解出 A、B、C, 给出 $\bar{Q}$,

$$\varepsilon'\Delta'\mu x_2'^2 + 2(R - \varepsilon\Delta\lambda')x_2'x_3' + \varepsilon\Delta\mu' x_3'^2 - 2Rx_1'x_4' = 0 \tag{3.430}$$

$\bar{Q}$ 为曲面 $(\bar{x})$ 的李织面。当 $\bar{Q}$ 向 $(\bar{x})$ 的主切方向变化时, 它的特征曲线必可分解为另一条主切线面的弯节点切线。

在 X 为常数的假定下计算各坐标 x' 的导数, 将式 (3.428) 对 u 求导, 用式 (3.355) 代入 x_u、y_u、z_u、$\bar{x}_u$ 并把导来方程化为 x、y、z、$\bar{x}$ 的线性齐次方程, 其各系数为 0, 有

$$
\begin{aligned}
&x'_{1u} - \rho' x'_1 + \mu x'_2 + (\lambda + \varepsilon\Delta) x'_3 = 0 \\
&x'_{2u} - \rho' x'_2 + \beta x'_3 + \lambda x'_4 = 0 \\
&x'_{3u} + x'_1 + \nu x'_3 + \mu x'_4 = 0 \\
&x'_{4u} - x'_2 + \mu x'_2 + \nu x'_4 = 0
\end{aligned}
$$

同理, 对 v 求导也有类似的方程。

式 (3.430) 的左端对 u 求导且以上述各 x' 的导数代入导来方程, 即可找到织面式 (3.430) 在 u 方向的特征线。该结果加上式 (3.430) 乘 $\rho' - \nu$ 得

$$
\begin{aligned}
&\varepsilon'[(\Delta'\mu)_u + (\nu + \rho')\Delta'\mu] x'^2_2 + 2[(R - \varepsilon\Delta\lambda')_u - \varepsilon'\beta\Delta'\mu] x'_2 x'_3 \\
&+ \varepsilon[(\Delta\mu')_u - (\nu + \rho')\Delta\mu' - 2\varepsilon\beta(R - \varepsilon\Delta\lambda')] x'^2_3 \\
&+ 2\varepsilon\Delta\lambda' x'_1 x'_2 - 2\varepsilon\Delta\mu' x'_1 x'_3 - 2R x'_4 x'_1 = 0
\end{aligned}
\tag{3.431}
$$

依式 (3.430) 在 v 方向的特征成为

$$
\begin{aligned}
&\varepsilon'[(\Delta\mu)_v - (\nu' + \rho)\Delta'\mu - 2\varepsilon'\gamma(R - \varepsilon'\Delta'\lambda)] x'^2_2 \\
&+ 2[(R - \varepsilon'\Delta'\lambda)_v - \varepsilon\gamma\Delta\mu'] x'_2 x'_3 + \varepsilon[(\Delta\mu')_v + (\nu' + \rho)\Delta\mu'] x'^2_3 \\
&- 2\varepsilon'\Delta'\mu x'_1 x'_2 + 2\varepsilon'\Delta\lambda' x'_1 x'_3 - 2R_v x'_1 x'_4 = 0
\end{aligned}
\tag{3.432}
$$

定义

$$
F = \sum_{i,k} A_{ik} x'_i x'_k \quad F' = \sum_{i,k} B_{ik} x'_i x'_k \quad F'' = \sum_{i,k} C_{ik} x'_i x'_k
$$

分别表示式 (3.430)~ 式 (3.432) 的左边。式 (3.340) 在 $\bar{x}$ 的一个方向的特征线取决于方程

$$
F = 0 \quad F'\mathrm{d}u + F''\mathrm{d}v = 0 \tag{3.433}
$$

式中 $\mathrm{d}u$、$\mathrm{d}v$ 为主切曲线式 (3.419) 的根。这两个织面式 (3.433) 的交线必可分解为一条二重直线与另外这二重直线相交的两条直线。于是必要条件为 h 的代数方程

$$\det(hA_{ik}+B_{ik}\mathrm{d}u+C_{ik}\mathrm{d}v)=0$$

对于式 (3.419) 的每个根都应有四重根。但是 $A_{i4}=B_{i4}=C_{i4}=0$ $(i=2,3,4)$, h 方程变为

$$\begin{aligned}&(hA_{14}+B_{14}\mathrm{d}u+C_{14}\mathrm{d}v)^2[(hA_{22}+B_{22}\mathrm{d}u+C_{22}\mathrm{d}v)\cdot\\&(hA_{33}+B_{33}\mathrm{d}u+C_{33}\mathrm{d}v)-(hA_{23}+B_{23}\mathrm{d}u+C_{23}\mathrm{d}v)^2]=0\end{aligned}$$

表明

$$h=-\frac{B_{14}\mathrm{d}u+C_{14}\mathrm{d}v}{A_{14}}$$

必为第二因式等于 0 的方程二重根, 给出

$$\begin{aligned}&A_{14}[A_{22}(B_{33}\mathrm{d}u+C_{33}\mathrm{d}v)-2A_{23}(B_{23}\mathrm{d}u+C_{23}\mathrm{d}v)\\&+A_{33}(B_{22}\mathrm{d}u+C_{22}\mathrm{d}v)]-2(A_{22}A_{33}-A_{23}^2)(B_{14}\mathrm{d}u+C_{14}\mathrm{d}v)=0\\&(B_{14}\mathrm{d}u+C_{14}\mathrm{d}v)[A_{22}(B_{33}\mathrm{d}u+C_{33}\mathrm{d}v)-2A_{23}(B_{23}\mathrm{d}u+C_{23}\mathrm{d}v)\\&+A_{33}(B_{22}\mathrm{d}u+C_{22}\mathrm{d}v)]-2A_{14}[(B_{22}\mathrm{d}u+C_{22}\mathrm{d}v)\cdot\\&(B_{33}\mathrm{d}u+C_{33}\mathrm{d}v)-(B_{23}\mathrm{d}u+C_{23}\mathrm{d}v)^2]=0\end{aligned}$$

因为第一方程为一次方程, $\mathrm{d}u/\mathrm{d}v$ 为式 (3.419) 的任意根, 其 $\mathrm{d}u$、$\mathrm{d}v$ 的系数必为零, 所以推出两个条件:

$$\begin{cases}2B_{14}(A_{22}A_{33}-A_{23}^2)-A_{14}(A_{22}B_{33}+A_{33}B_{22}-2A_{23}B_{23})=0\\2C_{14}(A_{22}A_{33}-A_{23}^2)-A_{14}(A_{22}C_{33}+A_{33}C_{22}-2A_{23}C_{23})=0\end{cases}\tag{3.434}$$

上列关于 $\mathrm{d}u$、$\mathrm{d}v$ 的第二方程为二次方程, 其三个系数与式 (3.419) 的三个系数必成比例。如其中一个比例式为第三个条件,

$$\begin{aligned}&\varepsilon'\varDelta'\mu'[(B_{22}B_{33}-B_{23}^2)A_{14}^2-(A_{22}A_{33}-A_{23}^2)B_{14}^2]\\=&\varepsilon\varDelta\mu[(C_{22}C_{33}-C_{23}^2)A_{14}^2-(A_{22}A_{33}-A_{23}^2)B_{14}^2]\end{aligned}\tag{3.435}$$

该关系不但和式 (3.434) 两关系相互独立, 而且他们还可导出第二比例式。

今以原 A, B, C 代入式 (3.434) 计算,

$$A_{22}A_{33}-A_{23}^2=\varepsilon\varepsilon'\Delta\Delta'\mu\mu'-(R-\varepsilon\Delta\lambda')^2=-R(R+N)$$

$$\begin{aligned}&A_{22}B_{33}+A_{33}B_{22}-2A_{23}B_{23}\\=&\varepsilon\varepsilon'\Delta'\mu(\Delta\mu')_u+\varepsilon\varepsilon'\Delta\mu'(\Delta'\mu)_u-2(R-\varepsilon\Delta\lambda)(R-\varepsilon\Delta\lambda')_u\\=&(A_{22}A_{33}-A_{23}^2)_u=-\frac{\partial}{\partial u}[R(R+N)]\end{aligned}$$

$$A_{22}C_{33}+A_{33}C_{22}-2C_{23}A_{23}=-\frac{\partial}{\partial v}[R(R+N)]$$

由此可改写式 (3.434) 为

$$\left(\frac{N}{R}\right)_u=\left(\frac{N}{R}\right)_v=0$$

即 $\dfrac{N}{R}$ 为常数。这个条件对于射影极小曲面当然成立 $(N=0)$。当 $N\neq 0$ 时 $\Delta\Delta'\neq 0$, 可以表示所论的条件

$$\frac{R}{N}=\frac{1}{N}\left(\frac{P}{\beta}-\varepsilon\frac{P_v}{\Delta}\right)\left(\frac{Q}{\gamma}-\varepsilon'\frac{Q_u}{\Delta'}\right)-\varepsilon\varepsilon'\left(\frac{N}{\Delta\Delta'}+\frac{\Delta\Delta'}{N}+2\varepsilon\varepsilon'\right)$$

为非零常数。因为该关系对于所有正负号 ε、ε' 均成立, 所以

$$PQ=l\beta\gamma\Delta\Delta'\quad QP_v=m\gamma\Delta^2\Delta'\quad PQ_u=m'\beta\Delta'\Delta'^2\tag{3.436}$$

$$N=\frac{\Delta\Delta_v}{\beta}=\frac{\Delta'\Delta'_u}{\gamma}=n\Delta\Delta'\tag{3.437}$$

式中 l、m、m'、n 为常数且 $n\neq 0$。对于式 (3.349), 即

$$\left(\frac{\Delta}{\beta}\right)_u=-\frac{P_v}{\Delta}\quad\left(\frac{\Delta'}{\gamma}\right)_v=-\frac{Q_u}{\Delta}\tag{3.438}$$

首先假设 $l\neq 0$ 即 $PQ\neq 0$, 也不失一般性。事实上, 如果 $P=0$ 即 $(\log\beta)_{uv}=\beta\gamma$, 从 (3.438) 得到 $\Delta=\beta$, 且依式 (3.437) 推出

$$(\log\beta)_v=n\Delta'\quad(\log\beta)_{uv}=n\Delta'_u=n^2\beta\gamma$$

那么 $n=\pm 1$, 并

$$\lambda=-\frac{1}{2}\varepsilon\beta-\frac{1}{2}\varepsilon' n\beta \quad \mu=0$$

对于 $\varepsilon\varepsilon'=-n$ 的曲面 $\bar{x}$ 将成立 $R=0$, 对于 $\varepsilon\varepsilon'=n$ 的曲面将有 $R^*=R+N=0$。一般地, 凡是 D 变换不退化的条件可以表达为

$$\frac{R}{N}=\frac{R^*}{N}-1=\frac{1}{ln}(l-\varepsilon m)(l-\varepsilon' m')-\varepsilon\varepsilon'\left(n+\frac{1}{n}\right)-2\neq 0(\text{或}-1) \tag{3.439}$$

依式 (3.436)~ 式 (3.438), 得

$$\Delta_u=\frac{\beta_u}{\beta}\Delta-\frac{m}{l}P \qquad \Delta_v=n\beta\Delta'$$

于是可积条件 $\Delta_{uv}=\Delta_{vu}$ 可表示为

$$\left[1-\left(\frac{m}{l}\right)^2\right]\frac{P}{\beta}=(n^2-1)\beta\gamma=\left[1-\left(\frac{m'}{l}\right)^2\right]\frac{Q}{\gamma}$$

当 $n^2=1$ 时由于 $PQ\neq 0$, 因此 $l^2=m^2=m'^2$; 但这与式 (3.439) 矛盾。当 $n^2\neq 1$、$m^2\neq l^2$、$m'^2\neq l^2$ 时,

$$P=p\beta^2\gamma \qquad Q=q\beta\gamma^2 \tag{3.440}$$

其中已知

$$P=\frac{l^2(n^2-1)}{l^2-m^2} \qquad q=\frac{l^2(n^2-1)}{l^2-m'^2}$$

取 $mm'\neq 0$ 而不失一般性, 由式 (3.440)、式 (3.436),

$$\frac{\Delta}{\beta}=\frac{l}{m}\frac{P_v}{P}=\frac{l}{m}(\log\beta^2\gamma)_v \tag{3.441}$$

代入式 (3.438),

$$(\log\beta^2\gamma)_{uv}=-\left(\frac{m}{l}\right)^2 p\beta\gamma \tag{3.442}$$

另一方面, 改变式 (3.440),

$$(\log\beta)_{uv}=(p+1)\beta\gamma \qquad (\log\gamma)_{uv}=(q+1)\beta\gamma \tag{3.443}$$

故式 (3.442) 及其类似方程变为

$$2(p+1)+q+1+\left(\frac{m}{l}\right)^2 p=0$$

$$p+1+2(q+1)+\left(\frac{m'}{l}\right)^2 q=0$$

从而

$$\begin{cases} m^2=m'^2=\dfrac{3l^2n^2}{4-n^2} \qquad (n^2<4) \\ p=q=\dfrac{1}{4}n^2-1 \end{cases} \tag{3.444}$$

若 $m=m'=0$, 则 $P_u=Q_u=0$。从式 (3.440) 知

$$(\log\beta^2\gamma)_{uv}=(\log\beta\gamma^2)_{uv}=0$$

即

$$(\log\beta)_{uv}=(\log\gamma)_{uv}=0$$

按照式 (3.443) 得到 $p+1=q+1=n^2\neq 0$, 因而不相容。

当 $m\neq 0$、$m'\neq 0$ 时 $Q_u=0$, 据此及式 (3.443), 有

$$(\log\beta\gamma^2)_{uv}=0 \qquad (\log\gamma)_{uv}=n^2\beta\gamma$$

$$(\log\beta)_{uv}=-2n^2\beta\gamma=(p+1)\beta\gamma$$

依式 (3.492),

$$-3n^2\beta\gamma=-\frac{m^2}{l^2}p\beta\gamma$$

于是

$$p=\frac{3n^2l^2}{m^2}=-(2n^2+1)=\frac{l^2(n^2-1)}{l^2-m^2}$$

注意这与 $mn\neq 0$ 不相容, 表明 $mm'\neq 0$。由式 (3.444)、式 (3.443) 给出

$$\left(\log\frac{\beta}{\gamma}\right)_{uv}=0 \tag{3.445}$$

可置 $\beta=\gamma$。应用式 (3.441) 及其类似式得到

$$\varDelta=\frac{3l}{m}\beta_v \qquad \varDelta'=\frac{3l}{m'}\beta_u \tag{3.446}$$

且条件式 (3.436)~ 式 (3.438) 化为

$$\begin{cases} (\log\beta)_{uv} = \dfrac{1}{4}n^2\beta^2 \\ \beta_{uu} = \delta n\beta\beta_v \\ \beta_{vv} = \delta n\beta\beta_u \\ \beta_{uv} = \delta\dfrac{n^2(4-n^2)}{48l}\beta^4 \quad (\delta = \pm 1 = \mathrm{sgn}mm') \end{cases} \tag{3.447}$$

对最后方程求导并使用其他方程进行改写

$$\beta_v^2 = \frac{1}{4}n\Big(\frac{4-n^2}{4l} - \delta\Big)\beta^2\beta_u$$

两边乘 β_v, 有

$$\beta_u = \beta_v = -\frac{\beta^2}{k} \qquad \beta = \frac{k}{u+v}$$

式中

$$\frac{1}{k^2} = \frac{n^3(4-n^2)}{3\times 4^3 l}\Big(1 - \delta\frac{4-n^2}{4l}\Big)$$

以 β 代入式 (3.447), 导出

$$\frac{1}{k} = -\frac{1}{2}\delta n \qquad \frac{1}{k^2} = \delta\frac{n^2(4-n^2)}{48l}$$

当 $4-n^2 = 12\delta l$ 时公共值 k 存在。

综合知, 凡满足 (3.434) 且具有不退化的 D 变换的曲面, 只有射影极小曲面和下列方程给出的曲面,

$$\beta = \gamma = -\frac{2\delta}{n}\frac{1}{u+v} \quad \varDelta = \frac{3n}{2m_1}\beta^2 \quad \varDelta' = \frac{3n}{2m_2}\beta^2 \tag{3.448}$$

式中

$$m_1 = \delta m_2 = \pm\sqrt{\frac{3n^2}{4-n^2}} \qquad \Big(n^2 \neq 0、4, m_1 = \frac{m\delta}{l}, m_2 = \frac{\delta m'}{l}\Big)$$

今讨论第二种曲面是否满足式 (3.435) 的问题。该条件可以写

作

$$
\begin{aligned}
&\varepsilon'\Delta'\mu'\Big\{\varepsilon'\Delta'\mu[(\log\Delta'\mu)_u+\nu+\rho']\cdot\\
&[\varepsilon\Delta\mu'(\log\Delta\mu')_u-\varepsilon'\beta\Delta\mu'(\nu+\rho')-2\beta(R-\varepsilon\Delta\lambda')]\\
&-[(R-\varepsilon\Delta\lambda')_u-\varepsilon\beta\Delta'\mu]^2-\left(\frac{R_u}{R}\right)^2[\varepsilon\varepsilon'\Delta\Delta'\mu\mu'-(R-\varepsilon\Delta\mu')^2]\Big\}\\
=&\varepsilon\Delta\mu\Big\{\varepsilon\Delta\mu'[\log(\Delta\mu')_v-\varepsilon\Delta'\mu(\nu'+\rho)-2\gamma(R-\varepsilon\Delta\lambda')]\\
&-[(R-\varepsilon\Delta\lambda')_v-\varepsilon\gamma\Delta\mu']^2-\left(\frac{R_v}{R}\right)^2[\varepsilon\varepsilon'\Delta\Delta'\mu\mu'-(R-\varepsilon\Delta\mu')^2]\Big\}
\end{aligned}
$$

注意到

$$
\lambda=-\frac{3n}{4m'}(\varepsilon+\varepsilon'n)\beta^2\qquad \mu=\frac{1}{2}\Big(\frac{1}{4}n^2-1\Big)(\varepsilon m_2-1)\beta^2
$$

$$
\lambda'=-\frac{3n}{4m_2}(\varepsilon'+\varepsilon'n)\beta^2\quad \mu'=\frac{1}{2}\Big(\frac{1}{4}n^2-1\Big)(\varepsilon'm_1-1)\beta^2
$$

$$
\nu+\rho'=-\frac{1}{2}\delta n\Big(1+\frac{3\varepsilon'}{m_1}\Big)\beta
$$

$$
\nu'+\rho=-\frac{1}{2}\delta n\Big(1+\frac{3\varepsilon}{m_2}\Big)\beta
$$

且 $\Delta'\mu$、$\Delta\mu'$、R、$R-\varepsilon\Delta\lambda'$ 具有 $c\beta^4$ 的表示, 各式的对数导数等于 $2\delta n\beta$。故上述等式两边除以 $\frac{1}{2}\varepsilon\varepsilon'\Delta\Delta'\mu\mu'\beta^2$ 即可变为

$$
\begin{aligned}
&\varepsilon'\Delta'\mu'\Big(n^2-4-3\varepsilon'\frac{n^2}{m_1}\Big)-\varepsilon\Delta\mu\Big(n^2-4-3\varepsilon\frac{n^2}{m_2}\Big)\\
&+6n\Big(\frac{\varepsilon}{m_1}-\frac{\varepsilon'}{m_2}\Big)(R-\varepsilon\Delta\lambda')=0
\end{aligned}
$$

代入 λ、$\lambda'\mu$、μ', 并除去 $n\left(\frac{1}{4}n^2-1\right)$, 得

$$
\begin{aligned}
&\Big(\frac{\varepsilon}{m_1}-\frac{\varepsilon'}{m_2}\Big)\Big[\Big(\frac{1}{4}n^2-1\Big)(\varepsilon m_2-1)(\varepsilon'm_1-1)\\
&+2\varepsilon\varepsilon'\delta(n^2-1)+\frac{1}{2}(n^2-4-3\delta n^2)\Big]=0
\end{aligned}
$$

当 $\varepsilon\varepsilon'=\delta$ 时第一因式为 0, 当 $\varepsilon\varepsilon'=-\delta=-1$ 时不但第一因式为非零而且第二因式为 $-n^2\neq 0$。

3.2.5 哥德伴随序列

采用维尔津斯基及哥德记号, 于是完全可积的微分方程的解为

$$\begin{cases} x^{20} + 2bx^{01} + c_1 x = 0 \\ x^{02} + 2ax^{10} + c_2 x = 0 \end{cases} \tag{3.449}$$

式 (3.449) 中的系数满足可积条件,

$$\begin{cases} a^{20} + c_2^{10} + 2ba^{01} + 4ab^{01} = 0 \\ b^{02} + c_1^{01} + 2ab^{10} + 4ba^{10} = 0 \\ c_1^{02} + 2ac_1^{10} + 4a^{10}c_1 = c_2^{20} + 2bc_2^{01} + 4b^{01}c_2 \end{cases} \tag{3.450}$$

记

$$h_1 = -(\log b)^{11} + 4ab \qquad k_1 = -(\log a)^{11} + 4ab \tag{3.451}$$

$$\begin{cases} \alpha = 2(\log a)^{20} + [\overline{(\log a)^{10}}]^2 + 4(b^{01} + c_1) \\ \beta = 2(\log b)^{02} + [\overline{(\log b)^{01}}]^2 + 4(a^{10} + c_2) \end{cases} \tag{3.452}$$

$$\begin{cases} \alpha_1 = \alpha + (\log ak_1)^{20} + (\log ak_1)^{10}(\log a^2k_1)^{10} \\ \beta_1 = \beta + (\log bh_1)^{02} + (\log bh_1)^{01}(\log b^2h_1)^{01} \end{cases} \tag{3.453}$$

依式 (3.450) 有

$$a\alpha(\log a^2\alpha)^{10} = b\beta(\log b^2\beta)^{01} \tag{3.454}$$

以 U、V 分别表示曲面 σ 在点 (x) 的两条主切线 xx^{10}、xx^{01} 在 S_5 的克莱因超织面 Ω 上的象, 得

$$U^{10} + 2bV = 0 \qquad V^{01} + 2aU = 0$$

并且点 U、V 在哥德序列 (L),

$$\cdots, U_n, \cdots, U_1, U, V, V_1, \cdots V_n, \cdots$$

为相邻点, 其中每个点为其前面一点沿 u 方向的拉普拉斯变换。此时成立

$$\begin{cases} U_n^{01} = U_{n+1} + U_n(\log bh_1h_2\cdots h_n)^{01} \\ U_n^{10} = h_nU_{n-1} \\ U_n^{11} - U_n^{10}(\log bh_1h_2\cdots h_n)^{01} - h_nU_n = 0 \end{cases} \tag{3.455}$$

式中已知

$$h_n = -(\log bh_1h_2\cdots h_{n-1})^{11}+h_{n-1} = -(\log b^n h_1^{n-1}\cdots h_{n-1})^{11}+4ab \tag{3.456}$$

同理，

$$\begin{cases} V_n^{10} = V_{n+1} + V_n(\log ak_1k_2\cdots k_n)^{10} \\ V_n^{01} = k_nV_{n-1} \\ V_n^{11} - V_n^{01}(\log ak_1k_2\cdots k_{n-1})^{10} - k_nV_n = 0 \end{cases} \tag{3.457}$$

式中已知

$$k_n = -(\log ak_1k_2\cdots k_{n-1})^{11}+k_{n-1} = -(\log a^n k_1^{n-1}\cdots k_{n-1})^{11}+4ab$$

式 (3.455) 的两个不变量为 h_n、h_{n+1}，式 (3.456) 的两个不变量为 k_n、k_{n+1}。尤其是

$$U^{11} - U^{10}(\log b)^{01} - 4abU = 0$$

的不变量为 $4ab$、h_1，而方程

$$V^{11} - V^{01}(\log a)^{10} - 4abV = 0$$

的不变量为 $4ab$、k_1。

哥德序列 (L) 关于 Ω 为自共轭。或者说，U 关于 Ω 的配极超平面为 $V_{n-2}V_{n-1}V_nV_{n+1}V_{n+2}$，而 V 的是 $U_{n-2}U_{n-1}U_nU_{n+1}U_{n+2}$。

共轭平面 $U_nU_{n+1}U_{n+2}$ 和 $V_nV_{n+1}V_{n+2}$ 与 Ω 相交的两条二次曲线表示了具有同一基底 ϕ_n 的两个半织面，从而全体形成哥德织面序列 ϕ、ϕ_1、ϕ_2、$\cdots$。ϕ 为李织面而 ϕ_1 为伴随织面，织面 ϕ_n、ϕ_{n+1} 构成四边形，其四个顶点为该两个织面的特征点。

假定曲面 (x) 具有不同的 D 变换 (y_{ik}) $(i、k = 1, 2)$，于是这四个点 y_{ik} 为李织面 ϕ 的特征点，曲面 (y_{ik}) 上的主切曲线对应于原曲面 (x) 的主切曲线 u、v 是曲面 (x) 成为射影极小曲面当且仅当该条件等价于

$$(\log a^2\alpha)^{10} = 0 \quad (\log b^2\beta)^{01} = 0 \tag{3.458}$$

点 U_1、V_1 不可能属于 Ω, 并假定 U_2、V_2 也不属于 Ω。

设 C'、C'' 及 D'、D'' 分别为直线 V_1V_2、U_1U_2 和 Ω 的交点, 四条直线 $C'D'$、$C'D''$、$C''D'$、$C''D''$ 属于 Ω, 且表示各以 y_{11}、y_{12}、y_{21}、y_{22} 为心的线束。

定理 3.61 若曲面 σ 的杜姆兰四边形的一边在 Ω 上的象是和有关的线汇 (U_1, U_2) 或 (V_1V_2) 共轭的, 则其余任何一边的象也有同样的性质, 且 σ 必射影极小曲面, 反之亦然。

事实上, 定理 3.61 为高维射影空间共轭网理论的特例。

直线 $C'C'^{01}$、$C''C''^{01}$ 相交于点 A, 并直线 $D'D'^{10}$、$D''D''^{10}$ 相交于点 B。直线 $C'C'^{10}$、$C''C''^{10}$ 过 B, 而直线 $D'D'^{01}$、$D''D''^{01}$ 过 A。置

$$\begin{cases} A = 2a[V_2 + V_1(\log ak_1)^{10} + \alpha V] \\ B = 2b[U_2 + U_1(\log bh_1)^{01} + \beta U] \end{cases} \tag{3.459}$$

验证知,

$$\begin{cases} V_3 + V_2(\log a^3k_1^2k_2)^{10} + \alpha_1 V + 2b[U_2 + U_1(\log bh_1)^{01} + \beta U] = 0 \\ U_3 + U_2(\log b^3h_1^2h_2)^{01} + \beta_1 U + 2a[V_2 + V_1(\log ak_1)^{10} + \alpha U] = 0 \end{cases} \tag{3.459'}$$

据此, 推出

$$\begin{cases} V_3 + V_2(\log a^3k_1^2k_2)^{10} + \alpha_1 V_1 + B = 0 \\ U_3 + U_2(\log b^3h_1^2h_2)^{01} + \beta_1 U_1 + A = 0 \end{cases} \tag{3.460}$$

对式 (3.459) u 求导又利用式 (3.460), 得

$$A^{10} + 2aB = 0 \tag{3.461}$$

$$B^{01} + 2bA = 0 \tag{3.462}$$

故点 A、B 为拉普拉斯序列的邻点, A 为平面 VV_1V_2 及平面 $U_1U_2U_3$ 的交点, B 为平面 UU_1U_2 及平面 $V_1V_2V_3$ 的交点。

现以 A_1、A_2、$\cdots$ 表示点 A 沿 v 方向的逐次拉普拉斯变换, 以 B_1、B_2、$\cdots$ 表示点 B 沿 u 方向的逐次拉普拉斯变换。依式

(3.462)、式 (3.461), A、B 适合

$$\begin{cases} A^{11} - A^{10}(\log a)^{01} - 4abA = 0 \\ B^{11} - B^{01}(\log b)^{10} - 4abB = 0 \end{cases} \tag{3.463}$$

不变量分别为 $4ab$ 和 k_1、$4ab$ 和 h_1。命

$$A_1 = A^{01} - A(\log a)^{01} \tag{3.464}$$

产生 $A_1^{10} = k_1 A$ 与

$$A_1^{11} - A_1^{10}(\log ak_1)^{01} - k_1 A_1 = 0 \tag{3.465}$$

同样, 命

$$B_1 = B^{10} - B(\log b)^{10} \tag{3.466}$$

产生 $B_1^{01} = h_1 B$ 与

$$B_1^{11} - A_1^{01}(\log bh_1)^{10} - h_1 B_1 = 0 \tag{3.467}$$

一般地,

$$\begin{cases} A_n = A_{n-1}^{01} - A_{n-1}(\log ak_1 \cdots k_{n-1})^{01} \\ A_n^{10} = k_n A_{n-1} \\ A_n^{11} - A_n^{10}(\log ak_1 \cdots k_n)^{01} - k_n A_n = 0 \end{cases} \tag{3.468}$$

$$\begin{cases} B_n = B_{n-1}^{10} - B_{n-1}(\log bh_1 \cdots h_{n-1})^{10} \\ B_n^{01} = h_n B_{n-1} \\ B_n^{11} - B_n^{01}(\log bh_1 \cdots h_n)^{10} - h_n B_n = 0 \end{cases} \tag{3.469}$$

注意, 点 A_n 符合的拉普拉斯方程的不变量为 k_n、k_{n+1}, 点 B_n 的相关不变量为 h_n、h_{n+1}。

点 A 属于平面 VV_1V_2、$U_1U_2U_3$, 于是点 A_1 属于平面 UVV_1、$U_2U_3U_4$, 点 A_2 属于平面 U_1UV、$U_3U_4U_5$, 点 A_3 属于平面 UU_1U_2、$U_4U_5U_6\cdots$, 点 A_n 属于平面 $U_{n-3}U_{n-2}U_{n-1}$、$U_{n+1}U_{n+2}U_{n+3}$; 其中已知

$$\begin{cases} H_n = \log \dfrac{b^{n+1}h_1^n \cdots h_n}{a^{n-2}k_1^{n-1} \cdots k_{n-3}} \\ K_n = \log \dfrac{a^{n+1}k_1^n \cdots k_n}{b^{n-2}b_1^{n-3} \cdots h_{n-3}} \end{cases} \tag{3.470}$$

$$
\left\{\begin{array}{l}\alpha_n=\alpha_{n-1}+K_n^{20}+K_n^{10}\left(\log\dfrac{ak_1\cdots k_n}{bh_1\cdots h_{n-2}}\right)^{10}\\ \beta_n=\beta_{n-1}+H_n^{02}+H_n^{01}\left(\log\dfrac{bh_1\cdots h_n}{ak_1\cdots k_{n-2}}\right)^{01}\end{array}\right. \tag{3.470)$'$ (}
$$

对式 (3.419)v 求导, 有

$$
U_4+H_3^{01}U_3+\beta U_2+\beta_1\left(\log\frac{\beta_1 bh_1}{a}\right)^{01}U_1+A_1=0
$$

从而

$$
\beta_1^{01}+\beta_2\left(\log\frac{bh_1}{a}\right)^{01}=0 \tag{3.471}
$$

更一般地,

$$
U_{n+3}+H_{n+2}^{01}U_{n+2}+\beta U_{n+1}+A_n=0 \tag{3.472}
$$

式中

$$
\beta_n^{01}+\beta_n\left(\log\frac{bh_1\cdots h_n}{ak_1\cdots k_{n-1}}\right)^{01}=0 \tag{3.473}
$$

同理,

$$
V_{n+3}+K_{n+2}^{10}V_{n+2}+\alpha_{n+1}V_{n+1}+B_n=0 \tag{3.474}
$$

式中

$$
\alpha_n^{10}+\alpha_n\left(\log\frac{ak_1\cdots k_n}{bh_1\cdots h_{n-1}}\right)^{10}=0 \tag{3.475}
$$

据式 (3.472) 并关于 u 求导, 得

$$
k_nU_{n+2}+(h_{n+2}H_{n+2}^{01}+\beta_{n+1}^{10})U_{n+1}+h_{n+1}\beta_{n+1}U_n+k_nA_{n-1}=0
$$

在式 (3.472) 中以 $n-1$ 替代 n, 可以断言

$$
U_{n+2}+H_{n+1}^{01}U_{n+1}+\beta_nU_n+A_{n-1}=0
$$

$$
h_{n+2}H_{n+2}^{01}+\beta_{n+1}^{10}=k_nH_{n+1}^{01} \tag{3.476}
$$

$$
h_{n+1}\beta_{n+1}=k_n\beta_n \tag{3.477}
$$

式 (3.476) 可由公式

$$
\beta^{10}=-2h_1(\log bh_1)^{01} \tag{3.478}
$$

推出。对式 (3.477) 分别以 $n-1$、$n-2$、$\cdots$、0 替代 n, 得

$$\begin{cases} h_n\beta_n = k_{n-1}\beta_{n-1} \\ h_{n-1}\beta_{n-1} = k_{n-2}\beta_{n-2} \\ \vdots \\ h_1\beta_1 = 4ab\beta \end{cases} \tag{3.479}$$

最后的关系源于方程

$$\beta^{01} + 2\beta(\log b)^{01} = 0 \quad \beta^{10} + 2h_1(\log bh_1)^{01} = 0$$

的可积条件, 从这个最后关系式即导出式 (3.471)。另有

$$\beta_1^{10} = 4ab(\log bh_1)^{01} - h_2(\log b^3h_1^2h_2)^{01}$$

或

$$\beta_1^{10} = 4ab(\log bh_1)^{01} - h_2H_2^{01} \tag{3.480}$$

将式 (3.480)、式 (3.471) 推出的两个 β_1^{11} 等同, 即有 $h_2\beta_2 = k_1\beta_1$ 并依此类推, 证明式 (3.479)。

由此还得

$$h_1h_2\cdots h_n\beta_n = 4abk_1\cdots k_{n-1}\beta \tag{3.481}$$

结果得到式 (3.473)。同样验证

$$k_{n+2}K_{n+2}^{10} + \alpha_{n+1}^{01} = h_nK_{n+1}^{10} \tag{3.482}$$

$$k_1k_2\cdots k_n\alpha_n = 4abh_1\cdots h_{n-1}\alpha \tag{3.483}$$

今已不难找出 A_n、B_n $(n=1,2,\cdots)$ 的表示。事实上, 关于导微式 (3.459), 有

$$A_1 = 2ak_1\left[V_1 - V(\log ak_1)^{10} - 2\frac{a}{k_1}U\right]$$

或

$$A_1 = -\frac{ak_1}{b}[\alpha_1U + 2bV(\log ak_1)^{10} - 2bV_1]$$

对 v 求导,

$$A_2 = -\frac{ak_1k_2}{bh_1}[\alpha_2 U_1 - h_1 K_2^{10} U - 2bh_1 V]$$

第三次求导,

$$A_3 = -\frac{ak_1k_2k_3}{bh_1h_2}[\alpha_2 U_2 - h_2 K_3^{10} U_1 + h_1 h_2 U]$$

一般而言,

$$A_n = -\frac{ak_1\cdots k_n}{bh_1\cdots h_{n-1}}(\alpha_n U_{n-1} - k_{n-1}K_n^{10}V_{n-2} + h_{n-2}h_{n-1}V_{n-3}) \tag{3.484}$$

同理

$$B_n = -\frac{bh_1\cdots h_n}{ak_1\cdots k_{n-1}}(\beta_n V_{n-1} - k_{n-1}H_n^{01}V_{n+2} + k_{n-2}k_{n-1}V_{n-3}) \tag{3.485}$$

当 u、v 变化时如上面的定理所述: 各点 C'、C'' 绘成一个与线汇 (V_1V_2) 共轭的共轭网, 从而它们属于拉普拉斯序列。以 C'_1、C'_2、... 及 C''_1、C''_2、$\cdots$ 分别表示 C' 和 C'' 沿 u 方向的拉普拉斯变换, 以 C'_{-1}、C'_{-2}、$\cdots$ 及 C''_{-1}、C''_{-2}、$\cdots$ 分别表示它们沿 v 方向的变换。如所知, 点 C'_1、C''_1 在直线 V_2V_3 上, 点 C'_2、C''_2 在直线 V_3V_4 上等; 点 C'_n、C''_n 在直线 $V_{n+1}V_{n+2}$ 上。另, 点 C'_{-1}、C''_{-1} 在直线 VV_1 上, 点 C'_{-2}、C''_{-2} 在直线 UV 上等; 点 C'_{-n}、C''_{-n} 在直线 $U_{n-1}V_{n-2}$ 上。

同样, 以 D'_1、D'_2、$\cdots$ 表示点 D' 沿 v 方向的拉普拉斯变换, 以 D''_1、D''_2、$\cdots$ 表示点 D'' 的有关变换, 以 D'_{-1}、D'_{-2}、$\cdots$ 及 D''_{-1}、D''_{-2}、$\cdots$ 表示沿 u 方向的有关变换, 于是 D'_n、D''_n 在直线 $U_{n+1}U_{n+2}$ 上, 而 D'_{-n}、D''_{-n} 在直线 $V_{n-3}V_{n-2}$ 上。

点 A 属于直线 $C'C'_{-1}$、$C''C''_{-1}$ 的同时也属于直线 $D'D'_1$、$D''D''_1$。点 B 属于直线 $D'D'_{-1}$、$D''D''_{-1}$ 的同时也属于直线 $C'C'_1$、$C''C''_1$。点 A_1 属于直线 $C'_{-1}C'_{-2}$、$C''_{-1}C''_{-2}$ 和 $D'_1D'_2$、$D''_1D''_2$, 点 B_1 属于直线 $D'_{-1}D'_{-2}$、$D''_{-1}D''_{-2}$ 和 $C'_1C'_2$、$C''_1C''_2$。一般地, 点 A_n 属

于直线 $C'_{-n}C'_{-(n+1)}$、$C''_{-n}C''_{-(n+1)}$ 与 $D'_nD'_{n+1}$、$D''_nD''_{n+1}$; 点 B_n 属于直线 $D'_{-n}D'_{-(n+1)}$、$D''_{-n}D''_{-(n+1)}$ 与 $C'_nC'_{n+1}$、$C''_nC''_{n+1}$。

点 A 属于平面 VV_1V_2、$U_1U_2U_3$, 点 A_1 属于平面 UVV_1、$U_2U_3U_4$, 点 A_2 属于平面 U_1UV、$U_3U_4U_5$, 点 A_3 属于平面 U_2U_1U、$U_4U_5U_6, \cdots$, 点 A_n 属于平面 $U_{n-1}U_{n-2}U_{n-3}$、$U_{n+1}U_{n+2}U_{n+3}$。

同理, 点 B_n 属于两个平面 $V_{n-1}V_{n-2}V_{n-3}$、$V_{n+1}V_{n+2}V_{n+3}$。

点 A_n 关于 Ω 的配极超平面包括平面 $V_{n-3}V_{n-2}V_{n-1}$ 及 $V_{n+1}V_{n+2}V_{n+3}$, 点 B_n 关于 Ω 的配极超平面 $U_{n-3}U_{n-2}U_{n-1}$ 及 $U_{n+1}U_{n+2}U_{n+3}$。分析织面 ϕ_{n-3}、ϕ_{n+1}, Ω 被平面 $V_{n-3}V_{n-2}V_{n-1}$ 和 $V_{n+1}V_{n+2}V_{n+3}$ 的截线分别对应于 ϕ_{n-3}、ϕ_{n+1} 的两个半织面, 使其母线属于以点 A_n 为第二象的同一线性丛; 同样, Ω 被平面 $U_{n-3}U_{n-2}U_{n-1}$ 和 $U_{n+1}U_{n+2}U_{n+3}$ 的截线分别对应于 ϕ_{n-3}、ϕ_{n+1} 的两个半织面, 使其母线属于以点 B_n 为第二象的同一线性丛。

平面 $U_{n+1}U_{n+2}U_{n+3}$ 包括点 A_n、A_{n+1}; 同样, 平面 $V_{n+1}V_{n+2}V_{n+3}$ 包括点 B_n、B_{n+1}。点 A_n、A_{n+1} 一般不重合。若它们重合, 则依点 A、B 确定的拉普拉斯序列为周期性的, 表明 A_4、A 重合且 B_n、B_{n+1} 重合。

称拉普拉斯序列 (G),

$$\cdots, A_n, \cdots, A_1, A, B, B_1, \cdots, B_n, \cdots$$

为有关射影极小曲面的哥德伴随序列。

3.2.6 交扭定理

已知一个射影极小曲面和其一 D 变换 σ 互为主切曲线对应。设 (u, v) 为 σ 的主切曲线参数, 设序列 (L),

$$\cdots, U_n, \cdots, U_1, U, V, V_1, \cdots, V_n, \cdots$$

及序列 $(\overline{L})$

$$\cdots, \bar{U}_n, \cdots, \bar{U}_1, \bar{U}, \bar{V}, \bar{V}_1, \cdots, \bar{V}_n, \cdots$$

分别为 σ、$\bar{\sigma}$ 的哥德序列, 其中各点是前面一点 u 方向的拉普拉斯变换, 从而也是其后一点沿 v 方向的拉普拉斯变换。在一般曲面 σ

的情形下, 作为五维射影空间 S_5 的点 U_1、U_2 的连线与克莱因超织面 Ω 相交, 并该交点 C'、C'' 恰为 σ 的杜姆兰四边形的一对对边在 Ω 上的象。同样, 连线 V_1V_2 和 Ω 的两个交点 D'、D'' 为同一个四边形的另一对对边在 Ω 上的象。故连线 $\bar{U}\bar{V}$ 即 $\bar{\sigma}$ 在对应点的两条主切线确定的线束的象与连线 U_1U_2、V_1V_2 相交, 且这些交点一般不重合于 U、U_2、V_1、V_2、$\bar{U}$、$\bar{V}$。

当 σ 为射影极小曲面时上述的交扭性质可扩大到矩阵

$$\begin{pmatrix} U_3 & U_2 & U_1 & U \\ \bar{U}_1 & \bar{U} & \bar{V} & \bar{V}_1 \\ V & V_1 & V_2 & V_3 \end{pmatrix} \tag{3.486}$$

这里中间一行的任意两个邻点的连线一定和上、下行中在同列上的两点的连线相交。

定理 3.62 设 σ 为具有四个不同 D 变换的非直纹和非退化的曲面。若存在曲面 $\bar{\sigma}$, 使 σ 和 $\bar{\sigma}$ 在对应点的哥德序列具备矩阵式 (3.486) 的性质, 则 σ 为射影极小曲面且 $\bar{\sigma}$ 为其一 D 变换。

证明: 沿用前节的记号、公式, 以 u, v 为曲面 σ 的主切曲线参数。

依定理假设, 存在一系列非零函数 A、B、C、D、R、S、λ、μ、ε、τ、ρ、σ、$\bar{\rho}$、$\bar{\sigma}$、$\bar{\lambda}$、$\bar{\mu}$、$\bar{\tau}$, 给出以下关系:

$$\begin{cases} \bar{U}_1 = \lambda\left(U_2 + \dfrac{A}{\lambda}U_3\right) + \mu(V + BV_1) \\ \bar{U} = \bar{\lambda}U_2 + AU_3 + \bar{\mu}(V + BV_1) \\ \bar{U} = \rho(U_2 + CU_2) + \sigma(V_1 + DV_2) \\ \bar{V} = \bar{\rho}(U_1 + CU_2) + \bar{\sigma}(V_1 + DV_2) \\ \bar{V} = \tau(U_1 + RU_1) + \varepsilon\left(V_2 + \dfrac{S}{\varepsilon}V_2\right) \\ \bar{V}_1 = \bar{\tau}(U + RU_1) + \bar{\varepsilon}\left(V_2 + \dfrac{S}{\varepsilon}V_2\right) \end{cases} \tag{3.486$'$}$$

显见, v、u 的对调将产生置换,

$$\begin{pmatrix} A & B & C & D & \lambda & \mu & \bar{\lambda} & \bar{\mu} & \bar{\rho} & \bar{\sigma} \\ S & R & D & C & \bar{\varepsilon} & \bar{\tau} & \varepsilon & \tau & \sigma & \rho \end{pmatrix} \tag{3.487}$$

利用式 (3.486)′ 及公式

$$
\begin{aligned}
&2V_3+2V_2(\log a^3k_1^2k_2)^{10}+2\alpha_1V_1+\alpha(\log a^3\alpha)^{10}V\\
&+2b[\beta U+U_1(\log bh_1)^{01}+U_2]=0
\end{aligned}
$$

推出

$$
(\log a^3\alpha)^{10}=0 \tag{3.488}
$$

$$
\begin{cases}
\tau=2b\beta S\\
\bar{\rho}=2bS[BR-(\log bh_1)^{01}]\\
\bar{\sigma}=-\alpha_1S\\
\dfrac{1}{C}=(\log bh_1)^{01}-\beta R
\end{cases} \tag{3.489}
$$

由式 (3.486)′

$$
\varOmega(U_1+CU_2,U_1+CU_2)=0
$$

得

$$
\frac{1}{C}=(\log bh_1)^{01}+\omega\sqrt{-\beta}\qquad(\omega=\pm1) \tag{3.490}
$$

即

$$
R=\frac{\omega}{\sqrt{-\beta}} \tag{3.491}
$$

于是

$$
\begin{aligned}
&\frac{1}{D}=-(\log ak_1)^{10}+\omega'\sqrt{-\alpha}\qquad(\omega'=\pm1)\\
&\bar{\rho}=-2bS[(\log bh_1)^{01}+\omega\sqrt{-\beta}]\\
&\bar{\sigma}=-S\alpha_1
\end{aligned}
$$

进一步知

$$
\begin{aligned}
\bar{V}=&2b\Big\{[(\log bh_1)^{01}+\omega\sqrt{-\beta}]U_1+U_2\Big\}\\
&+\alpha_1\left[V_1+\frac{V_2}{(\log ak_1)^{10}+\omega'\sqrt{-\alpha}}\right]
\end{aligned} \tag{3.492}
$$

同理,

$$
\begin{aligned}
\bar{U} = 2a\Big\{&[(\log ak_1)^{10} + \omega'\sqrt{-\alpha}]V_1 + V_2\Big\} \\
&+ \beta_1\left[U_1 + \frac{U_2}{(\log bh_1)^{01} + \omega'\sqrt{-\beta}}\right]
\end{aligned}
\tag{3.493}
$$

从式 (3.493)、式 (3.492)、式 (3.488) 导出定理。

迈叶尔定理用于式 (3.486) 即可将交扭性质拓广到扩大矩阵

$$
\begin{pmatrix}
* & * & U_3 & U_2 & U_1 & U & V & V_1 \\
\bar{U}_3 & \bar{U}_2 & \bar{U}_1 & \bar{U} & \bar{V} & \bar{V}_1 & \bar{V}_2 & \bar{V}_3 \\
U_1 & U & V & V_1 & V_2 & V_3 & * & *
\end{pmatrix}
\tag{3.494}
$$

式中 $*$ 表明了那些没有对应点的地方。计算知, 连线 $\bar{V}_1\bar{V}_2$、$\bar{V}_3\bar{V}_4$ 必相交, 且焦点不同于连接点。据此式 (3.494) 扩大为

$$
\begin{pmatrix}
* & * & U_4 & U_3 & U_2 & U_1 & U & V & V_1 & V_2 \\
\bar{U}_4 & \bar{U}_3 & \bar{U}_2 & \bar{U}_1 & \bar{U} & \bar{V} & \bar{V}_1 & \bar{V}_2 & \bar{V}_3 & \bar{V}_4 \\
U_2 & U_1 & U & V & V_1 & V_2 & V_3 & V_4 & * & *
\end{pmatrix}
\tag{3.495}
$$

式中 $*$ 如前表明缺乏对应点的意义。

交扭定理　若射影极小曲面和其一杜姆兰变换都具有两边无穷伸长的哥德序列 (L),

$$\cdots, U_n, \cdots, U_1, U, V, V_1, \cdots, V_n, \cdots$$

及序列 $(\bar{L})$,

$$\cdots, \bar{U}_n, \cdots, \bar{U}_1, \bar{U}, \bar{V}, \bar{V}_1, \cdots, \bar{V}_n, \cdots$$

其中各序列的进行方向一致, 则在矩阵

$$
\begin{pmatrix}
\cdots & U_{n+1} & U_n & \cdots & U_3 & U_2 & U_1 & U & \cdots & V_n & V_{n+1} & \cdots \\
\cdots & \bar{U}_{n-1} & \bar{U}_{n-2} & \cdots & \bar{U}_1 & \bar{U} & \bar{V} & \bar{V}_1 & \cdots & \bar{V}_{n+2} & \bar{V}_{n+3} & \cdots \\
\cdots & U_{n-3} & U_{n-4} & \cdots & V & V_1 & V_2 & V_3 & \cdots & V_{n+4} & V_{n+5} & \cdots
\end{pmatrix}
$$

内中间一行任何两邻点的连线与上、下行排在同列上的两邻点连线一定相交, 且该两曲面在对应点的哥德序列一般是由 S_5 里每隔三边就有交点的、两边无穷伸长的两条交扭折线所构成的。

证明: 首先, 考虑二维平面 Σ_2、Σ_2' 重合的情形。点 U_2、U_3、U_4、及点 $\bar{U}$、$\bar{U}_1$、$\bar{U}_2$ 在该平面上。因为一个哥德序列的三个邻点不应共线, 所以该平面决定于 U_2、U_3、U_4 或 $\bar{U}$、$\bar{U}_1$、$\bar{U}_2$。依式

$$\begin{cases} U_n^{01} = U_{n+1} + U_n(\log bh_1 \cdots h_n)^{01} \\ \bar{U}_n^{10} = \bar{U}_{n+1} + \bar{U}_n(\log \bar{b}\bar{h}_1 \cdots \bar{h}_n)^{10} \end{cases} \tag{3.496}$$

检验知: 点 U_5、$\bar{U}_3$ 必在上述的二维平面上。事实上, 由于直线 U_2U_3、$\bar{U}\bar{U}_1$ 的交点依假定不重合于 $\bar{U}$, 因此

$$\bar{U}_2 = A\bar{U} + BU_2 + C\bar{U}_3$$

上式对 v 求导并应用式 (3.496), 有

$$\bar{U}_3 = A'\bar{U} + B'\bar{U}_1 + C'U_2 + D'U_3 + E'U_4$$

表明点 $\bar{U}_3$ 与所述二维平面的连接性。同样, 点 U_5 必在同一个二维平面上; 直线 U_4U_5、$\bar{U}_2\bar{U}_3$ 在同一个二维平面上, 故相交。

其次, 考虑二维平面 Σ_2、Σ_2' 不重合的情形。从而 U_1、U_2 不可能在 Σ_2' 上。

今设直线 U_4U_5、$\bar{U}_3\bar{U}_4$ 为互错的。可以证明: 由 U_4、U_5、$\bar{U}_2$、$\bar{U}_3$ 决定的三维空间 S_3 必含有 Σ_2'。

若相反, S_3 不包括 Σ_2', 则 S_3、Σ_2' 确定一个四维空间, 显然其为上述点 P 的配极超平面 S_4。由于 $\bar{U}$ 不在 Σ_2' 上, 而 $\bar{U}_3$ 属于 S_3, 易知

$$\bar{U}_3 = A\bar{U} + C\bar{U}_2 + DU_4 + EU_5 \tag{3.497}$$

将两边对 u 求导, 且使用

$$\begin{cases} U_n^{10} = h_nU_{n-1} \\ \bar{U}_n^{10} = \bar{h}_n\bar{U}_{n-1} \end{cases} \tag{3.498}$$

因此

$$\bar{h}_3\bar{U}_2 = 2bA\bar{V} + B'\bar{U}_1 + C'\bar{U}_2 + D'U_3 + E'U_4 + F'U_5 \tag{3.499}$$

令 $A \neq 0$, 由式 (3.499) 给出点 $\bar{V}$ 作为属于平面 S_4 的线性表示。从点 U_1、U_2、U_3、U_4、$\bar{V}$、$\bar{U}$、$\bar{U}_1$、$\bar{U}_2$ 确定的超平面 $\bar{S}_4$ 与 S_4 重合, 但这不可能。因为 $\bar{S}_4$ 是直线 V_2V_3、$\bar{V}\bar{V}_1$ 的交点 $\bar{P}$ 的配极超平面; 所以一般地, $\bar{P}$、P 不重合; 有 $A=0$ 且

$$\bar{U}_3 = C\bar{U}_2 + DU_4 + \bar{E}U_5$$

最后关系与直线 U_4U_5、$\bar{U}_2\bar{U}_3$ 相错的假设矛盾。

命三维空间 $S_3 : U_4U_5U_2U_3$ 必包括二维平面 $\Sigma_2' : U_3U_4\bar{U}_1\bar{U}_2$, 且有关系

$$\bar{U}_3 = B\bar{U}_1 + C\bar{U}_2 + DU_4 + EU_5 \tag{3.500}$$

对式 (3.500) u 求导并利用式 (3.498), 得到

$$\bar{h}_3\bar{U}_2 = \bar{h}_1B\bar{U} + B'\bar{U}_1 + C'\bar{U}_2 + D'U_3 + E'U_4 + F'U_5$$

据此, $B=0$。实际上, 若 $B \neq 0$, 则最后关系将给出 $\bar{U}$, 结果 U_2 属于空间 $S_3 : \bar{U}_1\bar{U}_2U_4U_5$, 即空间 Σ_3、$\bar{\Sigma}$ 重合的结果, 这与 Σ_3、$\bar{\Sigma}_3$ 的极线 V_3V_4、$\bar{V}_1\bar{V}_2$ 互异的事实不相容。

从式 (3.500) 推出直线 $\bar{U}_2\bar{U}_3$、U_4U_5 相交的结论, 这与假定不相容。

综述, 直线 U_4U_5、$\bar{U}_2\bar{U}_3$ 必相交。注意, 上述关于式 (3.495) 的讨论完全适用于一般的矩阵。

3.2.7 交点序列

在前文中已经阐明射影极小曲面 σ 的 D 变换 $\bar{\sigma}$ 的 D 变换有四个曲面, 其中一个重合 σ, 其余三个有两个曲面 $\sigma_{(1)}$、$\sigma_{(2)}$ 同时也是 σ 的 W 变换。如果以 J、$\bar{J}$ 表示有关的两个 W 线汇在 Ω 上的象, 那么达布定理指出: J、$\bar{J}$ 分别属于拉普拉斯序列 (J)

$$\cdots, J_n, \cdots, J_2, J_1, J, J_{-1}, J_{-2}, \cdots, J_{-n}, \cdots$$

和 $(\bar{J})$

$$\cdots, \bar{J}_n, \cdots, \bar{J}_2, \bar{J}_1, \bar{J}, \bar{J}_{-1}, \bar{J}_{-2}, \cdots, \bar{J}_{-n}, \cdots$$

式中各序列的方向和序列 (L)、$(\bar{L})$ 的方向一致。

当序列 (L)、$(\bar{L})$ 相交时这两个序列的交点序列恰为 (J)、$(\bar{J})$, 即连线 $U_{n+1}U_n$、$\bar{U}_{n-1}\bar{U}_{n-2}$ 相交于点 J_{n+1}, 连线 V_nV_{n+1}、$\bar{V}_{n+2}\bar{V}_{n+3}$ 相交于点 J_{-n-1}; 连线 $U_{n-3}U_{n-4}$、$U_{n-1}\bar{V}_{n-2}$ 相交于 $\bar{J}_{n-3}$, 连接 $V_{n+4}V_{n+5}$、$V_{n+2}V_{n+3}$ 相交于点 $\bar{J}_{-n-5}$ $(n=0,1,2,\cdots)$ 且 $U_0=U$、$U_{-1}=V$、$U_{-2}=V_1$ 等等。将其列入表格 (T)

$$
\begin{array}{l}
\cdots\ U_{n+1}\quad U_n\quad \cdots\quad U_4\ U_3\ U_2\ U_1\ U\ \cdots\ V\ \cdots\cdots\ V_n\quad V_{n+1}\ \cdots \\
\quad\cdots\quad J_{n+1}\ \cdots\ J_4\ J_3\ J_2\ J_1\ J\ J_{-1}\ \cdots\ J_{-n-1}\ \cdots \\
\cdots\ \bar{U}_{n-1}\quad \bar{U}_{n-2}\quad \bar{U}_2\ \bar{U}_1\ \bar{U}\ \bar{V}\ \bar{V}_1\ \bar{V}_2\ \cdots\ \bar{V}_{n+2}\quad \bar{V}_{n+3}\quad \cdots \\
\quad\cdots\quad J_{n-2}\quad \cdots\ \bar{J}\ \bar{J}_{-1}\ \bar{J}_{-2}\ \bar{J}_{-3}\ \bar{J}_{-4}\ \bar{J}_{-5}\ \cdots\ \bar{J}_{-n-5}\cdots \\
\cdots\ U_{n-3}\quad U_{n-4}\quad \cdots\cdots\ U\ V\ V_1\ V_2\ V_3\ V_4\ \cdots\cdots\ V_{n+4}\quad V_{n+5}\ \cdots
\end{array}
\quad \Bigg\|
$$

显见 (J)、$(\bar{J})$ 也相交, 交点形成的序列恰与哥德伴随序列 (G) 重合。实际上, 若前以 (G),

$$\cdots, A_n, \cdots, A_2, A_1, A, B, B_1, B_2, \cdots, B_n, \cdots$$

表示哥德伴随序列, 于是连线 $J_{n+3}J_{n+2}$、$\bar{J}_{n-1}\bar{J}_{n-2}$ 相交于 A_n, 连线 $J_{-n+2}J_{-n+1}$、$\bar{J}_{-n-2}\bar{J}_{-n-3}$ 相交于 B_n。

关于 $\bar{U}$、$\bar{V}$ 的表达式 (3.492)、式 (3.493),

$$
\begin{aligned}
\bar{U} =&2a\Big\{[(\log ak_1)^{10}+\omega'\sqrt{-\alpha}]V_1+V_2\Big\} \\
&+\beta_1\Big[U_1+\frac{U_2}{(\log bh_1)^{01}+\omega\sqrt{-\beta}}\Big]
\end{aligned}
\tag{3.501}
$$

$$
\begin{aligned}
\bar{V} =&2b\Big\{[(\log bh_1)^{01}+\omega\sqrt{-\beta}]U_1+U_2\Big\} \\
&+\alpha_1\Big[V_1+\frac{V_2}{(\log ak_1)^{10}+\omega'\sqrt{-\alpha}}\Big]
\end{aligned}
\tag{3.502}
$$

式中 ω、$\omega'=\pm1$。从式 (3.502)、式 (3.501) 知, 在 S_5 中连线 U_2U_1、$\bar{U}\bar{V}$ 相交, 它的交点 J_2 的坐标为

$$J_2=\Big[U_2+(\log bh_1)^{01}+\omega\sqrt{-\beta}\Big]U_1 \tag{3.503}$$

这也是杜姆兰四边形的一边的象。

注意到式 (3.491)、式 (3.486)′, 得到连线 U_1V、$\bar{V}\bar{V}_1$ 的交点,

$$J_1 = U_1 + \omega\sqrt{-\beta}U \tag{3.504}$$

可以断言: J_1、J_2 为拉普拉斯序列 (J) 中的拉普拉斯变换。实际上, 依式

$$U^{10} + 2bV = 0 \qquad V^{01} + 2aU = 0 \tag{3.505}$$

及式 (3.498)、式 (3.496)、式 (3.478)、式 (3.458), 有

$$\begin{cases} J_1^{01} = J_2 \\ J_2^{10} = [h_1 + \omega(\sqrt{-\beta})^{10}]J_1 \end{cases} \tag{3.506}$$

表明 $J_1(J_2)$ 为 $J_2(J_1)$ 沿 $u(v)$ 方向的拉普拉斯变换。

从式 (3.498)、式 (3.496)、式 (3.504),

$$J_1^{10} = J \tag{3.507}$$

式中

$$J = [h_1 + \omega(\sqrt{-\beta})^{10}]U - 2\omega\sqrt{-\beta}bV \tag{3.508}$$

即 J 为 J_1 沿 u 方向的拉普拉斯变换。对于 J^{01},

$$J^{01} = -(\log b)^{01}J + h_1[\omega\sqrt{-\beta} + (\log bh_1)^{01}]U_1 + EU \tag{3.509}$$

式中

$$\begin{aligned} E =& \omega\sqrt{-\beta}[h_1 + \omega(\sqrt{-\beta})^{10}(\log b)^{01} - 4ab\beta] \\ &+ \omega\sqrt{-\beta}[h_1^{01} + \omega(\sqrt{-\beta})^{11}] \end{aligned} \tag{3.510}$$

根据式 (3.478) 及式

$$h_1[(\log bh_1)^{01} + \omega\sqrt{-\beta}] = \omega\sqrt{-\beta}[h_1 + \omega(\sqrt{-\beta})^{10}] \tag{3.511}$$

改写 E

$$E = -\beta[h_1 + \omega(\sqrt{-\beta})^{10}] \tag{3.512}$$

得

$$J^{01} = -(\log b)^{01} J + \omega\sqrt{-\beta}[h_1 + \omega(\sqrt{-\beta})^{10}]J_1 \tag{3.513}$$

最后方程与式 (3.507) 证明了满足一个拉普拉斯方程。又从式 (3.508) 所示, J 为原曲面 σ 的一条切线的象, 并按照经典的定理, J 形成一个 W 线汇, 且 σ 被变换到焦叶曲面 $\sigma_{(1)}$。

综上, J、J_1、J_2 属于拉普拉斯序列 (J)。

同理, 以 S_5 中的点

$$\bar{J} = 2\omega\sqrt{-\alpha}aU - [k_1 + \omega'(\sqrt{-\alpha})^{10}]V \tag{3.514}$$

为象的直线形成另一个线汇, 并且 σ 被变换到焦叶曲面 $\sigma_{(2)}$。S_5 中的点 $\bar{J}$ 属于拉普拉斯序列 $(\bar{J})$。

故得到拉普拉斯序列 (J)、$(\bar{J})$, 称为交点序列。今改写式 (3.508),

$$J = \lambda U - \mu V \tag{3.515}$$

其中已知

$$\begin{cases} \lambda = h_1\omega + (\sqrt{-\beta})^{10} \\ \mu = 2b\omega\sqrt{-\beta} \end{cases} \tag{3.516}$$

据杜姆兰定理, 一定存在函数 $\rho(u, v)$, 使

$$(\rho\lambda)^{01} + 2a\rho u = 0 \quad (\rho\mu)^{10} + 2b\rho\lambda = 0 \tag{3.517}$$

如果参考式 (3.517)、式 (3.458), 那么推出 ρ 的微分方程组

$$\begin{cases} (\log b\beta\rho)^{10} = -\dfrac{h_1}{\omega\sqrt{\beta}} \\ (\log b\beta\rho)^{01} = -\omega\sqrt{-\beta} \end{cases} \tag{3.518}$$

由式 (3.458)、式 (3.478) 可知

$$\left(\frac{h_1}{\omega\sqrt{-\beta}}\right)^{01} = (\omega\sqrt{-\beta})^{10} \tag{3.519}$$

表明式 (3.518) 完全可积, 同时

$$\rho = \frac{1}{\sigma\beta}\exp\left[-\omega\int\left(\frac{h_1}{-\sqrt{\beta}}\mathrm{d}u + \sqrt{-\beta}\mathrm{d}v\right)\right] \tag{3.520}$$

现引进 J^* 以表示规范化的直线 J,

$$J^* = \lambda^* U - \mu^* V \tag{3.521}$$

这里

$$\lambda^* = \rho \quad \mu^* = \rho\mu \tag{3.522}$$

推出

$$\begin{cases} J_n^* = \mu_{n-1}^* U_n - \mu_n^* U_{n-1} \\ J_{-n}^* = \lambda_{n-1}^* V_n - \lambda_n^* V_{n-1} \end{cases} \tag{3.523}$$

式中

$$\begin{cases} \mu_n^* = \mu_{n-1}^{*01} - \mu_{n-1}^*(\log bh_1 \cdots h_{n-1})^{01} \\ \mu_n^{*10} = h_n \mu_{n-1}^* \\ \lambda_n^* = \lambda_{n-1}^{*10} - \lambda_{n-1}^*(\log ak_1 \cdots k_{n-1})^{10} \\ \lambda_n^{*01} = k_n \lambda_{n-1}^* \end{cases} \tag{3.524}$$

计算知

$$J_n^* = \rho J_n \quad J_{-n}^* = \rho J_{-n} \tag{3.525}$$

$$\begin{cases} J_n = \mu_{n-1} U_n - \mu_n U_{n-1} \\ J_{-n} = \lambda_{n-1} V_n - \lambda_n V_{n-1} \end{cases} \tag{3.526}$$

从式 (3.518)、式 (3.524), 得到 λ_n、μ_n 的递归关系,

$$\begin{cases} \lambda_n = \lambda_{n-1}^{10} - \lambda_{n-1}\left[(\log ab\beta k_1 \cdots k_{n-1})^{10} + \dfrac{h_1}{\omega\sqrt{-\beta}}\right] \\ \lambda_n^{01} = k_n \lambda_{n-1} - \left[(\log b)^{01} - \omega\sqrt{-\beta}\right]\lambda_n \\ \mu_n = \mu_{n-1}^{01} - \mu_{n-1}\left[(\log h_1 \cdots h_{n-1})^{01} + \omega\sqrt{-\beta}\right] \\ \mu_n^{10} = h_n \mu_{n-1} + \left[\dfrac{h_2}{\omega\sqrt{-\beta}} + (\log b\beta)^{10}\right]\mu_n \end{cases} \tag{3.527}$$

同样, 第二交点序列 $(\bar{J})$ 可以表达为

$$\bar{J} = \bar{\lambda} U - \bar{\mu} V \tag{3.528}$$

式中

$$\bar{\lambda} = 2\omega'\sqrt{-\alpha}a \qquad \bar{\mu} = k_1 + \omega'(\sqrt{-\alpha})^{01} \tag{3.529}$$

一般地,

$$\begin{cases} \bar{J}_n = \bar{\mu}_{n-1}U_n - \bar{\mu}_n U_{n-1} \\ \bar{J}_{-n} = \bar{\lambda}_{n-1}V_n - \bar{\lambda}_n V_{n-1} \end{cases} \tag{3.530}$$

这里 $\lambda_0 = \bar{\lambda}$、$\bar{\mu}_0 = \bar{\mu}$, 且

$$\begin{cases} \bar{\lambda}_n = \bar{\lambda}_{n-1}^{10} - \bar{\lambda}_{n-1}\left[(\log k_1 \cdots k_{n-1})^{10} + \omega'\sqrt{-\alpha}\right] \\ \bar{\lambda}_n^{01} = k_n\bar{\lambda}_{n-1} + \left[\dfrac{k_1}{\omega'\sqrt{-\alpha}} + (\log \alpha a)^{01}\right]\bar{\lambda}_n \\ \bar{\mu}_0 = \bar{\mu}_{n-1}^{01} - \bar{\mu}_{n-1}\left[(\log ab\alpha h_1 \cdots h_{n-1})^{01} + \dfrac{k_1}{\omega'\sqrt{-\alpha}}\right] \\ \bar{\mu}_n^{10} = h_n\bar{\mu}_{n-1} - \left[(\log a)^{10} - \omega'\sqrt{-\alpha}\right] \end{cases} \tag{3.531}$$

从式 (3.501)、式 (3.502), 得到关系,

$$\alpha_1\bar{U} - 2a[(\log ak_1)^{10} + \omega'\sqrt{-\alpha}]\bar{V} = (*)U_1 + (*)U_2 \tag{3.532}$$

$$2b[(\log bh_1)^{01} + \omega\sqrt{-\beta}]\bar{U} - \beta_1\bar{V} = (*)V_1 + (*)V_2 \tag{3.533}$$

其中右边各系数的表达式因作用不大而可省略。左边恰为表示杜姆兰四边形的两边在 S_5 的象, 并除了某因式外分别重合于 J_2、J_{-2}。另一方面, 在 S_3 中它们代表两个直线, 且依所形成的两个 W 线汇, 曲面 $\bar{\sigma}$ 被变换到焦叶 $\sigma_{(1)}$、$\sigma_{(2)}$。用 $\mathscr{F}$、$\bar{\mathscr{F}}$ 分别表示该两点, 有

$$\begin{cases} \mathscr{F} = \varLambda\bar{U} - M\bar{V} \\ \bar{\mathscr{F}} = \bar{\varLambda}\bar{U} - \bar{M}\bar{V} \end{cases} \tag{3.534}$$

其中各系数符合杜姆兰条件,

$$\begin{cases} \varLambda^{01} + 2\bar{a}M = 0 \quad M^{10} + 2\bar{b}\varLambda = 0 \\ \bar{\varLambda}^{01} + 2\bar{a}\bar{M} = 0 \quad \bar{M}^{10} + 2\bar{b}\bar{\varLambda} = 0 \end{cases} \tag{3.535}$$

类似与原曲面 σ 的情形, 有关序列 $(\mathscr{F})$、$(\bar{\mathscr{F}})$ 取决于

$$\begin{cases} \mathscr{F}_n = M_{n-1}\bar{U}_n - M_n\bar{U}_{n-1} \\ \mathscr{F}_{-n} = \varLambda_{n-1}\bar{V}_n - \varLambda_n\bar{V}_{n-1} \end{cases} \tag{3.536}$$

$$\begin{cases}\bar{\mathscr{F}}_n=\bar{M}_{n-1}\bar{U}_n-\bar{M}_n\bar{U}_{n-1}\\ \mathscr{F}_{-n}=\bar{\Lambda}_{n-1}\bar{V}_n-\bar{\Lambda}_n\bar{V}_{n-1}\end{cases}\tag{3.537}$$

式中 M_n、Λ_n 满足法则:

$$\begin{cases}M_n=M_{n-1}^{01}-M_{n-1}(\log b\bar{h}_1\cdots\bar{h}_{n-1})^{01} & M_n^{10}=\bar{h}_nM_{n-1}\\ \Lambda_n=\Lambda_{n-1}^{10}-\Lambda_{n-1}(\log\bar{a}\bar{k}_1\cdots\bar{k}_{n-1})^{10} & \Lambda_n^{01}=\bar{k}_n\Lambda_{n-1}\end{cases}\tag{3.538}$$

而 $\bar{M}_n$、$\bar{\Lambda}_n$ 也满足类似法则。注意到 $\mathscr{F}=J_2$、$\bar{\mathscr{F}}=\bar{J}_{-2}$, 于是 $\mathscr{F}_n=J_{n+2}$、$\bar{\mathscr{F}}_n=\bar{J}_{n-2}$、$\mathscr{F}_{-n}=J_{-(n+2)}$、$\bar{\mathscr{F}}_{-n}=\bar{J}_{-(n+2)}$。哥德伴随序列 (G) 的点 A_n 为平面 $U_{n+3}U_{n+2}U_{n+1}$、$U_{n-1}U_{n-2}U_{n-3}$ 的公共点、点 B_n 为平面 $V_{n-1}V_{n-2}V_{n-3}$、$V_{n+1}V_{n+2}V_{n+3}$ 的公共点 $(n=0,1,2,\cdots)$。据此

$$\begin{aligned}\mathscr{F}\mathscr{F}_1\cap\bar{\mathscr{F}}\bar{\mathscr{F}}_1=&A\\ \mathscr{F}_1\mathscr{F}_2\cap\bar{\mathscr{F}}_1\bar{\mathscr{F}}_2=&A_1\\ &\vdots\\ \mathscr{F}_n\mathscr{F}_{n+1}\cap\bar{\mathscr{F}}\bar{\mathscr{F}}_{n+1}=&A_n\\ \mathscr{F}\mathscr{F}_{-1}\cap\bar{\mathscr{F}}\bar{\mathscr{F}}_{-1}=&B\\ \mathscr{F}_{-1}\mathscr{F}_{-2}\cap\bar{\mathscr{F}}_{-1}\bar{\mathscr{F}}_{-2}=&B_1\\ &\vdots\\ \mathscr{F}_{-n}\mathscr{F}_{-n-1}\cap\bar{\mathscr{F}}_{-n}\bar{\mathscr{F}}_{-n-1}=&B_n\end{aligned}$$

由式 (3.534)、式 (3.536)、式 (3.537) 知序列 (G) 的具体表示, 即

$$A=\begin{vmatrix}\bar{U}_1 & \bar{U} & \bar{V}\\ M_1 & M & \Lambda\\ \bar{M}_1 & \bar{M} & \bar{\Lambda}\end{vmatrix}\qquad A_n=\begin{vmatrix}\bar{U}_{n+1} & \bar{U}_n & \bar{V}_{n-1}\\ M_{n+1} & M_n & M_{n-1}\\ \bar{M}_{n+1} & \bar{M}_n & \bar{M}_{n-1}\end{vmatrix}\tag{3.539}$$

$$B=\begin{vmatrix}\bar{U}_1 & \bar{V} & \bar{V}_1\\ M & \Lambda & \Lambda_1\\ \bar{M}_1 & \bar{\Lambda} & \bar{\Lambda}_1\end{vmatrix}\qquad B_n=\begin{vmatrix}\bar{V}_{n-1} & \bar{V}_n & \bar{V}_{n+1}\\ \Lambda_{n-1} & \Lambda_n & \Lambda_{n+1}\\ \bar{\Lambda}_{n-1} & \bar{\Lambda}_n & \bar{\Lambda}_{n+1}\end{vmatrix}\tag{3.540}$$

式中 $n=1,2,\cdots$; 且 $\bar{U}_0=\bar{U}$、$\bar{V}_0=\bar{V}$、$M_0=M$、$\bar{\Lambda}_0=\Lambda$ 等等。

从式 (3.526)、式 (3.527) 计算 J_2、J_3,

$$J_2 = \mu_1\left\{U_2 + [(\log bh_1)^{01} + \omega\sqrt{-\beta}]U_1\right\} \tag{3.541}$$

$$\begin{aligned}J_3 =&\mu_1\Bigg(\bigg((\log bh_1)^{02} + \omega(\sqrt{-\beta})^{01} - \Big((\log bh_1)^{01} + \omega\sqrt{-\beta}\Big)\cdot\\&\Big((\log bh_1h_2)^{01} + \omega\sqrt{-\beta}\Big)\bigg)U_2 - \Big((\log bh_1)^{01} + \omega\sqrt{-\beta}\Big)U_3\Bigg)\end{aligned} \tag{3.542}$$

利用式 (3.458),

$$-\beta_1 J_2 + J_3 = \mu_2[(\log bh_1)^{01} + \omega\sqrt{-\beta}]\bar{A} \tag{3.543}$$

而

$$\bar{A} = -[U_3 + U_2(\log b^3h_1^2h_2)^{01} + \beta_1 U_1] \tag{3.544}$$

这里 A、$\bar{A}$ 重合。同样, 得到

$$-\alpha\bar{J}_{-1} + \bar{J}_{-2} = \bar{\lambda}_1[V_2 + V_1(\log ak_1)^{10} + \alpha V] \tag{3.545}$$

依式 (3.459) 改写右边为 $\dfrac{\bar{\lambda}_1}{2a}A$。

式 (3.543)、式 (3.545) 可扩大到一般状况, 以下计算 J_{n+2}、J_{n+3}、$\bar{J}_{n-2}$、$\bar{J}_{n-1}$ 与 A_n 之间的一般关系。先从式 (3.526)、式 (3.527) 证明

$$\beta_{n+1}J_{n+2} - J_{n+3} = \mu_{n+2}A_n \tag{3.546}$$

式中 A_n 取决于式 (3.472),

$$A_n = -(U_{n+3} + H_{n+2}^{01}U_{n+2} + \beta_{n+1}U_{n+1}) \tag{3.547}$$

事实上, 式 (3.546) 源于方程,

$$\mu_{n+3} + H_{n+2}^{01}\mu_{n+2} - \beta_{n+1}\mu_{n+1} = 0 \tag{3.548}$$

最后的关系可用数学归纳法证明。设已知

$$\mu_{n+2} + H_{n+1}^{01}\mu_{n+1} + \beta_n\mu_n = 0 \tag{3.549}$$

当 $n=1$ 时它成立。对式 (3.549)v 求导, 对应式 (3.527)、式 (3.549)、式 (3.461)、式 (3.462)、式 (3.470)$'$, 得到式 (3.548)。

从连线 $\bar{J}_{-1}\bar{J}_{-2}$ 上的点 A 开始, 利用式 (3.526)、式 (3.527) 知

$$\alpha\bar{J}_{-1}-\bar{J}_{-2}=-\bar{\lambda}_1(V_2+\alpha V)+(\bar{\lambda}_2+\alpha\bar{\lambda})V_1 \tag{3.550}$$

由式 (3.529)、式 (3.549), 有

$$\lambda_1=2\alpha a \quad \bar{\lambda}_2=-\bar{\lambda}_1[(\log ak_1)^{10}+\omega'\sqrt{-\alpha}]$$

依式 (3.529) 为

$$\alpha\bar{J}_{-1}-\bar{J}_{-2}=-\frac{\bar{\lambda}_1}{2a}A \tag{3.551}$$

而

$$A=2a[V_2+V_1(\log ak_1)^{10}+\alpha V] \tag{3.552}$$

另作出

$$\alpha_1\bar{J}-2b\bar{J}_{-1}=\bar{\lambda}(\alpha_1 U-2bV_1)-(\bar{\mu}\alpha_1-2b\lambda_1)V \tag{3.553}$$

且使用式 (3.483) ($n=1$) 计算,

$$2b\bar{\lambda}_1-\bar{\mu}\alpha_1=-\alpha_1\omega'(\sqrt{-\alpha})^{01}$$

因为

$$\alpha^{01}=-2k_1(\log ak_1)^{10} \tag{3.554}$$

又

$$2b\bar{\lambda}_1-\bar{\mu}\alpha_1=-2b\lambda(\log ak_1)^{10} \tag{3.555}$$

所以

$$\alpha_1\bar{J}-2b\bar{J}_{-1}=-\frac{\bar{\lambda}b}{ak_1}A_1 \tag{3.556}$$

已知

$$A_1=-\frac{ak_1}{b}[a_1U+2b(\log ak_1)^{10}-2bV_1] \tag{3.557}$$

今计算

$$\alpha_2\bar{J}_1 + 2b_1\bar{J} = \bar{\mu}(\alpha_2 U_1 - 2bh_1 V) - (\alpha_2\bar{\mu}_1 - 2bh_1\bar{\lambda})U \tag{3.558}$$

由式 (3.483) ($n = 2$),

$$k_1k_2(\alpha_2\bar{\mu}_1 - 2bh_1\bar{\lambda}) = 4abh_1\alpha\Big(\bar{\mu}_1 + \frac{\omega' k_1k_2}{\sqrt{-\alpha}}\Big) \tag{3.559}$$

从式 (3.554) 及关系

$$k_1 - k_2 = (\log ak_1)^{11}$$

有

$$\left(\sqrt{-\alpha}\right)^{02} = \frac{k_1}{\sqrt{-\alpha}}\Big\{(\log ak_1)^{10}\left[(\log k_1)^{01} + \frac{k_1}{a}(\log ak_1)^{10}\right] + k_1k_2\Big\} \tag{3.560}$$

推出

$$\bar{\mu}_1 + \frac{k_1k_2}{\omega'\sqrt{-\alpha}} = \bar{\mu}\Big[-(\log\alpha_1)^{01} + \frac{k_1(\log ak_1)^{10}}{\alpha}\Big] \tag{3.561}$$

但是

$$\alpha_1^{01} = k_1(\log ak_1)^{10} - k_2K_2^{10}$$

于是

$$\bar{\mu}_1 + \frac{k_1k_2}{\omega'\sqrt{-\alpha}} = \frac{k_2\bar{\mu}}{\alpha_1}K_2^{10} \tag{3.562}$$

式 (3.558) 可写成

$$\alpha_2\bar{J}_1 + 2bh_1\bar{J} = -\frac{bh_1\bar{\mu}}{ak_1k_2}A_2 \tag{3.563}$$

注意到

$$A_2 = -\frac{ak_1k_2}{bh_1}[\alpha_1U_1 - h_1K_2^{10}U - 2bh_1V] \tag{3.564}$$

式 (3.555)、式 (3.562) 改写成

$$\alpha_1\bar{\mu} - 2b(\log ak_1)^{10}\bar{\lambda} - 2b\bar{\lambda}_1 = 0 \tag{3.565}$$

$$\alpha_2\bar{\mu}_1 - h_1K_2^{10}\bar{\lambda} - 2bh_1\bar{\lambda} = 0 \tag{3.566}$$

从中给出

$$\alpha_3\bar{\mu}_2 - h_2K_3^{10}\bar{\mu}_1 + h_1h_2\bar{\mu} = 0 \tag{3.567}$$

从而

$$\alpha_3\bar{J}_2 - h_1h_2\bar{J}_1 = -\frac{bh_1h_2\bar{\mu}_1}{ak_1k_2k_3}A_3 \tag{3.568}$$

其中已知

$$A_3 = -\frac{ak_1k_2k_3}{bh_1h_2}[\alpha_3U_2 - h_2K_3^{10}U_2 + h_1h_2U] \tag{3.569}$$

实际上, 式 (3.566) 对 v 求导, 且应用式 (3.527) 和式 (3.483) ($n = 2, 3$) 及式 (3.476)($n = 1$), 即

$$h_2\alpha_2 = k_3\alpha_3 \quad \alpha_2^{01} = h_1K_2^{10} - k_3K_3^{10} \tag{3.570}$$

于是

$$\begin{aligned}
&k_3(\alpha_3\bar{\mu}_2 - h_2K_3^{10}\bar{\mu}_1 + h_1h_2\bar{\mu})\\
&+ h_2(\log h_1)^{01}(\alpha_2\bar{\mu}_1 - h_1K_2^{10}\bar{\mu} - 2bh_1\bar{\lambda})\\
&- h_1h_2\Big\{(k_3 + K_2^{11})\bar{\mu} - 2b\Big[(\log\sqrt{-\alpha})^{01} + \frac{k_1}{\omega'\sqrt{-\alpha}}\Big]\bar{\lambda}\Big\} = 0
\end{aligned}$$

依式 (3.566), 上式大括号内的式因

$$h_3 + K_2^{11} = 4ab$$

而消失。故式 (3.327) 成立。

一般情形下对式 (3.484) 的点 A_n

$$A_n = -\frac{ak_1\cdots k_n}{bh_1\cdots h_{n-1}}(a_nU_{n-1} - h_{n-1}K_n^{10}U_{n-2} + h_{n-2}h_{n-1}U_{n-3})$$

检验知

$$\alpha_n\bar{J}_{n-1} - h_{n-2}h_{n-1}\bar{J}_{n-2} = -\frac{bh_1\cdots h_{n-1}}{ak_1\cdots k_n}\bar{\mu}_{n-1}A_n \tag{3.571}$$

有

$$\alpha_{n+1}\bar{\mu}_n - h_n K_{n+1}^{10}\bar{\mu}_{n-1} + h_{n-1}h_n\bar{\mu}_{n-2} = 0 \tag{3.572}$$

由式 (3.567) 知, 最后方程当 $n=2$ 时成立。假设在式 (3.572) 前一个, 即

$$\alpha_n\bar{\mu}_{n-1} - h_{n-1}K_n^{10}\bar{\mu}_{n-2} + h_{n-2}h_{n-1}\bar{\mu}_{n-3} = 0 \tag{3.573}$$

已成立。结果将给出式 (3.572)。为此, 式 (3.573) 对 v 求导, 如前所述, 应用式 (3.526) 及

$$h_n\alpha_n = k_{n+1}\alpha_{n+1} \qquad \alpha_n^{01} = h_{n-1}K_n^{10} - h_{n+1}K_{n+1}^{01} \tag{3.574}$$

应改写导数结果乘 h_n 的方程, 得到

$$\begin{aligned}
&k_{n+1}(\alpha_{n+1}\bar{\mu}_n - h_2K_{n+1}^{10}\bar{\mu}_{n-1} + h_{n-1}h_n\bar{\mu}_{n-2}) + h_{n-2}\cdot \\
&\left[(\log ab\alpha h_1\cdots h_{n-1})^{01} + \frac{k_1}{\omega'\sqrt{-\alpha}}\right](\alpha_n\bar{\mu}_{n-1} - h_{n-1}K_n^{10}\bar{\mu}_{n-2} \\
&+ h_{n-2}h_{n-1}\bar{\mu}_{n-3}) + h_nh_{n-1}(h_{n-2} + k_{n+1} - K_n^{11})\bar{\mu}_{n-2} = 0
\end{aligned}$$

由于中括号内的式由假定为零, 因此

$$h_{n-2} - k_{n+1} = K_n^{11} \tag{3.575}$$

关系式 (3.572) 显然成立。同样, 给出式 (3.546)、式 (3.571) 的类似方程

$$\beta_nJ_{-n+1} - k_{n-2}k_{n-1}J_{-n+2} = -\frac{ak_1k_2\cdots k_{n-1}}{bh_1h_2\cdots h_n}\lambda_{n-1}B_n \tag{3.576}$$

$$\alpha_{n+1}\bar{J}_{-(n+2)} - \bar{J}_{-(n+3)} = \bar{\lambda}_{n+2}B_n \tag{3.577}$$

式中 B_n 取决于式 (3.485)、式 (3.474), 有

$$B_n = -(V_{n+3} + K_{n+2}^{10}V_{n+2} + a_{n+1}V_{n+1}) \tag{3.578}$$

如果在 S_5 里作出超平面 $J_2J_1JJ_{-1}J_{-2}$ 关于克莱因超织面 $\varOmega$ 的极点 P, 就是这 W 线汇的密切线性丛的第二象, 那么 P 必属于一个拉普拉斯序列 (P),

$$\cdots, P_n, \cdots, P_1, P, P_{-1}, \cdots, P_{-n}, \cdots$$

这里方向和 (J) 的一致。依定义, 点 J_2、J_1、J、J_{-1}、J_{-2} 为下边矩阵中从左到右每对连线的交点,

$$\begin{pmatrix} U_2 & U_1 & U & V & V_1 & V_2 \\ \bar{U} & \bar{V} & \bar{V}_1 & \bar{V}_2 & \bar{V}_3 & \bar{V}_4 \end{pmatrix}$$

各超平面 $U_2U_1UVV_1$、$U_1UVV_1V_2$、$\bar{U}\bar{V}\bar{V}_1\bar{V}_2\bar{V}_3$、$\bar{V}\bar{V}_1\bar{V}_2\bar{V}_3\bar{V}_4$ 的极点分别为 V、U、$\bar{U}_1$、$\bar{U}_2$, 故 P 必为连线 $V\bar{U}_1$、$\bar{U}\bar{U}_2$ 的交点。

因为 $J_{n+2}J_{n+1}J_nJ_{n-1}J_{n-2}$ 关于 Ω 的极点 P_{-n} 对应于矩阵

$$\begin{pmatrix} U_{n+2} & U_{n+1} & U_n & U_{n-1} & U_{n-2} & U_{n-3} \\ \bar{U}_n & \bar{U}_{n-1} & \bar{U}_{n-2} & \bar{U}_{n-3} & \bar{U}_{n-4} & \bar{U}_{n-5} \end{pmatrix}$$

且 (L)、$(\bar{L})$ 均为关于 Ω 自共轭的, P_{-n} 为连线 V_nV_{n-2}、$V_{n-1}V_{n-3}$ 的交点。对于后这两条直线必相交的结论源于 V_nV_{n-1}、$V_{n-2}V_{n-3}$ 的相交性质。

同样 $J_{-n+2}J_{-n+1}J_{-n}J_{-n-1}J_{-n-2}$ 的极点 P_n 为连线 $U_{n-1}\bar{U}_{n+1}$、$U_n\bar{U}_{n+2}$ 的交点; 相应地, $\bar{J}_{-n}$ 为连线 $U_{n-1}U_n$、$\bar{U}_{n+1}\bar{U}_{n+2}$ 的交点。综上有

$$P = V\bar{U}_1 \cap U\bar{U}_2 \quad P_{-n} = V\bar{V}_{n-2} \cap V_{n-1}\bar{V}_{n-3}$$

$$P_n = U_1\bar{U}_{n+1} \cap U_n\bar{U}_{n+2} \qquad (n = 1, 2, \cdots)$$

对于第二曲面 $\sigma_{(2)}$ 还可以推出第二拉普拉斯序列 $(\bar{P})$,

$$\cdots, \bar{P}_n, \cdots, \bar{P}_1, \bar{P}, \bar{P}_{-1}, \cdots, \bar{P}_{-n}, \cdots$$

式中

$$\bar{P} = V\bar{V}_2 \cap U\bar{V}_1 \quad \bar{P}_{-n} = V_n\bar{V}_{n+2} \cap V_{n-1}\bar{V}_{n+1}$$

$$\bar{P}_n = U_{n-1}\bar{U}_{n-3} \cap U_n\bar{U}_{n-2} \qquad (n = 1, 2, \cdots)$$

定理 3.63 点组 $(V_n\bar{U}_{n+1}; U_{n-1}\bar{U}_{n+1};\ P_n\bar{J}_n)$, $(V_n\bar{U}_{n-3}; V_{n-1}\bar{U}_{n-2};\ P_{-n}\bar{J}_{-n})$, $(U_n\bar{U}_{n-3}; U_{n-1}\bar{U}_{n-3}; P_n\bar{J}_n)$, $(V_n\bar{V}_{n+1};\ V_{n-1}\bar{V}_{n+2};\ \bar{P}_{-n}\bar{J}_{-n})$, 均构成以组中每对点作顶点的完全四边形。

考察曲面 $\sigma_{(1)}$ 的哥德序列 (L'),

$$\cdots, U'_n, \cdots, U'_1, U', V', V'_1, \cdots, V'_n, \cdots \tag{3.579}$$

由于 $\bar{\sigma}$、$\sigma_{(1)}$ 为射影极小曲面, 且互为 D 变换, 从交扭定理知: 连线 $\bar{V}_1\bar{V}_2$、$U'V'$ 相交于 $\bar{J}'_2$, 可该两条连线与连线 UV 又相交于 J, 因此

$$J'_{-2} = J \tag{3.580}$$

同理, 曲面偶 $(\bar{\sigma}, \sigma_{(2)})$ 给出

$$J''_2 = \bar{J} \tag{3.581}$$

定理 3.64 曲面偶 $(\sigma, \bar{\sigma})$ 的有关拉普拉斯序列 (J) 为曲面偶 $(\bar{\sigma}, \sigma_{(1)})$ 的有关拉普拉斯序列 $(\bar{J}')$ 沿 v 方向的第二拉普拉斯变换, 曲面偶 $(\bar{\sigma}, \sigma_{(2)})$ 的有关序列 $(\bar{J})$ 是 $(\bar{\sigma}, \sigma_{(2)})$ 的有关序列 (J'') 沿 u 方向的第二拉普拉斯变换。

式 (3.580)、式 (3.581) 可变为

$$\bar{J}' = J_2 \qquad J'' = \bar{J}_{-2} \tag{3.582}$$

并且这两点恰为在$\bar{\sigma}$的对应点相交的杜姆兰四边形两边在S_5里的象。

当 $\bar{\sigma}$ 被 σ 的其他 D 变换代替时得到四个 W 线汇, 而有关序列偶 $(J_2, \bar{J}_2)$ 形成同一个杜姆兰四边形。

定理 3.65 若 J、$\bar{J}$ 为曲面偶 $(\sigma, \bar{\sigma})$ 的有关 W 线汇在 S_5 里的象, 则其第二拉普拉斯变换 J_2、$\bar{J}_{-2}$ 为在 $\bar{\sigma}$ 的对应点相交的 σ 杜姆兰四边形的两边的象。

对于 σ 的李织面 ϕ, 已知它在 S_5 的象为平面 VV_1V_2 与 Ω 的交线。但是

$$VV_1 \cap \bar{V}_2\bar{V}_3 = J_{-1} \qquad V_1V_2 \cap \bar{V}_3\bar{V}_4 = J_{-2}$$

表明织面 ϕ、ϕ_2 相对于母线 $g_{01}^{(5)}$、$g_{02}^{(5)}$。ϕ 的另一个半织面是在 S_5 里以 UU_1U_2 和 Ω 的交线为象的。从表格 (T) 验证, 平面 $\bar{U}\bar{V}\bar{V}_1$ 和 Ω 的交线为 S_5 里这样的平面偶的象, 它们相交于 σ 的杜姆兰四边形的一边 J_2。注意到

$$U_1U \cap \bar{U}_3\bar{U}_2 = \bar{J}_1 \qquad U_2U_1 \cap \bar{U}_4\bar{U}_3 = \bar{J}_2$$

故 ϕ、$\bar{\phi}_2$ 也相交于母线 $h_{01}^{(u)}$、$h_{02}^{(u)}$。

总之, σ 的李织面和 $\bar{\sigma}$ 的第三个哥德织面在对应点具有一个公共四边形。

更一般地, σ 的第 $n+1$ 个哥德织面 ϕ_n 与 $\bar{\sigma}$ 的第 $n+3$ 个哥德织面 $\bar{\phi}_{n+2}$ 在对应点具有以 $g_{n1}^{(v)}$、$g_{n2}^{(v)}$、$h_{n1}^{(u)}$、$h_{n2}^{(u)}$ 为对边的公共四边形。

因为 σ、$\bar{\sigma}$ 之间的对应为对合的, 所以从以上关系知织面 ϕ_n、$\bar{\phi}_{n-2}$ 也有以 $g_{n1}^{(u)}$、$g_{n2}^{(u)}$、$h_{n1}^{(v)}$、$h_{n2}^{(v)}$ 为对边的公共四边形。而 $n=0,1,2,\cdots$; 且 $\bar{\phi}_{-1}$、$\bar{\phi}_{-2}$ 分别以 S_5 中的平面 $\bar{U}\bar{V}\bar{V}_1$、$\bar{U}\bar{V}\bar{U}_1$ 为象的两对平面。

由于 $\sigma_{(1)}$、$\sigma_{(2)}$ 为 $\bar{\sigma}$ 的 D 变换, 因此哥德序列织面序列 $\{\phi_n\}$、$\{\phi'_n\}$ (或 $\{\phi''_n\}$) 之间关系与 $\{\phi_n\}$、$\{\bar{\phi}_n\}$ 之间的关系完全相同。

3.2.8 波尔曲面

如果曲面在各点的杜姆兰四边形的两对角线属于一个线性汇, 那么该曲面为射影极小曲面, 称之为波尔曲面。

定理 3.66 射影极小曲面为波尔曲面当且仅当它在各点的哥德伴随序列 (G) 为周期四的闭拉普拉斯序列。

首先, 设 σ 为波尔曲面, 应用哥德伴随序列 (G),

$$\cdots, A_1, A, B, B_1, \cdots$$

其中

$$\begin{cases} A = V_2 + V_1(\log ak_1)^{10} + aV = -\dfrac{1}{2a}[U_3 + U_2(\log b^3h_1^2h_2)^{01} + \beta_1 U_1] \\ A_1 = -\dfrac{ak_1}{b}[\alpha_1 U + 2bV(\log ak)^{10} - 2bV_1] \\ A_2 = -\dfrac{ak_1k_2}{bh_1}[\alpha_2 U_1 - h_1 K_2^{10} U - 2bh_1 V] \\ B = U_2 + U_1(\log bh_1)^{01} + \beta U = -\dfrac{1}{2b}[V_3 + V_2(\log a^3k_1^2k_2)^{10} + \alpha_1 V_1] \\ B_1 = -\dfrac{bh_1}{a}[\beta_1 + 2aU(\log bh_1)^{10} - 2aU_1] \\ B_2 = -\dfrac{ah_1h_2}{ak_1}[\beta_2 V_1 - k_1 H_2^{10} V - 2ak_2 U] \end{cases} \tag{3.583}$$

这里除 A、B 相当于 $\dfrac{1}{2a}A$、$\dfrac{1}{2b}B$ 外, 所有记号含义和前文中的相

当。显然，σ 在其一点的杜姆兰四边形的两对角线对应于 S_5 中的超织面上的点，

$$D_\varepsilon = A + \varepsilon\rho B \quad (\varepsilon = \pm 1) \tag{3.584}$$

式中 ρ 为 u、v 的函数。

在 S_5 的点坐标系 (X) 下，线性方程 $L_1(X) = L_2(X) = 0$ 表示一个线性汇；若 D_1、D_{-1} 都属于它，则

$$L_i(A) = L_i(B) = 0 \quad (i = 1, 2) \tag{3.585}$$

表明点 A、B 常属于一个固定的三维空间 $R_3 \subset S_5$ 里。

关于 u 导数式 (3.585)，且依式 (3.505)、式 (3.496)，有

$$\alpha(\log a^3\alpha)^{10} L_i(V) = 0 \tag{3.586}$$

$$\beta(\log b^2\beta)^{01} L_i(U) = 0 \tag{3.587}$$

当 $L_i(V) = L_i(U) = 0$ 时，σ 的主切线全属于这个线性汇，这是例外的情况。所以式 (3.587)、式 (3.586) 便得到两个等价条件，即式 (3.458)，也就是 σ 必为射影极小曲面。

式 (3.461)、式 (3.462) 可表达为

$$\begin{cases} A^{10} = -A(\log a)^{10} - 2bB \\ B^{01} = -B(\log b)^{01} - 2aA \end{cases} \tag{3.588}$$

从式 (3.464)、式 (3.466) 可给出

$$A^{01} = \frac{1}{2a}A_1 \qquad B^{10} = \frac{1}{2b}B_1 \tag{3.589}$$

据式 (3.481) $(n = 1, 2)$、式 (3.471) 等计算，有

$$A_1^{10} = 2ak_1A \qquad B_1^{01} = 2bh_1B \tag{3.590}$$

依式 (3.590)、式 (3.589) 知 A、A_1 且同样地 B、B_1 式互为拉普拉斯变换的两点。进一步可以推出

$$A_1^{01} = (\log ak_1)^{01}A_1 - \frac{2a^2\alpha}{bh_1}B_1$$

$$+\left[\alpha_1^{01}+\alpha_1(\log bh_1)^{01}-4ab(\log ak_1)^{10}\right]U$$

$$-2b\left(k_2-\frac{1}{2ab}\alpha_1\beta_1\right)V \tag{3.591}$$

和类似式。其中 U、V 的系数必为 0, 否则点 U、V 将属于 R_3, 从而点 U、V、U_1、V_1、U_2、V_2 将在同一个 R_4, 这不可能。于是

$$k_2=h_2=\frac{1}{2ab}\alpha_1\beta_1 \tag{3.592}$$

$$\begin{cases}\alpha_1^{01}+\alpha_1(\log bh_1)^{01}-4ab(\log ak_1)^{10}=0\\ \beta_1^{10}+\beta_1(\log ak_1)^{10}-4ab(\log bh_1)^{01}=0\end{cases} \tag{3.593}$$

最后两个方程由式 (3.458)、式 (3.471) 及类似式可表达成

$$\begin{cases}\left(\log\dfrac{b^4h_1^2a^2\alpha^3}{k_1^2}\right)^{01}=0\\ \left(\log\dfrac{a^4k_1^2b^2\beta^3}{h_1^2}\right)^{01}=0\end{cases} \tag{3.594}$$

故

$$\begin{cases}\dfrac{b^4h_1^2a^2\alpha^3}{k_1^2}=f(u)\\ \dfrac{a^4k_1^2b^2\beta^3}{h_1^2}=g(v)\end{cases} \tag{3.595}$$

式中 $f(u)$、$g(v)$ 分别为 u、v 的函数。综上, 有方程组

$$\begin{cases}A^{10}=-A(\log a)^{10}-2bB\\ B^{10}=\dfrac{1}{2b}B_1\\ A_1^{10}=2ak_1A\\ B_1^{10}=B_1(\log bh_1)^{10}-\dfrac{2b^2\beta}{ak_1}A_1\\ A^{01}=\dfrac{1}{2a}A_1\\ B^{01}=-B(\log b)^{01}-2aA\\ A_1^{01}=A_1(\log ak_1)^{01}-\dfrac{2a^2\alpha}{bh_1}B_1\\ B_1^{01}=2bh_1B\end{cases} \tag{3.596}$$

式 (3.596) 的可积条件可表为式 (3.592)、式 (3.458)。于是可以断言: 如果 σ 为波尔曲面, 那么它的哥德伴随序列 (G) 必为周期四的闭拉普拉斯序列; 为此的充要条件是每对点 (A_2, B_1)、(A_1, B_2) 各个重合。从式 (3.583) 知

$$\alpha\beta_2 = k_1^2 \qquad \beta\alpha_2 = h_1^2 \tag{3.597}$$

$$\alpha H_2^{01} = k_1(\log ak_1)^{10} \qquad \beta K_2^{10} = h_1(\log bh_1)^{01} \tag{3.598}$$

注意, 式 (3.598)、式 (3.597) 与式 (3.594)、式 (3.592) 等价。实际上, 分析式 (3.594), 依

$$\alpha^{01} = -2k_1(\log ak_1)^{10}$$

可推出

$$2H_2^{01} + (\log \alpha)^{01} = 0$$

从式 (3.470) $(n = 2)$ 代入, 有

$$(\log b^6 h_1^4 h_2^2 \alpha)^{01} = 0 \tag{3.599}$$

另一方面, 按式 (3.481) $(n = 2)$ 即式 (3.597) 并参考式 (3.458), 可由式 (3.599) 导出式 (3.594) 第一式。同理, 导出式 (3.594) 第二式。

利用式 (3.597)、式 (3.483) 可给出式 (3.592)。

关于波尔曲面 σ 的伴随构图, 它的伴随序列 $\{AA_1B_1B\}$ 为内接于 σ 和其任何一个 D 变换 $\bar{\sigma}$ 的哥德序列 (L)、$(\bar{L})$ 的。

对于确定周期 p 的哥德伴随序列 (G) 的射影极小曲面问题, 设 $p \neq 4$, 写

$$A_p = \rho A \qquad B_p = \sigma B \tag{3.600}$$

式中 ρ、σ 为 u、v 的已知函数。

对式 (3.600) 求导, 并利用式 (3.462)、式 (3.468) 得

$$k_p A_{p-1} = \rho^{10} A - 2a\rho B$$

但 (G) 有周期 p, A_{p-1}、B 重合, 从而 $\rho^{10}=0$, 即

$$\rho = f(v) \tag{3.601}$$

且

$$B = -\frac{1}{2a\rho}k_p A_{p-1}$$

同理, 依式 (3.600),

$$\sigma = \varphi(u) \tag{3.602}$$

而

$$A = -\frac{1}{2b\sigma}h_p B_{p-1}$$

对式 (3.600) 第一式求导, 应用式 (3.600)、式 (3.468)、式 (3.461), 有

$$A_{p+1} - \rho A_1 = [(\log\rho)^{01} - (\log k_1 k_2 \cdots k_p)^{01}]\rho A$$

由于 A_{p+1}、A_1 重合, 同时

$$A_{p+1} = \rho A_1 \qquad (\log\rho)^{01} = (\log k_1 k_2 \cdots k_p)^{01}$$

因此

$$k_1 k_2 \cdots k_p = f(v)g(u) \tag{3.603}$$

同样,

$$h_1 h_2 \cdots h_p = \varphi(u)\psi(v) \tag{3.604}$$

适当地选择主切曲线参数 u、v, 使

$$f(v) = g(u) = \varphi(u) = \psi(v) = 1$$

表明 (G) 变为周期 p 的序列的充要条件为

$$h_1 h_2 \cdots h_p = k_1 k_2 \cdots k_p = 1 \tag{3.605}$$

式 (3.605) 恰为哥德序列 (L) 变为周期 p 的序列的充要条件。该事实可依 (L) 满足的基本方程导出, 即式 (3.455)、式 (3.457)。

定理 3.67 射影极小曲面的有关序列 (G) 变为周期 $p(p\neq 4)$ 的闭拉普拉斯序列当且仅当其哥德序列 (L) 成为周期 $p=2n+2$ $(n\neq 1)$ 的序列。

4 射影共轭网

4.1 共轭网与拉普拉斯方程

4.1.1 高维射影空间共轭网

设由 $x^1, x^2, \cdots, x^{n+1}$ 组成的集合中, 至少有一个元素为零, 称之为解析点 $\boldsymbol{X}$, 所有数 x^i 乘同一个非零数并不改变几何点 X, 但改变了解析点 $\boldsymbol{X}$。所有几何点的集合构成 n 维射影空间 P_n, 称各系数 x^i 为点 $\boldsymbol{X}$ 的齐次坐标。

空间 P_n 的直线可以作为其上解析点 $\boldsymbol{X}$、$\boldsymbol{Y}$ 的连线, 记作 $(\boldsymbol{X},\ \boldsymbol{X})$。当直线 $(\boldsymbol{X}, \boldsymbol{Y})$ 的两参数可用两种方式各分布到 ∞^1 个可展曲面时称为直线汇。在三维空间里任何两参数族的直线必为可展曲面。设 $\boldsymbol{X}$、$\boldsymbol{Y}$ 为直线 (也称射线) 的两点。其坐标是作为参数 u, v 的已知函数。若 $v = f(u)$ 决定线汇的可展曲面且 $\boldsymbol{X} + \lambda \boldsymbol{Y}$ 为射线、脊线的切点。则曲线 $\boldsymbol{X} + \lambda \boldsymbol{Y}$ 的切线重合于线汇的射线。对可展曲面的方向下的微分关系有

$$(\boldsymbol{X} + \lambda \boldsymbol{Y})_u \mathrm{d}u + (\boldsymbol{X} + \lambda \boldsymbol{Y})_v \mathrm{d}v = a\boldsymbol{X} + b\boldsymbol{Y}$$

或

$$(\boldsymbol{X}_u + \lambda \boldsymbol{Y}_u)\mathrm{d}u + (\boldsymbol{X}_v + \lambda \boldsymbol{Y}_v)\mathrm{d}v = a'\boldsymbol{X} + b'\boldsymbol{Y} \tag{4.1}$$

式中 a、b、a'、b' 为适当函数。

取点 $\boldsymbol{X}$、$\boldsymbol{Y}$ 的四个不同坐标对应的方程, 并消去 $\mathrm{d}u$、$\mathrm{d}v$、a'、b' 给出关于 λ 的二次方程,

$$(\boldsymbol{X}_u + \lambda \boldsymbol{Y}_u, \boldsymbol{X}_v + \lambda \boldsymbol{Y}_v, \boldsymbol{X}, \boldsymbol{Y}) = 0 \tag{4.2}$$

式中括号表示四点的格拉斯曼积, 即由这些点的坐标构成的 $(n + 1) \times 4$ 矩阵的任何四阶行列式。

当 $n=3$ 时式 (4.1) 仅有 $n+1=4$ 个方程, 式 (4.2) 变为一个方程而确定了射线 $(\boldsymbol{X},\boldsymbol{Y})$ 两焦点。若反之, $n>3$, 则式 (4.2) 依坐标矩阵的各个独立的四阶行列式变为一组方程。一般而言, 这些方程不相容; 需要关注的是这些方程构成相容的一组。

以射线的两焦点作为点 $\boldsymbol{X}$、$\boldsymbol{Y}$, 并假定 u(常数), v(常数) 决定线汇的可展曲面; 式 (4.1) 将分别为值 $\lambda=0$、$\mathrm{d}v=0$ 及 $\dfrac{1}{\lambda}=0$、$\mathrm{d}u=0$ 所满足, 在新记法下,

$$\boldsymbol{X}_u=\alpha\boldsymbol{X}+\beta\boldsymbol{Y}\quad \boldsymbol{Y}_v=\gamma\boldsymbol{X}+\delta\boldsymbol{Y} \tag{4.3}$$

式中 α、β、γ、δ 为 u、v 的函数。若不变更几何点 $\boldsymbol{X}$、$\boldsymbol{Y}$ 下导入解析点 $\rho\boldsymbol{X}$、$\rho'\boldsymbol{Y}$, 则式 (4.3) 变成

$$(\rho\boldsymbol{X}_u)=\left(\boldsymbol{\alpha}+\frac{\partial}{\partial u}\log\rho\right)(\rho\boldsymbol{X})+\beta\frac{\rho}{\rho'}(\rho'\boldsymbol{Y})$$

$$(\rho'\boldsymbol{Y}_v)=\gamma\frac{\rho'}{\rho}(\rho\boldsymbol{X})+\left(\delta+\frac{\partial}{\partial v}\log\rho'\right)(\rho'\boldsymbol{Y})$$

取 ρ、ρ' 使

$$\alpha+\frac{\partial}{\partial u}\log\rho=0\quad \delta+\frac{\partial}{\partial v}\log\rho'=0$$

以上两方程分别变成无 $\boldsymbol{X}$ 或 $\boldsymbol{Y}$ 的方程。变换记法后式 (4.3) 为

$$\boldsymbol{X}_u=\beta\boldsymbol{Y}\quad \boldsymbol{Y}_v=\gamma\boldsymbol{X} \tag{4.4}$$

依式 (4.3), 得到拉普拉斯方程

$$\boldsymbol{X}_{uv}=a\boldsymbol{X}_u+b\boldsymbol{X}_v+c\boldsymbol{X} \tag{4.5}$$

式中

$$\begin{cases} a=\delta+\dfrac{\partial}{\partial v}\log\beta \\ b=\alpha \\ c=\alpha\dfrac{\partial}{\partial v}\log\dfrac{\alpha}{\beta}+\beta\gamma-\alpha\delta \end{cases}$$

式 (4.5) 关于变量 u、v 对称。故 v 曲线的切线 $\boldsymbol{X}\boldsymbol{X}_v$ 绘成的线汇及线汇 $(\boldsymbol{X}\boldsymbol{X}_u)$ 有相同的可展曲面 u、v, 称曲面 $(\boldsymbol{X})$ 具有共轭网 (u,v), 且式 (4.5) 为共轭网的拉普拉斯方程。可以证明：点

$$\boldsymbol{X}_1 = \boldsymbol{X}_v - a\boldsymbol{X} \tag{4.6}$$

为射线 $\boldsymbol{X}\boldsymbol{X}_v$ 的第二焦点。为此, 对 $\boldsymbol{X}_1$ 求导且分别由式 (4.5), 式 (4.6) 消去 $\boldsymbol{X}_{uv}$、$\boldsymbol{X}_v$, 有

$$(\boldsymbol{X}_1)_u = b\boldsymbol{X}_1 + h\boldsymbol{X} \tag{4.7}$$

式中

$$h = c + ab - a_u$$

式 (4.6), 式 (4.7) 和式 (4.3) 完全相似, 于是 $\boldsymbol{X}_1$、$\boldsymbol{X}$ 为射线 $\boldsymbol{X}\boldsymbol{X}_v$ 的第一、第二焦点。同样, 射线 $\boldsymbol{X}\boldsymbol{X}_u$ 的一个焦点是

$$\boldsymbol{X}_{-1} = \boldsymbol{X}_u - b\boldsymbol{X} \tag{4.8}$$

关于 v 导微式 (4.7) 并按式 (4.6), 式 (4.7) 消去 $\boldsymbol{X}_v$、$\boldsymbol{X}$, 得 $\boldsymbol{X}_1$ 的拉普拉斯方程,

$$(\boldsymbol{X}_1)_{uv} = a_1(\boldsymbol{X}_1)_v + b_1(\boldsymbol{X}_1)_v + c_1\boldsymbol{X}_1 \tag{4.9}$$

这里

$$\begin{cases} a_1 = a + \dfrac{\partial}{\partial v}\log h \\ b_1 = b \\ c_1 = c + b_v - a_u - b\dfrac{\partial}{\partial v}\log h \end{cases} \tag{4.10}$$

该方程表明曲面 $(\boldsymbol{X}_1)$ 的曲线 u、v 组成一个共轭网。

注意曲面 $(\boldsymbol{X}_1)$ 上的 v 曲线的切线汇即线汇 $(\boldsymbol{X}_1(\boldsymbol{X}_1)_v)$, 得到新曲面 $(\boldsymbol{X}_2)$ 及其上的共轭网 (u,v), 如此下去。完全相同的方法讨论 u 曲线的切线, 并得到具有共轭网 (u,v) 的一系列曲面 $(\boldsymbol{X}_{-1})$、$(\boldsymbol{X}_{-2})$ 等。从 $(\boldsymbol{X})$ 到 $(\boldsymbol{X}_1)$ 等迁移, 称为拉普拉斯变换; 而线汇和共轭网的无穷序列

$$\cdots,(\boldsymbol{X}_{-2}),(\boldsymbol{X}_{-1}),(\boldsymbol{X}_1),(\boldsymbol{X}_2),\cdots$$

称为拉普拉斯序列。

一般而言, 从序列中的一个共轭网到另一个迁移的拉普拉斯变换公式为

$$(\boldsymbol{X}_q)_u = b\boldsymbol{X}_q + h_{q-1}\boldsymbol{X}_{q-1} \quad (\boldsymbol{X}_q)_v = \boldsymbol{X}_{q+1} + a_q\boldsymbol{X}_q \tag{4.11}$$

$$(\boldsymbol{X}_{-p})_u = \boldsymbol{X}_{-p-1} + b_{-p}\boldsymbol{X}_{-p} \quad (\boldsymbol{X}_{-p})_v = a\boldsymbol{X}_{-p} + k_{-p+1}\boldsymbol{X}_{-p+1} \tag{4.12}$$

式中 p、q 为正整数,$h_0 = h$、$k_0 = k$、$\boldsymbol{X}_0 = \boldsymbol{X}$。由于式 (4.10) 成立, 因此

$$b_q = b \qquad a_{-p} = a \tag{4.13}$$

式 (4.5) 的每组 $n+1$ 个独立解确定了一个共轭网 (u, v), 于是这个方程给出无穷多的各种共轭网。另一方面, 同一个共轭网 ($\boldsymbol{X}$) 可以从如式 (4.5) 的各种不同方程求得。实际上, 置换

$$\boldsymbol{X} = \rho\boldsymbol{X}'$$

式 (4.5) 变为新方程,

$$\boldsymbol{X}'_{uv} = a'\boldsymbol{X}'_u + b'\boldsymbol{X}'_v + c'\boldsymbol{X}' \tag{4.14}$$

其中的系数与式 (4.5) 的系数关系为

$$\begin{cases} a' = a - \dfrac{\partial}{\partial v}\log\rho \\ b' = b - \dfrac{\partial}{\partial u}\log\rho \\ c' = c + a\dfrac{\partial}{\partial u}\log\rho + b\dfrac{\partial}{\partial v}\log\rho - \dfrac{\rho_{uv}}{\rho} \end{cases} \tag{4.15}$$

依式 (4.15), 有

$$c + ab - a_u = c' + a'b' - a'_u \qquad c + ab - b_v = c' + a'b' - b'_v$$

表明各量

$$h = c + ab - a_u \quad k = c + ab - b_v \tag{4.16}$$

对于点 $\boldsymbol{X}$ 的坐标规范化不变, 称为达布不变量。反之, 除变量 $\boldsymbol{X}$ 乘任意因子 ρ 外, 达布变量 h、k 决定了式 (4.5)。因为常可取 ρ 使 $a' = 0$, 所以假定已完成这一步且在式 (4.16) 中命 $a = 0$ 推出

$$c - h \quad b_v = h - k$$

从而

$$b = \int_{v_0}^{v} (h - k)\mathrm{d}v + \varphi(u)$$

由式 (4.15) 知, 按 $a = 0$ 确定 ρ, 还允许有乘 $\boldsymbol{X}$ 并以 $\rho = f(u)$ 的运算, 并由 b 增加任意函数 $\varphi(u) = \dfrac{f'(u)}{f(u)}$, 即积分式 b 中表出的函数。任选其中一个, 可获得具有给定的不变量 h、k 的一个方程; 对其他所有方程则可依式 (4.15) 确定。

h、k 对于点 $\boldsymbol{X}$ 的坐标规范化, 从而对于点坐标的射影变换就是直射均为不变量, 但对于网曲线的参数变换

$$u = u(\bar{u}) \qquad v = v(\bar{v})$$

应当改变。实际上, 式 (4.5) 变为

$$\boldsymbol{X}_{\bar{u}\bar{v}} = \bar{a}\boldsymbol{X}_{\bar{u}} + \bar{b}\boldsymbol{X}_{\bar{v}} + \bar{c}\boldsymbol{X}$$

其中

$$\bar{a} = a\frac{\mathrm{d}v}{\mathrm{d}\bar{v}} \quad \bar{b} = b\frac{\mathrm{d}u}{\mathrm{d}\bar{u}} \quad \bar{c} = c\frac{\mathrm{d}u}{\mathrm{d}\bar{u}}\frac{\mathrm{d}v}{\mathrm{d}\bar{v}}$$

从而

$$\bar{h} = h\frac{\mathrm{d}u}{\mathrm{d}\bar{u}}\frac{\mathrm{d}v}{\mathrm{d}\bar{v}} \qquad \bar{k} = k\frac{\mathrm{d}u}{\mathrm{d}\bar{u}}\frac{\mathrm{d}v}{\mathrm{d}\bar{v}}$$

最后关系式表明 $h\mathrm{d}u\mathrm{d}v$、$k\mathrm{d}u\mathrm{d}v$ 为内在的不变二次微分形式, 称之为邦皮阿尼形式。据此知 $h = k$ 为一个绝对不变方程且表示一个共轭网的几何性质。并非所有共轭网具有该性质, 具备该性质的共轭网称之为等不变量共轭网。对此一个共轭网有关系

$$a_u = b_v$$

于是存在函数 $\rho=\rho(u,v)$ 使

$$a=\frac{\partial}{\partial v}\log\rho \quad b=\frac{\partial}{\partial u}\log\rho$$

故依式 (4.15), 式 (4.5) 可化为姆塔尔方程 $\boldsymbol{X}_{uv}=h\boldsymbol{X}$。

4.1.2 拉普拉斯序列

设 P_n 的一个共轭网 (u,v) 由式 (4.5) 确定, 其拉普拉斯变换 $(\boldsymbol{X}_1)$、$(\boldsymbol{X}_{-1})$ 分别取决于式 (4.6), 式 (4.8), 且这些变换也有共轭网 (u,v), 于是在一般情况下还可推出 $(\boldsymbol{X}_1)$、$(\boldsymbol{X}_{-1})$ 的拉普拉斯变换 $(\boldsymbol{X}_2)$、$(\boldsymbol{X}_{-2})$ 而无穷地向两方面伸展, 最后给出有关的拉普拉斯序列 (L),

$$\cdots,\boldsymbol{X}_{-n},\cdots,\boldsymbol{X}_{-2},\boldsymbol{X}_{-1},\boldsymbol{X},\boldsymbol{X}_1,\boldsymbol{X}_2,\cdots,\boldsymbol{X}_n,\cdots$$

对于式 (4.7), 得

$$x_{1u}^i=bx_1^i$$

它的通解为

$$x_1=\varphi(v)\exp\int b\mathrm{d}u$$

此时 $n+1$ 个坐标

$$x_1^i=\varphi_i(v)\exp\int b\mathrm{d}u$$

仅仅依 v 的因数 $\varphi_i(v)$ 相互区别。当变动 u 时所有坐标 x_1^i 乘同一个因子, 而几何点并未改变; 当变动 u、v 时点 $\boldsymbol{X}_1$ 绘出一条曲线 (v 曲线) 而非曲面。拉普拉斯序列 (L) 就此中断。

同样, 对 $k=0$, 所述的拉普拉斯序列在点 $\boldsymbol{X}_{-1}$ 中断而不能向 u 方向伸展下去。

命 $hk\neq 0$, 故 $(\boldsymbol{X}_1)$ 、$(\boldsymbol{X}_{-1})$ 为以 (u,v) 作共轭网的曲面, 其中 $\boldsymbol{X}_1$ 适合式 (4.9)。从式 (4.10) 计算知对应达布不变量

$$\begin{cases}h_1=2h-k-\dfrac{\partial^2}{\partial u\partial v}\log h\\ k_1=h\end{cases}\tag{4.17}$$

$\boldsymbol{X}_{-1}$ 的拉普拉斯方程为

$$(\boldsymbol{X}_{-1})_{uv}=a_{-1}(\boldsymbol{X}_{-1})_u+b_{-1}(\boldsymbol{X}_{-1})+c_{-1}\boldsymbol{X}_{-1}$$

式中

$$\begin{cases}a_{-1}=a\\ b_{-1}=b+\dfrac{\partial}{\partial u}\log k\\ c_{-1}=c-a_u+b_v-a\dfrac{\partial}{\partial u}\log k\end{cases}$$

依此给出达布不变量

$$\begin{cases}h_{-1}=k\\ k_{-1}=2k-h-\dfrac{\partial^2}{\partial u\partial v}\log k\end{cases}\tag{4.18}$$

按上述方法得到一系列的拉普拉斯方程

$$\cdots,(E_{-n}),\cdots,(E_{-1}),(E_0),(E_1),\cdots,(E_n),\cdots$$

这里 (E_0) 表示式 (4.5)。设方程 (E_i) 的两个达布不变量是 h_i、k_i，由式 (4.17)、式 (4.18) 推出

$$h_{i+1}=2h_i-k_i-\frac{\partial^2}{\partial u\partial v}\log h_i\quad k_{i+1}=h_i$$

$$h_i=k_{i+1}\quad k_i=2k_{i+1}-h_{i+1}-\frac{\partial^2}{\partial u\partial v}\log k_{i+1}$$

式中 i 为整数且 $h_0=h$、$k_0=k$。

依次可以找出 h_i、k_i 如下:

$$\begin{cases}a_r=a_{r-1}+\dfrac{\partial}{\partial v}\log h_{r-1}\\ b_r=b_{r-1}=\cdots=b\\ c_r=c_{r-1}+h_{r-1}-k_{r-1}-b_{r-1}\dfrac{\partial}{\partial v}\log h_{r-1}\\ h_r=2h_{r-1}-k_{r-1}-\dfrac{\partial^2}{\partial u\partial v}\log h_{r-1}\\ \quad=(r+1)h-\gamma k-\dfrac{\partial^2}{\partial u\partial v}\log(h^rh_1^{r-1}\cdots h_{r-2}^2h_{r-1})\\ k_r=h_{r-1}\end{cases}\tag{4.19}$$

$$
\begin{cases}
a_{-r} = a_{-r+1} = \cdots = a \\
b_{-r} = b_{-r+1} + \dfrac{\partial}{\partial u} \log k_{-r+1} \\
c_{-r} = c_{-r+1} + k_{-r+1} - h_{-r+1} - a_{-r+1} \dfrac{\partial}{\partial u} \log k_{-r+1} \\
h_{-r} = k_{-r+1} \\
k_{-r} = 2k_{-r+1} - h_{-r+1} - \dfrac{\partial^2}{\partial u \partial v} \log k_{-r+1} \\
\quad\ = (r+1)k - rh - \dfrac{\partial^2}{\partial u \partial v} \log (k^r k_{-1}^{r-1} \cdots k_{-r+1}^2 k_{-r+1})
\end{cases}
\tag{4.20}
$$

在式 (4.19)、式 (4.20) 中 $r \geqslant 1$, 而 a_i、b_i、c_i 表示方程 (E_i) 的各系数

$$
(\boldsymbol{X}_i)_{uv} = a_i (\boldsymbol{X}_i)_u + b_i (\boldsymbol{X}_i)_v + c_i \boldsymbol{X}_i
$$

共轭网 $(\boldsymbol{X})$ 有关的拉普拉斯序列的另一种方法是从式 (4.4) 出发, 而以 $(\boldsymbol{X})$ 与 $(\boldsymbol{Y})$ 等同的哥德方法。首先, 由式 (4.4) 给出

$$
\begin{cases}
\boldsymbol{X}_{uv} - (\log \beta)_v \boldsymbol{X}_u - \beta\gamma \boldsymbol{X} = 0 \\
\boldsymbol{Y}_{uv} - (\log \gamma)_u \boldsymbol{Y}_v - \beta\gamma \boldsymbol{Y} = 0
\end{cases}
\tag{4.21}
$$

式 (4.21) 表明 u 曲线、v 曲线在曲面 $\boldsymbol{X}$、$\boldsymbol{Y}$ 上形成共轭网并互为拉普拉斯变换。这时双方有关的拉普拉斯序列重合于 (L), 且可表达为

$$
\cdots, \boldsymbol{X}_m, \cdots, \boldsymbol{X}_1, \boldsymbol{X}, \boldsymbol{Y}, \boldsymbol{Y}_1, \cdots, \boldsymbol{Y}_m, \cdots
$$

式中任何一项为其前项沿 u 方向的拉普拉斯变换, 从而也为其后沿 v 方向的拉普拉斯变换。一般地,

$$
\begin{cases}
(\boldsymbol{X}_m)_v = \boldsymbol{X}_{m+1} + \boldsymbol{X}_m \dfrac{\partial}{\partial v} \log(\beta h_1 \cdots h_m) \\
(\boldsymbol{X}_m)_u = h_m \boldsymbol{X}_{m-1} \\
(\boldsymbol{X}_m)_{uv} = (\boldsymbol{X}_m)_u \dfrac{\partial}{\partial v} \log(\beta h_1 \cdots h_m) + h_m \boldsymbol{X}_m
\end{cases}
\tag{4.22}
$$

式中

$$
h_m = h_{m-1} - \frac{\partial^2}{\partial u \partial v} \log(\beta h_1 \cdots h_{m-1})
$$

$$= \beta\gamma - \frac{\partial^2}{\partial u \partial v}\log(\beta^m h_1^{m-1} \cdots h_{m-2}^2 h_{m-1}) \qquad (4.23)$$

同理,

$$\begin{cases} (\boldsymbol{Y}_m)_u = \boldsymbol{Y}_{m+1} + \boldsymbol{Y}_m \dfrac{\partial}{\partial u}\log(\gamma k_1 \cdots k_m) \\ (\boldsymbol{Y}_m)_v = k_m \boldsymbol{Y}_{m-1} \\ (\boldsymbol{Y}_m)_{uv} = (\boldsymbol{Y}_m)_v \dfrac{\partial}{\partial u}\log(\gamma k_1 \cdots k_m) + k_m \boldsymbol{Y}_m \end{cases} \qquad (4.24)$$

式中

$$\begin{aligned} k_m &= k_{m-1} - \frac{\partial^2}{\partial u \partial v}\log(\gamma k_1 \cdots k_{m-1}) \\ &= \beta\gamma - \frac{\partial^2}{\partial u \partial v}\log(\gamma^m k_1^{m-1} \cdots k_{m-2}^2 k_{m-1}) \end{aligned} \qquad (4.25)$$

以上公式对普通空间 P_3 的曲面的哥德织面序列的研究有重要作用。

定理 4.1 网 $(\boldsymbol{X}_m)$ 的 u 曲线在其点 $(\boldsymbol{X}_m)$ 的 k 维密切空间 S_k 为网 $(\boldsymbol{X}_{m-k})$ 的 v 曲线在对应点 $\boldsymbol{X}_{m-k}$ 的 k 维密切空间 S_k。

定理 4.2 网 $(\boldsymbol{X}_m)_1'$ 的 u 曲线在其点 $(\boldsymbol{X}_m)$ 的密切超平面为网 $(\boldsymbol{X}_{m-n+1})$ 的 v 曲线在对应点 $\boldsymbol{X}_{m-n+1}$ 的密切超平面。

定理 4.3 在网 $(\boldsymbol{X}_{-1})$ 的一条 u 曲线上点 $\boldsymbol{X}_{-1}$ 及一个邻近点各引两条邻近 v 曲线的密切空间 S_k, 这两个空间相交于网 $(\boldsymbol{X})$ 的 v 曲线在对应点 $\boldsymbol{X}$ 的密切空间 S_{k-1}。

事实上, 首先注意到网 $(\boldsymbol{X}_{-1})$ 的 v 曲线在点 $(\boldsymbol{X}_{-1})$ 的密切空间 S_k 取决于 $k+1$ 个点

$$\boldsymbol{X}_{-1}, (\boldsymbol{X}_{-1})_v, (\boldsymbol{X}_{-1})_{uv}, \cdots, (\boldsymbol{X}_{-1})_{v \cdots v} \qquad (4.26)$$

这里最后导数为 k 阶。从 $\boldsymbol{X}_{-1} = \boldsymbol{Y}$ 的定义式 (4.8)、式 (4.24) 的逐次导数知, 该空间 S_k 也可以视为取决于 $k+1$ 个点,

$$\boldsymbol{X}_u, \boldsymbol{X}, \boldsymbol{X}_v, \boldsymbol{X}_{uv}, \cdots, \boldsymbol{X}_{v \cdots v} \qquad (4.27)$$

其中最后导数为 $k-1$ 阶, 从而这个 S_k 的坐标为 $k+1$ 个点的格拉斯曼积

$$(\boldsymbol{X}_u, \boldsymbol{X}, \boldsymbol{X}_v, \boldsymbol{X}_{uv}, \cdots, \boldsymbol{X}_{v \cdots v}) \qquad (4.28)$$

为得到 S_k 和网 $\boldsymbol{X}_{-1}$ 上过点 $\boldsymbol{X}_{-1}$ 的 u 曲线在一条邻近点的类似空间 S_k 的交集, 式 (4.28) 对 u 求导, 有

$$(\boldsymbol{X}_{uu},\boldsymbol{X},\boldsymbol{X}_v,\boldsymbol{X}_{vv},\cdots,\boldsymbol{X}_{v\cdots v})+(\boldsymbol{X}_u,\boldsymbol{X},\boldsymbol{X}_{uv},\cdots,\boldsymbol{X}_{v\cdots v})$$
$$+(\boldsymbol{X}_u,\boldsymbol{X},\boldsymbol{X}_v,\boldsymbol{X}_{vvv},\cdots,\boldsymbol{X}_{v\cdots v})+\cdots+(\boldsymbol{X}_u,\boldsymbol{X},\boldsymbol{X}_v,\cdots,\boldsymbol{X}_{v\cdots v}) \tag{4.29}$$

其中每一个格拉斯曼的最后导数关于 v 均为 $k-1$ 阶的。若将第二个积中的导数 $\boldsymbol{X}_{uv}$ 替换式 (4.5) 的右边, 即变为

$$b(\boldsymbol{X}_u,\boldsymbol{X},\boldsymbol{X}_v,\boldsymbol{X}_{vv},\cdots,\boldsymbol{X}_{v\cdots v})$$

为改写第三个格拉斯曼积。式 (4.5) 对 v 求导,

$$\boldsymbol{X}_{uvv}=(c_v+ac)\boldsymbol{X}+(a_v+a^2)\boldsymbol{X}_u+(b_v+c+ab)\boldsymbol{X}_v+b\boldsymbol{X}_{vv}$$

于是依右边式的替换而消去第三个积中的 $\boldsymbol{X}_{uvv}$。以下以此类推, 直至导数 $\boldsymbol{X}_{v\cdots v}$ 从最后格拉斯曼积中被替换而消去为止。结果知式 (4.29)、式 (4.28) 的每个格拉斯曼积均出现或经过替换而出现 k 个解析点:

$$\boldsymbol{X},\boldsymbol{X}_v,\boldsymbol{X}_{vv},\cdots,\boldsymbol{X}_{v\cdots v} \tag{4.30}$$

其中最后导数为 $k-1$ 阶。但是这 k 个点式 (4.30) 恰为通常用以决定网 $(\boldsymbol{X})$ 的 v 曲线在点 $\boldsymbol{X}$ 的密切空间 S_{k-1} 的。表明空间 S_{k-1} 属于两个邻近的空间 S_k。

定理 4.4 在网 $(\boldsymbol{X}_r)$ 的一条 u 曲线上点 $\boldsymbol{X}_r$ 及一个邻近点所引邻近 v 曲线的两密切超平面相交于网 $(\boldsymbol{X}_{r+1})$ 的 v 曲线在对应点 $\boldsymbol{X}_{r+1}$ 的密切空间 S_{n-2}。

4.1.3 拉普拉斯序列的中断问题

定理 4.5 若 $hh_1\cdots h_{r-1}\neq 0$、$h_r=0$, 并在无另外主要条件要满足的情形下, 则拉普拉斯序列将按照拉普拉斯情形和在 $r+1$ 个变换后沿 v 方向中断; 若 $kk_{-1}\cdots k_{-r+1}\neq 0$ 且 $k_{-r}=0$, 则同样的中断情况将沿 u 方向出现。

当且仅当解析点 $\boldsymbol{X}_1$ 满足形如

$$A(\boldsymbol{X}_1)_u + B(\boldsymbol{X}_1)_v + C\boldsymbol{X}_1 = \boldsymbol{0} \tag{4.31}$$

的一阶线性微分方程时, 曲面 $(\boldsymbol{X}_1)$ 才变为反常的曲面, 式中 A、B、C 表示 u、v 的函数且至少有一个非零。这个方程等价于方程

$$B\boldsymbol{X}_{vv} + (bA - aB + C)\boldsymbol{X}_v + [(h - ab)A - a_vB - aC]\boldsymbol{X} = \boldsymbol{0} \tag{4.32}$$

实际上, 依 $B \neq 0$ 或 $B = 0$ 有两种可能。当 $B \neq 0$ 时 $(\boldsymbol{X})$ 为以下方程组的积分曲面,

$$\begin{cases} \boldsymbol{X}_{uv} = a\boldsymbol{X}_u + b\boldsymbol{X}_v + c\boldsymbol{X} \\ \boldsymbol{X}_{vv} = \delta\boldsymbol{X}_v + q\boldsymbol{X} \end{cases} \tag{4.33}$$

该组的可积条件表成

$$\begin{cases} a_v + a^2 = \delta a \\ b_v + c + ab = \delta_u \\ c_v + bq + ac = q_u + \delta c \end{cases} \tag{4.34}$$

由最后方程推出

$$(\boldsymbol{X}_1)_v = (\delta - a)\boldsymbol{X}_1 \tag{4.35}$$

当 $h \neq 0$ 时网 $(\boldsymbol{X}_1)$ 退化为一条 u 曲线, 曲面 $(\boldsymbol{X})$ 是以其母线为 v 曲线的可展曲面, 且网 $(\boldsymbol{X}_1)$ 退化成的那条 u 曲线为该可展曲面的脊线。当网 $(\boldsymbol{X}_1)$ 退化成一条正常曲线时, 称这种中断现象为古尔萨情况。

定理 4.6 若 $hh_1 \cdots h_r \neq 0$ 且 $\boldsymbol{X}$、$\boldsymbol{X}_1$、$\cdots$、$\boldsymbol{X}_{r-1}$ 的任意点不满足形如式 (4.33) 的方程但 $\boldsymbol{X}_r$ 满足它, 则拉普拉斯序列在沿 v 方向的 $r+1$ 个变换后依古尔萨情况中断; 若 $kk_{-1} \cdots k_{-r} \neq 0$ 且 $\boldsymbol{X}$、$\boldsymbol{X}_{-1}$、$\cdots$、$\boldsymbol{X}_{-r+1}$ 的任意点不满足形如

$$\boldsymbol{X}_{uu} = a\boldsymbol{X}_u + p\boldsymbol{X} \tag{4.36}$$

的方程, 但 $\boldsymbol{X}_{-1}$ 满足它, 则拉普拉斯系列在沿 u 方向的 $r+1$ 变换依古尔萨情况中断。

当 $B \neq 0$、$h = 0$ 时由式 (4.7)、式 (4.35) 知对 u、v 变化, 点 $\boldsymbol{X}_1$ 为定点, 从而网 $(\boldsymbol{X}_1)$ 退化为一个定点; 曲面 $(\boldsymbol{X})$ 是以其母线为 v 曲线的锥面, 且该锥面的顶点就是退化的定点, 称这种中断现象为混合情况。

定理 4.7 若 $hh_1 \cdots h_{r-1} \neq 0$、$h_r = 0$ 且 $\boldsymbol{X}$、$\boldsymbol{X}_1$、$\cdots$、$\boldsymbol{X}_{r-1}$ 的任意点不满足形如式 (4.33) 的方程但 $\boldsymbol{X}_r$ 满足它, 则拉普拉斯序列在沿 v 方向的 $r+1$ 个变换后依混合中断; 若 $kk_{-1} \cdots k_{-r+1} \neq 0$、$k_{-r} = 0$ 且 $\boldsymbol{X}$、$\boldsymbol{X}_{-1}$、$\cdots$、$\boldsymbol{X}_{-r+1}$ 的任意点不满足式 (4.36) 的方程但 $\boldsymbol{X}_{-r}$ 满足它, 则拉普拉斯序列在沿 u 方向的 $r+1$ 个变换后依混合情况中断。

定理 4.8 若 P_n 内的一个共轭网的所有 v 曲线为超平面曲线, 并无另外附加主要的条件, 则该网有关的拉普拉斯序列在沿 v 方向的 $n-1$ 个变换后依古尔萨情况中断。

事实上, 如果一个拉普拉斯序列的网 $(\boldsymbol{X})$ 的所有 v 曲线均为超平面, 那么坐标 x^i 必须适合形如

$$(\boldsymbol{U}\boldsymbol{X}) = \sum_{i=1}^{n+1} U^i x^i = 0$$

的方程, 式中超平面 $\boldsymbol{U}$ 单独为 u 函数。当 $(\boldsymbol{U}\boldsymbol{X}_v) = 0$ 时 $(\boldsymbol{U}\boldsymbol{X}_1) = 0$。由于

$$(\boldsymbol{U}'\boldsymbol{X}_1) + (\boldsymbol{U}(\boldsymbol{X}_1)_u) = 0 \qquad \left(\boldsymbol{U}' = \frac{\mathrm{d}\boldsymbol{U}}{\mathrm{d}u}\right)$$

因此从式 (4.7) 有 $(\boldsymbol{U}(\boldsymbol{X}_1)_u) = 0$ 且 $(\boldsymbol{U}'\boldsymbol{X}_1) = 0$, 网 $(\boldsymbol{X}_1)$ 的每条 v 曲线必属于一个空间 S_{n-2}。同理, 验证 $\boldsymbol{X}_2$ 适合方程

$$(\boldsymbol{U}\boldsymbol{X}_2) = (\boldsymbol{U}'\boldsymbol{X}_2) = (\boldsymbol{U}''\boldsymbol{X}_2) = 0$$

于是网 $(\boldsymbol{X}_2)$ 的每条 v 曲线必属于一个空间 S_{n-3}。如此下去, 结果表明网 $(\boldsymbol{X}_{n-3})$ 的所有 v 曲线均为平面曲面, 网 $(\boldsymbol{X}_{n-2})$ 的所有 v 曲线均为直线, 而最后网 $(\boldsymbol{X}_{n-1})$ 的所有 v 曲线均化为点。若无另外的主要条件需要满足 $(\boldsymbol{X}_{n-1})$ 为一条 u 曲线, 且所述序列依古尔萨情况中断。

定理 4.9 若共轭网 $(\boldsymbol{X})$ 有关的拉普拉斯序列去沿 v 方向的 $n-1$ 个变换后依古尔萨情况中断, 且其网 $(\boldsymbol{X}_{n-1})$ 退化为一条 u 曲线。则该曲线的密切超平面包括网 $(\boldsymbol{X})$ 的 u 曲线。

定理 4.10 若在共轭网 $(\boldsymbol{X})$有关的拉普拉斯序列中网$(\boldsymbol{X}_{n-1})$ 退化为一条 v 曲线, 则在网 $(\boldsymbol{X}_{n-2})$ 的一条 u 曲线的各点所引 v 曲线的切线均过一个点 $\boldsymbol{X}_{n-1}$ 而形成的这点为顶点的锥面; 在网 $(\boldsymbol{X}_{n-3})$ 的对应 u 曲线的各点所引 v 曲线的密切平面过同一点 $\boldsymbol{X}_{n-1}$, 且在网 $(\boldsymbol{X}_{n-4})$ 的对应 v 曲线各点所引 v 曲线的密切空间 S_3 也如此; 如此下去, 直至最后在网 $(\boldsymbol{X})$ 的对应 u 曲线的各点所引 v 曲线的密切超平面过同一点 $\boldsymbol{X}_{n-1}$。

事实上, 可以验证: 网 $(\boldsymbol{X}_{n-1})$ 退化为一条 v 曲线。这表明点 $\boldsymbol{X}_{n-1}$ 与 u 的变化无关而固定。故由式 (4.11)(其中 $q=n-1$) 知 $h_{n-2}=0$。另等式 (4.11) 中置 $q=n-2$, 有

$$\boldsymbol{X}_{n-1}=(\boldsymbol{X}_{n-2})_v-a_{n-2}\boldsymbol{X}_{n-2} \tag{4.37}$$

于是一条 v 曲线在其点 $\boldsymbol{X}_{n-2}$ 的切线需过对应点 $\boldsymbol{X}_{n-1}$。当 u 变化时点 $\boldsymbol{X}_{n-1}$ 固定。在网 $(\boldsymbol{X}_{n-2})$ 的一条 u 曲线的各点所作 v 曲线的切线均过同一个点 $\boldsymbol{X}_{n-1}$, 从而建立了定理的第一个结论。其次在式 (4.11) 中置 $q=n-3$, 有

$$\boldsymbol{X}_{n-2}=(\boldsymbol{X}_{n-3})_v-a_{n-3}\boldsymbol{X}_{n-3} \tag{4.38}$$

将此方程对 v 求导, 并把结果代入式 (4.37), $\boldsymbol{X}_{n-1}$ 可表达为 $\boldsymbol{X}_{n-3}$、$(\boldsymbol{X}_{n-3})_v$、$(\boldsymbol{X}_{n-3})_{vv}$ 的线性组合; 又在网 $(\boldsymbol{X}_{n-3})$ 的一条 u 曲线的各点所作 v 曲线的密切平面都过同一点 $\boldsymbol{X}_{n-1}$。这样验证定理的第二个结论。如此继续利用式 (4.11), 其中 $q=n-2$、$n-3$、$\cdots$、1、0, 定理得证。

定理 4.11 若在拉普拉斯序列的共轭网 $(\boldsymbol{X})$ 的每一条 u 曲线的各点所引 v 曲线的密切超平面均过同一点, 并无另外需满足的主要条件, 则该序列在沿 u 方向的 $n-1$ 个变换后依拉普拉斯情况中断。

4.1.4 周期性拉普拉斯序列

对于含有正常共轭网的拉普拉斯序列 (L), 如果其基本网 $(\boldsymbol{X})$ 重合于拉普拉斯变换网 $(\boldsymbol{X}_p)(p>1)$, 那么称 (L) 为周期的。一般地, 凡使网 $(\boldsymbol{X}_p)$ 重合于网 $(\boldsymbol{X})$ 最小正整数 p, 称为该序列的周期。

如果一个正常或反常拉普拉斯序列的两个网重合, 那么称为闭序列。周期性的拉普拉斯序列一定为闭的, 但也存在非周期性的闭拉普拉斯序列。

定理 4.12 若过一个拉普拉斯序列的周期为 p, 则经过一个参数变换后, 有

$$hh_1h_2\cdots h_{p-2}h_{p-1}=1 \tag{4.39}$$

事实上, 当且仅当存在 u、v 的函数 m 时, 有

$$\boldsymbol{X}_p=m\boldsymbol{X} \tag{4.40}$$

拉普拉斯序列的共轭网 $(\boldsymbol{X}_p)$ 重合于共轭网 $(\boldsymbol{X})$。由于从解析点 $\boldsymbol{X}$ 到解析点 $\boldsymbol{X}_p$ 的变换式 (4.40) 等价于比例因子变换, 且达布不变量 h、k 对这种变换不变, 因此

$$h_p=h \quad k_p=k \tag{4.41}$$

在式 (4.19) 中分别命 $r=p$、$r=p-1$ 推出

$$h_p=(p+1)h-pk-\frac{\partial^2}{\partial u\partial v}\log(h^ph_1^{p-1}\cdots h_{p-2}^2h_{p-1})$$

$$h_{p-1}=ph-(p-1)k-\frac{\partial^2}{\partial u\partial v}(h^ph_1^{p-1}\cdots h_{p-3}^2h_{p-2})$$

于是

$$h_p-h_{p-1}=h-k-\frac{\partial^2}{\partial u\partial v}\log(hh_1\cdots h_{p-2}h_{p-1}) \tag{4.42}$$

依式 (4.41)、式 (4.19)$(r=p-1)$, 有

$$\frac{\partial^2}{\partial u\partial v}\log(hh_1\cdots h_{p-2}h_{p-1})=0$$

积分,

$$hh_1 \cdots h_{p-2}h_{p-1} = U_1V_1 \tag{4.43}$$

式中 U_1 为单独 u 的任意函数、V_1 为单独 v 的任意函数, 故利用网曲线的参数变换

$$\bar{u} = U(v) \quad \bar{v} = V(v) \quad (U'V' \neq 0)$$

其中撇号表示关于各变量的导数, 且 U、V 符合

$$(U')^p = U_1 \quad (V')^p = V_1$$

式 (4.43) 化为式 (4.39).

定理 4.13 若一个拉普拉斯序列周期为 p, 且取参数 u、v 使式 (4.39) 成立, 则

$$\begin{cases} a_p = a \\ b_p = b \\ c_p = c \end{cases} \tag{4.44}$$

事实上, 参照式 (4.19), 其对任意拉普拉斯序列成立 $b_p = b$; 另, 对任意拉普拉斯序列分别在式 (4.19) 中置 $r = p$、$p-1$、$\cdots$、2、1; 有

$$a_p = a + \frac{\partial}{\partial u}\log(hh_1 \cdots h_{p-2}h_{p-1}) \tag{4.45}$$

于是对周期 p 的一个序列只要式 (4.39) 成立, 即有 $a_p = a$。最后依 $h_p = h, h$ 和 h_p 的定义, 式 (4.44), 得 $c_p = c$。

定理 4.14 当式 (4.39) 由周期为 p 的拉普拉斯满足时, 式 (4.40) 中的 m 为常数。

定理 4.15 若曲面 σ 的哥德序列周期为 p, 则 p 为偶数。

定理 4.16 P_3 的曲面 σ 有关哥德序列 (L) 周期为 $2n+2$ 当且仅当

$$\begin{cases} \dfrac{\partial^2}{\partial u \partial v}\log(\beta\gamma h_1 \cdots h_{2n+1}) = 0 \\ h_{2n+2} = \beta\gamma \end{cases} \tag{4.46}$$

4.1.5 共轭于定线汇的共轭网

设解析点 $\boldsymbol{Y},\boldsymbol{Z}$ 为 u、v 的函数, 其连线画成线汇 $\varGamma$ 并且射线 $(\boldsymbol{Y},\boldsymbol{Z})$ 上的焦点为 $\boldsymbol{Y}$,$\boldsymbol{Z}$, 故 $\varGamma$ 的解析表示为

$$\begin{cases}\boldsymbol{Y}_u=\alpha\boldsymbol{Y}+\beta\boldsymbol{Z}\\ \boldsymbol{Z}_v=\gamma\boldsymbol{Y}+\delta\boldsymbol{Z}\end{cases}\tag{4.47}$$

式中 $\beta\gamma\neq0$, 且 α、β、γ、δ 为 u、v 的函数。

从式 (4.47) 消去 $\boldsymbol{Z}$, 得到 $\boldsymbol{Y}$ 适合的拉普拉斯方程

$$\boldsymbol{Y}_{uv}=\left(\delta+\frac{\beta_v}{\beta}\right)\boldsymbol{Y}_u+\alpha\boldsymbol{Y}_v+\left(\beta\gamma-\alpha\delta+\alpha_v-\alpha\frac{\beta_v}{\beta}\right)\boldsymbol{Y}\tag{4.48}$$

表明 $(\boldsymbol{Y})$ 上的参数网为共轭网。同样, 从式 (4.47) 消去 $\boldsymbol{Y}$, 得到 $\boldsymbol{Z}$ 符合的拉普拉斯方程, 在 $(\boldsymbol{Z})$ 上的网 $(u$、$v)$ 也为共轭网; 称共轭网 $(\boldsymbol{Y})$、$(\boldsymbol{Z})$ 为线汇 $\varGamma$ 的焦网。

当曲面上的一个点绘成一个共轭网时, 称为该点网的一点, 且曲面在这点的切平面称为这个网的切平面。今定义共轭网与线汇的共轭关系。设过一个共轭网的每个点仅有一个线汇的一条射线, 并且这条射线不在网的切平面上; 如果线汇的可展面与网曲面相交于网曲线, 那么称这个共轭网与这个线汇共轭。又命过一个共轭网的每个点仅有一个线丛的一条直线, 称之为共轭的; 由于线汇的一条射线与线汇的各焦曲面在对应的焦点相切, 因此落在焦网的有关切平面上。

定理 4.17 一个线汇的一个焦网不与线汇共轭。

定理 4.18 共轭于线汇的一个共轭网在其一点的网曲线的各切线落在过该点的射线有关焦平面上。

事实上, 在 P_n 里考虑已知线汇 $\varGamma$, 取其焦网为 $(\boldsymbol{Y})$、$(\boldsymbol{Z})$ 且由式 (4.47) 解析表达。该线汇的一条射线 $(\boldsymbol{Y},\boldsymbol{Z})$ 上的任意点 $(\boldsymbol{X})$ 取决于方程

$$\boldsymbol{X}=\mu\boldsymbol{Y}-\lambda\boldsymbol{Z}\tag{4.49}$$

式中 $\lambda\mu\neq0$, 而 λ、μ 为 u、v 的函数。当 λ、μ 分别替代 $\boldsymbol{Y}$、$\boldsymbol{Z}$ 满

足式 (4.47), 即 λ、μ 满足二次方程

$$\lambda_u = \alpha\lambda + \beta\mu \quad \mu_v = \gamma\lambda + \delta\mu \tag{4.50}$$

显见, 当 u、v 变动时点 $\boldsymbol{X}$ 绘成共轭网 $(\boldsymbol{X})$ 且这个网又共轭于线汇 Γ。实际上, 式 (4.49) 关干 u、v 导数一次, 式 (4.49)、式 (4.50) 的作用可以改写

$$\begin{cases} \boldsymbol{X}_u - \alpha\boldsymbol{X} = \mu_u\boldsymbol{Y} - \lambda\boldsymbol{Z}_u \\ \boldsymbol{X}_v - \delta\boldsymbol{X} = \mu\boldsymbol{Y}_v + \lambda_v\boldsymbol{Z} \end{cases} \tag{4.51}$$

若关于 v 导数其中的第二个方程, 则

$$\begin{aligned} \boldsymbol{X}_{uv} = &\left(\delta + \frac{\lambda_v}{\lambda}\right)\boldsymbol{X}_u + \left(\alpha + \frac{\mu_u}{\mu}\right)\boldsymbol{X}_v \\ &+ \left(\alpha_v + \delta_u + \beta\gamma - \alpha\delta - \alpha\frac{\lambda_v}{\lambda} - \delta\frac{\mu_u}{\mu} - \frac{\lambda_v}{\lambda}\frac{\mu_u}{\mu}\right)\boldsymbol{X} \end{aligned} \tag{4.52}$$

于是当 u、v 变动时点 $\boldsymbol{X}$ 绘成共轭网 $(\boldsymbol{X})$, 它共轭于 Γ。反之, 如果由式 (4.50) 确定的点 $\boldsymbol{X}$ 绘成一个共轭于线汇 Γ 的共轭网, 那么在选择解析点 $\boldsymbol{X}$, 即在对函数 λ、μ 适当乘以同一因子的情况下, λ、μ 必满足式 (4.50)。为此, 假定由式 (4.49) 确定的点绘成一个共轭于线汇 Γ 的共轭网 $(\boldsymbol{X})$ 且 λ、μ 并不适合式 (4.50)。首先, 若式 (4.50) 不为 λ、μ 满足, 按比例因子变换

$$\bar{\lambda} = f\lambda \quad \bar{\mu} = f\mu \tag{4.53}$$

导入新函数 $\bar{\lambda}$、$\bar{\mu}$, 而 f 为满足

$$f(\lambda_u - \alpha\lambda - \beta\mu) = -f_u\lambda$$

的函数; 有

$$\bar{\lambda}_u = \alpha\bar{\lambda} + \beta\bar{\mu} \tag{4.54}$$

表明式 (4.50) 为被 $\bar{\lambda}$、$\bar{\mu}$ 满足。从以上关于 f 的方程知, 欲使式 (4.54) 成立, 最一般的 f 还容有单独 v 的任意函数 V 作为因子。计算共轭网 $(\boldsymbol{X})$ 的拉普拉斯方程, 得

$$\left(\frac{\bar{\mu}_v - \bar{\lambda}\gamma - \delta\bar{\mu}}{\mu}\right)_u = 0$$

成立, 从而括号中的式子必为单独 v 的函数。而依

$$\frac{V'}{V}+\frac{\bar{\mu}_v-\bar{\lambda}\gamma-\delta\bar{\mu}}{\bar{\mu}}=0 \quad \left(V'=\frac{\mathrm{d}V}{\mathrm{d}v}\right)$$

确定 v 的函数 V, 并以它做变换,

$$\lambda^*=V\bar{\lambda} \qquad \mu^*=V\bar{\mu}$$

以此导进函数 λ^*、μ^*,

$$\lambda_u^*=\alpha\lambda^*+\beta\mu^* \quad \mu_v^*=\gamma\lambda^*+\delta\mu^*$$

定理 4.19 若共轭网 $(\boldsymbol{X})$ 由式 (4.49) 定义, λ、μ 为式 (4.50) 的解。则该网为共轭于式 (4.47) 定义的线汇 $\varGamma$。反之, 若线汇 $\varGamma$ 由式 (4.47) 定义, 则在选择解析点 $\boldsymbol{X}$ 之下可以依式 (4.49) 确定共轭于 $\varGamma$ 的任何共轭网 $(\boldsymbol{X})$, 其中 λ、μ 为式 (4.50) 的解。

事实上, 从式 (4.51) 导出

$$\boldsymbol{X}_1=\boldsymbol{X}_v-\left(\delta+\frac{\lambda_v}{\lambda}\right)\boldsymbol{X} \tag{4.55}$$

或依式 (4.49)、式 (4.50) 改写为

$$\boldsymbol{X}_1=\mu\Big[\boldsymbol{Y}_1-\Big(\delta+\frac{\partial}{\partial v}\log\frac{\lambda}{\beta}\Big)\boldsymbol{Y}\Big] \tag{4.56}$$

式中已将 (L') 表成

$$\cdots,\boldsymbol{Z}_m,\cdots,\boldsymbol{Z}_1,\boldsymbol{Z},\boldsymbol{Y},\boldsymbol{Y}_1,\cdots,\boldsymbol{Y}_m,\cdots$$

表明点 $\boldsymbol{X}_1$ 落在射线 $(\boldsymbol{Y},\boldsymbol{Y}_1)$ 上, 从而共轭网为共轭于 $(\boldsymbol{Y},\boldsymbol{Y}_1)$ 生成的线汇 $\varGamma_1$。

同理, 共轭网 $(\boldsymbol{X}_{-1})$ 为共轭于 $(\boldsymbol{Z},\boldsymbol{Z}_1)$ 生成的线汇 $\varGamma_{-1}$, 结果拉普拉斯序列 (L) 内接于拉普拉斯序列 (L')。

设在共轭网的每个切平面上, 仅有一个线汇的一条不过网点的射线, 且线汇的可展曲面对应于网曲线, 称该共轭网与线汇相互调和。

如果射线 $(\boldsymbol{Y},\boldsymbol{Z})$ 上的另一点 $\bar{\boldsymbol{X}}$ 画成的共轭网 $\bar{\boldsymbol{X}}$ 也共轭于线汇 Γ, 那么又得到内接于序列 (L') 的第二拉普拉斯序列 $(\bar{L})$,

$$\cdots,\bar{\boldsymbol{X}}_{-n},\cdots,\bar{\boldsymbol{X}}_{-1},\bar{\boldsymbol{X}},\bar{\boldsymbol{X}}_1,\cdots,\bar{\boldsymbol{X}}_n,\cdots$$

显然直线 $(\boldsymbol{X},\boldsymbol{X}_1)$、$(\bar{\boldsymbol{X}},\bar{\boldsymbol{X}}_1)$ 相交于 A 点, 并 $(\boldsymbol{X},\boldsymbol{X}_{-1})$、$(\bar{\boldsymbol{X}},\bar{\boldsymbol{X}}_{-1})$ 相交于 B 点。更一般地, 直线 $(\boldsymbol{X}_n,\boldsymbol{X}_{n+1})$、$(\bar{\boldsymbol{X}}_n,\bar{\boldsymbol{X}}_{n+1})$ 相交于 A_n 点, 且 $(\boldsymbol{X}_{-n},\boldsymbol{X}_{-n+1})$、$(\bar{\boldsymbol{X}}_{-n},\bar{\boldsymbol{X}}_{-n+1})$ 相交于 B_n 点。可以证明: 射线 $(\boldsymbol{A},\boldsymbol{B})$ 生成的线汇 $(\boldsymbol{AB})$ 与共轭网 $(\boldsymbol{X})$ 或 $(\bar{\boldsymbol{X}})$ 相互调和, 即线汇 $(\boldsymbol{AB})$ 和 $\Gamma=(\boldsymbol{YZ})$ 以其可展曲线相互对应。

实际上, 点 $\bar{\boldsymbol{X}}$ 取决于

$$\bar{\boldsymbol{X}}=\bar{\mu}\boldsymbol{Y}-\bar{\lambda}\boldsymbol{Z} \tag{4.57}$$

式中 $\bar{\lambda}$、$\bar{\mu}$ 为式 (4.50) 的解。这里 $\Delta=\mu\bar{\lambda}-\lambda\bar{\mu}\neq 0$; 证

$$\boldsymbol{\xi}=\frac{\boldsymbol{X}}{\Delta}\qquad\bar{\boldsymbol{\xi}}=\frac{\bar{\boldsymbol{X}}}{\Delta}$$

依式 (4.51) 及 $\bar{\boldsymbol{X}}$ 有关的类似方程消去 $\boldsymbol{Z}_u$, 得

$$(\bar{\lambda}\boldsymbol{\xi}_u-\lambda\bar{\boldsymbol{\xi}}_u)\Delta+(\bar{\lambda}\boldsymbol{\xi}-\lambda\bar{\boldsymbol{\xi}})(\Delta_u-\alpha\Delta)=\boldsymbol{Y}(\bar{\lambda}\mu_u-\lambda\bar{\mu}_n)$$

另由式 (4.49)、式 (4.50)、式 (4.51), 有

$$\boldsymbol{Y}\Delta=\bar{\lambda}\boldsymbol{X}-\lambda\bar{\boldsymbol{X}}=\Delta(\bar{\lambda}\boldsymbol{\xi}-\lambda\bar{\boldsymbol{\xi}})$$

和

$$\Delta_u=\alpha\Delta+\bar{\lambda}\mu_u-\lambda\bar{\mu}_u\quad\Delta_v=\delta\Delta+\mu\bar{\lambda}_v-\bar{\mu}\lambda_v$$

故

$$\boldsymbol{\xi}_u=l\bar{\boldsymbol{\xi}}_u\quad\boldsymbol{\xi}_v=m\bar{\boldsymbol{\xi}}_v\quad l=\frac{\lambda}{\bar{\lambda}}\quad m=\frac{\mu}{\bar{\mu}} \tag{4.58}$$

据此知, 直线 $(\boldsymbol{X},\boldsymbol{X}_{-1})$、$(\bar{\boldsymbol{X}},\bar{\boldsymbol{X}}_{-1})$ 的交点 $\boldsymbol{B}$ 可以表成 $\boldsymbol{X}$、$\boldsymbol{X}_u$ 的线性组合, 以及 $\bar{\boldsymbol{X}}$、$\bar{\boldsymbol{X}}_u$ 的线性组合, 且式 (4.58) 显示了其与 $\bar{\boldsymbol{\xi}}_u$ 重合。同样点 $\boldsymbol{A}$、$\bar{\boldsymbol{\xi}}_v$ 重合。但是由式 (4.58) 消去 $\boldsymbol{\xi}$, 推出共轭网 $(\bar{\boldsymbol{X}})$ 的拉普拉斯方程,

$$(l-m)\bar{\xi}_{uv}+l_v\bar{\xi}_u-m_u\bar{\xi}_v=0$$

或改写为

$$\begin{cases}(l-m)\boldsymbol{B}_v=-l_v\boldsymbol{B}+m_u\boldsymbol{A}\\(l-m)\boldsymbol{A}_u=-l_u\boldsymbol{B}+m_u\boldsymbol{A}\end{cases}$$

表明 $\boldsymbol{A}$、$\boldsymbol{B}$ 为射线 $(\boldsymbol{A},\boldsymbol{B})$ 的焦点, 且 u(常数)、v(常数) 表示线汇 $(\boldsymbol{AB})$ 的可展曲面。在曲面 $(\boldsymbol{X})$ 或 $(\bar{\boldsymbol{X}})$ 上同一共轭网 (u,v) 和该线汇的可展曲面相对应, 且射线 $(\boldsymbol{A},\boldsymbol{B})$ 又为 $(\boldsymbol{X})$、$(\bar{\boldsymbol{X}})$ 切平面的交线, 于是按照定义, 线汇 $(\boldsymbol{AB})$ 与共轭网 $(\boldsymbol{X})$ 或 $(\bar{\boldsymbol{X}})$ 相互调和。

定理 4.20 共轭网同一线汇的两个共轭网与另一线汇互相调和。

定理 4.21 若一个共轭网与一个线汇共轭, 则该网所属的拉普拉斯序列内接于线汇网所属的拉普拉斯序列, 且内接于后者的两个拉普拉斯序列有共同的调和拉普拉斯序列。

定理 4.22 若 P_3 的曲面 S 的杜姆兰四边形的一边在 P_5 里和有关哥德序列中的线汇 $(\boldsymbol{U}_1\boldsymbol{U}_2)$ 或 $(\boldsymbol{V}_1\boldsymbol{V}_2)$ 共轭, 则其余的任意一边的象也有同样性质且 S 为射影极小曲面; 反之亦然。

4.1.6 调和于定线汇的共轭网

设定线汇 $\varGamma$ 取决于式 (4.47), 且 $(\boldsymbol{X})$ 为与 $\varGamma$ 相互调和的共轭网, 于是

$$\begin{cases}\boldsymbol{X}_u=p\boldsymbol{X}+r\boldsymbol{Z}\\\boldsymbol{X}_v=q\boldsymbol{X}+s\boldsymbol{Y}\end{cases}\tag{4.59}$$

式中 p、q、r、s 为满足某些可积条件的 u、v 的函数。计算知

$$\boldsymbol{X}_{uv}=(p_v+pq)\boldsymbol{X}+(ps+r\gamma)\boldsymbol{Y}+(r_v+r\delta)\boldsymbol{Z}$$

$$\boldsymbol{X}_{vu}=(q_u+qp)\boldsymbol{X}+(s_u+s\alpha)\boldsymbol{Y}+(qr+s\beta)\boldsymbol{Z}$$

将 $\boldsymbol{X}_{uv}$ 的两个表达式等同, 并注意到点 $\boldsymbol{X}$、$\boldsymbol{Y}$、$\boldsymbol{Z}$ 线性无关, 得到三个可积条件,

$$p_v=q_u\quad s_u+\alpha s=ps+r\gamma\quad r_v+\delta r=qr+\beta s\tag{4.60}$$

由于解析点 $\boldsymbol{X}$ 容有比例因子变换

$$\boldsymbol{X}=\lambda\bar{\boldsymbol{X}}\quad(\lambda\neq0)$$

因此式 (4.59) 变为

$$\begin{cases} \bar{\boldsymbol{X}}_u = \left(p - \dfrac{\lambda_u}{\lambda}\right)\bar{\boldsymbol{X}} + \dfrac{r}{\lambda}\boldsymbol{Z} \\ \bar{\boldsymbol{X}}_v = \left(q - \dfrac{\lambda_v}{\lambda}\right)\bar{\boldsymbol{X}} + \dfrac{s}{\lambda}\boldsymbol{Y} \end{cases}$$

如果取 λ, 使

$$\frac{\lambda_u}{\lambda} = p \quad \frac{\lambda_v}{\lambda} = q$$

又依式 (4.60) 知 $\lambda(u,v)$ 存在, 那么经过变换后 $\bar{p} = \bar{q} = 0$。结果式 (4.59) 可采用以下形式

$$\boldsymbol{X}_u = r\boldsymbol{Z} \quad \boldsymbol{X}_v = s\boldsymbol{Y} \tag{4.61}$$

式 (4.60) 化为

$$r_v = -\delta r + \beta s \quad s_u = \gamma r - \alpha s \tag{4.62}$$

显然共轭关系与调和关系在定曲面的每个点变到曲面在该点的切平面对应下相互对偶。

定理 4.23 凡与式 (4.59) 表示的线汇 $\Gamma = (\boldsymbol{Y}\boldsymbol{Z})$ 相互调和的任意共轭网 ($\boldsymbol{X}$) 取决于式 (4.61), 其中 r、s 在解析点 $\boldsymbol{X}$ 的适当选择下满足式 (4.62)。

定理 4.24 凡与同一线汇相互调和的两个共轭网共轭于另一线汇。

事实上, 观察线汇 $\Gamma = (\boldsymbol{Y}\boldsymbol{Z})$, 使之解析地由式 (4.59) 确定, 并取式 (4.61) 定义的共轭网 ($\boldsymbol{X}$), 其中 r、s 适合式 (4.62)。另外在式 (4.16) 分别以 $\bar{r}$、$\bar{s}$ 替代 r、s 而确定共轭网 ($\bar{\boldsymbol{X}}$), 但应假定 $\bar{r}$、$\bar{s}$ 也符合式 (4.62) 且 $rs\bar{r}\bar{s} \neq 0$。过这些共轭网 ($\boldsymbol{X}$)、$\bar{\boldsymbol{X}}$ 为与线汇 Γ 相互调和, 并消去 $\boldsymbol{Y}$、$\boldsymbol{Z}$, 有

$$\bar{\boldsymbol{X}}_u = l\boldsymbol{X}_u \quad \bar{\boldsymbol{X}}_v = m\boldsymbol{X}_v \tag{4.63}$$

式中

$$l = \frac{\bar{r}}{r} \quad m = \frac{\bar{s}}{s} \tag{4.64}$$

故

$$\begin{cases}(\bar{\boldsymbol{X}}-l\boldsymbol{X})_u=-l_u\boldsymbol{X}\\(\bar{\boldsymbol{X}}-m\boldsymbol{X})_v=-m_v\boldsymbol{X}\end{cases}\tag{4.65}$$

据此, 共轭网 $(\boldsymbol{X})$ 共轭于这样的线汇, 其焦网依点

$$\bar{\boldsymbol{X}}_u=l\boldsymbol{X}_u\quad\bar{\boldsymbol{X}}_v=m\boldsymbol{X}_v\tag{4.66}$$

生成。由几何观点知共轭网 $(\bar{\boldsymbol{X}})$ 也共轭于同一线汇。若改式 (4.63) 为

$$\begin{cases}\left(\dfrac{\bar{\boldsymbol{X}}-l\boldsymbol{X}}{l}\right)_u=-\dfrac{l_u}{l^2}\bar{\boldsymbol{X}}\\\left(\dfrac{\bar{\boldsymbol{X}}-m\boldsymbol{X}}{m}\right)_v=-\dfrac{m_v}{m^2}\bar{\boldsymbol{X}}\end{cases}\tag{4.67}$$

则定理成立。

令定网 $(\boldsymbol{X})$ 的拉普拉斯方程为式 (4.59), 定义点

$$\boldsymbol{R}=\boldsymbol{X}_u+H\boldsymbol{X}\quad\boldsymbol{S}=\boldsymbol{X}_v+K\boldsymbol{X}\tag{4.68}$$

式中 H、K 为 u、v 函数。这两点分别在网曲线的切线上, 且可以代表 $\boldsymbol{X}$ 之外的任何点。依式 (4.59), 有

$$\begin{cases}\boldsymbol{R}_v=a\boldsymbol{R}+(b+H)\boldsymbol{S}+(H_v+c-aH-bK-HK)\boldsymbol{X}\\\boldsymbol{S}_u=(a+K)\boldsymbol{R}+b\boldsymbol{S}+(K_u+c-aH-bK-HK)\boldsymbol{X}\end{cases}\tag{4.69}$$

当 u 变化时射线 $(\boldsymbol{R},\boldsymbol{S})$ 生成以 $\boldsymbol{S}$ 为焦点的可展曲面, 当 v 变化时射线 $(\boldsymbol{R},\boldsymbol{S})$ 生成以 $\boldsymbol{R}$ 为焦点的可展曲面。为此当且仅当

$$H_v=K_u=HK+aH+bK-c\tag{4.70}$$

适当选择解析点 $\boldsymbol{X}$, 验证知变换后的 H、K 可归结为零, 从而所有与共轭网 $(\boldsymbol{X})$ 相互调和的任意线汇由点 $\boldsymbol{X}_u$、$\boldsymbol{X}_v$ 的连线生成。由式 (4.70) 得 $c=0$。

命网 $(\boldsymbol{X})$ 的拉普拉斯方程为式 (4.47), 根据式 (4.56), 点 $\boldsymbol{X}_1$ 在直线 $(\boldsymbol{Y},\boldsymbol{Y}_1)$ 上, 于是焦网 $(\boldsymbol{Y})$ 与线汇 $(\boldsymbol{X},\boldsymbol{X}_1)$ 相互调和, 有方程组

$$\begin{cases}\boldsymbol{Y}_u=\psi\boldsymbol{X}+\beta\boldsymbol{Y}\\\boldsymbol{Y}_v=\varphi\boldsymbol{X}_1+\delta\boldsymbol{Y}\end{cases}\tag{4.71}$$

式中 φ、ψ、β、δ 为 u、v 函数。由式 (4.71) 计算 $\boldsymbol{Y}_{uv}$ 的两个表达式, 令之相等, 得

$$\psi_v + a\psi = \varphi h + \delta\psi \quad \psi + \beta\varphi = \varphi_u + b\varphi \quad \beta_v = \delta_u \tag{4.72}$$

按照最后关系可以选解析点 $\boldsymbol{Y}$ 使 $\beta = \delta = 0$。式 (4.71) 变为

$$\boldsymbol{Y}_u = \psi\boldsymbol{X} \quad \boldsymbol{Y}_v = \varphi\boldsymbol{X}_1 \tag{4.73}$$

φ、ψ 满足可积条件

$$\varphi_u + b\varphi = \psi \quad \psi_v + a\psi = h\varphi \tag{4.74}$$

由式 (4.74) 消去 ψ, 产生拉普拉斯式 (4.2) 的伴随方程

$$\varphi_{uv} = -a\varphi_u - b\varphi_v + (c - a_u - b_v)\varphi \tag{4.75}$$

故线汇 $\varGamma$ 的第二焦网 $(\boldsymbol{Z})$ 取决于

$$\boldsymbol{Z} = \boldsymbol{Y} - \varphi\boldsymbol{X} \tag{4.76}$$

实际上, 利用式 (4.74)、式 (4.73), 给出

$$\boldsymbol{Z}_u = -\varphi\boldsymbol{X}_{-1} \quad \boldsymbol{Z}_v = -(\varphi_v + a\varphi)\boldsymbol{X} \tag{4.77}$$

4.2 共轭网与直线汇的广义调和

4.2.1 共轭网的附属方程组

设在 n 维空间 $P_n(n \geqslant 3)$ 里解析点 $\boldsymbol{A}_0$ 绘成共轭网 (u, v); 该网沿 u 方向的拉普拉斯变换为 $\boldsymbol{A}_{-1}$、$\boldsymbol{A}_{-2}$、$\cdots$、$\boldsymbol{A}_{-m}$、$\cdots$, 且沿 v 方向的拉普拉斯变换 $\boldsymbol{A}_1$、$\boldsymbol{A}_2$、$\cdots$、$\boldsymbol{A}_m$、$\cdots$; 取

$$\mathrm{d}\boldsymbol{A}_r = a_r\omega_1\boldsymbol{A}_{r-1} + \omega(r)\boldsymbol{A}_r + b_r\omega_2\boldsymbol{A}_{r+1} \tag{4.78}$$

式中 r 为整数, $\omega_1 = \mathrm{d}u$、$\omega_2 = \mathrm{d}v$、$\omega(r) = p_1\omega_1 + \delta_r\omega_2$, 而 ω_1、ω_2 的外微分为零, 即

$$D\omega_1 = D\omega_2 = 0 \tag{4.79}$$

式中 D 表示外微分, 依式 (4.78),

$$\begin{cases} \dfrac{\partial \boldsymbol{A}_r}{\partial u} = a_r \boldsymbol{A}_{r-1} + p_r \boldsymbol{A}_r \\ \dfrac{\partial \boldsymbol{A}}{\partial v} = q_r \boldsymbol{A}_r + b_r \boldsymbol{A}_{r+1} \end{cases} \tag{4.80}$$

设在

$$a_r b_r \neq 0 \tag{4.81}$$

$\boldsymbol{A}_{r+1}$、$\boldsymbol{A}_{r-1}$ 分别为 $\boldsymbol{A}_r$ 的沿 v 方向 、u 方向的拉普拉斯变换。

关于式 (4.78) 的可积条件, 先将式 (4.78) 计算外微分, 并把式 (4.78) 代入 $\mathrm{d}\boldsymbol{A}_{r-1}$、$\mathrm{d}\boldsymbol{A}_r$、$\mathrm{d}\boldsymbol{A}_{r+1}$ 的表达式到右边外微分中, 得到法普方程。对于该方程, 一方面为关于 $\boldsymbol{A}_{r-2}$、$\boldsymbol{A}_{r-1}$、$\boldsymbol{A}_r$、$\boldsymbol{A}_{r+1}$、$\boldsymbol{A}_{r+2}$ 的线性方程, 另一方面为关于 ω_1、ω_2 线性方程, 于是代表了两个方程, 给出条件

$$\begin{cases} [\mathrm{d}\log a_r + \omega(r-1) - \omega(r)] \wedge \omega_1 = 0 \\ [\mathrm{d}\log b_r + \omega(r+1) - \omega(r)] \wedge \omega_2 = 0 \\ D\omega(r) + (a_{r+1}b_r - a_r b_{r-1})\omega_1 \wedge \omega_2 = 0 \end{cases} \tag{4.82}$$

式中 $\wedge$ 为外乘号。式 (4.82) 也可写成

$$\begin{cases} \dfrac{\partial a_r}{\partial v} + a_r(q_{r-1} - q_r) = 0 \\ \dfrac{\partial b_r}{\partial u} + b_r(p_{r+1} - p_r) = 0 \qquad (r\text{为整数}) \\ \dfrac{\partial p_r}{\partial v} - \dfrac{\partial q_r}{\partial u} = a_{r+1}b_r - a_r b_{r-2} \end{cases} \tag{4.83}$$

利用这组方程及 $(\boldsymbol{A}_r)_{uv}$ 的推导, 由式 (4.80) 得到 $\boldsymbol{A}_r$ 的拉普拉斯方程,

$$(\boldsymbol{A}_r)_{uv} = q_r(\boldsymbol{A}_r)_v + p_r(\boldsymbol{A}_r)_u + c_r\boldsymbol{A}_r \tag{4.84}$$

式中

$$c_r = \frac{\partial p_r}{\partial v} + a_r b_{r-1} - p_r q_r = \frac{\partial q_r}{\partial u} + a_{r+1}b_r - p_r q_r \tag{4.85}$$

这样共轭网 $(\boldsymbol{A}_r)$ 的达布不变量为

$$h_r = a_{r+1}b_r \quad k_r = a_r b_{r-1} \tag{4.86}$$

显见 $h_r = k_{r+1}$ 也为 $(\boldsymbol{A}_{r+1})$ 的达布不变量。据此，式 (4.81) 保证共轭网 $(\boldsymbol{A}_0)$ 的附属拉普拉斯序列 (L)，

$$\cdots, \boldsymbol{A}_{-m}, \cdots, \boldsymbol{A}_{-1}, \boldsymbol{A}_0, \boldsymbol{A}_1, \cdots, \boldsymbol{A}_m, \cdots$$

向两边无限伸展而不中断或有周期性。

称式 (4.78) 为共轭网 $(\boldsymbol{A}_0)$ 的附属方程组。

命 $n \geqslant 3$ 且在 (L) 的两条相邻射线 $(\boldsymbol{A}_0, \boldsymbol{A}_1)$、$\boldsymbol{A}_1, \boldsymbol{A}_2$ 上各取点 $\boldsymbol{X}$、$\boldsymbol{Y}$，有

$$\boldsymbol{X} = \mu \boldsymbol{A}_1 - \boldsymbol{A}_0 \quad \boldsymbol{Y} = \nu \boldsymbol{A}_1 - \boldsymbol{A}_2 \tag{4.87}$$

式中 μ、ν 为 u、v 的函数。

如果曲面 $(\boldsymbol{X})$ 在点 $\boldsymbol{X}$ 的切平面常过对应点 $\boldsymbol{Y}$；反之，曲面 $(\boldsymbol{Y})$ 的切平面常过对应点 $\boldsymbol{X}$，那么一定有在方向 d'、d'' 以及法普形式 $\widetilde{\omega}_1$、$\widetilde{\omega}_2$ 和 $\mathring{\omega}_1$、$\mathring{\omega}_2$，使

$$\begin{cases} d'\boldsymbol{X} = \widetilde{\omega}_1 \boldsymbol{X} + \widetilde{\omega}_2 \boldsymbol{Y} \\ d''\boldsymbol{Y} = \mathring{\omega}_1 \boldsymbol{X} + \mathring{\omega}_2 \boldsymbol{Y} \end{cases} \tag{4.88}$$

从附属方程式 (4.1)(其中 $r = 0, 1$) 改写式 (4.11) 第一式且用 ω'_r、$\omega'(r)$ 分别表示 ω_r、$\omega(r)$ 对应于方向 d' 的法普形式；计算知

$$\omega'_1 = 0 \quad \widetilde{\omega}_1 = \omega'(0) \quad \widetilde{\omega}_2 = -b_1 \mu \omega'_2$$

$$d'\mu = \mu(\omega'(0) - \omega'(1)) + (b_0 - b_1 \mu\nu)\omega'_2 \tag{4.89}$$

同样，从式 (4.11) 导出 d'' 必为方向 $u(\omega''_2 = 0)$ 并且法普形式 $\mathring{\omega}_1$、$\mathring{\omega}_2$ 为

$$\mathring{\omega}_1 = -a_1 \nu \omega''_1 \quad \mathring{\omega}_2 = \omega''(2)$$

其中 ω''_r、$\omega''(r)$ 分别表示 ω_r、$\omega(r)$ 对应于方向 d'' 的法普形式。另有

$$d''\nu = \nu(\omega''(2) - \omega''(1)) + (a_2 - a_1 \mu\nu)\omega''_1 \tag{4.90}$$

式 (4.12)、式 (4.13) 也可表成法普形式，

$$
\begin{cases} d\mu = \sigma\omega_1 + \mu[\omega(0) - \omega(1)] + (b_0 - b_1\mu\nu)\omega_2 \\ d\nu = (a_2 - a_1\mu\nu) + \nu[\omega(2) - \omega(1)] + \tau\omega_2 \end{cases} \tag{4.91}
$$

式中 σ、τ 为辅助函数。

定理 4.25 如果共轭网 $(\boldsymbol{A}_1)$ 的切线 $(\boldsymbol{A}_0, \boldsymbol{A}_1)$、$(\boldsymbol{A}_1, \boldsymbol{A}_2)$ 上各有点 $\boldsymbol{X}$、$\boldsymbol{Y}$, 其使曲面 $(\boldsymbol{X})$ 的切平面常过对应点 $\boldsymbol{Y}$; 反之, 曲面 $(\boldsymbol{Y})$ 在点 $\boldsymbol{Y}$ 的切平面常过对应点 $\boldsymbol{X}$, 那么 $\boldsymbol{X}$、$\boldsymbol{Y}$ 各绘成共轭网 $(u$、$v)$ 且互为拉普拉斯变换。

当 $n > 3$ 而 $\boldsymbol{X}$、$\boldsymbol{Y}$ 分别为切线 $(\boldsymbol{A}_0, \boldsymbol{A}_1)$、$(\boldsymbol{A}_1, \boldsymbol{A}_2)$ 和定超平面 P_{n-2} 的交点时, 由于 v 曲线为 $(\boldsymbol{A}_0)$ 的网曲线, 并沿它移动切线 $(\boldsymbol{A}_0, \boldsymbol{A}_1)$, 且该切线和其邻近切线确定平面 $P_2(\boldsymbol{A}_0, \boldsymbol{A}_1, \boldsymbol{A}_2)$, 因此曲面 $(\boldsymbol{X})$ 在点 $\boldsymbol{X}$ 的切平面过对应点 $\boldsymbol{Y}$。同理, 取 $(\boldsymbol{A}_2)$ 的网曲线 u 且沿它移动切线 $(\boldsymbol{A}_1, \boldsymbol{A}_2)$, 据此, 曲面 $(\boldsymbol{Y})$ 在点 $\boldsymbol{Y}$ 的切平面过对应点 $\boldsymbol{X}$。

定理 4.26 在 $P_n(n > 3)$ 里一个共轭网在其任意点的二切线与一个定超平面 π 的交点, 在 π 上各画共轭网并互为拉普拉斯变换。

讨论三个邻网确定的平面汇: $\Sigma_0(\boldsymbol{A}_0, \boldsymbol{A}_1, \boldsymbol{A}_2)$、$\Sigma_1(\boldsymbol{A}_1, \boldsymbol{A}_2, \boldsymbol{A}_3)$, 并在各平面上选择 $\boldsymbol{X}$、$\boldsymbol{Y}$,

$$
\begin{cases} \boldsymbol{X} = \mu\boldsymbol{A}_1 + \nu\boldsymbol{A}_2 - \boldsymbol{A}_0 \\ \boldsymbol{Y} = \sigma\boldsymbol{A}_1 + \tau\boldsymbol{A}_2 - \boldsymbol{A}_3 \end{cases} \tag{4.92}
$$

式中 μ、ν、σ、τ 为 u、v 的函数。

令 $n \geqslant 4$ 并如前述, 曲面 $(\boldsymbol{X})$ 在点 $\boldsymbol{X}$ 的切平面常过对应点 $\boldsymbol{Y}$; 反之, 曲面 $(\boldsymbol{Y})$ 在点 $\boldsymbol{Y}$ 的切平面常过对应点 $\boldsymbol{X}$, 于是必有方向 d'、d'' 及法普形式 $\widetilde{\omega}_1$、$\widetilde{\omega}_2$、$\mathring{\omega}_1$、$\mathring{\omega}_2$, 使式 (4.11) 成立, 即

$$
d'\boldsymbol{X} = \widetilde{\omega}_1\boldsymbol{X} + \widetilde{\omega}_2\boldsymbol{Y} \quad d''\boldsymbol{Y} = \mathring{\omega}_1\boldsymbol{X} + \mathring{\omega}_2\boldsymbol{Y}
$$

把式 (4.15) 代入最后方程组, 按附属方程式 (4.1) 计算各方程左边且比较两边的系数。因为每一个拼五小组 $\boldsymbol{A}_{-1}$、$\boldsymbol{A}_0$、$\boldsymbol{A}_1$、$\boldsymbol{A}_2$、$\boldsymbol{A}_3$, $\boldsymbol{A}_0$、$\boldsymbol{A}_1$、$\boldsymbol{A}_2$、$\boldsymbol{A}_3$、$\boldsymbol{A}_4$ 其在 $n > 3$ 条件下为线性无关且 $a_0b_3 \neq 0$,

所以方向 d'、d'' 分别重合于 v、u, 而

$$\widetilde{\omega}_1 = \omega'(0) \quad \widetilde{\omega}_2 = -b_2\nu\omega_2' \quad \mathring{\omega}_1 = -a_1\sigma\omega_1'' \quad \mathring{\omega}_2 = \omega''(3)$$

同时,

$$\begin{cases} d'\mu = \mu(\omega'(0) - \omega'(1)) + (b_1 - b_2\nu\sigma)\omega_2' \\ d'\nu = \nu(\omega'(0) - \omega'(2)) - (b_1\mu + b_2\tau\nu)\omega_2' \\ d''\sigma = -(a_1\sigma\mu + a_2\tau)\omega_1'' + \sigma(\omega''(3) - \omega''(1)) \\ d''\tau = \tau(\omega''(3) - \omega''(2)) + (a_3 - a_1\nu\sigma)\omega_1'' \end{cases} \tag{4.93}$$

这里也可改为法普系统

$$\begin{cases} d\mu = \rho\omega_1 + \mu(\omega(0) - \omega(1)) + (b_1 - b_2\nu\sigma)\omega_2 \\ d\nu = \lambda\omega_1 + \nu(\omega(0) - \omega(2)) - (b_1\mu + b_2\tau\nu)\omega_2 \\ d\sigma = -(a_1\sigma\mu + a_2\tau)\omega_1 + \tau(\omega(3) - \omega(1)) + \xi\omega_2 \\ d\tau = (a_3 - a_1\nu\sigma)\omega_1 + \tau(\omega(3) - \omega(2)) + \eta\omega_2 \end{cases} \tag{4.94}$$

式中 ρ、λ、ξ、η 为 u、v 的辅助函数。

定理 4.27 设在 $P_n(n \geqslant 4)$ 里有共轭网 $\boldsymbol{A}_0$ 和附属序列 (L)。若在平面 $(\boldsymbol{A}_0, \boldsymbol{A}_1, \boldsymbol{A}_2)$、$(\boldsymbol{A}_1, \boldsymbol{A}_2, \boldsymbol{A}_3)$ 上各存在点 $\boldsymbol{X}$、$\boldsymbol{Y}$ 使曲面 $(\boldsymbol{X})$ 在点 $\boldsymbol{X}$ 的切平面常过对应点 $\boldsymbol{Y}$; 反之, 曲面 $(\boldsymbol{Y})$ 在点 $\boldsymbol{Y}$ 的切平面常过对应点 $\boldsymbol{X}$, 则 $\boldsymbol{X}$、$\boldsymbol{Y}$ 各绘成共轭网并互为拉普拉斯变换。

定理 4.28 若在 $P_n(n \geqslant 4)$ 里定 $n-2$ 维平面 S_{n-2} 和共轭网 $(\boldsymbol{A}_0)$ 的有关平面 $(\boldsymbol{A}_0, \boldsymbol{A}_1, \boldsymbol{A}_2)$、$(\boldsymbol{A}_1, \boldsymbol{A}_2, \boldsymbol{A}_3)$ 相交于点 $\boldsymbol{X}$、$\boldsymbol{Y}$ 各画成共轭网并互为拉普拉斯变换。

4.2.2 第 k 类共轭性和调和性

设在 P_n 中取 $k+1$ 个相邻网点 $\boldsymbol{A}_r$、$\boldsymbol{A}_{r+1}$、$\cdots$、$\boldsymbol{A}_{r+k}$ 并确定 k 维空间 Σ_r, 其中 r 为整数且 $n-1 > k \geqslant 1$; 命附属序列 (L) 非周期性, 从而向两边无穷伸展。

在相关的两个 k 维空间 Σ_0、Σ_1 中取点 $\boldsymbol{X}$、$\boldsymbol{Y}$, 于是

$$\boldsymbol{X} = \sum_{s=0}^{k} \lambda_s \boldsymbol{A}_s \quad \boldsymbol{Y} = \sum_{t=1}^{k+1} \mu_t \boldsymbol{A}_t \tag{4.95}$$

式中因为适当选择解析点 $\boldsymbol{X}$、$\boldsymbol{Y}$, 所以规定

$$\lambda_0 = 1 \quad \mu_{k+1} = 1 \tag{4.96}$$

λ_s、$\mu_s(s=1,2,\cdots,k)$ 为 u、v 函数。

如果曲面 $(\boldsymbol{X})$ 在点 $\boldsymbol{X}$ 的切平面常过对应点 $\boldsymbol{Y}$, 那么必存在方向 d'、d'' 以及法普形式 $\widetilde{\omega}_1$、$\widetilde{\omega}_2$ 和 $\mathring{\omega}_1$、$\mathring{\omega}_2$, 有

$$d'\boldsymbol{X} = \widetilde{\omega}_1\boldsymbol{X} + \widetilde{\omega}_2\boldsymbol{Y} \quad d''\boldsymbol{Y} = \mathring{\omega}_1\boldsymbol{X} + \mathring{\omega}_2\boldsymbol{Y} \tag{4.97}$$

同上, 把式 (4.95) 代入式 (4.97), 并按附属方程式 (4.1) 改写各方程为分别关于 $\boldsymbol{A}_{-1}$、$\boldsymbol{A}_0$、$\boldsymbol{A}_1$、$\cdots$、$\boldsymbol{A}_{k+1}$, $\boldsymbol{A}_0$、$\boldsymbol{A}_1$、$\cdots$、$\boldsymbol{A}_{k+2}$ 的线性方程。由于每个拼 $k+3$ 小组为在假定 $n \geqslant k+2$ 下线性无关的且 $a_0 b_{k+1} \neq 0$, 因此 d'、d'' 分别重合于 v, u, 且

$$\widetilde{\omega}_1 = \omega'(0) \quad \widetilde{\omega}_2 = b_k\lambda_k\omega_2' \quad \mathring{\omega}_1 = -a_1\mu_1\omega_1'' \quad \mathring{\omega}_2 = \omega''(k+1)$$

另外, 得到有关的法普系统

$$\begin{cases} \mathrm{d}\lambda_s = \sigma_s\omega_1 + \lambda_s(\omega(0)-\omega(s)) + (b_k\lambda_k\mu_s - b_{s-1}\lambda_{s-1})\omega_2 \\ \mathrm{d}\mu_s = (a_1\mu_1\lambda_s - a_{s+1}\mu_{s+1})\omega_1 + \mu_s(\omega(k+1)-\omega(s)) + \tau_s\omega_2 \end{cases} \tag{4.98}$$

式中 $s=1,2,\cdots,k$; 而 σ_s、τ_s 为 $2k$ 个辅助函数。

定理 4.29 若在 $P_n(n \geqslant k+2 \geqslant 3)$ 里面共轭网 $(\boldsymbol{A}_0)$ 确定两个相邻 k 维空间 $\Sigma_r(\boldsymbol{A}_r, \boldsymbol{A}_{r+1}, \cdots, \boldsymbol{A}_{r+k})(r=0,1)$ 且在 Σ_0、Σ_1 内各有点 $\boldsymbol{X}$、$\boldsymbol{Y}$, 其使曲面 $(\boldsymbol{X})$ 的切平面常过对应点 $\boldsymbol{Y}$; 反之, 曲面 $(\boldsymbol{Y})$ 在点 $\boldsymbol{Y}$ 的切平面常过对应点 $\boldsymbol{X}$, 则 $\boldsymbol{X}$、$\boldsymbol{Y}$ 各绘成共轭网 (u,v) 并互为拉普拉斯变换。

定理 4.30 若共轭网 $(\boldsymbol{A}_0)$ 在网点 $(\boldsymbol{A}_0)$ 的 k 维空间 Σ_0 与定 $n-k$ 维空间 S_{n-k} 相交于 $\boldsymbol{X}$, 则 $\boldsymbol{X}$ 画成共轭网 (u,v) 并沿 v 方向的 h 个连续拉普拉斯变换网作成的 h 个新共轭网在 S_{n-k} 中构成一个拉普拉斯序列的 h 个连续拉普拉斯变换网。

定理 4.31 若共轭网 $\boldsymbol{X}(u,v)$ 和直线汇 $\Gamma(\boldsymbol{A}_0, \boldsymbol{A}_1)$ 为第 k 类共轭, 即 $\boldsymbol{X}$ 在 Σ_0 上 、$\boldsymbol{Y}$ 在 Σ_1 上, 曲面 $(\boldsymbol{X})$ 在点 $\boldsymbol{X}$ 的切平面常过对应点 $\boldsymbol{Y}$; 反之, 曲面 $(\boldsymbol{Y})$ 在点 $\boldsymbol{Y}$ 的切平面常过对应

点 $\boldsymbol{X}$, 则它们沿同一方向 u 或 v 的拉普拉斯变换也为第 k 类共轭 $(n \geqslant k+2 \geqslant 3)$。

事实上, 对于 $k=1$ 的情况, 前面已经表述。因为一类共轭性为普通共轭性, 共轭网 $(\boldsymbol{X})$ 因为与线汇 Γ 共轭, 它沿 v 方向的拉普拉斯变换 $\boldsymbol{X}_1$ 必在射线 $\boldsymbol{A}_1\boldsymbol{A}_2$ 上, 所以网 $(\boldsymbol{X}_1)=(\boldsymbol{Y})$ 与线汇 $\Gamma_1(\boldsymbol{A}_1\boldsymbol{A}_2)$ 必共轭。关于方向 v 的拉普拉斯变换也同样成立。考察共轭网 $(\boldsymbol{A}_0)$ 在点 $\boldsymbol{A}_0$ 的 k 维空间 Σ_0 及其上的一个解析点 $\boldsymbol{X}$, 并假定该点 $\boldsymbol{X}$ 绘成共轭网 (u,v), 于是必有点 $\boldsymbol{Y}$, 使

$$\boldsymbol{X}=\sum_{s=0}^{k}\lambda_s\boldsymbol{A}_s \quad (\lambda_0=1) \tag{4.99}$$

$$d'\boldsymbol{X}=\widetilde{\omega}_1\boldsymbol{X}+\widetilde{\omega}_2\boldsymbol{Y} \quad d''\boldsymbol{Y}=\mathring{\omega}_1\boldsymbol{X}+\mathring{\omega}_2\boldsymbol{Y} \tag{4.100}$$

式中 d'、d'' 分别表示 $\omega_1'=0$、$\omega_2'=0$ 的方向。据此,

$$\widetilde{\omega}_2\boldsymbol{Y}=\sum_{s=1}^{k+1}\varOmega_s\boldsymbol{A}_s+[\omega'(0)-\widetilde{\omega}_1]\boldsymbol{A}_0 \tag{4.101}$$

应用 d'' 于两边并由式 (4.1) 代入,

$$\widetilde{\omega}_2(\mathring{\omega}_1\boldsymbol{X}+\mathring{\omega}_2\boldsymbol{Y})=\sum_{s=1}^{k+1}\bar{\varOmega}_s\boldsymbol{A}_s+a_0\omega_1''[\omega'(0)-\widetilde{\omega}_1]\boldsymbol{A}_{-1}$$

这里 $\varOmega_s$、$\overline{\varOmega}_s$ 表示某些法普形式。但是最后方程的左边最多为 $\boldsymbol{A}_0$、$\boldsymbol{A}_1$、$\cdots$、$\boldsymbol{A}_{k+1}$ 的线性组合, 而 $\boldsymbol{A}_{-1}$、$\boldsymbol{A}_0$、$\boldsymbol{A}_1$、$\cdots$、$\boldsymbol{A}_{k+1}$ 又为线性无关的 $k+2(<n+1)$ 个点, 故

$$\widetilde{\omega}_1-\omega'(0)=0$$

定理 4.32 如果点 $\boldsymbol{A}_0(u,v)$ 绘成共轭网 (u,v) 且在其 k 维空间 Σ_0 里的点 $\boldsymbol{X}(u,v)$ 也同样画成共轭网 (u,v), 那么网 $(\boldsymbol{X})$ 沿 $v(u)$ 方向的拉普拉斯变换 $(\boldsymbol{X}_1)((\boldsymbol{X}_{-1}))$ 的对应点 $\boldsymbol{X}_1(\boldsymbol{X}_{-1})$ 在 k 维空间 $\Sigma_0(\Sigma_1)$ 中。

从定理 4.32 知定义共轭网 $(\boldsymbol{X})$ 与线汇 $\Gamma(\boldsymbol{A}_0\boldsymbol{A}_1)$ 构成第 k 类共轭性, 定理 4.30 表明有共轭网 $(\boldsymbol{X})=(\boldsymbol{X}_0)$ 生成的拉普拉斯序列 (L_k),

$$\cdots, \boldsymbol{X}_m, \cdots, \boldsymbol{X}_2, \boldsymbol{X}_1, \boldsymbol{X}_0, \boldsymbol{X}_{-1}, \boldsymbol{X}_{-2}, \cdots, \boldsymbol{X}_{-m}, \cdots$$

和原序列 (L) 之间存在下列关系, 即 (L_k) 的任意网 $(\boldsymbol{X}_r)$ 和 (L) 的线汇 $\Gamma_r(\boldsymbol{A}_0, \boldsymbol{A}_{r+1})$ 构成第 k 共轭性 (r 为整数), 称 (L_k) 为 L 的第 k 类共轭序列 $(1 \leqslant k \leqslant n+2)$。

关于共轭网 $(\boldsymbol{A}_0)$ 与一个线汇调和性质的拓广, 可取线汇 Γ_{-1}、Γ_0 的第 k 类共轭网 $(\boldsymbol{X}_{-1})$、$(\boldsymbol{X}_0)$ 而作出线汇 $\gamma(\boldsymbol{X}_{-1}, \boldsymbol{X}_0)$ 由于它的二焦点分别在 Σ_1、Σ_0 里, 因此称共轭网 $(\boldsymbol{A}_0)$ 和线汇$\gamma(\boldsymbol{X}_{-1}, \boldsymbol{X}_0)$ 为第 k 类调和。

4.2.3 延拓定理

定理 4.33 共轭网 $(\boldsymbol{A}_0)$ 的附属序列 (L) 的第 k 类共轭序列 (L_k) 存在, 且解的自由度为单变量的 $2k$ 个任意函数 $(1 \leqslant k \leqslant n-2)$。

取法普系统,

$$\begin{cases} \mathrm{d}\lambda_s = \sigma_s\omega_1 + \lambda_s[\omega(0) - \omega(s)] + (b_k\lambda_k\mu_k - b_{s-1}\lambda_{s-1})\omega_2 \\ \mathrm{d}\mu_s = (a_1\mu_1\lambda_s - a_{s+1}\mu_{s+1})\omega_1 + \mu_s[\omega(k+1) - \omega(s)] + \tau_s\omega_2 \end{cases} \tag{4.102}$$

这里 $s = 1, 2, \cdots, k$; 并有 $r_0 = 4k$ 个未知函数 λ_s、μ_s、τ_s 的 $s = 2k$ 个独立法普方程。对式 (4.102) 求外导, 依式 (4.102) 及可积条件式 (4.5) 进行简化, 给出 $s_1 = 2k$ 个独立的解二次方程,

$$\begin{cases} \mathrm{d}\sigma_s \wedge \omega_1 + \sigma_s\omega_1 \wedge [\omega(0) - \omega(s)] \\ \qquad + [\lambda_s(a_0b_{-1} - a_1b_0 + a_{s+1}b_s - a_sb_{s-1}) - b_{s-1}\sigma_{s-1} \\ \qquad + b_k\mu_s\sigma_k + b_k\lambda_k(a_1\mu_1\lambda_s - a_{s+1}\mu_{s+1})]\omega_1 \wedge \omega_2 = 0 \\ \mathrm{d}\tau_s \wedge \omega_2 + \tau_s\omega_2 \wedge [\omega(k+1) - \omega(s)] \\ \qquad + [a_1\mu_1(b_{s-1}\lambda_{s-1} - b_k\lambda_k\mu_s) - a_1\tau_1\lambda_s + a_{s+1}\tau_{s+1} \\ \qquad + \mu_s(-a_sb_{s-1} + a_{s+1}b_s + a_{k+1}b_k - a_{k+2}b_{k+1})]\omega_1 \wedge \omega_2 = 0 \end{cases} \tag{4.103}$$

据此,

$$r_0 = 4k \quad s_0 = 2k \quad s_1 = 2k \quad s_2 = r_0 - s_0 - s_1 = 0$$

于是式 (4.102) 为对合下的。

令 $\{\cdots, \boldsymbol{Y}_1, \boldsymbol{Y}, \boldsymbol{X}, \boldsymbol{X}_1, \cdots\}$ 为拉普拉斯序列 $\{\cdots, \boldsymbol{A}_2, \boldsymbol{A}_1, \boldsymbol{A}_0, \boldsymbol{A}_{-1}, \boldsymbol{A}_{-2}, \cdots\}$ 的第 k 类共轭序列 $(1 \leqslant k < n-2)$。在直线汇 $\Gamma(\boldsymbol{XY})$ 的射线 $(\boldsymbol{X}, \boldsymbol{Y})$ 上, 选择点 $\mathscr{X}$, 使之也画成共轭网 (u, v) 即使该网和直线汇 $\Gamma(\boldsymbol{XY})$ 共轭 (即第一类共轭)。由定理 4.23, $\mathscr{X}$ 沿 d' 方向的拉普拉斯变换点 $\mathscr{Y}$ 必落在直线 $(\boldsymbol{Y}, \boldsymbol{Y}_1)$ 上。但是 $\mathscr{X}$、$\mathscr{Y}$ 分别为 $\Sigma_0(\boldsymbol{A}_0, \boldsymbol{A}_1, \cdots, \boldsymbol{A}_{k+1})$、$\Sigma_1(\boldsymbol{A}_1, \boldsymbol{A}_2, \cdots, \boldsymbol{A}_{k+2})$ 的点, 并互为拉普拉斯变换, 故序列 $\{\cdots, \mathscr{Y}_1, \mathscr{Y}, \mathscr{X}, \mathscr{X}_1, \cdots\}$ 为原序列 $\{\cdots, \boldsymbol{A}_2, \boldsymbol{A}_1, \boldsymbol{A}_0, \boldsymbol{A}_{-1}, \boldsymbol{A}_{-2}, \cdots\}$ 的第 $k+1$ 类共轭序列, 称之为序列 $\{\cdots, \boldsymbol{Y}_1, \boldsymbol{Y}, \boldsymbol{X}, \boldsymbol{X}_1, \cdots\}$ 的第一延拓。

如前所述,

$$\boldsymbol{X} = \sum_{s=0}^{k} \lambda_s \boldsymbol{A}_s \quad \boldsymbol{Y} = \sum_{t=1}^{k+1} \mu_t \boldsymbol{A}_t \tag{4.104}$$

式中 $\lambda_0 = \mu_{k+1} = 1$ 且 λ_s、μ_t 符合式 (4.102)。由此推出

$$d'\boldsymbol{Y} = \omega'(k+1)\boldsymbol{Y} + \omega_2'\boldsymbol{Y}_1 \tag{4.105}$$

其中

$$\boldsymbol{Y}_1 = \sum_{t=1}^{k} \tau_t \boldsymbol{A}_t + \sum_{t=1}^{k+1} b_t \mu_t \boldsymbol{A}_{t+1} \tag{4.106}$$

式 (4.105) 表明 $\boldsymbol{Y}_1$ 恰为 $\boldsymbol{Y}$ 沿 v 方向的拉普拉斯变换。

取 λ、μ, 使

$$\mathscr{X} = \lambda\boldsymbol{X} + \boldsymbol{Y} \quad \mathscr{Y} = \mu\boldsymbol{Y} + \boldsymbol{Y}_1 \tag{4.107}$$

适合条件

$$d'\mathscr{X} = \widetilde{\omega}_1\mathscr{X} + \widetilde{\omega}_2\mathscr{Y} \quad d''\mathscr{Y} = \mathring{\omega}_1\mathscr{X} + \mathring{\omega}_2\mathscr{Y} \tag{4.108}$$

这里 $\widetilde{\omega}_1$、$\widetilde{\omega}_2$、$\mathring{\omega}_1$、$\mathring{\omega}_2$ 为法普形式。依式 (4.106)、式 (4.104), 得

$$\mathscr{X} = \lambda\boldsymbol{A}_0 + \sum_{s=1}^{k}(\lambda\lambda_s + \mu_s)\boldsymbol{A}_s + \boldsymbol{A}_{k+1} \tag{4.109}$$

$$\mathscr{Y}=\mu\sum_{t=1}^{k+1}\mu_t\boldsymbol{A}_t+\sum_{t=1}^{k}\tau_t\boldsymbol{A}_t+\sum_{t=1}^{k+1}b_t\mu_t\boldsymbol{A}_{t+1} \tag{4.110}$$

由于这些点满足式 (4.108), 因此式 (4.110)、式 (4.109) 代入式 (4.108), 并比较关于 $\boldsymbol{A}_r(r=0,1,\cdots,k+2)$ 对应的系数; 先从 $\boldsymbol{A}_{k+1}$、$\boldsymbol{A}_{k+2}$ 的系数给出

$$\widetilde{\omega}_1=\omega'(k+1)+(\lambda b_k\lambda_k-\mu)\omega_2' \quad \widetilde{\omega}_2=\omega_2' \tag{4.111}$$

又从 $\boldsymbol{A}_s(1\leqslant s\leqslant k)$ 的系数, 有

$$\begin{aligned}&d'(\lambda\lambda_s+\mu_s)+\omega'(s)(\lambda\lambda_s+\mu_s)+b_{s-1}(\lambda\lambda_{s-1}+\mu_{s-1})\omega_2'\\=&\widetilde{\omega}_1(\lambda\lambda_s+\mu_s)+\widetilde{\omega}_2(\mu\mu_s+\tau_s+b_{s-1}\mu_{s-1})\end{aligned} \tag{4.112}$$

式中 $\mu_0=0$, 最后比较 $\boldsymbol{A}_0$ 的系数推出

$$\lambda\widetilde{\omega}_1=d'\lambda+\lambda\omega'(0)$$

或依式 (4.111), 改写为

$$d'\lambda=\lambda[\omega'(k+1)-\omega'(0)+(\lambda b_k\lambda_k-\mu)\omega_2'] \tag{4.113}$$

按式 (4.113)、式 (4.102) 计算式 (4.112) 的左边, 并按式 (4.111) 计算式 (4.112) 的右边, 计算结果一致。

同理, 对式 (4.108) 作类似计算, 除法普形式 $\mathring{\omega}_1$、$\mathring{\omega}_2$ 被确定为

$$\mathring{\omega}_1=\frac{a_1}{\lambda}(\mu\mu_1+\tau_1)\omega_1'' \quad \mathring{\omega}_2=\omega''(k+1) \tag{4.114}$$

之外, 还成立类似式 (4.113) 的方程,

$$d''\mu=\left[\frac{a_1}{\lambda}(\mu\mu_1+\tau_1)-a_1\mu_1b_k\lambda_k+a_{k+1}b_k-a_{k+2}b_{k+1}\right]\omega_1'' \tag{4.115}$$

关于 $\boldsymbol{A}_t(1\leqslant t\leqslant k)$ 的有关系数相等的条件, 即

$$\begin{aligned}&\mu_td''\mu+\mu(d''\mu_t+\mu_{t+1}a_{t+1}\omega_1''\\&+\mu_t\omega''(t))+d''\tau_t+\tau_{t+1}a_{t+1}\omega_1''+\tau_t\omega''(t)\\&+\mu_{t-1}d''b_{t-1}+b_{t-1}d''\mu_{t-1}+a_{t+1}b_t\mu_t\omega_1''+b_{t-1}\mu_{t-1}\omega''(t)\\=&\mathring{\omega}_1(\lambda\lambda_t+\mu_t)+\omega''(k+1)(\mu\mu_t+\tau_t+b_{t-1}\mu_{t-1})\end{aligned} \tag{4.116}$$

这里 $\tau_{k+1}=\mu_0=0$, 利用式 (4.5)、式 (4.102)、式 (4.114), 得到

$$\begin{aligned}
&d''\tau_t-\tau_t[\omega''(k+1)-\omega''(t)]+[a_1\mu_t(b_{t-1}\lambda_{t-1}-b_k\lambda_k\mu_k)\\
&\quad+a_{t+1}\tau_{t+1}-a_1\tau_1\lambda_t+\mu_t(a_{t+1}b_t-a_tb_{t-1}\\
&\quad+a_{k+1}b_k-a_{k+2}b_{k+1})]\omega_1''=0
\end{aligned}\tag{4.117}$$

注意, 最后方程为式 (4.103) 当 $\omega_2''=0$ 时的推论。

延拓定理 若 (L_k) 为拉普拉斯序列 (L) 的第 k 类共轭序列 $(1\leqslant k\leqslant n-2)$, 则 (L_k) 的第一延拓为 (L) 的第 $k+1$ 类共轭序列。

4.2.4 达布 k 重导来序列

置

$$\alpha_r=a_r\omega_1\quad\beta_r=b_r\omega_2$$

并改写式 (4.1) 为

$$\mathrm{d}\boldsymbol{A}_r=\alpha_r\boldsymbol{A}_{r-1}+\omega(r)\boldsymbol{A}_r+\beta_r\boldsymbol{A}_{r+1}\tag{4.118}$$

式中 r 为整数。以下假设附属拉普拉斯序列 (L) 为非中断的 、非周期的。

首先讨论 (L) 的 k 类上序列 (L^*) 的概念。将射影空间 P_n 视作放于 $n+k$ 维射影空间 P_{n+k} 内的; 此外命在该 P_{n+k} 里预先给定同 P_n 互挠的 $k-1$ 维射影子空间 P_{k-1}。今设想子空间 P_n 里已知拉普拉斯序列 (L)。当 (L) 的共轭网 $(\boldsymbol{A}_r)$ 为经过 P_{n+k} 内的拉普拉斯序列 (L^*) 的网 $(\boldsymbol{G}_r)$ 的射影而实际上是从 P_{k-1} 射影 $(\boldsymbol{G}_r)$ 到 P_n 上给出的, 称 (L^*) 为 (L) 的 k 类上序列。也就是说, 令 $\boldsymbol{C}_r$ 为网 $(\boldsymbol{C}_r)$ 的任意点, 于是在 $\boldsymbol{C}_r$ 不属于 P_n、P_{k-1} 条件下, 存在 P_n 的迹点 $\boldsymbol{B}_r$, 使 $\boldsymbol{A}_r$、$\boldsymbol{B}_r$、$\boldsymbol{C}_r$ 共线。依 (L^*) 的表述知, 它同时为 P_{k-1} 内由点 $\boldsymbol{B}_r$ 描成的网 $(\boldsymbol{B}_r)$ 的附属序列 $(\widetilde{L})$ 的 $n+1$ 类上序列。

取解析点 $\boldsymbol{B}_r$、$\boldsymbol{C}_r$ 使

$$\boldsymbol{C}_r=\boldsymbol{A}_r+\boldsymbol{B}_r\tag{4.119}$$

另,$\boldsymbol{C}_r$ 绘成拉普拉斯序列 (L^*) 的共轭网 $(\boldsymbol{C}_r)$, 故得到类似于式 (4.118) 的方程,

$$\mathrm{d}\boldsymbol{C}_r = \alpha_r^* \boldsymbol{C}_{r-1} + \omega^*(r)\boldsymbol{C}_r + \beta_r^* \boldsymbol{C}_{r+1} \tag{4.120}$$

由式 (4.119)、式 (4.118),

$$\begin{aligned}&(\alpha_r^* - \alpha_r)\boldsymbol{A}_{r-1} + [\omega^*(r) - \omega^*(r)]\boldsymbol{A}_r + (\beta_r^* - \beta_r)\boldsymbol{A}_{r-1}\\ =&\mathrm{d}\boldsymbol{B}_r - \alpha_r^* \boldsymbol{B}_{r-1} - \omega^*(r)\boldsymbol{B}_r - \beta_r^* \boldsymbol{B}_{r+1}\end{aligned} \tag{4.121}$$

因为解析点 $\boldsymbol{B}_r$ 对于所有参数是属于 P_{k-1} 的, 所以其微分形式 $\mathrm{d}\boldsymbol{B}_r$ 也如此。但是空间 P_n、P_{n-1} 为互挠的, 式 (4.121) 的两边为分离的, 于是各边为零; 从而

$$\alpha_r^* = \alpha_r \quad \omega^*(r) = \omega(r) \quad \beta_r^* = \beta_r \tag{4.122}$$

且

$$\mathrm{d}\boldsymbol{B}_r = \alpha_r \boldsymbol{B}_{r-1} + \omega(r)\boldsymbol{B}_r + \beta_r \boldsymbol{B}_{r+1} \tag{4.123}$$

结果表明: 对上序列 (L^*) 的解析点及第二迹点序列 $(\widetilde{L})$ 的解析点可以选择使双方满足序列 (L) 的同一附属方程。反之, 若在 P_{k-1} 里有拉普拉斯序列 $(\widetilde{L})$, 使之解析点同给定的拉普拉斯序列 (L) 的解析点相同, 符合同一附属方程组, 那么 $(\widetilde{L})$ 可以作为 (L) 的 k 类上序列 (L^*) 的第二迹点序列, 且 (L^*) 的解析点取决于式 (4.119)。

今讨论上序列 (L^*) 由迹点序列 (L)、$(\widetilde{L})$ 的问题。设另一个上序列 $(\overline{L}^*)$ 的解析点为

$$\bar{\boldsymbol{C}}_r = \bar{q}_r \boldsymbol{A}_r + \boldsymbol{B}_r \quad (q_r \neq 0) \tag{4.124}$$

取其附属方程为

$$\mathrm{d}\bar{\boldsymbol{C}}_r = \bar{\alpha}_r \bar{\boldsymbol{C}}_{r-1} + \bar{\omega}(r)\bar{\boldsymbol{C}}_r + \bar{\beta}_r \bar{\boldsymbol{C}}_{r+1} \tag{4.125}$$

微分式 (4.124), 代入式 (4.125) 并参考式 (4.123)、式 (4.118), 有

$$(\bar{\alpha}_r\bar{q}_{r-1}-\alpha_r\bar{q}_r)\boldsymbol{A}_{r-1}+[\bar{\omega}(r)\bar{q}_r-\omega(r)\bar{q}_r-\mathrm{d}\bar{q}_r]\boldsymbol{A}_r$$
$$+(\bar{\beta}_r\bar{q}_{r+1}-\beta_r\bar{q}_r)\boldsymbol{A}_{r+1}+(\bar{\alpha}_r-\alpha_r)\boldsymbol{B}_{r-1}$$
$$+[\bar{\omega}(r)-\omega(r)]\boldsymbol{B}_r+(\bar{\beta}_r-\beta_r)\boldsymbol{B}_{r+1}=0 \tag{4.126}$$

注意到序列 (L) 非中断, 当 $n\geqslant 2$ 时

$$\bar{\alpha}_r=\frac{\bar{q}_r}{\bar{q}_{r-1}}\alpha_r \quad \bar{\omega}(r)=\omega(r)+\frac{\mathrm{d}\bar{q}_r}{\bar{q}_r} \quad \bar{\beta}_r=\frac{\mathrm{d}\bar{q}_r}{\bar{q}_{r+1}}\beta_r \tag{4.127}$$

故依式 (4.126), 得

$$\left(\frac{\bar{q}_r}{\bar{q}_{r-1}}-1\right)\alpha_r\boldsymbol{B}_{r-1}+\left(\frac{\mathrm{d}\bar{q}_r}{\bar{q}_r}\right)\boldsymbol{B}_r+\left(\frac{\mathrm{d}\bar{q}_r}{\bar{q}_{r+1}}-1\right)\beta_r\boldsymbol{B}_{r+1}=0 \tag{4.128}$$

如果 $(\widetilde{L})$ 也不中断, 那么当 $k\geqslant 3$ 时

$$\bar{q}_r=\bar{q}_{r+1} \quad \mathrm{d}\bar{q}_r=0 \tag{4.129}$$

表明在 $k=2$ 下也可导出这些方程。因为式 (4.128) 与 β_r 的外积得到 $\boldsymbol{B}_{r+1}$、$\boldsymbol{B}_r$ 的线性方程, 依 $k=2$ 知各系数为零, 这样

$$\left(\frac{\bar{q}_r}{\bar{q}_{r-1}}-1\right)\alpha_r\wedge\beta_r=0 \quad \frac{\mathrm{d}\bar{q}_r}{\bar{q}_r}\wedge\beta_r=0 \tag{4.130}$$

同理, 经过式 (4.128) 和 α_r 的外积有

$$\left(\frac{\bar{q}_r}{\bar{q}_{r+1}}-1\right)\alpha_r\wedge\beta_r=0 \quad \frac{\mathrm{d}\bar{q}_r}{\bar{q}_r}\wedge\beta_r=0 \tag{4.131}$$

而 $\alpha_r\wedge\beta_r=a_rb_r\omega_1\wedge\omega_2\neq 0$, 所以仍可导致式 (4.129)。

在两种情形下式 (4.124) 可表示成

$$\bar{\boldsymbol{C}}_r=\bar{q}\boldsymbol{A}_r+\boldsymbol{B}_r \tag{4.132}$$

式中非零常数 $\bar{q}$ 与 r 无关。

定理 4.34 设拉普拉斯序列 (L)、$(\widetilde{L})$ 分别属于射影空间 P_{n+k} 中互挠的子空间 P_n、P_{k-1}。若它们存在解析点使双方满足同一附属方程组, 则该二序列恰好具备共同的上序列 (L^*)。(L^*) 确定 (除

使双方子空间的各点不动的直射外) 是唯一的且其解析点可表成式 (4.119); 这些解析点如同 (L)、$(\widetilde{L})$ 的解析点, 满足同一附属方程组。

取 (L) 为 P_n 的拉普拉斯序列且 (L^*) 为 (L) 的一个 k 类序列使第二迹点序列 $(\widetilde{L})$ 张成 P_{k-1}。以 $P_r^{k*}(u,v)$ 表示由网 $(\boldsymbol{C}_r)$、$(\boldsymbol{C}_{r+1})$、$\cdots$、$(\boldsymbol{C}_{r+k})$ 上, 属于点参数值偶 (u,v) 的一些网点张成的 k 维空间, 于是 P_n、$P_r^{k*}(u,v)$ 相交于点 $\boldsymbol{W}_r(u,v)$。

定理 4.35 在所给定的假设下, 点 $\boldsymbol{W}_r(u,v)$ 画成 (L) 的、在达布意义下的 k 重导来序列 $(\widehat{L})$。

对 $(\boldsymbol{W}_r)$ 的点 $\boldsymbol{W}_r$ 作安排

$$\boldsymbol{W}_r=\sum_{l=0}^{k}\lambda_{rl}\boldsymbol{C}_{r+l}=\sum_{l=0}^{k}\lambda_{rl}(\boldsymbol{A}_{r+l}+\boldsymbol{B}_{r+l}) \tag{4.133}$$

而 $\boldsymbol{W}_r$ 应属于 P_n, 故确定系数 λ_{rl}, 使

$$\sum_{l=0}^{k}\lambda_{rl}\boldsymbol{B}_{r+l}=0 \tag{4.134}$$

由于根据假定序列 $(\widetilde{L})$ 张成 P_{k-1},$k+1$ 个点 $\boldsymbol{B}_r$、$\boldsymbol{B}_{r+1}$、$\cdots$、$\boldsymbol{B}_{r+k}$ 为线性相关, 因此连续 k 个点 $\boldsymbol{B}_j(j=r,r+1,\cdots,r+k-1)$ 线性无关; 这表明除一个公共因子外唯一存在系数 λ_{rl} 使式 (4.134) 成立。另有

$$\lambda_{r0}\neq 0\quad \lambda_{rk}\neq 0 \tag{4.135}$$

否则连续 k 个点 $\boldsymbol{B}_r(r=1,2,\cdots,k)$ 或 $\boldsymbol{B}_r(r=0,1,\cdots,k-1)$ 将线性相关。命 P_{k-1}、P_n 已选定齐次坐标系数 (y^l)、(x^s)(其中 $l=1,2,\cdots,k$ 且 $s=0,1,\cdots,n$), 则式 (4.134) 表为关于 k 个坐标的方程

$$\sum_{m=0}^{k}\lambda_{rm}y_{r+m}^{l}=0 \tag{4.136}$$

式中 y_{r+m}^{l} 为点 $\boldsymbol{B}_{r+m}$ 的坐标。由此给出

$$
\lambda_{rk} = \operatorname*{Minor}_{k} \begin{vmatrix} y_r^1 & y_{r+1}^1 & \cdots & y_{r+k}^1 \\ y_r^2 & y_{r+1}^2 & \cdots & y_{r+k}^2 \\ \vdots & \vdots & & \vdots \\ y_r^k & y_{r+1}^k & & y_{r+k}^k \end{vmatrix} \tag{4.137}
$$

这里右端表示从 $k\times(k+1)$ 矩阵中去掉 (从 0 数起) 第 k 列并所得的 k 阶行列式乘以 $(-1)^m$ 之后的式子。把这些系数代入式 (4.133), 即

$$
w_r^s = \sum_{m=0}^{k} \lambda_{rm} x_{r+m}^s \tag{4.138}
$$

推出

$$
w_r^s = \begin{vmatrix} x_r^s & x_{r+1}^s & \cdots & x_{r+k}^s \\ y_r^1 & y_{r+1}^1 & \cdots & y_{r+k}^1 \\ \vdots & \vdots & & \vdots \\ y_r^k & y_{r+1}^k & \cdots & y_{r+k}^k \end{vmatrix} \tag{4.139}
$$

其中 $s=0,1,\cdots,n$。因为依式 (4.123), 作为点 $\boldsymbol{B}_r$ 的齐次坐标的 k 个函数 $y_r^l(l=1,2,\cdots,k)$ 满足点 $\boldsymbol{A}_r$ 的齐次坐标 $x_r^s(s=0,1,\cdots,n)$ 所符合的同一组附属方程, 所以式 (4.139) 表达了在定义达布的 k 重导来拉普拉斯序列时所用的解析表达; 且式 (4.139) 中的行列式的最后 k 行线性相关。这样即证明了定理 4.34。

定理 4.36 在达布定义下作出的 (L) 的 k 重导来序列 $(\widehat{L})$, 即在此意义下的第 k 类共轭序列 (L_k)。

事实上, 点 $\boldsymbol{W}_r$ 绘成一个同 (L) 有相同网曲线的拉普拉斯序列 $(\widehat{L})$。

以 $\boldsymbol{v}_j^s$ 表示行列式 (4.139) 中的列向量 $(j=r,r+1,\cdots,r+k)$ 并改写式 (4.139),

$$
w_r^s = (\boldsymbol{v}_r^s, \boldsymbol{v}_{r+1}^s, \cdots, \boldsymbol{v}_{r+k}^s) \tag{4.140}
$$

由式 (4.123)、式 (4.118) 知

$$
\mathrm{d}w_r^s = (\mathrm{d}\boldsymbol{v}_r^s, \boldsymbol{v}_{r+1}^s, \cdots, \boldsymbol{v}_{r+k}^s) + \cdots + (\boldsymbol{v}_r^s, \cdots, \boldsymbol{v}_{r+k-1}^s, \mathrm{d}\boldsymbol{v}_{r+k}^s)
$$

$$
\begin{aligned}
&= \alpha_r(\boldsymbol{v}_{r-1}^s, \boldsymbol{v}_{r+1}^s, \cdots, \boldsymbol{v}_{r+k}^s) + \sum_{l=0}^{k} \omega(r+l)(\boldsymbol{v}_r^s, \boldsymbol{v}_{r+1}^s, \cdots, \boldsymbol{v}_{r+k}^s) \\
&\quad + \beta_{r+k}(\boldsymbol{v}_r^s, \cdots, \boldsymbol{v}_{k-1}^s, \boldsymbol{v}_{r+k+1}^s)
\end{aligned}
\tag{4.141}
$$

从式 (4.134)、式 (4.133),

$$
\sum_{l=0}^{k} \lambda_{rl} \boldsymbol{v}_{r+l}^s = \begin{pmatrix} \sum\limits_{l=0}^{k} \lambda_{rl} x_{r+l}^s \\ 0 \\ \vdots \\ 0 \end{pmatrix} = \begin{pmatrix} w_r^s \\ 0 \\ \vdots \\ 0 \end{pmatrix} \tag{4.142}
$$

结果

$$
\left\{
\begin{aligned}
\boldsymbol{v}_{r+k}^s &= \frac{1}{\lambda_{rk}} = \left[\begin{pmatrix} w_r^s \\ 0 \\ \vdots \\ 0 \end{pmatrix} - \sum_{l=0}^{k-1} \lambda_{rl} \boldsymbol{v}_{r+l}^s \right] \\
\boldsymbol{v}_r^s &= \frac{1}{\lambda_{r0}} = \left[\begin{pmatrix} w_r^s \\ 0 \\ \vdots \\ 0 \end{pmatrix} - \sum_{l=1}^{k} \lambda_{rl} \boldsymbol{v}_{r+l}^s \right]
\end{aligned}
\right.
\tag{4.143}
$$

得

$$
\begin{aligned}
& (\boldsymbol{v}_{r-1}^s, \boldsymbol{v}_{r+1}^s, \cdots, \boldsymbol{v}_{r+k}^s) \\
&= \frac{1}{\lambda_{rk}} \left(\boldsymbol{v}_{r-1}^s, \boldsymbol{v}_{r+1}^s, \cdots, \begin{pmatrix} w_r^s \\ 0 \\ \cdots \\ 0 \end{pmatrix} - \lambda_{r0} \boldsymbol{v}_r^s \right) \\
&= \frac{(-1)^{k-1}}{\lambda_{rk}} \left[w_r^s \operatorname*{Minor}_{1}(\boldsymbol{B}_{r-1}^s, \boldsymbol{B}_r^s, v_{r+1}^B, \cdots, \boldsymbol{B}_{r+k-1}^s) - \lambda_{r0} w_{r-1}^s \right] \\
&= \frac{(-1)^{k-1}}{\lambda_{rk}} \left[\lambda_{(r-1)1} w_r^s - \lambda_{r0} w_{r-1}^s \right]
\end{aligned}
\tag{4.144}
$$

同样,

$$
(\boldsymbol{v}_r^s, \cdots, \boldsymbol{v}_{r+k-1}^s, \boldsymbol{v}_{r+k}^s) = \frac{(-1)^{k-1}}{\lambda_{r0}} \left[\lambda_{(r+1)(k-1)} w_r^k - \lambda_{rk} w_{r+1}^s \right] \tag{4.145}
$$

将这两式代入式 (4.141),

$$
\begin{aligned}
\mathrm{d}w_r^s =& \left[(-1)^k \alpha_r \frac{\lambda_{rl}}{\lambda_{rk}} \right] w_{r-1}^s + \left[\sum_{l=0}^{k} \omega(r+l) - (-1)^k \alpha_r \frac{\lambda_{(r-1)1}}{\lambda_{rk}} \right. \\
& \left. - (-1)^k \beta_{r+k} \frac{\lambda_{(r+1)(k-1)}}{\lambda_{r0}} \right] w_r^s + \left[(-1)^k \beta_{r+k} \frac{\lambda_{rk}}{\lambda_{r0}} \right] w_{r+1}^s
\end{aligned} \tag{4.146}
$$

由于这些系数与 s 无关, 因此可把这些方程合并为

$$
\mathrm{d}\boldsymbol{W}_r = \hat{\alpha}_r \boldsymbol{W}_{r-1} + \hat{\omega}(r) \boldsymbol{W}_r + \hat{\beta}_r \boldsymbol{W}_{r+1} \tag{4.147}
$$

式中已知

$$
\begin{cases}
\hat{\alpha}_r = (-1)^k \dfrac{\lambda_{r0}}{\lambda_{rk}} \alpha_r \\
\hat{\beta}_r = (-1)^k \dfrac{\lambda_{rk}}{\lambda_{r0}} \beta_{r+k}
\end{cases} \tag{4.148}
$$

$$
\hat{\omega}(r) = \sum_{l=0}^{k} \omega(r+l) + (-1)^{k-1} \left[\frac{\lambda_{(r-1)1}}{\lambda_{rk}} \alpha_r + \frac{\lambda_{(r+1)(k-1)}}{\lambda_{r0}} \beta_{r+k} \right] \tag{4.149}
$$

据此, 点 $\boldsymbol{W}_r$ 画成一个拉普拉斯序列 $(\hat{L})$ 且其网曲线对应于 (L) 的网曲线。

定理 4.37 拉普拉斯序列 $(\hat{L})$ 为非中断的。

4.2.5 第 k 类共轭与 k 重导来的等阶性

定理 4.38 若 (L) 为 P_n 的不中断的拉普拉斯序列 $(k \leqslant n-2)$, 且 $(\hat{L})$ 为 (L) 的第 k 类共轭序列, 则存在 (L) 的 k 类上序列 (L^*) 使 $(\hat{L})$ 可依 (L^*) 的交截作图法而产生; 从定理 4.35 知 $(\hat{L})$ 也为 (L) 的 k 重导来序列。

关于 (L_k)、$(\hat{L})$ 的等价性, 即讨论 $(\hat{L})$ 的网 $(\hat{\boldsymbol{A}}_0)$ 可从一个适当的上序列 (L^*) 按其连续网 $(\boldsymbol{C}_0)$、$(\boldsymbol{C}_1)$、$\cdots$、$(\boldsymbol{C}_k)$ 的交截作图法而导来。事实上当利用该交截作图法到 (L^*) 的其余阶段时, 根据拉普拉斯变换网的唯一性即给出 $(\boldsymbol{C}_0)$ 的拉普拉斯变换网, 从而借助于 (L^*) 的交截作图法构成整个序列 $(\hat{L})$。

对已知网 $(\hat{\boldsymbol{A}}_0)$ 取解析点 $\boldsymbol{W}_0(u,v)$ 表达, 依据第 k 类共轭的定义可以表成

$$\boldsymbol{W}_0=\sum_{r=0}^{k} m_r \boldsymbol{A}_r \tag{4.150}$$

由于 k 必为最小整数, 因此

$$m_0 \neq 0 \quad m_k \neq 0 \tag{4.151}$$

前文的解析点 $\boldsymbol{A}_r$ 未做规范化处理, 今做规范化使

$$m_0=m_k=1 \quad (p_r=\text{常数}) \tag{4.152}$$

因为 $(\boldsymbol{W}_0)$ 的网曲线为 u 曲线 、v 曲线, 所以对应于线汇 $\Gamma(\boldsymbol{A}_0\boldsymbol{A}_1)$ 的可展曲面的曲线,$\boldsymbol{W}_0$ 适合拉普拉斯方程

$$(\boldsymbol{W}_0)_{uv}-A(\boldsymbol{W}_0)_u-B(\boldsymbol{W}_0)_v-C(\boldsymbol{W}_0)=\boldsymbol{0} \tag{4.153}$$

另, 由式 (4.1)、式 (4.3)、式 (4.6)、式 (4.8),

$$\left\{\begin{aligned}
(\boldsymbol{W}_0)_u &= \sum_{r=0}^{k} m_r(a_r\boldsymbol{A}_{r-1}+p_r\boldsymbol{A}_r)\\
(\boldsymbol{W}_0)_v &= \sum_{r=0}^{k} m_r(q_r\boldsymbol{A}_r+b_r\boldsymbol{A}_{r+1})\\
(\boldsymbol{W}_0)_{uv} &= \sum_{r=0}^{k} m_r[a_rq_r\boldsymbol{A}_{r-1}+(c_r+2p_rq_r)\boldsymbol{A}_r+b_rp_r\boldsymbol{A}_{r+1}]
\end{aligned}\right. \tag{4.154}$$

在 $k\leqslant n-2$ 条件下 $k+3$ 个解析点 $\boldsymbol{A}_{-1}$、$\boldsymbol{A}_0$、$\boldsymbol{A}_1$、$\cdots$、$\boldsymbol{A}_k$、$\boldsymbol{A}_{k+1}$ 线性无关, 故从式 (4.154)、式 (4.153) 导出

$$
\begin{cases}
A = q_0 \\
B = p_k \\
C = c_0 + p_0 q_0 + m_1 a_1 (q_1 - q_0) - p_k q_0 \\
\quad = c_k + p_k q_k + m_{k-1} b_{k-1} (p_{k-1} - p_k) - p_k q_0 \\
m_{r+1} a_{r+1} (q_{r+1} - q_0) + m_r (c_r + 2 p_r q_r - p_r q_0 - p_k q_r - C) \\
\quad + m_{r-1} b_{r-1} (p_{r-1} - p_k) = 0
\end{cases}
\tag{4.154$'$}
$$

式中 $r = 1, 2, \cdots, k-1$。

注意，为了具有所需性质的上序列 (L^*) 的存在，这些方程为充分条件。依定理 4.33 仅需证明：总可以找到张成一个 P_{k-1} 的第二迹点序列 $(\widetilde{L})$，使其网点 $\boldsymbol{B}_r$ 满足 (L) 的网点所适合的同一附属方程。在这里可以限制在网 $(\boldsymbol{W}_0)$ 的映射那一个阶段的使用，从而解出下列方程组

$$
\begin{cases}
\mathrm{d}\boldsymbol{B}_0 \wedge \omega_1 = [\omega(0)\boldsymbol{B}_0 + \beta_0 \boldsymbol{B}_1] \wedge \omega_1 \\
\mathrm{d}\boldsymbol{B}_r = \alpha_r \boldsymbol{B}_{r-1} + \omega(r)\boldsymbol{B}_r + \beta_r \boldsymbol{B}_{r+1} \\
\mathrm{d}\boldsymbol{B}_r \wedge \omega_2 = [\alpha_k \boldsymbol{B}_{k-1} + \omega(k)\boldsymbol{B}_k] \wedge \omega_2
\end{cases}
\tag{4.154$''$}
$$

式中 $r = 1, 2, \cdots, k-1$；于是从所述的阶段经交截作图法给出而使之属于上序列 (L^*) 的第 k 类共轭网，实际上应用于给定网 $(\boldsymbol{W}_0)$，由式 (4.150)、式 (4.133)、式 (4.134) 必成立附属条件

$$
\sum_{r=0}^{k} m_r \boldsymbol{B}_r = \boldsymbol{0} \tag{4.155}
$$

对于混合系统式 (4.154)$''$，式 (4.155) 的可积问题，即在满足式 (4.1)、式 (4.152)、式 (4.154)$'$ 的给定形式 $\alpha_r = a_r \omega_r$、$\beta_r = b_r \omega_2$、$\omega(r)$ 及 m_r 等条件下分析。

为在 P_{k-1} 建立基底，引入解析点

$$
\boldsymbol{B} = \frac{1}{2}(\boldsymbol{B}_0 - \boldsymbol{B}_k) \tag{4.156}
$$

并从此消去解析点 $\boldsymbol{B}_0$、$\boldsymbol{B}_k$。命

$$S = -\frac{1}{2}\sum_{r=1}^{k-1} m_r B_r \tag{4.157}$$

有

$$B_0 = S + B \quad B_k = S - B \tag{4.158}$$

于是式 (4.154) 归结为

$$\begin{aligned} dB_1 =& \alpha_1(S+B) + \omega(1)B_1 + \beta_1 B_2 \\ dB_r =& \alpha_r B_{r-1} + \omega(r)B_r + \beta_r B_{r+1} \\ dB_{k-1} =& \alpha_{k-1}B_{k-2} + \omega(k-1)B_{k-1} + \beta_{k-1}(S-B) \end{aligned} \tag{4.159}$$

$$\begin{aligned} dB =& S_u\omega_1 - S_v\omega_2 - [a_k B_{k-1} + p_k(S-B)]\omega_1 \\ &+ [b_0 B_1 + q_0(S+B)]\omega_2 \end{aligned} \tag{4.160}$$

式中 $r = 2, 3, \cdots, k-2$。为简化写法, 这里默认 $k \geqslant 3$ 的假设。当 $k = 2$ 时做法相同, 只是式 (4.159) 的首尾两方程重合; 当 $k = 1$ 时问题归结为在普通意义下的内接序列, 故不必证明; 当 $k = 3$ 时式 (4.159) 的中间方程不复存在。

将式 (4.159)、式 (4.160) 视为解析点

$$B_1, B_2, \cdots, B_{k-1}, B \tag{4.161}$$

的导来方程的一个完备系统; 根据线性微分方程理论, 只需要表明有关的可积条件被满足即可。故这些式 (4.161) 表示 P_{k-1} 里的拉普拉斯序列 $(\widetilde{L})$ 的一段, 使之可以同所需的上序列联系。

可积条件要求: 从这系统作外微分

$$D(dB_r) \quad D(dB) \tag{4.162}$$

均恒为零, 而 $r = 1, 2, \cdots, k-1$。当 $r = 2, 3, \cdots, k-2$ 时可积条件直接源于式 (4.5)。当 $r = 1$ 时由式 (4.5)、式 (4.160)、式 (4.159) 计算知,

$$\begin{aligned} D(dB_1) =& \alpha_r \wedge [\omega(0) - \omega(1)](S+B) + (\alpha_1 \wedge \beta_0 + \beta_1 \wedge \alpha_2)B_1 \\ &+ \beta_1 \wedge [\omega(2) - \omega(1)]B_2 - \alpha_1 \wedge [b_0 B_1 + q_0(S+B)\omega_2] \end{aligned}$$

$$
\begin{aligned}
&-\omega(1)\wedge[\alpha_1(\boldsymbol{S}+\boldsymbol{B})+\omega(1)\boldsymbol{B}_1+\beta_1\boldsymbol{B}_2]\\
&-\beta_1\wedge[\alpha_2\boldsymbol{B}_1+\omega(1)\boldsymbol{B}_2+\beta_2\boldsymbol{B}_3]=0
\end{aligned}
\tag{4.163}
$$

同理得到 $r=k-1$ 时所需条件, 则余下的仅为 $D(\mathrm{d}\boldsymbol{B})=0$ 的证明. 式 (4.155) 变为主要条件, 从式 (4.160)

$$
\begin{aligned}
D(\mathrm{d}\boldsymbol{B})=&\{[-(\boldsymbol{S}_{uu}+\boldsymbol{S}_{uv})+[a_k\boldsymbol{B}_{k-1}+p_k(\boldsymbol{S}-\boldsymbol{B})]]_v\\
&+[b_0\boldsymbol{B}_1+q_0(\boldsymbol{S}+\boldsymbol{B})]_u\}\omega_1\wedge\omega_2
\end{aligned}
\tag{4.164}
$$

这里可置 $\boldsymbol{S}_{uu}=\boldsymbol{S}_{vu}$。由于在 $\boldsymbol{S}$ 的形式中只要点 $\boldsymbol{S}_r$。而且这些点都以明确可积条件成立, 因此经过变形, 式 (4.164) 变为

$$
\begin{aligned}
D(\mathrm{d}\boldsymbol{B})=&\{2(-\boldsymbol{S}_{uu}+q_0\boldsymbol{S}_u+p_k\boldsymbol{S}_v)+[(a_k\boldsymbol{B}_{k-r})_v+p_{kv}(\boldsymbol{S}-\boldsymbol{B})]\\
&+[(b_0\boldsymbol{B}_1)_v+(q_0)_v(\boldsymbol{S}+\boldsymbol{B})]\\
&-[p_k(\boldsymbol{S}_v+\boldsymbol{B}_v)+q_0(\boldsymbol{S}_u-\boldsymbol{B}_u)]\}\omega_1\wedge\omega_2
\end{aligned}
$$

又由式 (4.164) 推出

$$
\begin{cases}
(\boldsymbol{S}_u-\boldsymbol{S}_v)\omega_1\wedge\omega_2=(\mathrm{d}\boldsymbol{S}-\mathrm{d}\boldsymbol{B})\wedge\omega_2\\
\qquad\qquad\qquad\qquad=[a_k\boldsymbol{B}_{k-1}+p_k(\boldsymbol{S}-\boldsymbol{B})]\omega_1\wedge\omega_2\\
(\boldsymbol{S}_u+\boldsymbol{S}_v)\omega_1\wedge\omega_2=-(\mathrm{d}\boldsymbol{S}+\mathrm{d}\boldsymbol{B})\wedge\omega_2\\
\qquad\qquad\qquad\qquad=[b_0\boldsymbol{B}_1+q_0(\boldsymbol{S}+\boldsymbol{B})]\omega_1\wedge\omega_2
\end{cases}
\tag{4.165}
$$

利用式 (4.1) 可给出式 (4.7); 类似地, 从式 (4.159) 也可给出相似于式 (4.7) 的方程。今以此改写式 (4.164), 得

$$
\begin{aligned}
D(\mathrm{d}\boldsymbol{B})=&(\boldsymbol{B}((m_1a_1(q_1-q_0)+c_0+p_kq_0)\\
&-(m_{k-1}b_{k-1}(p_{k-1}-p_k)+c_k+p_kq_k-p_kq_0)))\\
&+\boldsymbol{S}((m_1a_1(q_1-q_0)+c_0+p_0q_0-p_kq_0)\\
&+(m_{k-1}b_{k-1}(p_{k-1}-p_k)+c_k+p_kq_k-p_kq_0))\\
&+\boldsymbol{B}_1(m_2a_2(q_2-q_0)+m_1(c_1+2p_1q_1-p_1q_0-p_kq_1))
\end{aligned}
$$

$$
\begin{aligned}
&+ b_0(p_0 - p_k) + \sum_{r=2}^{k-2} \boldsymbol{B}_r(m_{r+1}a_{r+1}(q_{r+1} - q_0) \\
&+ m_r(c_r + 2p_rq_r - p_rq_0 - p_kq_r) + m_{r-1}b_{r-1}(p_{k-1} - p_k)) \\
&+ \boldsymbol{B}_{k-1}(a_k(q_k - q_0) + m_{k-1}(c_{k-1} + 2p_{k-1}q_{k-1} - p_{k-1}q_0 \\
&- p_kq_{k-1}) + m_{k-1}b_{k-1}(p_{k-2} - p_k))\omega_1 \wedge \omega_2
\end{aligned} \tag{4.166}
$$

以式 (4.155) 的第一行 ($r = 1$) 为基础,$\boldsymbol{B}$ 的系数为零, 而 $\boldsymbol{S}$ 的系数则取 $2C$: 由同方程的第三行 ($r = 3$) 知 $\boldsymbol{B}_r(r = 1, 2, \cdots, k-1)$ 的系数为 m_rC。依式 (4.157) 即可给出, 表明所计算的式子恒为零。

定理 4.39 除 P_{k-1} 外的直射外, 第二迹点序列 $(\tilde{L})$ 唯一确定原拉普拉斯序列 (L) 及其给定的第 k 类共轭序列 $(\hat{L})$。

定理 4.39 也可以扩大到上序列 (L^*) 上。当 $k \geqslant 2$ 时从定理 4.39、4.34 易知该结论。令 $k = 1$, 故所有解析点 $\boldsymbol{B}_r$ 成比例, 且可以这样规范化使全部相等。

$$
\boldsymbol{B}_r = \boldsymbol{B} \tag{4.167}
$$

共轭序列应具有解析点

$$
\boldsymbol{W}_r = \boldsymbol{C}_{r+1} - \boldsymbol{C}_r = \boldsymbol{A}_{r+1} - \boldsymbol{A}_r \tag{4.168}
$$

结果解析点式 (4.124) 的序列 $(\tilde{L}^*)$ 也生成同一个共轭序列, 从而

$$
\bar{\boldsymbol{C}}_{r+1} - \bar{\boldsymbol{C}}_r = \rho(\boldsymbol{A}_{r+1} - \boldsymbol{A}_r) \quad (\rho \neq 0) \tag{4.169}
$$

据此,

$$
\bar{q}_{r+1} = \bar{q}_r \tag{4.170}
$$

并由式 (4.128), 得

$$
\mathrm{d}\bar{q}_r = 0 \tag{4.171}
$$

定理 4.40 如果在作为安装于 P_{n+k} 内的子空间的 P_n 里给定一个非中断的拉普拉斯序列 (L), 且存在序列 $(\hat{L})$、(L) 为第 k 类共轭的, 那么由定理 4.37 和交截作图法产生 $(\hat{L})$ 而存在的上序列 (L^*) (除一个使 P_n 不动的直射外) 唯一确定。

4.2.6 两共轭序列的联合序列

当拉普拉斯序列 (L')、(L'') 在普通意义下共轭于同一个拉普拉斯序列 (L) 时, (L')、(L'') 的对应线汇射线的交点必构成 (L) 的一个二重导乘序列 $(\hat{L})$。现以此拓广为第 k 类共轭序列 $(\hat{L}')$ 和第 l 类共轭序列 $(\hat{L}'')$ 的联合序列。

设张成 P_n 的非中断拉普拉斯序列 (L), 其第 k 类共轭序列 $(\hat{L}')$ 及第 l 类共轭序列 $(\hat{L}'')$ 都为给定的, 并

$$k \leqslant n-2 \qquad l \leqslant n-2 \qquad k+l \leqslant n-1 \tag{4.172}$$

于是根据定理 4.38, $(\hat{L}')$、$(\hat{L}'')$ 为导来序列且其解析点 $'\boldsymbol{W}_r$、$''\boldsymbol{W}_r$ 依式 (4.139) 可变为

$$'w_r^s = \begin{vmatrix} x_r^s & \cdots & x_{r+k}^s \\ '\boldsymbol{B}_r & \cdots & '\boldsymbol{B}_{r+k} \end{vmatrix} \qquad ''w_r^s = \begin{vmatrix} x_r^s & \cdots & x_{r+l}^s \\ ''\boldsymbol{B}_r & \cdots & ''\boldsymbol{B}_{r+l} \end{vmatrix} \tag{4.173}$$

式中 $s=0,1,\cdots,n$; $'\boldsymbol{B}_r$、$''\boldsymbol{B}_r$ 分别为 $(\tilde{L}')$、$(\tilde{L}'')$ 的解析点。今利用向量 $'\boldsymbol{B}_r$、$''\boldsymbol{B}_r$ 拼成列向量 $\boldsymbol{B}_r$, 而事实上为依

$$\boldsymbol{B}_r = {}'\boldsymbol{B}_r + {}''\boldsymbol{B}_r = \begin{pmatrix} 'y_r^1 \\ \vdots \\ 'y_r^k \\ 0 \\ \vdots \\ 0 \end{pmatrix} + \begin{pmatrix} 0 \\ \vdots \\ 0 \\ ''y_r^1 \\ \vdots \\ ''y_r^l \end{pmatrix} = \begin{pmatrix} 'y_r^1 \\ \vdots \\ 'y_r^k \\ ''y_r^1 \\ \vdots \\ ''y_r^l \end{pmatrix} = \begin{pmatrix} '\boldsymbol{B}_r \\ ''\boldsymbol{B}_r \end{pmatrix} \tag{4.174}$$

作成的, 且据此作上

$$w_r^s = \begin{vmatrix} x_r^s & \cdots & x_{r+k+l}^s \\ \boldsymbol{B}_r & \cdots & \boldsymbol{B}_{r+k+l} \end{vmatrix} = \begin{vmatrix} x_r^s & \cdots & x_{r+k+l}^s \\ '\boldsymbol{B} & \cdots & '\boldsymbol{B}_{r+k+l} \\ ''\boldsymbol{B} & \cdots & ''\boldsymbol{B}_{r+k+l} \end{vmatrix} \tag{4.175}$$

在每 $k+l$ 个连续点 $\boldsymbol{B}_r$ 均线性无关假定下, 式 (4.175) 可以视为 P_n 的解析点 $\boldsymbol{W}_r$; 故这些画成 (L) 的第 $k+l$ 类共轭序列 $(\hat{L})$, 称

为 $(\hat{L}')$、$(\hat{L}'')$ 的联合序列。当 $(\hat{L}')$、$(\hat{L}'')$ 满足上述的部分假定时，称二序列相互独立。

式 (4.175) 表明，将空间 P_n、P_{k-1}、P_{l-1} 视作安装于射影空间 P_{n+k+l} 内的两两互挠的线性子空间，为此引进记号：$P_{n+k} = P_n \otimes P_{k-1}$、$P_{n+l} = P_n \otimes P_{l-1}$、$P_{k+l-1} = P_{k-1} \otimes P_{l-1}$，以此表示在其两侧的线性子空间的联合空间。

定理 4.41 若 $(\hat{L}')$、$(\hat{L}'')$ 分别为 P_n 内的非中断拉普拉斯序列 (L) 的第 k 类、第 l 类共轭序列且相互独立，则在 P_{n+k+1} 里有 (L'^*)、(L''^*) 的共同上序列 (L^*)，使之当运用交截作图到 (L^*) 时即产生联合序列 $(\hat{L})$。

写出其解析点

$$\boldsymbol{C}_r = \boldsymbol{A}_r + \boldsymbol{B}_r = \boldsymbol{A}_r +{}'\boldsymbol{B}_r +{}''\boldsymbol{B}_r \tag{4.176}$$

依此知 (L^*) 也为 (L'^*)、(L''^*) 上的序列。由于式 (4.175) 的结构与式 (4.139) 相似，因此 $(\hat{L})$ 为从 (L^*) 按照交截作图法给出。

定理 4.42 序列 $(\hat{L}')$、$(\hat{L}'')$ 相互独立当且仅当其共同上序列 $(\tilde{L})$ 张成 P_{k+l-1}。

定理 4.43 平面 $P_r^{l'}(u,v)$、$P_r^{k''}(u,v)$ 交于点 $\boldsymbol{W}_r(u,v)$，即联合序列 $(\hat{L})$ 的对应网点。

实际上，

$$\begin{cases} \text{平面 } P_r^{l'} \text{ 由点} {}'\boldsymbol{W}_r、\cdots、{}'\boldsymbol{W}_{r+l} \text{ 张成} \\ \text{平面 } P_r^{k''} \text{ 由点} {}''\boldsymbol{W}_r、\cdots、{}''\boldsymbol{W}_{r+l} \text{ 张成} \end{cases} \tag{4.177}$$

因为 $(\hat{L}')$ 为 (L'^*) 的交截序列且 $(\hat{L}'')$ 为 (L''^*) 的交截序列，所以由式 (4.133) 知，点 ${}'\boldsymbol{W}_r$、${}''\boldsymbol{W}_r$ 取决于

$$\begin{cases} {}'\boldsymbol{W}_r = \displaystyle\sum_{\mu=0}^{k} \lambda'_{r\mu} \boldsymbol{A}_{r+\mu} \\ {}''\boldsymbol{W}_r = \displaystyle\sum_{\nu=0}^{l} \lambda''_{r\nu} \boldsymbol{A}_{r+\nu} \end{cases} \tag{4.178}$$

$$\begin{cases} \sum_{\mu=0}^{k}{}' \boldsymbol{B}_{r+\mu}\lambda'_{r\mu} = \boldsymbol{0} \\ \sum_{\nu=0}^{l}{}'' \boldsymbol{B}_{r+\nu}\lambda''_{r\nu} = \boldsymbol{0} \end{cases} \tag{4.179}$$

从式 (4.178)、式 (4.177), 平面 $P_r^{l'}$、$P_r^{k''}$ 在平面 P_r^{l+k} 中。因为类似式 (4.135) 的关系对 $\lambda'_{r\mu}$、$\lambda''_{r\nu}$ 也均成立且 $k+2$ 个点 $\boldsymbol{A}_r$、$\boldsymbol{A}_{r+1}$、$\cdots$, $\boldsymbol{A}_{r+k+1}$ 线性无关, $l+1$ 个点 $'\boldsymbol{W}_r$、$\cdots$、$'\boldsymbol{W}_{r+l}$ 及 $k+1$ 个点 $''\boldsymbol{W}_r$、$\cdots$、$''\boldsymbol{W}_{r+k}$ 也各线性无关, 所以 $P_r^{l'}$、$P_r^{k''}$ 分别为 l 维、k 维。它们至少存在一个交点; 表明存在量 ξ_{rp} $(p=0,1,\cdots,l)$、η_{rq} $(q=0,1,\cdots,k)$, 使

$$\boldsymbol{W}_r = \sum_{p=0}^{l}{}' \boldsymbol{W}_{r+p}\xi_{rp} = \sum_{q=0}^{k}{}'' \boldsymbol{W}_{r+q}\eta_{rq} \tag{4.180}$$

这须证明的是: 这样的交点仅有一个并重含于网点 $\boldsymbol{W}_r$。

依式 (4.180)、式 (4.178),

$$\sum_{p=0}^{l}\sum_{\mu=0}^{k}\xi_{rp}\lambda'_{(r+p)\mu}\boldsymbol{A}_{r+p+\mu} = \sum_{q=0}^{k}\sum_{\nu=0}^{l}\eta_{rq}\lambda''_{(r+q)\nu}\boldsymbol{A}_{r+q+\nu} \tag{4.181}$$

当把指标 ν 与 p、μ 与 q 各等同化并置 $\kappa=p+\mu=q+\nu$ 时比较系数, 有

$$\sum_{p=a_1}^{a_2}\xi_{pr}\lambda'_{(r+p)(\kappa-p)} = \sum_{q=b_1}^{b_2}\eta_{rq}\lambda''_{(r+q)(\kappa-q)} = \xi_{r\kappa} \tag{4.182}$$

这里 $a_1=\max\{0,\kappa-k\}$、$a_2=\min\{\kappa,l\}$, $b_1=\max\{0,\kappa-l\}$、$b_2=\min\{\kappa,k\}$; 对于 $\xi_{r\kappa}$,

$$\boldsymbol{W}_r = \sum_{\kappa=0}^{k+l}\xi_{r\kappa}\boldsymbol{A}_{r+k} \tag{4.183}$$

而 $\xi_{r\kappa}$ 经过式 (4.179)、式 (4.182) 的参考, 有关系

$$\begin{cases} \sum_{p=0}^{l}\xi_{rp}\sum_{\mu=0}^{k}{}'\boldsymbol{B}_{r+p+\mu}\lambda'_{(r+p)\mu}=\sum_{\kappa=0}^{k+l}{}'\boldsymbol{B}_{r+\kappa}\xi_{r\kappa}=\boldsymbol{0} \\ \sum_{q=0}^{k}\eta_{rq}\sum_{\nu=0}^{l}{}''\boldsymbol{B}_{r+q+\nu}\lambda''_{(r+q)\nu}=\sum_{\kappa=0}^{k+l}{}''\boldsymbol{B}_{r+\kappa}\xi_{r\kappa}=\boldsymbol{0} \end{cases} \tag{4.184}$$

利用式 (4.174), 合并为

$$\sum_{\kappa=0}^{k+l}\boldsymbol{B}_{r+\kappa}\xi_{r\kappa}=\boldsymbol{0} \tag{4.185}$$

故得到相似于式 (4.133)、式 (4.134) 的某些方程, 除一个共同因子外, 唯一确定点 $\boldsymbol{W}_r$, 定理得证。

定理 4.44 当作出 k 个适当的拉普拉斯序列 $(\hat{L}^{(\kappa)})$ $(\kappa=1,2,\cdots,k)$ 使一个接一个内接时, 实质上即可得到 (L) 的第 k 类共轭序列 $(\hat{L})$, 其中第一个 $(\hat{L}^{(1)})$ 内接于原拉普拉斯序列 (L), 最后一个 $(\hat{L}^{(k)})$ 就是 $(\hat{L})$ 自身。

事实上, 依式 (4.173) 可以表达序列 $(\hat{L}^{(\kappa)})$ 的网点坐标

$$w_r^{(\kappa)s}=\begin{vmatrix} x_r^s & \cdots & x_{r+\kappa} \\ {}^{(\kappa)}\boldsymbol{B}_r & \cdots & {}^{(\kappa)}\boldsymbol{B}_{r+\kappa} \end{vmatrix} \tag{4.186}$$

其中 $\kappa=1,2,\cdots,k$; $s=0,1,\cdots,n$; 列向量 ${}^{(\kappa)}\boldsymbol{B}_t$ 为从 (L) 的列向量 $\boldsymbol{B}_t(={}^{(\kappa)}\boldsymbol{B}_t)$ 仅用最初的 κ 个坐标而成。

4.2.7 嵌入定理

作为拉普拉斯序列 (L) 的第 k 类共轭序列 (L_k) 的第一延拓, 在第二节中已推出 (L) 的第 $k+1$ 类共轭序列 (L_{k+1}), 其中已知 $1\leqslant k\leqslant n-3$。

今讨论延拓问题之逆的嵌入问题。令 (L) 的第 $k+1$ 类共轭序列为给定的, 由定理 4.4 可以断言: 序列 (L_{k+1}) 确定于共轭网 $(\mathscr{X})$, 这里点 $\mathscr{X}$ 在 $k+1$ 维空间 $(\boldsymbol{A}_0,\boldsymbol{A}_1,\cdots,\boldsymbol{A}_{k+1})$ 上, 且网曲线也为 u、v, 故

$$\mathscr{X}=\sum_{s=0}^{k+1}l_s\boldsymbol{A}_s \quad (l_{k+1}=1) \tag{4.187}$$

可否确定 (L) 的第 k 类共轭序列 $\{\cdots,\boldsymbol{X},\boldsymbol{Y},\cdots\}$, 使 $\boldsymbol{X}\in\Sigma_0$、$\boldsymbol{Y}\in\Sigma_1$ 且给定的 (L_{k+1}) 变为其第一延拓? 若有可能, 则一定存在一系列函数 λ、λ_s $(s=0,1,\cdots,k)$、μ_t $(t=1,2,\cdots,k+1)$ 使

$$\mathscr{X}=\lambda\boldsymbol{X}+\boldsymbol{Y} \tag{4.188}$$

式中

$$\boldsymbol{X}=\sum_{s=0}^{k}\lambda_s\boldsymbol{A}_s \qquad \boldsymbol{Y}=\sum_{t=1}^{k+1}\mu_t\boldsymbol{A}_t \tag{4.189}$$

并如第二节中规定, 可置

$$\lambda_0=1 \qquad \mu_{k+1}=1 \tag{4.190}$$

由于点 $\mathscr{X}$ 绘成共轭网 (u,v), 因此它符合形如

$$\mathscr{X}_{uv}=A\mathscr{X}_u+B\mathscr{X}_v+C\mathscr{X} \tag{4.191}$$

的拉普拉斯方程。另外, 从式 (4.9)、式 (4.3)、式 (4.187) 导出

$$\mathscr{X}_u=\sum_{s=0}^{k+1}l_sa_s\boldsymbol{A}_{s-1}+\sum_{s=0}^{k+1}(l_{s,u}+l_sp_s)\boldsymbol{A}_s \tag{4.192}$$

$$\mathscr{X}_v=\sum_{s=0}^{k}(l_{s,v}+l_sq_s)\boldsymbol{A}_s+\sum_{s=0}^{k+1}l_sb_s\boldsymbol{A}_{s+1} \tag{4.193}$$

$$\begin{aligned}\mathscr{X}_{uv}=&\sum_{s=0}^{k}l_{s,uv}\boldsymbol{A}+\sum_{s=0}^{k}l_{s,u}(q_s\boldsymbol{A}_s+b_s\boldsymbol{A}_{s+1})\\&+\sum_{s=0}^{k}l_{s,v}(a_s\boldsymbol{A}_{s-1}+p_s\boldsymbol{A}_s)\\&+\sum_{s=0}^{k+1}l_s(q_sa_s\boldsymbol{A}_{s-1}+e_s\boldsymbol{A}_s+p_sb_s\boldsymbol{A}_{s+1})\end{aligned} \tag{4.194}$$

这里

$$\begin{cases}l_{s,u}=\dfrac{\partial l_s}{\partial u}\\ l_{s,v}=\dfrac{\partial l_s}{\partial v}\\ l_{s,uv}=\dfrac{\partial^2 l_s}{\partial u\partial v}\end{cases} \tag{4.195}$$

而

$$e_s = c_s + 2p_sq_s = \frac{\partial p_s}{\partial v} + a_sb_{s-1} + p_sq_s = \frac{\partial q_s}{\partial u} + a_{s+1}b_s + p_sq_s \tag{4.196}$$

将式 (4.192)、式 (4.193)、式 (4.194)、式 (4.187) 代入式 (4.191), 注意到 $k+4(\leqslant n+1)$ 个点 $\boldsymbol{A}_{r-1}$ $(r=0,1,\cdots,k+3)$ 线性无关, 即给出 $k+4$ 关系式; 比较 $\boldsymbol{A}_{-1}$、$\boldsymbol{A}_{k+2}$、$\boldsymbol{A}_0$、$\boldsymbol{A}_{k+1}$、$\boldsymbol{A}_s$ $(1\leqslant s\leqslant k)$ 的各系数,

$$\begin{cases} A = (\log l_0)_v + q_0 \\ B = p_{k+1} \\ C = \dfrac{l_{0,uv}}{l_0} + q_0(\log l_0)_u + p_0(\log l_0)_v + a_1\dfrac{l_{1,v}}{l_0} + a_1q_1\dfrac{l_1}{l_0} + e_0 \\ \qquad -[(\log l_0)_v + q_0]\left[a_1\dfrac{l_1}{l_0} + (\log l_0)_u + p_0 + p_{k+1}\right] \\ \quad = l_{k,u}b_k + e_{k+1} + b_kp_kl_k - p_{k+1}[(\log l_0)_v + b_kl_k + q_0 + q_{k+1}] \end{cases} \tag{4.197}$$

以及另外 k 个关系式

$$\begin{aligned} & l_{s,uv} + q_sl_{s,u} + b_{s-1}l_{s-1,u} + a_{s+1}l_{s+1,v} + p_sl_{s,v} + a_{s+1}q_{s+1}l_{s+1} \\ & + e_sl_s + p_{s-1}b_{s-1}l_{s-1} - [(\log l_0)_v + q_0](a_{s+1}l_{s+1} + p_sl_s + l_{s,u}) \\ & - p_{k+1}(b_{s-1}l_{s-1} + l_{s,v} + q_sl_s) - Cl_v = 0 \end{aligned} \tag{4.198}$$

式中 $s=1,2,\cdots,k$。把式 (4.189) 代入式 (4.188), 并比较式 (4.187) 得

$$\lambda = l_0 \qquad \lambda\lambda_s + \mu_s = l_s \quad (1\leqslant s\leqslant k) \tag{4.199}$$

$\{\cdots,\boldsymbol{X},\boldsymbol{Y},\cdots\}$ 变为 (L) 的第 k 类共轭序列 (L_k) 当且仅当

$$\lambda_{s,v} = \lambda_s(q_0 - q_s) + b_k\lambda_k\mu_s - b_{s-1}\lambda_{s-1} \tag{4.200}$$

$$\mu_{s,u} = \mu_s(p_{k+1} - p_s) + a_1\mu_1\lambda_s - a_{s+1}\mu_{s+1} \tag{4.201}$$

对式 (4.199) 关于 u 或 v 求导, 应用式 (4.201)、式 (4.200) 知

$$\lambda_{s,u} = -\lambda_s(\log l_0)_u + \frac{l_{s,u}}{l_0} + a_{k+1}\frac{\mu_{s+1}}{l_0} - a_1\frac{\mu_1\lambda_s}{l_0} - (p_{k+1} - P_s)\frac{\mu_s}{l_0} \tag{4.202}$$

$$\mu_{s,v} = -\lambda_s l_0[(\log l_0)_v + q_0 - q_s] + l_{s,v} - l_0(b_k\lambda_k\mu_s - b_{s-1}\lambda_{s-1}) \quad (4.203)$$

进一步讨论式 (4.203)、式 (4.202)、式 (4.201)、式 (4.200) 的积分存在问题。

从式 (4.200)、式 (4.202) 分别计算 $\lambda_{s,uv}$、$\lambda_{s,vu}$, 再运用式 (4.6)、式 (4.5)、式 (4.199) 等方程简化各表达式, 最后可将积分条件

$$\lambda_{s,uv} = \lambda_{s,vu} \quad (4.204)$$

导入到式 (4.198)、式 (4.197)。

同理, 从式 (4.203)、式 (4.201) 的可积条件

$$\mu_{s,uv} = \mu_{s,vu} \quad (4.205)$$

也可归于式 (4.197)、式 (4.198)。

嵌入定理 若拉普拉斯序列 (L) 的第 k 类共轭序列 (L_k) $(1 \leqslant l \leqslant n-2)$ 为已知, 则可以嵌入第 $k-l$ 类共轭序列 (L_{k-l}) 使原序列 (L_k) 为 (L_{k-1}) 的第 l 类共轭序列。尤其是, 在序列 (L)、(L_k) 之间可以嵌入 $k-l$ 个分别为第 1、第 2、$\cdots$、第 $k-1$ 类共轭序列 (L); 使原序列 (L), 这些 $k-1$ 个共轭序列和给定的序列 (L_k) 中每两个相邻序列构成普通共轭, 即内接关系。

5 射影联络空间

5.1 和乐群

对于黎曼空间 V_n 的每一点 M, 首先附上切欧几里得空间 $E_n(M)$, 称这种附加为对 V_n 的分层或纤维化; 其次对邻点 M、M' 的切欧几里得空间 $E_n(M)$、$E_n(M')$ 给定点映射 θ, 更一般地, 对 V_n 的两个有限相隔的点 M_0、M, 以 V_n 的曲线 Γ 连接并给出 $E_n(M_0)$、$E_n(M)$ 中和 M_0、Γ 均有关系的映射 $\theta(M_0, \Gamma)$, 即欧几里得联络; 最后在各点 M_0 的切欧几里得空间 $E_n(M)$ 里有运动群 G 使之变位取决于 $E_n(M)$ 中的标架 $R(M) = \{M; e_i\}$。在上述三个阶段建立的黎曼几何就是无挠率的、欧几里得联络流形的几何学。

进一步讨论沿基流形 V 建立的联络空间几何学, 为此规定:

(1) 在基流形 V 的每个点 M 建立一个流形 F 同胚的层次 $F(M)$ 与 M 对应, 并在 $F(M)$ 中存在李群 G, 其中任何变换取决于标架 $R(M)$;

(2) 设 M_0 为 V 上的定点, M 为动点并 Γ 为从 M_0 引到 M 的曲线。给定变换 $\theta(M_0, \Gamma)$, 借以建立标架 $TR(M_0)$ 于层次 $F(M_0)$ 中, 使它与标架 $R(M)$ 对应, 其中标架 $TR(M_0)$ 为从 $R(M_0)$ 经过 $F(M_0)$ 中存在的群 G 的变换 $T(M_0, \Gamma)$ 得到的;

此时称已沿 Γ 将在层次 $F(M_0)$ 里由 G 确定的几何学转移到层次 $F(M)$ 的几何学。

(3) 变换 $\theta(M_0, \Gamma)$ 关于 Γ 连续;

(4) 若任何曲线 Γ 在各点具有接触阶数 ($\geqslant \rho \geqslant 1$) 的一个元素, 则其映射在 $F(M_0)$ 中具有接触阶数 ($\geqslant \rho$) 的一个元素的一条曲线 γ。

变换 $\theta(M_0,\Gamma)$ 的集合确定了联络, G 确定了几何学, 称流形 V 为具有联络 (G,F,θ) 的流形, 将满足种种附属条件的一条直线段的连续象称为曲线。注意, 这时讨论的一些元素不是 V 的点而是曲线 Γ; 当 V 的维数超过 1 时这些曲线可能构成一个无穷维空间。

当 $\theta(M_0,\Gamma)=\theta(M_0,M)$ 时, 也就是当其与 Γ 无关而仅仅决定于点 M 时称该联络为平坦的, 从而称具有联络 (G,F,θ) 的流形 V 为和乐的 (单纯的), 或称为关于该联络的和乐 (单纯) 空间。

在一般情况下, 应用移标架 $R(M)$ 到标架 $TR(M_0)$ 的变换, 可以把层次 $F(M)$ 中的所有几何物搬到层次 $F(M_0)$ 中的几何物, 它们与 $TR(M_0)$ 相同也取决于 Γ, 称这种几何物为非和乐的 (单纯的)。

今考察 V 的另一个点 M_1, 且尽一次地给定一条从 M_0 到 M_1 的曲线 Γ_1; 设 $T_1R(M_0)$ 为标架 $R(M_1)$ 经过 $\theta(M_0,\Gamma_1)$ 在 $F(M_0)$ 中的象, 命 Γ' 为始于 M_1、终于 M 的一条曲线; 沿路径 $\Gamma=\Gamma'\Gamma_1$ 作为标架 $R(M)$ 的对应标架, 对于标架 $TR(M_0)$, 有

$$TR(M_0)=TT^{-1}[T_1R(M_0)]$$

将 $T_1R(M_0)$、$R(M_1)$ 等同, 于是依据沿 Γ' 的推移, $R(M_1)$ 移到 $TT_1^{-1}[R(M_1)]$, 它定义了在 M_1 的联络 $\theta(M_1,\Gamma_1,\Gamma')$, 该联络为由在 M_0 的联络以及曲线 Γ_1 诱导的。令 Γ_2 为从 M_0 连接 M_1 的另一条曲线, 联络 $\theta(M_1,\Gamma_2,\Gamma')$ 对应于路径 $\Gamma'\Gamma_2=(\Gamma'\Gamma_2\Gamma_1^{-1})\Gamma_1$, 即对应于第一联络的路径 $\Gamma'\Gamma_2\Gamma_1^{-1}$, 从而在这两个联络里从 M_1 发出的曲线之间得到一个双射, 表明这些无实质性差别。

取切线性流形作为 F, 使直射群 G 在那里有同样作用时, 即 V 是带有联络 G 的。在此条件下讨论仿射或射影联络流形; 具体而言, 当在切线性空间 (仿射空间) 内把同构的仿射变换局限于欧几里得群或其推广群的集合中进行结构时给出度量联络, 在它经过一个无穷远流形的导入而延拓为一个射影空间的情况下给出射影联络。

记 $(u^1, u^2, \cdots, u^n)$ 为 V 的点坐标, $\left(\xi^1, \xi^2, \cdots, \xi^p\right)$ 为确定标架 R 的坐标, 假定讨论的联络取决于关系

$$\mathrm{d}\xi^j = \varXi\left(u^i|\mathrm{d}u^i|\mathrm{d}^2u^i|\cdots\right) \tag{5.1}$$

式中 $i = 1, 2, \cdots, n$; $j = 1, 2, \cdots, p(p > n)$; $\varXi^j$ 关于 $\mathrm{d}u^i$ 为齐一次的并满足其他对以后情况无用的某些齐次性条件。式 (5.11) 为缩写形式, 即应为

$$\mathrm{d}\xi^j = \varXi(u^1, u^2, \cdots, u^n\big|\mathrm{d}u^1, \mathrm{d}u^2, \cdots, \mathrm{d}u^n\big|\mathrm{d}^2u^1, \mathrm{d}^2u^2, \cdots, \mathrm{d}^2u^n\big|\cdots)$$

因为只满足这种状况的考察, 也就是当该函数仅仅包括 $\mathrm{d}u^i$, 且有关于变量 u^i、$\mathrm{d}u^i$ 的充分高阶为止导数的情况。

对于线性联络, 各 $\varXi^j$ 关于 $\mathrm{d}u^i$ 均为线性的,

$$\mathrm{d}\xi^i = \sum_{i=1}^{n} \omega_i^j\left(u^1, u^2, \cdots, u^n\right)\mathrm{d}u^i$$

在若干 ξ^j 中可取 n 个, 如最初 n 个为 $F(M_0)$ 的一个点坐标; 于是曲线 $\varGamma$ 的映象 γ 由式 (5.1) 的积分确定。

可以断言: 在 V 的点 M_0 观察所有闭曲线 $\varGamma$, 就是出发于 M_0 又回到 M_0 的曲线, 以及所对应的变换 $T(M_0, \varGamma)$ 的集合 H; 如果将退化为点 M_0 的一类曲线也视作曲线 $\varGamma$, 并对 M_0 规定恒等变换与之对应, 那么 H 成群, 且 $H \subset G$。

事实上, 取 $\varGamma$、$\varGamma'$ 为闭曲线, T、T' 为 G 中的对应变换。先跑 $\varGamma$, 从标架 $R_0 = R(M_0)$ 过渡到 TR_0; 其次跑 $\varGamma'$, 从 R_0 过渡到 $T'R_0$ 且从 TR_0 过渡到 $T'TR_0$。这样, 变换 $T'T$ 为恒等变换, 有 $T = T^{-1}$, 表明 H 为群。

命 H_1 为另一个点 M_1 有关的类似群。取曲线 $\varDelta$ 连接 M_0、M, 令 $R_1 = T_1R_0$ 为对应标架。凡从 M_1 出发又回到 M_1 的任何曲线 $\varGamma'$ 有对应的变换, 使标架 R_1 移到 $T'R_1 = T'T_1R_0$, 并且变换 $T'T_1$ 对应于从 M_0 到 M_1 是跑道 $\varGamma'\varDelta$, 当沿 $\varDelta^{-1}$ 从 M_1 回到 M_0 时 R_1 移到 R_0, 故 $T'R_1$ 移到 $T'R_0$, 即回绕曲线 $\varGamma = \varDelta^{-1}\varGamma^{-1}\varDelta$, 把 R_0 移

到 $T'R_0$。由于 T' 为 H_1 的任何变换, 因此 T' 属于 H, 有 $H_1 \subset H$; 同理可证 $H \subset H_1$, 得 $H_1 = H$。

这个与 M_0 无关的群 $H \subset G$, 称为流形 V 关于联络 (G, F, θ) 的和乐群, 而它未必连通; 把单位包括在内的连通核包含这样的所有变换, 其对应的闭曲线经过连续变换后退化为点。当群 H 化为单位时用平坦联络发生关系时 V 的点 M 和标架 $R(M)$ 对应于 $F(M_0)$ 中的唯一点 μ 及一个标架 $TR(M_0)$, 这是因为 V 上的任何闭曲线的映象为 $F(M_0)$ 中的闭曲线并由标架 $R(M_0)$ 出发, 在遍历该曲线之后又回到它, 当连续映象 $M \to \mu$ 为同胚时, 称带有已知联络的流形 V 可以安装在 F 里。此时流形 V 的局部性问题可归结于 F 内的或安装在 F 内的某些流形的局部性研究。

设 V^n 为 $n(>1)$ 维流形, 其点 M 取决于 n 个变量 $(u^1, u^2, \cdots, u^n)$, 在切仿射空间中取 n 个基向量 $(I_1, I_2, \cdots, I_h)$。线性仿射联络由下式给出,

$$\begin{cases} \mathrm{d}M = \sum\limits_{h=0}^{n} \omega_0^h I_h \\ \mathrm{d}I_k = \sum\limits_{h=0}^{n} \omega_k^h I_h \quad (k = 1, 2, \cdots, n) \end{cases} \tag{5.2}$$

式中 $\omega_k^h (h = 1, 2, \cdots, n)$ 为 $\mathrm{d}u^h$ 的一次形式, 它的系数均为 u^h 的函数且具有充分高阶导数。

同一个几何联络可以有许多方法将其表达为式 (5.2)。现在切仿射空间中任何取向量 $I_k(M)$, $I_k(M)$ 可在方向 $\mathrm{d}u^k$ 有分量的 1 向量, 在其他方向 $\mathrm{d}u^h (h \neq k)$ 有分量 0 的向量; 此时 $\omega_0^k = \mathrm{d}u^k$, 一般地, 对 I_k 有

$$I_k^* = \sum_{h=0}^{n} a_k^h I_h \tag{5.3}$$

式中 ω_k^h 为 M 是函数、$\det(a_k^h) \neq 0$。于是

$$\mathrm{d}I_k^* = \mathrm{d}a_k^h I_h + a_k^h \omega_h^l I_l = \left(\mathrm{d}a_k^h + a_k^j \omega_j^h\right) I_h$$

为方便, 仍采用爱因斯坦求和约定。式 (5.3) 可表达为

$$I_l = A_l^h I_h^*$$

对联络而言, 也可给出类似于式 (5.1) 的公式, 只是

$$\begin{cases} \omega_0^{*h} = \omega_0^h A_l^h \\ \omega_k^{*h} = A_l^h \left(\mathrm{d}a_k^l + a_k^j \omega_j^l \right) \end{cases} \tag{5.4}$$

从基向量 $\overset{*}{I}{}^k$ 出发也可以定义式 (5.2)。尤其取 I_h 的对偶基, 取决于方程

$$I_h \overset{*}{I}{}^k = \delta_h^k \tag{5.5}$$

的基, 并命

$$\mathrm{d}\overset{*}{I}{}^k = \bar{\omega}_h^k \overset{*}{I}{}^k$$

为联络的方程, 微分式 (5.5), 的

$$\omega_h^l \delta_l^k + \bar{\omega}_l^k \delta_h^l = 0$$

或

$$\omega_h^k + \bar{\omega}_h^k = 0 \tag{5.6}$$

矩阵 $[\bar{\omega}_h^k]$ 可由矩阵 $[\omega_h^k]$ 得到。

在 V_n 上观察过点 M 的二维流形 $u^k = u^k(t, \tau)$; 设 M 对应于 $t = \tau = 0$、设该二维流形是在这点的邻域内定义的, 记 $\mathrm{d} = \dfrac{\partial}{\partial t}\mathrm{d}t$、$\delta = \dfrac{\partial}{\partial \tau}\mathrm{d}\tau$ 并分析小环路 $MM'M''M'''M$, 如图 5.1 所示, 它由曲线 $t = 0$、$\tau = 0$、$t = \mathrm{d}t$、$\tau = \mathrm{d}\tau$ 围成; 将此环路展开到点 M 的切平面上。

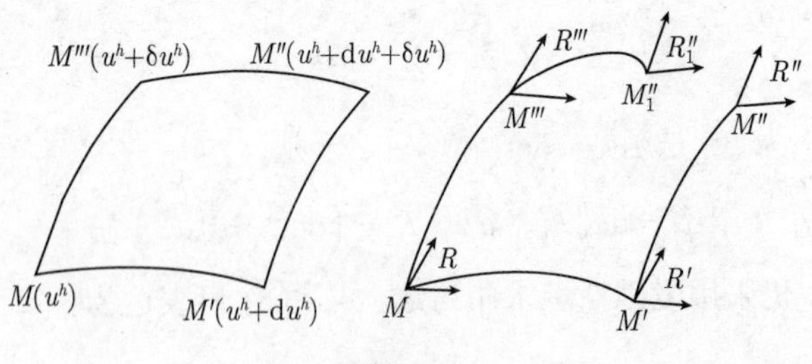

图 5.1

设 R、R'、R''、R''' 分别为在各对应切流形中与点 M、M'、M''、M''' 有关联的标架。从 M 出发描绘 MM', 而后 $M'M''$, 设 $(\bar{M}',\bar{R}')$、$(\bar{M}'',\bar{R}'')$ 分别为 (M',R')、(M'',R'') 的映象。又从 M 出发描绘 $MM'''M''$, 得到标架 (M''',R''')、(M'',R'') 的映象 $(\mathring{M}'',\mathring{R}'')$; 一般而言, $(\mathring{M}'',\mathring{R}'')$、$(\bar{M}'',\bar{R}'')$ 互异。今精确表达它。

$(\bar{M}',\bar{R}')$ 关于 (M,R) 的坐标为 (M',I'_h), 而 $M'=\mathrm{d}M$、$I'_h=I_h+\mathrm{d}I_h$, $(\bar{M}'',\bar{R}'')$ 关于 $(\bar{M}',\bar{R}')$ 的坐标为 $(\delta M',I'_h+\delta I'_h)$ 或舍弃三阶小量, 关于 (M,R) 的坐标为

$$(\mathrm{d}M+\delta M+\delta\mathrm{d}M,I_h+\mathrm{d}I_h+\delta I_h)$$

注意到 $(\mathring{M}'',\mathring{R}'')$ 关于 (M,R) 的坐标为

$$(\mathrm{d}M+\delta M+\mathrm{d}\delta M,I_h+\mathrm{d}I_h+\delta I_h+\mathrm{d}\delta I_h)$$

故除三阶小量外, 有

$$\begin{aligned}\bar{M}''-\mathring{M}''&=\delta\mathrm{d}M-\mathrm{d}\delta M\\ \bar{I}''_h-\mathring{I}''_h&=\delta\mathrm{d}I_h-\mathrm{d}\delta I_h\end{aligned}$$

依据记号 d、δ 的不同情况, 表出 $\omega_h^k(\mathrm{d})$、$\omega_h^k(\delta)$ 替代 ω_h^k, 于是

$$\begin{cases}\delta\mathrm{d}M-\mathrm{d}\delta M=\Omega_0^k(\mathrm{d},\delta)I_k\\ \delta\mathrm{d}I_h-\mathrm{d}\delta I_h=\Omega_h^k(\mathrm{d},\delta)I_k\end{cases}\tag{5.7}$$

其中已知

$$\Omega_h^k(\mathrm{d},\delta)=\delta\omega_h^k(\mathrm{d})-\mathrm{d}\omega_h^k(\delta)+\left[\omega_h^l(\mathrm{d})\omega_l^k(\delta)-\omega_h^l(\delta)\omega_l^k(\mathrm{d})\right]\tag{5.8}$$

式中 $h=0,1,\cdots,n$; $k=1,2,\cdots,n$; t、τ 仅仅通过算子 d、δ 而列入, 并有条件

$$\mathrm{d}\delta=\delta\mathrm{d}=\frac{\partial^2}{\partial t\partial\tau}\mathrm{d}t\mathrm{d}\tau$$

n 个形式 $\omega_0^h(\mathrm{d})$ 为线性无关, 各系数 $\mathrm{d}u^k$ 可以表成 $\omega_0^h(\mathrm{d})$ 的线性组合。另, $\delta\omega_h^k(\mathrm{d})-\mathrm{d}\omega_h^k(\delta)$ 中的二阶导数相抵, 给出

$$\Omega_h^k(\mathrm{d},\delta)=R_{hlm}^k\omega_0^l(\mathrm{d})\omega_0^m(\delta)\tag{5.9}$$

由于 $\Omega_h^k(\mathrm{d},\delta)$ 关于 d、δ 为反对称的, 因此

$$R_{hlm}^k + R_{hml}^k = 0$$

据式 (5.7) 知 $\Omega_h^k(\mathrm{d},\delta)(h>0)$ 为协变一次、逆变一次张量。因为 $\omega_0^l(\mathrm{d})$、$\omega_0^m(\delta)$ 分别为向量 $\mathrm{d}M$、δM 的分量, 所以式 (5.9) 表明 $R_{0lm}^h = T_{lm}^h(h、k、l=1,2,\cdots,n)$ 为一次逆变、二次协变张量, 即挠率张量; R_{hlm}^k 为一次逆变、二次协变张量, 即曲率张量; 这两个张量为在联络结构式 (5.2) 被导入的流形 V^n 上点 M 的张量。

可以证明外微分形式

$$\Omega_h^k = -D\omega_h^k + \omega_h^l \wedge \omega_l^k \tag{5.10}$$

故

$$\Omega_h^k = \frac{1}{2}R_{hlm}^k \omega_0^l \wedge \omega_0^m \tag{5.11}$$

注意 $\mathrm{d}M$、$\mathrm{d}I_h$ 并非全微分, 一般情形下, 其外微分不恒为零, 得

$$\begin{cases} D(\mathrm{d}M) = D\omega_0^h I_h + \mathrm{d}I_h \wedge \omega_0^h = \left(D\omega_0^k - \omega_0^l \wedge \omega_l^k\right) I_k = -\Omega_0^k I_k \\ D(\mathrm{d}I_h) = \left(D\omega_h^k - \omega_h^l \wedge \omega_l^k\right) I_k = -\Omega_h^k I_k \end{cases} \tag{5.12}$$

当计算曲率张量、挠率张量时需用式 (5.12)、式 (5.11)、式 (5.10)。

向量场 $X(u^1,u^2,\cdots,u^n)$ 参考于流形 V_n 的点且属于点 M 的邻域内各点所引的线性切流形之中; 以 $X = X^h I_h$, 有

$$\mathrm{d}X = \left(\mathrm{d}X^h + X^l\omega_l^h\right) I_h = \Delta X^h I_h$$

而

$$\Delta X^h = \mathrm{d}X^h + X^i\omega_i^h \tag{5.13}$$

因为 $\mathrm{d}X$ 为向量, 所以从上式知 ΔX^h 为逆变向量的分量。于是

$$\Delta X^h = X_{;l}^h \omega_0^l$$

如果 ω_0^l 为逆变向量分量, 那么 $X_{;l}^h$ 为协变一次、逆变一次的张量分量, 称之为向量 X^h 的协变导数。对于协变向量场

$$\overset{*}{X} = X_h \overset{*}{I}{}^h$$

依式 (5.6) 给出

$$\mathrm{d}\overset{*}{X} = \left(\mathrm{d}X_h - X_l\omega_h^l\right)\overset{*}{I}^h = \Delta X_h\overset{*}{I}^h$$

且

$$\Delta X_h = \mathrm{d}X_h - X_l\omega_h^l \tag{5.14}$$

为协变向量分量。置

$$\Delta X_h = X_{h;l}\omega_0^l \tag{5.15}$$

即 $X_{h;l}$ 为二次协变张量分量, 称该张量为向量 X_h 的协变导数。

对于一次协变、二次逆变的张量场

$$S = S_l^{hk}I_hI_k\overset{*}{I}^l$$

注意到式 (5.6)、式 (5.2), 微分

$$\begin{aligned} \mathrm{d}S =& \Delta S_l^{hk}I_hI_k\overset{*}{I}^l \\ \Delta S^{hk} =& \mathrm{d}S_l^{hk} + S_l^{mk}\omega_m^h + S_l^{hm}\omega_m^k - S_m^{hk}\omega_l^m \end{aligned} \tag{5.16}$$

这些数量为一次协变、二次逆变的张量分量。记

$$\Delta S_l^{hk} = S_{l;m}^{hk}\omega_0^m \tag{5.17}$$

知 $S_{l;m}^{hk}$ 为协变二次 、逆变二次的张量分量, 称之为张量 S_l^{hk} 的协变导数。设 $S_l^{hk} = Q_l^hR^k$, 有

$$\begin{aligned} \Delta\left(Q_l^hP^k\right) =& P^k\left(\mathrm{d}Q_l^h + Q_l^m\omega_m^h - Q_m^h\omega_l^m\right) + Q_l^h\left(\mathrm{d}P^k + P^m\omega_m^k\right) \\ =& P^k\Delta Q_l^k + Q_l^h\Delta P^k \end{aligned}$$

又

$$\left(Q_l^hP^k\right)_{;m} = Q_{l;m}P^k + Q_l^hP_{;m}^h \tag{5.18}$$

可以证明张量积的协变导数法则类似于普通导数法则。对于缩并张量 S_h^{hk}, 得

$$\begin{aligned} \Delta S_h^{hk} =& \mathrm{d}S_h^{hk} + S_h^{hm}\omega_m^k + S_h^{mk}\omega_m^h - S_m^{hk}\omega_h^m \\ =& \mathrm{d}S_h^{hk} + S_h^{hm}\omega_m^k \end{aligned} \tag{5.19}$$

由于

$$S_h^{mk}\omega_m^h = S_m^{hk}\omega_h^m$$

因此这两项相抵。若以 $\sum$ 表达, 则式 (5.19) 可写作

$$\Delta\left(\sum_h S_h^{hk}\right) = \sum_h \left(\Delta S_h^{hk}\right) \tag{5.20}$$

表明协变导数与缩并计算可以交换顺序。当然, 在一般情况下两个协变导数的顺序不可对易。

当给定协变向量场 (X_h) 时反对称张量 $X_{h;k} - X_{k;h}$ 称为场 (X_h) 的旋度; 称 $X^h_{;h}$ 为逆变向量场 (X^h) 的散度; 对标函数 f, 有 $\mathrm{d}f = f_{;h}\omega_0^h$, 称 $f_{;h}$ 为标量场 f 的梯度。

对于场 (X_h), 写 $D(X_h\omega_0^h) = 0$, 得到

$$\Delta X_h \wedge \omega_0^h - X_h \Omega^h = 0$$

此时 (X_n) 变为一个梯度。应用反对称的挠率张量改写它,

$$X_{h;l} - X_{l;h} + X_k T_{hl}^k = 0$$

对式 (5.10) 计算外微分,

$$D\Omega_h^k = D\omega_h^l \wedge \omega_l^k - \omega_h^l \wedge \omega_l^k$$

或将 $D\omega_h^l$ 换写做其从式 (5.10) 导出式子后,

$$D\Omega_h^k = (\omega_h^m \wedge \omega_m^l - \Omega_h^l) \wedge \omega_l^k - \omega_h^l \wedge (\omega_l^m \wedge \omega_m^k - \Omega_l^k)$$

含 ω 在内的两项抵消, 余下

$$D\Omega_h^k + \Omega_h^l \wedge \omega_l^k - \omega_h^l \wedge \Omega_l^k = 0 \tag{5.21}$$

这就是比安基恒等式的缩写。

当 $h > 0$ 时由式 (5.10)、式 (5.11) 表出式 (5.21),

$$\begin{aligned}&\mathrm{d}R_{h\lambda\mu}^k \omega_0^\lambda \wedge \omega_0^\mu + R_{h\lambda\mu}^k \omega_0^\nu \wedge \omega_\nu^\lambda \wedge \omega_0^\mu - R_{h\lambda\mu}^k \omega_0^\lambda \wedge \omega_0^\nu \wedge \omega_\nu^\mu \\ &+ R_{h\lambda\mu}^\nu \omega_0^\lambda \wedge \omega_0^\mu \wedge \omega_\nu^k - R_{\nu\lambda\mu}^k \omega_h^\nu \wedge \omega_0^\lambda \wedge \omega_0^\mu + 2R_{h\lambda\mu}^k \omega_0^\lambda \wedge \Omega_0^\mu = 0\end{aligned}$$

据此知不包括 Ω_0^μ 的一项可以表达为 $\left(\Delta R^k_{h\lambda\mu}\wedge\omega_0^\lambda\right)\wedge\omega_0^\mu$, 故

$$\Delta R^k_{h\lambda\mu}\omega_0^\lambda\wedge\omega_0^\mu+R^k_{h\lambda\nu}T^\nu_{\mu\rho}\omega_0^\lambda\wedge\omega_0^\mu\wedge\omega_0^\nu=0$$

或

$$\left(R^{h}_{h\lambda\mu;\nu}+R_{h\lambda\rho}T^\rho_{\mu\nu}\right)\omega_0^\lambda\wedge\omega_0^\mu\wedge\omega_0^\nu=0$$

若以指标 λ、μ、ν 的排列给出各项集成并注意到张量 R、T 以及张量积的反对称性质, 则

$$R^k_{h\lambda\mu;\nu}+R^k_{h\mu\nu;\lambda}+R^k_{h\nu\lambda;\mu}+R^k_{h\lambda\rho}T^\rho_{\mu\nu}+R^k_{h\mu\rho}T^\rho_{\nu\lambda}+R^k_{h\nu\rho}T^\rho_{\lambda\mu}=0 \quad (5.22)$$

当 $h=0$ 时

$$\Delta T^k_{\lambda\mu}\omega_0^\lambda\wedge\omega_0^\mu+T^k_{\lambda\rho}T^\rho_{\mu\nu}\omega_0^\lambda\wedge\omega_0^\mu\wedge_0^\nu-R^k_{\lambda\mu\nu}\omega_0^\lambda\wedge\omega_0^\mu\wedge\omega_0^\nu=0$$

从此如前推出

$$\begin{aligned}&R^k_{\lambda\mu\nu}+R^k_{\mu\nu\lambda}+R^k_{\nu\lambda\mu}\\=&T^k_{\lambda\mu;\nu}+T^k_{\mu\nu;\lambda}+T^k_{\nu\lambda;\mu}+T^k_{\lambda\rho}T^\rho_{\mu\nu}+T^k_{\mu\rho}T^\rho_{\nu\lambda}+T^h_{\nu\rho}T^\rho_{\lambda\mu}\end{aligned} \quad (5.23)$$

式 (5.22)、式 (5.21) 为比安基恒等式。若挠率张量恒为零, 则形式 $\Omega_0^k=0$。因为

$$R^k_{h\lambda\mu;\nu}+R^k_{h\mu\nu;\lambda}+R^k_{h\nu\lambda;\mu}=0 \quad (5.24)$$

$$R^k_{\lambda\mu\nu}+R^k_{\mu\nu\lambda}+R^k_{\nu\lambda\mu}=0 \quad (5.25)$$

所以最后关系表明了曲率张量分量的轮换对称性。记

$$\begin{cases}\omega_h^k=\Gamma^k_{hl}\wedge\omega_0^l\\ D\omega_0^l=\dfrac{1}{2}B^l_{\lambda\mu}\omega_0^\lambda\wedge\omega_0^\mu\end{cases} \quad (5.26)$$

式中假定 $B^l_{\lambda\mu}$ 关于 λ、μ 的反对称性。从式 (5.10)、式 (5.11) 得

$$\left(\Gamma^k_{h\lambda,\mu}-\frac{1}{2}\Gamma^k_{h\nu}B^\nu_{\lambda\mu}+\Gamma^\nu_{h\lambda}\Gamma^k_{\nu\mu}\right)\omega_0^\lambda\wedge\omega_0^\mu=\frac{1}{2}R^k_{h\lambda\mu}\omega_0^\lambda\wedge\omega_0^\mu$$

或

$$R^k_{hlm}=\Gamma^k_{hl,m}-\Gamma^k_{hm,l}+\Gamma^\nu_{hl}\Gamma^k_{\nu m}-\Gamma^\nu_{hm}\Gamma^k_{\nu l}-\Gamma^k_{h\nu}B^\nu_{lm} \quad (5.27)$$

对挠率张量也可使用该表达式, 只需 $\Gamma_{0l}^{k}=\delta_{l}^{k}$, 有

$$T_{lm}^{k}=\left(\Gamma_{lm}^{k}-\Gamma_{ml}^{k}\right)-B_{lm}^{k} \tag{5.28}$$

当 $\omega_{0}^{l}=\mathrm{d}u^{l}$ 时 $D\omega_{0}^{l}=0$, 即 $B_{lm}^{k}=0$ 且挠率张量恒为 0 当且仅当 $\Gamma_{lm}^{k}=\Gamma_{ml}^{k}$, 表明 Γ_{lm}^{k} 必须关于 l、m 对称。

上述计算应用了关系

$$\begin{cases}\Gamma_{kj}^{i}=g^{il}[kj,l]\\ [kj,i]=\dfrac{1}{2}\left(\dfrac{\partial g_{ij}}{\partial u^{k}}+\dfrac{\partial g_{ki}}{\partial u^{j}}-\dfrac{\partial g_{kj}}{\partial u^{i}}\right)\end{cases} \tag{5.29}$$

设 $C[M(t)]$ 为 V_n 上的曲线。假定在它的各点联系逆变向量 $X^{h}(t)$, 做曲线 C 的映象并从其点 M_0 开始。若象 X^h 在标架 $R(M_0)$ 里均为平行向量, 则称 X^h 沿 C 平行推移, 这意味着 $\mathrm{d}(X^{h}I_{h})$ 共线于 $X^{h}I_{h}$; 依协变导数定义可将它表达为

$$\frac{\Delta X^{h}}{\mathrm{d}t}=KX^{h} \tag{5.30}$$

式中 K 为 C 上的点函数。显见, 曲线映象的初始点的作用不大。尤其是, 当应从 C 的点 M_0 出发沿 C 将某个方向平行推移时只需把方程组

$$\frac{\Delta X^{h}}{\mathrm{d}t}=0 \tag{5.31}$$

在初始向量 X_{0}^{h} 即点 M_0 出发的已知方向的向量之下算积分。

当测地线曲线的切线受到平行推移时各曲线的象为直线。这个定义中不包括起点 M_0; 如果 M 为这条曲线的任意点, 那么这条曲线也是从 M 出发的测地线。为了得到测地线方程, 或可以对 $\dfrac{\mathrm{d}M}{\mathrm{d}t}$ 写出式 (5.29)、或可以写出 $\mathrm{d}^{2}M$、$\mathrm{d}M$ 平行条件; 但是

$$\mathrm{d}^{2}M=(\mathrm{d}\omega_{0}^{h}+\omega_{0}^{\lambda}\omega_{\lambda}^{h})I_{h}$$

于是

$$\mathrm{d}\omega_{0}^{h}+\omega_{0}^{\lambda}\omega_{\lambda}^{h}=K\omega_{0}^{\lambda}\mathrm{d}t \tag{5.32}$$

式中 K 为点函数。若令 $\omega_{0}^{h}=\mathrm{d}u^{h}$, 则

$$
\frac{\mathrm{d}^2 u^h}{\mathrm{d}t^2}+\Gamma_{\lambda u}^h \frac{\mathrm{d}u^\lambda}{\mathrm{d}t}\frac{\mathrm{d}u^\mu}{\mathrm{d}t}=K\frac{\mathrm{d}u^h}{\mathrm{d}t} \tag{5.33}
$$

按式

$$
\mathrm{d}s=c\exp\left(\int K\mathrm{d}t\right)\mathrm{d}t \quad (c\text{为常数})
$$

确定参数 s, 式 (5.32) 变为

$$
\frac{\mathrm{d}^2 u^h}{\mathrm{d}s^2}+\Gamma_{\lambda u}^h \frac{\mathrm{d}u^\lambda}{\mathrm{d}s}\frac{\mathrm{d}u^\mu}{\mathrm{d}s}=0 \tag{5.34}
$$

当记 $\frac{\mathrm{d}M}{\mathrm{d}t}=\langle X^h\rangle$ 时式 (5.32)、式 (5.31) 重合与式 (5.29)。若取 s 为参数, 则这些方程变为式 (5.30), 即 $\frac{\Delta X^h}{\mathrm{d}s}=0$; 它们等价于

$$
X_{;l}^h \frac{\mathrm{d}u^l}{\mathrm{d}s}=0
$$

5.2 基本定理

分析测地线过点 M_0 且覆盖该点的整个邻域, 利用参数 s 确定这个邻域的点。在式 (5.33) 给出的测地线上, 取

$$
v^h=\xi^h s
$$

由式 (5.33) 得出

$$
u^h=v^h-\frac{1}{2}\left(\Gamma_{\lambda\mu}^h\right)_0 v^h v^\mu+\cdots
$$

而

$$
\left[\frac{D(u^1,u^2,\cdots,u^n)}{D(v^1,v^2,\cdots,v^n)}\right]_0=1
$$

故在点 M_0 的某个邻域内 v^h 组成坐标系, 称之为在点 M_0 的法坐标系。对于其他的法坐标系 v'^k, 凡过 M_0 的测地线方程存在形式 $u^h=\xi'^h s$, 同 M_0 相关的任何向量 ξ^h, 过 v^h 到 v'^h 的变换为与某个向量 ξ'^h 对应的, 反之亦然, 于是这个变换为最一般的有心仿射变换

$$
v'^h=a_k^h v^k
$$

式中 a_k^h 为常数、$\det(a_k^h) \neq 0$。

法式化坐标后，今规范化联络表示，要求点 M_0 沿任何测地线 $v^h = \xi^h s$ 的平行推移变成平移，即使

$$\mathrm{d}I_k = 0 \quad \left(\mathrm{d}v^k = \xi^h \mathrm{d}s\right)$$

或

$$\omega_h^k(\mathrm{d}) = 0 \quad \left(\mathrm{d}v^h = \xi^h \mathrm{d}s\right)$$

在坐标原点，

$$\omega_0^h(\mathrm{d}) = \mathrm{d}v^h$$

记 $\delta\xi^h = \eta^h \mathrm{d}\tau$，$\eta^h$ 为任何常数并观察以 $v^h = \xi^h s$、$v^h + \mathrm{d}v^h = \xi^h(s+\mathrm{d}s)$、$v^h + \delta v^h = (\xi^h + \delta\xi^h)s$、$v^h + \mathrm{d}v + \delta v^h$ 为顶点的无穷小环路。回到式 (5.7) 并把它们写成

$$-\delta \mathrm{d}v^k + \mathrm{d}\omega_0^k(\delta) + \Omega_0^k(\mathrm{d},\delta) - \xi^l \omega_l^k(\delta)\mathrm{d}s = 0 \quad (h=0)$$

$$\mathrm{d}\omega_h^k(\delta) + \Omega_h^k(\mathrm{d},\delta) = 0 \quad (h>0)$$

以 $\bar{T}_{lm}^h$、$\bar{R}_{hlm}^k$ 表示曲率张量、挠率张量在所取坐标系中的分量，有

$$\begin{cases} -\delta\xi^k \mathrm{d}s + \mathrm{d}\omega_0^k(\delta) + s\bar{T}_{lm}^k \xi^l \delta\xi^m \mathrm{d}s - \xi^l \omega_l^k(\delta)\mathrm{d}s = 0 \\ \mathrm{d}\omega_h^k(\delta) + s\bar{R}_{hlm}^k \delta\xi^m \mathrm{d}s = 0 \end{cases} \tag{5.35}$$

而 $\omega_h^k(\delta)$ 可表达为

$$\omega_h^k(\delta) = A_{hl}^k\left(v^1, v^2, \cdots, v^n\right)\delta v^l = A_{hl}^k\left(\xi_s^1, \xi_s^2, \cdots, \xi_s^n\right) s\delta\xi^l$$

式中 $h = 0, 1, 2, \cdots, n$；从此

$$\mathrm{d}\omega_h^k(\delta) = \frac{\partial A_{hl}^k}{\partial v^m}\mathrm{d}v^m \delta v^l + A_{hl}^k \mathrm{d}\delta v^l = s\frac{\partial A_{hl}^k}{\partial v^m}\xi^m \delta\xi^l \mathrm{d}s + A_{hl}^k \delta\xi^l \mathrm{d}s$$

把 ξ^h、$\delta\xi^h$ 视为常数，得知 $\omega_h^k(\delta)$ 为单独 s 的函数。置 $\omega_h^k(\delta) = \varphi_h^k(s)$；从而 $\mathrm{d}\omega_h^k = \mathrm{d}\varphi_h^k$ 并把式 (5.34) 写成

$$\begin{cases} \dfrac{\mathrm{d}\varphi_0^k}{\mathrm{d}s} + s\bar{T}_{lm}^h \xi^l \delta\xi^m - \xi^h \varphi_h^k - \delta\xi^k = 0 \\ \dfrac{\mathrm{d}\varphi_h^k}{\mathrm{d}s} + s\bar{R}_{hlm}^k \xi^l \delta\xi^m = 0 \end{cases} \tag{5.36}$$

其初始条件：当 $s=0$ 时 $\varphi_h^k=0$, 式 (5.36) 可按初始条件确定解 φ_h^k, 计算积分并取 $s=1$, 且分别把 ξ^h、$\delta\xi^h$ 换成 v^h、$\mathrm{d}v^h$; 故得到定义的联络 ω_h^k。

如果在两个线性仿射联络流形 V_n、V_n' 之间可以建立对应点, 使得到的曲率张量、挠率张量在对应点相等, 那么至少局部地可以将联络用式 (5.2) 表达, 称这两个空间等价或可贴合。带有联络式 (5.2) 的流形 V_n 的几何学, 至少局部地确定了挠率张量、曲率张量的给定。可以断言：正则的联络局部地确定于挠率张量、曲率张量以及其协变导数序列在某点给定。

当挠率张量、曲率张量恒为零时式 (5.10) 就成为仿射群的结构方程; 于是空间为局部地等价于仿射空间 A_n; 在 V_n 定义的联络为平坦联络; 从式 (5.35) 的积分知 $\omega_0^k=\mathrm{d}v^k$、$\omega_h^k=0(h>0)$, 这就是 A_n 的自然联络。

设 A_n 为流形 V_n 在点 M_0 的切仿射空间; 讨论由 M_0 出发的曲线 c 在 A_n 中的象 C, 并讨论 V_n 内 M_0 的邻域到这空间 A_n 去的映象 θ。今确定 θ 使 C 与曲线 c 过 θ 所映射的象 Γ 在点 M_0 的接触, 对所有曲线 c 的全体达到最高阶。

在 $M_0(v^h=0)$ 使用法坐标, 曲线 c 取决于方程

$$v^h=\left(v^h\right)_0' t+\frac{1}{2}\left(v^h\right)_0'' t^2+\frac{1}{6}\left(v^h\right)_0''' t^3+\cdots$$

积分式 (5.36), 有

$$\begin{aligned}
\omega_0^k&=\left(\delta_m^k-\frac{1}{2}\bar{T}_{lm}^k v^l+\frac{1}{6}\bar{R}_{hlm}^k v^h v^l-\frac{1}{3}\bar{T}_{lm,h}^k v^h v^l+\cdots\right)\mathrm{d}v^m\\
\omega_h^k&=-\left(\frac{1}{2}\bar{R}_{hlm}^k v^l+\cdots\right)\mathrm{d}v^m
\end{aligned}$$

这里 $\bar{T}_{lm,h}^k$ 表示张量 $\bar{T}_{lm}^k$ 在坐标原点关于 v^h 的导数。据此知

$$\begin{aligned}
&\left(\frac{\omega_0^k}{\mathrm{d}t}\right)_0=\left(v^h\right)_0' \qquad \left(\frac{\omega_h^k}{\mathrm{d}t}\right)_0=0\\
&\left[\frac{\mathrm{d}}{\mathrm{d}t}\left(\frac{\omega_0^k}{\mathrm{d}t}\right)\right]_0=\left(v^k\right)_0''-\frac{1}{2}\bar{T}_{lm}^k\left(v^l\right)_0'\left(v^m\right)_0'=\left(v^k\right)_0''
\end{aligned}$$

由于张量 $\bar{T}^k_{lm}$ 的反对称性消失了末项, 因此

$$\left(\frac{\mathrm{d}M}{\mathrm{d}t}\right)_0=\left(\frac{\omega_0^k}{\mathrm{d}t}\right)_0\qquad I^k=\left(v^k\right)_0'I_k\qquad,$$

$$\left(\frac{\mathrm{d}^2M}{\mathrm{d}t^2}\right)_0=\left[\frac{\mathrm{d}}{\mathrm{d}t}\left(\frac{\omega_0^k}{\mathrm{d}t}\right)\right]_0I_k+\left(\frac{\omega_0^k}{\mathrm{d}t}\right)_0\left(\frac{\omega_h^k}{\mathrm{d}t}\right)_0\qquad I_k=\left(v^k\right)''I_k$$

故曲线的象取决于方程

$$M=\left[\left(v^k\right)_0't+\frac{1}{2}\left(v^k\right)_0''t^2+\cdots\right]I_k=v^kI_k+\phi[3]\tag{5.37}$$

从此知凡是把流形 V_n 的点 (v^k) 及在 M_0 的切空间的点 (v^k) 对应的变换 θ, 其使曲线 C、Γ 在 M_0 至少具有二阶的接触。当计算更高阶项时

$$\left[\frac{\mathrm{d}}{\mathrm{d}t}\left(\frac{\omega_h^k}{\mathrm{d}t}\right)\right]_0=-\frac{1}{2}\bar{R}^k_{hlm}\left(v^l\right)_0'\left(v^m\right)_0'=0$$

$$\begin{aligned}\frac{1}{2}\left[\frac{\mathrm{d}^2}{\mathrm{d}t^2}\left(\frac{\omega_0^k}{\mathrm{d}t}\right)\right]_0=&\frac{1}{2}\left(v^k\right)_0''-\frac{1}{2}\bar{T}^k_{lm}\left[\left(v^l\right)_0'\left(v^m\right)_0''+\frac{1}{2}\left(v^l\right)_0''\left(v^m\right)_0'\right]\\&-\frac{1}{6}\bar{R}^k_{hlm}\left(v^h\right)_0'\left(v_0^l\right)_0'\left(v^m\right)_0'\\&-\frac{1}{3}\bar{T}^k_{lm,h}\left(v^h\right)_0'\left(v^l\right)_0'\left(v^m\right)_0'\end{aligned}$$

张量 $\bar{T}^k_{lm}$ 关于 l、m 的反对称性蕴含 $\bar{T}^k_{lm,h}$ 的反对称性, 从而

$$\left[\frac{\mathrm{d}^2}{\mathrm{d}t^2}\left(\frac{\omega_0^k}{\mathrm{d}t}\right)\right]_0=\left(v^k\right)_0'''-\frac{1}{2}\bar{T}^k_{lm}\left(v^l\right)_0'\left(v^m\right)_0''$$

且

$$\left(\frac{\mathrm{d}^3M}{\mathrm{d}t^3}\right)_0=\left[\left(v^k\right)_0'''-\frac{1}{2}\bar{T}^k_{lm}\left(v^l\right)_0'\left(v^m\right)_0''\right]I_k$$

依此知, 为有对应 θ, 使由它在 M_0 的任何曲线偶 C、Γ 至少有三阶的接触, 当且仅当挠率张量在该点为 0; 这种对应之一即将 V_n 的点 (v^k) 与切空间的点 (v^k) 对应。如此下去, 表明为有对应, 使 C、Γ 至少存在四阶的接触当且仅当曲率张量为零。

关于式 (5.37) 中的 $\phi[3]$ 项。已知

$$
\begin{aligned}
\xi'^h &= \varphi^h(\xi|a) \\
\xi'^h_\alpha &= \sum_k \xi^k_\alpha \frac{\partial}{\partial x^k}\varphi^h(\xi|a) \\
\xi'^h_{\alpha_1\alpha_2} &= \sum_{k_1,k_2} \xi^{k_1}_{\alpha_1}\xi^{k_2}_{\alpha_2}\frac{\partial^2}{\partial x^{k_1}\partial x^{k_2}}\varphi^h(\xi|a) + \sum_k \xi^k_{\alpha_1\alpha_2}\frac{\partial}{\partial x^k}\varphi^h(\xi|a) \\
&\vdots
\end{aligned}
\tag{5.38}
$$

据此命出

$$
\begin{aligned}
\phi[0]:&\quad \xi^h = \varphi^h(\xi|a) \\
\phi[1]:&\quad \sum_{\beta=1}^{\nu} \xi^h_\beta a^\beta_\alpha = \sum_{k=1}^{n} \xi^k_\alpha \frac{\partial}{\partial x^k}\varphi^h(\xi|a) \\
\phi[2]:&\quad \sum_{\beta_1,\beta_2} \xi^h_{\beta_1\beta_2} a^{\beta_1}_{\alpha_1} a^{\beta_2}_{\alpha_2} + \sum_\beta \xi^h_\beta a^\beta_{\alpha_1\alpha_2} \\
&\quad = \sum_{k_1,k_2} \xi^{k_1}_{\alpha_1}\xi^{k_2}_{\alpha_2}\frac{\partial^2}{\partial x^{k_1}\partial x^{k_2}}\varphi^h(\xi|a) + \sum_k \frac{\partial\varphi^h}{\partial x^k}\xi^k_{\alpha_1\alpha_2} \\
&\quad\vdots
\end{aligned}
$$

如果两个线性仿射联络空间之间至少局部地可以建立双射, 使其一空间的测地线映射到另一空间的测地线, 那么称之为可测地贴合。回到测地线的方程式 (5.32), 有

$$
\Gamma^h_{\lambda\mu}\frac{\mathrm{d}u^\lambda}{\mathrm{d}t}\frac{\mathrm{d}u^\mu}{\mathrm{d}t} = \frac{1}{2}\left(\Gamma^h_{\lambda\mu} + \Gamma^h_{\mu\lambda}\right)\frac{\mathrm{d}u^\lambda}{\mathrm{d}t}\frac{\mathrm{d}u^\mu}{\mathrm{d}t}
$$

而$\frac{1}{2}\left(\Gamma^h_{\lambda\mu} + \Gamma^h_{\mu\lambda}\right)$ 关于 λ、μ 对称, 于是它们均为无挠率的仿射联络系数, 表明两个仿射联络空间的可测地贴合问题归结到对两个无挠率的空间的同一问题。

改变式 (5.32) 为

$$
\cdots = \frac{\mathrm{d}\omega^h_0 + \Gamma^h_{kl}\omega^k_0\omega^l_0}{\omega^h_0} = \cdots \tag{5.39}
$$

并假定它给定第一空间可测地贴合的另一个空间, 其中依同一组变量 ($\bar{\omega}_0^h = \omega_0^h$) 实现点的标架的映象, 且第二空间的联络系数为 Γ_{kl}^h 当且仅当式

$$\bar{\Gamma}_{kl}^h \omega_0^k \omega_0^l - \Gamma_{kl}^h \omega_0^k \omega_0^l = 2\omega_0^h \omega \tag{5.40}$$

成立时, ω 为线性形式, 如 $\omega = \varphi_l \omega_0^l$。关于第二空间的式 (5.39) 的类似组等价于式 (5.39)。从式 (5.28), 在 $T_{kl}^h = \bar{T}_{kl}^h = 0$、$B_{kl}^h = \bar{B}_{kl}^h$ 下, 有

$$\bar{\Gamma}_{kl}^h - \Gamma_{kl}^h = \bar{\Gamma}_{lk}^h - \Gamma_{lk}^h$$

即该差式关于 k、l 对称。改写式 (5.39) 为

$$\left(\bar{\Gamma}_{kl}^h - \Gamma_{kl}^h\right) \omega_0^k \omega_0^l = 2\delta_k^h \varphi_l \omega_0^k \omega_0^l$$
$$\bar{\Gamma}_{kl}^h = \Gamma_{kl}^h + \delta_k^h \varphi_l + \delta_l^h \varphi_k$$

导出

$$\bar{\omega}_k^h = \omega_k^h + \omega_0^h \psi_k + \delta_k^h \psi_l \omega_0^l \tag{5.41}$$

因为形式 $\bar{\omega}_k^h$、ω_k^h 依式 (5.4) 变换, 所以其差式

$$\omega_0^h \psi_k + \delta_k^h \psi_l \omega_0^l = \bar{\omega}_k^h - \omega_k^h$$

为协变一次、逆变一次的张量; 缩并该张量, 得到不变式

$$\varphi_h \omega_0^h + n\psi_l \omega_0^l = (n+1)\psi_l \omega_0^l$$

ψ_l 为一个逆变向量分量。依据式 (5.41) 的外微分又注意到 $\Omega_0^h = 0$, 得

$$\bar{\Omega}_k^h = \Omega_k^h - \Delta\varphi_k \wedge \omega_0^h - \delta_k^h \Delta\varphi_l \wedge \omega_0^l + \varphi_k \varphi_l \omega_0^l \wedge \omega_0^h$$

由此,

$$\begin{aligned}\bar{R}_{hlm}^h =& R_{klm}^h + \delta_k^h(\psi_{l;m} - \psi_{m;l}) + \delta_l^k(\psi_{k;m} - \psi_k \psi_m) \\ & - \delta_m^h(\psi_{k;l} - \psi_k \psi_l)\end{aligned}$$

记

$$\psi_{lm} = \psi_{l;m} - \psi_l \psi_m$$

$$\bar{R}^h_{klm} = R^h_{klm} + \delta^h_k(\psi_{lm} - \psi_{ml}) + \delta^h_l \psi_{km} - \delta^h_m \psi_{kl} \tag{5.42}$$

定义张量

$$P_{lm} = R^h_{hlm} = -P_{ml} \tag{5.43}$$

$$R_{kl} = R^h_{klh} = -R^h_{khl} \tag{5.44}$$

从式 (5.25), 得

$$R^h_{hlm} + R^h_{lmh} + R^h_{mhl} = P_{lm} + R_{lm} - R_{ml} = 0 \tag{5.45}$$

缩并式 (5.42),

$$\bar{P}_{lm} = P_{lm} + (n+1)(\psi_{lm} - \psi_{ml}) = P_{lm} + (n+1)(\psi_{l;m} - \psi_{m;l})$$

$$\bar{R}_{lm} = R_{lm} + \psi_{ml} - n\psi_{lm}$$

据此并应用式 (5.44) 知

$$\begin{aligned}(1-n)\psi_{lm} =& \bar{R}_{lm} - R_{lm} + \frac{\bar{P}_{lm} - P_{lm}}{n+1} \\ =& \bar{R}_{lm} - R_{lm} + \frac{\bar{R}_{ml} - \bar{R}_{lm} - (R_{ml} - R_{lm})}{n+1} \\ \psi_{lm} =& \frac{n(\bar{R}_{ml} - R_{lm}) + (\bar{R}_{ml} - R_{ml})}{1-n^2} \end{aligned} \tag{5.46}$$

把式 (5.46) 代入式 (5.42)、把冠有一横的项放到左边, 从其右边推出

$$\begin{aligned}W^h_{klm} =& R^h_{klm} - \delta^h_k \frac{P_{lm}}{n+1} - \delta^h_l \frac{nP_{km} + R_{mk}}{1-n^2} + \delta^h_m \frac{nR_{kl} + R_{lk}}{1-n^2} \\ =& R^h_{klm} + \delta^h_k \frac{R_{lm} - R_{ml}}{n+1} + \frac{\delta^h_l(nR_{km} + R_{mk}) - \delta^h_m(nR_{kl} + R_{lk})}{n^2-1}\end{aligned}$$

变式 (5.42) 为

$$\bar{W}^h_{klm} = W^h_{klm} \tag{5.47}$$

由外尔引进的张量 W^h_{klm} 在两个可测地贴合空间的对应点相同。显然,

$$W^h_{klm} + W^h_{kml} = 0$$

应用式 (5.25), 给出

$$W^h_{klm} + W^h_{lmk} + W^h_{mkl} = 0$$

缩并后,

$$W^h_{hlm} = W^h_{klh} = 0$$

验证知当 $n=2$ 时外尔张量恒为 0。

考虑 $W^h_{klm}=0$, 利用式 (5.46), 找逆变向量使得满足下式

$$\psi_{lm} = \psi_{l;m} - \psi_l\psi_m = \frac{nR_{lm} + R_{ml}}{n^2-1} \tag{5.48}$$

而

$$\psi_{l;mp} - \psi_{l;pm} + \psi_h R^h_{lmp} = 0 \tag{5.49}$$

这里 $N_{a;bc} = (N_{a;b})_{;c}$。依式 (5.41)、$\bar{R}^h_{klm} = 0$, 有

$$\psi_{l;mp} - \psi_{l;pm} = \psi_l(\psi_{mp} - \psi_{pm}) + \psi_m\psi_{lp} - \psi_p\psi_{lm}$$

对式 (5.48) 计算外微分,

$$\psi_{lm;p} - \psi_{lp;m} = 0$$

故由式 (5.48), 有

$$n(R_{lm;p} - R_{lp;m}) + R_{ml;p} - R_{pl;m} = 0 \tag{5.49$'$}$$

这些关系作为式 (5.47) 完全可积的条件为充要的, 即它们为空间可以可测地贴合于仿射空间 A_n 为充要条件。

当 $n>2$ 时计算外微分、缩并, 有

$$W^h_{klm;h} = R^h_{klm;h} - \frac{P_{lm;k}}{n+1} + \frac{(nR_{km;l} + R_{mk;l}) - (nR_{kl;m} + R_{lk;m})}{n^2-1}$$

进一步采用式 (5.23) 并交换协变导数、缩并计算推出

$$
\begin{aligned}
R^h_{klm;h} =& - R^h_{kmh;l} - R^h_{khl;m} = -R_{km;l} + R_{kl;m} \\
P_{lm;k} =& R_{mk;l} - R_{km;l} + R_{kl;m} - R_{lk;m}
\end{aligned}
$$

且

$$
W^h_{klm;h} = \frac{n-2}{n^2-1}[n(R_{kl;m} - R_{km;l}) + (R_{lk;m} - R_{mk;l})]
$$

方括号中的式子除记号外即为式 (5.49)′ 的左端。

可以断言：为了一个无挠率的仿射联络空间可与仿射空间 A_n 作可测地贴合，当且仅当 $n > 2$ 时其外尔张量恒为 0 或当 $n = 2$ 时式 (5.49)′ 成立。

命逆变向量场 X^h 沿任何空间曲线总为与自身平行移动，即从向量 $X^h(M_0)$ 出发并沿任何空间曲线移动到点 M，得到一条和向量 $X^h(M)$ 平行的向量。显然，在其各点及场的向量相切的曲线为测地线。

由式 (5.30) 导出关系

$$
\begin{aligned}
X^h_{;\lambda}\frac{\omega_0^\lambda}{\mathrm{d}t} &= KX^h \\
X^l X^h_{;\lambda} - X^h X^l_{;\lambda} &= 0
\end{aligned}
$$

记

$$
X^h_{;\lambda} = X^h Y_\lambda \tag{5.50}
$$

式中 Y_λ 为协变向量分量。另，当回到有关曲率张量、挠率张量的记号且沿无穷系小的闭环路移动向量 X 时，除三阶无穷小外，

$$
\begin{aligned}
\bar{X}'' - \mathring{X}'' =& \delta\mathrm{d}\left(X^h I_h\right) - \mathrm{d}\delta\left(X^h I_h\right) = X^h \Omega^k_h(\mathrm{d},\delta) I_k \\
\bar{X}''^k - \mathring{X}''^k =& X^h R^k_{hlm}\omega_0^l(\mathrm{d})\omega_0^m(\delta)
\end{aligned}
$$

如果要求在绕该无穷小的闭环路一周后，向量 X^h 除三阶无穷小外仍回到原位置，那么必须适合

$$
X^h R^k_{hlm} = 0 \quad \left(\text{或} X^h \Omega^k_h = 0\right) \tag{5.51}
$$

由式 (5.50) 给出

$$\mathrm{d}\left(X^h I_h\right) = \left(X^h I_h\right)\left(Y_\lambda \omega_0^\lambda\right) = \left(X^h I_h\right)\omega \tag{5.52}$$

依外微分及式 (5.51), 有

$$\begin{aligned} 0 =& - X^h \Omega_h^k I_k = D(\mathrm{d}X^h I_h) \\ =& \mathrm{d}(X^h I_h) \wedge \omega + X^h I_h D\omega = (X^h I_h) D\omega \end{aligned}$$

得 $D\omega = 0$, 即 Y_λ 为梯度。

注意到场 X^h 符合式 (5.50), 而 Y_λ 为梯度, 于是这个场为平行场或平行向量场。置

$$Y_\lambda \omega_0^\lambda = -\frac{\mathrm{d}\varphi}{\varphi}$$

据式 (5.52),

$$\mathrm{d}\left(\varphi X^h I_h\right) = 0$$

表明存在函数 φ 使向量 φX^h 有恒为 0 的所有协变导数; 反之, 当存在函数 φ 时式 (5.52) 证明形式 ω 为全微分, 就是关联到平行向量的问题。

对于 $\varphi = 1$, 平行逆变向量场存在当且仅当方程

$$X^h_{;\lambda} = 0 \tag{5.53}$$

有解, 称这种向量场为稳定的。按照式 (5.51) 和上述方程,

$$X^h R^k_{hlm;\lambda} = X^h R^k_{hlm;\lambda\mu} = \cdots = 0 \tag{5.54}$$

式 (5.54)、式 (5.51) 关于 X^h 为线性齐次的。设这两组容有 $r(\leqslant n)$ 个线性无关的解 $X^h_{(k)}(k = 1, 2, \cdots, r$ 确定对象的指标), 从而该两组的通解为

$$X^h = \alpha^{(k)} X^h_{(k)} \tag{5.55}$$

式中 $\alpha^{(k)}$ 为任何点函数, 确定它们使 X^h 变为稳定的。若 X^h 为式 (5.54)、式 (5.51) 的解, 则 $X^h_{;\lambda}$ 也为其解, 可以写出

$$\mathrm{d}\left[X^h_{(k)}, I_h\right] = \omega^{(l)}_{(k)} X^h_{(l)} I_h$$

这里 $\omega_{(k)}^{(l)}$ 为线性微分形式, 且

$$D\omega_{(k)}^{(l)} + \omega_{(\lambda)}^{(l)} \wedge \omega_{(k)}^{(\lambda)} = 0 \tag{5.56}$$

为使以式 (5.54) 作分量的向量场为稳定的, 条件是

$$\mathrm{d}\left(X^h I_h\right) = \left[\mathrm{d}\alpha^{(k)} + \alpha^{(l)}\omega_{(l)}^{(k)}\right] X_{(k)}^h I_h = 0$$

或

$$\mathrm{d}\alpha^{(k)} + \alpha^{(l)}\omega_{(l)}^{(k)} = 0$$

据式 (5.56) 知该组方程完全可积, 其解包括 r 个任意常数, 故得到 r 个线性无关的稳定场, 而其他均为它们的常系数线性组合。

由此得到结论：式 (5.54)、式 (5.51) 的解的逆变向量场的存在对于平行逆变向量场的存在是充要的。

当 $r = n$ 时 $R_{hlm}^k = 0$ 且空间有零曲率。因为当沿 M_0 到 M 的任何曲线将向量 $X^h(M_0)$ 平行推移时, 得到的向量 $X^h(M)$ 至少局部地与该条连接曲线无关, 所以称这种空间为绝对平行性空间。

令已知

$$X^h R_{hlm;\lambda_1,\lambda_2,\cdots,\lambda_{N+1}}^k = 0 \tag{5.57}$$

为关系

$$X^h R_{hlm}^k = \cdots = X^h R_{hlm;\lambda_1,\lambda_2,\cdots,\lambda_N}^k = 0 \tag{5.58}$$

的推论, 并到 N 次为止的各个组至少产生一个新方程。根据协变导数表达式及 ω_0^h 的无关性, 式 (5.54)、式 (5.51) 与下列关系等价

$$X^h R_{hlm}^k = X^h \frac{\partial R_{hlm}}{\partial u^\lambda} = \cdots = X^h \frac{\partial^N}{\partial u^{\lambda_1} \partial u^{\lambda_2} \cdots \partial u^{\lambda_N}} R_{hlm}^k = 0$$

故式 (5.58) 所作假定表明必存在关系

$$\begin{aligned}\frac{\partial^{N+1}}{\partial u^{\lambda_1} \partial u^{\lambda_2} \cdots \partial u^{\lambda_{N+1}}} R_{hlm}^k &= A_{k_1 l m \lambda_1 \cdots \lambda_{N+1}}^{k l_1 m_1} R_{h l_1 m_1}^{k_1} + \cdots \\ &+ A_{k_1 l m \lambda_1 \cdots \lambda_{N+1}}^{k l_1 m_1 \mu_1 \cdots \mu_N} \frac{\partial^N}{\partial u^{\mu_1} \partial u^{\mu_2} \cdots \partial u^{\mu_N}} R_{h l_1 m_1}^k\end{aligned}$$

对上式求导, 再从上式把 $N+1$ 阶导数代入其右边, 得到曲率张量分量的 $N+2$ 阶导数为可用于它及其 N 阶为止的导数表达的事实, 并由

$$X^h \frac{\partial^{N+2}}{\partial u^{\lambda_1} \partial u^{\lambda_2} \ldots \partial u^{\lambda_{N+2}}} R^k_{hlm} = 0$$

为式 (5.58) 的推论。如此下去, 在一般情况下

$$X^h \frac{\partial^{N+p}}{\partial u^{\lambda_1} \partial u^{\lambda_2} \ldots \partial u^{\lambda_{N+p}}} R^k_{hlm} = 0 \quad (p > 1)$$

为式 (5.58) 的推论; 同理,

$$X^h R^k_{hlm;\lambda_1 \lambda_2 \cdots \lambda_{N+p}} = 0 \quad (p > 1)$$

也成立。不难断言: 若式 (5.57) 为式 (5.58) 的推论, 则式 (5.54) 中的其余方程再无新方程。

对于协变向量场 Y_k, 如果

$$Y_{k;\lambda} = Y_k g_{;\lambda} \quad Y_k R^k_{hlm} = 0$$

这里 g 为点函数, 那么称场 Y_k 为平行场; 这时乘一个数即可推出稳定场 $Y_{k;\lambda} = 0$。协变的平行向量场存在的充要条件, 需

$$Y_k R^k_{hlm} = Y_k R^k_{hlm;\lambda} = \cdots = 0 \tag{5.59}$$

应有不恒为零的解。

为给出稳定场 Y_k 变为梯度场 $Y_k = f_{;k}$ 的条件, 从式 (5.20), 有

$$Y_k T^k_{hl} = 0 \tag{5.60}$$

反之, 凡符合式 (5.60) 的一切协变稳定场都是稳定梯度场。

5.3 可分层空间

今讨论将联络的形式变为

$$\omega^n_h = \omega^h_n = 0 \qquad \omega^n_0 = \mathrm{d}f \tag{5.61}$$

的问题; 而 $h=1,2,\cdots,n$。如何把 $\omega_h^k(1\leqslant h、k\leqslant n-1)$ 表达为 $\omega_0^h(h\leqslant n-1)$ 的线性组合, 另讨论 ω_0^h 组成完全可积系统, 使 Γ_{hl}^k 仅仅与形式 ω_0^h 所关联的 $n-1$ 个变量有关。此时称之为 $n-1$ 维空间

$$\begin{cases}\mathrm{d}M=\omega_0^hI_h\\ \mathrm{d}I_h=\omega_h^kI_k\end{cases}\quad(h、k=1,2,\cdots,n-1)$$

及直线

$$\begin{cases}\mathrm{d}M=\omega_0^nI_n(=I_n\mathrm{d}f)\\ \mathrm{d}I_n=0\end{cases}$$

的乘积空间。

式 (5.61) 给出 $\Gamma_{hk}^n=\Gamma_{nk}^h=0$, 又把 ω_n^k 有关的假设写作 $\Gamma_{hn}^k=0$; 最后 $\omega_0^h(h<n)$ 完全可积的事实与 $B_{\lambda n}^h=-B_{n\lambda}^h=0(\lambda\leqslant n)$ 等价, 且 ω_0^n 为完全微分的事实给出 $B_{\lambda\mu}^n=0(\lambda、\mu\leqslant n)$。

由式 (5.28)、式 (5.27), 得

$$\begin{cases}T_{lm}^n=0\\ T_{hn}^k=-T_{nh}^k=0\\ R_{hlm}^n=R_{nlm}^k=0\\ R_{hnm}^k=-R_{hmn}^k=0\end{cases}\tag{5.62}$$

对于向量 I_n 的坐标 X^h, 有 $X^h=0(h=1,2,\cdots,n-1)$、$X^n=1$。取 $f=u^n$, 有 $f_{;h}=0$、$f_{;n}=1$, 从而 $f_{;h}X^h=1$ 并当式 (5.62) 可改写为不变的张量式时采用

$$f_{;h}T_{lm}^h=f_{;h}R_{klm}^h=0$$
$$X^hT_{hl}^k=X^hR_{hlm}^k=X^hR_{lmh}^k=0$$

表明 X^h、$f_{;h}$ 为稳定场。

取逆变向量场 X^h、梯度场 $f_{;h}$, 它们为稳定场且

$$f_{;h}X^h=1\tag{5.63}$$

以 X_k^h 为方程

$$f_{;h}X_k^h = 0 \tag{5.64}$$

的 $n-1$ 个独立解。记 $X^h = X_n^h$, 作基置换

$$\bar{I}_h = X_h^k I_k \tag{5.65}$$

确定 Y_l^λ、使之适合

$$X_\lambda^h Y_k^\lambda = X_k^\lambda Y_\lambda^h = \delta_k^h \tag{5.66}$$

有

$$I_k = Y_k^h \bar{I}_h$$

特别是, 当 $Y_h^n = f_{;h}$ 时并联络的方程变为

$$\begin{cases} \mathrm{d}M = \bar{\omega}_0^h \bar{I}_h = \omega_0^l Y_l^h \bar{I}_h \\ \mathrm{d}\bar{I} = \bar{\omega}_n^k \bar{I}_k = \Delta X_h^k I_k = \Delta X_h^l Y_l^k I_k \end{cases} \tag{5.67}$$

从式 (5.64) 的协变导数推出

$$\Delta X_k^l f_{;l} = \Delta X_h^l Y_l^n = \bar{\omega}_h^n = 0$$

注意到 $\bar{I}_n$ 为稳定场, 有 $\bar{\omega}_n^h = 0$, 故

$$\bar{\omega}_0^n = \omega_0^l f_{;l} = \mathrm{d}f$$

关于形式 $\bar{\omega}(h<n)$ 构成完全可积系统的条件, 由于

$$\left(Y_{l;h}^k - Y_{h;l}^k\right) X_\lambda^h X_\mu^l = \bar{B}_{\lambda\mu}^k + \bar{T}_{\lambda\mu}^k \tag{5.68}$$

因此 $\bar{B}_{n\mu}^k = -\bar{B}_{\mu n}^k = 0$, 得

$$\left(-T_{hl}^\lambda Y_\lambda^k + Y_{l;h}^k\right) X_n^h X_\mu^l = 0$$

利用式 (5.66), 而 $X_{n;l}^h = X_{;l}^h = 0$,

$$-Y_{h;l}^k X_n^h = X_{n;l}^h Y_h^k = 0$$

乘 X_k^ν, 给出

$$\left(-T_{hl}^\nu + Y_{l;h}^k X_k^\nu\right) X_n^h X_\mu^l = 0$$

依式 (5.66) 知

$$Y_{l;h}^k X_k^\nu X_n^h X_\mu^l = -X_{k;h}^\nu Y_l^k X_n^h X_\mu^l = -X_{\mu;h}^\nu X_n^h$$

于是

$$\left(T_{hl}^\nu X_\mu^l + X_{\mu;h}^\nu\right) X_n^h = 0$$

乘 Y_m^μ 知

$$X_n^h \left(T_{hm}^\nu + X_{\mu;h}^\nu Y_m^\mu\right) = 0 \tag{5.69}$$

因为 $\bar{B}_{\lambda\mu}^h = 0$, 所以由式 (5.68) 和 $Y_{l;h}^n = f_{;h} = 0$, 有 $\bar{T}_{\lambda\mu}^n = 0$, 改写它,

$$T_{hl}^\lambda Y_\lambda^n X_\mu^h X_\nu^l = 0$$

乘 $Y_{h'}^\mu Y_{l'}^h$(再命 $h' = h$、$l' = l$), 导出

$$T_{hl}^\lambda Y_\lambda^n = T_{hl}^\lambda f_{;\lambda} = 0$$

对于 $\bar{\Gamma}_{hl}^k$, 已知

$$\bar{\Gamma}_{hl}^k = X_{h;\lambda}^\mu Y_\mu^k X_l^\lambda$$

验证知 $\bar{\Gamma}_{kl}^n = \bar{\Gamma}_{nl}^k = 0$, 余下的只有 $\bar{\Gamma}_{hn}^k = 0(h$、$k < 0)$; 有

$$X_{h;\lambda}^\mu Y_\mu^k X_n^\lambda = -Y_{\mu;\lambda}^k X_h^\mu X_n^\lambda = 0$$

乘 $X_k^{\mu'}$、置 $\mu' = \mu$, 推出

$$X_{h;\lambda}^\mu X_n^\lambda = 0$$

依式 (5.69) 及

$$X_n^h T_{hm}^\nu = 0$$

余下是把 $\bar{\Gamma}_{hl}^k(h$、k、$l < n)$ 同 f 无关条件 $\bar{\Gamma}_{hl;n}^k = 0$ 表达出来。回到式 (5.28)、再应用上述一切条件知: 这些条件和 $\bar{R}_{hln}^k = 0$ 等价, 得

$$Y_\eta^k X_h^m X_l^\lambda X_n^\mu R_{m\lambda\mu}^\eta = 0$$

乘 $X_m^{\eta'} Y_{m'}^h Y_l^{\lambda'}$, 又取 $\eta=\eta'$、$m=m'$、$\lambda=\lambda'$ 并改变记号, 有

$$X_n^m R_{hlm}^k = 0$$

表明空间可以被分层为上述的形式的充要条件。

关于是否可把空间式 (5.2) 表达为 r 维、$n-r$ 维两个空间的乘积的问题在于是否存在新坐标系 $\bar{u}^h$ 和新基 $(\bar{I}_h)$, 使矩阵 $[\bar{\omega}_h^k]$ 表达成

$$\left(\begin{array}{c|c} \overbrace{\square}^{r} & 0 \\ \hline 0 & \underset{n-r}{\overbrace{\square}} \end{array}\right) \tag{5.70}$$

当 $h \leqslant r$、$k > r$, $h > r$、$k \leqslant r$ 时 $\bar{\omega}_h^k = 0$。一方面 $\bar{\omega}_0^l = 0(l \leqslant r)$, 另一方面 $\bar{\omega}_0^l = 0(l > r)$, 它们均组成完全可积系统, 故存在这样的置换。

给定 r 和在式 (5.65) 下的基 $\bar{I}_h$; 首先, 写出依向量 $\bar{I}_h(h \leqslant r)$ 确定的线性流形, 无论沿平行推移还是沿小环路的变移均必须不变的事实, 又应表明依向量 $\bar{I}_h(h > r)$ 确定流形的有关条件。其次, 写下联络的新矩阵应有式 (5.70), 而将 $\bar{\omega}_0^h$ 有关的条件变为 $\bar{B}_{kl}^h$ 有关的等式。最后, 把 $\bar{\omega}_0^k$ 有关的条件变为 $\bar{\varGamma}_{hl}^k$ 有关的等式; 其中给出的某些关系可用某些包括曲率张量、挠率张量的分量在内的等式做替代。如果这样得到的方程相容, 并经过有限次计算可将其重复出来, 那么空间可分层为 r 维、$n-r$ 维空间的乘积; 反之则不可。

在线性切空间里若导进群结构, 则可先引进单模群研究几何推移; 该单模群是: 从在每个点向量 I_n 确定的体积, 如 $g(M) = (I_1, I_2, \cdots, I_n)$ 加以定义。得到曲线映象后在其上可引入仿射单模几何学; 于是

$$g(M+\mathrm{d}M) = (I_1, \cdots, I_n) + \sum_h (I_1, \cdots, \mathrm{d}I_h, \cdots, I_n) + \cdots$$

$$
\begin{aligned}
&g(M+\mathrm{d}M+\delta M+\mathrm{d}\delta M)\\
=&(I_1,\cdots,I_n)+\sum_h(\cdots,\mathrm{d}I_h,\cdots)+\sum_h(\cdots,\delta I_h,\cdots)\\
&+\sum_{h,k}(\cdots,\mathrm{d}I_h,\cdots,\delta I_k,\cdots)+\sum_h(\cdots,\mathrm{d}\delta I_h,\cdots)+\cdots
\end{aligned}
$$

除三阶外, 在绕无穷小环路 $M'''MM'M''M'''$ 一周后, 有

$$
\begin{aligned}
&g(M+\mathrm{d}M+\delta M+\delta\mathrm{d}M)-g(M+\mathrm{d}M+\delta M+\mathrm{d}\delta M)\\
=&\sum_h(\cdots,\delta\mathrm{d}I_h-\mathrm{d}\delta I_h,\cdots)=\sum_h(\cdots,\Omega_h^k(\mathrm{d},\delta)I_k,\cdots)=g\Omega_h^h(\mathrm{d},\delta)
\end{aligned}
$$

而 $\mathrm{d}g=g\omega_h^h$ 并依外微分,

$$
\begin{aligned}
D(\mathrm{d}g)&=gD\omega_h^h=-g\Omega_h^h+g\omega_h^l\wedge\omega_l^h\\
D(\mathrm{d}g)&=-g\Omega_h^h
\end{aligned}
\tag{5.71}
$$

但是

$$
\Omega_h^h=\frac{1}{2}R_{h\lambda\mu}^h\omega_0^\lambda\wedge\omega_0^\mu=\frac{1}{2}P_{\lambda\mu}\omega_0^\lambda\wedge\omega_0^\mu
$$

得到缩并的曲率张量 $P_{\lambda\mu}=R_{h\lambda\mu}^h$, 即所谓体积曲率张量的几何解释。若它不为 0, 则在环路一周后, 一般不能回到体积的同一值; 若它为 0, 则 ω_h^h 为全微分, 如 $-\dfrac{n}{\varphi}\mathrm{d}\varphi$, 则此时取 $\bar{I}_h=\varphi I_n$ 作基, 有

$$
\begin{aligned}
\bar{\omega}_h^k&=\omega_h^k+\delta_h^k\frac{\mathrm{d}\varphi}{\varphi}\\
\bar{\omega}_h^h&=\omega_h^h+n\frac{\mathrm{d}\varphi}{\varphi}=0
\end{aligned}
$$

显见在该形式下联络保持体积。

更一般的问题是体积测度的推移律与道路选择的关联性。因为此时只有 g 的一个点到另一个点变化的重要性, 所以给定微分线性形式, 如

$$
\frac{\mathrm{d}g}{g}=\omega_0^hY_h=\omega
\tag{5.72}
$$

作为 $\dfrac{\mathrm{d}g}{g}$ 的表达式, 其中 Y_h 表示协变向量场。得

$$
\begin{aligned}
D\omega = & - Y_h \Omega_0^h + \Delta Y_h \wedge \omega_0^h \\
= & \frac{1}{2}\left(-Y_h T_{\lambda\mu}^h + Y_{\mu;\lambda} - Y_{\lambda;\mu}\right)\omega_0^\lambda \wedge \omega_0^\mu
\end{aligned}
$$

记

$$
S_{\lambda\mu} = -Y_h T_{\lambda\mu}^h + Y_{\mu;\lambda} - Y_{\lambda;\mu} \tag{5.73}
$$

为反对称性的体积推移曲率张量分量。当 $S_{\lambda\mu} = 0$ 时 Y_h 为梯度式 (5.20) 且 g 为点 M 的函数。

5.4 外尔空间

5.4.1 外尔空间定义

从式 (5.2) 给出的度量欧几里得空间, 需在一个点存在对称的二次微分形式

$$
\mathrm{d}s^2 = g_{hk}^0 \omega_0^h \omega_0^k \quad (g_{hk} = g_{kh}, g = \mathrm{get}|g_{hk}| \neq 0) \tag{5.74}
$$

将其作为不变式。当式 (5.74) 的右端正定并记

$$
I_h I_k = g_{hk} \tag{5.75}
$$

时 $\mathrm{d}s$ 为曲线弧素, g_{hk} 为协变张量分量。

g_{hk} 的构造有许多种方法, 物理学家爱丁顿提出

$$
\mathrm{d}g_{hk} = Y_{hk\lambda}\omega_0^\lambda
$$

这里 $Y_{hk\lambda}$ 为关于 h、k 对称的三次协变张量场。在点 M_0 得到式 (5.74) 后, 把它沿某曲线 γ 推移到 M_1。

如果取 X^h 为与点 M 有关的任意向量、l 为其长, 那么在点 $M + \mathrm{d}M$ 观察向量 $X^h + \mathrm{d}X^h$, 使之由原向量的平行推移给出; 表明

$$
\Delta X^h = \mathrm{d}X^h + X^l \omega_l^h = 0 \tag{5.76}
$$

以 $l + \mathrm{d}l$ 为其长, 命

$$\frac{\mathrm{d}l}{l} = -\frac{1}{2}Y_\lambda \omega_0^\lambda = -\frac{1}{2}\omega \tag{5.77}$$

式中 Y_λ 为已知的协变向量场。由外微分知

$$D\left(\frac{\mathrm{d}l}{l}\right) = -\frac{1}{4}S_{\lambda\mu}\omega_0^\lambda \wedge \omega_0^\mu$$

这里当挠率为 0 时 $S_{\lambda\mu}$ 称为线段曲率张量的张量，取为式 (5.73)。

注意到 $\Delta X^h = 0$，有

$$\mathrm{d}\left(l^2\right) = 2l\mathrm{d}l = \Delta g_{hk}X^h X^k$$

依式 (5.77)，

$$2l\mathrm{d}l = -g_{hk}X^h X^k Y_\lambda \omega_0^\lambda$$

产生充要条件，

$$\Delta g_{hk} + g_{hk}\omega = 0 \tag{5.78}$$

当 $Y_h = 0$ 或 $\omega = 0$ 时称度量联络式 (5.74) 和仿射联络式 (5.2) 相容，故

$$\Delta g_{hk} = 0 \tag{5.79}$$

即里奇引理：张量 g_{hk} 稳定。

在一般情况下式 (5.79) 等价于$\dfrac{1}{2}n^2(n+1)$ 个关系。若已知式 (5.74)、形式 ω，则它们无法完全确定为数 n^3 的函数 Γ_{hk}^l。反之，有且仅有一个零挠率为其解。

取 $\omega_0^\lambda = \mathrm{d}u^\lambda$，此时 Γ_{hk}^l 关于 h、k 对称，依式 (5.78)，

$$g_{h\lambda}\Gamma_{kl}^\lambda + g_{\lambda k}\Gamma_{hl}^\lambda = \frac{\partial g_{hk}}{\partial u^l} + g_{hk}Y_l = g_{hk,l} + g_{hk}Y_l$$

得到

$$\begin{aligned} 2g_{h\lambda}\Gamma_{kl}^\lambda &= \left(\frac{\partial g_{hk}}{\partial u^l} - \frac{\partial g_{kl}}{\partial u^h} + \frac{\partial g_{lh}}{\partial u^k}\right) + \left(g_{hk}Y_l - g_{kl}Y_h + g_{lh}Y_k\right) \\ &= \left(g_{hk,l} - g_{kl,h} + g_{lh,k}\right) + \left(g_{hk}Y_l - g_{kl}Y_h + g_{lh}Y_k\right) \end{aligned}$$

由于式 (5.74) 在切空间中确定欧几里得空间结构, 因此该张量可视为欧几里得形式的。利用这种欧几里得空间结构的指标法则, 有

$$
\begin{aligned}
2\Gamma_{kl}^{m} =& g^{hm}\left(\frac{\partial g_{hk}}{\partial u^{l}}-\frac{\partial g_{kl}}{\partial u^{h}}+\frac{\partial g_{lh}}{\partial u^{k}}\right)+\left(\delta_{k}^{m}Y_{l}+\delta_{l}^{m}Y_{k}-g_{kl}Y^{m}\right) \\
=& g^{hm}(g_{hk,l}-g_{kl,h}+g_{lh,k})+\left(\delta_{k}^{m}Y_{l}+\delta_{l}^{m}Y_{k}-g_{kl}Y^{m}\right)
\end{aligned}
\tag{5.80}
$$

这种空间称为外尔空间。外尔空间的联络取决于: (1) 依式 (5.74) 在它的切线性空间里具备欧几里得空间结构; (2) 线段长度的变化为平行于它自身并式 (5.77) 确定; (3) 它的挠率为 0。

5.4.2 爱因斯坦引力场方程

将式 (5.78) 变为

$$
\mathrm{d}g_{hk}-g_{h\lambda}\omega_{k}^{\lambda}-g_{\lambda k}\omega_{h}^{\lambda}+g_{hk}\omega=0 \tag{5.81}
$$

作外微分,

$$
g_{h\lambda}\Omega_{k}^{\lambda}+g_{k\lambda}\Omega_{h}^{\lambda}+g_{hk}D\omega=0
$$

即

$$
g_{h\lambda}R_{k\mu\nu}^{\lambda}+g_{k\lambda}R_{h\mu\nu}^{\lambda}-g_{hk}(Y_{\mu;\nu}-Y_{\nu;\mu})=0 \tag{5.82}
$$

记

$$
g_{h\lambda}R_{k\mu\nu}^{\lambda}-\frac{1}{2}g_{hk}(Y_{\mu;\nu}-Y_{\nu;\mu})=F_{hk\mu\nu} \tag{5.83}
$$

给出

$$
F_{hk\mu\nu}+F_{kh\mu\nu}=0 \tag{5.84}
$$

式 (5.84) 表示称为方向曲率张量 $F_{hk\mu\nu}$ 不但关于 μ、ν 而且关于 h、k 均为反对称。综合式 (5.82)、g^{hk}, 有

$$
2P_{\mu\nu}-n(Y_{\mu;\nu}-Y_{\nu;\mu})=0
$$

$Y_\lambda = 0$ 的外尔空间就是黎曼空间; 有挠率的黎曼空间为这样的仿射联络空间, 其具有与仿射联络相容的度量联络式 (5.74) 而非黎曼空间, 即它的挠率不恒为 0; 此时基本张量符合里奇条件式 (5.79)。

有挠率、无曲率的黎曼空间称为爱因斯坦空间, 该空间具有绝对平行性, 这表明从点 M_0 到 M_1 的向量或张量的平行推移和道路的选择无关; 这时曲率张量等于零。在式 (5.81) 中置 $\omega_0^\lambda = \mathrm{d}u^\lambda$、$Y_\lambda = 0$ 而改写它。并以

$$\Gamma_{hk}^l = \frac{1}{2}T_{hk}^l + \gamma_{hk}^l$$

这里仿射联络参数 $\gamma_{hk}^l = \gamma_{kh}^l$, 得

$$g_{h\lambda}\gamma_{kl}^\lambda + g_{\lambda k}\gamma_{hl}^\lambda = \frac{\partial g_{hk}}{\partial u^l} - \frac{1}{2}(T_{hkl} + T_{khl})$$

已知

$$T_{hkl} = g_{hk}T_{kl}^\lambda$$

导出

$$\gamma_{hl}^m = g^{hm}\left(\frac{\partial g_{hk}}{\partial u^l} - \frac{\partial g_{kl}}{\partial u^h} + \frac{\partial g_{lh}}{\partial u^k}\right) - \frac{1}{2}\left(T_{kl}^m + T_{lk}^m\right) \tag{5.85}$$

由式 (5.27) 及曲率张量为零的事实可推出 g_{hk} 和挠率张量之间的关系, 这是空间变为爱因斯坦空间的充要条件。

爱因斯坦引力场方程是基于两个物理假设, 即

等效原理: 一个存在引力场的惯性系与一个做加速运动的非惯性系无差别。

广义协变原理: 物理定律在所有参考系中是协变的。

按照哈密顿原理, 设物理系统的物质场作用量 I 为

$$I = I_G + I_F = \frac{1}{c}\int\limits_\Omega (L_G + L_F)\sqrt{-g}\mathrm{d}\Omega \tag{5.86}$$

式中 $\mathrm{d}\Omega = \mathrm{d}u^0\mathrm{d}u^1\mathrm{d}u^2\mathrm{d}u^3(u^0 = ct \quad u^1 = x \quad u^2 = y \quad u^3 = z)$、$I_G$ 为引力场作用量、I_F 为其他场作用量、L_G 为引力场的拉格朗日

密度、L_F 为其他场的拉格朗日密度。取曲率标量 R 与量纲因子 $\dfrac{c^4}{16\pi G}$ 的乘积作为 L_G, 于是从变分 $\delta I = 0$, 得

$$\frac{c^3}{16\pi G}\delta\int\limits_{\Omega} R\sqrt{-g}\mathrm{d}\Omega + \delta I_F = 0 \tag{5.87}$$

而

$$\delta I_G = \frac{c^3}{16\pi G}\left[\int\limits_{\Omega}\delta R_{\mu\nu}g^{\mu\nu}\sqrt{-g}\mathrm{d}\Omega + \int\limits_{\Omega}R_{\mu\nu}\delta\left(g^{\mu\nu}\sqrt{-g}\right)\mathrm{d}\Omega\right] \tag{5.88}$$

式中 c 为光速、G 为万有引力常数、$g^{\mu\nu}$ 为黎曼度量张量、$R_{\mu\nu}$ 为里奇张量且 $R = g^{\mu\nu}R_{\mu\nu}$ 在伪黎曼空间中度量行列式 $g = \det(g^{\mu\nu}) < 0$、$\sqrt{-g}\mathrm{d}\Omega$ 为在广义坐标变换下的不变体积元。

已知

$$\begin{aligned}
R_{\mu\nu} =& R^{\alpha}_{\mu\alpha\nu} = \frac{\partial\Gamma^{\alpha}_{\mu\nu}}{\partial u^{\alpha}} - \frac{\partial\Gamma^{\alpha}_{\mu\alpha}}{\partial u^{\nu}} + \Gamma^{\alpha}_{\mu\nu}\Gamma^{\beta}_{\alpha\beta} - \Gamma^{\alpha}_{\mu\beta}\Gamma^{\beta}_{\nu\alpha} \\
\Gamma^{\sigma}_{\mu\nu} =& \frac{1}{2}g^{\sigma\lambda}\left(\frac{\partial g_{\lambda\mu}}{\partial u^{\nu}} + \frac{\partial g_{\lambda\nu}}{\partial u^{\mu}} - \frac{\partial g_{\mu\nu}}{\partial u^{\lambda}}\right)
\end{aligned} \tag{5.89}$$

若利用测地线坐标系, 则

$$\delta R_{\mu\nu} = (\delta\Gamma^{\alpha}_{\mu\nu})_{;\alpha} - (\delta\Gamma^{\alpha}_{\mu\nu})_{;\nu} \tag{5.90}$$

进一步,

$$\delta(-g) = -gg^{\mu\nu}\delta g_{\mu\nu} = gg_{\mu\nu}\delta g^{\mu\nu} \tag{5.91}$$

注意到式 (5.91)、式 (5.90)、$g^{\mu\nu}$ 的协变导数为 0, 式 (5.88) 变为

$$\begin{aligned}
\delta I_G =& \frac{c^3}{16\pi G}\left[\int\limits_{\Omega}\left(g^{\mu\nu}\delta\Gamma^{\alpha}_{\mu\nu} - g^{\mu\alpha}\delta\Gamma^{\beta}_{\mu\beta}\right)_{;\alpha}\sqrt{-g}\mathrm{d}\Omega\right. \\
&\left. + \int\limits_{\Omega}\left(R_{\mu\nu} - \frac{1}{2}g_{\mu\nu}R\right)\delta g^{\mu\nu}\sqrt{-g}\mathrm{d}\Omega\right]
\end{aligned} \tag{5.92}$$

可以证明式 (5.92) 右边第一项为零。$g^{\mu\nu}\delta R_{\mu\nu}$ 为标量, 从而由式 (5.91) 知 $g^{\mu\nu}\delta\Gamma^{\alpha}_{\mu\nu} - g^{\mu\alpha}\delta\Gamma^{\beta}_{\beta\mu}$ 为向量。依公式

$$A^{\mu}_{;\mu} = \frac{1}{\sqrt{-g}}\frac{\partial}{\partial u^{\mu}}\left(A^{\mu}\sqrt{-g}\right) \tag{5.93}$$

得到

$$\int_{\Omega}\left(g^{\mu\nu}\delta\Gamma^{\alpha}_{\mu\nu}-g^{\mu\alpha}\Gamma^{\beta}_{\mu\beta}\right)_{;\alpha}\sqrt{-g}\mathrm{d}\Omega$$

$$=\int_{\Omega}\left[\sqrt{-g}\left(g^{\mu\nu}\delta\Gamma^{\alpha}_{\mu\nu}-g^{\mu\alpha}\Gamma^{\beta}_{\beta\mu}\right)\right]_{,\alpha}\mathrm{d}\Omega \tag{5.94}$$

应用斯托克斯定理且变分在边界上为零, 故式 (5.94) 为零, 式 (5.92) 成为

$$\delta I_G=\frac{c^3}{16\pi G}\int_{\Omega}\left(R_{\mu\nu}-\frac{1}{2}g_{\mu\nu}R\right)\delta g^{\mu\nu}\sqrt{-g}\mathrm{d}\Omega \tag{5.95}$$

在推证该结果时尚未完全确定除 $g^{\mu\nu}$ 外的变量。对于作用量的其他部分, 假定不存在 $g^{\mu\nu}$ 的高于一阶的导数。I_F 的变分为

$$\delta I_F=\frac{1}{c}\int_{\Omega}\left[\frac{\partial}{\partial g^{\mu\nu}}\left(L_F\sqrt{-g}\right)\delta g^{\mu\nu}+\frac{\partial}{\partial g^{\mu\nu}_{,\alpha}}\left(L_F\sqrt{-g}\right)\delta g^{\mu\nu}_{,\alpha}\right]\mathrm{d}\Omega \tag{5.96}$$

但是

$$\frac{\partial}{\partial g^{\mu\nu}_{,\alpha}}\left(L_F\sqrt{-g}\right)\delta g^{\mu\nu}_{,\alpha}=\left[\delta g^{\mu\nu}\frac{\partial}{\partial g^{\mu\nu}_{,\alpha}}\left(L_F\sqrt{-g}\right)\right]_{,\alpha}-\left[\frac{\partial}{\partial g^{\mu\nu}_{,\alpha}}\left(L_F\sqrt{-g}\right)\right]_{,\alpha}\delta g^{\mu\nu} \tag{5.97}$$

式 (5.97) 右边的第一项为零, 又知变分在边界上为零, 给出

$$\delta I_F=\frac{1}{c}\int_{\Omega}\left\{\frac{\partial}{\partial g^{\mu\nu}}\left(L_F\sqrt{-g}\right)-\left[\frac{\partial}{\partial g^{\mu\nu}_{,\alpha}}\left(L_F\sqrt{-g}\right)\right]_{,\alpha}\right\}\delta g^{\mu\nu}\mathrm{d}\Omega \tag{5.98}$$

式 (5.98) 右边的被积函数等于 $\frac{1}{2}T_{\mu\nu}\sqrt{-g}$, 能量动量张量 $T_{\mu\nu}$ 为

$$\frac{1}{\sqrt{-g}}\left\{\left[\frac{\partial}{\partial g^{\mu\nu}_{,\alpha}}\left(L_F\sqrt{-g}\right)\right]_{,\alpha}-\frac{\partial}{\partial g^{\mu\nu}}\left(L_F\sqrt{-g}\right)\right\}=\frac{1}{2}T_{\mu\nu} \tag{5.99}$$

综合式 (5.99)、式 (5.98)、式 (5.95)、式 (5.87), 有

$$R_{\mu\nu}-\frac{1}{2}g_{\mu\nu}R=\frac{8\pi G}{c^4}T_{\mu\nu} \tag{5.100}$$

式 (5.100) 称为爱因斯坦引力场方程。按比安基关系

$$R^{\mu}_{\sigma\beta\alpha;\nu}+R^{\mu}_{\sigma\nu\beta;\alpha}+R^{\mu}_{\sigma\alpha\nu;\beta}=0 \tag{5.101}$$

得

$$T^{\nu}_{\mu;\nu}=0 \tag{5.102}$$

以 $g^{\sigma\beta}$ 乘以式 (5.101),

$$g^{\sigma\beta}\left(R^{\mu}_{\sigma\beta\alpha;\nu}+R^{\mu}_{\sigma\nu\beta;\alpha}+R^{\mu}_{\sigma\alpha\nu;\beta}\right)=0 \tag{5.103}$$

采用 $g^{\sigma\beta}_{;\alpha}=0$, 产生

$$R^{\nu}_{\sigma\beta\alpha}=-R^{\nu}_{\sigma\alpha\beta}$$

于是式 (5.103) 变为

$$\left(R^{\nu}_{\alpha}-\frac{1}{2}\delta^{\nu}_{\alpha}R\right)_{;\nu}=G^{\nu}_{\alpha;\nu}=0 \tag{5.104}$$

称$G^{\nu}_{\alpha}=R^{\nu}_{\alpha}-\frac{1}{2}\delta^{\nu}_{\alpha}R$ 为爱因斯坦张量。上述分析表明在引力场时空中能量动量守恒。

当增加爱因斯坦宇宙学常数 $\Lambda g_{\mu\nu}$ 时式 (5.100) 变为

$$R_{\mu\nu}-\frac{1}{2}g_{\mu\nu}R+\Lambda g_{\mu\nu}=\frac{8\pi G}{c^4}T_{\mu\nu} \tag{5.105}$$

式 (5.105) 可用于研究宇宙的时空结构。

5.4.3 米尔诺怪球

米尔诺怪球是指具有 28 种不同微分结构的七维球面, 属于微分拓扑学范围; 不仅数学家关注而且物理学家也感兴趣。这里仅作简单的描述。

考虑五维复线性空间 C^5, 其中的点可表成

$$(z_1,z_2,z_3,z_4,z_5)$$

而 $z_1, z_2, z_3, z_4, z_5 \in C$(复数集)。取

$$z_\alpha = x_\alpha + iy_\alpha \quad (i = \sqrt{-1})$$

式中 $\alpha = 1, 2, 3, 4, 5$; 且 x_α、$y_\alpha \in R$(实数集)。若将 $(z_1, z_2, z_3, z_4, z_5)$ 作为 R^{10} 中的点 $(x_1, y_1, x_2, y_2, x_3, y_3, x_4, y_4, x_5, y_5)$, 则 $C^5 = R^{10}$。对于 $(z_1, z_2, z_3, z_4, z_5) \in S^9$ 当且仅当

$$|z_1|^2 + |z_2|^2 + |z_3|^2 + |z_4|^2 + |z_5|^2 = 1$$

注意 S^n 表示 n 维单位球面。

对 $r \in Z$(整数集), 记

$$K_r = \left\{ (z_1, z_2, z_3, z_4, z_5) \in S^9 \middle| z_1^{6r-1} + z_2^3 + z_3^2 + z_4^2 + z_5^2 = 0 \right\}$$

故有以下论断。

定理 5.1 对 $r \in Z$, K_r 为七维光滑流形、同胚于 S^7; 反之, 若 Σ 为七维光滑流形、同胚于 S^7, 则存在 $r \in Z$ 使 Σ 光滑同胚于 K_r。

定理 5.2 对 r、$r' \in Z$, K_r 与 $K_{r'}$ 光滑同胚的充要条件为整数 $r + r'$、$r - r'$ 至少有一个为 28 的倍数。另, 对 $r \in Z$, K_r 与 S^7 光滑同胚的充要条件为 r 为 28 的倍数。

定理 5.3 若 M 为一个紧的 n 维光滑流形, 与 D^n 有相同的同伦型, 且 ∂M 为单连通, 则当 $n \geqslant 6$ 时 M 与 D^n 光滑同胚 (D^n 为闭 n 维单位球体)。

给定七维光滑流形 Σ、同胚于 S^7, 取 $f: D \to \Sigma$ 为光滑嵌入, 依定理 5.3 知存在光滑同胚 $g: D^7 \to \Sigma \setminus f\left(D^7 \setminus \partial D^7\right)$, 于是 Σ 由黏合两个七维闭球体 $f(D^7)$、$g(D^7)$ 得到。反之, 如果 M_1、M_2 为七维光滑流形、光滑同胚于 D^7, 并有 $\lambda: \partial M_1 \to \partial M_2$ 为光滑同胚, 可用 λ 将 M_1、M_2 黏合, 于是产生七维流形 $\Sigma = M_1 \bigcup\limits_{\lambda} M_2$、同胚于 S^7。

关于该七维流形的连接和问题。给定一个连通的 n 维光滑流形 M 及光滑嵌入 $f: D^n \to M$, 命光滑同胚 $\tau: D^n \to D^n$ 的定义

为

$$\tau(x_1,\cdots,x_{n-1},x_n)=(x_1,\cdots,x_{n-1},-x_n)$$

当光滑嵌入 f、$f\tau:D^n\to M$ 为光滑同痕时称 M 为不可定向的;当光滑嵌入 f、$f\tau:D^n\to M$ 非光滑同痕时称 M 为可定向的。

定理 5.4 已知一个连通的 n 维光滑流形 M 及一个光滑嵌入 $f':D^n\to M$。若 M 为不可定向的, 则任何一个光滑嵌入 $f':D^n\to M$ 与 f 光滑同痕; 若 M 为可定向的, 则任何一个光滑嵌入 $f':D^n\to M$ 仅与 τf 之中的一个光滑同痕。

一个定向的连通的 n 维光滑流形包括一个可定向的连通的 n 维光滑流形 M 及与一个光滑嵌入 $f:D^n\to M$ 光滑同痕的所有光滑嵌入; 把它简单记作 (M,f), 并称其定向由 f 或与 f 光滑同痕的任何光滑嵌入表示。

给出定向的无边缘的连通的 n 维光滑流形 (M_1,f_1)、(M_2,f_2), 置

$$\lambda=f_2\tau f_1^{-1}:f_1(\partial D^n)\to f_2(\partial D^n)$$

可以得到一个定向的无边缘的连通的 n 维光滑流形 (M,f), 又

$$M=(M_1\setminus f_1(D^n\setminus\partial D^n))\bigcup_{\lambda}(M_2\setminus f_2(D^n\setminus\partial D^n))$$

$f:D^n\to M$ 可以是与 f_j 光滑同痕的光滑嵌入 $f:D^n\to M_j$, 满足 $f(D^n)\subset M_j\setminus f_j(D^n\setminus\partial D^n)$, 称 (M,f) 为 (M_1,f_1)、(M_2,f_2) 的连接和。

对于光滑流形 $K_r(r\in Z)$, 这些 K_r 为可定向的。为使每个 K_r 有一个"自然"的定向, 作光滑嵌入 $f_r:D^7\to K_r$, 取集合 $M_r=\{(z_1,z_2,z_3,z_4,z_5)\in C^5|$ 至少有一个 z_α 非零且 $z_1^{6r-1}+z_2^3+z_3^2+z_4^2+z_5^2=0\}$以及 $D^8=\{(z_1,z_2,z_3,z_4)\in C^4||z_1|^2+|z_2|^2+|z_3|^2+|z_4|^2=1\}$, 于是存在充分小 $\delta>0$, 使

$$f_r'(z_1,z_2,z_3,z_4)=(\delta z_1,\delta z_2,\delta z_3,1+\delta z_4,z_5')$$

$$f_r(0,0,0,0)=(0,0,0,1,i)$$

确定光滑嵌入 $f'_r: D^8 \to M_r$。令

$$D^7 = \{(z_1, z_2, z_3, z_4) \in C^4 \big| z_4 \in R\}$$

可以证明 $f'_r(D^8) \cap S^9$ 为 K^7 中的光滑流形，与 D^7 光滑同胚，所以存在光滑映射 $H: D^8 \times [0,1] \to M_r$ 符合下面的条件。若对 $t \in [0,1]$，

$$h_l: D^8 \to M_r$$

的定义为 $h_t(x) = H(x,t)$，则对 $t \in [0,1]$,h_t 为光滑嵌入，

$$h_t\left(0,0,0,\frac{1}{2}i\right) = f'_r\left(0,0,0,\frac{1}{2}i\right)$$

$h_0 = f'_r$ 且 $h_1(D^7) \subset K_r$。以 $f_r = h_1: D^7 \to K_r$，有：

定理 5.5 (1)(K_r, f_r),(K_{r+28}, f_{r+28}) 之间存在保持定向光滑同胚，即有光滑同胚 $f: K_r \to K_{r+28}$ 光滑同痕。

(2)(K_r, f_r)、(K_{-r}, f_{-r}) 之间存在反定向光滑同胚，即有光滑同胚 $f: K_r \to K_{-r}$ 使 ff_r 与 f_{-r} 非光滑同痕。

(3) 在保持定向光滑同胚下，(K_r, f_r)、$(K_{r'}, f_{r'})$ 的连接和为 $(K_{r+r'}, f_{r+r'})$。

定理 5.6 在保持定向光滑同胚下,$(M_r, f_r)(r = 0, 1, \cdots, 27)$ 互不相同，且形成加法群，其中的加法就是连接和。

5.5 射影联络

流形 V_n 在点 M 的切空间 A_n 添加无穷远射影平面 P_{n-1}，可得到射影空间 P_n；现分析该空间在线性联络下几何学的平行推移。取 $M = M_0$ 并考虑 P_n 中的标架 $(M_0, M_1, \cdots, M_n)$，这时联络取决于

$$\mathrm{d}M_\alpha = \omega_\alpha^\beta M_\beta \quad (\alpha, \beta = 0, 1, \cdots, n) \tag{5.106}$$

式中 ω_α^β 为 n 个变量的线性微分形式。

在规范化标架前宜采用标架 $(\lambda M_0, \lambda M_1, \cdots, \lambda M_n)$ 重合于前面一个的事实。于是可用简化 (ω_α^β); 首先 ω_0^0 不包括其他形式 $\omega_0^h(h > 0)$ 中不包含另外的主要微分。事实上, 取

$$\omega_0^0 = \cdots + \Gamma_0^n \mathrm{d}u^n$$

这里 Γ_0^n 为仿射子, 而 $\mathrm{d}u^n$ 不在 ω_0^h 中; 以 $\bar{M}_\alpha = \lambda M_\alpha$ 替代 M_α, 有

$$\mathrm{d}\bar{M} = \left(\omega_0^0 + \frac{\mathrm{d}\lambda}{\lambda}\right)\bar{M}_0 + \cdots = \left(\cdots + \Gamma_0^n \mathrm{d}u^n + \frac{\mathrm{d}\lambda}{\lambda}\right)\bar{M}_0 + \cdots \tag{5.107}$$

选一些λ 使 $\Gamma_0^n + \dfrac{1}{\lambda}\dfrac{\partial\lambda}{\partial u^n} = 0$, 故新 ω_0^0 不再包括 $\mathrm{d}u^n$, 从而 $\mathrm{d}\bar{M}_0$ 将包括小于 n 个的微分, 这与原假设没矛盾。依此, ω_0^h $(h > 0)$ 为线性无关并 ω_0^0 为它们的线性组合。

式 (5.107) 及其类似表明, 标架在所有点的变换主要仅仅与形式 $a_1\mathrm{d}u^1 + a_2\mathrm{d}u^2 + \cdots + a_n\mathrm{d}u^n$ (a_h 已知); 常可取λ 使 $\omega_\alpha^\alpha + (n+1)\dfrac{\mathrm{d}\lambda}{\lambda} = 0$。

关于保持点 M_0 的标架变换, 设其方程为

$$\begin{cases} \bar{M}_0 = M \\ \bar{M}_h = a_h^0 M_0 + a_h^k M_k \end{cases} \tag{5.108}$$

这些与 $n(n+1)$ 个参数相关且 $\det(a_h^k) \neq 0$; 这是把点 M_0 固定不变的所有射影变换。改写如下

$$\bar{M}_\alpha = a_\alpha^\beta M_\beta \tag{5.109}$$

确定 A_α^β 使

$$a_\alpha^\gamma A_\gamma^\beta = A_\alpha^\gamma a_\gamma^\beta = \delta_\alpha^\beta$$

给出

$$\begin{cases} A_0^0 = 1 \\ A_0^h = 0 \\ A_h^0 = -a_k^0 A_h^k \\ a_h^l A_l^k = A_h^l a_l^k = \delta_h^k \end{cases} \tag{5.110}$$

另,

$$\bar{\omega}_\alpha^\beta = A_\gamma^\beta(\mathrm{d}a_\alpha^\gamma + a_\alpha^\sigma\omega_\sigma^\gamma) \tag{5.111}$$

尤其是

$$\bar{\omega}_0^h = A_k^h\omega_0^k \qquad \bar{\omega}_0^0 = \omega_0^0 + A_h^0\omega_0^h$$

如果 $a_h^k = \delta_h^k$, 从而 $A_h^k = \delta_h^k$, 那么

$$\begin{cases} \bar{\omega}_h^k = \omega_h^k + a_h^0\omega_0^k \\ \bar{\omega}_0^0 = \omega_0^0 - a_h^0\omega_0^h \\ \bar{\omega}_0^h = \omega_0^h \end{cases}$$

有

$$\bar{\omega}_\alpha^\alpha = \omega_\alpha^\alpha$$

由此可知, 当这种规范化联络使在定点 $\bar{\omega}_\alpha^\alpha = 0$ 时, 可选择标架让 $\bar{\omega}_0^0 = 0$。

关于式 (5.108), 采用类似记号。绕无穷小环路后, 除三阶无穷小外, 得

$$\bar{M}_\alpha - \mathring{M}_\alpha = \Omega_\alpha^\beta(\mathrm{d}, \delta)M_\beta$$

而标架的无穷小变化取决于形式

$$\Pi_\beta^\alpha(\mathrm{d}, \delta) = \Omega_\beta^\alpha(\mathrm{d}, \delta) - \delta_\beta^\alpha\frac{\Omega_\gamma^r(\mathrm{d}, \delta)}{n+1}$$

所以可用外形式将其特征化,

$$\begin{aligned} \Pi_\beta^\alpha &= \Omega_\beta^\alpha - \delta_\beta^\alpha\frac{\Omega_\gamma^\gamma}{n+1} \\ &= -D\omega_\beta^\alpha + \omega_\beta^\gamma \wedge \omega_r^\alpha - \frac{\delta_\beta^\alpha}{n+1}\left(-D\omega_\gamma^\gamma + \omega_\gamma^\varepsilon \wedge \omega_\varepsilon^\gamma\right) \end{aligned}$$

应用式 (5.109)、式 (5.111),

$$\bar{\Omega}_\beta^\alpha = a_\beta^\varepsilon A_\gamma^\alpha \Omega_\varepsilon^\gamma$$

依

$$\bar{\Omega}_\gamma^\gamma = \Omega_\gamma^\gamma$$

最后,

$$\overline{\Pi}_{\beta}^{\alpha}=a_{\beta}^{\varepsilon}A_{\gamma}^{\alpha}\Pi_{\varepsilon}^{\gamma}$$

又置 $\Pi_{\beta}^{\alpha}=\dfrac{1}{2}R_{\beta hk}^{\alpha}\omega_0^h\wedge\omega_0^k$、$R_{\beta hk}^{\alpha}+R_{\beta kh}^{\alpha}=0$, 推出

$$\bar{R}_{\beta hk}^{\alpha}=a_{\beta}^{\varepsilon}A_{\gamma}^{\alpha}a_h^u a_k^v R_{\varepsilon uv}^{\gamma} \tag{5.112}$$

空间的性质依赖于 $R_{\alpha hk}^{\beta}$, 称之为曲率–挠率张量。

对于射影联络尚有许多问题; 这里仅仅需要说明的是测地线曲线, 就是它在射影空间 P_n 中的映象为直线。当以参数 t 标架化这样曲线上的点时, 它将取决于下述条件, 即点 M_0、$\dfrac{\mathrm{d}M_0}{\mathrm{d}t}$、$\dfrac{\mathrm{d}^2M_0}{\mathrm{d}t^2}$ 共线, 或

$$\frac{\mathrm{d}^2M_0}{\mathrm{d}t^2}=K\frac{\mathrm{d}M_0}{\mathrm{d}t}+LM_0$$

注意到 $\mathrm{d}^2M_0=(\mathrm{d}\omega_0^{\alpha}+\omega_0^{\beta}\omega_{\beta}^{\alpha})M_{\beta}$, 并在上列关系中表达 M_0 的系数等于 0 的方程包含 L, 且其他各项不包括 L 在内的方程为

$$\mathrm{d}\omega_0^h+\omega_0^k\omega_k^h=\omega_0^h(K\mathrm{d}t-\omega_0^0)$$

据此,

$$\cdots=\frac{\mathrm{d}\omega_0^h+\omega_0^k\omega_k^h}{\omega_0^h}=\cdots$$

这些方程重合于形式 ω_0^h、ω_h^k 确定的仿射联络空间的测地线方程。

在讨论测地的贴合中解决的问题可归结于和 P_n 射影地可贴合的空间的决定问题, 这种空间为射影平坦空间。

对式 (5.108) 有矩阵

$$\begin{pmatrix}1 & 0 & \cdots & 0\\ a_1^0 & a_1^1 & \cdots & a_1^n\\ \vdots & \vdots & & \vdots\\ a_n^0 & a_n^1 & \cdots & a_n^n\end{pmatrix}$$

式中 $\det(a_h^k)\neq 0$; 这是基 $(e_0,e_1,\cdots,e_n)$ 的空间 A_{n+1} 的有心仿射变换的特殊形式, e_j 表示与标架 $(M_0,M_1,\cdots,M_n)$ 相关联的向量。

这些变换的集合为 $n+1$ 维有心仿射群子群。在向量 $(e_0, e_1, \cdots, e_n)$ 的空间内引进按照该群的变换的结构并在对偶空间中考虑对应的变换。

当确定一个物的 $n+1$ 个坐标对置换式 (5.108) 作变换

$$\bar{x}^\alpha = x^\beta A_\beta^\alpha \tag{5.113}$$

时称之为希腊字的逆变向量; 当确定一个物的 n 个坐标作变换

$$\bar{x}^h = x^k A_k^h \tag{4.114}$$

时称之为拉丁字的逆变量。

同理, 希腊字的协变向量和拉丁字的协变向量 X_α、X_h 分别取决于变换

$$\bar{X}_\alpha = X_\beta a_\alpha^\beta \qquad \bar{X}_h = X_k a_h^k \tag{5.115}$$

式 (5.114) 也可表示为

$$\bar{x}^0 = x^0 + x^h A_h^0 \qquad \bar{x}^h = x^k A_k^h$$

故逆变的希腊字向量 x^h 确定逆变的拉丁字向量。依式 (5.115),

$$\bar{X}_0 = X_0 \qquad \bar{X}_h = X_0 a_h^0 + X_k a_h^k$$

表明协变的希腊字向量的零指标分量为不变量。如果该不变量为零, 那么其他分量确定协变的拉丁向量。以此为基础, 可以确定更一般的射影张量, 如 $S_\alpha^{\beta h}$。

根据上述分析知下列两个新运算同样导出张量:

(1) 以拉丁字指标代换一个上希腊字指标 $(x^\alpha \to x^h)$, 从 $n(n+1)^2$ 个分量的 $S_\alpha^{\beta h}$ 产生 $n^2(n+1)$ 个分量的 S_α^{kh}。

(2) 以零代换一个下希腊字指标 $(X_\alpha \to X_0)$, 如从 $S_\alpha^{\beta h}$ 产生 $n(n+1)$ 个分量的 $S^{\beta h} = S_0^{\beta h}$。

由式 (5.112) 上出发, $R_{\alpha hk}^\beta$ 为张量分量, 且其协变或逆变性决定指数种类、位置。因上述法则可推出张量 $R_{\alpha hk}^l$、R_{0hk}^β、R_{0hk}^l, 进

一步给出缩并的张量 $R^{\alpha}_{\alpha hk}$、$R^{k}_{\alpha hk}$、R^{k}_{0hk}, 张量 R^{l}_{0hk} 称为挠率张量; 当其为 0 时表示无穷小环路除三阶外是闭的。实际上, 在 $\omega_0^h = \mathrm{d}u^h$ 下, 当且仅当 $\Gamma^k_{hl} = \Gamma^k_{lh}$ 时有 $\omega^k_h = \Gamma^k_{hl}\omega^l_0$。

当 $R^{\beta}_{\alpha hk} = 0$ (平坦联络) 时空间为局部地可贴合于射影空间 P_n 的; 这是局部性关系而非整体上正确。

对逆变的希腊字向量场 x^α, 命

$$\Delta x^\alpha = \mathrm{d}x^\alpha + x^\beta \omega^\alpha_\beta = x^\alpha_{;h}\omega^h_0$$

由以上关系及式 (5.111) 知 $x^\alpha_{;h}$ 为张量; 同样, 对协变的希腊字向量 x_α, 令

$$\Delta x_\alpha = \mathrm{d}x_\alpha - x_\beta \omega^\beta_\alpha = x_{\alpha;h}\omega^h_0$$

知 $x_{\alpha;h}$ 为张量。反之, 对于拉丁字的逆变向量 x^h 或协变向量 x_h, 若记

$$\Delta x^h = \mathrm{d}x^h + x^k \omega^h_k = x^h_{;k}\omega^k_0$$

$$\Delta x_h = \mathrm{d}x_h - x_k \omega^k_h = x_{h;k}\omega^k_0$$

则 $x^h_{;k}$、$x_{h;k}$ 不为张量分量; 尽管如此, 依然称之为场的协变导数。

当然, 对任意张量也可如此定义协变导数。如果原张量具有拉丁字指标, 那么在一般情况下这些几何物不是张量。

5.6 仿射运动群

考察 n 维仿射联络空间 L_n; 设其点坐标为 (u^σ) 且在一点的切仿射空间中采用适当的标架使 $\omega^\alpha_0 = \mathrm{d}u^\alpha$ $(\alpha = 1, 2, \cdots, n)$, $\Gamma^\sigma_{\mu\lambda}(u)$ 为联络分量, 从 $T^k_{lm} = \Gamma^k_{lm} - \Gamma^k_{ml} - B^k_{lm}$ 有 $B^\sigma_{\lambda\mu} = 0$, 同时

$$2T^\sigma_{\lambda\mu} = \Gamma^\sigma_{\lambda\mu} - \Gamma^\sigma_{\mu\lambda}$$

注意这里将比安基关系中的 $\Gamma^\sigma_{\lambda\mu}$ 由 $2\Gamma^\sigma_{\lambda\mu}$ 替代。

在该空间内点 (u^σ) 的向量 ξ^σ 和其邻近点 $u^\sigma + \mathrm{d}u^\sigma$ 的向量 $\xi^\sigma + \mathrm{d}\xi^\sigma$ 称为平行向量, 当

$$\delta\xi^\sigma = \mathrm{d}\xi^\sigma + \Gamma^\sigma_{\mu\lambda}(u)\xi^\mu \mathrm{d}u^\lambda = 0 \tag{5.116}$$

时。作点变换

$$u'^{\sigma} = f^{\sigma}(u^{\lambda}) \tag{5.117}$$

它是把点 (u^{σ}) 的向量 ξ^{σ} 移到点 (u'^{σ}) 的向量

$$\xi'^{\sigma} = f^{\sigma}_{,\nu}\xi^{\nu} \tag{5.118}$$

去的。

当点变换式 (5.117) 将任何平行向量组移到平行向量组去时称之为仿射运动, 即式 (5.116) 成立, 有

$$\delta\xi'^{\sigma} = \mathrm{d}\xi'^{\sigma} + \Gamma^{\sigma}_{\mu\lambda}(u')\xi'^{\mu}\mathrm{d}\xi'^{\lambda} = 0 \tag{5.119}$$

把式 (5.117) 作为坐标变换, 就可以把式 (5.113) 表成

$$\delta\xi'^{\sigma} = \mathrm{d}\xi'^{\sigma} + {\Gamma'}^{\sigma}_{\mu\lambda}(u')\xi'^{\mu}\mathrm{d}\mu'^{\lambda} = 0 \tag{5.120}$$

式中

$${\Gamma'}^{\sigma}_{\mu\nu}(u') = \frac{\partial u'^{\sigma}}{\partial u^{\rho}}\left[\frac{\partial u^{\tau}}{\partial u'^{\mu}}\frac{\partial u^{\alpha}}{\partial u'^{\lambda}}\Gamma^{\rho}_{\tau\alpha}(u) + \frac{\partial^2 u^{\rho}}{\partial u'^{\mu}\partial u'^{\lambda}}\right]$$

依此知, 适合式 (5.119) 的任何 ξ'^{σ}、$\mathrm{d}u'^{\mu}$ 必须符合 (5.20), 当且仅当

$$\Gamma^{\sigma}_{\mu\lambda}(u') - {\Gamma'}^{\sigma}_{\mu\lambda}(u') = 0 \tag{5.121}$$

这就是 $u'^{\sigma} = f^{\sigma}(u)$ 变为仿射联络空间 L_n 运动的充要条件。当该变换为无穷小变换时

$$u'^{\sigma} = u^{\sigma} + v^{\sigma}(u)\mathrm{d}t \tag{5.122}$$

给出

$$\Gamma^{\sigma}_{\mu\lambda}(u') - {\Gamma'}^{\sigma}_{\mu\lambda}(u') = (\mathscr{L}_v\Gamma^{\sigma}_{\mu\lambda})\mathrm{d}t = [(v^{\sigma}_{;\mu} + 2T^{\sigma}_{\mu\rho}v^{\rho})_{;\lambda} + R^{\sigma}_{\mu\lambda\rho}v^{\rho}]\mathrm{d}t \tag{5.123}$$

其中 $R^{\sigma}_{\mu\lambda\nu}$ 的定义为式 (5.27)。$\mathscr{L}_v\Gamma^{\sigma}_{\mu\lambda}$ 为 $\Gamma^{\sigma}_{\mu\lambda}$ 关于式 (5.122) 的李导数且 $v^{\sigma}_{;\mu}$ 为 v^{σ} 关于 $\Gamma^{\sigma}_{\mu\lambda}$ 的协变导数,

$$v^{\sigma}_{;\mu} = v^{\sigma}_{,\mu} + \Gamma^{\sigma}_{\rho\mu}v^{\rho}$$

而 $T^{\sigma}_{\rho\mu}$ 表示扰率张量

$$T^{\sigma}_{\mu\rho}=\frac{1}{2}(\Gamma^{\sigma}_{\mu\rho}-\Gamma^{\sigma}_{\rho\mu})$$

由式 (5.123) 及关系

$$X_k R^k_{hlm}+X_{h;k}T^k_{lm}+(X_{h;lm}-X_{h;ml})=0$$

得

$$v^{\sigma}_{;\lambda\mu}-v^{\sigma}_{;\mu\lambda}=v^{\rho}R^{\sigma}_{\rho\lambda\mu}-2T^{\rho}_{\lambda\mu}v^{\sigma}_{;\rho} \tag{5.124}$$

定理 5.6′ 在以 $\Gamma^{\sigma}_{\mu\lambda}$ 为分量的仿射联络空间中, 为使无穷小变换式 (5.122) 变为仿射运动当且仅当 $\Gamma^{\sigma}_{\mu\lambda}$ 关于它的李导数为 0 时。

设 $\mathscr{L}_v\Gamma^{\sigma}_{\mu\lambda}=0$, 有

$$\mathscr{L}_v T^{\sigma}_{\mu\nu}=\mathscr{L}_v R^{\sigma}_{\mu\lambda}=0 \tag{5.125}$$

式中

$$\mathscr{L}_v T^{\sigma}_{\mu\lambda}=v^{\rho}T^{\sigma}_{\mu\lambda;\rho}-v^{\sigma}_{\rho}T^{\rho}_{\mu\lambda}+v^{\rho}_{\mu}T^{\sigma}_{\rho\lambda}+v^{\rho}_{\lambda}T^{\sigma}_{\mu\nu} \tag{5.126}$$

$$\mathscr{L}_v R^{\sigma}_{\mu\lambda\nu}=v^{\rho}R^{\sigma}_{\mu\lambda\nu;\rho}-v^{\sigma}_{\rho}R^{\rho}_{\mu\lambda\nu}+v^{\rho}_{\mu}R^{\sigma}_{\rho\lambda\mu}+v^{\rho}_{\lambda}R^{\sigma}_{\mu\rho\nu}+v^{\rho}_{\nu}R^{\sigma}_{\mu\lambda\rho} \tag{5.127}$$

并

$$v^{\sigma}_{\lambda}=v^{\sigma}_{;\lambda}+2T^{\sigma}_{\lambda\rho}v^{\rho} \tag{5.128}$$

且依式 (5.125) 知,

$$\begin{cases}\mathscr{L}_v T^{\sigma}_{\mu\lambda;\nu}=\mathscr{L}_v R^{\sigma}_{\mu\lambda\nu;\alpha}=0\\ \mathscr{L}_v T^{\sigma}_{\mu\lambda;\nu_2\nu_1}=\mathscr{L}_v R^{\sigma}_{\mu\lambda\nu;\alpha_1\alpha_2}=0\\ \cdots\cdots\end{cases} \tag{5.128$'$}$$

若将式 (5.121) 写成微分方程,

$$\begin{cases}v^{\sigma}_{;\lambda}=v^{\sigma}_{\lambda}-2T^{\sigma}_{\lambda\rho}v^{\rho}\\ v^{\sigma}_{\lambda;\mu}=-R^{\sigma}_{\mu\lambda\nu}v^{\nu}\end{cases} \tag{5.128$''$}$$

则式 (5.128)′、式 (5.125) 为其可积条件。

定理 5.7 空间 L_n 可以容许仿射运动群当且仅当存在正整数 N, 使在式 (5.128)′、式 (5.125) 中最初 N 组关于 v^σ、v^σ_λ 为相容的, 并且只需 v^σ、v^σ_λ 满足这 N 组方程、又满足第 $N+1$ 组方程。在最初 N 组中若有 n^2+n-r 个关于 v^σ、v^σ_λ 的独立方程, 则空间 L_n 容许 r 个参数的仿射运动群 G_r。

讨论式 (5.128)′ 的完全可积情形, 即在定理 5.7 中 $n^2+n-r=0$, 从而 $r=n^2+n$ 的情况。此时第一组可积条件:

$$\mathscr{L}_v T^\sigma_{\mu\lambda} = v^\rho T^\sigma_{\mu\lambda;\rho} - T^\rho_{\mu\lambda} v^\sigma_\rho + T^\sigma_{\rho\lambda} v^\rho_\mu + T^\sigma_{\mu\rho} v^\rho_\lambda = 0$$

$$\mathscr{L}_v R^\sigma_{\mu\lambda\nu} = v^\rho R^\sigma_{\mu\lambda\nu;\rho} - R^\rho_{\mu\lambda\nu} v^\sigma_\rho + R^\sigma_{\rho\lambda\nu} v^\rho_\mu + R^\sigma_{\mu\rho\nu} v^\rho_\lambda + R^\sigma_{\mu\lambda\rho} v^\rho_\nu = 0$$

关于 v^σ、v^σ_λ 的任何值都必须恒等地成立。于是

$$T^\sigma_{\mu\nu} = R^\sigma_{\mu\lambda\nu} = 0$$

表明所述的空间必须为仿射平坦的; 反之, 仿射平坦空间 A_n 的仿射变换构成 $n(n+1)$ 个参数的仿射运动群。

定理 5.8 n 维仿射联络空间 L_n 所能容许的仿射运动群的最大阶数为 n^2+n, 并容许该仿射运动群的 L_n 为仿射平坦空间 A_n。

关于有扰率仿射联络空间说能容许的仿射运动群的最大阶数问题。

在 $T^\sigma_{\mu\lambda} \neq 0$ 的仿射联络空间 L_n 中, 可积条件

$$\mathscr{L}_v T^\sigma_{\mu\lambda} = v^\rho T^\sigma_{\mu\lambda;\rho} - v^\sigma_\rho T^\rho_{\mu\lambda} + v^\rho_\mu T^\sigma_{\rho\lambda} + v^\rho_\lambda T^\sigma_{\mu\rho} = 0$$

关于 v^σ、v^σ_λ 的任何值式不能满足的, 于是在有挠率的 L_n 中容许 n^2+n 个参数的仿射运动群的存在。依需要找出它所容许的仿射运动群的最大阶数。

改写上列条件,

$$v^\rho T^\sigma_{\mu\lambda;\rho} + v^\alpha_\rho(\delta^\rho_\mu T^\sigma_{\alpha\lambda} + \delta^\rho_\lambda T^\sigma_{\mu\alpha} - \delta^\sigma_\alpha T^\rho_{\mu\lambda}) = 0 \tag{5.129}$$

这里 v^{ρ} 的系数为 $T^{\sigma}_{\mu\lambda;\rho}$ 且 v^{α}_{ρ} 的系数为

$$S\binom{\rho}{\alpha}\binom{\sigma}{\mu\lambda}=\delta^{\rho}_{\mu}T^{\sigma}_{\alpha\lambda}+\delta^{\rho}_{\lambda}T^{\sigma}_{\mu\alpha}-\delta^{\sigma}_{\alpha}T^{\rho}_{\mu\lambda} \tag{5.130}$$

现以 $\binom{\rho}{\alpha}$ 为行、$\binom{\sigma}{\mu\lambda}$ 为列组成矩阵 $[S]=S\binom{\rho}{\alpha}\binom{\sigma}{\mu\lambda}$。

定理 5.9 若矩阵 $[S]$ 的秩数小于 n, 则具有形式 $T^{\beta_1}_{\beta_3\beta_2}$ 的挠率张量分量为 0, 其中当 $i\neq j$ 时假定 $\alpha_i\neq\alpha_j$。

证明: 因为

$$S\binom{\beta_1}{\beta_j}\binom{\beta_i}{\beta_3\beta_2}=-\delta^{i}_{j}T^{\beta_1}_{\beta_3\beta_2}$$

式中i、$j=1,2,\cdots,n$; 在 $\binom{\beta_1}{\beta_1}$、$\binom{\beta_1}{\beta_2}$、$\cdots$、$\binom{\beta_1}{\beta_n}$ 列以及 $\binom{\beta_1}{\beta_3\beta_2}$、$\binom{\beta_2}{\beta_3\beta_2}$、$\cdots$、$\binom{\beta_n}{\beta_3\beta_2}$ 行上 $[S]$ 的元素构成的行列式为 $(-T^{\beta_1}_{\beta_3\beta_2})^n$, 所以当 $[S]$ 的秩数小于 n 时

$$T^{\beta_1}_{\beta_3\beta_2}=0 \tag{5.131}$$

定理 5.10 若矩阵 $[S]$ 的秩数小于 n, 则具有形式 $T^{\beta_1}_{\beta_2\beta_1}$ 的挠率张量分量为 0, 其中关于指标 β_1 不作和。

定理 5.11 若矩阵 $[S]$ 的秩数小于 n, 则挠率张量恒为 0。

命 $T^{\sigma}_{\mu\lambda}\neq 0$ 知 $[S]$ 的秩数 n^2+n-r 必不小于 n 即

$$n^2+n-r\geqslant n$$

得到 $r\leqslant n^2$, 另考虑有挠率仿射联络空间, 它的联络分量为

$$\begin{cases}\Gamma^{1}_{1n}=\Gamma^{2}_{2n}=\cdots=\Gamma^{n-1}_{(n-1)n}=a+b\\ \Gamma^{1}_{n1}=\Gamma^{2}_{n2}=\cdots=\Gamma^{n-1}_{n(n-1)}=a-b\\ \Gamma^{a}_{nn}=2a\qquad(\text{其他为 }0)\end{cases}$$

不难验证: 该空间容允一个由 n^2 个线性无关的无穷小算子 p_1、p_2、p_3、$\cdots$、p_n, $u^{\sigma}p_{\lambda}(\sigma$、$\lambda=1,2,\cdots,n-1)$、$u^np_1$、$u^np_2$、$\cdots$、$u^np_{n-1}$;

故生成 n^2 个参数的仿射运动群, 而 $p_\lambda f = f_{,\lambda}$ 且 a、b 为非零常数。

定理 5.12 n 维有挠率仿射联络空间所能容许的完整仿射运动群的最大阶数为 n^2, 并容允存在这种仿射运动群的空间。

定理 5.13 在所述假定下 $T^{\beta_1}_{\beta_3\beta_2} = 0$。

定理 5.14 从定理 5.13 知

$$T^{\beta_1}_{\beta_2\beta_1} = T^{\beta_2}_{\beta_3\beta_2} \tag{5.132}$$

式中关于 β_1、β_2 不作和。

定理 5.15 若有挠率的 L_n $(n \geqslant 4)$ 容许一个完整仿射运动群 G_n, 则联络为半对称的。

关于无挠率非平坦仿射联络空间所能容允的仿射运动群的最大阶数问题。

在 $T^\sigma_{\mu\nu} = 0$ 的仿射联络空间 L_n 中, 无穷小变换式 (5.22) 变为仿射运动当且仅当 $\mathscr{L}_v \varGamma^\sigma_{\mu\nu} = 0$, 它的可积条件为

$$\mathscr{L}_v R^\sigma_{\mu\lambda\nu} = \mathscr{L}_v R^\sigma_{\mu\lambda\nu;\alpha} = \mathscr{L}_v R^\sigma_{\mu\lambda\nu;\alpha_1\alpha_2} = \cdots = 0 \tag{5.133}$$

在 $R^\sigma_{\mu\lambda\nu} \neq 0$ 的空间里, 条件式 (5.127) 就是

$$\mathscr{L}_v R^\sigma_{\mu\lambda\nu} = v^\rho R^\sigma_{\mu\lambda\nu;\rho} - v^\sigma_\rho R^\rho_{\mu\lambda\nu} + v^\rho_\mu R^\sigma_{\rho\lambda\nu} + v^\rho_\lambda R^\sigma_{\mu\rho\nu} + v^\rho_\nu R^\sigma_{\mu\lambda\rho} = 0 \tag{5.134}$$

关于 v^σ、v^σ_λ 的任何值不能成立, 故这种空间并不容许 $n^2 + n$ 个参数的仿射运动群。

改写式 (5.134) 为

$$v^\rho R^\sigma_{\mu\lambda\nu;\rho} + v^\alpha_\rho (\delta^\rho_\mu R^\sigma_{\alpha\lambda\nu} + \delta^\rho_\lambda R^\sigma_{\mu\lambda\nu} + \delta^\rho_\nu R^\sigma_{\mu\lambda\alpha} - \delta^\sigma_\alpha R^\rho_{\mu\lambda\mu}) = 0$$

式中 v^ρ 的系数为 $R^\sigma_{\mu\lambda\nu;\rho}$ 且 v^α_ρ 的系数为

$$S\begin{pmatrix}\rho\\ \alpha\end{pmatrix}\begin{pmatrix}\sigma\\ \mu\lambda\nu\end{pmatrix} = \delta^\rho_\mu R^\sigma_{\alpha\lambda\nu} + \delta^\rho_\lambda R^\sigma_{\mu\alpha\nu} + \delta^\rho_\nu R^\sigma_{\mu\lambda\alpha} - \delta^\sigma_\alpha R^\rho_{\mu\lambda\nu} \tag{5.135}$$

现以 $\binom{\rho}{\alpha}$ 为行、$\binom{\sigma}{\mu\lambda\nu}$ 为列组成矩阵 $[S] = S\binom{\rho}{\alpha}\binom{\sigma}{\mu\lambda\nu}$。

定理 5.16 若矩阵 $[S]$ 的秩数小于 n, 则

$$R^{\beta_1}_{\beta_\alpha\beta_2\beta_4} = 0 \quad (\beta_1 \neq \beta_2、\beta_\alpha、\beta_4) \tag{5.136}$$

实际上, 由于

$$S\binom{\beta_1}{\beta_j}\binom{\beta_i}{\beta_4\beta_\alpha\beta_2} = -\delta^i_j R^{\beta_1}_{\beta_\alpha\beta_2\beta_4}$$

从[S]的元素构成 $\binom{\beta_1}{\beta_1}$、$\binom{\beta_1}{\beta_2}$、$\cdots$、$\binom{\beta_1}{\beta_n}$ 行及 $\binom{\beta_1}{\beta_\alpha\beta_2\beta_4}$、$\binom{\beta_2}{\beta_\alpha\beta_2\beta_4}$、$\cdots$、$\binom{\beta_n}{\beta_\alpha\beta_2\beta_4}$ 列的元素的行列式为 $(-R^{\beta_1}_{\beta_\alpha\beta_2\beta_4})^n$ 并在 $[S]$ 的秩数小于 n 的假定下式 (5.136) 成立。

定理 5.17 若矩阵 $[S]$ 的秩数小于 n, 则

$$R^{\beta_2}_{\beta_1\beta_2\beta_1} = 0 \tag{5.137}$$

定理 5.18 若矩阵 $[S]$ 的秩数小于 n, 则

$$R^{\beta_3}_{\beta_3\beta_2\beta_3}\left(R^{\beta_3}_{\beta_3\beta_2\beta_3} - R^{\beta_1}_{\beta_1\beta_2\beta_3}\right) = 0 \tag{5.138}$$

定理 5.19 若矩阵 $[S]$ 的秩数小于 n, 则

$$R^{\beta_1}_{\beta_3\beta_1\beta_2}\left(R^{\beta_1}_{\beta_1\beta_2\beta_3} + R^{\beta_1}_{\beta_3\beta_2\beta_1} - R^{\beta_3}_{\beta_3\beta_2\beta_3}\right) = 0 \tag{5.139}$$

定理 5.20 曲率非 0 的 n 维对称仿射联络空间所能容许的完全仿射运动群的最大阶数为 n^2, 并容许存在这种仿射运动群的空间。

今讨论某些对称仿射联络空间。

定理 5.21 若在 n 维对称仿射联络空间中存在一个 m 族二阶对称张量 $S_{\mu\lambda}$, 且它在某些仿射运动群下是不变的, 则

(1) 该仿射运动群的阶数不大于 $n^2 + n - nm + \frac{1}{2}m(m+1)$;

(2) 当 (1) 中取等号时群为可迁的;

(3) 存在 (1) 中取等号时成立的实例。

证明: (1) 依假设,

$$
\mathscr{L}_v S_{\mu\lambda} - v^{\rho} S_{\mu\lambda;\rho} + v^{\rho}_{\mu} S_{\rho\lambda} + v^{\rho}_{\lambda} S_{\mu\rho} = 0 \tag{5.140}
$$

改变它作

$$
\mathscr{L}_v S_{\mu\lambda} = v^{\rho} S_{\mu\lambda;\rho} + v^{\sigma}_{\rho}(\delta^{\rho}_{\mu} S_{\sigma\lambda} + \delta^{\rho}_{\lambda} S_{\mu\sigma}) = 0 \tag{5.141}
$$

式中 v^{σ}_{ρ} 的系数为

$$
T\begin{pmatrix}\rho\\ \sigma\end{pmatrix}(\mu\lambda) = \delta^{\rho}_{\mu} S_{\sigma\lambda} + \delta^{\rho}_{\lambda} S_{\mu\sigma} \tag{5.142}
$$

注意到 $T\begin{pmatrix}\rho\\ \sigma\end{pmatrix}(\mu\lambda) = T\begin{pmatrix}\rho\\ \sigma\end{pmatrix}(\lambda\mu)$, 以 $\begin{pmatrix}\rho\\ \sigma\end{pmatrix}$ 为行、$(\lambda\mu)(\mu \geqslant \lambda)$ 为列组成矩阵 $[T] = T\begin{pmatrix}\rho\\ \sigma\end{pmatrix}(\mu\lambda)$。

依假定, 当固定一点时在该点可选择坐标系使

$$
S_{\mu\lambda} = \delta_{\mu\lambda} S_{\lambda} \tag{5.143}
$$

式中 λ 不计和, 且

$$
\begin{aligned}
&S_{\lambda} = 0 \quad (\lambda = 1, 2, \cdots, m)\\
&S_{\lambda} \neq 0 \quad (\lambda = m+1, 2, \cdots, n)
\end{aligned} \tag{5.144}
$$

取这样的坐标系, 从式 (5.144)、式 (5.143) 知当 $\sigma = m+1$、$\cdots$、n 时 $T\begin{pmatrix}\rho\\ \sigma\end{pmatrix}(\mu\lambda)$ 在该点为零, 当 $\mu > \lambda$ 都取值 $m+1$、$\cdots$、n 时也如此。

在 $[T]$ 中 $\begin{pmatrix}\rho\\ \sigma\end{pmatrix}(1 \leqslant \sigma \leqslant m)$ 行的元素只有 $(\rho\sigma)$ 列或 $(\sigma\rho)$ 列的非零, 从而 $[T]$的秩数为 $\mu \geqslant \lambda \geqslant m+1$ 的一些列以外列数, 即 $nm - \dfrac{1}{2}m(m-1)$。实际上, 这个矩阵的秩数为 $(\rho\sigma)$ 列数($\rho \geqslant \sigma$且$\sigma \leqslant$

m) 与 $(\sigma\rho)$ 列数 ($\sigma \geqslant \rho$且$\sigma \leqslant m$)之和。但是前者为 $(n-m)m$, 后者为 $\dfrac{1}{2}m(m+1)$, 于是 $[T]$ 的秩数为

$$(n-m)m + \frac{1}{2}m(m+1) = nm - \frac{1}{2}m(m-1)$$

在式(5.141) 中关于 v^σ、v^σ_λ 的线性无关方程数量显然不小于上述的条件个数 $nm - \dfrac{1}{2}m(m-1)$; 故

$$n^2 + n - r \geqslant nm - \frac{1}{2}m(m-1)$$

或

$$r \leqslant n^2 + n - nm + \frac{1}{2}m(m-1)$$

(2) 在上述关系中取等号时, 依式 (5.140) 的系数构成的矩阵恰为 $nm - \dfrac{1}{2}m(m-1)$, 并满足该方程的 v^σ、n^σ_λ 均符合积分条件式(5.133)。但是从这组方程的 v^ρ、v^σ_λ 的系数构成矩阵的秩与单从 v^σ_ρ 的系数构成的矩阵秩相等, 于是在任何一点可以任意选择, 表明群为可迁的。

取仿射联络分量为

$$\varGamma^\sigma_{\mu\lambda} = \frac{1}{2}(\delta^\sigma_\mu \varphi_\lambda + \delta^\sigma_\lambda \varphi_\mu) \tag{5.145}$$

这里

$$\begin{cases} \varphi_\lambda = \dfrac{\partial \varphi}{\partial u^\lambda} = \varphi_{,\lambda} \\ \varphi = \dfrac{1}{2}\log\left[1 - \displaystyle\sum_{\alpha=1}^{m}(u^\alpha)^2\right] \end{cases} \tag{5.146}$$

由里奇张量 $R_{\mu\lambda} = R^\nu_{\mu\lambda\nu}$ 知

$$R_{\mu\lambda} = \frac{1}{2}(n-1)(\varphi_\mu\varphi_\lambda - \varphi_{,\lambda\mu}) \tag{5.147}$$

式中 $\varphi_{,\lambda\mu} = \dfrac{\partial}{\partial u^\mu}\left(\dfrac{\partial \varphi}{\partial u^\lambda}\right) = (\varphi_{,\lambda})_{,\mu}$ 而 $R_{\mu\lambda} = R_{\lambda\mu}$, 它的秩数为 m。

该空间容许下列 n 个函数 v^{λ} 生成的 $n^2+n-nm+\dfrac{1}{2}m(m+1)$ 个参数的仿射运动群,

$$v^{\lambda}=M_{\mu}^{\lambda}u^{\mu}-u^{\lambda}\sum_{\alpha=1}^{m}(M^{\alpha}u^{\alpha})+M^{\lambda} \tag{5.148}$$

这里 M_{μ}^{λ}、M^{λ} 为常数, 并且 $M_{b}^{a}=-M_{a}^{b}$、$M_{u}^{a}=0$ (a、$b=1,2,\cdots,m$; $u=m+1,\cdots,n$)。

定理 5.22 若 n 维对称仿射联络空间中存在一个 $2m$ 秩 2 阶反对称张量 $A_{\mu\lambda}$, 且它在某些仿射运动群下是不变的, 则

(1) 该仿射运动群的阶数不大于 $n^2-(n-m)(2m-1)+2m$;

(2) 当空间为射影平坦的且所指张量为里奇张量的反对称部分时, 该仿射运动群的阶数不大于 $n^2-(n-m)(2m-1)$;

(3) 在前条中事实上存在取等号时成立的空间;

(4) 无论 (1) 或 (2), 当取等号时群为可迁的。

5.7 射影运动群

研究具有对称联络 $\Gamma_{\mu\lambda}^{\sigma}$ 的空间 A_n, 该空间的测地线取决于

$$\frac{\mathrm{d}^2u^{\sigma}}{\mathrm{d}t^2}+\Gamma_{\mu\lambda}^{\sigma}\frac{\mathrm{d}^2u^{\mu}}{\mathrm{d}t}\frac{\mathrm{d}u^{\lambda}}{\mathrm{d}t}=K(t)\frac{\mathrm{d}u^{\sigma}}{\mathrm{d}t} \tag{5.149}$$

作点变换

$$'u^{\sigma}=f^{\sigma}(u^{\nu}) \tag{5.150}$$

当测地线系统移到同一系时称该种变换为 A_n 中的射影运动。式 (5.149) 在 A_n 里表示射影运动当且仅当 $\Gamma_{\mu\lambda}^{\sigma}$ 关于式 (5.149) 的李差式具有形式:

$$'\Gamma_{\mu\lambda}^{\sigma}-\Gamma_{\mu\lambda}^{\sigma}=\delta_{\mu}^{\sigma}\varphi_{\lambda}+\delta_{\lambda}^{\sigma}\varphi_{\mu} \tag{5.151}$$

当式 (5.150) 为无穷小变换时,

$$'u^{\sigma}=u^{\sigma}+v^{\sigma}(u)\mathrm{d}t \tag{5.152}$$

所提条件为

$$\mathscr{L}_v\Gamma^{\sigma}_{\mu\nu}=\delta^{\sigma}_{\mu}\varphi_{\lambda}+\delta^{\mu}_{\lambda}\varphi_{\mu} \tag{5.153}$$

式 (5.153) 代入

$$\mathscr{L}_vR^{\sigma}_{\lambda\nu\mu}=(\mathscr{L}_v\Gamma^{\sigma}_{\mu\lambda})_{;\nu}-(\mathscr{L}_v\Gamma^{\sigma}_{\nu\lambda})_{;\mu} \tag{5.154}$$

得

$$\mathscr{L}_vR^{\sigma}_{\lambda\nu\mu}=-\delta^{\sigma}_{\nu}\varphi_{\nu;\mu}+\delta^{\sigma}_{\mu}\varphi_{\lambda;\nu}-(\varphi_{\mu;\nu}-\varphi_{\nu;\mu})\delta^{\sigma}_{\lambda} \tag{5.154$'$}$$

缩并 σ、ν, 并注意到式 (5.44),

$$R^{\sigma}_{\lambda\sigma\mu}=-R_{\lambda\mu}$$

有

$$\mathscr{L}_v\Pi_{\mu\lambda}=\varphi_{\lambda;\mu} \tag{5.155}$$

而

$$\Pi_{\mu\lambda}=-\frac{1}{n^2-1}(nR_{\mu\lambda}+R_{\lambda\mu}) \tag{5.156}$$

今将 v^{σ}、v^{σ}_{λ}、φ_{λ} 作为未知数, 以式 (5.155)、式 (5.154) 视为关于 v^{σ}、v^{σ}_{λ}、φ_{λ} 作未知函数的方程,

$$\begin{cases}v^{\sigma}_{;\lambda}=v^{\sigma}_{\lambda}\\ v^{\sigma}_{\lambda;\mu}=-R^{\sigma}_{\lambda\nu\mu}v^{\nu}+\delta^{\sigma}_{\mu}\varphi_{\lambda}+\delta^{\sigma}_{\lambda}\varphi_{\mu}\\ \varphi_{\lambda;\mu}=v^{\rho}\Pi_{\mu\lambda;\rho}+v^{\rho}_{\mu}\Pi_{\rho\lambda}+v^{\rho}_{\lambda}\Pi_{\mu\rho}\end{cases} \tag{5.157}$$

检验式 (5.157) 的可积条件:

首先式 (5.155) 代入式 (5.154)′, 有

$$\mathscr{L}_vW^{\sigma}_{\lambda\nu\mu}=0 \tag{5.158}$$

其中外尔射影曲率张量为

$$W^{\sigma}_{\lambda\nu\mu}=R^{\sigma}_{\lambda\nu\mu}+\delta^{\sigma}_{\nu}\Pi_{\mu\lambda}-\delta^{\sigma}_{\mu}\Pi_{\nu\lambda}-(\Pi_{\nu\mu}-\Pi_{\mu\nu})\delta^{\sigma}_{\lambda} \tag{5.159}$$

其以式 (5.155)、式 (5.153) 代入式

$$\mathscr{L}_v(\Pi_{\mu\lambda;\nu}) - (\mathscr{L}_v\Pi_{\mu\lambda})_{;\nu} = -(\mathscr{L}_v\Gamma^{\rho}_{\nu\mu})\Pi_{\rho\lambda} - (\mathscr{L}_v\Gamma^{\rho}_{\nu\lambda})\Pi_{\mu\rho}$$

得

$$\mathscr{L}_v(\Pi_{\mu\lambda;\nu}) - \psi_{\lambda;\mu\nu} - 2\psi_\nu\Pi_{\mu\lambda} - \psi_\mu\Pi_{\nu\lambda} - \psi_\lambda\Pi_{\mu\nu}$$

$$\mathscr{L}_v(\Pi_{\mu\lambda;\nu} - \Pi_{\nu\lambda;\mu}) = -\left[R^{\sigma}_{\lambda\nu\mu} + \delta^{\sigma}_{\nu}\Pi_{\mu\lambda} - \delta^{\sigma}_{\mu}\Pi_{\nu\lambda} - (\Pi_{\nu\lambda} - \Pi_{\mu\nu})\delta^{\sigma}_{\lambda}\right]\varphi_\sigma$$

即

$$\mathscr{L}_v W_{\lambda\nu\mu} = -W^{\sigma}_{\lambda\nu\mu}\varphi_\sigma \tag{5.160}$$

这里已知

$$W_{\lambda\nu\mu} = \Pi_{\mu\lambda;\nu} - \Pi_{\nu\lambda;\mu} \tag{5.161}$$

最后式 (5.158)、式 (5.153) 代入式

$$\begin{aligned}&\mathscr{L}_v(W^{\sigma}_{\lambda\nu\mu;\alpha}) - (\mathscr{L}_v W^{\sigma}_{\lambda\nu\mu})_{;\alpha}\\ =&(\mathscr{L}_v\Gamma^{\sigma}_{\alpha\rho})W^{\rho}_{\lambda\nu\mu} - (\mathscr{L}_v\Gamma^{\rho}_{\alpha\lambda})W^{\sigma}_{\rho\nu\mu} - (\mathscr{L}_v\Gamma^{\rho}_{\alpha\nu})W^{\sigma}_{\lambda\rho\mu} - (\mathscr{L}_v\Gamma^{\rho}_{\alpha\mu})W^{\sigma}_{\lambda\nu\rho}\end{aligned}$$

给出

$$\mathscr{L}_v W^{\sigma}_{\lambda\nu\mu;\alpha} = -2\varphi_\alpha W^{\sigma}_{\lambda\nu\mu} + \delta^{\sigma}_{\alpha}W^{\rho}_{\lambda\nu\mu}\varphi_\rho - \varphi_\lambda W^{\sigma}_{\alpha\nu\mu} - \varphi_\nu W^{\sigma}_{\lambda\alpha\mu} - \varphi_\mu W^{\sigma}_{\lambda\nu\alpha} \tag{5.162}$$

式 (5.160)、式 (5.153) 代入式

$$\begin{aligned}&\mathscr{L}_v(W_{\lambda\nu\mu;\alpha}) - (\mathscr{L}_v W_{\lambda\nu\mu})_{;\alpha}\\ =&-(\mathscr{L}_v\Gamma^{\rho}_{\alpha\lambda})W_{\rho\nu\mu} - (\mathscr{L}_v\Gamma^{\sigma}_{\alpha\nu})W_{\lambda\rho\mu} - (\mathscr{L}_v\Gamma^{\rho}_{\alpha\mu})W_{\lambda\nu\rho}\end{aligned}$$

有

$$\begin{aligned}\mathscr{L}_v(W_{\lambda\nu\mu;\alpha}) =&(\mathscr{L}_v\Pi_{\alpha\rho})W^{\rho}_{\lambda\nu\mu} - \varphi_\rho W^{\rho}_{\lambda\nu\mu;\alpha} - 3\varphi_\alpha W_{\lambda\nu\mu}\\ &- \varphi_\lambda W_{\alpha\nu\mu} - \varphi_\nu W_{\lambda\alpha\mu} - \varphi_\mu W_{\lambda\nu\alpha}\end{aligned} \tag{5.163}$$

可以如此无穷继续下去。

定理 5.23 对称仿射联络空间 A_n 容许射影运动群当且仅当式 (5.163)、式 (5.162)、式 (5.160)、式 (5.158) $\cdots$ 关于 v^σ、v^σ_λ、φ_λ

为相容的。若在该组方程恰有 n^2+2n-r 线性无关的方程, 则 A_n 就容许 r 个参数的射影运动群。

验证式 (5.157) 的完全可积性, 为此充要条件为方程

$$\mathscr{L}_v W^{\sigma}_{\lambda\nu\mu}=v^{\rho}W^{\sigma}_{\lambda\nu\mu;\rho}-v^{\sigma}_{\rho}W^{\rho}_{\lambda\nu\mu}+v^{\alpha}_{\lambda}W^{\sigma}_{\alpha\nu\mu}+v^{\alpha}_{\nu}W^{\sigma}_{\lambda\alpha\mu}+v^{\alpha}_{\mu}W^{\sigma}_{\lambda\nu\alpha}=0$$

$$\mathscr{L}_v W_{\lambda\nu\mu}=v^{\rho}W_{\lambda\nu\mu;\rho}+v^{\sigma}_{\lambda}W_{\sigma\nu\mu}+v^{\sigma}_{\lambda}W_{\lambda\sigma\mu}+v^{\sigma}_{\mu}W_{\lambda\mu\sigma}=-W^{\rho}_{\lambda\nu\mu}\varphi_{\rho}$$

关于 v^{σ}、v^{σ}_{λ}、φ_{λ} 必恒成立。

从上文知 $W^{\sigma}_{\lambda\nu\mu;\alpha}=0$ 及 $\delta^{\sigma}_{\alpha}W^{\rho}_{\lambda\nu\mu}-\delta^{\rho}_{\lambda}W^{\sigma}_{\alpha\nu\mu}-\delta^{\rho}_{\nu}W^{\sigma}_{\lambda\alpha\mu}-\delta^{\rho}_{\mu}W^{\sigma}_{\lambda\nu\alpha}=0$ 缩并后,

$$W^{\sigma}_{\lambda\nu\mu}=0 \tag{5.164}$$

同理, 从 $\mathscr{L}_v W_{\lambda\nu\mu}=0$、$W_{\lambda\nu\mu;\sigma}=0$ 及

$$\delta^{\rho}_{\lambda}W_{\sigma\nu\mu}+\delta^{\rho}_{\nu}W_{\lambda\sigma\mu}+\delta^{\rho}_{\mu}W_{\lambda\nu\sigma}=0$$

缩并后

$$W_{\lambda\nu\mu}=0 \tag{5.165}$$

或由式 (5.161) 给出

$$\Pi_{\mu\lambda;\nu}-\Pi_{\nu\lambda;\mu}=0$$

式 (5.165)、式 (5.164) 为空间 A_n 变为射影平坦的充要条件。

定理 5.24 对称仿射空间容许最大阶数 n^2+2n 的射影运动群当且仅当空间变为射影平坦的。

定理 5.25 若 n 维对称仿射联络空间容许阶数大于 n^2-2n+5 的射影运动群, 则空间为射影平坦的; 另存在容许阶数为 n^2-2n+5 的射影运动群的空间且群为可迁的。

定理 5.26 若 n 维对称仿射联络空间容许仿射运动群 G_r (r 为阶数), 则

(1) 当 $r>n^2-n+1$ 时:

① 空间为射影平坦的;

② 里奇张量 $R_{\mu\lambda}=\pm w_{\mu}w_{\lambda}\left(w_{\lambda}=\dfrac{\partial w}{\partial \mu^{\lambda}}\right)$;

③ 曲率张量

$$R^{\sigma}_{\lambda\nu\mu} = \pm\frac{1}{n-1}(\delta^{\sigma}_{\nu}w_{\mu} - \delta^{\sigma}_{\mu}w_{\nu})w_{\lambda}$$

④ 向量 w_{λ} 适合

$$w_{\lambda;\mu} = \sigma w_{\lambda} - w_{\mu}$$

式中 σ 为 w 的函数。

(2) 当①、②、③、④成立时:

如果 $w_{\lambda}=0$, 那么空间为射影平坦的且 $r=n^2+n$;

如果 $w_{\lambda}\neq 0$ 并 σ 为常数, 那么 $r=n^2$ 且群为不可迁的;

如果 $w_{\lambda}\neq 0$ 并 σ 为非常数, 那么 $r=n^2-1$ 且群为不可迁的。

(3) ①、②、③、④等价于下列四条:

1) 在适当坐标系下

$$\Gamma^{\sigma}_{\mu\lambda} = \delta^{\sigma}_{\mu}\varphi_{\lambda} + \delta^{\sigma}_{\lambda}\varphi_{\mu}$$

式中 φ_{λ} 为梯度, 就是 $\varphi_{\lambda} = \dfrac{\partial\varphi}{\partial u^{\lambda}}$;

2) $\varphi_{\lambda,\mu} = \varphi_{\mu}\varphi_{\lambda} \pm \dfrac{1}{n-1}w_{\mu}w_{\lambda}$;

3) $R^{\sigma}_{\lambda\nu\mu} = \pm\dfrac{1}{n-1}(\delta^{\sigma}_{\lambda}w_{\mu} - \delta^{\sigma}_{\mu}w_{\nu})w_{\lambda}$;

4) $w_{\lambda,\mu} = \sigma(w)w_{\mu}w_{\lambda} + \varphi_{\mu}w_{\lambda} + \varphi_{\lambda}w_{\mu}$。

证明: (1) 仿射运动为射影运动的特例, 从前文定理即有①。

从 $\mathscr{L}_v\Gamma^{\sigma}_{\mu\lambda}=0$ 有 $\mathscr{L}_vR^{\sigma}_{\lambda\nu\mu}=0$、$\mathscr{L}_vR_{\mu\lambda}=0$,

$$\mathscr{L}_v(R_{\mu\lambda} - R_{\lambda\mu}) = 0$$

当 $R_{\mu\lambda}\neq R_{\lambda\mu}$ 时依定理 5.22 知 $r\leqslant n^2-n+1$, 产生矛盾, 故 $R_{\mu\lambda}=R_{\lambda\mu}$。

由于 $\mathscr{L}_vR_{\mu\lambda}=0$ 中的 $R_{\mu\lambda}$ 为对称的, 以 m 表示矩阵 $[R_{\mu\lambda}]$ 的秩数, 因此

$$n^2-n+1 < r \leqslant n^2+n-nm+\frac{1}{2}m(m-1)$$

得

$$0 < 2n - 1 - nm + \frac{1}{2}m(m-1)$$

欲使该不等式成立的 m 只取 0 或 1, 所以

$$R_{\mu\lambda} = \pm w_\mu w_\lambda$$

注意到 $\mathscr{L}_v R_{\mu\lambda} = 0$, 必有 $\mathscr{L}_v w_\lambda = 0$, 从而 $\mathscr{L}_v w_{\lambda;\mu} = 0$, 于是

$$\mathscr{L}_v(w_{\lambda;\mu} - w_{\mu;\lambda}) = 0$$

这里定理 5.22 给出

$$w_{\lambda;\mu} - w_{\mu;\lambda} = 0$$

表明 w_λ 为梯度, 故可置

$$w_\lambda = \frac{\partial w}{\partial u^\lambda}$$

对于③, 由于空间为射影平坦且 $R_{\mu\lambda}$ 为对称的,

$$W^\sigma_{\lambda\nu\mu} = R^\sigma_{\lambda\nu\mu} - \frac{1}{n-1}(\delta^\sigma_\nu R_{\mu\lambda} - \delta^\sigma_\mu R_{\nu\lambda}) = 0$$

以 $R_{\mu\lambda} = \pm w_\lambda w_\mu$ 代入, 因此

$$R^\sigma_{\lambda\nu\mu} = \pm\frac{1}{n-1}(\delta^\sigma_\nu w_\mu - \delta^\sigma_\mu w_\nu)w_\lambda$$

对于④, 依③的同样理由, $R_{\mu\lambda}$ 符合

$$R_{\mu\lambda;\nu} - R_{\nu\lambda;\mu} = 0$$

以 $R_{\mu\lambda} = \pm w_\lambda w_\mu$ 代入, 并注意到 w_λ 为梯度, 得

$$w_{\lambda;\nu} w_\mu - w_{\lambda;\mu} w_\nu = 0$$

导出

$$w_{\lambda;\mu} = \sigma w_\mu w_\lambda$$

应用 $\mathscr{L}_v$ 于此, 给出 $\mathscr{L}_\nu\sigma=0$、$\mathscr{L}_v\sigma_{;\lambda}=0$; 结合 $\mathscr{L}_v w_\lambda=0$

$$\mathscr{L}_v(w_\mu\sigma_{;\lambda}-w_\lambda\sigma_{;\mu})=0$$

再用定理 5.22,

$$w_\mu\sigma_{;\lambda}-w_\lambda\sigma_{;\mu}=0$$

也就是 $\sigma=\sigma(w)$。

(2) 在 $w_\lambda=0$ 的情形。

从 (1)- ①知 $R^\sigma_{\lambda\nu\mu}=0$, 所以群的阶数为 n^2+n。

对于 $w_\lambda\neq 0$, $\mathscr{L}_v\Gamma^\sigma_{\mu\lambda}=0$ 的可积条件 $\mathscr{L}_v R^\sigma_{\lambda\nu\mu}=\mathscr{L}_v R^\sigma_{\lambda\nu\mu;\alpha}=0$ $\cdots$, (1)- ③、④与

$$\mathscr{L}_v w_\lambda=\mathscr{L}_v\sigma=\mathscr{L}_v\sigma_{;\lambda}=\mathscr{L}_v\sigma_{;\lambda\mu}=0\cdots$$

同阶。在 σ 为常数下, 这些是与 $\mathscr{L}_v w_\lambda=0$ 同阶; 故 $r\geqslant n^2$。

另一方面, 因为 $[R_{\mu\lambda}]$ 的秩数为 1, 由定理 5.22 知 $r<n^2$, 得 $r=n^2$; 表明从定理 5.22 给出群为可迁的。

如果 σ 非常数, 先从 $\mathscr{L}_v\sigma=v^\sigma\sigma_{;\rho}=0$ 知群为非可迁的, 注意到 $\sigma=\sigma(w)$, 有

$$\mathscr{L}_v\sigma_{;\lambda}=\mathscr{L}_v(\sigma' w_\lambda)=\sigma''(\mathscr{L}_v w)w_\lambda+\sigma'\mathscr{L}_v w_\lambda=\frac{\sigma''}{\sigma'}(\mathscr{L}_v\sigma)w_\lambda+\sigma'\mathscr{L}_v w_\lambda$$

那么 $\mathscr{L}_v\Gamma^\sigma_{\mu\lambda}=0$ 的可积条件为

$$\mathscr{L}_v w_\lambda=\mathscr{L}_v\sigma=0$$

若该 $n+1$ 个条件不独立, 而可归结为 n 个条件, 应用定理 5.22 于此, 导出群为可迁的矛盾, 则上述 $n+1$ 个条件独立, 即 $r=n^2-1$。

(3) 对于 1), 从 (1)- ①、②, 得

$$\Gamma^\sigma_{\mu\lambda}=\delta^\sigma_\mu\varphi_\lambda+\delta^\sigma_\lambda\varphi_\mu$$

式中 φ_λ 在适当坐标下变为梯度。

2) 曲率张量 $R^{\sigma}_{\lambda\nu\mu}$ 为

$$R^{\sigma}_{\lambda\nu\mu} = -\delta^{\sigma}_{\nu}(\varphi_{\lambda,\mu} - \varphi_{\mu}\varphi_{\lambda}) + \delta^{\sigma}_{\mu}(\varphi_{\lambda,\nu} - \varphi_{\nu}\varphi_{\lambda})$$

有

$$R_{\mu\lambda} = -(n-1)(\varphi_{\lambda,\mu} - \varphi_{\mu}\varphi_{\lambda})$$

以 $R_{\mu\lambda} = \pm w_{\lambda}w_{\mu}$ 代入,

$$\varphi_{\lambda,\mu} = \varphi_{\mu}\varphi_{\lambda} \pm \frac{1}{n-1}w_{\mu}w_{\lambda}$$

3) 已证。

4) 把 $\Gamma^{\sigma}_{\mu\nu}$ 代入 $w_{\lambda;\mu} = \sigma w_{\mu}w_{\lambda}$, 给出

$$w_{\lambda,\mu} = \sigma w_{\mu}w_{\lambda} + \varphi_{\mu}w_{\lambda} + \varphi_{\lambda}w_{\mu}$$

定理 5.27 (1) 具有最大活性的非等仿射的 n 维仿射联络空间 A_n 容许阶数为 $n^2 - n + 1$ 的一个可迁仿射运动完全群, 这种空间为射影平坦的; (2) 不存在这种 A_n 使之容许阶数 r 的一个完全可迁仿射运动群 $G_r(n^2 - n + 1 < r < n^2)$; (3) A_n 中一个非可迁仿射运动群的最大阶数为 $n^2 - 1$, 但不存在这种 A_n 使其容许阶数 r 的一个非可迁仿射运动群 $G_r(n^2 - n + 1 < r < n^2 - 1)$; (4) 不存在这种等仿射联络空间 A_n 使它容许阶数的完整仿射运动群 $G_r(n^2 - 2n + 5 < r < n^2 - n - 2)$; (5) 在等仿射联络空间 A_n 中恰有 $n-2$ 个绝对平行逆变向量场的存在是使它可容许 $G_r(n^2 - n - 2 \leqslant r \leqslant n^2 - n + 1)$ 的充要条件。

定理 5.28 非零曲率张量的 A_n 容许最大阶数的完整仿射运动群当且仅当

$$\begin{cases} R^{\sigma}_{\lambda\nu\mu} = \pm(w_{\nu}\delta^{\sigma}_{\mu} - w_{\mu}\delta^{\sigma}_{\nu})w_{\lambda} \\ w_{\lambda;\mu} = aw_{\mu}w_{\lambda} \quad (a\text{为常数}) \end{cases}$$

成立; 此时阶数为 n^2 且可以给出一种坐标系, 使仿射联络关于它的分量为

$$\begin{cases} \Gamma^{\alpha}_{nn} = \mp u^{\alpha} \\ \Gamma^{n}_{nn} = -a \end{cases} \quad (\text{其他为零})$$

式中 $\alpha = 1, 2, \cdots, n-1$; 此外群的有限方程为

$$\begin{cases} u'^{\alpha} = P^{\alpha}_{\beta} u^{\beta} + Q^{\alpha} \exp(c_1 u^n) + R^{\alpha} \exp(c_2 u^n) \\ u'^{n} = u^n + S \end{cases}$$

或

$$\begin{cases} u'^{\alpha} = P^{\alpha}_{\beta} u^{\beta} + (Q^{\alpha} + R^{\alpha}) \exp(c_2 u^n) \\ u'^{n} = u^n + S \end{cases}$$

其中二次方程：$u^2 + au \mp 1 = 0$ 的两根 c_1、c_2 满足 $c_1 \neq c_2$ 或 $c_1 = c_2 = c$。

6　射影球丛几何

射影球丛几何是芬斯勒几何学的核心问题。

6.1　联络和曲率

设 (M,F) 为 n 维芬斯勒流形, (SM,G) 为其射影球丛, 它为 $2n-1$ 维黎曼流形, 而 M 为光滑流形、F 为 M 上的芬斯勒度量、SM 为射影球丛、G 为

$$G=\delta_{ij}\omega_i\otimes\omega^j+\delta_{\alpha\beta}\omega_n^\alpha\otimes\omega_n^\beta \tag{6.1}$$

式中 $\otimes$ 为张量积。

定理 6.1　若 $\{e_i\}$ 为芬斯勒流形 (M,F) 上的适当标架场 (即标准正交标架场), u_i^j 为下式

$$\omega^j=u_k^j(x,[y])\mathrm{d}x^k \tag{6.2}$$

定义的函数, $[y]=\{xy|\lambda\in R^+\}$, 则

(1) $\dfrac{\partial}{\partial x^j}=v_j^ie_i$ (6.3)

(2) $v_i^n=F_{yi}=\dfrac{\partial F}{\partial y^j}$ (6.4)

(3) $v_k^ig^{kl}v_l^j=\delta^{ij}$ (6.5)

(4) $v_i^k\delta_{kl}v_j^l=g_{ij}$ (6.6)

(5) $v_k^\alpha y^k=0$ (6.7)

(6) $v_j^\alpha v_k^\beta\delta_{\alpha\beta}=F\dfrac{\partial}{\partial y^j}\Big(\dfrac{\partial F}{\partial y^k}\Big)=FF_{y^jy^k}$ (6.8)

这里 $1\leqslant i$、j、k、$\cdots\leqslant n$, $1\leqslant\alpha$、β、γ、$\cdots\leqslant n-1$。

对于 $1\leqslant a$、b、c、$\cdots\leqslant 2n-1$ 简记

$$\psi_i=\delta_{ij}\omega^j\quad \psi_\alpha=\delta_{\alpha\beta}\omega_n^\beta\quad \bar{\alpha}=n+\alpha \tag{6.9}$$

结合式 (6.1), 黎曼度量 G 可表达成

$$G = \sum_a \psi_a \otimes \psi_a = \sum_\alpha \psi_\alpha + \psi_\alpha \otimes \psi_n + \sum_\alpha \psi_{\bar{\alpha}} \otimes \psi_{\bar{\alpha}} \tag{6.10}$$

利用式 (6.9) 及

$$\omega^1 \wedge \cdots \wedge \omega^n \wedge \omega_n^1 \wedge \cdots \wedge \omega_n^{n-1} \neq 0 \tag{6.11}$$

$$\mathrm{d}\omega^j = \omega^k \wedge \omega_k^j \tag*{(6.11)$'$}$$

$$\delta_{ik}\omega_j^k + \delta_{jk}\omega_i^k = -2H_{ij\alpha}\omega_n^\alpha \tag{6.12}$$

其中 ω^1、$\cdots$、ω^n 为 (M, F) 对偶芬斯勒从上的适当标架场, 也就是芬斯勒从 p^*TM 上适当标架场的对偶标架场; ω_i^j 为关于标架场 ω^1、$\cdots$、ω^n 的陈联络 1- 形式, 且满足式 (6.12)、(6.11)$'$、(6.11), $H_{ij\alpha}$ 为嘉当张量分量, 于是

$$\begin{aligned} \mathrm{d}\psi_\alpha = \mathrm{d}\omega^\alpha &= \sum_k \omega^k \wedge \omega_k^\alpha = \sum_\beta \omega^\beta \wedge \omega_\beta^\alpha + \omega^n \wedge \omega_n^\alpha \\ &= \sum_\beta \psi^\beta \wedge \omega_{\beta\alpha} + \psi^n \wedge \psi_{\bar{\alpha}} \end{aligned} \tag{6.13}$$

$$\mathrm{d}\psi_n = \mathrm{d}\omega^n = \sum_k \omega^k \wedge \omega_k^n = \sum_\beta \omega^\beta \wedge \omega_\beta^n = -\sum_\alpha \psi_\alpha \wedge \psi_\alpha \tag{6.14}$$

$$\begin{aligned} \mathrm{d}\psi_\alpha = \mathrm{d}\omega_n^\alpha = &\frac{1}{2}\sum_{\beta,\gamma} R_{\alpha\beta\gamma}\psi_\beta \wedge \psi_\gamma + \sum_\beta R_{\alpha\beta}\omega_\beta \wedge \omega_\alpha \\ &+ \sum_{\beta,\gamma} L_{\alpha\beta\gamma}\psi_\beta \wedge \psi_{\bar{\gamma}} + \sum_\beta \psi_{\bar{\beta}} \wedge \psi_{\beta\alpha} \end{aligned} \tag{6.15}$$

式中 $R_{\alpha\beta\gamma} = \delta_{\alpha\sigma}R_{n\beta\gamma}^\sigma$、$L_{\alpha\beta\gamma}$ 为 Landsberg 曲率。旗曲率张量 $R_{\alpha\beta}$ 的模长平方为射影球从 SM 上的标量函数, 记作 $\|S\|^2$。

定理 6.2 芬斯勒流形 (M, F) 有标量曲率 κ 当且仅当

$$R_{\alpha\beta} = \kappa\delta_{\alpha\beta} \tag{6.16}$$

而 (M,F) 具有零旗曲率当且仅当 $||S||^2$ 恒为 0。

令 ψ_{ab} 为 G 的黎曼联络 1- 形式, 有第一结构方程成立

$$\begin{cases} \mathrm{d}\psi_\alpha = -\sum_b \psi_{ab} \wedge \psi_b \\ \psi_{ab} + \psi_{ba} = 0 \end{cases} \tag{6.17}$$

使用式 (6.17)、式 (6.13), 有

$$\sum_\beta \psi_\beta \wedge (\psi_{\alpha\beta} - \psi_{\beta\alpha}) + \psi_n \wedge (\psi_{\alpha n} - \psi_{\bar\alpha}) + \sum_\beta \psi_{\bar\beta} \wedge \psi_{\alpha\bar\beta} = 0 \tag{6.18}$$

类似地, 应用式 (6.17)、式 (6.15)、式 (6.14), 得

$$\sum_\beta \psi_\beta \wedge (\psi_{n\beta} - \psi_{\bar\beta}) + \sum_\beta \psi_{\bar\beta} \wedge \psi_{n\bar\beta} = 0 \tag{6.19}$$

$$\begin{aligned} &\sum_\alpha \psi_\beta \wedge \left(\psi_{\alpha\beta} - \frac{1}{2}\sum_\gamma R_{\alpha\beta\gamma}\psi_\gamma - \sum_\gamma L_{\alpha\beta\gamma}\psi_{\bar\gamma}\right) \\ &+\psi_\beta \wedge \left(\psi_{\bar\alpha n} - \sum_\beta R_{\alpha\beta}\psi_\beta\right) + \sum_\beta \psi_{\bar\beta} \wedge \left(\psi_{\bar\alpha\bar\beta} - \omega_{\beta\alpha}\right) = 0 \end{aligned} \tag{6.20}$$

从上式知 $\sum_b \psi_b \wedge \theta_{ab} = 0$, 即

$$[\theta_{ab}] = (X_1 \quad X_2 \quad X_3) \tag{6.21}$$

$$X_1 = \begin{pmatrix} \psi_{\alpha\beta} - \omega_{\beta\alpha} \\ \psi_{n\beta} + \omega_{\bar\beta} \\ \psi_{\alpha\beta} - \frac{1}{2}\sum_\gamma R_{\alpha\beta\gamma}\psi_\gamma - \sum_\gamma L_{\alpha\beta\gamma}\psi_\gamma \end{pmatrix}$$

$$X_2 = \begin{pmatrix} \psi_{\alpha n} - \psi_{\bar\alpha} \\ 0 \\ \psi_{\bar\alpha n} + \sum_\beta R_{\alpha\beta}\psi_\beta \end{pmatrix}$$

$$X_3 = \begin{pmatrix} \psi_{\alpha\bar\beta} \\ \psi_{n\bar\beta} \\ \psi_{\alpha\bar\beta} - \omega_{\beta\alpha} \end{pmatrix}$$

进一步,

$$\begin{cases} \theta_{ab} = \sum\limits_c A_{abc}\psi_c \\ A_{abc} = A_{acb} \end{cases} \tag{6.22}$$

代入式 (6.21),

$$[\theta_{ab}] = (Y_1 \quad Y_2 \quad Y_3) \tag{6.23}$$

$$Y_1 = \begin{pmatrix} \omega_{\beta\alpha} + \sum\limits_c A_{\beta\alpha c}\psi_c \\ -\psi_{\bar{\beta}} + \sum\limits_c A_{n\beta c}\psi_c \\ \dfrac{1}{2}\sum\limits_\gamma R_{\alpha\beta\gamma}\psi_\gamma + \sum\limits_\gamma L_{\alpha\beta\gamma}\psi_{\bar{\gamma}} + \sum\limits_c A_{\bar{\alpha}\beta c}\psi_c \end{pmatrix}$$

$$Y_2 = \begin{pmatrix} \psi_{\bar{\alpha}} + \sum\limits_c A_{\alpha nc}\psi_c \\ 0 \\ \sum\limits_c A_{\bar{\alpha}nc}\psi_c - \sum\limits_\gamma R_{\alpha\beta}\psi_\gamma \end{pmatrix}$$

$$Y_3 = \begin{pmatrix} \sum\limits_c A_{\alpha\bar{\beta}c}\psi_c \\ \sum\limits_c A_{n\bar{\beta}c} \\ \psi_{\beta\alpha} + \sum\limits_c A_{\bar{\alpha}\bar{\beta}c}\psi_c \end{pmatrix}$$

置

$$B_{abc} = \frac{1}{2}(A_{abc} + A_{bac}) \tag{6.24}$$

依式 (6.24)、式 (6.22)、式 (6.21) 及

$$\begin{cases} \omega_{ij} = -\delta_{jk}\omega_i^k \\ \omega_{ij} + \omega_{ji} = -2\sum\limits_\alpha H_{ijk\alpha}\omega_n^\alpha \end{cases}$$

给出

$$\sum_c B_{\alpha\beta c}\psi_c = \frac{1}{2}(\theta_{\alpha\beta} + \theta_{\beta\alpha}) = -\frac{1}{2}(\omega_{\alpha\beta} + \omega_{\beta\alpha}) = \sum_\gamma H_{\alpha\beta\gamma}\psi_{\bar{\gamma}}$$

同理

$$\sum_c B_{\alpha nc}\psi_c = \frac{1}{2}(\theta_{\alpha n} + \theta_{n\alpha}) = 0$$

$$\sum_c B_{\alpha\bar{\beta}c}\psi_c = \frac{1}{2}(\theta_{\alpha\bar{\beta}} + \theta_{\beta\bar{\alpha}}) = -\frac{1}{4}\Big(\sum_\gamma R_{\beta\alpha\gamma} + 2\sum_\gamma L_{\alpha\beta\gamma}\psi_{\bar{\gamma}}\Big)$$

故

$$[B_{\alpha\beta c}] = \begin{pmatrix} 0 \\ 0 \\ H_{\alpha\beta\gamma} \end{pmatrix} \qquad [B_{\alpha nc}] = 0 \qquad [B_{\alpha\bar{\beta}c}] = -\frac{1}{4}\begin{pmatrix} R_{\beta\alpha\gamma} \\ 0 \\ 2L_{\alpha\beta\gamma} \end{pmatrix} \tag{6.25}$$

$$[B_{\gamma\bar{\alpha}c}] = \frac{1}{2}\begin{pmatrix} R_{\alpha\gamma} \\ 0 \\ 0 \end{pmatrix} \qquad [B_{nnc}] = 0 \qquad [B_{\bar{\alpha}\bar{\beta}c}] = \begin{pmatrix} 0 \\ 0 \\ H_{\alpha\beta\gamma} \end{pmatrix} \tag{6.26}$$

利用式 (6.24)、式 (6.22)

$$A_{abc} = B_{abc} - B_{bca} + B_{cab}$$

综合式 (6.26)、式 (6.25) 并代入式 (6.23),

$$[\psi_{ab}] = (Z_1 \quad Z_2 \quad Z_3) \tag{6.27}$$

$$Z_1 = \begin{pmatrix} \omega_{\beta\alpha} + \sum_\gamma \Big(H_{\alpha\beta\gamma} + \frac{1}{2}R_{\gamma\beta\alpha}\Big)\psi_{\bar{\gamma}} \\ \sum_\beta \Big(\frac{1}{2}R_{\alpha\beta} - \delta_{\alpha\beta}\Big)\psi_{\bar{\beta}} \\ -\sum_\gamma \Big(H_{\alpha\beta\gamma} + \frac{1}{2}R_{\alpha\gamma\beta}\Big)\psi_\gamma + \frac{1}{2}R_{\alpha\beta}\psi_n + \sum_\gamma L_{\alpha\beta\gamma}\psi_{\bar{\gamma}} \end{pmatrix}$$

$$Z_2 = \begin{pmatrix} \psi_{\alpha n} \\ 0 \\ \psi_{\bar{\alpha}n} \end{pmatrix}$$

$$Z_3 = \begin{pmatrix} \psi_{\alpha\bar{\beta}} \\ \frac{1}{2}\sum_\gamma R_{\beta\gamma}\psi_\gamma \\ \omega_{\beta\alpha} + \sum_\gamma H_{\alpha\beta\gamma}\psi_\gamma \end{pmatrix}$$

以 Ψ_{ab} 为 (SM, G) 的曲率形式、K_{abcd} 为其分量, 得到第二结构方程

$$\mathrm{d}\psi_{ab} = -\sum_c \psi_{ac} \wedge \psi_{cb} + \Psi_{ab} \qquad \Psi_{ab} = \frac{1}{2}\sum_{c,d} K_{abcd}\psi_c \wedge \psi_d \tag{6.28}$$

把式 (6.27) 代入式 (6.28),

$$
\begin{aligned}
\Psi_{\alpha n} &= -\mathrm{d}\psi_{\alpha n} + \sum_{c} \psi_{\alpha c} \wedge \psi_{cn} \\
&= \sum_{\beta,\gamma} R_{\beta\gamma} \left(\delta_{\alpha\beta} - \frac{3}{4} R_{\alpha\beta} \right) \psi_{\gamma} \wedge \psi_{n} \quad (\bmod\ \ \psi_{\alpha} \wedge \psi_{\beta}, \psi_{\alpha} \wedge \psi_{\bar{\beta}})
\end{aligned}
\tag{6.29}
$$

同样

$$
\Psi_{n\bar{\alpha}} \equiv \sum_{\beta,\gamma} R_{\alpha\beta} R_{\beta\gamma} \psi_{n} \wedge \psi_{\bar{\gamma}} \quad (\bmod\ \ \psi_{\alpha} \wedge \psi_{\alpha}, \psi_{\bar{\alpha}} \wedge \psi_{\bar{\beta}}) \tag{6.29$'$}
$$

比较式 (6.29)、式 (6.28),

$$
K_{\alpha n \alpha n} = \sum_{\beta} (R_{\alpha\beta}) \left(\delta_{\alpha\beta} - \frac{3}{4} R_{\alpha\beta} \right) \tag{6.30}
$$

比较式 (6.29)′、式 (6.28),

$$
K_{n\alpha n\alpha} = \frac{1}{4} \sum_{\beta} (R_{\alpha\beta})^2 \tag{6.31}
$$

今以 l 为希尔伯特形式关于 G 的对偶向量场, 于是作为黎曼流形、SM 的沿 l 方向的里奇曲率 $R_l^{(c)}$ 为

$$
\begin{aligned}
R_l^{(c)} &= \sum_{\alpha} K_{\alpha n \alpha n} = \sum_{\alpha} (K_{\alpha n \alpha n} + K_{n\bar{\alpha} n\bar{\alpha}}) \\
&= \sum_{\alpha,\beta} R_{\alpha\beta} \left(\delta_{\alpha\beta} - \frac{3}{4} R_{\alpha\beta} \right) + \frac{1}{4} \sum_{\alpha,\beta} (R_{\alpha\beta})^2 \\
&= R^{(c)} - \frac{1}{2} ||S||^2
\end{aligned}
\tag{6.32}
$$

式中 $R^{(c)}$ 为芬斯勒流形 (M, F) 的里奇标量。

定理 6.3　若 (M, F) 为 n 维芬斯勒流形, 则

$$
R_l^{(c)} \leqslant \min \left\{ \frac{n-2}{n}, R^{(c)} \right\}
$$

$R_l^{(c)} = \dfrac{1}{2}(n-1)$ 等价于 (M,F)具有常旗曲率 1, $R_l^{(c)} = R^{(c)}$ 当且仅当 (M,F) 具有零旗曲率。

事实上,

$$||S||^2 = \sum_{\alpha,\beta}(R_{\alpha\beta})^2 \geqslant \sum_{\alpha}(R_{\alpha\alpha})^2 \geqslant \frac{1}{n-1}\left(\sum_{\alpha} R_{\alpha\alpha}\right)^2 = \frac{1}{n-1}(R^{(c)})^2 \tag{6.33}$$

代入式 (6.32),

$$\begin{aligned} R_l^{(c)} &\leqslant R^{(c)} - \frac{1}{2(n-1)}(R^{(c)})^2 \\ &\leqslant \frac{n-1}{2} - \left[\frac{R^{(c)}}{\sqrt{2(n-1)}} - \sqrt{\frac{n-1}{2}}\right]^2 \leqslant \frac{n-1}{2} \end{aligned}$$

对于 $R_l^{(c)} = \dfrac{1}{2}(n-1)$, 由式 (6.33) 知

$$R_{11} = R_{22} = \cdots = R_{(n-1)(n-1)} \qquad (其他为零)$$

当 $\alpha = 1, 2, \cdots, n-1$ 时

$$R_{\alpha\alpha} = \frac{1}{n-1}R^{(c)} = 1$$

定理 6.3 的另一个结论可依式 (6.32) 给出。

6.2 芬斯勒丛的可积条件

设 (M,F) 为芬斯勒流形, 其射影球丛为 SM; SM 的水平子丛 H 为 $\{b \in TSM | \psi_{\bar{\alpha}}(b) = 0\}$。注意到 H 同构于芬斯勒丛 p^*TM, 于是 H 称作 (M,F) 的芬斯勒丛。利用 Frobenius 定理, H 可积当且仅当

$$\mathrm{d}\psi_{\bar{\alpha}} \equiv 0 \qquad (\bmod\ \ \psi_{\bar{\alpha}}) \tag{6.34}$$

依式 (6.15)

$$\mathrm{d}\psi_{\alpha} \equiv \frac{1}{2}\sum_{\beta,\gamma} R_{\alpha\beta\gamma}\psi_{\beta}\wedge\psi_{\gamma} + \sum_{\beta} R_{\alpha\beta}\psi_{\beta}\wedge\psi_{n} \quad (\bmod\ \ \psi_{\bar{\alpha}})$$

式中

$$R_{\alpha\beta\gamma} = -R_{\alpha\gamma\beta} = \delta_{\alpha\sigma} R^{\sigma}_{n\beta\gamma}$$

表明式 (6.34) 等价于

$$R_{\alpha\beta} = R_{\alpha\beta\gamma} = 0 \tag{6.35}$$

定理 6.4 部分黎曼曲率 $R_{\alpha\beta\gamma}$ 满足

$$R_{\alpha\beta\gamma} = \frac{1}{3}(R^{\alpha}_{\beta||\gamma} - R^{\alpha}_{\gamma||\beta}) \tag{6.36}$$

而

$$R^{\alpha}_{\beta||\gamma}\omega^{\gamma}_{n} \equiv \mathrm{d}R^{\alpha}_{\beta} + R^{\gamma}_{\beta}\omega^{\alpha}_{\gamma} - R^{\alpha}_{\gamma}\omega^{\gamma}_{\beta} \pmod{\omega^i}$$

注意: 本章中以 $A_{|j}$ 表示水平协变导数、$A_{||j}$ 表示垂直协变导数。

证明: 陈联络 2–形式为

$$\Omega^{j}_{i} = \mathrm{d}\omega^{j}_{i} - \omega^{k}_{i} \wedge \omega^{j}_{k} \tag{6.37}$$

外微分式 (6.37), 给出第二比安基关系

$$\mathrm{d}\Omega^{j}_{i} = -\Omega^{k}_{i} \wedge \omega^{j}_{k} + \omega^{k}_{i} \wedge \Omega^{j}_{k} \tag{6.38}$$

当 $i = n$、$j = \alpha$ 时由

$$\Omega^{j}_{i} = \frac{1}{2}R^{j}_{ikm}\omega^{k} \wedge \omega^{m} + P^{j}_{ik\alpha}\omega^{k} \wedge \omega^{\alpha}_{n}$$

$$\mathrm{d}\Omega^{\alpha}_{n} + \Omega^{\beta}_{n} \wedge \omega^{\alpha}_{\beta} - \Omega^{\alpha}_{\beta} \wedge \omega^{\beta}_{n} = 0 \tag{6.39}$$

式中 $P^{j}_{ik\alpha}$ 为 (M, F) 上的闵可夫斯基曲率; 微分之并代入式 (6.39), 得

$$R^{\alpha}_{\beta||\gamma} = R^{\alpha}_{\beta\gamma} + R^{\alpha}_{\gamma\beta n} + L^{\alpha}_{\beta\gamma|n} \tag{6.40}$$

另由第一比安基关系

$$R^{j}_{ikm} + R^{j}_{kmi} + R^{j}_{mik} = 0 \tag{6.41}$$

有

$$R_{\alpha\beta\gamma n}+R_{\gamma\beta n\alpha}+R_{n\beta\alpha\gamma}=0 \tag{6.41'}$$

从式 (6.39) 推出

$$\begin{aligned}R_{\alpha\beta\gamma n}&=\delta_{\beta\sigma}R^{\sigma}_{\beta\sigma n}=\delta_{\beta\sigma}(R^{\sigma}_{\gamma||\alpha}-R^{\sigma}_{\gamma\alpha}-L^{\sigma}_{\gamma\alpha|n})\\&=R^{\beta}_{\gamma||\alpha}-R_{\beta\gamma\alpha}-L_{\alpha\beta\gamma|n}\end{aligned} \tag{6.42}$$

同理

$$\begin{aligned}R_{\gamma\beta n\alpha}&=-R_{\gamma\beta\alpha n}=-(R^{\beta}_{\alpha||\beta}-R_{\beta\alpha\gamma}-L_{\gamma\beta\alpha|n})\\&=-R^{\beta}_{\alpha||\gamma}-R_{\beta\gamma\alpha}+L_{\alpha\beta\gamma|n}\end{aligned} \tag{6.43}$$

将式 (6.43)、式 (6.42) 代入式 (6.41)′,

$$\begin{aligned}0=&R^{\beta}_{\gamma||\alpha}-R_{\beta\gamma\alpha}-L_{\alpha\beta\gamma|n}\\&+(-R^{\beta}_{\alpha||\gamma}-R_{\beta\gamma\alpha}+L_{\alpha\beta\gamma|n})+R_{n\beta\alpha\gamma}=R^{\beta}_{\gamma||\alpha}-R^{\beta}_{\alpha||\gamma}-3R_{\beta\gamma\alpha}\end{aligned}$$

定理 6.5 若 (M,F) 为芬斯勒流形, 则其芬斯勒丛 H 可积当且仅当 (M,F) 具有零旗曲率。尤其是平坦黎曼流形和局部闵可夫斯基流形具有可积的芬斯勒丛。

证明: 设 (M,F) 具有零旗曲率, 依定理 6.4 知 $R_{\gamma\beta\alpha}=0$, 表明式 (6.35) 成立、(M,F) 的芬斯勒丛 H 可积。反之, 当芬斯勒丛可积时, 依式 (6.35)、式 (6.34) 知 (M,F) 必有零旗曲率。

SM 的叶状结构正是射影球的集合 $\{S_xM\}$, 分布 V(SM 的垂直子丛) 由 $\psi_i=0$ 确定。把式 (6.27) 限制在 V 上, 得

$$\psi_{\alpha\bar{\beta}}=-\sum_{\gamma}L_{\alpha\beta\gamma}\psi_{\bar{\gamma}}\qquad \psi_{n\bar{\alpha}}=0$$

故包含射影 $i_x:S_xM\hookrightarrow SM$ 的第二基本形式分量 $h^i_{\bar{\beta}\bar{\gamma}}$ 符合

$$h^{\alpha}_{\bar{\beta}\bar{\gamma}}=-L_{\alpha\beta\gamma}\quad h^{n}_{\bar{\beta}\bar{\gamma}}=0 \tag{6.44}$$

取 l 为希尔伯特形式 ω 关于 SM 上黎曼度量 G 的对偶, 关于 G 作正交分解

$$H=H_1\oplus\operatorname{span}\{l\}$$

这里 $\oplus$ 为直和。从式 (6.44) 可以断言: 射影球的第一空间包含于 H_1 中。实际上, 芬斯勒流形具有平坦的水平叶状结构当且仅当流形自身具有消失的黎曼曲率。

6.3 芬斯勒丛的极小性

命 V 为光滑黎曼流形 (N, h) 上的光滑分布, 称之为垂直分布; H 为 V 关于 h 的正交补, 称之为水平分布, 这时 $TN = H \oplus V$。

定理 6.6 若对任意 $x \in N$、$U \in V_x$ 及 X、$Y \in H_x$, 有 $\mathscr{L}_U(X, Y) = 0$, 则称分布 V 为黎曼的, 而 $\mathscr{L}_U$ 为沿 U 的李导数。

以 ∇ 为黎曼度量 h 的列维 - 齐维塔联络, ν 为到分布 V 上的正交投影。H 在 $x \in N$ 的第二基本形式为以下双线性形式

$$\zeta = \zeta_x : H_x \times H_x \to V_x$$

$$(X, Y) \to \frac{1}{2}\nu(\nabla_X Y + \nabla_Y X)$$

当$||X|| = \sqrt{h(X, X)} = 1$ 时 $\zeta(X, X)$ 称作 H 在 X 方向的法曲率, 称向量 $\dfrac{1}{\dim V}\mathrm{tr}\zeta_x$为 H 在 X 方向的平均曲率。如果 H 的平均曲率恒为 0, 那么称 H 为极小的。当 H 的第二基本形式恒为 0 时称 H 为全测地的。

应用 SM 上黎曼度量 G 及其标准正交余标架 $\{\psi_a\}$ 定义同构映射 $\mu : H_1^* \to V$,

$$G(\mu(\theta), X) = [\lambda(\theta)](X)$$

式中 $\lambda : H_1^* \to V^*$ 定义成

$$\lambda(\xi^\alpha \psi_\alpha) = \xi^\alpha \psi_{\bar{\alpha}}$$

定理 6.7 通过 μ 可将 H_1^*、V 视作等同, 此时芬斯勒丛的第二基本形式恰为 (M, F) 嘉当张量; 而芬斯勒丛的平均曲率正是 (M, F) 的嘉当形式。

证明: 使用式 (6.27), 得

$$\psi_{\beta\bar{\alpha}} \equiv \sum_{\gamma}\left(H_{\alpha\beta\gamma}+\frac{1}{2}R_{\alpha\gamma\beta}\right)\psi_{\gamma}-\frac{1}{2}R_{\alpha\beta}\psi_{n} \qquad (\mathrm{mod}\ \psi_{\bar{\alpha}}) \quad (6.45)$$

$$\psi_{n\bar{\alpha}}=\frac{1}{2}\sum_{\beta}R_{\alpha\beta}\psi_{\beta} \quad (6.46)$$

用 ζ 表示芬斯勒丛 H 的第二基本形式, 故它的分量 $\zeta_{\bar{\alpha}}$ 适合

$$\zeta_{\bar{\alpha}}=\psi_{\bar{\alpha}}(\zeta)\equiv\frac{1}{2}\sum_{i}(\psi_{i\bar{\alpha}}\otimes\psi_{\bar{\alpha}}+\psi_{i}\otimes\psi_{i}\otimes_{i\bar{\alpha}})(\mathrm{mod}\ \ \psi_{\alpha})=\Xi_{1}+\Xi_{2} \quad (6.47)$$

其中

$$\begin{aligned}
2\Xi_{1} \equiv & \sum_{\beta}(\psi_{\beta\bar{\alpha}}\otimes\psi_{\beta}+\psi_{\beta}\otimes\psi_{\beta\bar{\alpha}})(\mathrm{mod}\ \ \psi_{\bar{\alpha}}) \\
= & \sum_{\beta}\Big[\sum_{\gamma}\left(H_{\alpha\beta\gamma}+\frac{1}{2}R_{\alpha\gamma\beta}\right)\psi_{\gamma}-\frac{1}{2}R_{\alpha\beta}\psi_{n}\Big]\otimes\psi_{\beta} \\
& +\sum_{\beta}\psi_{\beta}\otimes\Big[\sum_{\gamma}\left(H_{\alpha\beta\gamma}+\frac{1}{2}R_{\alpha\gamma\beta}\right)\psi_{\gamma}-\frac{1}{2}R_{\alpha\beta}\psi_{n}\Big] \\
= & \sum_{\beta,\gamma}(H_{\alpha\beta\gamma}+H_{\alpha\gamma\beta})\psi_{\beta}\otimes\psi_{\gamma}+\frac{1}{2}\sum_{\beta,\gamma}(R_{\alpha\beta\gamma}+R_{\alpha\gamma\beta})\psi_{\beta}\otimes\psi_{\gamma} \\
& -\frac{1}{2}\sum_{\beta}R_{\alpha\beta}(\psi_{n}\otimes\psi_{\beta}+\psi_{\beta}\otimes\psi_{n}) \\
= & \ 2\sum_{\beta,\gamma}H_{\alpha\beta\gamma}\psi_{\beta}\otimes\psi_{\gamma}-(\psi_{n\bar{\alpha}}\otimes\psi_{n}+\psi_{n}\otimes\psi_{n\bar{\alpha}}) \\
= & \ 2\sum_{\beta,\gamma}H_{\alpha\beta\gamma}\psi_{\beta}\otimes\psi_{\gamma}-2\Xi_{2}
\end{aligned} \quad (6.48)$$

注意到恒同 $H_1^* \simeq V$, 有

$$\zeta\simeq\sum_{\alpha}\zeta_{\bar{\alpha}}\psi_{\alpha}=\sum_{\alpha,\beta,\gamma}\psi_{\alpha}\otimes\psi_{\beta}\otimes\psi_{\gamma}=A$$

式中 A 为芬斯勒流形 (M,F) 的嘉当张量; H 的平均曲率为

$$\frac{1}{n}\mathrm{tr}\zeta\simeq\frac{1}{n}\mathrm{tr}A=\frac{1}{n}\eta \quad (6.49)$$

η 为 (M,F) 的嘉当形式。

定理 6.8 芬斯勒流形为黎曼流形当且仅当其芬斯勒丛为极小的。

由定理 6.8 推知：芬斯勒流形为平坦黎曼流形等价于它的芬斯勒丛具有极小叶片。

定理 6.9 若分布 V 可积, 则由 V 确定的叶状结构为黎曼的当且仅当 V 对应的水平分布为全测地的。

定理 6.10 若 (M,F) 为芬斯勒流形, 则

(1) F 为黎曼的等价于所有射影球为黎曼的;

(2) F 为 Landsberg 的等价于所有射影球为全测地的;

(3) F 为弱 Landsberg 的等价于所有射影球为极小的。

利用式 (6.48)、式 (6.47), 对一切 α

$$\zeta_{\bar{\alpha}} \equiv 0 \pmod{\psi_\beta} \tag{6.50}$$

定理 6.11 希尔伯特形式为芬斯勒丛的渐进方向, 即正规截面 l 的法曲率恒为零。

7 对称黎曼空间

对称黎曼空间属于重要的一类齐性空间, 这是数学家、物理学家都感兴趣的数学空间, 这里做简略表述。

7.1 定义

定义 7.1 如果 σ 为李代数 G' 到自身的同构并且 $\sigma^2 = I$ (恒等变换), 那么称 σ 为 G' 的对合自同构。

定义 7.2 设存在齐性黎曼空间 G/H, 若群 G 的李代数 G' 容有对合自同构 σ, 而 σ 不变元素的集合恰为子群 H 的李代数 H', 则称该齐性黎曼空间为对称黎曼空间 (简称对称空间)。

已知齐性黎曼空间为化约的齐性空间, 依嘉当数量积知, 在 G' 中子代数 H' 有正交补 K'; 作为线性空间, G' 可分解为 H'、K' 的直和, 即 $G' = H' \oplus K'$。取李代数 G' 的基为 X_1、X_2、$\cdots$、X_n、X_{n+1}、$\cdots$、X_r 使

$$X_i \in K' \qquad X_\lambda \in H'$$

式中 $i = 1, 2, \cdots, n$; $\lambda = n+1, \cdots, r$。X_i 可视作在 G/H 中一个定点的切向量; 因为对合自同构 σ 不改变 H'、不改变嘉当数量积, 所以也不改变 K'; 除依定义 7.1 有

$$\sigma X_\lambda = X_\lambda \tag{7.1}$$

外, 还有

$$a X_i = a_i^j X_j$$

式中 $A = (a_i^j)$ 为非奇异方阵并符合 $A^2 = E$ (单位矩阵)。于是 A 的特征值或为 -1 或为 1。当 A 的特征值为 1 时 K' 中就有元素

X, 使

$$\sigma X = X$$

可由定义, 在 H' 外的元素不能满足该条件, A 的特征值只可取 -1; 在适当的基之下,

$$A = \begin{pmatrix} -1 & & * & \\ & -1 & & \\ & & \ddots & \\ & 0 & & -1 \end{pmatrix}$$

式中 $*$ 为没写上的元素。注意到 $A^2 = E$, 计算知 $*$ 表示的元素必为 0, 从而对 K' 中元素 X 成立 $\sigma X = -X$, 对于基 X_1、X_2、$\cdots$、X_n, 得

$$\sigma X_i = -X_i \tag{7.2}$$

应用化约空间的性质, 写出李代数中的换位运算关系,

$$\begin{cases} [X_i, X_j] = C_{ij}^k X_k + C_{ij}^{\lambda} X_{\lambda} \\ [X_i, X_{\lambda}] = C_{i\lambda}^j X_j \\ [X_{\lambda}, X_{\mu}] = C_{\lambda\mu}^{\rho} X_{\rho} \end{cases}$$

依 σ 为自同构, 有

$$[\sigma X_{\alpha}, \sigma_{\beta}] = C_{\alpha\beta}^{\gamma} \sigma X_{\gamma}$$

式中 α、β、$\gamma = 1, 2, \cdots, r$; 据式 (7.2)、式 (7.1) 有 $C_{ij}^k = 0$, 故

$$[X_i, X_j] = C_{ij}^{\lambda} X_{\lambda} \quad [X_i, X_{\lambda}] = C_{i\lambda}^j X_j \quad [X_{\lambda}, X_{\mu}] = C_{\lambda\mu}^{\nu} X_{\nu} \tag{7.3}$$

这就是表示对称黎曼空间的李代数的结构的方程。

由于分析齐性黎曼空间, 因此可以选择 X_i 使 $C_{i\lambda}^j$ 关于 i、j 为反对称的。反之, 如果齐性黎曼空间运动群的李代数可取一组基, 使 X_{λ} 属于迷向群的李代数, 又有式 (7.3), 那么由式 (7.1)、式 (7.2) 定义的线性变换为对合自同构, 而这个对合自同构的不变元素的集合恰为迷向群的李代数 H', 表明空间为对称空间。

写出群的嘉当方程,

$$\begin{cases} D\omega^i = C^i_{jk}\omega^j \wedge \omega^k \\ D\omega^\lambda = \dfrac{1}{2}C^\lambda_{jk}\omega^j \wedge \omega^k + \dfrac{1}{2}C^\lambda_{\mu\nu}\omega^\mu \wedge \omega^\nu \end{cases} \tag{7.4}$$

定理 7.1 齐性黎曼空间为对称空间当且仅当可选择空间的运动群的微分算子的基使式 (7.3) 成立, 其中 X_λ 为某点的安定群的李代数的基或运动群的嘉当方程可以表成式 (7.4), 而 $\omega^i = 0$ 相应于某点的安定群。

命对称空间的迷向群为可约, 选择一个初始标架的基, 给出

$$C^{i_1}_{j_2\lambda} = C^{i_2}_{j_1\lambda} = 0$$

其中 i_1、$j_1 = 1, 2, \cdots, q$; i_2、$j_2 = q+1, \cdots, n$。式 (7.4) 的前一部分可写作

$$D\omega^{i_1} = C^{i_1}_{j_1\lambda}\omega^{j_1} \wedge \omega^\lambda \qquad D\omega^{i_2} = C^{i_2}_{j_2\lambda}\omega^{j_2} \wedge \omega^\lambda \tag{7.5}$$

据此知空间的线素为

$$\mathrm{d}s^2 = \mathrm{d}s_1^2 + \mathrm{d}s_2^2$$

式中

$$\mathrm{d}s_1^2 = \sum_{i_1=1}^{q} \left(\omega^{i_1}\right)^2 \qquad \mathrm{d}s_2^2 = \sum_{i_2=q+1}^{n} \left(\omega^{i_2}\right)^2 \tag{7.6}$$

根据嘉当定理, $\mathrm{d}s_1^2$、$\mathrm{d}s_2^2$ 各是 q 维、$n-q$ 维黎曼空间的线素。如果取 x^{i_1} 为方程 $\omega^{i_1} = 0$ 的 q 个独立的初积分, 那么 $\mathrm{d}s_1^2$ 仅依赖于 x^{i_1}、$\mathrm{d}x^{i_1}$; 同理, $\mathrm{d}s_2^2$ 仅依赖于 x^{i_2}、$\mathrm{d}x^{i_2}$, 而 x^{i_2} 为方程 $\omega^{i_2} = 0$ 的 $n-q$ 个独立的初积分。可以证明 $\mathrm{d}s_1^2$、$\mathrm{d}s_2^2$ 为对称黎曼空间的线素。为此考虑 $\mathrm{d}s_1^2$, 观察矩阵的集合 $c_\lambda = (C^{i_1}_{j_1\lambda})$, 选择其中一部分 c_{λ_1} $(\lambda_1 = n+1, \cdots, n+r_1)$ 使之线性无关, 又其他的 c_λ 可视作 c_{λ_1} 的线性组合, 有

$$c_{\lambda_2} = a^{\lambda_1}_{\lambda_2} c_{\lambda_1} \ (\lambda_2 = n+r_1+1, \cdots, n+r_2)$$

式中 $a^{\lambda_1}_{\lambda_2}$ 为适当的常数, 推出

$$D\omega^{i_1} = C^{i_1}_{j_1\lambda_1}\omega^{j_1} \wedge \bar{\omega}^{\lambda_1} \tag{7.7}$$

这里 $\bar{\omega}^{\lambda_1} = \omega^{\lambda_1} + a^{\lambda_1}_{\lambda_2}\omega^{\lambda_2}$; 重置 $\bar{\omega}^{\lambda_1} = \omega^{\lambda}$, 故法普式 ω^{i_1} 的特征系统为 $\omega^{i_1} = \omega^{\lambda_1} = 0$。设该系统的一组的独立初积分为 x^{i_1}、u^{λ_1}, 于是 ω^{i_1} 可用 x^{i_1}、$\mathrm{d}x^{i_1}$、u^{i_1} 表示。由于 ω^{λ_1} 可用 ω^{i_1} 依 $D\omega^{i_1} = C^{i_1}_{j_1\lambda_1}\omega^{j_1} \wedge \bar{\omega}^{\lambda_1}$ 唯一确定, 因此 ω^{λ_1} 也可只用 x^{i_1}、u^{λ_1} 及其微分表示。注意到 ω^{λ_1} 为 ω^{λ} 的常系数线性组合, 应用式 (7.4) 第二部分, 得

$$D\omega^{\lambda_1} = \frac{1}{2}C^{\lambda}_{j_1k_1}\omega^{j_1} \wedge \omega^{k_1} + \frac{1}{2}C^{\lambda_1}_{\mu_1\nu_1}\omega^{\mu_1} \wedge \omega^{\nu_1} \tag{7.8}$$

依式 (7.7)、式 (7.8)、定理 7.1 知 $\mathrm{d}s_1^2$ 为对称空间线素; 同样, $\mathrm{d}s_2^2$ 为对称空间的线素。

定理 7.2 若对称空间的迷向群为可约, 则该对称空间就是两个对称空间的乘积空间。

定理 7.2 表明只需讨论迷向群为不可约的对称空间即可, 这种对称空间称为不可约对称空间。

事实上, 欧几里得空间就是对称空间, 它容许阿贝尔群为移动群且可约, 它可以分解成一维空间的直和; 常曲率空间也是对称空间, 当曲率非零时它是不可约的。

7.2 对称空间的几何性质

设给定对称空间运动群的微分算子使式 (7.3) 成立、X_λ 为点 $P_0(0,0,\cdots,0)$ 的安定群的算子, 记

$$X_i = \xi_i^j(x)\frac{\partial}{\partial x^j} \tag{7.9}$$

作常微分方程组

$$\frac{\mathrm{d}\bar{x}^i}{\mathrm{d}t} = c^j\xi_j^i(\bar{x}) \tag{7.10}$$

以 $t = 0$、$\bar{x}^i = 0$ 为初条件构造该方程组的解 $\bar{x}^i = f^i(t, C)$。不难检验: 对任何常数 C, $\bar{x}^i = f^i(t, C)$ 为空间测地线。由于 X_i 可以

其常系数线性组合替代, 因此不妨取 $c^i = \delta_1^i$ 验证。此时依 X_1 产生的变换相当于由子群

$$\omega^2 = \cdots = \omega^n = \omega^{n+1} = \cdots = \omega^r = 0 \tag{7.11}$$

定义的单参群; 在该群下初始标架变化为单参数的标架族。在这族标架之间的变位方程为

$$\mathrm{d}P = \omega^1 e_1 \qquad \mathrm{d}e_1 = 0 \tag{7.12}$$

实际上, 就对称空间而言, 式

$$\omega_j^i = \frac{1}{2}\sum_k \left(C_{jk}^i - C_{ik}^j - C_{ij}^k\right)\omega^k + C_{j\rho}^i \omega^\rho$$

变为

$$\omega_i^j = C_{i\lambda}^j \omega^\lambda \tag{7.13}$$

对所述子群而言 $\omega_j^i = 0$, 式 (7.12) 表示在该单参数变换群下, 从初始标架出发的单参考数标架为相互平行推移的, 并标架原点的轨迹保持与向量 e_1 相切, 故标架原点的轨迹的切线相互平行且为测地线。

定理 7.3 在对称空间中任给点 P 及任意过 P 的方向 l, 存在空间的单参数运动群, 其过 P 的轨迹和 l 相切并为测地线。

利用式 (7.10) 的解 $\bar{x}^i = f^i(t, C)$ 可以给出空间的关于点 P 的法坐标。实际上, 取 $y^i = tc^i$ 知

$$f^i(t, C) = \varphi^i(y)$$

式中 φ^i 为适当的函数并当$\det\left(\dfrac{\partial \varphi^i}{\partial y^j}\right)$ 在 $y^i = 0$ 处时非 0, 故可以 y^i 作新坐标, 在此坐标下测地线为

$$y^i = c^i t \tag{7.14}$$

这表明 y^i 为法坐标。

定理 7.4 黎曼空间 V_n 为对称空间的充要条件为 $R^i_{jkl;h}=0$。

令 V_n 为对称的, 依式 (7.4),

$$\omega_j^i = C^i_{j\lambda}\omega^\lambda \tag{7.15}$$

从而

$$D\omega_j^i - \omega_j^k \wedge \omega_k^i = \frac{1}{2}C^i_{j\lambda}C^\lambda_{kl}\omega^k \wedge \omega^l$$

故参考可容许标架,

$$R^i_{jkl} = C^i_{j\lambda}C^\lambda_{kl} \tag{7.16}$$

因为 R^i_{jkl} 为迷向群的不变张量, 所以

$$R^h_{jkl}C^i_{h\lambda} - R^i_{hkl}C^h_{j\lambda} - R^i_{jhl}C^h_{k\lambda} - R^i_{jkh}C^h_{l\lambda} = 0 \tag{7.17}$$

依式 (7.16)、式 (7.15),

$$DR^i_{jkl} = R^h_{jkl}C^i_{h\lambda}\omega^\lambda - R^i_{hkl}C^h_{j\lambda}\omega^\lambda - R^i_{jhl}C^h_{k\lambda}\omega^\lambda - R^i_{jkh}C^h_{l\lambda}\omega^\lambda$$

据式 (7.17) 知 $DR^i_{jkl}=0$, 推出式 (7.14)。

对于黎曼空间 V_n, 当式 (7.14) 成立时可以判断它的对称性。

今在 V_n 中取点 O 及 O 的正交标架 T_0, 从该标架出发, 沿一切可能的路径作平行移动, 得到这个空间的一族标架, 称之为平行可达标架族。假定这种标架取决于参数 (x^i, u^λ), 其中 x^i 为标架原点的坐标; 当 x^i 固定时 u^α 可作为该点的和乐群的参数。这族标架的变位方程记作

$$\mathrm{d}P = \mathring{\omega}^i e_i \qquad \mathrm{d}e_i = \mathring{\omega}_i^j e_j \tag{7.18}$$

式中 $\mathring{\omega}^i$、$\mathring{\omega}_i^j$ 为 $(x^i$、$u^i)$ 的法普形式。此时有

$$\begin{cases} D\mathring{\omega}^i = \mathring{\omega}^j \wedge \mathring{\omega}_j^i \\ D\mathring{\omega}_j^i = \mathring{\omega}_j^k \wedge \mathring{\omega}_k^i + \dfrac{1}{2}R^i_{jkl}\mathring{\omega}^k \wedge \mathring{\omega}^l \end{cases} \tag{7.19}$$

命 T、T' 为两个邻近的标架 (T 的原点为 P), 可将 T' 平行移动为 T'' 使 T''、T 有相同的原点; T''、T 均为平行可达标架并为邻近的

标架, 表明从 T'' 到 T 变差是和乐群中的无穷小变换生成的变差。因为 T''、T 的变差就是标架 T' 到标架 T 的变差, 所以 T'、T 的变差可用 P 点的和乐群的无穷小变换描述。选取路径 l, 沿此 l 可把初始标架 T_0 平行移动为 T, 这时 T'' 为某标架 T_0'' 沿 l 平行移动得到, T_0'' 必属于可达标架族。从 T_0'' 到 T_0 的变差符合从 T'' 到 T 的变差, 而从 T_0'' 到 T_0 的变差属于 O 点的和乐群; 如果将参考标架 T_0 的 O 点的和乐群的线性李代数的基取成

$$c_\lambda = (C^i_{j\lambda}) \tag{7.20}$$

那么从 T 到 T' 的变位中 $\mathring{\omega}^i_j$ 存在表达式

$$\mathring{\omega}^i_j = C^i_{j\lambda}\theta^\lambda \quad (C^i_{j\lambda} + C^i_{\lambda j} = 0) \tag{7.21}$$

这里 θ^λ 为 x^i、u^i 的法普形式。θ^λ 应与 $\mathring{\omega}^i$ 构成一组独立的法普形式, 否则和乐群的参数即减少。

利用 $\mathring{\omega}^i_j$ 的表达式, 依式 (7.19)、式 (7.20),

$$D\mathring{\omega}^i = C^i_{j\lambda}\mathring{\omega}^j \wedge \theta^\lambda$$

依式 (7.19),

$$D(C^i_{j\lambda}\theta^\lambda) = c_{j\lambda}D\theta^\lambda = \frac{1}{2}\left(C^k_{j\mu}C^i_{k\nu} - C^k_{j\nu}C^i_{k\mu}\right)\theta^\mu \wedge \theta^\nu + \frac{1}{2}R^i_{jkl}\mathring{\omega}^k \wedge \mathring{\omega}^l$$

由于 c_λ 组成线性李代数的基, 因此存在常数 $C^\lambda_{\mu\nu}$ 使

$$C^h_{j\mu}C^i_{h\nu} - C^h_{j\nu}C^i_{h\mu} = C^\lambda_{\nu,\mu}C^i_{j\lambda}$$

且

$$C^i_{j\lambda}\left(D\theta^\lambda - \frac{1}{2}C^\lambda_{\mu\nu}\theta^\mu \wedge \theta^\nu\right) = \frac{1}{2}R^i_{jkl}\mathring{\omega}^k \wedge \mathring{\omega}^l$$

从中可知

$$R^i_{jkl} = C^i_{j\lambda}C^\lambda_{kl}$$

因为假定 $R^i_{jkl;h} = 0$, 所以在平行移动中它不产生变差。在平行可达标架中, 它保持为常数、C^λ_{kl} 必为常数, 于是给出 $\mathring{\omega}^i$、θ 可适合的关系

$$D\mathring{\omega}^i = C^i_{j\lambda}\mathring{\omega}^j \wedge \theta^\lambda$$

$$D\theta^\lambda = \frac{1}{2}C^\lambda_{jk}\mathring{\omega}^j \wedge \mathring{\omega}^k + \frac{1}{2}C^\lambda_{\mu\nu}\theta^\nu \wedge \theta^\mu$$

它表示 $\mathring{\omega}^i$、θ^λ 组成一个群的不变形式组。从式 (7.20) 可见 V_n 的平行可达标架族符合该群的可容许标架族。又

$$\mathrm{d}s^2 = \sum_i (\mathring{\omega}^i)^2$$

表明该群就是空间 V_n 的运动群, 根据定理 7.1 知空间 V_n 为对称的。

从定理 7.4 得出结论: 对称空间容许一个运动群, 使迷向群与和乐群一致。

定义 7.3 若 P 为黎曼空间中的点 P_0, Q 为空间任意点, 连接 P_0、Q 唯一的测地线 P_0Q, 将该测地线向 P_0 的另一端延伸, 在其上取点 Q' 使 $Q'P_0$ 的弧长等于 P_0Q 的弧长, 则映射 $\tau Q = Q'$ 称为关于点 P_0 的对称变换。

定理 7.5 黎曼空间 V_n 是对称空间当且仅当空间中的对称变换为等长变换。

设 V_n 为对称空间、P_0 为 V_n 的任意点, 在 P_0 任取一个正交标架为初始标架, 于是可决定出算子 X_1、$\cdots$、X_r 使 X_1、$\cdots$、X_n 对应于从 P_0 出发的 n 个正交单位向量, 且它们确定过 P_0 的运动轨迹为过 P 的测地线; 又 X_{n+1}、$\cdots$、X_r 为 P 点的安定群的微分算子, 群的一般变换可依

$$\frac{\mathrm{d}\bar{x}^i}{\mathrm{d}t} = c^j\xi^i_j(\bar{x}) + c^\lambda\xi^i_\lambda(\bar{x})$$

产生。$u^i = c^i t$、$u^\lambda = c^\lambda t$ 可视为群的法坐标。据此得出可容许标架族, 且

$$\mathrm{d}P = \omega^i(u, \mathrm{d}u)e_i \qquad \mathrm{d}e_i = \omega^j_i(u, \mathrm{d}u)e_j$$

若取坐标系统使相应于 $u^i = u^i$、$u^\lambda = 0$ 的标架的原点以 u^i 为坐标 (此时 $c^\lambda = 0$), 则它就是群的法坐标; 而对称变换即为

$$\bar{u}^i = -u^i$$

因为依 P_0 可作对合自同构 σ 使

$$\sigma X_1 = -X_i \qquad \sigma X_\lambda = X_\lambda$$

所以

$$\sigma u^i = -u^i \qquad \sigma u^\lambda = u^\lambda$$

且

$$\omega\left(-u^i, u^\lambda; -\mathrm{d}u^i, \mathrm{d}u^\lambda\right) = \omega^\alpha\left(u^i, u^\lambda; \mathrm{d}u^i, \mathrm{d}u^\lambda\right) \tag{7.22}$$

式中 $\alpha = 1, 2, \cdots, r$; 当 $u^\lambda = 0$、$\alpha = i$ 时

$$\omega^i\left(-u^j, 0; -\mathrm{d}u^j\right) = \omega^i\left(u^i, 0; \mathrm{d}u^j\right) \tag{7.23}$$

因为空间线素可表为

$$\mathrm{d}s^2 = \sum_{i=1}^{n}\left[\omega^i\left(u^j, 0; \mathrm{d}u^j\right)\right]^2 \tag{7.24}$$

所以依式 (7.23) 可知关于 P_0 点的对称变换即为等长的。注意到 P_0 的任意性, 表明对称空间任意点的对称都是等长的变换。

反之, 如果存在黎曼空间 V_n 对每个点的对称均为等长, 那么在空间中任取点 P_0, 作关于 P_0 的法坐标 x^i, 对称变换这时取形式

$$\bar{x}^i = -x^i \tag{7.25}$$

由假定知它是等长变换。张量 $R_{ijkh;l}$ 也应在该变换下不变, 尤其是, 这个张量在 P_0 的值应适合

$$R_{ijkl;h} = -R_{ijkl;h}$$

故在 P_0 处 $R_{ijkl;h} = 0$; 由于 P_0 为任意点, 因此 V_n 中的每个点均有 $R_{ijkl;h} = 0$, 表明 V_n 为对称空间。

定理 7.6 若 G/H 为非欧几里得的不可约的对称空间, 则群 G 为半单纯的。

计算不可约对称空间的数量积, 由于 $\left(C_{i\lambda}^j\right)$ 组成迷向群的李代数的基, 因此

$$C^i_{j\lambda}C^j_{i\mu} = a_{\lambda\mu} \tag{7.26}$$

为迷向群的伴随线性群的不变张量。又二次型 $a_{\lambda\mu}e^\lambda e^\mu$ 必为负定的, 于是可经过 $\left(C^j_{i\lambda}\right)$ 的选择将 $a_{\lambda\mu}$ 化为对角形, 采用 $C^i_{j\lambda} = -C^j_{i\lambda}$ 并固定 λ, $C^i_{j\lambda}$ 不全为 0, 给出

$$a_{\lambda\lambda} = C^i_{j\lambda}C^j_{i\lambda} < 0 \tag{7.27}$$

选取适当的 $\left(C^j_{i\lambda}\right)$ 后命 $a_{\lambda\mu} = -\delta_{\lambda\mu}$。因为迷向群的线性伴随群的基为 $E_\lambda = \left(C^\nu_{\mu\lambda}\right)$, 所以 $C^\nu_{\mu\lambda}$ 关于三个指标均为反对称的, 二次型 $b_{\lambda\rho}e^\lambda e^\rho = C^\nu_{\mu\lambda}C^\mu_{\nu\rho}e^\lambda e^\rho$ 为非正的。无论何基, 二次型

$$G_{\lambda\mu}e^\lambda e^\mu = a_{\lambda\mu}e^\lambda e^\mu + b_{\lambda\mu}e^\lambda e^\mu$$

为负定的, 从而可重取基 $\left(C^j_{i\lambda}\right)$ 使

$$G_{\lambda\mu} = C^j_{i\lambda}C^i_{j\mu} + C^\rho_{\nu\lambda}C^\nu_{\rho\mu} = -\delta_{\lambda\mu} \tag{7.28}$$

研究

$$G_{ij} = C^\alpha_{\beta i}C^\beta_{\alpha j} = C^k_{\lambda i}C^\lambda_{kj} + C^\lambda_{ki}C^k_{\lambda j} \tag{7.29}$$

式 (7.29) 中 α、β 记 $1, 2, \cdots, r$; 而第二个等号从式 (7.3) 得出。从式 (7.16) 知

$$R_{ij} = R^k_{ijk} = C^k_{i\lambda}C^\lambda_{jk} \tag{7.30}$$

因为里奇张量 $R_{ij} = R_{ji}$, 所以

$$G_{ij} = -2R_{ij} = -C\delta_{ij} \tag{7.31}$$

式中 C 为常数。注意到式 (7.3) 的形式, 有

$$G_{i\lambda} = C^\alpha_{\beta i}C^\beta_\alpha = 0 \tag{7.32}$$

表明群 G 的嘉当二次型可写作

$$G_{\alpha\beta}e^\alpha e^\beta = -C\left[\left(e^1\right)^2 + \cdots + \left(e^n\right)^2\right] - \left[\left(e^{n+1}\right)^2 + \cdots + \left(e^r\right)^2\right] \tag{7.33}$$

嘉当数量积分在线性伴随群下不变，于是

$$G_{\alpha\gamma}C^{\gamma}_{\beta\delta}+G_{\gamma\beta}C^{\gamma}_{\alpha\delta}=0$$

当 $\delta=j$、$\alpha=\mu$、$\beta=k$ 时，

$$-C^{\mu}_{kj}-CC^{k}_{\mu j}=0$$

或

$$C^{\mu}_{kj}=-CC^{k}_{\mu j} \tag{7.34}$$

据此，当 $C=0$ 时 $C^{\mu}_{kj}=0$。依据式 (7.16) 有 $R_{ijkl}=0$，故空间必为欧几里得的，表明对非欧几里得的不可约的对称空间必有 $C\neq 0$，从而嘉当度量不退化，G 为半单纯的。

7.3 不可约对称空间

定理 7.7 对于迷向群不可约的齐性黎曼空间，如果运动群并非单纯群，那么该空间为对称的。

讨论运动群非半单纯的情形。此时群的李代数 G' 必有可换的理想子代数 R'，它不可能完全包括在一点安定群的子代数内，故可选择基 X_1、$\cdots$、X_q、X_{q+1}、$\cdots$、X_n、X_{n+1}、$\cdots$、X_{n+l}、X_{n+l+1}、$\cdots$、X_r，而 X_1、$\cdots$、X_q、X_{q+1}、$\cdots$、X_{n+l} 为 R' 的基 $(q\neq 0)$，X_{n+l+1}、$\cdots$、X_r 为一点安定群的微分算子的基；设 $a=1$、2、$\cdots$、q，$\lambda=n+1$、$\cdots$、r；于是 $[X_a,X_\lambda]$ 只能表示 X_1、$\cdots$、X_q 与 X_{n+1}、$\cdots$、X_r 的线性组合，于是

$$C^{p}_{a\lambda}=0 \tag{7.35}$$

式中 $a=1,2,\cdots,q$; $p=q+1,\cdots,n$。当 $q<n$ 时这表示迷向群有非平凡的不变平面，这与迷向群不可约相矛盾，应 $q=n$。这时 X_1、$\cdots$、X_n 自身为可交换的算子，空间容许可交换的单纯可迁移群、空间 V_n 为欧几里得空间，可纳入对称空间。

如果考虑李代数 G' 为半单纯而非单纯的情形，那么 G' 可分为部分单纯的理想子代数的直和

$$G'=G'_1\oplus G'_2\oplus\cdots\oplus G'_l \quad (l\geqslant 2) \tag{7.36}$$

这里 G'_1、$\cdots$、G'_l 非一维的, 每个 G'_h $(h=1,2,\cdots,l)$ 不属于 H', 否则 H' 中就包括 G' 的理想子代数, 这不可能。命 L'_n 为 G' 中包括 H'、G'_n 的最小平面, 因为

$$[H',H']\subseteq H' \quad [G'_h,G'_h]\subseteq G'_h \quad [H',G'_h]\subseteq G'_h \tag{7.37}$$

所以 L'_h 为子代数。由于 H' 不包含 G' 的非平凡理想子代数, L'_h 不能合于 H', 又 L'_h 必须和 G' 相符合, 否则运动群为非素性的, 迷向群就有不变平面, 这不可能。

对于 $l=2$, 取 $X_1\in G'_1$、$X_1\neq 0$, 由于 $L'_2=G'$, 因此存在 G'_2 中的元素 X_2 和 H' 中的元素 Y 使 $X_1=X_2+Y$; Y 必为非零元素, 否则 X_1 就是 G'_1、G'_2 的公共元素, 因之为零, 与所设矛盾。当 $l>2$ 时有 G'_3, 而

$$[Y,G'_3]=[X_2-X_1,G'_3]=0$$

又 $[Y,H']\subseteq H'$, 于是

$$[Y,G']=[Y,L'_3]=[Y,G'_3+H']\subseteq H'$$

这表示在 H' 中存在非零元素 Y, 其对应的伴随线性群的元素在相切空间中诱导了零元素, 这不可能, 须 $l=2$。

关于 G'_1、G'_2 同构情况, 令 Z_1、$\cdots$、Z_p 为 G'_1 的基, 故在 G'_2 中有元素 W_1、$\cdots$、W_p 使

$$W_1=Y_1+Z_1 \quad W_2=Y_2+Z_2 \quad \cdots \quad W_p=Y_p+Z_p \tag{7.38}$$

其中 Y_1、$\cdots$、Y_p 为 H' 中的元素。G'_2 中的元素 W_1、$\cdots$、W_p 必线性无关。事实上, 设 $a^\mu W_\mu=0$ $(\mu=1,2,\cdots,p)$, 得

$$-a^\mu Y_\mu=a^\mu Z_\mu \tag{7.39}$$

若取 $H'\bigcap G'_1=K'$, 则

$$[K',H']\subseteq K'$$

表明 K' 为 H' 的理想子代数。由 H' 为紧致李代数知 H' 可分为两个理想子代数的直和,

$$H' = K' \oplus L' \tag{7.40}$$

式中 L' 也为 H' 的理想子代数, 从 $[K', G_2'] = 0$ 知相应于 K' 的线性伴随群中元素使切空间中某些向量保持不变。取 N 为这些向量的全体所成平面, 其维数必小于 n。因为 L'、K' 可交换, 所以 N 也为 L' 的不变平面, 这就与迷向群为不可约矛盾, 有 $K' = 0$, 即 H'、G_1' 无非零公共元素。据此依式 (7.39) 得到 $a^\mu = 0$, 于是 G_2' 的维数不低于 G_1' 的维数, 同理 G_1' 的维数也不低于 G_2' 的维数, 故该两个理想子代数有相同的维数且 Z_1、$\cdots$、Z_p 及 W_1、$\cdots$、W_p 为它们的基。取

$$[Z_a, Z_b] = C_{ab}^e Z_e \qquad [W_a, W_b] = \bar{C}_{ab}^e W_e \tag{7.41}$$

式中 a、b、$e = 1, 2, \cdots, p$。从式 (7.38) 可见

$$[Y_a, Z_b] = -C_{ab}^e Z_e$$
$$[Y_a, W_b] = \bar{C}_{ab}^e W_e = \bar{C}_{ab}^e Z_e + \bar{C}_{ab}^e Y_e$$

由于 Z_b、W_b 关于 H' 属于同一等价类、H' 为子代数, 因此

$$[Y_a, Z_b - W_b] \in H'$$

有

$$\left(C_{ab}^e + \bar{C}_{ab}^e\right) Z_e \in H'$$

因为已知 G_1'、H' 只有零元素相公共, 所以

$$C_{ab}^e = -\bar{C}_{ab}^e \tag{7.42}$$

映射

$$Z_a \to -W_a \quad (a = 1, 2, \cdots, p) \tag{7.43}$$

生成李代数 G_1'、G_2' 的同构。

当 H'、G_1' 的交集只有零元素时 H' 的维数不超过 p, Y_a $(a = 1, 2, \cdots, p)$ 也必线性无关。实际上, 若 $c^a Y_a = 0$, 则

$$c^a Z_a = c^a W_a$$

注意到 G'_1、G'_2 的公共元素只有零元素, 于是 $c^a=0$。表明 H' 也为 p 维的。由于黎曼空间本身为 n 维的, 因此 $p=n$。选元素

$$X_i = Z_i - W_i \qquad X_{n+i} = Z_i + W_i \tag{7.44}$$

式中 $i=1,2,\cdots,n$; 得到

$$[X_i, X_j]=C^k_{ij}X_{n+k} \quad [X_i, X_{n+j}]=C^k_{ij}X_k \quad [X_{n+i}, X_{n+j}]=C^k_{ij}X_{n+k} \tag{7.45}$$

表明空间为对称的。

因为 G'_1、G'_2 和 H' 都同构, 而 H' 的李代数为紧致的, 所以 G' 实际上仍由两个同构的紧致的单纯李代数构成。

定理 7.8 若 G/H 为不可约对称空间且 G 非单纯, 则 G' 为两个同构的紧致的单纯李代数的直和。

如果给定两个紧致的单纯李代数, 又为同构的, 那么依定理 7.7 的方法确定 X_i、X_{n+i} 即可作出一个对称空间; 该空间是不可约的, 否则所给李代数的伴随线性群也有不变平面, 其不可约。此时对合自同构 σ 为

$$\sigma X_i = -X_i \qquad \sigma X_{n+i} = X_{n+i} \tag{7.46}$$

今观察对应于单纯李代数的不可约对称空间。从式 (7.46) 知当 $c>0$ 时李代数 G' 为紧致的单纯的, 当 $c<0$ 时嘉当度量非正定; 而 G' 为单纯的, 它不能使另一个正定二次型不变, 表明李代数 G' 为非紧致的。

给定非紧致李代数 G' 对应的不可约对称空间, 即在 G' 中确定了对合自同构 σ, 而在 G' 中可取基 X_1、$\cdots$、X_r 使

$$[X_i, X_j] = C^\lambda_{ij}X_\lambda \quad [X_i, X_\lambda] = C^j_{i\lambda}X_j \quad [X_\lambda, X_\mu] = C^\nu_{\lambda\mu}X_\nu \tag{7.47}$$

成立。依据单纯实李代数 G', 可作另一个李代数, 其方法是: 将 G' 复化, 在复化的空间里取元素 $X'_j = iX_j$, 以 X'_k、X_λ 为基, 重新定义李代数 L', 它的结构方程为

$$[X'_k, X'_j] = -C^\lambda_{kj}X_\lambda \quad [X'_k, X_\lambda] = C^j_{k\lambda}X'_j \quad [X_\lambda, X_\mu] = C^\nu_{\lambda\mu}X_\nu \tag{7.48}$$

设该李代数的嘉当度量为 $K_{\alpha\beta}e^{\alpha}e^{\beta}$, 易见

$$G_{\lambda\mu} = K_{\lambda\mu} \qquad G_{k\lambda} = K_{k\lambda} \qquad G_{kj} = K_{kj}$$

故 L' 的嘉当数量积为

$$C\left(e_1^2 + \cdots + e_n^2\right) - \left(e_{n+1}^2 + \cdots + e_r^2\right) \tag{7.49}$$

式中 C 为负数; 表明 L' 为紧致李代数, 对应一个不可约对称空间, L' 必为单纯李代数或两个单纯李代数 G_1'、G_2' 的直和; 于是非紧致李代数 G' 的不可约对称空间必对应于一个紧致李代数的对称空间。

反之, 同样的步骤也可以由紧致李代数对应的不可约对称空间引导到非紧致的李代数所对应的不可约对称空间。从局部观点看, 全部对称空间的确定归结于紧致李代数的不可约对称空间的确定。根据上述讨论知: 当该李代数为半单纯而非单纯时对称空间的结构即可给出, 表明确定对称空间的问题可转化为纯代数的问题——确定紧致的单纯的李代数的所有的对合自同构问题。

附录 1　射影变换与偏微分方程

讨论使单位圆不变的射影变换。命群由

$$x^2 + y^2 < 1 \tag{8.1}$$

变为自身的射影变换

$$x_1 = \frac{a_1 x + b_1 y + c_1}{a_2 x + b_2 y + c_2} \qquad y_1 = \frac{a_2 x + b_2 y + c_2}{a_3 x + b_3 y + c_3} \tag{8.2}$$

组成, 即方阵

$$A = \begin{pmatrix} a_1 & b_1 & c_1 \\ a_2 & b_2 & c_2 \\ a_3 & b_3 & c_3 \end{pmatrix}$$

为满秩的, 并适合于

$$A' \begin{pmatrix} 1 & 0 & 0 \\ 0 & 1 & 0 \\ 0 & 0 & -1 \end{pmatrix} A = \rho \begin{pmatrix} 1 & 0 & 0 \\ 0 & 1 & 0 \\ 0 & 0 & -1 \end{pmatrix} \tag{8.3}$$

注意到式 (8.2) 的齐次性, 不妨假定 $\rho = \pm 1$, 再取式 (8.3) 的行列式知 $\rho = 1$。

记该群为 Γ, 依以下的一些元素演成

$$\begin{pmatrix} \cos\theta & \sin\theta & 0 \\ -\sin\theta & \cos\theta & 0 \\ 0 & 0 & 1 \end{pmatrix} \quad \begin{pmatrix} 1 & 0 & 0 \\ 0 & -1 & 0 \\ 0 & 0 & 1 \end{pmatrix} \quad \begin{pmatrix} 1 & 0 & 0 \\ 0 & \mathrm{ch}\psi & \mathrm{sh}\psi \\ 0 & \mathrm{sh}\psi & \mathrm{ch}\psi \end{pmatrix}$$

称之为旋转、反射、双曲旋转; 或

$$\begin{cases} x_1 = x\cos\theta + y\sin\theta \\ y_1 = -x\sin\theta + y\cos\theta \end{cases} \tag{8.4}$$

$$\begin{cases} x_1 = x \\ y_1 = -y \end{cases} \tag{8.5}$$

以及对实数 $|\mu| < 1$,

$$\begin{cases} x_1 = \dfrac{x\sqrt{1-\mu^2}}{1-\mu y} \\ y_1 = \dfrac{y-\mu}{1-\mu y} \end{cases} \tag{8.6}$$

或

$$\begin{cases} x_1 = \dfrac{x}{y\mathrm{sh}\psi + \mathrm{ch}\psi} \\ y_1 = \dfrac{y\mathrm{ch}\psi + \mathrm{sh}\psi}{y\mathrm{sh}\psi + \mathrm{ch}\psi} \end{cases}$$

可以证明: 在 A 的左右各乘式 (8.4), 有 $b_1 = a_2 = 0$, 结果 A 成为

$$\begin{pmatrix} 1 & 0 & 0 \\ 0 & b_2 & c_2 \\ 0 & b_3 & c_3 \end{pmatrix}$$

它是式 (8.5)、式 (8.6) 的乘积。

关于群 Γ 下的微分不变量, 连接点 (x, y)、$(x + \mathrm{d}x, y + \mathrm{d}y)$ 的直线为 $(x + \lambda\mathrm{d}x, y + \lambda\mathrm{d}y)$, 该直线和单位圆的交点可依

$$(x + \lambda\mathrm{d}x)^2 + (y + \lambda\mathrm{d}y)^2 = 1$$

确定, 其判别式为

$$\delta = (x\mathrm{d}x + y\mathrm{d}y)^2 - (\mathrm{d}x^2 + \mathrm{d}y^2)(x^2 + y^2 - 1)$$

或

$$\delta = (1 - y^2)\mathrm{d}x^2 + 2xy\mathrm{d}x\mathrm{d}y + (1 - x^2)\mathrm{d}y^2$$

计算知 δ 为共变量, 且

$$\frac{(1 - y^2)\mathrm{d}x^2 + 2xy\mathrm{d}x\mathrm{d}y + (1 - x^2)\mathrm{d}y^2}{(1 - x^2 - y^2)^2} \tag{8.7}$$

为不变量, 这个性质可从交比推出。事实上, 式 (8.7) 的解为

$$\mathrm{d}x^2 + \mathrm{d}y^2 - (y\mathrm{d}x - x\mathrm{d}x)^2$$

它经过旋转、反射不变, 进一步证明知其经过式 (8.6) 不变,

$$\begin{cases} \mathrm{d}x_1 = \dfrac{\sqrt{1-\mu^2}}{1-\mu}\mathrm{d}x + \dfrac{\mu\sqrt{1-\mu^2}}{(1-\mu y)^2}x\mathrm{d}y \\ \mathrm{d}y_1 = \dfrac{1-\mu^2}{(1-\mu y)^2}\mathrm{d}y \end{cases}$$

易见

$$\begin{aligned} &\mathrm{d}x_1^2 + \mathrm{d}y_1^2 - (x_1\mathrm{d}y_1 - y_1\mathrm{d}x_1)^2 \\ =&\frac{(1-\mu^2)^2}{(1-\mu y)^4}[(1-y^2)\mathrm{d}x^2 + 2xy\mathrm{d}x\mathrm{d}y + (1-x^2)\mathrm{d}y^2] \end{aligned} \tag{8.8}$$

另,

$$\begin{aligned} 1 - x_1^2 - y_1^2 &= 1 - \frac{1}{(1-\mu y)^2}[(1-\mu^2)x^2 + (y-\mu^2)] \\ &= \frac{1-\mu^2}{(1-\mu y)^2}(1-x^2-y^2) \end{aligned} \tag{8.9}$$

得到

$$\begin{aligned} &\frac{(1-y_1^2)\mathrm{d}x_1^2 + 2x_1y_1\mathrm{d}x_1\mathrm{d}y_1 + (1-x_1^2)\mathrm{d}x_1^2}{(1-x_1^2-y_1^2)^2} \\ =&\frac{(1-y^2)\mathrm{d}x^2 + 2xy\mathrm{d}x\mathrm{d}y + (1-x^2)\mathrm{d}x^2}{(1-x^2-y^2)^2} \end{aligned} \tag{8.10}$$

式 (8.10) 作为黎曼度量。

与式 (8.7)“对偶” 的二阶偏微分算子为

$$\nabla^2 u = (1-x^2-y^2)\left[(1-x^2)\frac{\partial^2}{\partial x^2} - 2xy\frac{\partial^2}{\partial x\partial y} + (1-y^2)\frac{\partial^2}{\partial y^2} - 2x\frac{\partial}{\partial x} - 2y\frac{\partial}{\partial y}\right]u \tag{8.11}$$

在群 Γ 下式 (8.11) 不变。

式 (8.7) 可作为黎曼度量, 该黎曼空间的 Bertrami 算子即式 (8.11)。检验知式 (8.11) 在式 (8.6) 下不变, 现有

$$\begin{aligned} \frac{\partial u}{\partial x} &= \frac{\partial u}{\partial x_1}\frac{\sqrt{1-\mu^2}}{1-\mu y} \\ \frac{\partial u}{\partial y} &= \frac{\partial u}{\partial x_1}\frac{\mu x\sqrt{1-\mu^2}}{(1-\mu y)^2} + \frac{\partial u}{\partial y_1}\frac{1-\mu^2}{(1-\mu y)^2} \end{aligned}$$

给出

$$\frac{\partial^2 u}{\partial x^2}=\frac{\partial^2 u}{\partial x_1^2}\frac{1-\mu^2}{(1-\mu y)^2}$$

$$\frac{\partial^2 u}{\partial x\partial y}=\frac{\partial^2 u}{\partial x_1^2}\frac{\mu(1-\mu^2)x}{(1-\mu y)^3}+\frac{\partial^2 u}{\partial x_1\partial y_1}\frac{(1-\mu^2)^{3/2}}{(1-\mu y)^3}+\frac{\partial u}{\partial x_1}\frac{\mu\sqrt{1-\mu^2}}{(1-\mu y)^2}$$

$$\frac{\partial^2 u}{\partial y^2}=\frac{\partial^2 u}{\partial x_1^2}\frac{\mu^2(1-\mu^2)x^2}{(1-\mu y)^4}+2\frac{\partial^2 u}{\partial x_1\partial y_1}\frac{\mu x(1-\mu^2)^{3/2}}{(1-\mu y)^4}+\frac{\partial^2 u}{\partial y_1^2}\frac{(1-\mu^2)^2}{(1-\mu y)^4}$$
$$+2\frac{\partial u}{\partial x_1}\frac{\mu^2 x\sqrt{1-\mu^2}}{(1-\mu y)^3}+2\frac{\partial u}{\partial y_1}\frac{\mu(1-\mu^2)}{(1-\mu y)^3}$$

故

$$\begin{aligned}&(1-x^2)\frac{\partial^2 u}{\partial x^2}-2xy\frac{\partial^2 u}{\partial x\partial y}+(1-y^2)\frac{\partial^2 u}{\partial y^2}-2x\frac{\partial u}{\partial x}-2y\frac{\partial u}{\partial y}\\=&\frac{1-\mu^2}{(1-\mu y_1)^2}\Bigg[(1-x_1^2)\frac{\partial^2 u}{\partial x_1^2}-2x_1y_1\frac{\partial^2 u}{\partial x_1\partial y_1}+(1-y_1^2)\frac{\partial^2 u}{\partial y_1^2}\\&-2x_1\frac{\partial u}{\partial x_1}-2y_1\frac{\partial u}{\partial y_1}\Bigg]\end{aligned}\tag{8.12}$$

依式 (8.8) 可得式 (8.11) 的不变性。注意到这变换的雅可比关系为

$$\frac{\partial(x_1,y_1)}{\partial(x,y)}=\left(\frac{\sqrt{1-\mu^2}}{1-\mu y}\right)^3$$

当单独考虑又带因子 $1-x^2-y^2$ 的式 (8.7)、式 (8.11) 时, 所表出的共变因子为雅可比的非整数乘方指数, 但

$$(1-x^2)\frac{\partial u^2}{\partial x^2}-2xy\frac{\partial^2 u}{\partial x\partial y}+(1-y^2)\frac{\partial^2 u}{\partial y^2}-2\left(x\frac{\partial u}{\partial x}+y\frac{\partial u}{\partial y}\right)=0\tag{8.13}$$

为以式 (8.7) 作特征线的偏微分方程, 其特征线为单位圆的切线。

该方程属于混合型偏微分方程, 在单位圆内为椭圆型, 在单位圆外为双曲线型, 而单位圆就是变型线。在射影变换下单位圆等价于任何非奇异实二次曲线。

取这个方程的极坐标形式为

$$(1-\rho^2)\frac{\partial^2 u}{\partial\rho^2}+\frac{1}{\rho^2}\frac{\partial^2 u}{\partial\theta^2}+\left(\frac{1}{\rho}-2\rho\right)\frac{\partial u}{\partial\rho}=0\tag{8.14}$$

或

$$\rho\sqrt{1-\rho^2}\frac{\partial}{\partial\rho}\left[\frac{\rho(1-\rho^2)}{\sqrt{1-\rho^2}}\frac{\partial u}{\partial\rho}\right]+\frac{\partial^2 u}{\partial\theta^2}=0$$

设 $\mathscr{D}$ 为射影平面上的域, 如果函数 $u=u(x,y)$ 在 $\mathscr{D}$ 上符合式 (8.14)、式 (8.13), 那么称 $u(x,y)$ 为 $\mathscr{D}$ 上的调和函数。若 $\mathscr{D}$ 在单位圆内, 则得到通常的椭圆型偏微分方程; 若 $\mathscr{D}$ 在单位圆外, 则得到普通的双曲线型偏微分方程。今讨论关于 $\mathscr{D}$ 的一部分在单位圆内、另一部分在单位圆外的情形, 即混合型偏微分方程。

方程

$$\left(1-y^2\right)\mathrm{d}x^2+2xy\mathrm{d}x\mathrm{d}y+\left(1-x^2\right)\mathrm{d}y^2=0 \tag{8.15}$$

的解为特征线, 现解式 (8.15)。

$x=1$ 为式 (8.15) 的一个解、为单位圆的一条切线, 在群 $\varGamma$ 作用下给出单位圆的所有切线, 表明单位圆的所有切线适合式 (8.15), 也就是式 (8.15) 的通解, 而单位圆为式 (8.15) 的奇解。

单位圆的切线为特征线, 这些特征线的包络就是该单位圆。特征线的一般形式为

$$x\cos\alpha+y\sin\alpha=1$$

有

$$\cos\alpha=\frac{x\pm\sqrt{x^2-(x^2-y^2)(1-y^2)}}{x^2+y^2}$$

推出式 (8.13) 的通解

$$u(x,y)=f_1\left(\frac{x+y\sqrt{x^2+y^2-1}}{x^2+y^2}\right)+f_2\left(\frac{x-y\sqrt{x^2+y^2-1}}{x^2+y^2}\right)$$

这里 f_1、f_2 为任意函数; 极坐标的通解为

$$g_1\left(\theta+\arccos\frac{1}{\rho}\right)+g_2\left(\theta-\arccos\frac{1}{\rho}\right)$$

当 $u(x,y)$ 为式 (8.13) 的一个解时,

$$u(x\cos\psi+y\sin\psi,-x\sin\psi+y\cos\psi)$$

也是一个解, 于是

$$u(x,y)=\frac{1}{2\pi}\int_0^{2\pi}u(x\cos\psi+y\sin\psi,-x\sin\psi+y\cos\psi)\mathrm{d}\psi$$

也为其解, 这种解经过旋转而不变, 该函数仅为 ρ 的函数, 与 θ 无关。先考虑这样的解, 依式 (8.14) 知

$$\frac{\partial}{\partial\rho}\left[\frac{\rho(1-\rho^2)}{\sqrt{1-\rho^2}}\frac{\partial u}{\partial\rho}\right]=0\quad\frac{\rho(1-\rho^2)}{\sqrt{1-\rho^2}}\frac{\partial u}{\partial\rho}=C_1$$

$$u=\begin{cases}C_1\log\dfrac{1+\sqrt{1-\rho^2}}{\rho}+C_2 & (\rho\leqslant 1)\\ C_1\arccos\dfrac{1}{\rho}+C_2 & (\rho>1)\end{cases}$$

对于极坐标方程

$$\rho^2(1-\rho^2)\frac{\partial^2u}{\partial\rho^2}+\rho(1-2\rho^2)\frac{\partial u}{\partial\rho}+\frac{\partial^2u}{\partial\theta^2}=0\tag{8.16}$$

命变量 $\xi=f(\rho)$, 于是

$$\frac{\partial u}{\partial\rho}=\frac{\partial u}{\partial\xi}f'(\rho)\qquad\frac{\partial^2u}{\partial\rho^2}=\frac{\partial^2u}{\partial\xi^2}f'^2(\rho)+\frac{\partial u}{\partial\xi}f''(\rho)$$

将其代入式 (8.16),

$$\begin{aligned}&\rho^2\left(1-\rho^2\right)f'^2(\rho)\frac{\partial^2u}{\partial\xi^2}\\&+\left[\rho^2\left(1-\rho^2\right)f''(\rho)+\rho\left(1-2\rho^2\right)f'(\rho)\right]\frac{\partial u}{\partial\xi}+\frac{\partial^2u}{\partial\theta^2}=0\end{aligned}$$

令 $f(\rho)$ 使

$$\rho^2\left|1-\rho^2\right|f'^2(\rho)=1\tag{8.17}$$

微分式 (8.17),

$$\rho^2\left(1-\rho^2\right)f''(\rho)+\rho\left(1-2\rho^2\right)f'(\rho)=0\tag{8.18}$$

如果 $f(\rho)$ 满足式 (8.17), 那么式 (8.16) 变为

$$\rho^2\left(1-\rho^2\right)f'^2(\rho)\frac{\partial^2u}{\partial\xi^2}+\frac{\partial^2u}{\partial\theta^2}=0$$

或

$$\operatorname{sgn}(1-\rho^2)\frac{\partial^2 u}{\partial \xi^2}+\frac{\partial^2 u}{\partial \theta^2}=0 \tag{8.19}$$

对于式 (8.17) 的解, 设 $\xi = f(\rho)$ 使

$$\frac{\mathrm{d}\xi}{\mathrm{d}\rho}=-\frac{1}{\rho\sqrt{1-\rho^2}}$$

得

$$\xi=\begin{cases}\log\dfrac{1+\sqrt{1-\rho^2}}{\rho}+C & (\rho<1)\\ -\arccos\dfrac{1}{\rho}+C' & (\rho>1)\end{cases} \tag{8.20}$$

取 $C=C'=0$, 有变换

$$\xi=\begin{cases}\operatorname{arch}\dfrac{1}{\rho} & (0\leqslant\rho\leqslant 1)\\ -\arccos\dfrac{1}{\rho} & (\rho\geqslant 1)\end{cases}$$

该变换为连续的且变化如下

ρ	0		1		∞
ξ	∞	$\searrow$	0	$\searrow$	$-\frac{1}{2}\pi$

作此变换后, 所考虑的偏微分方程为

$$\operatorname{sgn}\xi\frac{\partial^2 u}{\partial \xi^2}+\frac{\partial^2 u}{\partial \theta}=0$$

而 $-\dfrac{\pi}{2}\leqslant\xi\leqslant\infty$、$-\pi<\theta\leqslant\pi$。依式 (8.20) 给出

$$\rho=\begin{cases}\dfrac{1}{\operatorname{ch}\xi} & (\xi\geqslant 0)\\ \dfrac{1}{\cos\xi} & (-\dfrac{\pi}{2}\leqslant\xi\leqslant 0)\end{cases} \tag{8.21}$$

这个变换为连续的并有一阶连续导数, 但其二阶导数在 $\xi=0$ 处不连续。

如果 (ρ,θ)、(ξ,θ) 当作垂直坐标, 那么得到图 8.1。

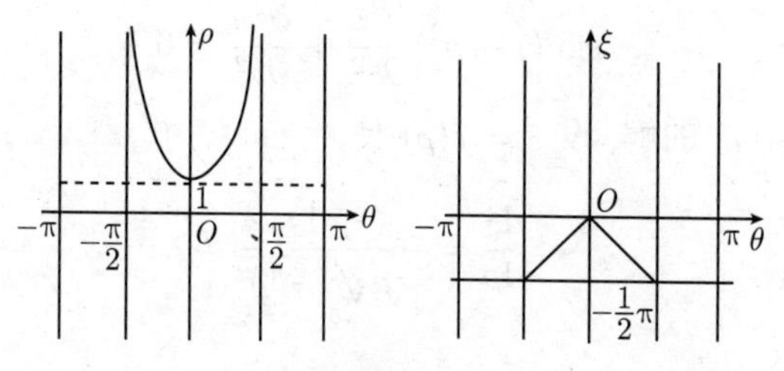

图 8.1

在 (ρ,θ) 平面上考虑的区域为 $\rho>0$、$-\pi<\theta\leqslant\pi$ 为半条形, 但适合于 $0<\rho\leqslant 1$ 的部分为椭圆区; 适合于 $\rho>1$ 的部分为双曲线, 所绘 U 形曲线为一条特征线, 其他特征线可由此线水平移动产生。注意把直线 $\theta=\pi$、$\theta=-\pi$ 等同, 在 (ξ,θ) 平面上考虑的区域点 $-\dfrac{\pi}{2}<\xi$ 以及$-\pi<\theta\leqslant\pi$, 其中 $\xi<0$ 的部分为双曲线, 所绘 $\varLambda$ 形曲线为特征线之一, 其余可依水平移动产生。

今分析方程

$$\rho^2(1-\rho^2)\frac{\partial^2 u}{\partial\rho^2}+\rho(1-2\rho^2)\frac{\partial u}{\partial\rho}=-\frac{\partial^2 u}{\partial\theta^2} \tag{8.22}$$

形如 $u=\varphi(\rho)\psi(\theta)$ 的解, 有

$$\frac{\rho^2(1-\rho^2)\varphi''(\rho)+\rho(1-2\rho^2)\varphi'(\rho)}{\varphi(\rho)}=-\frac{\psi''(\theta)}{\psi(\theta)} \tag{8.23}$$

注意到 θ 的周期性,

$$-\frac{\psi''(\theta)}{\psi(\theta)}=n^2 \tag{8.24}$$

n 为整数并给出 $\psi(\theta)=\cos n\theta$ (或 $\sin n\theta$)。依式 (8.24)、式 (8.23),

$$\rho^2\left(1-\rho^2\right)\varphi''+\rho\left(1-2\rho^2\right)\varphi'-n^2\varphi=0 \tag{8.25}$$

置 $\varphi=\rho^n\phi$ 中, 有

$$\rho\left(1-\rho^2\right)\phi''-\left[2n-1-2(n-1)\rho^2\right]\phi'-n(n-1)\rho\phi=0 \tag{8.26}$$

记

$$\tau = 1 - \rho^2 \tag{8.27}$$

得

$$4\tau(1-\tau)\frac{\mathrm{d}^2\phi}{\mathrm{d}\tau^2} + 2[1+2(n-1)\tau-\tau]\frac{\mathrm{d}\phi}{\mathrm{d}\tau} - n(n-1)\phi = 0 \tag{8.28}$$

式 (8.28) 为超几何微分方程, 其解一般为

$$F\left(-\frac{1}{2}n, -\frac{1}{2}(n-1), \frac{1}{2}, \tau\right)$$

不难验证,

$$(1+\sqrt{\tau})^n \qquad (1-\sqrt{\tau})^n \tag{8.29}$$

为其解; 若式 (8.29) 不常为实, 则可用以下两个实解

$$P_n(\tau) = \frac{1}{2}\left[(1+\sqrt{\tau})^n - (1-\tau)^n\right] \tag{8.30}$$

及

$$\sqrt{|\tau|}Q_n(\tau) \tag{8.31}$$

这里 $Q_n(\tau) = \dfrac{1}{2\sqrt{\tau}}[(1+\sqrt{\tau})^n - (1-\tau)^n]$, 取

$$\sqrt{\tau} = \begin{cases} \sqrt{|\tau|} & (\tau > 0) \\ i\sqrt{|\tau|} & (\tau < 0) \end{cases}$$

于是式 (8.14) 有如下形式的部分解,

$$\frac{P_n(r)}{\rho^n}\cos n\theta \quad \frac{P_n(r)}{\rho^n}\sin n\theta \quad \sqrt{|\tau|}\frac{Q_n(r)}{\rho^n}\cos n\theta \quad \sqrt{|\tau|}\frac{Q_n(r)}{\rho^n}\sin n\theta$$

其中 n 为正整数, 当 $n = 0$ 时依式 (8.23),

$$\begin{cases} \rho^2\left(1-\rho^2\right)\varphi''(\rho) + \rho\left(1-2\rho^2\right)\varphi'(\rho) = 0 \\ \psi''(\theta) = 0 \end{cases}$$

推出

$$\varphi(\rho) = \begin{cases} C_1 \log\dfrac{1+\sqrt{1-\rho^2}}{\rho} + C_2 & (\rho < 1) \\ -C_1 \arccos\dfrac{1}{\rho} + C_2 & (\rho > 1) \end{cases}$$

注意, 计算中假定 $\varphi(\rho)$ 在 $\rho=1$ 处连续, 而

$$\varphi(\theta)=C_3\theta+C_4$$

由于 $u(\rho,\theta)$ 为 θ 的以 2π 作周期的函数, 因此 $C_3=0$。命

$$\sigma(\rho)=\begin{cases}\log\dfrac{1+\sqrt{1-\rho^2}}{\rho} & (\rho<1)\\ \arccos\dfrac{1}{\rho} & (\rho>1)\end{cases}$$

结果

$$\lim_{\mu\to1}\frac{\sigma(\rho)}{\sqrt{\tau}}=1$$

表明式 (8.22) 有解

$$\begin{aligned}u(\rho,\theta)=&\ \frac{1}{2}a_0+\sum_{n=1}^{\infty}(a_n\cos n\theta+b_n\sin n\theta)\frac{P_n(\theta)}{\rho^n}+c_0\sigma\\&+\sqrt{|\tau|}\sum_{n=1}^{\infty}(c_n\cos n\theta+d_n\sin n\theta)\frac{Q_n(\theta)}{\rho^n}\end{aligned}\tag{8.32}$$

由式 (8.32) 知, 当 $\rho=1$ 时不能假设 $u(\rho,\theta)$ 在 $\rho=1$ 处存在导数, 应假定存在

$$\lim_{\rho\to1-0}\frac{u(\rho,\theta)-u(1,\theta)}{\sqrt{\tau}}=\lim_{\rho\to1+0}\frac{u(\rho,\theta)-u(1,\theta)}{\sqrt{\tau}}\tag{8.33}$$

具体而言所讨论的函数类: 给定区域 D, 其中包括一段单位圆, 当 $\rho\neq1$ 时 $u(\rho,\theta)$ 有二阶偏导数; 当 $\rho=1$ 时假定符合式 (8.22)。

对于单位圆 (变型线) 上式 (8.32), 有级数 (定义)

$$u(1,\theta)=\frac{1}{2}a_0+\sum_{n=1}^{\infty}(a_n\cos n\theta+b_n\sin n\theta)=\varphi(\theta)\tag{8.34}$$

若仅有单位圆上的数值, 即 $u(1,\theta)=\varphi(\theta)$, 则式 (8.22) 的解不唯一; 事实上, 对任何 c_n、d_n, 式 (8.33) 在单位圆上均有相同的值并都是式 (8.22) 的解。

观察满足以下条件的函数: 存在极限

$$\lim_{\rho\to 1}\frac{u(\rho,\theta)-\varphi(\theta)}{\sqrt{|\tau|}} \tag{8.35}$$

或定义

$$\begin{aligned}
&\lim_{\rho\to 1}\frac{u(\rho,\theta)-\varphi(\theta)}{\sqrt{|\tau|}}\\
=\ &\lim_{\tau\to 0}\sum_{n=1}^{\infty}(c_n\cos n\theta+d_n\sin n\theta)Q_w(\tau)+c_0\lim_{\rho\to 0}\frac{\sigma(\rho)}{\sqrt{|\tau|}}\\
=\ &\sum_{n=1}^{\infty}n(c_n\cos n\theta+d_n\sin n\theta)+c_0=\chi(\theta)
\end{aligned}$$

已知函数 $\varphi(\theta)$、$\chi(\theta)$ 的周期为 2π, 问什么条件下有且仅有函数 $u(\rho,\theta)$ 适合于式 (8.22)(单位圆除外, 但在圆上连续) 并

$$u(\rho,\theta)|_{\rho=1}=\varphi(\theta) \tag{8.36}$$

$$\lim_{\rho\to 0}\frac{u(\rho,\theta)-\varphi(\theta)}{\sqrt{|\tau|}}=\chi(\theta) \tag{8.37}$$

若 $\varphi(\theta)$、$\chi(\theta)$ 的傅里叶级数为

$$\varphi(\theta)=\frac{1}{2}a_0+\sum_{n=1}^{\infty}(a_n\cos n\theta+b_n\sin n\theta) \tag{8.38}$$

$$\chi(\theta)=\frac{1}{2}\gamma_0+\sum_{n=1}^{\infty}(\gamma_n\cos n\theta+\delta_n\sin n\theta) \tag{8.39}$$

则

$$\begin{aligned}
u(\rho,\theta)=\ &\frac{1}{2}a_0+\sum_{n=1}^{\infty}(a_n\cos n\theta+b_n\sin n\theta)\frac{P_n(\tau)}{\rho^n}+\frac{1}{2}\gamma_0\sigma(\rho)\\
&+\sqrt{|\tau|}\sum_{n=1}^{\infty}\frac{1}{n}(\gamma_n\cos n\theta+\delta_n\sin n\theta)\frac{Q_n(\tau)}{\rho^n}
\end{aligned} \tag{8.40}$$

当假定存在实解析时, 式 (8.36) 可唯一确定式 (8.22) 的解。

讨论在特征线上的情况, 而特征线 $x=1$,

$$\rho\cos\theta=1\quad\left(|\theta|\leqslant\frac{\pi}{2}\right)$$

现在

$$\begin{aligned}\frac{P_n(\tau)}{\rho^n}&=\frac{1}{2}\left[\left(\frac{1}{\rho}+\frac{\sqrt{\tau}}{\rho}\right)^n+\left(\frac{1}{\rho}-\frac{\sqrt{\tau}}{\rho}\right)^n\right]\\&=\frac{1}{2}\left[(\cos\theta+i\sin\theta)^n+(\cos\theta-i\sin\theta)^n\right]=\cos n\theta\end{aligned}$$

同理,

$$\sqrt{|\tau|}\frac{Q_n(\tau)}{\rho^n}=\sin n\theta$$

$$\sigma(\rho)=\theta$$

定义

$$\begin{aligned}u\left(\frac{1}{\cos\theta},\theta\right)=&\frac{1}{2}a_0+\sum_{n=1}^{\infty}(a_n\cos n\theta+b_n\sin n\theta)\cos n\theta+c_0\theta\\&+\sum_{n=1}^{\infty}(c_n\cos n\theta+d_n\sin n\theta)\sin n\theta\\=&\frac{1}{2}\left[a_0+\sum_{n=1}^{\infty}(a_n+d_n)\right]+c_0\theta\\&+\frac{1}{2}\sum_{n=1}^{\infty}[(a_n-d_n)\cos 2n\theta+(b_n+c_n)\sin 2n\theta]=\tau(\theta)\end{aligned}\tag{8.41}$$

依

$$u(1,0)=\varphi(0)=\tau(0)\tag{8.42}$$

可以进一步讨论: 给定函数 $\varphi(\theta)$ 和 $\tau(\theta)$, 其周期分别为 2π、π 并 $\varphi(0)=\tau(0)$, 在怎样条件下函数 $u(\rho,\theta)$ 满足式 (8.22) 且

$$u(\rho,\theta)|_{\rho=1}=\varphi(\theta)\qquad u(\rho,\theta)|_{x=1}=\tau(\theta)$$

如果 $\varphi(\theta)$ 有傅里叶展开式 (8.39)、$\tau(\theta)$, 那么由傅里叶展开式

$$\tau(\theta)=\frac{1}{2}+\gamma_0\theta+\sum_{n=1}^{\infty}(\alpha_n\cos 2n\theta+\beta_n\sin 2n\theta) \tag{8.43}$$

及

$$\frac{1}{2}a_0+\sum_{n=1}^{\infty}a_n=\frac{1}{2}\alpha_0+\sum_{n=1}^{\infty}\alpha_n$$

表明解应为

$$\begin{aligned}u(\rho,\theta)=&\frac{1}{2}a_0+\sum_{n=1}^{\infty}(a_n\cos n\theta+b_n\sin n\theta)\frac{P_n(\tau)}{\rho^n}+\gamma_0\sigma(\rho)\\&+\sqrt{|\tau|}\sum_{n=1}^{\infty}[(2\beta_n-b_n)\cos n\theta-(2\alpha_n-a_n)\sin n\theta]\frac{Q_n(\tau)}{\rho_n}\end{aligned} \tag{8.44}$$

考虑圆内的情形, 引入变量

$$\lambda=\frac{1}{\rho}-\sqrt{\frac{1}{\rho^2}-1}=\frac{1-\sqrt{\tau}}{\rho}=\frac{\rho}{1+\sqrt{\tau}} \tag{8.45}$$

在该变换下式 (8.22) 变为

$$\frac{\partial^2 u}{\partial\lambda^2}+\frac{1}{\lambda}\frac{\partial u}{\partial\lambda}+\frac{1}{\lambda^2}\frac{\partial^2 u}{\partial\theta^2}=0$$

这恰好为拉普拉斯方程的极坐标形式, 因为

$$\frac{\mathrm{d}\lambda}{\mathrm{d}\rho}=\frac{1-\sqrt{1-\rho^2}}{\rho^2\sqrt{1-\rho^2}}\geqslant 0$$

当 ρ 从 0 到 1 时 λ 也从 0 到 1, 而对应为一对一的, 此时即有

$$\frac{P_n(\tau)}{\rho^n}=\frac{1}{2}\left[\left(\frac{1+\sqrt{\tau}}{\rho}\right)^n-\left(\frac{1-\sqrt{\tau}}{\rho}\right)^n\right]=\frac{-\lambda^n+\lambda^{-n}}{2}$$

及 $\sigma(\rho)=\log\lambda$, 所以

$$
\begin{aligned}
u(\rho,\theta) =& \frac{1}{2}a_0 + \frac{1}{2}\sum_{n=1}^{\infty}(a_n \cos n\theta + b_n \sin n\theta)(\lambda^n + \lambda^{-n}) + c_0 \log \lambda \\
&+ \frac{1}{2}\sum_{n=1}^{\infty}(c_n \cos n\theta + d_n \sin n\theta)(-\lambda^n + \lambda^{-n}) \\
=& \frac{1}{2}a_0 + \frac{1}{2}\sum_{n=1}^{\infty}[(a_n + c_n)\cos n\theta + (b_n + d_n)\sin n\theta]\lambda^{-n} + c_0 \log \lambda \\
&+ \frac{1}{2}\sum_{n=1}^{\infty}[(a_n - c_n)\cos n\theta + (b_n - d_n)\sin n\theta]\lambda^n = U(\lambda,\theta)
\end{aligned} \tag{8.46}
$$

这里 $U(\lambda,\theta)$ 为在环状域内的普通单调调和函数, 也就是一个环状域的解析函数的实部。

在变型线 (单位圆) 上和圆内仅一条闭曲线 Γ' 上 (如图 8.2 所示) 给定 $u(\rho,\theta)$ 的函数值

$$
\begin{cases}
u(\rho,\theta)|_{\rho=1} = \varphi(\theta) \\
u(\rho,\theta)|_{\Gamma'} = \psi(\theta)
\end{cases} \tag{8.47}
$$

于是式 (8.22) 的解存在并唯一。

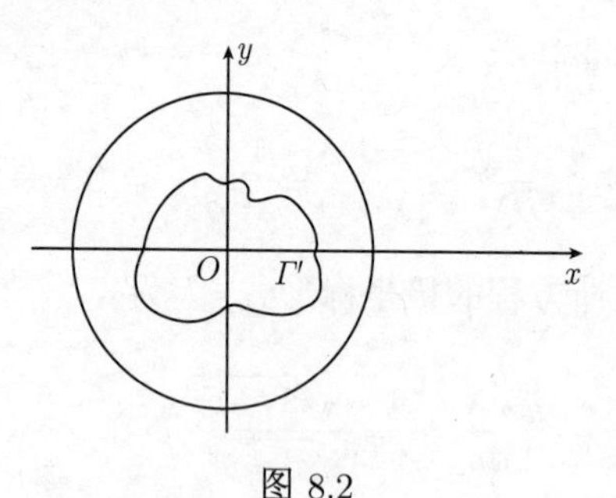

图 8.2

当 Γ' 为同心圆时已知

$$
\begin{cases}
u(\rho,\theta)|_{\rho=1} = \Phi(\theta) \\
u(\rho,\theta)|_{\Gamma'} = \Psi(\theta) \quad (0 < \rho_0 < 1)
\end{cases}
$$

今计算 $u(\rho,\theta)$。在极坐标 (λ,θ) 平面上, 命 Γ' 为以 λ_0 作半径、以

原点作中心的圆, 在 $0<\lambda_0<\lambda<1$ 中考虑函数

$$
\begin{aligned}
W(\lambda,\theta)=&\frac{1}{2\pi}\int_0^{2\pi}\frac{1-\lambda^2}{1-2\lambda\cos(\theta-\varphi)+\lambda^2}\Phi(\varphi)\mathrm{d}\varphi\\
&+\frac{1}{2\pi}\int_0^{2\pi}\frac{\lambda^2-\lambda_0^2}{\lambda^2-2\lambda\lambda_0\cos(\theta-\varphi)+\lambda_0^2}\Psi(\varphi)\mathrm{d}\varphi+\gamma\log\lambda
\end{aligned}
\tag{8.48}
$$

而

$$
\begin{cases}
\Phi(\theta)=\dfrac{1}{2}\alpha_0+\displaystyle\sum_{n=1}^{\infty}(\alpha_n\cos n\theta+\beta_n\sin n\theta)\\
\Psi(\theta)=\dfrac{1}{2}\gamma_0+\displaystyle\sum_{n=1}^{\infty}(\gamma_n\cos n\theta+\delta_n\sin n\theta)
\end{cases}
\tag{8.49}
$$

将泊松核展开逐项积分知

$$
\begin{aligned}
W(\lambda,\theta)=&\frac{1}{2}(\alpha_0+\gamma_0)+\sum_{n=1}^{\infty}(\alpha_n\cos n\theta+\beta_n\sin n\theta)\lambda^n+\gamma\log\lambda\\
&+\sum_{n=1}^{\infty}(\gamma_n\cos n\theta+\delta_n\sin n\theta)\left(\frac{\lambda_0}{\lambda}\right)^n
\end{aligned}
\tag{8.50}
$$

对于 $\lambda\to1$、$\lambda\to\lambda_0$, 有

$$
W(\lambda,\theta)\big|_{\lambda=1}=\frac{1}{2}(\alpha_0,\gamma_0)+\sum_{n=1}^{\infty}[(\alpha_0+\lambda_0^n\gamma_n)\cos\theta+(\beta_n+\lambda_0^n\delta_n)\sin n\theta]
\tag{8.51}
$$

$$
\begin{aligned}
W(\lambda,\theta)\big|_{\lambda=\lambda_0}=&\frac{1}{2}(\alpha_0+\gamma_0)+\gamma\log\lambda_0+\sum_{n=1}^{\infty}[(\alpha_n\lambda_0^n+\gamma_n)\cos\theta\\
&+(\beta_n\lambda_0^n+\delta_n)\sin n\theta]
\end{aligned}
\tag{8.52}
$$

式 (8.50) 变成 (ρ,θ) 符号, 故

$$
\begin{aligned}
u(\rho,\theta)=W(\lambda,\theta)=&\frac{1}{2}(\alpha_0+\gamma_0)+\sum_{n=1}^{\infty}(\alpha_n\cos n\theta+\beta_n\sin n\theta)\cdot\\
&\left[\frac{P_n(\tau)}{\rho^n}+\sqrt{|\tau|}\frac{Q_n(\tau)}{\rho^n}\right]+\gamma\sigma(\rho)\\
&+\sum_{n=1}^{\infty}(\gamma_n\cos n\theta+\delta_n\sin n\theta)\lambda_0^n\left[\frac{P_n(\tau)}{\rho^n}-\sqrt{|\tau|}\frac{Q_n(\tau)}{\rho^n}\right]
\end{aligned}
$$

$$
\begin{aligned}
&= \frac{1}{2}(\alpha_0+\gamma_0)+\sum_{n=1}^{\infty}[(\alpha_n+\gamma_n\lambda_0^n)\cos n\theta+(\beta_n+\delta_n\lambda_0^n)\sin n\theta]\cdot \\
&\quad \frac{P_n(\tau)}{\rho^n}+\gamma\sigma(\rho)+\sqrt{|\tau|}\sum_{n=1}^{\infty}[(\alpha_n-\gamma_n\lambda_0^n)\cos n\theta \\
&\quad +(\beta_n-\delta_n\lambda_0^n)\sin n\theta]\frac{Q_n(\tau)}{\rho^n}
\end{aligned} \tag{8.53}
$$

如果式 (8.47) 所给的函数的傅里叶级数为

$$
\begin{cases}
\varphi(\theta)=\dfrac{1}{2}a_0+\displaystyle\sum_{n=1}^{\infty}(a_n\cos n\theta+b_n\sin n\theta) \\
\psi(\theta)=\dfrac{1}{2}c_0+\displaystyle\sum_{n=1}^{\infty}(c_n\cos n\theta+d_n\sin n\theta)
\end{cases} \tag{8.54}
$$

那么比较式 (8.52)、式 (8.51) 给出

$$
\begin{aligned}
&\alpha_0+\gamma_0=a_0 \\
&\alpha_n+\lambda_0^n\gamma_n=a_n \\
&\beta_n+\lambda_0^n\delta_n=b_n \\
&\alpha_0+\gamma_0+2\gamma\log\lambda_0=c_0 \\
&\alpha_n\lambda_0^n+\gamma_n=c_n \\
&\beta_n\lambda_0^n+\delta_n=d_n
\end{aligned} \tag{8.55}
$$

代入式 (8.53), 得到

$$
\begin{aligned}
u(\rho,\theta)=&\ \frac{1}{2}a_0+\sum_{n=1}^{\infty}(a_n\cos n\theta+b_n\sin n\theta)\frac{P_n(\tau)}{\rho^n}+\frac{c_0-a_0}{2\log\lambda}\sigma(\rho) \\
&+\sqrt{|\tau|}\sum_{n=1}^{\infty}\left[\left(\frac{1+\lambda_0^{2n}}{1-\lambda_0^{2n}}a_n-\frac{2\lambda_0^n}{1-\lambda_0^{2n}}c_n\right)\cos n\theta\right] \\
&+\left[\left(\frac{1+\lambda_0^{2n}}{1-\lambda_0^{2n}}b_n-\frac{2\lambda_0^n}{1-\lambda_0^{2n}}d_n\right)\sin n\theta\right]\frac{Q_n(\tau)}{\rho^n} \\
=&\ \frac{1}{2}a_0+\sum_{n=1}^{\infty}(a_n\cos n\theta+b_n\sin n\theta)\frac{P_n(\tau)}{\rho^n}+\frac{1}{2}(c_0-a_0)\frac{\sigma(\rho)}{\sigma(\rho_0)}
\end{aligned}
$$

$$
+\sqrt{\left|\frac{\tau}{\tau_0}\right|}\sum_{n=1}^{\infty}\left\{\left[\frac{-P_n(\tau_0)a_n+c_n\rho_0^n}{Q_n(\tau_0)}\right]\cos n\theta\right.
$$

$$
\left.+\left[\frac{-P_n(\tau_0)b_n+d_n\rho_0^n}{Q_n(\tau_0)}\right]\sin n\theta\right\}\frac{Q_n(\tau)}{\rho^n}
$$

当 $\lambda=\lambda_0$ 时 $\rho=\rho_0$、$\tau=\tau_0$。

取 Γ' 为圆内的一条闭曲线并在 Γ' 和一条特征线 (如 $x=1$) 上给定函数值, 于是式 (8.22) 的解唯一。

仍以 Γ' 为同心圆, 设

$$
u(\rho,\theta)\big|_{\Gamma'}=\varphi(\theta) \qquad u(\rho,\theta)\big|_{x=1}=\tau(\theta)
$$

且

$$
u(\rho,\theta)\big|_{\rho=1}=\varphi(\theta)
$$

比较式 (8.55)、式 (8.44),

$$
\begin{cases}
\gamma_0=\dfrac{c_0-a_0}{a\log\lambda_0}\\
2\beta_n-b_n=\dfrac{(1+\lambda_0^{2n})a_n-2\lambda_0^n c_n}{1-\lambda_0^{2n}}\\
-2\alpha_n+a_n=\dfrac{(1+\lambda_0^{2n})b_n-2\lambda_0^n d_n}{1-\lambda_0^{2n}}
\end{cases}
$$

据此解出 a_0、a_n、b_n 并代入式 (8.44) 即得所求。令

$$
u(\rho,\theta)\big|_{\rho=\rho_0}=\psi(\theta) \quad u(\rho,\theta)\big|_{x=1}=\tau(\theta)
$$

将其代入式 (8.32),

$$
u(\rho,\theta)|_{x=1}=\frac{1}{2}\left[a_0+\sum_{n=1}^{\infty}(a_n+d_n)\right]+c_0\theta
$$

$$
+\frac{1}{2}\sum_{n=1}^{\infty}\left[(a_n-d_n)\cos 2n\theta+(b_n+c_n)\sin 2n\theta\right]
$$

$$
u(\rho,\theta)\big|_{\rho=\rho_0}=\frac{1}{2}a_0+c_0\sigma(\rho_0)
$$

$$
+\sum_{n=1}^{\infty}\left\{\left[a_n\frac{P_n(\tau_0)}{\rho_0^n}+\sqrt{|\tau_0|}c_n\frac{Q_n(\tau_0)}{\rho_0^n}\right]\cos n\theta\right.
$$

$$+\left[b_n\frac{P_n(\tau_0)}{\rho_0^n}+\sqrt{|\tau_0|}d_n\frac{Q_n(\tau_0)}{\rho_0^n}\right]\sin n\theta\Bigg\}$$

把其中的 c、d 改为 c'、d' 且比较式 (8.43)、式 (8.54), 有

$$\alpha_0=a_0+\sum_{n=1}^{\infty}(a_n+d_n)\quad \gamma_0=c_0\quad \alpha_n=\frac{1}{2}(a_n-d_n)$$

$$\beta_n=\frac{1}{2}(b_n+c_n)\quad c_0'=a_0+2c_0\sigma(\rho_0)$$

$$c_n'=a_n\frac{P_n(\tau_0)}{\rho_0^n}+\sqrt{|\tau_0|}c_n\frac{Q_n(\tau_0)}{\rho_0^n}$$

$$d_n'=b_n\frac{P_n(\tau_0)}{\rho_0^n}+\sqrt{|\tau_0|}d_n\frac{Q_n(\tau)}{\rho_0^n}$$

关于级数

$$u(\rho,\theta)=\frac{1}{2}a_0+\sum_{n=1}^{\infty}(a_n\cos n\theta+b_n\sin n\theta)\frac{P_n(\tau)}{\rho^n}+c_0\sigma(\rho)$$

$$+\sqrt{|\tau|}\sum_{n=1}^{\infty}\Big(c_n\cos n\theta+d_n\sin n\theta\Big)\frac{Q_n(\tau)}{\rho^n}\tag{8.56}$$

的收敛性; 先考虑在单位圆外的情形, 即 $\rho\geqslant 1$; 若

$$\rho=\frac{1}{\cos\eta}\quad\left(0\leqslant\eta\leqslant\frac{\pi}{2}\right)$$

则

$$\frac{P_n(\tau)}{\rho^n}=\frac{1}{2}\left[\left(\frac{1+\sqrt{\tau}}{\rho}\right)^n+\left(\frac{1-\sqrt{\tau}}{\rho}\right)^n\right]=\cos n\eta$$

$$\sqrt{|\tau|}\frac{Q_n(\tau)}{\rho^n}=\frac{1}{2i}\left[\left(\frac{1+\sqrt{\tau}}{\rho}\right)^n-\left(\frac{1-\sqrt{\tau}}{\rho}\right)^n\right]=\sin n\eta$$

$$\sigma(\rho)=\eta$$

表明式 (8.56) 可变为

$$u(\rho,\theta)=\frac{1}{2}a_0+\sum_{n=1}^{\infty}(a_n\cos n\theta+b_n\sin n\theta)\cos n\eta+c_0\eta$$

$$+\sum_{n=1}^{\infty}\Big(a_n\cos n\theta+d_n\sin n\theta\Big)\sin n\eta\tag{8.57}$$

由于

$$\frac{\partial^2}{\partial\theta^2}u(\rho,\theta)=-\sum_{n=1}^{\infty}n^2(a_n\cos n\theta+b_n\sin n\theta)\cos n\eta$$
$$-\sum_{n=1}^{\infty}n^2(c_n\cos n\theta+d_n\sin n\theta)\sin n\eta \tag{8.58}$$

$$\frac{\partial^2}{\partial\rho^2}u(\rho,\theta)=\sum_{n=1}^{\infty}(a_n\cos n\theta+b_n\sin n\theta)\cdot$$
$$\left[-n^2\cos n\eta\left(\frac{\mathrm{d}\eta}{\mathrm{d}\rho}\right)^2-n\sin n\eta\left(\frac{\mathrm{d}\eta}{\mathrm{d}\rho}\right)\right]$$
$$+\sum_{n=1}^{\infty}(c_n\cos n\theta+d_n\sin n\theta)\cdot$$
$$\left[-n^2\sin n\eta\left(\frac{\mathrm{d}\eta}{\mathrm{d}\rho}\right)^2+n\sin n\eta\left(\frac{\mathrm{d}\eta}{\mathrm{d}\rho}\right)\right] \tag{8.59}$$

因此, 假设当

$$\sum_{n=1}^{\infty}(|a_n|+|b_n|+|c_n|+|d_n|)n^2<\infty \tag{8.60}$$

时知式 (8.59)、式 (8.58)、式 (8.56) 一致收敛, 表明式 (8.56) 在单位圆外满足式 (8.22)。

式 (8.40) 可议假定 $\varphi(\theta)$ 存在四阶连续导数, 从 $\chi(\theta)$ 存在三阶连续导数推出它, 也可从依 $\varphi(\theta)$、$\tau(\theta)$ 有四阶导数推出它。

再考虑单位圆内的情形。可以证明:

(1) 若当 $\rho=\rho_0$、$\theta=\theta_0$ 收敛时式 (8.56) 收敛, 则当 $\rho>\rho_0$、$\theta=\theta_0$ 时也收敛;

(2) 若它在 $\rho=\rho_0$ 和一个测度为正的 θ 集合上收敛, 则当 $\rho\geqslant\rho_0$ 时收敛, 并在该区域中任何一个有限区域一致收敛。

对于 (1), 实际上, 因为 $\dfrac{P_n(\tau)}{\rho^n}$、$\dfrac{Q_n(\tau)}{\rho^n}$ 为 ρ 的递减函数, 所以从

$$\overline{\lim_{n\to\infty}}\left|(a_n\cos n\theta+b_n\sin n\theta)\frac{P_n(\tau_0)}{\rho_0^n}\right|^{\frac{1}{n}}\leqslant 1$$

$$\overline{\lim_{n\to\infty}}\left|(c_n\cos n\theta+d_n\sin n\theta)\frac{Q_n(\tau_0)}{\rho_0^n}\right|^{\frac{1}{n}}\leqslant 1$$

知当 $\rho>\rho_0$ 时 $\mu<1$ 使

$$\overline{\lim_{n\to\infty}}\left|(a_n\cos n\theta+b_n\sin n\theta)\frac{P_n(\tau)}{\rho^n}\right|^{\frac{1}{n}}\leqslant \mu$$

$$\overline{\lim_{n\to\infty}}\left|(c_n\cos n\theta+d_n\sin n\theta)\frac{Q_n(\tau)}{\rho^n}\right|^{\frac{1}{n}}\leqslant \mu$$

对于 (2), 利用定理 8.1 即可。

定理 8.1 若存在正测度的点集 θ 且对其上任意点 θ 有

$$\overline{\lim_{n\to\infty}}\left|(a_n\cos n\theta+d_n\sin n\theta)\right|^{\frac{1}{n}}=\nu$$

则

$$\overline{\lim_{n\to\infty}}\left|a_n^2+b_n^2\right|^{\frac{1}{2n}}=\nu$$

当然也可从数论中的一致分布概念推出。依 (2) 给出

$$a_n,b_n,c_n,d_n=O(\rho_0^n)$$

若有上式, 则有式 (8.60)。

总之, 如果在单位圆内以原点为中心的一个圆上, 有一个正测度的点集在它上 (下) 收敛, 那么在该圆外无处不收敛并符合式 (8.22)。

研究圆内无奇点的函数, 也就是对应于全纯的函数。由于特征线组成可递集, 取 $x=1$,

$$\rho=\frac{1}{\cos\theta}\qquad\left(|\theta|\leqslant\frac{\pi}{2}\right)$$

因此可表述问题: 设

$$u(\rho,\theta)|_{x=1}=\tau(\theta)$$

计算满足式 (8.22) 的 $u(\rho,\theta)$。

关于存在性, 命函数 $\tau(\theta)$ 有二阶导数、$\tau(\theta)$ 以 π 为周期, 而

$$\tau(\theta)=\frac{1}{2}p_0+\sum_{n=1}^{\infty}(p_n\cos 2n\theta+q_n\sin 2n\theta)$$

是 $\tau(\theta)$ 的傅里叶展开式, 级数 $\sum_{n=1}^{\infty}(|p_n|+|q_n|)$ 显然收敛。表明令

$$\alpha_n=p_n+q_n\quad \beta_n=q_n-p_n\quad \alpha_0=p_0-2\sum_{n=1}^{\infty}q_n$$

故

$$u(\rho,\theta)=\frac{1}{2}\alpha_0+\sum_{n=1}^{\infty}(\alpha_n\cos n\theta+\beta_n\sin n\theta)\frac{P_n(2)+\sqrt{|\tau|}Q_n(2)}{\rho^n} \tag{8.61}$$

适合所提问题。

在特征线上,

$$\frac{P_n(\tau)}{\rho^n}=\frac{1}{2}\Big[\Big(\frac{1}{\rho}+i\sqrt{1-\frac{1}{\rho^2}}\Big)^2+\Big(\frac{1}{\rho}-i\sqrt{1-\frac{1}{\rho^2}}\Big)^n\Big]=\cos n\theta$$

$$\sqrt{|\tau|}\frac{Q_n(\tau)}{\rho^n}=\sin n\theta$$

得

$$\begin{aligned}u(\rho,\theta)|_{x=1}=&\frac{1}{2}\alpha_0+\sum_{n=1}^{\infty}(\alpha_n\cos n\theta+\beta_n\sin n\theta)(\cos n\theta+\sin n\theta)\\=&\frac{1}{2}p_0+\sum_{n=1}^{\infty}(p_n\cos 2n\theta+q_n\sin 2n\theta)=\tau(\theta)\end{aligned}$$

在圆外式 (8.61) 处处收敛并适合于式 (8.22)。在单位圆外, 置

$$\rho=\frac{1}{\cos\eta}\qquad\Big(0\leqslant\eta<\frac{\pi}{2}\Big)$$

于是

$$\frac{P_n(\tau)}{\rho^n}=\cos n\eta\qquad\sqrt{|\tau|}\frac{Q_n(\tau)}{\rho^n}=\sin n\eta$$

式 (8.22) 变为

$$u(\rho,\theta)=\frac{1}{2}\alpha_0+\sum_{n=1}^{\infty}(\alpha_n\cos n\theta+\beta_n\sin n\theta)(\cos n\theta+\sin n\theta)$$

注意到 $\sum_{n=1}^{\infty}(|\alpha_n|+|\beta_n|)<\infty$, 该级数收敛。当

$$\sum_{n=1}^{\infty}n^2(|p_n|+|q_n|)<\infty \tag{8.62}$$

时

$$\frac{\partial^2}{\partial\theta^2}u(\rho,\theta)=-\sum_{n=1}^{\infty}n^2(\alpha_n\cos n\theta+\beta_n\sin n\theta)(\cos n\eta+\sin n\eta)$$

和

$$\begin{aligned}\rho\sqrt{\rho^2-1}\frac{\partial}{\partial\rho}u(\rho,\theta)=&\rho\sqrt{\rho^2-1}\frac{\partial}{\partial\eta}u(\rho,\theta)\frac{\partial\eta}{\partial\rho}=\frac{\partial}{\partial\eta}u(\rho,\theta)\\ =&\sum_{n=1}^{\infty}n(\alpha_n\cos n\theta+\beta_n\sin n\theta)(-\sin n\eta+\cos n\eta)\end{aligned}$$

据此知式 (8.61) 符合式 (8.22), 但需假设: 如 $\tau(\theta)$ 有四阶连续导数。当不符合该假定时可以将式 (8.61) 作为式 (8.22) 在双曲区的广义解。

在单位圆内引入变量

$$\lambda=\frac{1}{\rho}-\sqrt{\frac{1}{\rho^2}-1}=\frac{1-\sqrt{\tau}}{\rho}=\frac{\rho}{1+\sqrt{\tau}}$$

因为

$$\frac{\mathrm{d}\lambda}{\mathrm{d}\rho}=\frac{1-\sqrt{1-\rho^2}}{\rho\sqrt{1-\rho^2}}\geqslant 0$$

当 ρ 从 0 到 1 时 λ 也单调上升从 0 到 1, 有

$$\frac{P_n(\tau)}{\rho^n}=\frac{1}{\tau}\left[\left(\frac{1+\sqrt{\tau}}{\rho}\right)^n+\left(\frac{1-\sqrt{\tau}}{\rho}\right)^n\right]=\frac{1}{2}(\lambda^n+\lambda^{-n})$$

$$\sqrt{|\tau|}\frac{Q_n(\tau)}{\rho^n} = \frac{1}{2}(-\lambda^n + \lambda^{-n})$$

所以式 (8.61) 变为

$$u(\rho,\theta) = \frac{1}{2}\alpha_0 + \sum_{n=1}^{\infty}(\alpha_n \cos n\theta + \beta_n \sin n\theta)\lambda^{-n}$$

它是 (λ^{-1},θ) 的调和函数并在圆内处处收敛, 在圆内式 (8.61) 也适合 (8.22)。

关于唯一性, 可以证明只有 $u(\rho,\theta) = 0$ 才满足式

$$u(\rho,\theta)|_{x=1} = 0$$

且在单位圆内无奇点。在圆外存在通解

$$u(\rho,\theta) = F_1\left(\theta + \arccos\frac{1}{\rho}\right) + F_2\left(\theta - \arccos\frac{1}{\rho}\right)$$

$$F_2(0) = 0$$

得

$$u(\rho,\theta)\Big|_{x=1} = F_1(2\theta) = 0$$

表明在圆外,

$$\begin{cases} u(\rho,\theta) = F_2\left(\theta - \arccos\dfrac{1}{\rho}\right) \\ R_2(0) = 0 \end{cases} \tag{8.63}$$

从式 (8.22)

$$\begin{aligned}\frac{\partial u}{\partial \rho}\Big|_{\rho=1} =& \frac{\partial^2 u}{\partial \theta^2}\Big|_{\rho=1} = \frac{\partial}{\partial \rho}F_2\left(\theta - \arccos\frac{1}{\rho}\right)\Big|_{\rho=1} \\ =& F_2'\left(\theta - \arccos\frac{1}{\rho}\right)\frac{1}{\rho\sqrt{\rho^2-1}}\Big|_{\rho=1}\end{aligned}$$

当 $\rho = 1$ 时分母为 0, 给出 $F_2' = 0$。设

$$U(\lambda,\theta) = u(\rho,\theta)$$

故

$$\lim_{\rho\to 1-0}\frac{u(\rho,\theta)-u(1,0)}{\sqrt{|\tau|}}=\lim_{\lambda\to 1-0}\frac{U(\lambda,\theta)-U(1,\theta)}{1-\lambda}=-\frac{\partial U}{\partial\lambda}\bigg|_{\lambda=1}$$

取 U 为复变量解析函数 $f(z)$ 的实部, V 为其虚部, 有

$$f(z)=U+iV$$

将 $|z|=1$ 变为直线 $U+V=0$; 利用施瓦兹对称原理, 在一定条件下 $f(z)$ 的解析性可以扩展到包括无穷远点的全平面, 从而 $V=0$。

对于圆内有对数奇点的函数情况, 先从 $\log\lambda$ 出发, 它是一个圆内以原点为对数奇点的调和函数。利用 (ρ,θ) 符号, 于是式 (8.22) 的一个基本解为

$$\sigma(\rho)=\begin{cases}\log\left(\dfrac{1}{\rho}-\sqrt{\dfrac{1}{\rho^2}-1}\right) & (\rho\leqslant 1)\\[2ex] \arccos\dfrac{1}{\rho} & (\rho\geqslant 1)\end{cases}$$

或

$$\sigma(x,y)=\begin{cases}\log\dfrac{1-\sqrt{1-x^2-y^2}}{\sqrt{x^2+y^2}} & (x^2+y^2\leqslant 1)\\[2ex] \arccos\dfrac{1}{\sqrt{x^2+y^2}} & (x^2+y^2\geqslant 1)\end{cases}$$

今应用群的性质, 它

$$\begin{cases}x=f(x',y';a,b)\\ y=g(x',y';a,b)\end{cases}$$

表示将 $P_0(a,b)$ 变为原点的变换, 这样

$$\sigma(x,y)=\sigma(f(x',y';a,b),g(x',y';a,b))=\sigma_{P_0}(x',y')$$

根据偏微分方程的不变性 $\sigma_{P_0}(x,y)$ 为式 (8.22) 的解。令 $\mu(a,b)$ 为任意分布函数, 故

$$F(x,y)=\int\limits_{a^2+b^2\leqslant 1}\sigma_{P_0}(x,y)\mathrm{d}\mu(a,b)$$

在函数类 $\{\varphi(y)\}$ 中, 对每个 $\varphi(y)$, 找出 $\mu(a,b)$, 使 $\varphi(y) = \int\limits_{a^2+b^2\leqslant 1}$ $\sigma_{P_0}(1,y)\mathrm{d}\mu(a,b)$, 也就是

$$\begin{cases} x_1 = \dfrac{x\cos\alpha + y\sin\alpha - \mu}{1-\mu x\cos\alpha - \mu y\sin\alpha} \\ y_1 = \dfrac{\sqrt{1-\mu^2}(-x\sin\alpha + y\cos\alpha)}{1-\mu x\cos\alpha - \mu y\sin\alpha} \end{cases}$$

属于 Γ' 内的一个变换, 其把圆内点 $P(\mu\cos\alpha, \mu\sin\alpha)$ 变为 (0,0), 有

$$\sigma_P(x,y) = \sigma\left(\frac{\sqrt{(1-u^2)(\rho^2-1)+(1-\mu\rho\cos(\alpha-\theta))^2}}{1-\mu\rho\cos(\alpha-\theta)}\right)$$

$$\begin{cases} x = \rho\cos\theta \\ y = \rho\sin\theta \end{cases}$$

对于 $x=1$、$y=\mathrm{tg}\theta$,

$$\varphi(\mathrm{tg}\theta) = \int_0^1\int_0^{2\pi} \arccos A_0 \mathrm{d}q(\alpha,\mu)$$

$$A_0 = \frac{\cos\theta - \mu\cos(\alpha-\theta)}{\sqrt{(1-\mu^2)\sin^2\theta + [\cos\theta - \mu\cos(\alpha-\theta)]^2}}$$

问: 怎样的 $\varphi(\mathrm{tg}\theta)$ 可以解出囿变函数 $q(\alpha-\theta)$?

从 Γ' 的一般变换函数

$$x' = \frac{a_1x+b_1+c_1}{a_3x+b_3y+c_3} \quad y' = \frac{a_2x+b_2+c_2}{a_3x+b_3y+c_3} \tag{8.64}$$

取

$$\begin{cases} x = \cos\theta \\ y = \sin\theta \end{cases} \quad \begin{cases} x' = \cos\theta' \\ y' = \sin\theta' \end{cases}$$

给出

$$\mathrm{tg}\theta' = \frac{a_2\cos\theta + b_2\sin\theta + c_2}{a_1\cos\theta + b_1\sin\theta + c_1} \tag{8.65}$$

$$\frac{\mathrm{d}\theta'}{\mathrm{d}\theta} = \frac{1}{a_3\cos\theta + b_3\sin\theta + c_3} \tag{8.66}$$

且有

$$1=\frac{1}{2\pi}\int_0^{2\pi}\mathrm{d}\theta'=\frac{1}{2\pi}\int_0^{2\pi}\frac{\mathrm{d}\theta}{|a_3\cos\theta+b_3\sin\theta+c_3|}\tag{8.67}$$

设式 (8.64) 变点 (ξ,η) 为原点 (0,0), 即

$$a_1\xi+b_1\eta+c_1=a_2\xi+b_2\eta+c_2=0\tag{8.68}$$

该点 (ξ,η) 在单位圆内, 依式 (8.68) 得

$$\xi=-\frac{a_3}{c_3}\qquad\eta=-\frac{b_3}{c_3}$$

又

$$a_3^2+b_3^2-c_3^2=-1$$

知

$$c_3^2(\xi^2+\eta^2-1)=-1$$

依式 (8.66)

$$\frac{\mathrm{d}\theta'}{\mathrm{d}\theta}=\pm\frac{\sqrt{1-\xi^2-\eta^2}}{1-\xi\cos\theta-\eta\sin\theta}$$

换 (ξ,η) 为 (x,y), 于是依式 (8.67) 得出: 对圆内任意点 (x,y) 总有

$$1=\frac{1}{2\pi}\int_0^{2\pi}\frac{\sqrt{1-x^2-y^2}}{1-x\cos\theta-y\sin\theta}\mathrm{d}\theta$$

当采用极坐标时,

$$1=\frac{1}{2\pi}\int_0^{2\pi}\frac{\sqrt{1-\rho^2}}{1-\rho\cos(\theta-\psi)}\mathrm{d}\theta\tag{8.69}$$

如果 (x,y) 在圆外, 那么当 $\rho>1$ 时

$$\int_0^{2\pi}\frac{\mathrm{d}\theta}{1-\rho\cos(\theta-\psi)}=0\tag{8.70}$$

事实上, 因为 $\dfrac{1}{1-\rho\cos\theta}$ 的不定积分为

$$\frac{1}{\rho^2-1}\log\left|\frac{\sqrt{\rho^2-1}\mathrm{tg}\frac{\theta}{2}+1-\rho}{\sqrt{\rho^2-1}\mathrm{tg}\frac{\theta}{2}-1+\rho}\right|$$

所以

$$\int_0^{2\pi}\frac{\mathrm{d}\theta}{1-\rho\cos\theta}=\lim_{\varepsilon\to 0}\left(\int_0^{\varepsilon_0}+\int_{\varepsilon_0'}^{\varepsilon}\right)\frac{\mathrm{d}\theta}{1-\rho\cos\theta}=0$$

$$\varepsilon_0=\arccos\frac{1}{\rho}-\varepsilon\qquad \varepsilon_0'=\arccos\frac{1}{\rho}+\varepsilon$$

定义函数

$$P(\rho,\theta-\psi)=\frac{\sqrt{|\tau|}}{1-\rho\cos(\theta-\psi)}\quad(\tau=1-\rho^2)$$

称之为泊松核; 其性质为

(1) 将 $P(\rho,\theta-\psi)$ 视作极坐标 (ρ,θ) 的函数, 不论在圆内 、圆外, 它适合式 (8.22);

(2) 在圆周上除点 $\theta=\psi$ 外处处为 0;

(3) 在整个平面上, 除一条直线 (特征线之一, $\rho\cos(\theta-\psi)=1$) 外处处有限, 但在该特征线上, 其变为无穷;

(4) 存在关系

$$\frac{1}{2\pi}\int_0^{2\pi}P(\rho,\theta)\mathrm{d}\theta=\begin{cases}0 & (\rho>1)\\ 1 & (\rho<1)\end{cases}$$

若已知

$$u(\rho,\theta)|_{\rho=1}=\alpha(\theta)$$

构造函数

$$u(\rho,\theta)=\frac{1}{2\pi}\int_0^{2\pi}P(\rho,\theta-\psi)\alpha(\psi)\mathrm{d}\psi\tag{8.71}$$

则在圆内这个函数适合式 (8.22)。

在圆外, 从

$$\rho=\frac{1}{\cos\eta}\qquad\left(0\leqslant\eta\leqslant\frac{\pi}{2}\right)$$

有

$$\begin{aligned}P(\eta,\theta-\psi)&=\frac{\sin\eta}{\cos\eta-\cos(\theta-\eta)}\\&=-\frac{1}{2}\left\{\mathrm{tg}\left[\frac{1}{2}(\eta+\theta-\psi)\right]+\mathrm{tg}\left[\frac{1}{2}(\eta-\theta+\psi)\right]\right\}\end{aligned}$$

据此知

$$u(\rho,\theta)=F_1(\eta+\theta)+F_2(\eta-\theta)$$

这里

$$\begin{cases} F_1(\gamma)=-\dfrac{1}{4\pi}\displaystyle\int_0^{2\pi}\operatorname{tg}\left[\dfrac{1}{2}(\gamma-\psi)\right]\alpha(\psi)\mathrm{d}\psi \\ F_2(\gamma)=-\dfrac{1}{4\pi}\displaystyle\int_0^{2\pi}\operatorname{tg}\left[\dfrac{1}{2}(\gamma+\psi)\right]\alpha(\psi)\mathrm{d}\psi \end{cases}$$

这些奇异积分可能并不存在, 即使存在也可能无法求导数。但式 (8.71) 可作为在双曲区式 (8.22) 的解。

已知

$$u(\rho,\theta)|_{\rho=1}=F(\theta) \tag{8.72}$$

$$\lim_{\rho\to 1}\frac{u(\rho,\theta)-F(\theta)}{\sqrt{|\tau|}}=G(\theta) \tag{8.73}$$

这里 $F(\theta)$、$G(\theta)$ 在 $\alpha<\theta<\beta$ 之间为实解析函数, 从此条件确定出符合式 (8.22) 的函数 $u(\rho,\theta)$。

若在圆内命

$$u(\rho,\theta)=U(\lambda,\theta) \tag{8.74}$$

则

$$U(1,\theta)=F(\theta)\quad \left.\frac{\partial U}{\partial\lambda}\right|_{\lambda=1}=-G(\theta)$$

这就是Ковапевская 问题, 其解如下:

先分析满足

$$U_1(1,\theta)=F(\theta)\quad \left.\frac{\partial U_1}{\partial\lambda}\right|_{\lambda=1}=0 \tag{8.75}$$

的调和函数, 函数

$$U_1(\lambda,\theta)=\sum_{n=0}^{\infty}(-1)^n\frac{(\log\lambda)^{2n}}{(2n)!}F^{(2n)}(\theta) \tag{8.76}$$

即为所求, 实际上

$$U_1(1,\theta)=F(\theta) \tag{8.77}$$

$$\lambda\frac{\partial U_1}{\partial\lambda}\bigg|_{\lambda=1}=\sum_{n=0}^{\infty}(-1)^n\frac{(\log\lambda)^{2n-1}}{(2n-1)!}F^{(2n)}(\theta)\bigg|_{\lambda=1}=0 \tag{8.78}$$

$$\begin{aligned}\lambda\frac{\partial U}{\partial\lambda}\left(\lambda\frac{\partial U}{\partial\lambda}\right)&=\sum_{n=0}^{\infty}(-1)^n\frac{(\log\lambda)^{2n-2}}{(2n-2)!}F^{(2n)}(\theta)\\&=-\frac{\partial^2}{\partial\theta^2}\left[\sum_{m=0}^{\infty}(-1)^m\frac{(\log\lambda)^{2m}}{(2m)!}F^{(2m)}(\theta)\right]\end{aligned} \tag{8.79}$$

由于

$$F(\theta+x)=\sum_{n=0}^{\infty}\frac{F^{(n)}(\theta)}{n!}x^n$$

因此

$$F(\theta+i\log\lambda)+F(\theta-i\log\lambda)=\sum_{n=0}^{\infty}\frac{F^n(\theta)}{n!}[i^n+(-i)^n](\log\lambda)^n$$

从式 (8.76) 给出

$$U_1(\lambda,\theta)=\frac{1}{2}[F(\theta+i\log\lambda)+F(\theta-i\log\lambda)] \tag{8.80}$$

同理, 满足于

$$U_2(1,\theta)=0\quad \frac{\partial U_2}{\partial\lambda}\bigg|_{\lambda=1}=G(\theta)$$

的调和函数为

$$\begin{aligned}U_2(\lambda,\theta)&=\sum_{n=0}^{\infty}(-1)^n\frac{(\log\lambda)^{2n+1}}{(2n+1)!}G^{(2n)}(\theta)\\&=\frac{1}{2i}[G_1(\theta+i\log\lambda)-G_1(\theta-i\log\lambda)]\end{aligned}$$

$$G_1(\theta)=\int_0^{\theta}G(t)\mathrm{d}t$$

表明

$$\begin{aligned}U(\lambda,\theta)=&U_1(\lambda,\theta)-U_2(\lambda,\theta)\\=&\frac{1}{2}[F(\theta+i\log\lambda)+F(\theta-i\log\lambda)]\\&-\frac{1}{2i}[G_1(\theta+i\log\lambda)-G_1(\theta-i\log\lambda)]\end{aligned}$$

应用原符号, 在圆内

$$\sigma(\rho)=\log\left(\frac{1}{\rho}+\sqrt{\frac{1}{\rho^2}-1}\right)=-\log\left(\frac{1}{\rho}-\sqrt{\frac{1}{\rho^2}-1}\right)=-\log\lambda$$

当 $\rho\leqslant 1$ 时,

$$\begin{aligned}u(\rho,\theta)=&\frac{1}{2}\Big\{F[\theta+i\sigma(\rho)]+F[\theta-i\sigma(\rho)]\Big\}\\&+\frac{1}{2i}\Big\{G_1[\theta+i\log\lambda+i\sigma(\rho)]-G_1[\theta-i\sigma(\rho)]\Big\}\end{aligned}\tag{8.81}$$

在圆外

$$\begin{aligned}u(\rho,\theta)=&\frac{1}{2}\left[F\left(\theta+\arccos\frac{1}{\rho}\right)+F\left(\theta-\arccos\frac{1}{\rho}\right)\right]\\&+\frac{1}{2}\left[G_1\left(\theta+\arccos\frac{1}{\rho}\right)-G_1\left(\theta+\arccos\frac{1}{\rho}\right)\right]\end{aligned}\tag{8.82}$$

检验知

$$u(1,\theta)=F(\theta)$$

$$\lim_{\rho\to 1}\frac{u(\rho,\theta)-u(1,\theta)}{\sqrt{|\tau|}}=G(\theta)$$

即为式 (8.82)、式 (8.81) 所给问题的解。关于该解在圆外适用的范围, 因为

$$\alpha\leqslant\theta-\arccos\frac{1}{\rho}<\theta+\arccos\frac{1}{\rho}\leqslant\beta$$

得

$$\rho\cos(\alpha-\theta)\geqslant 1\geqslant\rho\cos(\beta-\theta)$$

所以在单位圆两切线之间, 一是切于 $\theta=\alpha$、一是切于 $\theta=\beta$ 的直线。

令 $\alpha=0$, 现视这函数在 $x=1$ 上的情形, 即 $\rho=\dfrac{1}{\cos\theta}$, 于是

$$u\left(\frac{1}{\cos\theta},\theta\right)=\frac{1}{2}[F(2\theta)+F(0)]+\frac{1}{2}[G_1(2\theta)-G_1(0)]\quad(0<\theta<\beta)$$

今考虑满足于

$$u(\rho,\theta)\Big|_{x=1}=0 \tag{8.83}$$

的函数类。

在圆外，由于

$$u(\rho,\theta)=F_1\left(\theta+\arccos\frac{1}{\rho}\right)+F_2\left(\theta-\arccos\frac{1}{\rho}\right)\quad F_2(0)=0$$

且

$$u(\rho,\theta)\Big|_{x=1}=F_1(2\theta)=0$$

因此

$$u(\rho,\theta)=F_2\left(\theta-\arccos\frac{1}{\rho}\right)\quad F_2(0)=0$$

依

$$\lim_{\rho\to1}\frac{u(\rho,\theta)-u(1,\theta)}{\sqrt{|\tau|}}=\lim_{\rho\to1}\frac{F_2\left(\theta-\arccos\dfrac{1}{\rho}\right)}{\sqrt{|\tau|}}=F_2'(\theta)$$

置 $u(\rho,\theta)=U(\lambda,\theta)$，表明适合于式 (8.83) 的函数总有

$$u(1,\theta)=F_2(\theta)\quad \frac{\partial}{\partial\lambda}U(\lambda,\theta)\Big|_{\lambda=1}=-F_2'(\theta) \tag{8.84}$$

如果 $u(\rho,\theta)$ 在圆内有一部分存在并含有一段圆弧为边界，另一部分为一条曲线，在 (λ,θ) 平面上对应的圆弧记作 γ、剩余部分记作 Γ_0(如图 8.3 所示)；那么在 D 内 $U(\lambda,\theta)$ 为解析函数的实部，且命之为

$$\Omega=f(z)=U(\lambda,\theta)+iV(\lambda,\theta)$$

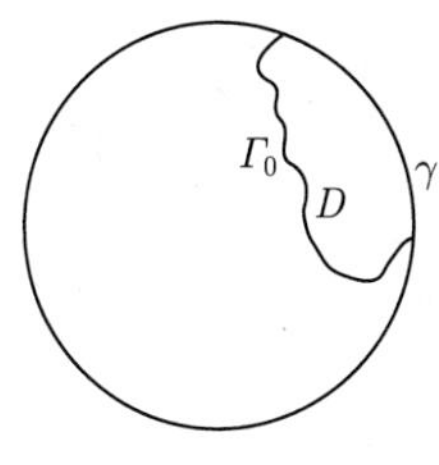

图 8.3

因为

$$\frac{1}{\lambda}\frac{\partial}{\partial\lambda}U(\lambda,\theta)=\frac{\partial}{\partial\theta}V(\lambda,\theta)$$

所以

$$V(1,\theta)=-F_2(\theta)+C$$

其中 C 为常数, 可取 $C=0$; 作保角变换,

$$Z=f(z)$$

将 D 变为 D^*、把 D 的圆弧边界 γ 变为直线 $U+V=0$。若保角变换为单叶的, 则由施瓦兹原理解析扩展将 $f(z)$ 的解析性推广到圆外。若 $\bar{\Gamma}$ 为由 Γ_0 依圆反演出的曲线, 则在 $\bar{\Gamma}$、Γ_0 围成的区域内 $f(z)$ 定义, 在 Γ_0 上 $f(z)$ 的实部已知了, 在 $\bar{\Gamma}$ 上 U 也已定义, 依 Γ_0、$\bar{\Gamma}$ 上的值知 u 存在并且唯一。

根据线性代数, 可以将上述从二维出发得到的各种结果推广到高维情形。

附录 2　复空间积分几何学

取 $P_n(C)$ 为 n 维复射影空间, $z_j(j=0,1,2,\cdots,n)$ 为点 $z \in P_n(C)$ 的齐次坐标, $\bar{z}_j$ 为 z_j 的共轭复数, $z=(z_1,z_2,\cdots,z_n)$、$\lambda z=(\lambda z_0,\lambda z_1,\cdots,\lambda z_n)$ 表示同一个点 $(\lambda\neq 0)$。定义埃尔米特内积,

$$(z,\bar{z})=\sum_{j=1}^{n} z_j\bar{y}_j \tag{9.1}$$

将齐次坐标 z_j 标准化, 使

$$(z,\bar{z})=\sum_{j=1}^{n} z_j\bar{z}_j=1 \tag{9.2}$$

该条件把 z_j 确定到一个形式为 $\exp(ia)$ (a 为实数) 的因子。考虑所有令式 (9.2) 不变的线性变换 $z'=Az$ 构成群 $U(n+1)$, 称之为酉群。于是 $(n+1)\times(n+1)$ 复方阵 A 满足

$$A\bar{A}^t=E \quad A^{-1}=\bar{A}^t. \qquad \bar{A}^tA=E \tag{9.3}$$

这里 E 为 $(n+1)\times(n+1)$ 幺方阵。这些关系表明 $U(n+1)$ 取决于 $(n+1)^2$ 个实参数。由于 z、$z\exp(ia)$ 表示同一个点, A、$A\exp(ia)$ 确定同一个线性变换 $z'=Az$, 因此可把 A 标准化, 让 $\det A$ 为实数, 并由式 (9.3) 知 $\det A=1$。

如果 $R\subset U(n+1)$ 表示方程 $\exp(ia)E$ 所成的群, 那么商群 $U(n+1)/R$ 称为埃尔米特椭圆群 $D(n+1)$; 它在 $P_n(C)$ 内可确定埃尔米特椭圆几何。$D(n+1)$ 的元素 A 符合式 (9.3), 得到 $\det A=1$, 故 $D(n+1)$ 的维数为 $n(n+2)$。可以证明 $U(n+1)$、$D(n+1)$ 均为紧致群。

$U(n+1)$ 的嘉当齐式用方阵

$$\Omega=A^{-1}\mathrm{d}A=\bar{A}^t\mathrm{d}A \tag{9.4}$$

确定, 并有 $\Omega + \bar{\Omega}^t = 0$。一组嘉当式为

$$\begin{cases} \omega_{jk} = \sum_{h=0}^{n} \bar{a}_{hj} \mathrm{d}a_{hk} = (\bar{a}_j, \mathrm{d}a_k) \\ \omega_{jk} + \bar{\omega}_{kj} = 0 \end{cases} \tag{9.5}$$

式中 a_{hk} 为 A 的元素。

$U(n+1)$ 的运动密度等于一切独立的 ω_{jk}、$\bar{\omega}_{kj}$ 的外积, 即除常数因子外,

$$\mathrm{d}U = \bigwedge(\omega_{jk} \wedge \bar{\omega}_{jk}) \wedge \omega_{hh} \qquad (j < k \text{ 且 } 0 \leqslant j, k、h \leqslant n) \tag{9.6}$$

因为 $U(n+1)$ 的运动密度为紧致的, 所以为幺模群, 这个密度为左右不变式。结构方程为

$$\mathrm{d}\omega_{jk} = -\sum_{l=0}^{n} \omega_{jl} \wedge \omega_{lk} \tag{9.7}$$

$D(n+1)$ 有相同的不变式 (9.5) 及相同的结构方程式 (9.7), 唯一差别在于: 对于 $D(n+1)$, 关系式 $\omega_{00} + \omega_{11} + \cdots + \omega_{nn} = 0$ 成立, 其通过对 $\det A = 1$ 求导得到; 于是 $D(n+1)$ 的运动密度是由去掉一个 ω_{jj} 之后给出的外积, 那么可把 $\mathrm{d}D(n+1)$ 表达成对称形式,

$$\mathrm{d}D(n+1) = \omega^{00} + \omega^{11} + \omega^{22} + \cdots + \omega^{nn} \tag{9.8}$$

命 L_r^0 为 $P_n(C)$ 的固定的 r 维平面, b_r 为让 L_r^0 不变的 $D(n+1)$ 的子群, r 维平面的不变密度为齐性空间 $D(n+1)/b_r$ 的不变体元。由于 b_r 为紧致群 $D(n+1)$ 的闭子群 (也是紧致的), 因此 $D(n+1)/b_r$ 有不变体元。为此, 设 a_k $(k = 0, 1, 2, \cdots, n)$ 为以方阵 A 的第 k 列元素当坐标的点; 依式 (9.3) 知 $(a_j, \bar{a}_k) = \delta_{jk}$, 依式 (9.5) 知 $\mathrm{d}a_k = \sum_{j=0}^{n} \omega_{jk} a_j$。

令 L_r^0 为 a_0、a_1、$\cdots$、a_r 各点确定, 当 $0 \leqslant k \leqslant r$、$r+1 \leqslant j \leqslant n$ 时 $\omega_{jk} = 0$。因为 ω_{jk} 为复齐式, 从 $\omega_{jk} = 0$ 得 $\bar{\omega}_{jk} = 0$, 所以在 $D(n+1)$ 下 r 维平面的不变密度为

$$\mathrm{d}L_r = \bigwedge(\omega_{jk} \wedge \bar{\omega}_{jk}) \quad (0 \leqslant k \leqslant r \text{且} r+1 \leqslant j \leqslant n) \tag{9.9}$$

这个密度除常数因子外可以完全确定。任意 $\mathrm{d}L_r$ 为 $2(n-1)(n-r)$ 次微分齐式, 事实上, $P_n(C)$ 的 r 维平面取决于 $2(r+1)(n-r)$ 个实参数。

对于 $r=0$, 所给出的是点密度, 即 $P_n(C)$ 对于埃尔米特椭圆几何学的体元, 它与依埃尔米特度量

$$\mathrm{d}s^2=(\mathrm{d}z,\mathrm{d}\bar{z})-(z,\mathrm{d}\bar{z})(\bar{z},\mathrm{d}z) \tag{9.10}$$

推出的体元一致。在式 (9.10) 中 z 是按照式 (9.2) 标准化了的。实际上, 将式 (9.10) 用于点 a_0, 得

$$\mathrm{d}s^2=(\mathrm{d}a_0,\mathrm{d}\bar{a}_0)-(a_0,\mathrm{d}\bar{a}_0)(\bar{a}_0,\mathrm{d}a_0)=\sum_j\omega_{j0}\bar{\omega}_{j0}$$

体元为 $\bigwedge(\omega_{j0}\wedge\bar{\omega}_{j0})$ $(j=1,2,\cdots,n)$ 和 $\mathrm{d}L_0$ 一致。

在复射影空间 $P_n(C)$ 中除线性子空间外, 还存在正规链。n 维正规链 K_n 为点集, 其点可有参数形式

$$z=\sum_{j=0}^{n}\lambda_j a_j \tag{9.11}$$

式中 λ_j 为适合 $\sum\limits_{j=0}^{n}\lambda_j^2=1$ 的实参数。一个正规链取决于 $\dfrac{1}{2}(n+1)(n+2)$ 个实数。为此置 $\omega_{rs}=a_{sr}+i\beta_{rs}$, 而 a_{rs}、β_{rs} 为实齐式, 依式 (9.5), 它们满足关系 $a_{rs}+a_{sr}=0$、$\beta_{rs}-\beta_{sr}=0$, 给出

$$\mathrm{d}z=\sum_{h=0}^{n}\lambda_h\mathrm{d}a_h=\sum_{h=0}^{n}\lambda_h a_{jh}a_j+i\sum_{j=0}^{n}\sum_{h=0}^{n}\lambda_h\beta_{jh}a_j \tag{9.11$'$}$$

当 K_n 固定时 j、$h=0,1,2,\cdots,n$; $\beta_{jh}=0$。表明在 $D(n+1)$ 下正规链的密度可化为

$$\mathrm{d}K_n=\beta^{11}+\beta^{22}+\cdots+\beta^{nn} \tag{9.12}$$

正规链 K_r $(r<n)$ 的密度等于 K_r 作为子空间 L_r 内的正规链密度和 L_r 的密度 $\mathrm{d}L_r$ 的体积。

根据式 (9.6)、式 (9.8), 得到群 $U(n+1)$、$D(n+1)$ 的有限体积

$$m(U(n+1)) = i^{\frac{1}{2}n(n+1)(n+2)} \prod_{h=1}^{n+1} \frac{(2\pi i)^h}{(h-1)!} \tag{9.13}$$

$$m(D(n+1)) = i^{\frac{1}{2}n(n+2)} \prod_{h=2}^{n+1} \frac{(2\pi i)^h}{(h-1)!} \tag{9.14}$$

这里增加了 i 的相应的幂作为因子, 以便得到实值测度。

n 维埃尔米特空间的所有 r 维平面的测度也有限, 其值为

$$m(L_r) = \frac{1!2!\cdots r!}{n!(n-1)!\cdots(n-r)!}(2\pi)^{(n-r)(r+1)} \tag{9.15}$$

对于 $r=0$, 给出 n 维埃尔米特椭圆空间的体积

$$m(L_0) = \frac{(2\pi)^n}{n!} \tag{9.16}$$

设 C_n 为 $P_n(C)$ 内复 h 维解析流形, 这种流形可以分段地用一组 $n+1$ 个含 h 个复变数 t_1、t_2、$\cdots$、t_n 的解析函数 $z_j = z_j(t_1,t_2,\cdots,t_n)$ $(j=0,1,2,\cdots,n)$ 确定, 其中 $(t_1,t_2,\cdots,t_n)$ 属于一个域; 设 z_j 依式 (9.2) 已标准化。观察 $2h$ 次微分齐式

$$\Omega_h = \sum_{j_1,\cdots,j_n} \mathrm{d}z_{j_1} \wedge \mathrm{d}\bar{z}_{j_1} \wedge \cdots \wedge \mathrm{d}z_{j_h} \wedge \mathrm{d}\bar{z}_{j_h} \tag{9.17}$$

式中总和的范围为一切组合 j_1、j_2、$\cdots$、$j_h = 0, 1, 2, \cdots, n$。该齐式在 $U(n+1)$ 下为不变式, Ω_n 在复 h 维平面上的积分为

$$\int_{C_h} \Omega_h = \frac{(2\pi i)^h}{h!} \tag{9.18}$$

对于复 h 维解析流形 C_h, 置

$$J_n(C_h) = \frac{h!}{(2\pi i)^h} \int_{C_h} \Omega_h \tag{9.19}$$

当 C_h 为代数流形时 $J_h(C_n)$ 等于 C_h 的阶。

设 C_h 固定而 L_r 为作运动的 r 维平面, 其密度 $\mathrm{d}L_r$, 当 $h+r-n\geqslant 0$ 时有积分公式

$$\int\limits_{C_h\cap L_r} J_{h+r-n}(C_h\cap L_r)\mathrm{d}L_r = m(L_r)J_h(C_h) \tag{9.20}$$

这里 $C_h\cap L_r$ 为非空集, 若 $h+r-n=0$, 则 $J_0(C_h\cap L_r)$ 表示 C_n、L_r 的交点数。

对于代数紧致流形, $J_0(C_h\cap L_{n-r})$ 为常数, 等于流形的阶 $J_h(C_h)$; 对于非紧致流形, $J_h(C_h)$ 和一个一般 $n-h$ 维平面同 C_h 的交点数之差, 可以用一个 C_h 边界上的积分表达。

如果 C_r 为另一个 r 维解析流形 $(r+h-n\geqslant 0)$, 且以 uC_r 表示 C_r 在 $u\in U(n+1)$ 下的象, 那么

$$\int\limits_{U(n+1)} J_{r+h-n}(C_h\cap uC_r)\mathrm{d}U(n+1) = m(U(n+1))J_h(C_h)J_r(C_r) \tag{9.21}$$

同样的公式对于 $D(n+1)$ 也正确, 只需以 $m(D(n+1))$ 代替 $m(U(n+1))$ 即可。

关于代数流形, $J_{h+r-n}(C_h\cap uC_r)$ 与 u 无关, 式 (9.21) 为 Bezout定理; 对于非紧致流形, 式 (9.21) 可以作为平均Bezout定理。取 $C_h(\rho)=C_n\cap S(\rho)$、$S(\rho)=\{z\,\|z|\leqslant\rho\}$, 又取积分

$$N(C_n,\rho)=\int_0^\rho J_h(C_h(t))\frac{\mathrm{d}t}{t}$$

于是 Bezout 问题可以通过 ρ、$N(C_h,\rho)$、$N(C_r,\rho)$ 估计 $N(C_h\cap C_r,\rho)$。

今考虑在 $P_n(C)$ 中的一条亚纯曲线 $C_1: y=y(t)$, 它用 $n+1$ 个 t 的全纯函数 $y^j=y^j(t)$ (t 为复数且 $j=0,1,2,\cdots,n$) 确定, 在一个已知黎曼面上变动, 和 C_1 相关, 可取 C_1 的 $r-1$ 维密切线性空间产生的流形 $C_r(r=1,2,\cdots,n)$; 设 $Y_r(r=0,1,\cdots,n)$ 表示多重向量 $y\wedge y'\wedge y''\wedge\cdots\wedge y^{(r-1)}$, 这个多重向量的分量为 $r\times(n+1)$ 矩阵 $(y^{k(j)})$ 的 r 阶行列式, 其中 j 表示导数 $(j=0,1,\cdots,r)$, 而

$k=0,1,\cdots,n$; 故不变式 $J_r(C_r)$ 可表成

$$J_r(C_r)=\frac{1}{2\pi i}\int\limits_{C_r}\frac{|Y_{r-1}|^2|Y_{r+1}|^2}{|Y_r|^4}\mathrm{d}t\wedge\mathrm{d}\bar{t} \tag{9.22}$$

$|Y|^2$ 表示数积 $Y\cdot\bar{Y}$; 对 $r=1$,

$$J_1(C_1)=\frac{1}{2\pi i}\int\limits_{C_1}\frac{|y\wedge y'|^2}{|y|^4}\mathrm{d}t\wedge\mathrm{d}\bar{t} \tag{9.23}$$

式中 $y\wedge y'$ 为具有分量 $y^j y'^h-y^h y'^j$ 的二重向量。

对于平面代数曲线 $C_1: y^0=y^0(t)$、$y^1=y^1(t)$、$y^2=y^2(t)$, 除符号外 $J_2(C_1)$ 为 C_1 的级

$$J_2(C_1)=\frac{1}{2\pi i}\int\limits_{C_1}\frac{|y|^2|yy'y''|^2}{|y\wedge y'|^2}\mathrm{d}t\wedge\mathrm{d}\bar{t} \tag{9.24}$$

式中 $|yy'y''|$ 为以 y、y'、y'' 作元素的行列式的绝对值。

关于代数曲线的经典 Plücker 公式为不变量 J_h 之间的线性关系, 即 $s+J_{r-1}-2J_r+J_{r+1}=-\chi$, 其中 s 为平稳指数, 取决于 C_1 的临界点, χ 为 C_1 的参数 t 的值所在的黎曼面的欧拉示性数。式 (9.21)、式 (9.20) 给出 "类" 的一个几何意义, 表明它和密切 h 维平面的轨迹同随机 $n-h$ 维平面或随机 $n-h$ 维解析流形的平均交点数的关系。

参考文献

[1] W. 柏拉须凯. 微分几何引论 [M]. 北京: 科学出版社, 1963.
[2] 严志达. 李群和对称空间 [M]. 北京: 人民教育出版社, 1960.
[3] E. 嘉当. 黎曼几何学 [M]. 北京: 科学出版社, 1964.
[4] 苏步青. 关于高维射影空间共轭网论研究 (V1)[J]. 数学学报, 16(1966).
[5] 陈省身, 等. 微分几何讲义 [M]. 北京: 科学出版社, 1983.
[6] 苏步青. 射影曲线概论 [M]. 北京: 中国科学研院, 1954.
[7] И. Г. 彼得罗夫斯基. 偏微分方程讲义 [M]. 北京: 人民教育出版社, 1965.
[8] P.M. 康. 李群 [M]. 上海: 上海科学技术出版社, 1933.
[9] 任德麟. 积分几何 [M]. 上海: 上海科学技术出版社, 1988.